江西省古生物化石图册

江西省自然资源厅 编著

中国地质大学出版社

内 容 提 要

本图册较全面地汇集了截至2020年底以前公开发表的有关江西省重要古生物资料，分门类系统编排，是一部专业性、综合性较强的古生物图册。

本书内容分为三大部分：一是介绍江西省震旦纪至第四纪各断代地层分布、岩性特征及古生物群概况，并附江西省岩石地层单位划分、对比一览表；二是介绍江西省重要古生物化石产地概况；三是化石描述，共描述䗴、珊瑚、腕足类、笔石、头足类、双壳类、脊椎动物、植物和微体古生物等化石共计865种，并辅以插图、化石图版800余幅。

江西省自古元古代以来的各时代地层发育较全，地层剖面完整，含有丰富的古无脊椎动物、古脊椎动物、古植物、微体古生物和古遗迹化石，并以其分布广泛、演化明显、保存完好为特征，其中部分古生物类群的发现及研究不仅具有重大的科学价值，而且具有重大的经济价值和社会影响。

江西省已发现的较为重要和典型的古生物化石产地有109处。其中，古无脊椎动物化石产地36处，古脊椎动物化石产地48处，古植物化石产地14处，古植物群及其他化石产地11处，部分具有全国性乃至世界性意义。

本书涉及的主要门类有动物界原生动物门、腔肠动物门、腕足动物门、软体动物门、节肢动物门、半索动物门、脊索动物门，植物界苔藓植物门、蕨类植物门、种子植物门、蓝藻门和蓝绿藻门，涉及12个门类、28个纲、63个目、233个科、483个属、865个种，其中有图的种属为847个，分布遍及江西省。

图书在版编目(CIP)数据

江西省古生物化石图册 / 江西省自然资源厅编著. —武汉：中国地质大学出版社，2024.10.
ISBN 978-7-5625-5930-6

Ⅰ. Q911.725.6-64

中国国家版本馆CIP数据核字第2024VD1286号

江西省古生物化石图册　　　　　　　　　　　　　　　　　　　　　　江西省自然资源厅　编著
JIANGXI SHENG GUSHENGWU HUASHI TUCE

责任编辑：胡萌　周豪	选题策划：唐然坤　周豪	责任校对：沈婷婷
出版发行：中国地质大学出版社(武汉市洪山区鲁磨路388号)		邮政编码：430074
电　　话：(027)67883511	传　　真：(027)67883580	E-mail: cbb@cug.edu.cn
经　　销：全国新华书店		http://cugp.cug.edu.cn
开本：880mm×1230mm　1/16	字数：1113千字	印张：35.25
版次：2024年10月第1版	印次：2024年10月第1次印刷	
印刷：江西山水印务有限公司		
ISBN 978-7-5625-5930-6		定价：480.00元

如有印装质量问题请与印刷厂联系调换

《江西省古生物化石图册》编纂委员会

主　任：宋　斌

副主任：陶小驹　黄中敏

委　员：张家菁　言　会　易志东　楼法生　邢应太
　　　　郭华强　邵业宏　王光辉　杨　玲　时　国
　　　　柳汉丰

■ 编辑组

主　编：楼法生　易志东

副主编：杨　玲　邱文江　王会敏

编　者：（按姓氏笔画排序）

　　　　王会敏　邢应太　孙　言　李晓勇　李雪琴

　　　　杨　玲　杨细浩　邱文江　宋志瑞　易志东

　　　　罗小川　罗志龙　黄俊平　曹圣华　楼法生

编制技术指导：张雄华

设 计 排 版：周金定　黄书远　杨彩清　龚淑伟

序

　　江西省发现化石的历史可追索到百余年前（王竹泉，1920），但直到中华人民共和国成立以前，古生物的采集和鉴定都比较零星。中华人民共和国成立以后，开展了大规模的地质填图和普查找矿工作，才发现和积累了大量的化石资料。现正值古生物学发展新阶段，以图册总结七十余年的成果，可谓适时。

　　图册的第一至第三章介绍了江西地层古生物研究的概况。前言部分包括研究历史和现状，地层部分包括震旦系至第四系地层的划分、区域分布、岩性特征，以及江西岩石地层单位划分对比一览表；古生物部分介绍了江西重要化石产地概况。第四章和第五章是图册的主体，收集和描述了12个门类，800多种化石。其中比较重要的，有寒武纪的三叶虫化石，奥陶纪的笔石序列化石，志留纪、泥盆纪的植物化石、鱼类化石和腕足类化石，石炭纪和二叠纪的蜓类化石，白垩纪晚期的恐龙化石和新生代的哺乳类化石。有些化石组合具有较大的理论和实践意义，在古生物演化、年代地层划分对比及生物古地理中具有重要的学术价值。

　　（1）根据崇义－大余地区的龙山群中发现的笔石、三叶虫、海绵骨针以及后来腕足类等化石组合，先划分出了震旦系、寒武系、奥陶系，后又将寒武系再分为3个群，一直沿用至今（现称为组）。

　　（2）根据崇义、永新、玉山等地奥陶纪笔石化石的研究，先后对下、中、上统划分出多个笔石带，其中赣西南建立了18个笔石带。许多带可与国内外同期笔石带精确对比，为大区域、乃至全球性的生物地层和年代地层对比奠定了基础，并成为我国笔石相区的区域性阶，如宁国阶、胡乐阶、玉山阶、潕江阶、石口阶的建立依据，对于古地理复原及油气勘查有重要意义。

　　（3）玉山的晚奥陶世三衢山组产有珊瑚－层孔虫－苔藓虫－钙藻的小型生物礁，其中床板珊瑚组合和日射珊瑚组合的层位是晚奥陶世同类生物群中最低的。其生物多样性及成礁性为揭示晚奥陶世大冰期事件前的生物圈及水圈面貌提供了重要证据，为国内外地质学者所关注。

　　（4）武宁地区的志留系下红层清水组中发现的基干盔甲鱼类化石，代表了迄今为止最古老、最原始的真盔甲鱼类化石，厘清了早期真盔甲鱼类之间的系统发育关系并为下扬子地区志留系海相红层的划分对比及时代确定等提供了关键化石证据。

　　（5）晚三叠世安源组发现滨、浅海相双壳类Bakevelloides组合，且与日本同期组合可以对比，说明印支运动成陆后仍有海水入侵，且动物群已从印支运动前的特提斯型转变为运动后的古太平洋型，为华南地区古地理及古构造演化研究提供了依据。

(6) 一些红色盆地恐龙群及恐龙蛋的发现与植物群落及孢粉组合的研究，尤其是赣州盆地上白垩统发现的大量的恐龙和恐龙蛋化石，对认识一些恐龙类别的演化（包括从恐龙到鸟类的行为方式的演化），白垩纪的古生态和古环境恢复，以及江西红盆白垩系、古近系的划分对比起了关键作用。

这本图册全面展示并系统总结了2022年以前江西省的古生物发现和研究成果，是对我国区域地层和古生物学的重要贡献，可供广大地学乃至生物学工作者参考。江西省自然资源厅、江西省地质调查勘查院编著了本图册。中华人民共和国成立以来在赣工作的相关地质单位以及中国科学院古人类与古脊椎动物研究所、南京地质与古生物研究所、中国地质大学（武汉）、中国地质科学研究院、中国地质博物馆等科研院所和高校均作出了重要的贡献。由于年代人事变迁、入选资料须出自正式出版物等因素，资料的收集和展示难免有粗疏和遗漏之处，但仍不失其重要价值，是为之序。

殷鸿福

二〇二四年八月十五日

前　言

　　江西省地层发育齐全，化石丰富，地层古生物调查研究历史较为悠久。据记载，早在1869年德国地质学家费迪南·冯·李希霍芬就到江西西北部地区进行过地质调查。1920年，王竹泉在江西安福—永新一带进行煤田地质调查，于安福枫田，首次发现了二叠纪的菊石化石，创建了"枫田系"，时代归属晚二叠世，提出了"小江边灰岩"一名，代表早二叠世的沉积，该名沿用至今。1930年，王竹泉在修水流域进行地质调查时，于德安乌石门采到珊瑚 Halysites 及三叶虫化石，命名"乌石门灰岩"，时代为寒武纪—奥陶纪，后经工作证实主要属寒武纪。徐克勤和丁毅（1943）在赣南上犹进行地质调查时，于袁村获弓石燕（Cyrtospirifer）化石，创建了"袁坑系"，时代为泥盆纪。1949年以前，地质工作者做了不少地质工作，多偏重于矿产调查，古生物的研究仅有零星记载，但为后来的工作奠定了一定的基础。

　　1949年之后，地质工作广泛开展，地层古生物的研究取得了长足进步。从20世纪50年代开始，江西省区域地质测量大队、北京地质学院、南京大学、江西省石油普查大队、江西省煤田普查勘探大队及江西省内各普查勘探大队等单位，先后开展了不同比例尺区域地质调查、石油普查、煤田普查及一些矿产的找矿工作，获得了大量古生物资料和研究成果。如吴磊伯和杨庆如（1951）在于都盘古山开展钨矿调查工作时，根据获得的大量薄皮木化石（Leptophloeum），解决了钨矿围岩的时代及其地层划分问题。1960—1962年，南京大学师生多次对崇义-大余地区进行地质调查，根据获得的笔石、三叶虫及海绵骨针等化石，将长期以来时代未定的"龙山群"划分出震旦系、寒武系和奥陶系。1963—1965年，江西省区域地质测量大队专门成立了"龙山群专题队"，对崇义-大余地区的龙山群系统地测制剖面，详细采集化石，根据获得的大量腕足类、双壳类和海绵骨针等化石，对该地区寒武系进行了划分，下统称牛角河群，中统称高滩群，上统称水石群。这种划分方案沿用至今。1964年，李金华等在萍乡安源地区的安源组中发现大量海相双壳类化石（Bakevelloides、Bakevellia 等），从而纠正了过去认为江西在印支运动以后完全结束了海侵历史的认识。1964年，江西省区域地质测量大队首次在信丰红层盆地中发现了整窝恐龙蛋化石，为江西中生代红层的时代确定及地层划分提供了依据。20世纪70年代初期，江西省区域地质测量大队在广昌头陂发现以 Quercus 和 Acer 为代表的植物群，创立了"头陂群"，代表江西新近纪地层，同时发现硅藻土矿。20世纪80年代，江西省地质矿产勘查开发局九一五地质大队在江西省20多个中、新生代红层盆地中进行了系统的孢粉样品采集，获得了大量的孢粉化石资料。该成果有助于解决白垩系、古近系的划分与对比问题，所建立的孢粉组合为研究古植物群落、古气候变化、古地理分区提供了丰富的实际素材。20世纪90年代，李积金等在前人工作的基础上，对崇义早奥陶世笔石动物群进行了详细研究，将崇义地区早奥陶世宁国期笔石划分为10个笔石带，研究成果可作为我国早奥陶世宁国期笔石序列的对比标准，且可与国外同期笔石带进行精确对比。黄枝高等（1988）根据崇义－永新地区中、上奥陶统笔石动物群特征，建立了8个笔石带。1990年，肖承协和陈洪治对玉山地区早、中奥陶世地层中的笔石进行了系统研究，建立了17个连续的笔石带。大量的研究成果完善了我国奥陶纪笔石序列，对奥陶系的详细划分对比和岩相古地理的恢复均具有十分重要的意义。前人取得丰硕的地质研究成果，对江西省的经济建设和地质科学研究起到了重要作用，不仅丰富了江西古生物研究的资料，提高了江西地质研究程度，同时也为本书的编写奠定了良好基础。

2012—2016年，江西省地质调查研究院（现江西省地质调查勘查院）和江西省地质博物馆共同对江西省内29个博物馆（陈列馆）收藏的化石标本进行了较详细的调查登记，获得了较为翔实的信息资料，基本摸清了江西省馆藏古生物化石的底数，全面了解了馆藏化石的陈列情况与保存状况，较准确地掌握了各收藏单位收藏化石的各类数据信息。

2020年，在江西省自然资源厅的关心和支持下，江西省地质调查研究院启动了《江西省古生物化石图册》的编制出版工作。本次工作收集汇总了截至2020年底在国内外公开发表的江西古生物资料。成果资料中江西特色较为浓厚，主要体现的是在江西省新发现的古生物化石；而对大量具有普适意义的古生物化石资料，本书体现较少或基本没有体现，这也是本书最大的遗憾。

书中描述的古生物门类有：动物界原生动物门、腔肠动物门、腕足动物门、软体动物门、节肢动物门、半索动物门、脊索动物门，植物界苔藓植物门、蕨类植物门、种子植物门、蓝藻门和蓝绿藻门12个门类，483个属、865个种。《江西省古生物化石图册》可供广大地质工作者、教学及科研人员参考使用。

本书编制过程中得到了中国科学院古脊椎动物与古人类研究所、中国科学院南京地质古生物研究所、中国地质大学（武汉）、中国地质科学研究院、中国地质博物馆、江西省博物馆以及江西省内各地质单位的大力支持，在此一并表示衷心的感谢!

本书中引用的前人资料，大部分为论文、专著等公开出版的文献资料，涉及年份跨度较大，引用资料多，难免存在挂一漏万的现象，对书中引用资料漏标文献来源之处，编者深表歉意，并真诚希望原作者批评指正。

著者

二〇二四年八月十八日

目 录

第一章 绪 论 1
    一、江西省各时代古生物群概况 1
    二、江西省古生物化石产地概况 2
    三、江西省古生物化石属种 3

第二章 江西省各时代地层与古生物化石分布概况 5
  第一节 前古生界 8
    一、前震旦系 8
    二、震旦系 8
  第二节 下古生界 8
    一、寒武系 8
    二、奥陶系 8
    三、志留系 12
  第三节 上古生界 12
    一、泥盆系 12
    二、石炭系 14
    三、二叠系 16
  第四节 中生界 18
    一、下—中三叠统 18
    二、上三叠统—侏罗系 18
    三、白垩系 20
  第五节 新生界 22
    一、古近系 22
    二、新近系 23
    三、第四系 23

第三章 重要古生物化石产地 24
  第一节 震旦纪晚期的原始类水母化石产地 29
  第二节 早古生代多门类动物化石产地 29
    一、寒武纪三叶虫化石产地 29
    二、奥陶纪以珊瑚为主的多门类动物化石产地 29

三、奥陶纪—志留纪笔石动物化石产地 ·· 30
　　四、志留纪以无颌鱼为主的多门类动物化石产地 ······································ 31
　第三节　晚古生代多门类动、植物化石产地 ··· 32
　　一、泥盆纪多门类动、植物化石产地 ··· 32
　　二、石炭纪植物化石产地 ··· 32
　　三、石炭纪—二叠纪以蜒类为主的多门类动物化石产地 ································ 33
　　四、二叠纪中期腕足动物化石产地 ··· 33
　　五、二叠纪晚期植物化石产地 ··· 33
　第四节　晚古生代晚期—中生代早期以双壳类为主的动物化石产地 ······················ 33
　第五节　中生代多门类动、植物化石产地 ··· 34
　　一、三叠纪晚期动、植物化石产地 ··· 34
　　二、中生代硅化木产地 ··· 34
　　三、白垩纪晚期恐龙动物化石产地 ··· 35
　第六节　新生代哺乳类动物化石产地 ··· 37
　　一、新余姚圩古近纪脊椎动物哺乳类化石产地 ·· 38
　　二、大余池江坳古近纪脊椎动物哺乳类化石产地 ······································ 38
　　三、广昌头陂新近纪古植物化石产地 ··· 38
　　四、第四纪兽类骨骼化石和古人类文化遗址 ·· 38

第四章　动物界化石属种描述 ··· 41
　第一节　原生动物门 Protozoa ··· 41
　第二节　腔肠动物门 Coelenterata ·· 57
　第三节　腕足动物门 Brachiopoda ··· 99
　第四节　软体动物门 Mollusca ·· 143
　第五节　节肢动物门 Arthropoda ·· 230
　第六节　半索动物门 Hemichordata ·· 271
　第七节　脊索动物门 Chordata ··· 370

第五章　植物界化石属种描述 ·· 408
　第一节　苔藓植物门 Bryophyta ·· 408
　第二节　蕨类植物门 Pteridophyta ·· 408
　第三节　种子植物门 Spermatophyta ··· 479
　第四节　蓝藻门 Cyanophyta ·· 504
　第五节　蓝绿藻门 Phylum Cyanobacteria Stanier et al., 1978 ·························· 506

后　记 ··· 510

主要参考文献 ·· 519

索　引 ··· 525

第一章 绪 论

一、江西省各时代古生物群概况

前古生代：江西省前震旦纪古生物化石主要分布于江西省北部，仅在局部地区产有微古植物化石。震旦系遍布全省，其中，北部震旦系古生物化石居多，在武宁晚震旦世皮园村组硅质岩中，发现埃迪卡拉生物群的常见分子 *Protomedus*（原始类水母）化石；南部震旦系主要产微古藻类化石。

寒武纪：以三叶虫为主的动物群，主要见于赣北武宁、庐山等地。中、晚寒武世小型无铰纲腕足类集中分布于赣西南崇义—遂川一带。江西省最早的动物骨骼化石是寒武系底部的海绵骨针，最早的小型无铰纲腕足类发现于崇义县芦柴坑早寒武世"华山硅质岩"下部硅质岩。崇义县高滩组、水石组小型无铰纲腕足类已趋繁盛。庐山观音堂早寒武世观音堂组产江西最早的以 *Redlichia chinensis*（中国莱得利基虫）为代表的三叶虫动物群。

奥陶纪：以笔石动物群繁盛为特征，笔石化石主要分布于修水流域、怀玉山地区和永新—大余一带。扬子地层区早奥陶世印渚埠组产三叶虫、笔石、腕足类等化石；中奥陶世宁国组、胡乐组以含丰富的笔石为特征；晚奥陶世产三叶虫、笔石、头足类、腕足类等。华南地层区井冈山地层分区奥陶系主要含丰富的笔石，但其中的对耳石组中产有较多的三叶虫。大庾岭地层分区早、中奥陶世地层产笔石、三叶虫、腕足类等化石；晚奥陶世古亭组产珊瑚、腕足类和腹足类等化石。高草地组产笔石。

志留纪：产有多门类的化石，主要见于属扬子地层区的赣北修水、武宁地区。早志留世早期为笔石相，产大量笔石，中、晚期化石较少，仅见少量壳相化石；中志留世早期以三叶虫、腕足类为主，伴有少量的双壳类，晚期产有无颌类鱼化石及植物化石碎片。

泥盆纪：扬子地层区彭泽—湖口—九江一带的五通群产大量植物化石，以 *Leptophloeum rhombicum*（斜方薄皮木）为代表，共生有 *Sublepidodendron* sp.（亚鳞木）。华南地层区赣东地层分区的峡山群产植物、腕足类、双壳类、胴甲鱼等化石；在赣西地层分区，中泥盆世跳马涧组、棋梓桥组均产腕足类化石，晚泥盆世吴家坊组富含植物、鱼、腕足类等化石。晚泥盆世佘田桥组产丰富的竹节石及少量腕足类、双壳类等化石，其中上高七宝山矿高栋山和上高铜鼓岭等地佘田桥组富含珊瑚、腕足类化石。

石炭纪：省域早石炭世梓山组主要产植物化石，如于都罗坳三门滩剖面，中下部主要产植物化石，上部多产腕足类化石；早石炭世杨家源组产丰富的珊瑚、腕足类化石；萍乡麻山下部产珊瑚、腕足类化石；梓门桥组产珊瑚、蜓类、腕足类等化石。晚石炭世黄龙组生物群组合主要为蜓类、珊瑚化石；铅山县藕塘底组盛产蜓类、珊瑚、腕足类等化石。

二叠纪：二叠系产丰富的蜓类、珊瑚、腕足类、菊石及古植物等化石。早二叠世马平组产大量珊瑚、䗴类化石；中二叠世梁山组、栖霞组、茅口组产丰富的珊瑚、腕足类化石。小江边组也产丰富的腕足类化石，如 *Urushtenoidea*（似乌鲁希腾贝）；鸣山硅质岩产䗴类、腕足类化石。晚二叠世龙潭组、乐平组产丰富的古植物、腕足类、菊石等化石，其中植物化石主要为大羽羊齿类、织羊齿类、瓣轮叶类、齿叶类、束羊齿类、梓羊齿类等，属"华夏植物群"。吴家坪组产䗴类、珊瑚、腕足类等化石。省内各地大隆组均产菊石、腕足类等化石，其中菊石以 *Pseudotirolites*（假提罗菊石）为代表。

三叠纪：赣东北下—中三叠统均含丰富的海相双壳类和少量的菊石化石。殷坑组中下部混生具有晚二叠世色彩的小型腕足类化石；早三叠世铁石口组含丰富的双壳类化石，底部混生有小型腕足类化石，其上共生有菊石等化石；中三叠世杨家组产海相双壳类化石及少量植物和叶肢介等化石。晚三叠世的代表地层为安源组，以盛产古植物和海相双壳类化石为特征，植物群中属裸子植物的苏铁类化石占重要地位，也富含蕨类植物中的真蕨纲双扇科分子化石，通常被称为"安源植物群"。

侏罗纪：以产淡水双壳类、植物化石和硅化木为特征，化石产地主要分布于赣西新余、万载、吉水和赣东北玉山以及赣南于都等地；早侏罗世水北组主要产植物化石，中侏罗世漳平组盛产双壳类、叶肢介化石，其双壳类生物组合为 *Pseudocardinia*（假铰蚌）- *Tutuella*（图土蚬）组合。罗坳组主要产丰富的淡水双壳类化石，其双壳类生物组合为 *Lamprotula*（丽蚌）- *Cuneopsis*（楔蚌）- *Psilunio*（裸珠蚌）组合。

白垩纪：江西早白垩世地层发育齐全，沉积碎屑岩中化石丰富，有双壳类、叶肢介、腹足类、植物、昆虫化石。此外，赣东北飞阳中畈、玉山周家坞冷水坞组也盛产双壳类、叶肢介、介形虫、腹足类、昆虫、鱼、植物等化石；赣中泰和石山铁枯岭保存有脊椎动物龟甲碎片、肉食恐龙的牙齿碎片和鱼化石。江西省晚白垩世恐龙非常繁盛，已在省内10余个晚白垩世红层盆地中发现了恐龙蛋、恐龙骨骼化石。

2010年来，中国科学院古脊椎动物与古人类研究所以地域名命名了斑嵴龙、赣州江西龙、中国赣南龙、江西南康龙、南康赣州龙、中华虔州龙、赣州华南龙、泥潭通天龙、杰氏冠盗龙9种新属种恐龙化石和1种新属种龟鳖类化石，还有一批恐龙、恐龙蛋、龟鳖类化石正在研究和命名中。

古近纪：该时期既有脊椎动物的哺乳类、爬行类、鱼类化石，以及无脊椎动物的腹足类、介形类等化石，又有藻类、植物等化石。其中，哺乳类化石主要见于大余池江盆地，其次为清江盆地。新余有脊椎动物鳄、水龟、无盾龟、鳖等化石，哺乳类化石有新余恐角兽、宁家山恐角兽、细巧新余兽。此外，武宁群磨下组在安义县罗庄附近产介形类金属虫、美星虫、真金星虫、沼真金星虫及爬星虫等化石；清江临江镇村口清塘临江组产丰富的介形类、轮藻及腹足类、鱼类和植物化石。

新近纪：仅发育头陂组和黄桥组。头陂组以产植物化石为主；黄桥组含丰富的植硅体及孢粉化石。

第四纪：所产古哺乳类化石分布较零散，主要保存于江西省各地岩溶洞穴堆积物中。这些岩溶洞穴主要发育于上石炭统—下二叠统的石灰岩层内，在寒武纪、奥陶纪灰岩和白垩纪红层中也常见及。仙人洞、吊桶环两处遗址中野生稻和栽培稻线索的发现，对探索稻作农业起源具有重大意义。

二、江西省古生物化石产地概况

江西省自古元古代以来的各时代地层发育较全，地层剖面完整，含有丰富的古无脊椎动物、古脊椎动物、古植物、微体古生物和古遗迹化石，并以其分布广泛、演化明显、保存完好为特征。其中，部分古生物类群的发现及研究不仅具有重大的科学价值，而且具有重大的经济价值和社会影响。

江西省已发现的较为重要和典型的古生物化石产地有109处。其中，古无脊椎动物化石产地36处，古脊椎动物化石产地48处，古植物化石产地14处，古植物群及其他化石产地11处，部分具有全国性乃至世界性意义。

江西省古生物化石主要产地有：震旦纪晚期的原始类水母化石产地；早古生代多门类动物化石产地，包括寒武纪三叶虫化石产地、奥陶纪以珊瑚为主的多门类动物化石产地、奥陶纪—志留纪笔石动物化石产地、志留纪以无颌鱼为主的多门类动物化石产地；晚古生代多门类动、植物化石产地；包括泥盆纪多门类动、植物化石产地，石炭纪植物化石产地，石炭纪—二叠纪以蜓类为主的多门类动物化石产地，二叠纪中期腕足类动物化石产地及二叠纪晚期植物化石产地；晚古生代晚期—中生代早期以双壳类为主的动物化石产地；中生代多门类动、植物化石产地，包括三叠纪晚期动、植物化石产地，中生代硅化木产地，白垩纪晚期恐龙动物化石产地；新生代哺乳类动物化石产地，包括新余姚圩古近纪脊椎动物哺乳类化石产地、大余池江坳古近纪脊椎动物哺乳类化石产地、广昌头陂新近纪古植物化石产地、第四纪兽类骨骼化石和古人类文化遗址。

三、江西省古生物化石属种

江西古生物主要门类有动物界：原生动物门、腔肠动物门、腕足动物门、软体动物门、节肢动物门、半索动物门、脊索动物门；植物界：苔藓植物门、蕨类植物门、种子植物门、蓝藻门和蓝绿藻门。涉及12个门类、28个纲、63个目、233个科、483个属、865个种，其中，有图的种属有847个，分布遍及江西省。

（一）动物界

原生动物门：主要为伪足虫纲。赋存地层主要有晚石炭世黄龙组、早二叠世马平组、中二叠世栖霞组、晚二叠世长兴组和吴家坪组等。

腔肠动物门：主要为珊瑚纲。赋存地层有晚奥陶世三衢山组，泥盆纪佘田桥组，石炭纪黄龙组，二叠纪马平组、栖霞组和茅口组等。

腕足动物门：包括无铰纲和有铰纲。赋存地层有奥陶纪印渚埠组、胡乐组、长坞组和三衢山组，泥盆纪麻山组、棋梓桥组和三门滩组，石炭纪杨家源组、梓山组和藕塘底组，二叠纪栖霞组、茅口组、小江边组、乐平组、七宝山组和龙潭组等。

软体动物门：包括双壳纲、腹足纲和头足纲。双壳纲赋存地层有志留纪坟头组，二叠纪乐平组，三叠纪铁石口组、青龙组、殷坑组、杨家组和安源组，晚三叠世—早侏罗世多江组，中侏罗世罗坳组，早白垩世冷水坞组；腹足纲赋存地层有志留纪坟头组，二叠纪茅口组和乐平组，白垩纪冷水坞组、周田组和龟峰群，古近纪新余组和临江组等；头足纲赋存地层有奥陶纪印渚埠组和长坞组，二叠纪车头组、乐平组、长兴组和大隆组，三叠纪铁石口组和殷坑组。

节肢动物门：包括三叶虫纲、甲壳纲、昆虫纲。三叶虫纲赋存地层有寒武纪观音堂组、华严寺组、杨柳岗组和西阳山组，奥陶纪印渚埠组、黄泥岗组、对耳石组、砚瓦山组和新开岭组，志留纪坟头组，二叠纪乐平组和栖霞组；甲壳纲赋存地层有三叠纪安源组，白垩纪冷水坞组、石溪组和周田组等；昆虫纲赋存地层有侏罗纪水北组。

半索动物门：主要为笔石纲。赋存地层有寒武纪西阳山组，奥陶纪印渚埠组、宁国组、胡乐组、茅坪组、对耳石组、石口组和新开岭组等。

脊索动物门：包括脊椎动物亚门鱼形动物（盾皮纲、硬骨鱼纲、软骨鱼纲）、爬行动物纲、哺乳动物纲。鱼形动物赋存地层有泥盆纪嶂紫组，三叠纪铁石口组，二叠纪长兴组，白垩纪石溪组、冷水坞组等；爬行动物纲赋存地层有白垩纪赣州群和龟峰群；哺乳动物纲赋存地层有古近纪池江组和新余组等。

（二）植物界

苔藓植物门：赋存地层有三叠纪安源组。

蕨类植物门：包括裸蕨纲、石松纲、楔叶纲、真蕨纲和种子蕨纲。赋存地层有泥盆纪云山组，石炭纪梓山组，二叠纪乐平组、车头组和龙潭组，三叠纪安源组，白垩纪冷水坞组。

种子植物门：包括裸子植物亚门和被子植物亚门。赋存地层有泥盆纪云山组，石炭纪梓山组，二叠纪乐平组，三叠纪安源组，晚三叠世—早侏罗世安塘组、多江组，侏罗纪水北组，白垩纪冷水坞组，新近纪头陂组。

蓝藻门：主要为念珠藻纲。赋存地层有震旦系灯影组。

蓝绿藻门：主要为藻殖段纲。赋存地层有震旦系陡山沱组。

除动物界和植物界两大门类外，还发现有微体古生物，主要为牙形石，赋存地层有二叠纪长兴组。三叠纪青龙组、殷坑组、铁石口组。

第二章 江西省各时代地层与古生物化石分布概况

按照全国地层区的划分方案（江西省地质矿产厅，1997），江西地层分区隶属华南地层大区（Ⅵ），以萍乡－广丰大断裂为界，南、北分属东南地层区（Ⅵ$_5$）和扬子地层区（Ⅵ$_4$）（图2-0-1）。省内各时代地层发育齐全（表2-0-1），古生物丰富。现概述如下。

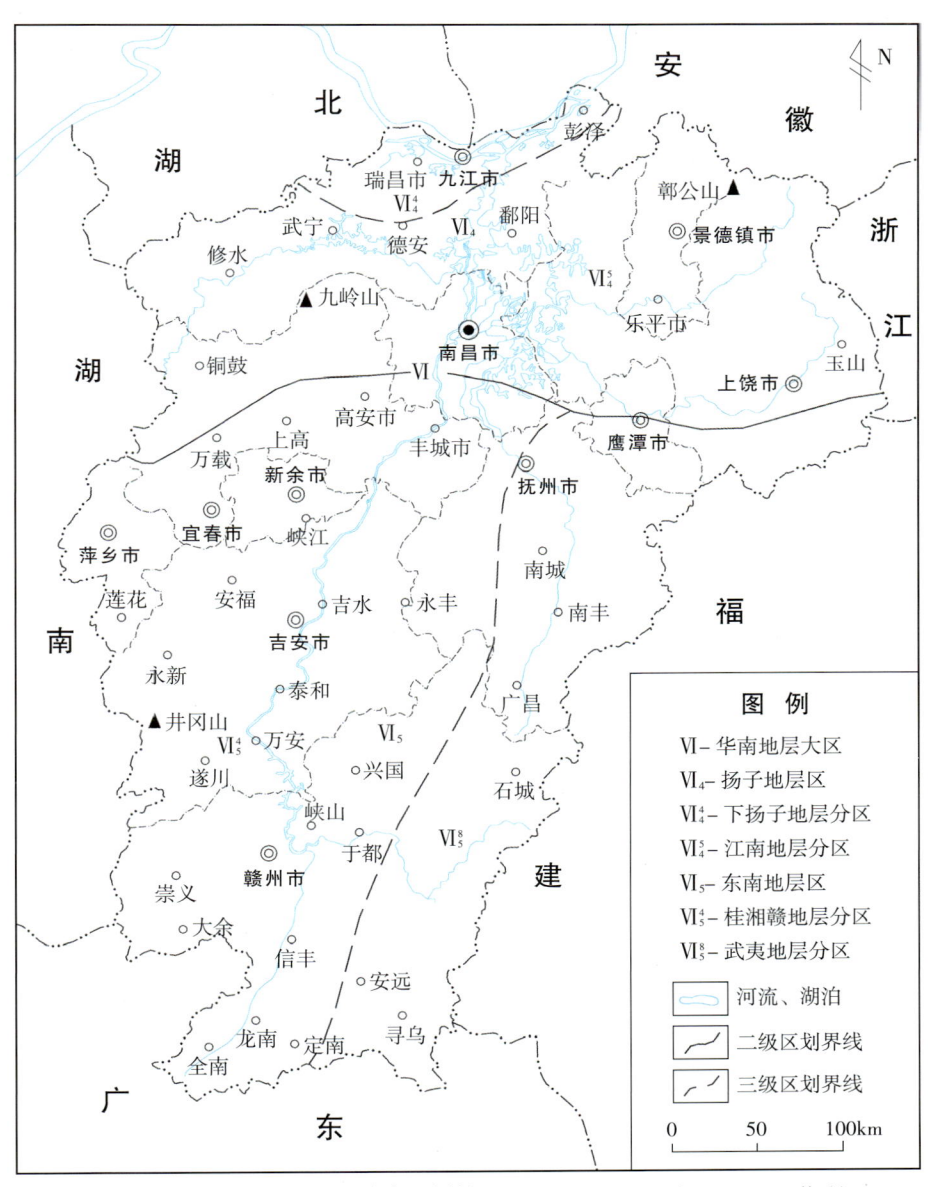

图 2-0-1 江西省岩石地层综合区划简图（据江西省地质矿产厅，1997，修改）

表 2-0-1 江西省岩石地层单位划分对比一览表（据江西省地质矿产勘查开发局，2017 年修改）

地质年代			中 南 — 东 南 地 层 区					
			庐山－鄱阳湖区				全省其他地区	
			冰期及间冰期	古地磁测年	庐山冰碛区		河湖沉积区	残坡积
新生代	第四纪	全新世 0.01Ma	冰后期	0.012Ma	赣江组 Qh_3g		鄱阳湖组 Qh_3p	山背组 Qhs
					联圩组 $Qh_{1-2}l$		凹里组 $Qh_{1-2}a$	
		晚更新世 0.128Ma	庐山冰期	0.2~0.4Ma	匡庐群	庐林组 Qp_3l 黏土段 泥砾段	柘机组 Qp_3z 莲塘组 Qp_3lt	新港黏土 Qp_3x	望城岗组 Qpw
		中更新世 0.78Ma	大姑冰期	0.3~1.1Ma		大姑组 Qp_2d 红土段 泥砾段	进贤组 Qp_2j		
		早更新世	鄱阳冰期	1.5~1.8Ma		鄱阳组 Qp_1p 红土段 泥砾段	赣县组 Qp_1g	九江组 Qp_1j	
		2.6Ma	大排岭冰期	2.5~2.6Ma		大排岭组 Qp_1d		恒湖组 Qp_1h	
			西 ← 扬 子 地 层 区 → 东				西 ← 东 南 地 层 区 → 东	
	新近纪	上新世 5.3Ma 中新世 23.09Ma			黄桥组 N_2h		头陂组 $N_{1-2}t$	
	古近纪	渐新世 33.8Ma 始新世 53.8Ma 古新世 65.0Ma	武宁群	奉新砾岩段 $E_{2-3}f$ 郑家渡段 $E_{2-3}z$ 王埠灰岩段 $E_{2-3}m^w$ 磨下组 $E_{2-3}m$	临江组 $E_{2-3}l$ 新余组 $E_{1-2}x$ 清江膏盐段 $E_{1-2}x^q$	水田灰岩段 $E_{1-2}x^s$	下虎组 上段 $E_{2-3}x^2$ 下段 $E_{2-3}x^1$ 池江组 E_1c	
中生代	白垩纪	晚世 96.0Ma 早世 145.5Ma	龟峰群	莲塘组 K_2l 塘边组 K_2t 河口组 K_2h		周田组 K_2z 茅店组 K_2m 冷水坞组 K_1l 石溪组 K_1s			
			赣州群 火把山群		武夷顶群	打鼓顶组	梧溪段 K_1d^{wx} 虎岩段 K_1d^{hy} 王桥段 K_1d^w 花草尖段 K_1d^h 周家源段 K_1d^z 如意亭段 K_1d^r	鹅湖岭组 K_1e 打鼓顶组 K_1d	鸡笼嶂组 K_1j
	侏罗纪	晚世 161.2Ma 中世 175.6Ma 早世 199.6Ma			林山群	漳平组 水北组 J_1s	罗坦组 J_2l J_2z	漳平组 J_2z 菖蒲组 J_1c	
	三叠纪	晚世 227Ma 中世 247.2Ma 早世		杨家组 $T_{1-2}y$	安源组	多江组 T_3J_1d 三丘田段 T_3a^q 三家冲段 T_3a^s 紫家冲段 T_3a^z	安塘组 T_3J_1a 赖村组 T_3J_1l 天河组 T_3t		
			周 冲 村 组 T_1z						
		252.3Ma	青 龙 组 T_1q 殷 坑 段 T_1y				铁 石 口 组 T_1t		
晚古生代	二叠纪	晚世 260.4Ma 中世 270.5Ma 早世 299.6Ma	长兴组 P_3c 七宝山组 P_3q 龙潭组 P_3lt	大隆组 P_3d 吴家坪组 P_3w	长兴组 七宝山组 P_3q 南港段 P_2m^n	乐平组	长兴组 P_3c 王藩里段 P_3l^w 狮子山段 P_3l^s 老山段 P_3l^l 鸣山组 P_2m	大隆组 P_3d 乐平组	长兴组 P_3d 四段 P_3l^4 三段 P_3l^3 一段 P_3l^1 车头组 P_2c P_2x P_2q
			茅 口 组						
			小 江 边 组				鸣山组 P_2m^s		
			梁 山 组 P_2l			栖 霞 组			
			马 平 组				P_1m		

续表 2-0-1

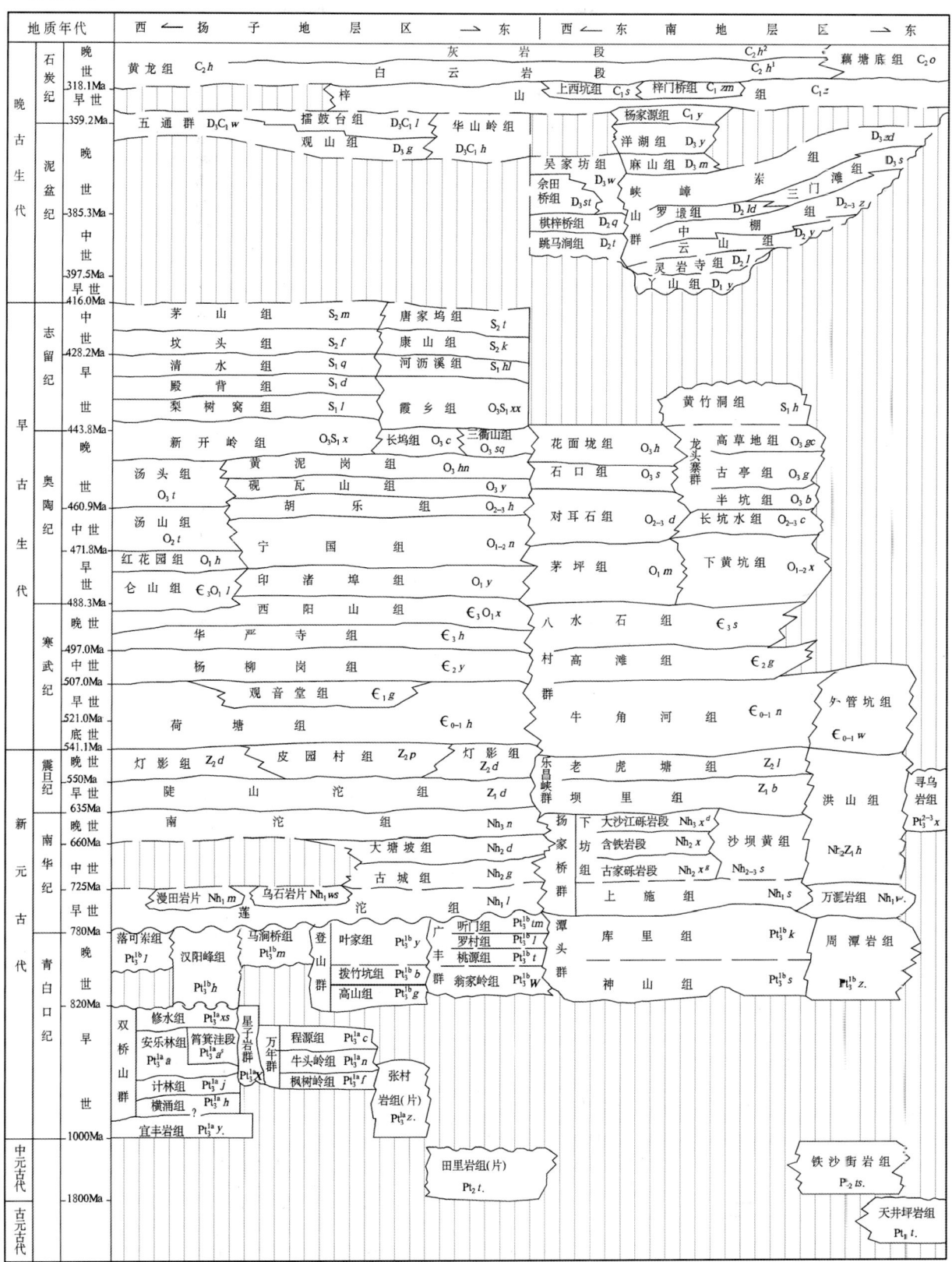

第一节 前古生界

一、前震旦系

前震旦系主要分布于江西省北部，为一套浅变质的沉积－火山岩建造，以砂岩、板岩为主，夹火山碎屑岩及少量火山熔岩，厚逾万米，经多次构造变动和变质作用，化石保存很少，仅在局部地方产有微古植物化石。

二、震旦系

震旦系遍布江西省，其中，江西北部居多，以陆源碎屑岩沉积为主，间夹有碳酸盐岩或硅质岩。在武宁晚震旦世皮园村组硅质岩中，发现 Protomedus（原始类水母）化石，其生物群面貌与澳大利亚"埃迪卡拉生物群"及湖北三峡地区晚震旦世"石板滩生物群"相似；江西南部震旦系主要为一套浅变质泥砂质复理石或类复理石碎屑岩、火山碎屑岩建造，在坝里组、老虎塘组中主要产微古藻类化石。

第二节 下古生界

一、寒武系

江西寒武系按沉积类型及分布状况可分南、北两个沉积区。北区即省境的扬子地层区（$Ⅵ_4$）（图 2-2-1）；南区即省内的东南地层区（$Ⅵ_5$）。北区主要分布在修水流域、德安、彭泽、德兴至上饶一带。下统主要是黑色碳质页岩、泥砂质岩和硅质岩建造，其中尚含磷、铀、钒及黄铁矿结核，产海绵骨针（Protospongia sp.）化石及早寒武世重要的三叶虫化石（Redlichia chinensis、Arthricocephalus sp.）；中、上统为碳酸盐岩建造，产三叶虫化石，自下而上可建立 10 个三叶虫化石带（表 2-2-1）（江西省地质矿产勘查开发局，2017）。南区主要见于东南地层区的永新、崇义和于都等地，为一套浅变质的复理石砂泥质建造，厚达 5000m，下统富产海绵骨针（图 2-2-1）；中、上统产丰富的小型无铰纲腕足类化石（Homotreta、Acrothele）和古双壳类化石。

二、奥陶系

江西奥陶系发育齐全，古生物化石丰富，按沉积类型可分为 3 类：①九江区的扬子沉积型，分布于下扬子地层分区（$Ⅵ_4^1$）（图 2-2-2），上、中、下 3 统均较发育，全为碳酸盐岩建造，富产三叶虫和头足类化石。②武宁地层小区和怀玉山地层小区的江南沉积型，奥陶系发育齐全，出露完整，以泥质岩石为主，夹碳酸盐岩建造。下、中统以笔石相为主，壳相次之。在玉山地区，早、中奥陶世地层中笔石化石特别丰富，肖承协和陈洪治（1990）根据笔石化石特征建立了 17 个连续的笔石

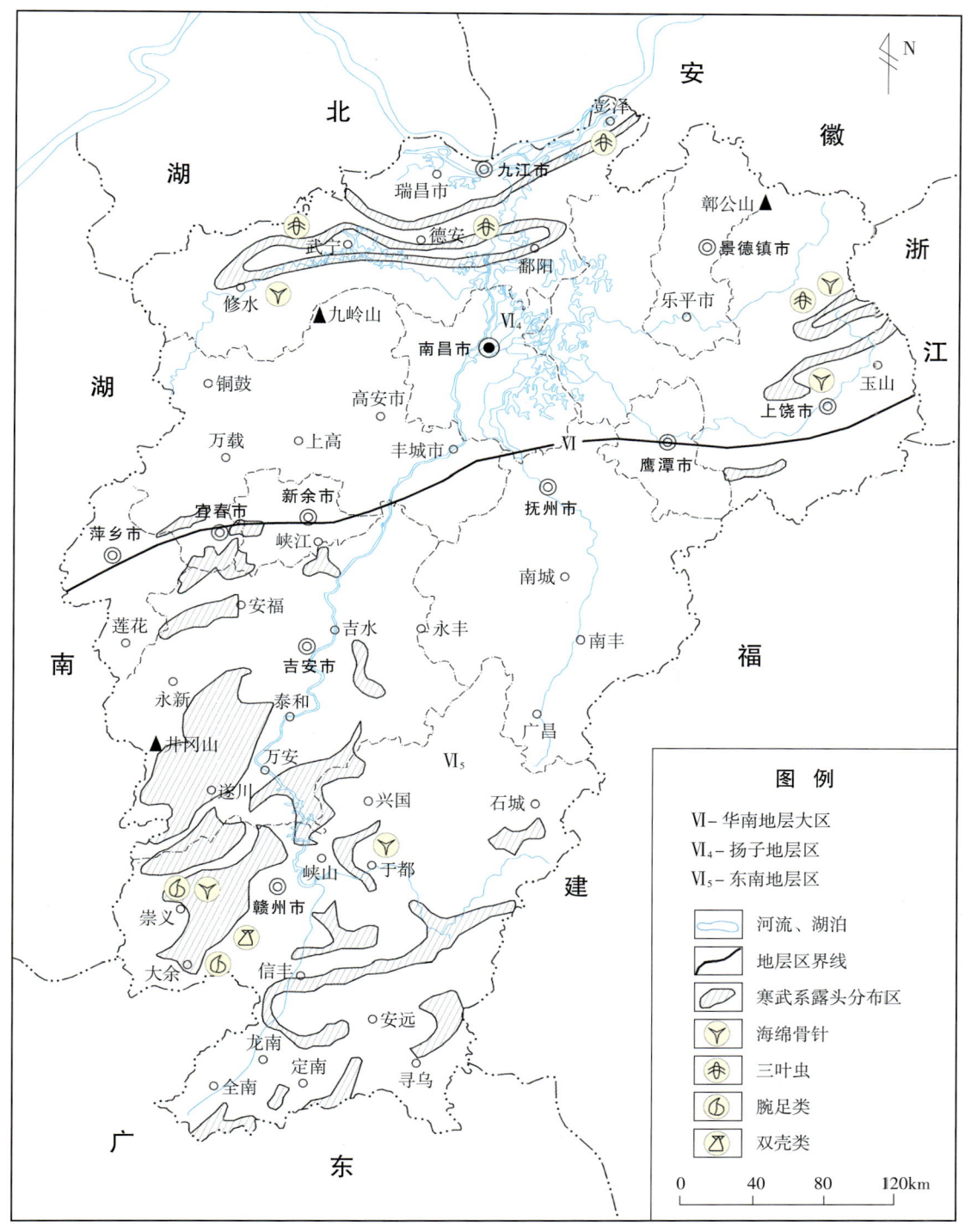

图 2-2-1　江西省寒武纪地层区及其主要化石分布图

带序列（表 2-2-2）。晚奥陶世以介壳相为主，产丰富的三叶虫、笔石和头足类等化石，在武宁地层小区可建立 7 个化石组合带。需要说明的是，在东部玉山地区上奥陶统三衢山组以碳酸盐岩介壳相较发育为特征，它有别于武宁地层小区，产丰富的珊瑚、头足类、腕足类和三叶虫等造礁生物化石，并形成礁滩而闻名省内外。③东南地层区的珠江沉积型，见于永新—崇义—全南一带，为一套

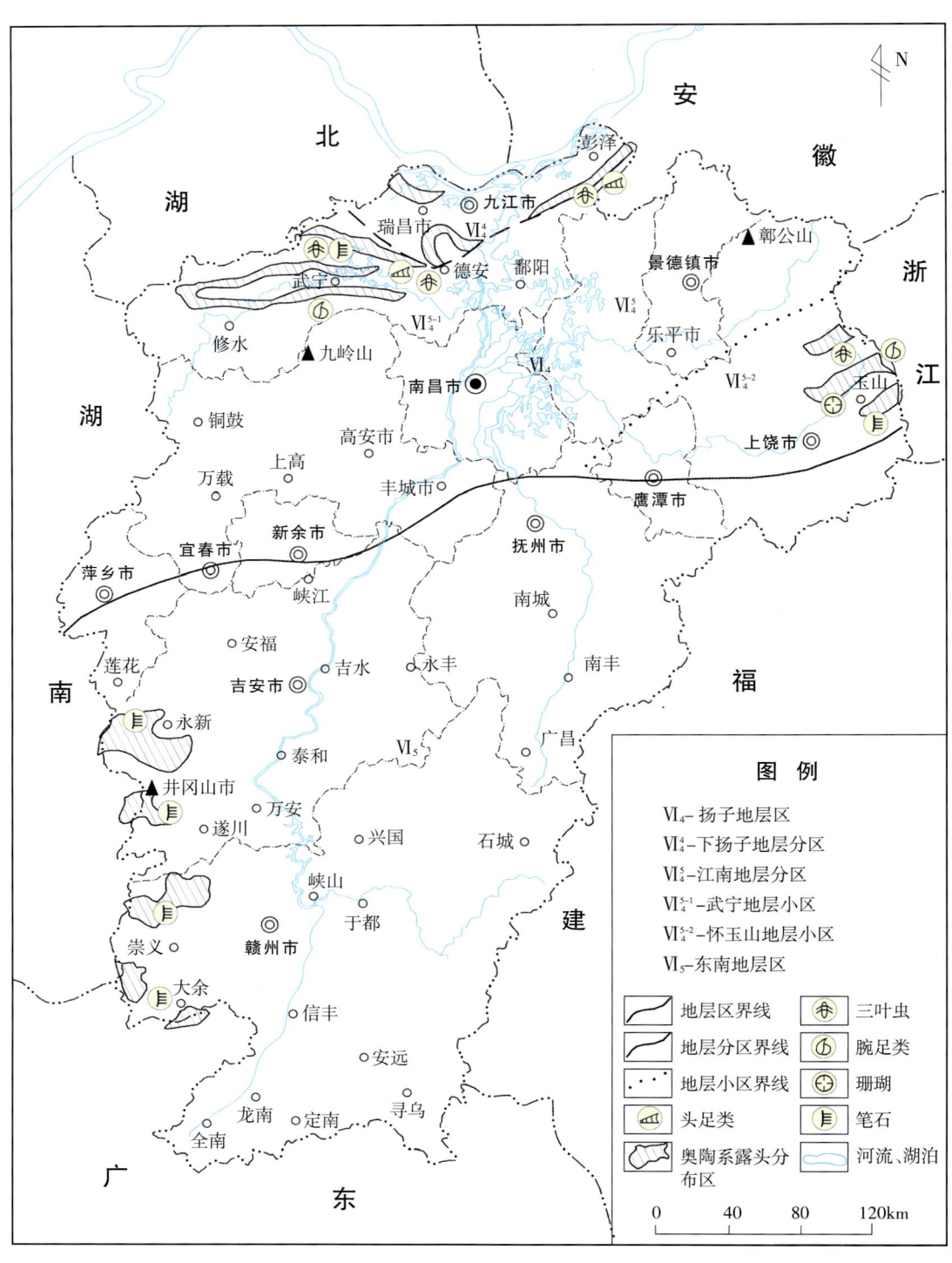

图 2-2-2 江西省奥陶纪地层区及其主要化石分布图

巨厚的类复理石浊积岩建造,主要岩性为板岩、硅质岩、变余砂岩和粉砂岩,产丰富的笔石和少量三叶虫化石。以崇义－南康断裂为界,南、北两区的地层和古生物群面貌有所不同,地层名称亦有所区别(表 2-0-1)。断裂以北的永新—崇义一带,奥陶系古生物甚为丰富,尤以笔石最为发育;断裂以南的崇义古亭—大余一带,沉积类型多样,以砂岩、板岩为主,夹碳酸盐岩,产笔石及三叶

表 2-2-1　江西省北区寒武纪三叶虫化石带划分表

岩石地层	三叶虫化石带
西阳山组（ϵ_3O_1x）	⑫ *Lotagnostus hedini* 带 ⑪ *Lotagnostus punctatus* 带 ⑩ *Pseudoglyptagnostus* 带
华严寺组（ϵ_3h）	⑨ 空 ⑧ *Proceratopyge fenghwangensis* 带 ⑦ *Glyptagnostus reticulatus* 带
杨柳岗组（ϵ_2y）	⑥ *Glyptagnostus stolidotus* 带 ⑤ 空 ④ *Lejopyge armata* 带
观音堂组（ϵ_1g）／荷塘组（$\epsilon_{0-1}h$）	③ *Pseudophalacroma triangularis* 带 ② *Ptychagnostus atavus* 带 ① *Triplagnostus gibbus* 带　　*Arturicephalus* 带　　*Redlichia* 带

表 2-2-2　赣北扬子地层区奥陶纪化石带分布简表*

下扬子地层分区（扬子沉积型）	武宁地层小区（江南沉积型）		怀玉山地层小区（江南沉积型）		
				长坞组（O_3c）	三衢山组（O_3sq）
	新开岭组 O_3S_1x	*Dalmanitina* 带 *Paraorthograptus typicus* 带 *Tangyagraptus typicus* 带 *Dicellograptus szechuanensis* 带	新开岭组（O_3S_1x）	*Agetolitella–Sarcinula* 组合带	
Hammatocnemis tetrasulcatus 带	汤头组 O_3t	*Nankinolithus* 带	黄泥岗组（O_3hn）		黄泥岗组（O_3hn）
		Sinoceras chinense 带	砚瓦山组（O_3y）	*Sinoceras chinense* 带	砚瓦山组（O_3y）
Michelinoceras elongatum 带 *Michelinoceras xuanxianense* 带	汤山组 O_2t	*Dicranograptus nicholsoni* var. *diapason* 带 *Nemagraptus gracilis* 带 *Glyptograptus teretiusculus* 带	胡乐组（$O_{2-3}h$）	*Dicranograptus sinensis* 带** *Nemagraptus gracilis* 带** *Glossograptus hincksii* 带**	胡乐组（$O_{2-3}h$）
Protocycloceras 带	红花园组 O_1h	*Pterograptus elegans* 带 *Amplexograptus confertus* 带 *Glyptograptus austrodentatus* 带 *Cardiograptus amplus* 带 *Didymograptus abnormis* 带	宁国组（$O_{1-2}n$）	*Didymograptus jiangxiensis* 带** *Pterograptus elegans* 带** *Nicholsonograptus fasciculatus* 带** *Didymograptus ellsae* 带** *Glyptograptus austrodentatus* 带 *Cardiograptus amplus* 带** *Oncograptus magnus* 带** *Isograptus victoriae* 带** *Azygograptus suecicus* 带** *Didymograptus deflexus* 带** *Didymograptus protobifidus* 带** *Acrograptus filiformis* 带** *Etagraptus approximatus* 带**	宁国组（$O_{1-2}n$）
	仑山组 ϵ_3O_1l	*Geragnostus arassus* 带 *Asaphopsis* 带 *Szechuanella* 带 *Staurograptus–Hysterolenus* 带	印渚埠组（O_1y）	*Adelograptus–Clonograptus* 带**	印渚埠组（O_1y）
			西阳山组（ϵ_3O_1x）		

注："**"表示内容来源于肖承协和陈洪冶（1990）。

虫、腕足类、珊瑚、腹足类等壳相生物化石。赣西南地区奥陶系先后经魏秀喆、肖承协、夏天亮、陈洪治、陈旭、李积金、黄枝高等众多专家研究，研究程度较高。李积金等（2000）根据崇义早奥陶世的笔石动物群研究，建立了宁国期10个笔石带，自下而上为：① *Tetragraptus*（*Paratetragraptus*）*approximatus* 带；② *Tetragraptus*（*Pendeograptus*）*fruticosus* 带；③ *Didymograptus*（*Didymogr.*）cf. *protobifidus* 带；④ *Isograptus victoriae lunatus* 带；⑤ *Oncograptus magnus* 带；⑥ *Cardiograptus amplus* 带；⑦ *Undulograptus austrodentatus* 带；⑧ *Acrograptus ellesae* 带；⑨ *Nicholsonograptus fasciculatus* 带；⑩ *Pterograptus elegans* 带。《江西省区域地质志》（江西省地质矿产局，1984）中研究者将赣西南地区的奥陶纪笔石自下而上建立了18个笔石带（表2-2-3），形成了江西奥陶纪笔石相的完整生物带序列，与国内、外标准地区均可对比。

表2-2-3 赣西南地区中、晚奥陶世笔石化石带划分表

岩石地层	笔石化石带
花面坳组（O_3h）	*Paraorthograptus* 带 *Dicellograptus anceps–Climacograptus supernus* 带 *Dicellograptus complanatus* 带
石口组（O_3s）	*Orthograptus quadrimucronatus* 带 *Climacograptus spiniferus* 带
对耳石组（$O_{2-3}d$）	*Climacograptus spiniferus* 带 *Dicranograptus clingani* 带 *Climacograptus wilsoni–C. bicornis* 带 *Nemagraptus gracilis* 带 *Glossograptus hincksii* 带 *Pterograptus elegans* 带 *Nicholsonograptus fasciculatus* 带 *Didymograptus ellesas* 带 *Glyptograptus teretiusculus* 带 *Cardiograptus amplus* 带 *Oncograptus magnus* 带 *Isograptus victoriae* 带
茅坪组（O_1m）	*Didymograptus abnormis* 带

三、志留系

江西省内志留系主要出露于江西北部，在玉山地区和赣西南崇义—全南一带，有少量零星露头，各地岩性差异明显。赣北修水流域及武宁—彭泽一带，志留系分布较广，仅见下、中统，为一套厚约4000m的由泥砂质碎屑岩组成的复理石建造，产笔石、腕足类、三叶虫、腹足类、鱼和植物化石。玉山地区志留系露头不多，岩性与修水-武宁地区的志留系相似，产腕足类化石。赣西南地区志留系岩性颇为特殊，为一套厚度超过2000m的以灰绿色巨厚层状砾岩为主的磨拉石建造，即"阳岭砾岩"，产早志留世的微古植物和少量几丁虫化石，时代为早志留世，缺失中、晚志留世沉积。

第三节 上古生界

一、泥盆系

江西泥盆系分布较广，出露良好，但发育不全，仅有中、晚泥盆世沉积（表2-0-1）。江西泥盆系按沉积类型及生物群面貌可划分为九江-玉山-永丰地层小区、萍乡-高安地层小区和崇义-于

都地层小区（图 2-3-1）。

1. 九江-玉山-永丰地层小区

该地层小区分布在赣北修水、武宁、彭泽、玉山及永丰等地，泥盆系发育不全，仅见上统，为一套以厚层石英砂砾岩、砂岩为主的陆相碎屑岩建造，产以 *Leptophloeum rhombicum* 为代表的植物群，各地地层厚度变化较大，厚者可达 660m。

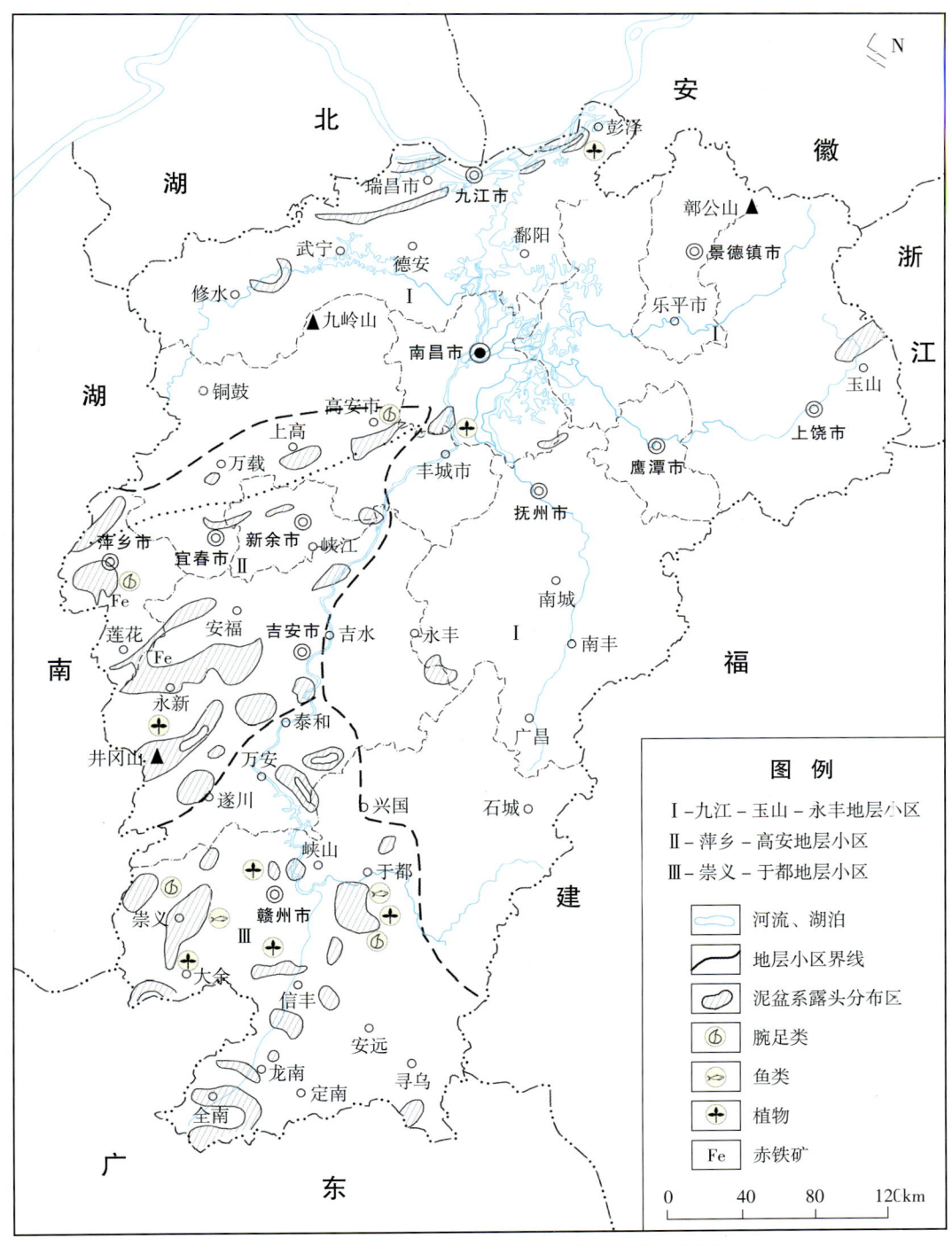

图 2-3-1 江西省泥盆纪地层小区及其主要化石分布图

2. 萍乡－高安地层小区

该地层小区主要分布于上栗、万载、上高、高安、萍乡、新余、莲花、永新和井冈山等地区。下统缺失，中、上统较为发育，岩性主要由海相碳酸盐岩和碎屑岩组成，产丰富的腕足类化石。地层序列可与湘中中—晚泥盆世的跳马涧组、棋子桥组、佘田桥组或吴家坊组对比。上统赋存著名的"宁乡式"铁矿。

3. 崇义－于都地层小区

该地层小区范围包括赣西南大部分地区（图2-3-1），泥盆系发育中统和上统，是一套以碎屑岩为主的海陆交互相沉积。岩性、岩相变化较大，地层自下而上可划分为灵岩寺组、云山组、中棚组、嶂崇组、麻山组和洋湖组6个地层单位（表2-0-1）。其中，海相夹层西部多、东部少，产大量腕足类和植物化石。崇义－龙南地区以陆相碎屑岩沉积为主，上统发育细碎屑岩夹白云岩和灰岩透镜体，产丰富的腕足类和鱼化石。在崇义稍坑中棚组发现大量沟鳞鱼化石，显示出泥盆纪特有的鱼类特点。该地层小区东部的于都、信丰、寻乌等地，中、上泥盆统中的碳酸盐岩基本消失，以陆相为主，几乎全部由碎屑岩组成，间夹少量钙质砂岩、粉砂岩，含丰富的植物、胴甲鱼类、腕足类及少量海相双壳类化石。《江西省区域地质志》（江西省地质矿产局，1984）中研究者根据井冈山五里亭、崇义稍坑、信丰鹅公头、全南小慕和于都峡山等地丰富的植物化石，自下而上划分为5个组合带，即中泥盆世①*Psilophytites–Taniocrada*组合带、②*Protolepidodendron scharyanum–Barrandeina dusliana*组合带，晚泥盆世③*Leptophloeum rhombicum–Bothrodendron (Cyclostigma) kiltorkense*组合带、④*Leptophloeum rhombicum–Sublepidodendron mirabile*组合带和⑤*Sub. mirabile–Lepidodendropsis hirmeri–Hamatophyton verticillatum*组合带。

二、石炭系

江西石炭系分布广泛，发育良好。据各地沉积特征，全省石炭系划分为4个地层小区（图2-3-2），即九江地层小区、玉山地层小区、莲花－龙南地层小区和永丰－于都地层小区。

1. 九江地层小区

该地层小区主要分布于修水、武宁、瑞昌、九江和彭泽一带。区内石炭系发育不全，下统下部见有少量残存的擂鼓台组（D_3C_1l）跨时单位，晚期缺失。上统为碳酸盐岩建造，称黄龙组，其下部主要是白云质灰岩和白云岩，产䗴类、珊瑚化石；上部为厚层状灰岩，含大量䗴类化石。

2. 玉山地层小区

该地层小区分布于铅山、上饶、玉山和广丰等地。石炭系缺失下统，上统岩性变化较大，可划分为藕塘底组和黄龙组，两者为同期异相。藕塘底组主要分布于铅山至广丰一带，以海相碎屑岩为特点，岩性以少量砂岩、钙质粉砂岩及钙质泥岩为主，夹少量白云岩、灰岩和硅质岩，底部的砂砾岩中含铁、锰质，产䗴类、珊瑚和腕足类等化石。黄龙组见于上饶坑口、枫岭头一带，岩性以生物碎屑灰岩、微晶灰岩为主，夹少量白云岩及硅质结核，富产䗴类化石。

3. 莲花－龙南地层小区

该地层小区主要分布于赣西南湘赣边界地区（图2-3-2）。区内石炭系发育齐全，下统下部为杨家源组，主要为灰岩、泥灰岩、白云岩，夹少量页岩和石膏，产珊瑚、腕足类化石；下统上部为梓山组、梓门桥组或上西坑组，为海陆交互相的碎屑岩含煤沉积及碳酸盐岩、硅质岩建造。灰岩中产珊瑚、腕足类化石。煤系地层中产植物和腕足类化石。上统黄龙组岩性为白云岩、灰岩，产蜓类、珊瑚化石。

4. 永丰－于都地层小区

该地层小区几乎占据江西的东半部（图 2-3-2）。区内石炭系地层俱全。华山岭组（跨代），岩性为石英质砾岩、砂岩及砂质泥岩，产植物化石，缺海相夹层，显示陆相沉积。平行不整合覆于其

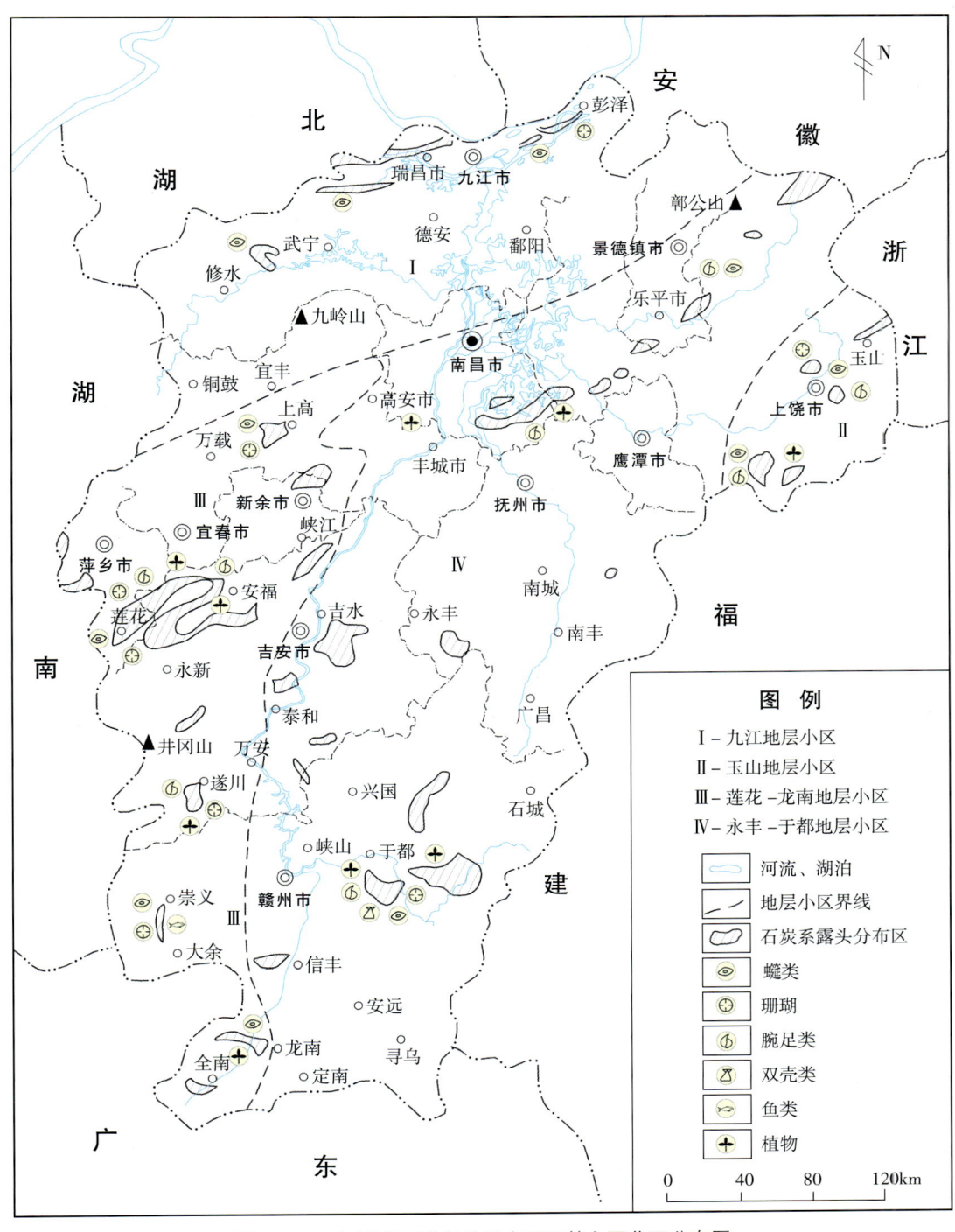

图 2-3-2　江西省石炭纪地层小区及其主要化石分布图

上的梓山组较为发育，在于都三门滩出露较好，为一套以陆相为主的海陆交互相含煤岩系，是赣南重要的含煤地层，产丰富的植物化石及少量腕足类化石。上统与江西省内其他地区情况相似，为碳酸盐岩建造，以产丰富的䗴类化石为特征，伴有少量珊瑚化石。

综上所述，下石炭统，除玉山地层小区未见沉积外，其余3个地层小区均有不同程度的沉积，以陆相碎屑岩为主，产丰富的植物化石，自下而上可建立3个植物化石组合带，即 *Sublepidodendron mirabile-Lepidodendropsis hirmeri* 组合带、*Archaeocalamites scrobiculatus-Cardiopteridium spetsbergense* 组合带和 *Neuropteris gigantean-Mariopteris* 组合带。上统沉积除饶南地区的藕塘底组为碎屑岩夹白云岩及灰岩透镜体外，其他地区均为碳酸盐相沉积，产丰富的䗴类化石，自下而上可建立6个䗴类化石带，即 *Eostaffalla* 顶峰带、*Millerella marblensis* 延限带、*Pseudostaffella* 延限带、*Profusulinella* 顶峰带、*Fusulina-Fusulinalla* 组合带、*Triticites* 组合带。

三、二叠系

江西省二叠系分布广泛（图2-3-3），发育齐全，岩性以碳酸盐岩为主，其次为碎屑岩系。各地二叠系沉积岩相有所不同，可进一步划分为修水-九江、上高-高安、乐平-萍乡-信丰3个地层小区。

1. 修水-九江地层小区

该地层小区分布于修水—九江—彭泽一带，下统缺失，中、上统发育齐全。其中，中统除底部有少量不太发育的梁山组煤系外，其上栖霞组、小江边组和茅口组均有出露，主要为碳酸盐岩沉积，产䗴类、珊瑚和腕足类化石；上统岩性以灰岩为主，夹少量硅质岩，底部龙潭组煤系地层不太发育。乐平地区乐平组的中、上部老山段（部分）、狮子山段和王潘里段的碎屑岩系到本区相变为一套含燧石结核的碳酸盐岩沉积，称吴家坪组，产䗴类、珊瑚化石。

2. 上高-高安地层小区

该地层小区分布不广，主要见于宜春、上高和高安等地区，二叠系发育完整，以海相碳酸盐岩建造为主，夹海陆交互相含煤碎屑岩沉积建造。下统马平组在高安鸡公岭剖面的灰岩中，产大量 *Pseudoschwagerina* 带和 *Sphaeroschwagerina* 带化石，是江西马平组的次层型剖面。中统梁山组、栖霞组、小江边组、茅口组或鸣山组的岩性组合特征和区域上的相似，岩性多为灰岩、含燧石结核灰岩和泥岩，富产䗴类、腕足类和珊瑚化石。梁山组煤系地层在区内出露不多，为一套石英砂岩、粉砂岩、泥岩夹生物碎屑灰岩及煤层，产腕足类和植物化石，厚约10m。上统岩性组合分为3部分：下部龙潭组为细碎屑岩夹煤层，产植物化石，厚度一般小于10m；中部七宝山组仅分布于锦江流域，上高是建组的层型地，为一套以深灰色硅质岩为主，夹钙质泥岩、泥灰岩和细砂岩的沉积岩，产䗴类、珊瑚、菊石等化石；上部长兴组整合覆于七宝山组之上，岩性以碳酸盐岩沉积为主，局部含硅质岩和燧石结核，产䗴类、珊瑚和腕足类等化石。

3. 乐平-萍乡-信丰地层小区

该地层小区分布于江西中、南部的广大地区，二叠系发育良好。下统为马平组，中统为梁山组、栖霞组、小江边组、茅口组、鸣山组、车头组，上统为长兴组或大隆组。与上述两个地层小区相似，所不同的是小江边组和其上覆的车头组均为省内层型剖面地，地层发育较全。小江边组为一套灰黑色钙质泥岩、碳质页岩，夹灰岩透镜体及少量薄层泥灰岩，产䗴类、珊瑚、腕足类及菊石化石,厚度达 374m。车头组的创名剖面为于都县车头乡段屋剖面,岩性为以含磷铁硅质结核为特征的灰黑色硅、砂、泥质细碎屑岩沉积,下部夹透镜状灰岩及含锰灰岩,产菊石、䗴类、腕足类及植物化石。本区乐平是黄汲清(1932)所建"乐平组"的创名地,自下而上建立官山、老山、狮子山和王潘里 4 个岩性段,是一套海陆交互相的含煤碎屑岩建造,产植物、菊石、腕足类化石。其中,植物化石属华夏型大羽羊齿植物群,称 *Gigantopteris nicotianaefolia–Lobatanularia multifolia* 组合(李

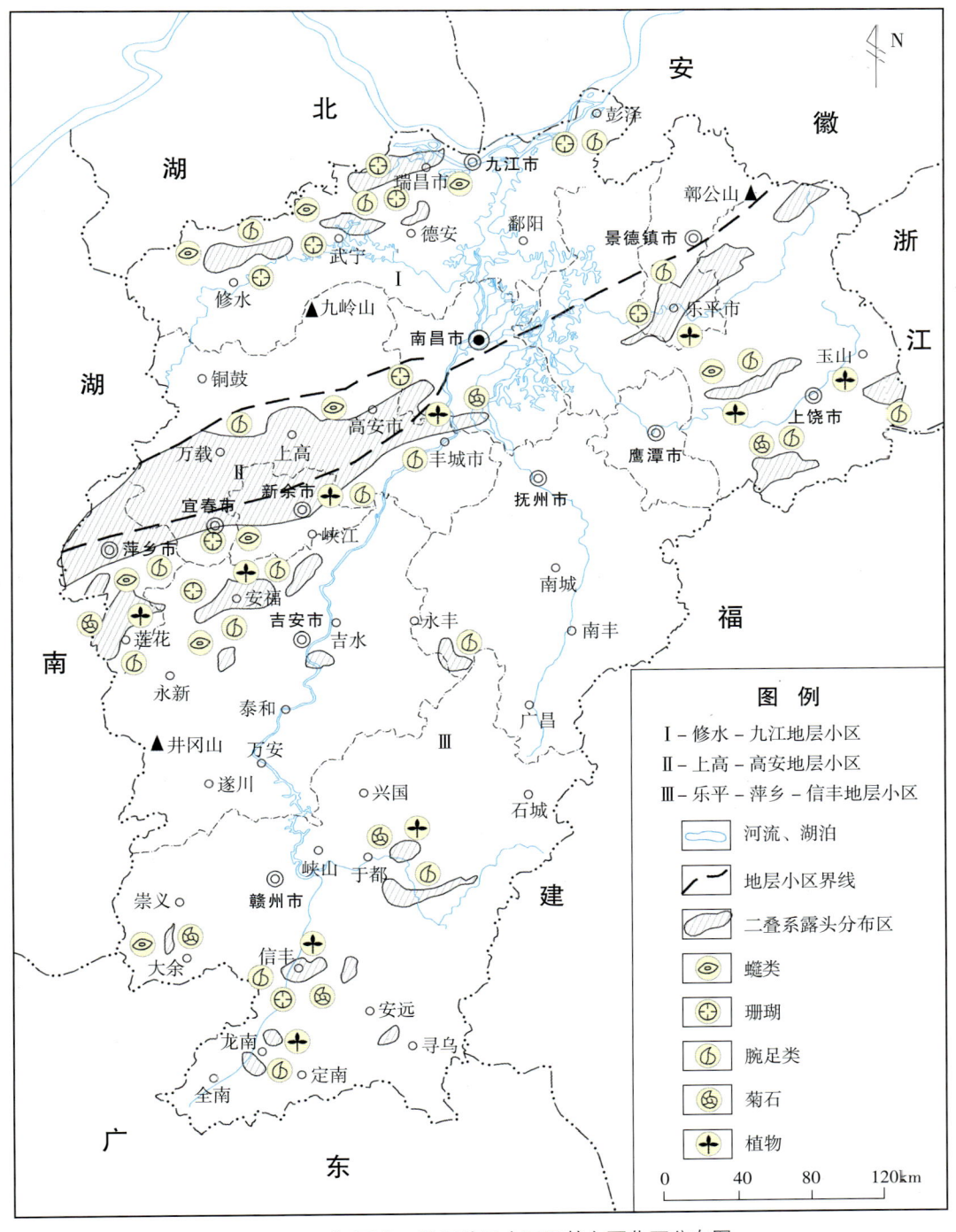

图 2-3-3　江西省二叠纪地层小区及其主要化石分布图

星学和蔡重阳，1979）；上饶、丰城和分宜等地晚二叠世乐平组的菊石化石非常丰富。据赵金科等（1978）研究，晚二叠世乐平组的菊石化石自下而上可划分为3个菊石带，即 *Anderssonoceras*（安德森菊石）-*Prototoceras*（前耳菊石）组合带、*Konglingites*（孔岭菊石）-*Araxoceras*（阿拉斯菊石）组合带、*Sanyangites*（三阳菊石）延限带。

江西晚二叠世长兴期的菊石化石个体较大，特征明显。赵金科等（1978）对瑞昌、莲花和崇义等地的大隆组或长兴组菊石进行了研究，建立了上、下两个带：下带称 *Tapashanites*（大巴山菊石）带，上带称 *Pseudotirolites*（假提罗菊石）-*Pleuronodoceras*（肋瘤菊石）带，是地层划分的重要依据。

第四节　中生界

一、下—中三叠统

江西省内早三叠世地层与晚二叠世晚期地层分布范围基本一致，分布较广（图2-4-1），为浅海相泥砂质-碳酸盐岩建造。中三叠世沉积面积较小，是海陆交互相泥砂质碎屑岩系。下、中三叠统各地岩性、岩相差异明显，可细化为萍乡-九江地层小区和信丰-上饶地层小区。

1. 萍乡-九江地层小区

该地层小区是以萍乡—新余—丰城—乐平一线为界的北部省内地区。下统三分：下部为殷坑组，岩性以灰黑色泥岩为主，夹少量灰岩、泥灰岩，产丰富的双壳类（*Claraia* sp.）和菊石化石（*Ophiceras* sp.、*Gyronites* sp.），在殷坑组的底部界线附近，产有晚二叠世—早三叠世混生动物群，主要是腕足类（*Crurithyris* cf. *lungtanica*、*Paryphella* sp.）和双壳类；中部青龙组岩性为中薄层状灰岩，产双壳类、牙形石等化石；上部周冲村组岩性主要为白云岩、白云质灰岩和白云质角砾岩，化石稀少。中统杨家群分布不广，区内见于万载大桥、宜春洪塘和高安英岗岭杨家等地，岩性为紫红色砂岩、粉砂岩和泥岩，含丰富的双壳类化石，主要有 *Elegantarca subareaca*、*Unionites spicatus*、*Eumorphotis* (*Asoella*) *paradoxica*、*Posidonia* cf. *ussurica*、*P. wengensis*、*Mytilus eduliformis* 等化石，还有少量叶肢介和古植物等化石。本组顶部在高安灰埠见与安源组不整合接触。

2. 信丰-上饶地层小区

该地层小区范围是萍乡-九江地层小区以南的赣东和赣南广大地区。区内下三叠统出露不多，零散见于上饶、安福、莲花、信丰和龙南等地，是一套以泥砂质为主的碎屑岩系，称铁石口组。岩性以黄褐色砂岩、粉砂岩为主，夹少量灰岩，产丰富的双壳类、菊石和牙形石等化石，自下而上可建立5个生物组合带，即 *Anchignathodus parvus*-*Crurithyris speciosa* 组合带、*Hypophiceras*-*Claraia wangi* 组合带、*Neospathodus dieneri*-*Claraia stachei* 组合带、*Flemingites*-*Eumorphotis multiformis*-*Claraia aurita* 组合带和 *Tirolites*-*Neospathodus homeri*-*Pteria* cf. *murchisoni* 组合带等。下—中统杨家组仅见于上饶地区，岩性岩相和萍乡-九江地层小区相似。

二、上三叠统—侏罗系

江西省上三叠统—侏罗系，除上侏罗统缺失外，其余地层均有沉积（表2-0-1），但出露零

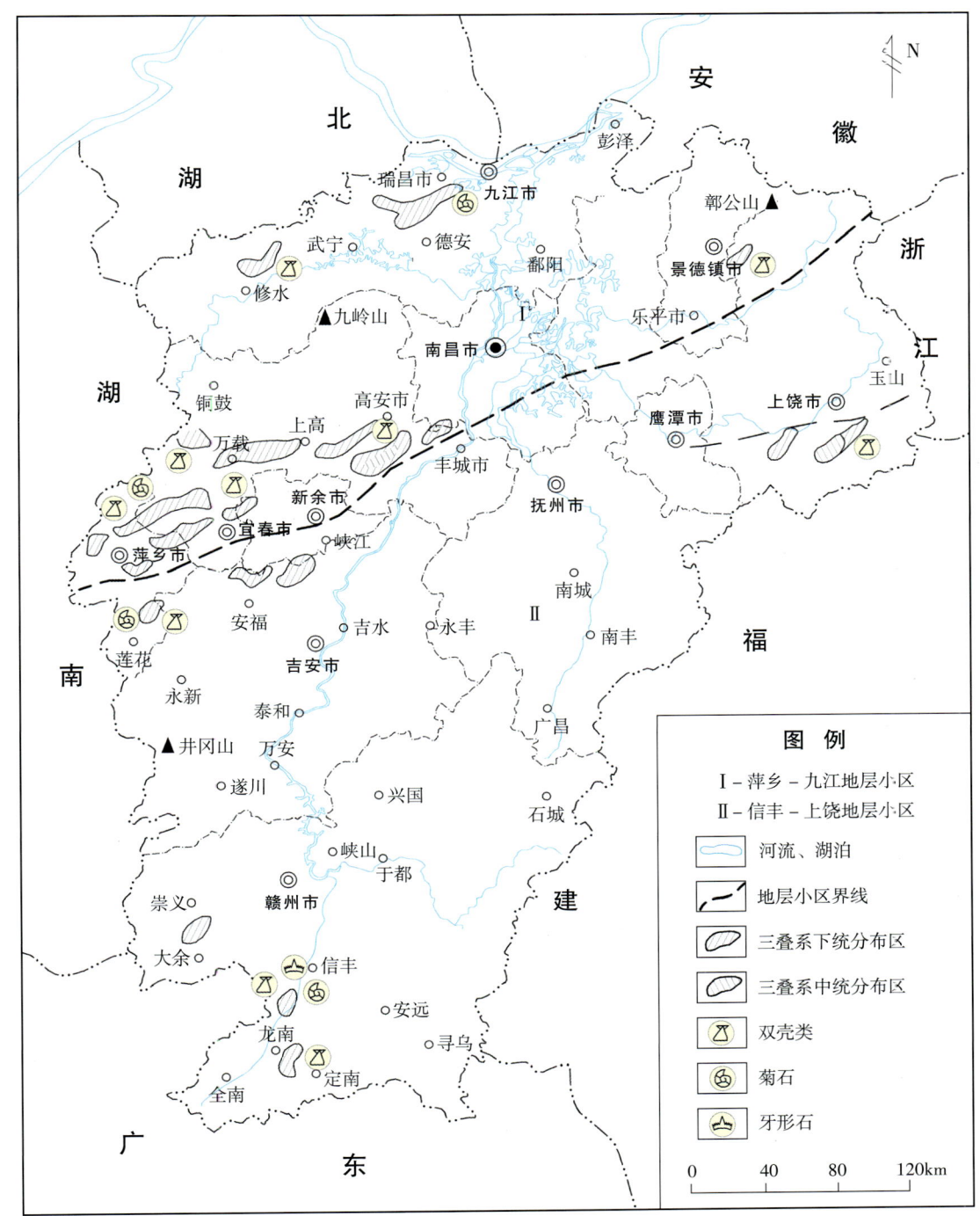

图 2-4-1　江西省早、中三叠世地层小区及其主要化石分布图

星，分布不均。

上三叠统主要有安源组和天河组。

安源组：主要分布于萍乡—乐平一带，出露齐全，自下而上划分为紫家冲段、三家冲段和三丘田段，为一套以陆相为主的海陆交互相的含煤沉积，即著名的"安源煤系"。岩性主要为砾岩、砂岩、粉砂岩、泥岩、碳质页岩夹煤层，产海相双壳类和植物化石。其中，紫家冲段和三丘田段产有

保存完好的植物化石中华叉羽叶、羽毛侧羽叶、大网羽叶和鳞羊齿等，为晚三叠世的标准分子，即著名的"安源组植物群"。三家冲段和三丘田段中含大量滨海-潟湖相的晚三叠世双壳类，以 *Bakevellia* cf. *hekiensis*、*Bakevellia* cf. *monobaensis*、*Trigonodus* sp.、*Waagenoperna* sp.和 *Unionites* sp. 等的大量出现为特征。本组是江西重要的产煤地层之一。

天河组：分布不广，以吉安天河最为发育，为一套河流相至沼泽相碎屑岩含煤沉积。岩性为灰黑色细砂岩、页岩夹煤层，产植物化石。

上三叠统—下侏罗统主要有多江组、安塘组和赖村组。

多江组、安塘组和赖村组均属印支运动后形成的断陷盆地中的碎屑岩含煤地层，所不同的是多江组中产半咸水双壳类（*Lilingella simplex*、*Myophoriopis* cf. *acyrus*、*Unionites* cf. *minimus* 等）和植物化石。安塘组中的碎屑岩含火山碎屑物，局部夹橄榄玄武岩，同时具可采煤层，产大量晚三叠世—早侏罗世的跨时代植物化石，尤以硅化木成群产出为特色。赖村组主体岩性偏粗，由杂色厚层砾岩、杂砂岩和粉砂岩组成，产淡水双壳类（*Ferganoconcha* sp.）和植物化石。

下侏罗统主要有水北组、菖蒲组。

水北组：广泛分布于江西省各地区，为一套以河流相为主的陆相沉积，岩性为长石石英砂岩、粉砂岩夹泥岩，产植物和淡水双壳类化石（*Tutuella* cf. *rotunda*、*Sphaerium* sp.等）。

菖蒲组：本组仅分布于赣南的龙南、全南和寻乌等地，为一套由喷发-沉积相的流纹质凝灰岩、凝灰质砂岩与玄武岩等组成的地层体，具双峰式特征，产少量植物化石。其形成时代过去一直争论较多：江西区测队（1970）与广东对比，称"余田群"，将其时代定为早侏罗世。后来研究者们又在1973年于寻乌地区获得叶肢介（*Bairdestheria*）和古植物化石（*Frenelopsis*、*Elatocladus* 等）。结合邻区对比，将其时代归为晚侏罗世。《中国区域地质志·江西志》（江西省地质矿产勘查开发局，2017）中研究者根据菖蒲组玄武岩的同位素年龄资料［（191.9±2.2Ma）、（195.2±2.8Ma）］，将其时代又改为早侏罗世，本书从之。

中侏罗统主要有罗坳组或漳平组。

罗坳组、漳平组为同物异名，在江西省内零星出露于吉水、上饶和于都等地，整合或假整合于水北组之上，属内陆河流、湖泊相山间盆地沉积。岩性为一套以紫红色为主的杂色砂岩、粉砂岩、泥岩、凝灰质粉砂岩和沉凝灰岩等，构成韵律层，反复出现，底部为砾岩、砂砾岩。产淡水双壳类［*Lamprotula*（*Eolamprotula*）cf. *cremerei*、*Psilunio* cf. *gigantens*、*Cuneopsis sichuanensis*、*Jishuiconcha* sp.、*Pseudocardinia* sp.］和少量叶肢介化石。

三、白垩系

江西白垩系分布广泛，岩石类型多样。下统下部发育中酸性火山岩，上部为杂色陆相沉积的碎屑岩；上统属内陆断陷盆地沉积，沉积了一套紫红色巨厚层、厚层状碎屑岩系。根据沉积特征及地层分布，以遂川—南城一线为界，江西白垩系划分为南、北两个地层小区（图2-4-2），北为吉安-德兴地层小区，南为赣州-南丰地层小区。

1. 吉安-德兴地层小区

该地层小区白垩系发育齐全（表2-0-1），主要分布于吉安、萍乡、上饶、德兴和修水等地。下白垩统广泛分布于萍乡-乐平坳陷带，其下部火山岩系划分为打鼓顶组和鹅湖岭组，为一套以中

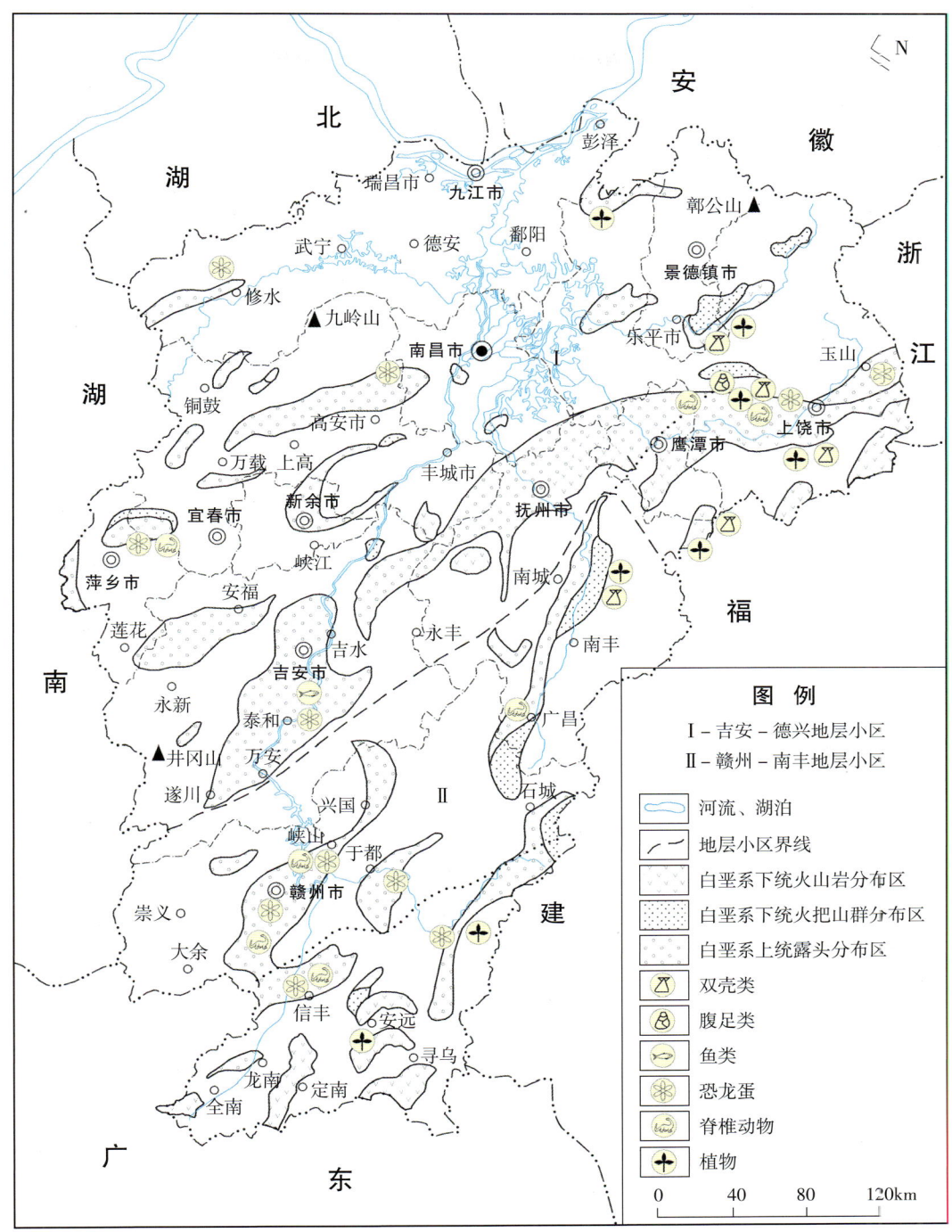

图 2-4-2 江西省白垩纪地层小区及其主要化石分布图

酸性火山熔岩流和灰流相为特点的喷发-沉积建造，构成流纹岩-安山岩-英安岩系列，分布于相山、东乡、铅山和北武夷山 4 个岩区，在沉积岩夹层中含有叶肢介和植物化石。东乡火山岩区发育齐全，研究程度较详细。打鼓顶组进一步划分到段，自下而上为如意亭段、周家源段、花草尖段、王桥段、虎岩段和梧溪段，喷发层序清楚。下白垩统火把山群主要分布于弋阳、玉山和德兴等地。火把山群石溪组岩性以中酸性火山碎屑岩为主，间夹砂岩、粉砂岩，产植物和双壳类化石；火把山群水坞组为河流相、湖泊相杂色碎屑岩系，由砂砾岩、砂岩、粉砂岩和泥岩组成韵律层，反复出现，含丰富的双壳类［*Trigonioides*、*Nakamurania*］、叶肢介（*Yanjiestheria*、*Orthosteria*)、鱼（*Mesoclupea showchangensis*）及腹足类、植物等化石。

上白垩统下部赣州群主要分布于吉安、萍乡、德兴和信江流域。赣州群下部茅店组岩性为紫红色砂砾岩、砂岩、粉砂岩，局部夹橄榄玄武岩，岩石中普遍含有凝灰质和钙质；上部周田组以猪肝色、紫红色细碎屑岩为主，中部夹有灰绿色泥岩、粉砂岩、石膏、芒硝和岩盐，产大量介形虫、叶肢介、腹足类和植物化石。

平行不整合于赣州群之上的上白垩统上部的龟峰群主要分布于信江流域、德兴、吉安、清江和宜丰等几个红层盆地，自下而上可划分为河口组、塘边组和莲荷组，岩性为一套砖红色、紫红色巨厚层—厚层状砾岩、砂砾岩、钙质砂岩和粉砂岩，呈互层出现，产恐龙蛋化石。

2. 赣州－南丰地层小区

该地层小区白垩系发育齐全，沉积特征与吉安－德兴地层小区相似，所不同的是赣州－南丰地层小区的下白垩统下部的火山岩系称鸡笼嶂组，分布在龙南、信丰、安远和寻乌等地，岩性以火山碎屑流相的流纹质、英安质熔结凝灰岩为主，其次为凝灰质砂岩、凝灰岩，夹少量安山岩、流纹岩，构成喷溢－灰流建造，产少量植物和叶肢介化石；上部的火把山群不太发育，零星见于龙南、信丰等地，岩性与吉安－德兴地层小区相似，但两个地层小区上白垩统的含矿性及所产化石的丰富程度显著不同。北区信江盆地周田组产大型石膏矿；南区会昌盆地周田组产大型岩盐矿。赣州红层盆地上白垩统中以产大量恐龙（如中华赣南龙、赣州江西龙、虔州龙和南康龙等）及其蛋化石为特点，数量之多、保存之完整闻名国内外。尚需说明的是，有关恐龙蛋化石的属、种名称，江西省内过去一些资料、文献，多沿用杨钟健（1965）所命名的名称。之后，赵资奎（1975，1979）将杨钟健所命名的恐龙蛋化石的原有标本进行了更加深入的显微结构及外部形态特征研究，提出了一套新的分类体系，规定"属名"的"后缀"一律用"*Oolithes*"。从此，赵资奎的恐龙蛋化石分类体系广为应用并沿用至今。本书采用赵资奎的恐龙蛋化石分类方案，同时，对江西省内有关资料进行了订正。

第五节　新生界

一、古近系

江西古近系发育较全，分布于江西省各地大小不等的10余个红层盆地中，为一套陆相或以陆相为主的红色碎屑岩系，间夹膏盐的杂色层，产大量脊椎动物及腹足类、介形虫、轮藻和孢粉化石。各地沉积环境不同，其岩性特征和生物群面貌也不一样，故各大型盆地分别建立岩石地层单位。其中，以池江、清江和武宁等盆地研究较详细，分别概述如下。

池江盆地：下部称池江组，上部称下虎组。池江组岩性为紫红色粉砂质泥岩，间夹少量砂岩及灰绿色钙质结核，底部为含砾砂岩，与下伏龟峰群呈整合或假整合接触。产有脊椎动物、介形类、腹足类、轮藻和孢粉化石。其中，脊椎动物化石甚为丰富，有 *Bemalambda shizikouensis*、*Asiostylops spanios*、*Archaeolambda* sp.、*Allostylospericonitus*、*Ganolophus lanikenensis*、*Hsiuannania* sp. 等化石，常见于我国的古新系。孢粉化石经孙湘君（1980）研究，自下而上可划分为 4 个组合：①栎粉 – 榆粉优势组合；②榆粉 – 南岭粉优势组合；③凤尾蕨孢 – 榆粉优势组合；④麻黄粉优势组合。下虎组为棕红色泥岩夹灰绿色、灰黑色泥岩、粉砂岩，产哺乳类、介形类、轮藻和孢粉等化石。哺乳类化石为恐角兽类分子 *Phenaceras lacustris*（湖泊伪角兽）和 *Ganatherium austrialis*（南方赣南兽）。孢粉组合以小栎粉 – 小三孔沟粉为优势组合，显示温暖、湿润气候。

清江盆地：下部称新余组，上部称临江组。新余组主要为紫红色砂岩、含砾砂岩，往上泥岩增多，夹有灰绿色细砂岩及钙质结核。在樟树附近见有泥灰岩、芒硝、硬石膏和岩盐。新余组下部产爬行类 [*Crocodilus* sp.（鳄）、*Emys* spp.（水龟）、*Anosteira* sp.（无盾龟）、*Trionyx* spp.（鳖）]、哺乳类 [? *Probathyopsis sinyüensis*（新余恐角兽）、*Coryphodon ninchiashanensis*（宁家山恐角兽）、? *Heptodon* sp. 及 *Xinyüictis tenuis*（细巧新余兽）] 等化石。临江组以棕红色、灰黑色泥岩为主，夹粉砂岩及油页岩，产鱼（*Leuciscns* sp.、*Linchiangus* sp.、*Aoria* sp.、*Tungtingichthys gracilis* 等）、介形虫、植物等化石。

武宁盆地：古近系称武宁群，岩性以紫红色砂砾岩、砂岩为主，夹有粉砂岩、泥岩、隐晶质灰岩及薄层石膏，产介形虫、腹足类、轮藻及虫管化石。

二、新近系

江西新近系下部称头陂组，上部称黄桥组，两者未见直接接触关系，据其岩性特征及古生物群所示时代序次来确定两者的上下层序。

头陂组零星见于广昌、南丰、永丰和吉安等地，岩性主要由砾岩、砂砾岩、砂岩、粉砂质泥岩和凝灰质粉砂岩等组成。在广昌头陂，夹硅藻黏土岩，局部富集成硅藻土矿层，产植物化石，多为新近纪常见的属类，如 *Acer*、*Quercus*、*Aesculus*、*Magnolia* 及 *Hamamelis* 等。另外，还富含孢粉化石，自下而上可建立 2 个组合带：①*Chenopodipollis–Quercoidites* 组合带；②*Quercoidites–Liquidambarpollenites* 组合带。

黄桥组主要见于吉水黄桥附近，岩性为褐黑色泥炭、有机黏土、夹砂、砾石层，岩石固结较差，含丰富的孢粉化石，可称为 *Quercoidites–Cyclobalanopsis* 组合带。

三、第四系

江西第四系分布广泛，沉积类型齐全，有河湖、残坡积、冰川及洞穴堆积等类型。河湖型和残坡积型堆积分布广泛，见于省内各主要水系河谷、湖泊平原地区，岩性一般为砂砾层、亚砂土和亚黏土层，产孢粉化石。冰川型以庐山最为发育，有冰碛、冰水、冰缘沉积。洞穴型堆积主要分布于古生代的石灰岩洞穴中，较为典型的洞穴堆积有：龙南县城北早更新世的红岩河堆积，产牛的牙齿和许多动物骨骼；信丰县极富中更新世的牛心岭洞穴堆积，产我国南方的"大熊猫 – 剑齿象动物群"的东方剑齿象、剑齿虎、印度象、豪猪、水牛、鹿等化石；乐平涌山洞晚更新世的涌山洞期洞穴堆积，产大熊猫、剑齿象、犀牛、水鹿、野兔和野猪等化石；万年大源全新世的仙人洞期较为发育，洞穴中发现的哺乳类动物化石，都是现存的种类，如羊、鹿、野猪、中国小灵猫、猫、鸡、鳖、螃蟹等，古老的种类已不见。

第三章 重要古生物化石产地

江西省自古元古代以来的各时代地层发育较全，地层剖面完整，含有丰富的古无脊椎动物、古脊椎动物、古植物、微体古生物和古遗迹化石，并以其分布广泛、演化明显、保存完好为特征。其中，部分古生物类群的发现及研究不仅具有重大的科学价值，而且具有更大的经济价值和社会影响。

据调查统计，全省已发现的较为重要和典型的古生物化石产地有 109 处（表 3-0-1）。其中，古无脊椎动物化石产地 36 处，古脊椎动物化石产地 48 处，古植物化石产地 14 处，古植物群及其他化石产地 11 处，部分具有全国性乃至世界性意义。现选择部分重要化石及其产地简介如下。

表 3-0-1　江西省重要古生物化石产地一览表

产地编号	产地名称	位置	主要化石类型	保护现状	保护级别
001	青草湖南华纪海相藻类化石产地	萍乡市	微古植物（藻类）	未保护	省级
002	柘林晚震旦世原始类水母化石产地	修水县	原始类水母	省级地质公园、亟待保护	国家级
003	高滩-水石寒武纪小型腕足类与双壳类化石产地	崇义县	小型无铰腕足类和小型双壳类	未保护	省级
004	观音堂早寒武世三叶虫化石产地	庐山市	三叶虫	未保护	省级
005	能坞早奥陶世多门类动物化石产地	广丰县	三叶虫、笔石、腕足类	未保护	省级
006	陈家坞早—中奥陶世笔石化石产地	玉山县	笔石	未保护	国家级
007	白家坞中—晚奥陶世笔石化石产地	玉山县	笔石	未保护	国家级
008	三学寺晚奥陶世多门类动物化石产地	玉山县	生物礁，造礁生物或附礁生物珊瑚、藻类、层孔虫、苔藓虫等	亟待保护	国家级
009	外村晚奥陶世多门类动物化石产地	玉山县	生物礁，造礁生物或附礁生物珊瑚、腕足类、头足类、三叶虫等	破坏较严重、亟待保护	国家级
010	王家坝晚奥陶世—早志留世多门类动物化石产地	玉山县	腕足类、腹足类	未保护	国家级
011	樟木曲奥陶纪笔石化石产地	崇义县	笔石	未保护	世界级
012	高草地晚奥陶世多门类动物化石产地	崇义县	珊瑚、腕足类、腹足类、笔石	未保护	国家级
013	乐观奥陶纪多门类动物化石产地	彭泽县	三叶虫、头足类、腹足类	破坏较严重	国家级

续表3-0-1

产地编号	产地名称	位置	主要化石类型	保护现状	保护级别
014	新开岭晚奥陶世多门类动物化石产地	武宁县	以三叶虫、笔石为主,次为腹足类、腕足类、双壳类	未保护	省级
015	汗江-石口晚奥陶世笔石动物化石产地	永新县	笔石	未保护	世界级
016	殿背早志留世多门类动物化石产地	武宁县	腕足类、双壳类、笔石	未保护	省级
017	梨树窝早志留世笔石化石产地	武宁县	笔石	未保护	省级
018	清水早志留世双壳类化石产地	修水县	双壳类	未保护	省级
019	夏家桥中志留世多门类动物化石产地	武宁县	腕足类、双壳类、三叶虫	未保护	省级
020	西坑中志留世鱼类化石产地	修水县	多鳃鱼类、盔甲鱼类	未保护	省级
021	独栏桥早志留世藻类化石产地	崇义县	微古植物(藻类)、几丁虫	国家森林公园	省级
022	铅厂早石炭世动、植物化石产地	崇义县	腕足类、植物	未保护	省级
023	峡山泥盆纪多门类动、植物化石产地	于都县	植物、鱼、腕足类、双壳类	未保护	省级
024	鹅公头泥盆纪硅化木产地	信丰县	硅化木、植物	已破坏	省级
025	上寨中泥盆世腕足类化石产地	高安县	腕足类	未保护	省级
026	高栋山晚泥盆世珊瑚化石产地	上高县	珊瑚、腕足类	破坏较严重	省级
027	双峰尖晚泥盆世植物化石产地	彭泽县	植物	未保护	省级
028	华山岭晚泥盆世—早石炭世植物化石产地	丰城市	植物	未保护	省级
029	洋湖晚泥盆世—早石炭世动、植物化石产地	永新县	腕足类、古植物	未保护	省级
030	杨家源早石炭世多门类动物化石产地	莲花县	珊瑚、腕足类	未保护	省级
031	麻山早石炭世腕足类化石产地	萍乡市	腕足类	未保护	省级
032	三门滩早石炭世动、植物化石产地	于都县	植物、腕足类、双壳类等	未保护	省级
033	叶家湾晚石炭世多门类动物化石产地	铅山县	蜓类、珊瑚、腕足类等	未保护	省级
034	芳湖晚石炭世蜓类与珊瑚化石产地	弋阳县	蜓类、珊瑚	未保护	省级
035	金鸡山石炭纪—二叠纪多门类动物化石产地	于都县	珊瑚、蜓类、菊石	破坏严重、亟待保护	省级
036	鸡公岭早二叠世珊瑚、蜓类化石产地	高安市	蜓类、珊瑚	亟待保护	省级
037	小江边中二叠世动物化石产地	安福县	腕足类、菊石、蜓类	亟待保护	省级
038	甲路坞中二叠世腕足类化石产地	乐平市	腕足类	破坏严重	省级
039	车头中二叠世动、植物化石产地	于都县	腕足类、腹足类、头足类、植物	未保护	省级

续表3-0-1

产地编号	产地名称	位置	主要化石类型	保护现状	保护级别
040	大桥晚二叠世植物化石产地	信丰县	植物	待保护	省级
041	仙姑岭晚二叠世动、植物化石产地	丰城市	植物、腕足类、菊石等	未保护	省级
042	付山晚二叠世多门类动物化石产地	德安县	腕足类、蟹类、珊瑚	未保护	省级
043	石岭下晚二叠世多门类动物化石产地	修水县	腕足类、蟹类、珊瑚	未保护	省级
044	铁石口早三叠世双壳类与菊石化石产地	信丰县	双壳类、菊石	未保护	省级
045	相城早三叠世双壳类与菊石化石产地	高安市	双壳类、菊石	未保护	省级
046	杨家早—中三叠世双壳类化石产地	高安市	双壳类	未保护	省级
047	安塘晚三叠世硅化木化石产地	吉安县	植物、硅化木	破坏严重	国家级
048	封山恒晚三叠世植物化石产地	吉安县	植物	未保护	省级
049	安源晚三叠世动、植物化石产地	萍乡市	植物、双壳类	国家矿山公园	国家级
050	多江晚三叠—早侏罗世动、植物化石产地	万载县	双壳类、植物	未保护	省级
051	楼下晚三叠—早侏罗世植物化石产地	吉安县	植物	未保护	省级
052	赖村晚三叠—早侏罗世动、植物化石产地	宁都县	双壳类、植物	未保护	省级
053	毛宅早侏罗世硅化木化石产地	玉山县	硅化木	省级重点文物保护单位	国家级
054	水北早侏罗世植物化石产地	新余市	植物、双壳类	未保护	省级
055	文峰早侏罗世硅化木产地	吉水县	硅化木	亟待保护	省级
056	罗坳中侏罗世双壳类化石产地	于都县	双壳类	破坏严重	省级
057	火把山早白垩世植物化石产地	弋阳县	植物	未保护	省级
058	冷水坞早白垩世植物化石产地	弋阳县	植物	未保护	省级
059	军山早白垩世硅化木化石产地	乐平市	硅化木	亟待保护	省级
060	名口早白垩世硅化木化石产地	乐平市	硅化木	亟待保护	省级
061	源南晚白垩世恐龙蛋化石产地	芦溪县	恐龙蛋	已破坏	省级
062	葛溪晚白垩世恐龙蛋化石产地	芦溪县	恐龙蛋	已破坏	省级
063	文门坳晚白垩世恐龙蛋化石产地	萍乡市	恐龙蛋	已破坏	省级
064	萍乡卫校晚白垩世恐龙蛋化石产地	萍乡市	恐龙蛋	已破坏	省级
065	长溪晚白垩世恐龙蛋化石产地	萍乡市	恐龙蛋	已破坏	省级

续表3-0-1

产地编号	产地名称	位置	主要化石类型	保护现状	保护级别
066	院冲晚白垩世恐龙蛋化石产地	萍乡市	恐龙蛋	已破坏	省级
067	横板晚白垩世恐龙蛋化石产地	萍乡市	恐龙蛋	亟待保护	省级
068	观丰晚白垩世恐龙化石产地	萍乡市	恐龙蛋、恐龙骨骼	已破坏	省级
069	高坑晚白垩世恐龙蛋化石产地	萍乡市	恐龙蛋	已破坏	省级
070	萍乡煤校新区晚白垩世恐龙蛋化石产地	萍乡市	恐龙蛋	已破坏	省级
071	白源晚白垩世恐龙蛋化石产地	萍乡市	恐龙蛋	已破坏	省级
072	龙岭晚白垩世爬行动物化石产地	南康区	恐龙蛋、恐龙骨骼、龟鳖类	已破坏	世界级
073	贝山恐龙化石产地	南康区	恐龙蛋、恐龙骨骼	亟待保护	国家级
074	蓉江晚白垩世恐龙蛋化石产地	南康区	恐龙蛋	亟待保护	省级
075	龙华晚白垩世恐龙蛋化石产地	南康区	恐龙蛋	已破坏	省级
076	五里亭晚白垩世爬行动物化石产地	赣州市	恐龙蛋、恐龙骨骼、龟鳖类	已破坏	世界级
077	沙河工业园晚白垩世爬行动物化石产地	赣州市	恐龙蛋、恐龙骨骼、龟鳖类	已破坏	省级
078	吉埠晚白垩世恐龙化石产地	赣州市	恐龙蛋、恐龙骨骼	亟待保护	世界级
079	蟠龙晚白垩世恐龙蛋化石产地	赣州市	恐龙蛋	已破坏	省级
080	湖边晚白垩世恐龙蛋化石产地	赣州市	恐龙骨骼、恐龙蛋	已破坏	省级
081	陈坑晚白垩世恐龙蛋化石产地	赣县	脊椎动物、恐龙蛋化石	亟待保护	省级
082	茅店晚白垩世恐龙蛋化石产地	赣县	恐龙蛋	已破坏	省级
083	梅林晚白垩世恐龙骨骼化石产地	赣县	恐龙骨骼	已破坏	省级
084	青峰药厂晚白垩世龟鳖类化石产地	赣州市	龟鳖类	亟待保护	省级
085	池江晚白垩世恐龙蛋化石产地	大余县	恐龙蛋	待保护	省级
086	柏树芫晚白垩世恐龙化石产地产地	信丰县	恐龙蛋、恐龙骨骼	亟待保护	省级
087	寨脚下晚白垩世恐龙化石产地	会昌县	恐龙蛋、恐龙骨骼	未保护	省级
088	龙溪恐龙骨骼化石产地	广昌县	恐龙骨骼	已设置保护纪念碑	国家级
089	螺溪晚白垩世恐龙蛋化石产地	泰和县	恐龙蛋	未保护	省级
090	祥符晚白垩世恐龙蛋化石产地	高安市	恐龙蛋	亟待保护	省级
091	董团晚白垩世恐龙骨骼化石产地	上饶县	恐龙骨骼	已破坏	省级

续表3-0-1

产地编号	产地名称	位置	主要化石类型	保护现状	保护级别
092	凤岭头晚白垩世恐龙蛋化石产地	上饶县	恐龙蛋	已破坏	省级
093	滨江晚白垩世恐龙骨骼化石产地	贵溪市	恐龙骨骼	待保护	省级
094	三都晚白垩世恐龙蛋化石产地	修水县	恐龙蛋	未保护	省级
095	金山晚白垩世恐龙蛋化石产地	玉山县	恐龙蛋	已破坏	省级
096	池江坳古近纪脊椎动物哺乳类化石产地	大余县	桥头江西中兽、滥泥坑赣脊兽、大余古脊齿兽、池江南岭兽、狮子口阶齿兽、南方赣南兽等哺乳动物化石	未保护	国家级
097	青龙古近纪脊椎动物哺乳类化石产地	大余县	丁氏阶齿兽	未保护	国家级
098	渚塘古近纪腹足类化石产地	樟树市	腹足类、介形类	未保护	省级
099	宁家山古近纪脊椎动物哺乳类化石产地	新余市	新余恐角兽、宁家山冠齿兽、细巧新余兽、鳄、水龟、鳖、无盾龟等脊椎动物化石	破坏较严重	国家级
100	王埠古近纪介形虫与腹足类化石产地	武宁县	腹足类、介形虫	未保护	省级
101	头陂新近纪植物化石产地	广昌县	植物	未保护	省级
102	玉石岩第四纪哺乳动物化石产地	龙南县	鹿类的牙齿、哺乳动物的骨骼	省级重点文物保护单位	省级
103	岩前第四纪哺乳动物化石产地	于都县	大熊猫、中国犀、巨貘、鳖、竹鼠、野猪、鹿、獐、蝙蝠、牛等古脊椎动物化石	已破坏	省级
104	独石子第四纪古动物化石产地	瑞金市	剑齿象、貘、野猪、牛等古脊椎动物残牙、残骨	待保护	省级
105	狮岩第四纪古脊椎动物化石产地	万安县	古脊椎动物的臼齿、獠牙、门牙、股骨等	待保护	省级
106	石屋洞第四纪灵长类古动物化石产地	安福县	剑齿象、犀牛、鹿、狗、熊、竹鼠等11种哺乳动物化石	已破坏	省级
107	洪阳洞第四纪剑齿象骨骼化石产地	分宜县	剑齿象骨骼和其他哺乳动物的牙床、腿骨等	已破坏	省级
108	涌山洞第四纪哺乳动物化石与古人类文化遗址	乐平市	大熊猫－剑齿象动物产地和原始人使用的工具——石英质石片	省级重点文物保护单位，亟待保护	省级
109	仙人洞第四纪全新世古动物化石与古人类文化遗址	万年县	兽骨化石有鹿、猪、鸡、兔、野狸、鼬和鱼、鳖等；人工制品有石、陶、骨、蚌器等四大类	省级地质公园	国家级

第一节 震旦纪晚期的原始类水母化石产地

江西已知的原始类水母化石产于赣北永修柘林晚震旦世皮园村组（Z_2p）硅质岩层内，并有多个化石层位。原始类水母化石数量之多、个体之大、保存之完好，形态之完整实为罕见，是江西省迄今为止发现的最为古老的海洋动物化石（约 5.4 亿年前）。

化石多沿硅质岩层面分布，大小不一，一般直径 8~10cm，最大达 18cm；化石密度约 5 个/m²；化石纹饰清晰，个体多呈五角、六角等多角等轴的星花状，属印模类化石。经中国地质大学（北京）杨式溥教授鉴定为 *Protomcdusa*（原始类水母属）。该化石群可与南澳弗林德斯地区的"埃迪卡拉生物群"和三峡地区晚震旦世"石板滩生物群"中的水母类化石相类比，是同阶段不同地点的变种。

第二节 早古生代多门类动物化石产地

一、寒武纪三叶虫化石产地

江西的三叶虫化石属种繁多、分布广泛，主要出现在寒武纪，晚寒武世达到极盛，此后逐渐衰退，延续到二叠纪末期时绝灭。

省内赋含三叶虫化石的寒武纪地层主要见于赣北、赣东北地区，产出地点有九江市修水、武宁、庐山、星子、德安、彭泽和上饶市广丰、玉山等地。化石产出层位众多，但化石丰度不高，保存完整程度也欠佳。其中，发现最早、最具代表性及具断代意义的三叶虫化石是李四光（1931）在庐山南麓庐山市隘口观音堂所发现的莱得利基虫（*Redlichiachinensis*），所产化石的地层被创名为"观音堂页岩"，地层地质时代被确定为早寒武世（现归属中寒武世）。此外，在彭泽乐观、德安葛峰一带中、晚寒武世地层中，产大量球结子类三叶虫化石。

二、奥陶纪以珊瑚为主的多门类动物化石产地

（一）玉山县外村晚奥陶世多门类动物化石产地

玉山县下镇外村剖面为江西省内三衢山组次层型。三衢山组下部为灰白色厚层灰岩，向上变化为灰色、灰黑色泥质条带灰岩、泥质灰岩夹页岩或页岩夹不规则状灰岩的沉积，产丰富的珊瑚、头足类、腕足类、层孔虫、三叶虫、钙藻等化石，为一群造礁生物或附礁生物组合，常形成礁滩。

该剖面生物门类十分丰盛，如珊瑚在剖面中共有 23 属 86 种，床板珊瑚和日射珊瑚各占一半，为我国同期地层所罕见，也是我国同期地层化石（特别是珊瑚化石）最丰富、研究最为详细的生物地层剖面之一，可有效地进行地层划分对比。因此，林宝玉和邹新祜（1977）研究认为，玉山县下

镇外村剖面三衢山组是我国晚奥陶世晚期珊瑚化石最丰富最典型的层组，并视为"晚奥陶世床板珊瑚与日射珊瑚的一个标准地区"。

（二）玉山三学寺晚奥陶世多门类动物化石产地

该化石产地赋含化石的地层为晚奥陶世三衢山组，主体岩性为一套生物礁相和滩相生物灰岩夹灰黄绿色薄层状钙质泥岩。生物礁体造礁生物或附礁生物主要包括藻类、苔藓虫、层孔虫、珊瑚和腕足类等化石。生物礁灰岩主要是骨架灰岩、黏结灰岩；造架生物主要是复体珊瑚、苔藓虫和层孔虫及钙藻；黏结生物主要是蓝绿藻；附礁生物十分丰富，主要是腕足类和角石类。

2007年6月，由14个国家、26位科学家组成的科学考察团来到玉山县下镇三学寺考察地质剖面。加拿大劳伦斯大学教授保罗库柏认为："这是非常重要的化石遗迹，这个剖面含有四亿多年前独一无二的化石，虽然在中国有很多这种遗迹，但这里是非常早的，反映了四亿多年前的地质、生物情况，这些化石对我们解读四亿多年前的生物发展历史具有重要的科学意义。"

赣东北玉山晚奥陶世三衢山组产有珊瑚－层孔虫－苔藓虫－钙藻的小型生物礁，其中造礁生物床板珊瑚、日射珊瑚分异度较高，床板珊瑚称 *Agetolites-Agetolitela-Sarcimula* 动物群；日射珊瑚称 *Taeniolites-Proheliolites-Plasmopcrela* 动物群。其多样的生物类别及成礁性为揭示晚奥陶世大冰期事件前的生物圈及水圈面貌提供了重要证据。

三、奥陶纪—志留纪笔石动物化石产地

江西笔石化石广见于赣北、赣东北和赣中南等地，奥陶系—志留系的许多层位均有发现，化石数量丰富，属种繁多，分布密集，并形成了许多个"笔石页岩相"层位。具有典型和代表性意义的笔石群产地为玉山古城、崇义茅坪、永新县汗江－石口和武宁西垅。

（一）玉山古城奥陶纪笔石化石产地

江西玉山古城一带发育有完整的奥陶纪早中期地层剖面，化石产于宁国组、胡乐组页岩中，笔石化石丰富，序列清楚，分带齐全，为动物群分异的确切时间提供了证据。陈旭和韩乃仁（1964）、陈旭和杨达铨（1983）、肖承协和陈洪治（1991）经过研究，发现了"江南笔石属"，建立了17个连续的笔石带序列。经对比，笔石动物群具有典型的过渡性质，即以太平洋型的分子为主，大西洋型的典型分子也有出现，属介于太平洋型和大西洋型之间的混生型笔石动物群。

玉山县古城陈家坞剖面为江西省内宁国组次层型，是中国笔石序列最完整的剖面之一，曾被国际古生物学会列为重点考察剖面之一，并有8个国家的专家学者到现场考察。

（二）崇义茅坪奥陶纪笔石化石产地

崇义思顺茅坪化石剖面位于赣西南地区，是中国笔石分带最完整的标准剖面，所产笔石化石丰富，分带清晰，序列完整，属种多样。此外，1975年，肖承协和黄学涔发表了以崇义牛皮湾剖面为代表的9个笔石带，这9个笔石带组成了原宁国期笔石带完整的序列，是华南区原宁国期划分笔石带的基础。20世纪，李积金等在前人工作的基础上，对崇义早奥陶世笔石动物群进行了详细研究，系统地描述了崇义地区早奥陶世宁国期的笔石，涉及45属、7亚属、168种亚种，其中有3个

新种，将崇义地区早奥陶世宁国期笔石划分为10个笔石带，不仅可作为我国早奥陶世宁国期笔石序列的对比标准，而且可与国外同期笔石带进行精确对比。

总体而言，崇义地区早奥陶世宁国期笔石群与皖南、浙江、江西东北部宁国组笔石带相似，但更为齐全。笔石群的总面貌与大洋洲、北美洲同期的笔石群关系十分密切，同属一个动物地理区，即太平洋型笔石动物群。崇义地区早奥陶世宁国期笔石属种丰富，可作为太平洋型笔石动物群的典型代表。

（三）永新县汗江－石口奥陶纪笔石动物化石产地

该化石产地的古地理环境与茅坪剖面近同。剖面的笔石化石丰富，产有重要的笔石带化石。该笔石化石剖面是中国奥陶纪重要地层剖面，曾是我国奥陶系濂江阶和石口阶年代地层单位命名地，即奥陶系濂江阶和石口阶建"阶"标准剖面。

（四）武宁西坑志留纪笔石动物化石产地

该化石产地的化石剖面位于九岭山北坡修水流域的武宁县西坑，笔石化石产出于志留系页岩中，化石保存完好，已发现18个属141个种群。

上述产地丰富的笔石化石及完整的笔石生物带序列为大区域乃至全球性的生物地层和年代地层对比奠定了基础，提高了奥陶纪地层划分对比的精度，也为笔石相区的区域性年代地层划分对比提供了依据。我国笔石相区的区域性阶，如宁国阶、胡乐阶、玉山阶、濂江阶、石口阶正是依据这些地方的笔石化石群建立的。

四、志留纪以无颌鱼为主的多门类动物化石产地

无颌鱼是最早出现的原始鱼类，属于早期的脊椎动物，水生，没有上下颌骨，作为取食器官的口不能有效地张合，口如吸盘，不能咀嚼食物，摄食方法主要靠滤食海洋中的生物或微生物。比较肯定的无颌鱼化石发现于志留纪晚期，泥盆纪为其繁盛期，泥盆纪以后绝大部分无颌类均已绝灭。江西省志留纪鱼类动物群处于重庆秀山动物群之下，其出现代表了奥陶纪末生物大灭绝之后，全球脊椎动物的最早复苏与辐射演化。其研究对揭示早期无颌类的生物特征、习性、演化及生物古地理具有重要意义。

（一）武宁夏家桥中志留世多门类动物化石产地

该化石产地位于扬子地层区江南地层分区的武宁县夏家桥，化石产于中志留甘坑头组（原称"夏家桥组"）中。坑头组是"下红层"清水组与"上红层"茅山组之间的一套由灰绿色、黄绿色含钙泥质粉砂岩、粉砂质泥岩、含锰粉砂岩、含砾砂岩（底部常见）组成的岩石地层体。

坑头组三叶虫化石丰盛、保存完整，富含丰富的腕足类、双壳类等多门类生物化石。特别在剖面下部发现有无颌类鱼化石和植物化石碎片，是我国志留纪地层所罕见的，为区域地层对比、志留纪古地理环境研究等提供了重要物证。此外，区域上同期地层中也发现有丰富的动物化石，如修水三都澧溪等地。

（二）修水三都西坑中志留世鱼类化石产地

修水县太阳升镇西坑剖面为茅山组次层型，原称"西坑组"，是一套由紫红色、粉色砂质泥岩组成的由下而上由细到粗的岩石地层序列，亦即志留系"上红层"。西坑组是江西区域地质调查队20世纪50年代建立的地层名称，当时认为其时代为晚志留世，但多年来一直没有发现过化石。1976年该队在建组标准剖面——江西修水三都西坑发现了鱼类化石。化石经鉴定为真盔甲鱼，引起了地学界的广泛关注和重视。在江西省地质局的大力协助下，于同年11月，夏蓓影、周殿超、朱正刚和潘江等再次前往西坑剖面进行发掘，除盔甲鱼类的西坑盔甲鱼外，还发现了多鳃鱼类的江西修水鱼及棘鱼类碎片。无颌类化石产于茅山组的底部，计2属4种。

对于茅山组的时代归属问题，争论颇多。目前茅山组中的鱼化石广泛分布于苏、皖、浙、赣、鄂5省10余处，但毫无例外均与中志留世的壳相化石共生。因此，茅山组也应归于中志留世早期安康期（阶）。

第三节 晚古生代多门类动、植物化石产地

一、泥盆纪多门类动、植物化石产地

（一）于都峡山泥盆纪多门类动、植物化石产地

该化石产地分布于赣南于都峡山地区，是峡山群层型地。化石剖面被陈国达和刘辉泗（1939）所发现，之后徐克勤和丁毅（1943），刘亚光等（1966，1993）对剖面做过进一步的详细研究，从中获得了丰富的动、植物化石。剖面共发现化石层位27个，产有丰富的胴甲鱼类、腕足类、双壳类和植物化石。

峡山群为江西晚古生代重要地层。该剖面是省内泥盆系剖面中出露最为完整、层序最为清楚、生物地层研究最为详细的剖面之一，为华南地区泥盆纪地层划分对比、古地理环境和生物演化研究提供了重要证据。

（二）信丰鹅公头泥盆纪植物化石产地

信丰西牛鹅公头所发现的泥盆纪化石以植物化石群最为丰富、典型，个别保存完好的硅化木，个体粗大，其直径达10~40cm，是省内发现的最古老的硅化木，不可多得。这对研究植物演变和该区的古地理环境变迁以及有关地区同类化石的对比等有着重要的科学价值。

二、石炭纪植物化石产地

赣南于都罗坳三门滩剖面是梓山组选层型。化石产于早石炭世梓山组内，植物化石数量丰富、属种多样、保存良好，特别是以丰盛的大脉羊齿出现为特色。该植物化石群，是江西省地史中第一个成煤时期的植物群落，其形成的煤系地层俗称为"梓山煤系"。

三、石炭纪—二叠纪以䗴类为主的多门类动物化石产地

江西省内于都金鸡山石炭纪—二叠纪以䗴类为主的多门类动物化石群，分布于赣南禾丰盆地。化石产于石炭纪—二叠纪碳酸盐岩中，各式各样的以䗴类为主的大个体有孔虫和苔藓虫化石密布于灰岩内。同时，珊瑚化石极为丰富，主要为四射珊瑚，少量床板珊瑚。在同剖面的上部地层——二叠纪碳酸盐岩内，还发现有丰富的菊石化石，直径 5~7cm 不等。

江西的石炭纪—二叠纪地层分较广，因此在江西省其他地区的同时代地层中，也发现有丰富的䗴类、珊瑚等化石，但不及本剖面化石典型。

四、二叠纪中期腕足动物化石产地

江西省安福小江边剖面为中二叠世小江边组层型地。小江边组富产腕足类化石，另有少量䗴类及珊瑚等动物化石。

腕足类化石主要产于小江边组泥（页）岩、泥灰岩中，以乌鲁希腾贝最为繁盛，是小江边组灰岩最具特征性的一个属类。化石富集成层，属种繁多，形态各异，保存完整，特别是岩层风化后，化石个体常常完整地脱落而散布于地，俯拾皆是。腕足类化石二叠纪中期小江边组数量之丰富、属种之多样、个体之完整，是省内所产腕足类化石的各时代地层所不及，实属罕见。

五、二叠纪晚期植物化石产地

江西省内晚二叠世植物化石产地以信丰县大桥煤矿区"植物群"研究较详。基于已发现的植物化石产于晚二叠世乐平组泥（页）岩中，化石分布密集、数量丰富、保存完好，尤以植物叶、茎保护最好、纹理清晰，且绝大多数是华夏植物群的特有属种。其中大羽羊齿类植物极其丰富，是研究二叠纪华夏植物群的理想地区。该植物化石群是江西第二个成煤时期植物群落的组成部分，在同时代同层位的江西省其他地方（如乐平、丰城、上高、莲花、婺源等地）也产有极为丰富的植物化石。

第四节 晚古生代晚期—中生代早期以双壳类为主的动物化石产地

赣南信丰县铁石口二叠纪晚期—三叠纪早期地层中，发现有丰富的䗴类、腕足类、海百合茎、双壳类、菊石、腹足类等多门类动物化石。长兴组灰岩产有丰富的䗴类、腕足类和海百合茎等动物化石。铁石口组盛产双壳类化石，同时伴生有大量的菊石、腹足类化石，底部混生有微体腕足类化石。其中双壳类化石分异度较高，个体极多，保存良好。

与此同时，江西省内宜春洪塘、分宜凤阳慈荫亭、莲花县溢田、崇义佐溪、上饶应家等地铁石口组的同层位岩层内均产丰富的双壳类化石，共生有菊石化石。特别是在崇义佐溪铁石口组内发现有大量大个体菊石化石，直径一般在 10cm 以上，十分罕见。

第五节　中生代多门类动、植物化石产地

一、三叠纪晚期动、植物化石产地

萍乡市安源剖面为安源组层型地，岩性为一套海陆交互相含煤碎屑岩建造，盛产植物及海相或半咸水相的双壳类化石。植物主要组合分子以含丰富的双扇蕨科、本内苏铁目植物以及较多的种子蕨为特色，属于温暖湿润的热带—亚热带气候的产物。安源植物化石群是江西省地史上第三个成煤时期的植物群落，其所形成的煤系地层被称为"安源煤系"，是我国南方重要的含煤地层。

江西晚三叠世地层零星分布于各地，省内其他地区的同时代地层中也相继发现有丰富的植物化石和海相双壳类化石，但不及安源剖面的化石系统、完整和典型。如新余花鼓山、乐平涌山、乐安仲溪、丰城洛市、崇仁礼陂等地均产有植物化石和海相双壳类化石。

二、中生代硅化木化石产地

江西省已发现的硅化木化石产地不少，除信丰鹅公头硅化木属于泥盆纪植物化石外，其余皆属于中生代植物化石，多为松柏类硅化木。主要产地有吉安安塘、玉山毛宅、乐平军山等。

（一）吉安安塘晚三叠世硅化木化石产地

该产地分布于赣中南吉安县安塘地区，化石产出于三叠纪晚期安塘组一套夹含基性熔岩的沉积碎屑岩中。除丰富的植物化石外，硅化木数量也较多。硅化木大小不一，产出状态多样，有时成群成片出现，有时零乱地散布于岩层中，或斜插、或平卧、或竖立等，构成了一幅非常奇特、罕见的古火山事件废林景象。

（二）玉山毛宅早侏罗世硅化木化石产地

该产地位于玉山县下镇毛宅一带，化石零星散见于早侏罗世水北组砂岩中，大体顺层埋藏。硅化木的个体较大，已知单体最长达 28.2m、下端直径 1.3m、上端直径 1 米多。化石保存完好，从外观看，表层除部分已经龟裂风化外，整个躯干基本无损，粗细匀称，树形完整，质地坚硬，其分枝和断面的纹理、年轮清晰可见。该硅化木是我国已知同类单体较长的化石之一，非常珍贵。

此外，该地区同期同层位还产有较多的硅化木化石，但均较上述的小，且为断枝，未见根叶。

（三）乐平军山早白垩世硅化木化石产地

该产地当地村民称之为"古木化石群"，产地位于乐平县名口镇流芳军山水库溢洪道旁边、水库大坝左侧山地上。该地硅化木最早为中国地质科学院地质研究所吕细保等在赣东北地区开展野外地质调查与科研工作时所发现，并为吕细保首次公开报道。后又于化石产地建设军峰水库工程时揭露，2003 年 8 月加固水库坝工程时，又揭露出新的硅化木单体化石。

化石产地出露地层主要为早白垩世火把山群石溪组和冷水坞组，属陆相火山沉积碎屑岩系，主

要岩性为砂岩、粉砂岩、凝灰岩等。产地硅化木丰富，成群产出，产出状态多样，以平卧和斜卧者为主。从裸露在地表的硅化木看，有的保存较完整，就像因枯死倒下的一棵树，树皮、树纹、断裂枝节处清晰可见；也有的因年久风化，似一截一截断下的树干，虽不成整棵树干，但枕木形状依然可辨。已知硅化木单体最长达10余米、直径达70~80cm，化石纹理和年轮清晰。

此外，因近年来地方采砂船采砂而发现有大量硅化木藏于乐安河河床。据当地村民介绍，含硅化木的河段约有1km长。硅化木保存较完整，树皮、年轮、枝节清晰可见，但因水流冲蚀和挖沙机械等的人工破坏，硅化木已不成整棵树干形态，树木形状仍明显可辨。一般长0.5~1.5m，直径大多在0.4~0.8m之间，有的已玉化和炭化（呈黑色）。

总体而言，自20世纪80年代以来，江西化石产地已出露或揭露的硅化木大多遭到民间破坏，目前所见仅是残留硅化木残段和大量硅化木碎块。

三、白垩纪晚期恐龙动物化石产地

江西省可能是恐龙动物群生存演化历史中的最后一个生命阶段的故乡。根据恐龙化石产出的地层时代，江西省恐龙化石集中产出于晚白垩世红色碎屑岩中，至今还没有发现早于晚白垩世的恐龙化石踪迹。迄今为止，江西省发现恐龙蛋最多的地区是赣南的南康、赣州、赣县、信丰和赣西的萍乡，恐龙骨骼主要见于南康、赣州、广昌、信丰、萍乡和鹰潭等地。恐龙蛋是江西省特殊而珍贵的化石材料。

（一）南康龙岭晚白垩世爬行动物化石产地

该化石产地为"南康区龙岭中部地区家具产业基地"建设工地施工时所发现。

2010年9月至2011年12月期间，该地先后出土（包括罚没、捐赠）的化石种类包括恐龙蛋、恐龙骨骼和龟鳖类化石三大类型，其数量之巨大、类型之多样、恐龙骨骼、恐龙蛋及龟类化石集群实为罕见。包括蛋化石1000余枚（含窝蛋、散蛋及碎蛋），较完整的龟鳖类化石5件，特征明显的恐龙牙齿、颅、脊椎、肋、股、腿、足、趾等部位骨骼化石若干。恐龙蛋化石种类多样，依其形态特征大致可分为5类，即巨型长形蛋、中型长形蛋、巨型圆形蛋、中型圆形蛋和小型圆形蛋。化石产于赣州盆地晚白垩世龟峰群紫红色砂砾岩层中，化石时代属于晚白垩世。

近年来，中国地质科学院地质研究所吕君昌、魏雪芳等对南康龙岭恐龙化石进行了较系统的研究，已确认并命名的恐龙新属新种有中国赣南龙、赣州江西龙、江西南康龙、南康赣州龙和中华虔州龙等。这不仅使恐龙窃蛋龙科家族增加了不少的新成员，增加了晚白垩世窃蛋龙科的分异度，而且为这一类群的特征演化和多样性研究提供了更多的信息。现将主要属种重要特征介绍如下。

中华赣南龙（*Gannamsaurus sinensis* Lü）：具有两个中央前关节薄片窝，由中央前关节突薄片和椎体背缘构成的正方形的空穴。一个大的下横突关节窝，在空穴侧面有3个孔道，它们占据了椎体65%的长度。前中央副关节突和后中央副关节突发育弱，后中央横突薄片被中央横突窝分为背部的两个枝杈。椎体横突和横突薄片交叉形成"K"形。它与早白垩世的师氏盘足龙有一些共同特征，表明它与师氏盘足龙有亲缘关系。

赣州江西龙（*Jiangxisaurus ganzhouensis* Wei）：颧骨的眶后骨突和颧骨的方轭骨突近乎垂直；肱骨的三角嵴延展长度超过肱骨主干总长度的三分之一，约为二分之一；第一掌骨较第二掌骨短，第一掌骨与第二掌骨的长度比值超过 0.5，约为 0.67；腹侧观，第一掌骨横向扩展并覆盖第二掌骨。其自近裔特征有齿骨缝合部仅微弱下翻，关节骨和上隅骨共同骨化特征明显，上隅骨有一前后拉长的凹陷，且凹陷内发育一小孔，桡骨和肱骨长度的比值为 0.71。

江西南康龙（*Nankangia jiangxiensis* Lu、Yi、Zhong et Wei）：①下颌联合部不翻转向下；②前部尾椎的神经棘横向宽度大于前后长度，形成一个中部有皱纹的大的后窝；③股骨颈和股骨骨干形成大约 90°的轴角；④股骨和胫骨的长度比为 0.95。

（二）赣州五里亭晚白垩世爬行动物化石产地

该化石产地位于赣州市五里亭（赣州火车站所在地），为建设工程所揭露。

化石产于晚白垩世龟峰群紫红色砂岩中，其最大特点是恐龙骨骼、恐龙蛋和龟鳖类化石同地群集产出，具有鲜明的地方特色。化石种类包括：恐龙骨骼化石数件，其中完整的肱骨类骨骼 2 件，骨骼直径 10 余厘米、长度 40 余厘米。恐龙蛋化石成窝成批量产出，数量之丰富，保存之完好，实为罕见。据目击者估算，蛋化石有数千枚之多，以散蛋、碎蛋占主要，完整或较完整的蛋或窝蛋已被民间收购或运走。龟鳖类化石共 2 件，形态保存完整，龟甲纹饰清楚。壳体大小为：体长×体宽×体高（厚度）=1m×0.80m×0.25m。

另据杨钟健（1965）研究，在赣州五里亭南 1.5km 处发掘出一窝完整的恐龙蛋，共 24 枚，附近另有碎骨若干和许多成堆的蛋碎片。可量的蛋长径为 39mm，短径为 31mm。

根据国内外恐龙动物化石集中成片、成群的特点推测，五里亭地区的已知化石产地外围，亦可能在同层位地层中埋藏有丰富的爬行动物化石。

（三）信丰恐龙蛋化石产地

该化石产地位于赣南信丰晚白垩世陆相盆地内，化石分布点多面广，已知集中产地面积达 70km² 以上，其中以同益乡柏树芫塘湖坝一带产出化石最为丰富。

塘湖坝化石点于 1952 年发现，20 世纪 60—70 年代曾采掘过恐龙蛋化石。20 世纪 80 年代以来该地遭受过大规模的民间盗采活动，先后出土的恐龙蛋化石难计其数，且皆流失民间。1978 年，江西省地质局 908 大队在距信丰县城南东约 3km 的晚白垩世紫红色砂岩中，发掘出众多的恐龙蛋化石，其中有两窝蛋化石保存十分完整，分别为 21 枚和 25 枚。每窝蛋都分上、下两层，每层蛋均呈放射状排列，组成近圆形，而且每层蛋都是两两成对地排在一起。蛋体大小相近，一般长径 15~19cm，短径 7~9cm，厚度（高）5cm 左右，蛋壳厚约 2mm，呈长卵形。

信丰恐龙蛋化石群产出层位较多，主要见于晚白垩世晚期龟峰群塘边组和莲荷组。其中塘边组有多个层位产出恐龙蛋的圆形蛋种，个别化石点见有暴龙牙齿化石；莲荷组中恐龙蛋化石更是异常丰富，产出层位多，分布范围广。不同类型的恐龙蛋成窝成群出现，单个或数个分散保存的蛋体化石分布更广、数量更多。蛋化石碎片随处可见，常构成醒目的蛋壳片群。

据刘亚光（1999）的初步研究，信丰盆地恐龙蛋化石大致可划分出不同大小、不同形态、不同壳饰和不同厚度的蛋化石 20 余种。这些重要现象和特征，说明信丰盆地曾是恐龙生命末期的群集地是研究和破解恐龙繁殖生育特性、生活习性以及恐龙等中生代末大量动物集群绝灭事件之谜的重要信息载体和物证。但是，目前研究程度很低。

(四) 广昌龙溪恐龙骨骼化石产地

该化石产地的化石产出于晚白垩世红层盆地内的龟峰群红色粉砂岩之中，化石裸露，为天然露头。20世纪80年代由上海自然博物馆、江西省文物工作队和广昌县博物馆联合进行抢救性发掘，共出土恐龙骨骼化石103件，经鉴定属甲龙科甲龙亚目类的草食性恐龙化石（俗称爬行类的"坦克龙"）。它体型扁矮，四肢粗短，前肢短，后肢长，有鳞片和骨刺。经复原后的甲龙类化石，体长6m、体宽1.6m、身高1.4m。《光明日报》头版头条报道指出，它的发现证实了"坦克"类恐龙在我国的活动范围由北方扩展到南方广昌一带，解开了赣粤一带曾发现过恐龙蛋化石之谜，有重大科学价值。化石现保存于江西省博物馆和上海市自然博物馆内。

据当地村民介绍，历史上在恐龙化石产地周围曾发现有多个恐龙化石点。因此，当地应埋藏有更多的恐龙遗体化石，有待人们进一步的调查和发现。

(五) 萍乡恐龙化石产地

该化石产地位于赣西萍乡赤山盆地晚白垩世陆相盆地内，为建设工地施工所发现。自2002年8月以来，先后发现大小不同、形状各异的恐龙蛋化石有258枚之多（包括窝蛋、散蛋和碎蛋）。2008年5月底又发现和收集到一些残破的恐龙骨骼化石（包括椎体、肋骨、肢骨和趾骨等）。其中，恐龙蛋化石保存完整，基本上是成窝或大部分呈窝状保存，蛋壳外表面纹饰清晰。

该化石产地恐龙蛋化石形态多样，大小不一，可分为以下几种类型。

长形蛋：以萍乡白源镇长溪村院冲工业园中出土的一窝蛋化石最为典型。蛋化石呈放射状排布，长形。蛋化石长径18~22cm，短径9cm，蛋壳厚2.2mm。

圆形蛋：这种类型的蛋化石近似球状，有大、小两种。蛋壳厚2.0~2.5mm，呈灰褐色，表面光滑无纹饰，小的圆形蛋短径8.6cm。

扁圆形蛋：长径18~20cm，短径7.5~8.5cm，蛋壳为灰黑色，壳表面无纹饰，壳厚1.2mm。

近年来，中国科学院古脊椎动物与古人类研究所的研究者对萍乡地区晚白垩世周田组恐龙蛋化石进行了研究，新发现并命名了萍乡副蜂窝蛋和彭氏波纹蛋两类新蛋种。其中，萍乡副蜂窝蛋（邹松林等，2013）是在萍乡研究命名的第一种恐龙蛋化石类型，它的发现丰富了中国副蜂窝蛋类的古地理分布；彭氏波纹蛋（王强等，2013）是在萍乡发现的第一种长形蛋类化石，中国的第6个长形蛋属，国际上的第10个长形蛋属，它的发现丰富了长形蛋属的多样性。正型标本保存于萍乡博物馆。现将萍乡副蜂窝蛋主要特征介绍如下。

萍乡副蜂窝蛋（*Parafaveoloolithus pingxiangensis* Zou、Wang et Wang），蛋化石扁圆形，蛋壳外表光滑，可见密集的气孔开口。蛋壳厚1.5mm。蛋壳纵切面由3~5个长短不一的壳单元叠加组成，壳单元呈柱状，形状不规则，生长纹不发育，蛋壳中、上部局部出现6~10个及以上壳单元成群聚集，偶尔见有少量壳单元分枝呈放射状分布。气孔直，不分枝。蛋壳具蜂窝状结构。

第六节　新生代哺乳类动物化石产地

江西省新生代沉积地层分布不广，目前发现的生物化石，特别是典型生物化石不多，代表性化石产地有：新余宁家山古近纪脊椎动物哺乳类化石群、大余池江坳古近纪脊椎动物哺乳类化石群、广昌头陂新近纪植物化石群。除此之外，还有分布于江西省各地碳酸盐岩溶洞堆积物中的第四纪兽类骨骼化石，以及新石器时代以来的古人类文化遗址。

一、新余宁家山古近纪脊椎动物哺乳类化石产地

该化石产地位于新余市东部的姚圩镇宁家山，含化石地层为古近纪新余组上部，总体属一套以湖泊相细碎屑岩为主的沉积，含化石的岩性主要为红色砂砾岩。据中国科学院古脊椎动物与古人类研究所周明镇（1959）、郑家坚等（1975）研究报道，发现有脊椎动物爬行类（如鳄、水龟、鳖、无盾鱼）、哺乳类（如新余恐角兽、宁家山冠齿兽、犀獏、细巧新余兽等）。化石总体时代属始新世。

该化石产地自1959年被发现以来，江西省内外不少科技工作者先后到现场进行考察研究与采掘。由于采掘方法、技术和工具等问题，很少获得完整的形体标本，大多只采得一些骨骼碎片，但对化石产地的破坏性极大。

二、大余池江坳古近纪脊椎动物哺乳类化石产地

该化石产地位于池江中、新生代盆地的大余县池江坳地区。化石产于古近纪池江组中。该组主要为一套河湖相紫红色偶夹灰绿色粉砂岩、泥岩夹砾砂岩的沉积。据中国科学院古脊椎动物与古人类研究所童永生等（1979）研究，池江盆地池江坳池江组所含哺乳类化石极为丰富，主要有桥头江西中兽、围尖异柱兽、古脊齿兽、南方古对锥兽、小型宜南兽、细巧假古猬、东方假异褶齿兽、稀少亚洲柱兽、滥泥坑赣脊兽、似平齿古脊齿兽、大余古脊齿兽、池江南岭兽、狮子口阶齿兽、华美翼齿兽、湖泊伪角兽、南方赣南兽。

此外，在青龙镇狮子口池江组下部层位中获得哺乳类化石华美翼齿兽、狮子口阶齿兽；在大余鱼仙塘附近获得哺乳类恐角兽类分子湖泊伪角兽、南方赣南兽；在大余县池江镇新村里获得哺乳动物化石似平齿古脊齿兽、大余古脊齿兽、南方古对锥兽、围尖异柱兽、滥泥坑赣脊兽等。

三、广昌头陂新近纪植物化石产地

该化石产地位于广昌中、新生代盆地的广昌县头陂地区，广昌头陂剖面为头陂组层型地。化石产出于新近纪头陂组中，化石剖面岩性为一套灰色、灰白色凝灰质粉砂岩、泥岩，间夹砾岩、砂砾岩。上部含硅藻黏土矿，这一沉积建造显示为一种山间湖泊盆地的环境。产丰富的植物根、茎、叶和果实化石，主要化石种类有细齿槭、波士顿槭、华七叶树、粟、角古皮藤、圆基香椿、缄金缕梅、枫香、木兰、香椿、黄连木、栎、桑等，化石保存完好。沉积物的颜色及所含植物化石的生态性质都说明当时气候温暖且偏干燥，地面上为阔叶林草原带的植被景观。由此可见，这时的江西可能到处郁郁葱葱，万物生长茂盛，充满了生机。

四、第四纪兽类骨骼化石和古人类文化遗址

第四纪时期的生物化石在江西省各地均有发现，以动物兽类为主，主要分布于江西省各地的岩

溶洞穴堆积物中（表3-6-1）。

表3-6-1 江西省重要第四纪古动物化石产地汇总表

序号	产地	化石群特征
1	龙南玉石岩	1975年11月，龙南县石灰水泥厂工人在玉石岩溶洞口发现第四纪哺乳动物化石多件（牙齿、骨片等），此外还有田螺、贝壳等化石，地质时代大致为更新世
2	于都罗坳岩前	1982—1984年间，于都县博物馆在罗坳石灰厂附近一裂隙堆积物中获得一批哺乳动物化石，计有鳖、竹鼠、大熊猫、中国犀、巨貘、野猪、鹿、麂和蝙蝠、牛10种化石，其中哺乳动物9种，爬行动物1种。该动物群的组合性质，例如中国犀、貘和大熊猫等，均属我国南方常见的大熊猫-剑齿象动物群的主要成员，地质时代大致为更新世中晚期
3	瑞金独石子	瑞金市沙洲坝镇独石子溶洞里发现有16种动物化石，经专家鉴定，为剑齿象、野猪、牛、貘等古动物残牙、残骨化石
4	万安狮岩	1991年3月，万安县水泥厂工程队在狮岩尾部挖取石时，发现古脊椎动物化石，计有臼齿、獠牙、门牙、股骨等化石
5	安福石屋洞	1998年8月1日，吉安地区水泥厂在"石屋洞"溶洞中发现灵长类动物化石上颌骨2块、下颌骨2块、牙齿58颗、头骨1块，较典型的关节化石38块，其他化石500多千克。经专家鉴定，有剑齿象、犀牛、鹿、狗、熊、竹鼠等11种哺乳动物化石，地质时代大致为更新世早期
6	分宜洪阳洞	2004年12月，在分宜县洪阳洞附近的采石场二叠纪灰岩溶洞中发掘清理出30余块古生物化石。经专家鉴定，以剑齿象化石为主，同时还有其他哺乳动物的牙床、剑齿、腿骨等化石。剑齿象骨化石中有4个保存完好的上臼齿，齿脊数为7~8个，这是当时华东地区出土最为完整的剑齿象骨化石
7	乐平涌山洞	1947年前，在涌山岩洞堆积物中发现大熊猫-剑齿象动物化石。经专家鉴定，属于华南大熊猫-剑齿象动物群。同时发掘出人工打击的石片，这在文献中少有记载，地质时代大致为中更新世
8	万年仙人洞	1993年、1995年中美联合考古队通过对仙人洞、吊桶环遗址发掘，出土了大量的洞穴遗存物，主要包括人工制品和自然遗物。人工制品有石、陶、骨、蚌器四大类。石器约1000件，骨器约500件，穿孔蚌器约40件，陶片约800件。兽骨近3万多片，动物群有鹿、猪、鸡、兔、野狸、鼬、鱼、鳖。其中，鹿骨占多数，其次是猪和鸟类。仙人洞和吊桶环可分上、下两大层，上层为新石器早期堆积，下层为旧石器末期堆积。通过对吊桶环和仙人洞的孢粉与植硅石进行分析，两处遗存中都有野生稻和栽培稻的线索，尤其是吊桶环下层野生稻大量存在，上层野生稻占多数，但也有人工栽培稻，这些信息对于探索稻作农业起源具有重大意义

晚更新世晚期的江西，冰原消失，气候进一步转暖，林木更加茂密，野草遍地。在这种较好的自然条件下，繁殖了以哺乳类为代表的"大熊猫-剑齿象动物群"，同时也出现了相对原始、稍会使用石块工具的"智人"种族。他们觅穴而居，采猎而食。岩溶洞穴成为了古人类活动裹居之地。

全新世早中期的江西，主要处于河泛时期，河谷、平原、黄水茫茫，只有山区的沟谷低地，可见到湍急的河水，蜿蜒奔流。大致相当于早期，依据洞穴发掘，在万年县仙人洞发现距今近万年的蒙古人种的遗骸，并一起埋藏有大量哺乳类、爬行类等动物化石。这些飞鸟走兽、水生龟、蟹与现今种类区别不大，而当时土著蒙古人，已知粗磨石器，用火熟食，与"智人"相比进化显著。他们主要生活在深山之中，可能为了便于就地觅食。

江西省内典型的第四纪兽类骨骼化石代表性产地有乐平涌山洞、万年仙人洞、安福石屋洞、万安狮子岩、龙南玉石岩等。化石多为兽类骨骼碎片或动物局部骨骼化石，未能发现形体完整的动物化石。

第四章 动物界化石属种描述

第一节 原生动物门 Protozoa

◆伪足虫纲 Sarcodina
　◆有孔虫亚纲 Foraminifera
　　◆蜓目 Fusulinida Fursenko，1958
　　　◆纺锤蜓超科 Fusulinacea Morller，1878
　　　　◆苏伯特蜓科 Schubertellidae Skinner，1931
　　　　　◆布尔顿蜓亚科 Boultoninae Skinner et Wilde，1954
　　　　　　◆喇叭蜓属 *Codonofusiella* Dunbar et Skinner，1937

壳微小，纺锤形，最初1~2圈内卷虫式，末圈不包卷，向一个方向展开，形成喇叭形的壳体。旋壁很薄，由致密层及透明层组成。隔壁全部强烈褶皱。旋脊无。通道不明显。初房微小。

分布及时代：中国南部、日本、美国、苏联；二叠纪，以晚二叠世早期最多。

>>> 广西喇叭蜓 *Codonofusiella kwangsiana* Sheng

壳小，粗纺锤形（图4-1-1；地质部南京地质矿产研究所，1982b）。4圈，最初1圈的中轴与外圈的中轴斜交，最外半圈放宽很显著。长0.93mm，宽0.70mm，轴率1.32:1。旋壁薄，由致密层及透明层组成。隔壁强烈褶皱，褶曲宽而高。旋脊小，见于第2、3圈上。初房外径0.06mm。

产地及层位：修水县；晚二叠世吴家坪组。

轴切面，×40

图4-1-1 *Codonofusiella kwangsiana* Sheng

◆加罗威蜓属 *Gallowayinella* Chen，1934

壳中等，亚圆柱形。壳圈7~8个，包卷紧而均匀。旋壁很薄，由致密层及透明层组成。隔壁褶皱强烈而规则，褶曲的高度约为壳室的2/3。旋脊无。轴积淡。通道宽。初房小。

分布及时代：中国南部；晚二叠世。

》》》梅田加罗威蟆 *Gallowayinella meitienensis* Chen

壳中等，亚圆柱形，中部凸或微凹，两极钝圆（图 4-1-2；地质部南京地质矿产研究所，1982b）。5½~6 圈，包卷均匀，长 3.62~3.77mm，宽 1.16~1.35mm，轴率（2.79~3.12):1。旋壁很薄，由致密层及透明层组成。隔壁褶皱强烈，褶曲规则排列成拱形。轴积淡，见于内部 3~4 壳圈中。初房圆，外径 0.15~0.16mm。

产地及层位：上高县七宝山；晚二叠世吴家坪组。

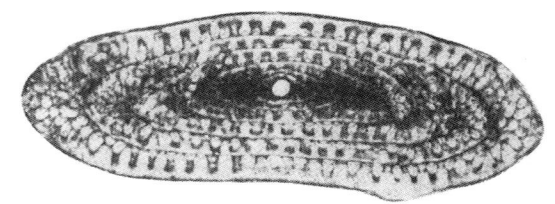

轴切面，×20

图 4-1-2　*Gallowayinella meitienensis* Chen

◆纺锤科 Fusulinidae Morller，1878
◆小纺锤蟆亚科 Fusulinellinae Staff et Wedekind，1936
◆小纺锤蟆属 *Fusulinella* Moeller，1877

壳小到中等，纺锤形。旋壁由致密层、透明层及内、外疏松层 4 层组成。隔壁在中部平直，在侧部及两极微弱褶皱。旋脊发育。通道单一。

分布及时代：中国、日本、北美、苏联；晚石炭世。

》》》拟柯兰尼氏小纺锤蟆 *Fusulinella paracolaniae* Safonova

壳小，纺锤形，中部拱，两极尖（图 4-1-3；地质部南京地质矿产研究所，1982b）。5 圈，长 2.40mm，宽 1.12mm，第 1~5 圈宽度分别为：0.16mm、0.26mm、0.44mm、0.77mm、1.12mm。旋壁 4 层，隔壁中部平，两极褶皱。旋脊大，每圈都有，初房微小，外径 0.10mm。

轴切面，×15

图 4-1-3　*Fusulinella paracolaniae* Safonova

产地及层位：瑞昌市；晚石炭世黄龙组。

◆原小纺锤蟆属 *Profusulinella* Rauser et Beljaev，1936

壳小，纺锤形到椭圆形。4~7 圈，内部的中轴与外圈的中轴以角度相交。旋壁由致密层和内、外疏松层组成。隔壁平直或在极部微皱。旋脊发育不对称。通道单一。

分布及时代：中国、日本、苏联、北美；晚石炭世。

▶▶▶ 小原小纺锤 *Profusulinella parva* (Lee et Chen)

壳小，椭圆形（图 4-1-4；地质部南京地质矿产研究所，1982b）。5½圈，初房 1 圈包卷很紧，其后逐渐放松。长 1.13mm，宽 0.82mm，轴率 1.37:1。旋壁很薄，3 层。隔壁平直。通道明显。初房圆，外径 0.04mm。

产地及层位：德安县付山村；晚石炭世黄龙组。

a：轴切面，×30　　　　　　b：轴切面，×30

图 4-1-4　*Profusulinella parva* (Lee et Chen)

◆ 纺锤䗴亚科 Fusulininae Moeller，1878
◆ 纺锤䗴属 *Fusulina* Fischer et Waldheim，1829

壳小到大，纺锤形到长纺锤形。旋壁由致密层，透明层及内、外疏松层组成，疏松层一般较薄。隔壁强烈褶皱。旋脊小。通道单一。

分布及时代：中国、日本、美国、苏联；晚石炭世。

▶▶▶ 克尔杰斯米卡纺锤䗴 *Fusulina kljasmica* Gryzlova

壳大，长纺锤形，中部平凸，两极尖锐（图 4-1-5；地质部南京地质矿产研究所，1982b）。4½圈，包卷较紧。长 7.00mm，宽 1.38mm。壳圈宽度自内向外依次为：0.48mm、0.72mm、0.96mm、1.38mm。旋壁较薄，约 0.03mm，由致密层、透明层及内疏松层组成。隔壁褶皱十分强烈，但较规则，在两极呈网格状构造。初房大而圆，外径 0.26mm。

产地及层位：乐平市涌山镇涌山村；晚石炭世黄龙组。

轴切面，×10

图 4-1-5　*Fusulina kljasmica* Gryzlova

◆ 比德䗴属 *Beedeina* Galloway，1933

壳小到中等，粗纺锤形到长纺锤形。旋壁由致密层，透明层及内、外疏松层组成。某些种的外部壳圈的旋壁中，疏松层不连续或很薄。隔壁在内圈微弱褶皱或平直，在外圈上一般为强烈褶皱。旋脊显著。通道简单。

分布及时代：中国、日本、美国、苏联；晚石炭世。

>>> 假今野氏比德蜓 *Beedeina pseudokonnoi*（Sheng）

壳中等，长纺锤形，中部外凸，两极钝尖（图4-1-6；地质部南京地质矿产研究所，1982b）。长4.80mm，宽1.80mm，旋壁较薄，由4层组成，最后一圈上的旋壁厚约0.05mm。隔壁在内圈上褶皱较弱而规则，在最外一圈上褶曲很不规则，而且强烈，两极部分呈网状。旋脊不大，每圈上都有，呈小黑点状。初房小而圆，外径约0.12mm。

产地及层位：于都县禾丰镇金鸡山村；晚石炭世黄龙组。

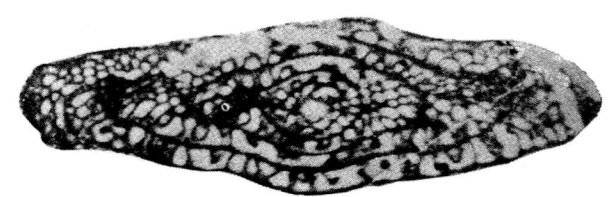

轴切面，×15

图4-1-6 *Beedeina pseudokonnoi*（Sheng）

◆ 似纺锤蜓属 *Quasifusulina* Chen，1934

壳亚圆柱形。旋壁很薄，由致密层和保存不好的蜂窝构造的蜂巢层组成，外疏松层缺失，在内圈上有时部分出现。隔壁褶皱规则，褶曲呈四方形。旋脊缺失。通道低，通常不发育。轴积浓。初房大，形状不一。

分布及时代：中国、日本、苏联；晚石炭世。

>>> 紧卷似纺锤蜓 *Quasifusulina compacta*（Lee）

壳大，圆柱状，中部平，两极钝圆（图4-1-7；地质部南京地质矿产研究所，1982b）。6圈，包卷紧密。长8.41mm，宽1.79mm。旋壁薄，由致密层和极细蜂巢层组成，致密层不连续。隔壁薄，仅下半部褶皱，褶曲很规则。初房较大，形状不规则，外径约0.25mm。

产地及层位：于都县禾丰镇金鸡山村；晚石炭世黄龙组。

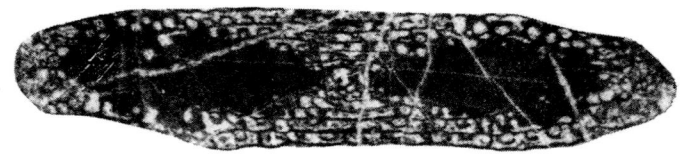

轴切面，×10

图4-1-7 *Quasifusulina compacta*（Lee）

>>> 规则似纺锤蜓 *Quasifusulina regularis* Wang et Qing

壳中等，长柱形，中部平，两极钝圆（图 4-1-8；王云慧和覃兆松，1982b）。3½圈，长 4.94mm，宽 1.27mm，轴率 3.88:1。第 1~3 圈的宽度分别为：0.49mm、0.78mm、1.09mm。旋壁由致密层及蜂巢层组成。隔壁全部褶皱成规则的圆拱形，高度在壳室的 2/3 处至壳顶之间，在两极形成细密网状。旋脊无。轴积显著，块状，分布于内部 2 圈的轴部。初房大，椭球形，长径 0.55mm。

产地及层位：高安县鸡公岭；早二叠世马平组（原船山组）*Sphaeroschwagerina-Eoparafusulina* 带。

轴切面，×10 正模标本
图 4-1-8 *Quasifusulina regularis* Wang et Qing

◆ 希瓦格蜓科 Schwagerinidae Dunbar et Henbest，1930
◆ 希瓦格蜓亚科 Schwagerininae Dunbar et Henbest，1930
◆ 麦蜓属 *Triticites* Girty，1904

壳中等大小，一般为纺锤形到长纺锤形。旋壁由致密层及蜂巢层组成。隔壁褶皱微弱到强烈，褶曲一般不规则。旋脊显著，在最外部 1~2 圈中有时缺失。通道单一。

分布及时代：中国、日本、美国及苏联等地；晚石炭世。

>>> 玻璃维麦蜓 *Triticites boliviensis* Dunbar et Newell

壳呈长纺锤形，中部平凸，两极钝圆（图 4-1-9；地质部南京地质矿产研究所，1982b）。5 圈，包卷很紧。长 5.70mm，宽 1.50mm，第 1~5 圈宽度分别为：0.30mm、0.42mm、0.72mm、1.14mm、1.50mm。旋脊发育，呈半圆形，每圈上都有。通道低宽。初房小而圆，外径 0.08mm。

产地及层位：于都县禾丰镇金鸡山村；晚石炭世黄龙组。

轴切面，×10
图 4-1-9 *Triticites boliviensis* Dunbar et Newell

>>> 简单麦蜓 *Triticites simplex*（Schellwien）

壳中等，长纺锤形，中部微拱，两极钝尖（图 4-1-10；地质部南京地质矿产研究所，1982b）。6 圈，包卷较紧，最后一圈扩展较显著。长 5.70mm，宽 1.68mm。各圈的宽度依次

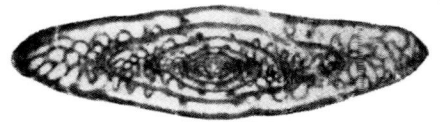

轴切面，×10
图 4-1-10 *Triticites simplex*（Schellwien）

为：0.18mm、0.36mm、0.54mm、0.84mm、1.44mm、1.68mm。旋壁由致密层及蜂巢层组成。隔壁褶皱较弱而不规则，两极部分呈简单的网孔构造。初房小而圆，外径约0.12mm。

产地及层位：宜春市慈化镇慈化村；晚石炭世黄龙组。

▸▸▸ 金鸡山麦蜓 *Triticites jinjishanica* Zhu

壳中等，长纺锤形，中部微凸，两极钝尖（图4-1-11；地质部南京地质矿产研究所，1982b）。4圈，包卷较紧。长5.97mm，宽1.28mm，第1~4圈的宽度分别为：0.30mm、0.46mm、0.80mm、1.28mm。旋壁由致密层及蜂巢层组成，最外圈的厚度0.10mm。隔壁褶皱强烈。初房圆，外径约0.18mm。

产地及层位：于都县禾丰镇金鸡山村；晚石炭世黄龙组。

轴切面，×10

图4-1-11 *Triticites jinjishanica* Zhu

▸▸▸ 宜春麦蜓 *Triticites yichunensis* Zhu

壳很小，凸纺锤形，中部凸，两极钝圆（图4-1-12；地质部南京地质矿产研究所，1982b）。4圈，包卷较紧。长2.82mm，宽1.02mm。第1~4圈的宽度分别为：0.18mm、0.42mm、0.60mm、1.02mm。旋壁较薄，最外圈上厚约0.03mm，由致密层及纤细的蜂巢层组成。隔壁褶皱较弱，内部壳圈上近乎平直，最外圈上仅在侧坡上呈宽圆褶曲，两极部分呈简单网格状构造。初房小，外径约0.06mm。

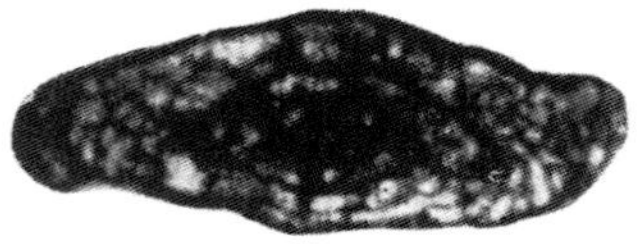

轴切面，×10

图4-1-12 *Triticites yichunensis* Zhu

产地及层位：宜春市石灰岭村；晚石炭世黄龙组。

▸▸▸ 高安麦蜓 *Triticites gaoanensis* Wang et Qing

壳中等，纺锤形，中部一边平，另一边拱，两极锐圆（图4-1-13；王云慧和覃兆松，1982）。5½圈，长3.30mm，宽1.04mm，轴率3.17:1。第1~5圈的宽度分别为：0.16mm、0.26mm、0.42mm、0.63mm、0.86mm。旋壁由致密层及细蜂巢层组成。隔壁在侧坡上宽松褶皱，在两极呈疏松网孔构造。旋脊显著，呈丘状，每圈都有。初房外径0.104mm。

产地及层位：高安县鸡公岭；晚石炭世马平组（原船山组）*Triticites-Montiparus* 带、*Triticites* 亚带。

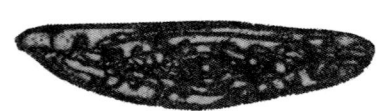

轴切面，×15 正模标本

图4-1-13 *Triticites gaoanensis* Wang et Qing

◆ 希瓦格蜓属 *Schwagerina* Moeller，1877

壳纺锤形到亚圆柱形。旋壁由致密层及蜂巢层组成。隔壁褶皱强烈而规则，褶曲呈圆形小室，见于下部。旋脊缺失或仅见于最内圈中。

分布及时代：中国、日本、美国、苏联；晚石炭世—中二叠世。

>>> 狭褶希瓦格蜓 *Schwagerina pactiruga* Chen

壳大，长纺锤形，中部拱，两极钝尖（图 4-1-14；地质部南京地质矿产研究所，1982b）。7½ 圈，最初 3 圈包卷很紧，呈纺锤形，其后逐渐放松呈长纺锤形。长 1.02mm，宽 3.00mm。各壳圈的宽度分别为：0.24mm、0.36mm、0.48mm、0.78mm、1.20mm、1.80mm、2.40mm、3.0mm。隔壁内薄外厚，最外圈上厚约 0.12mm。隔壁在内圈上平直，第 4 圈之后全面强烈褶皱，褶曲窄而高，规则排列，一般不达壳室之顶。两极部分呈细而密的网格状构造。初房圆，外径 0.12mm。

产地及层位：德安县付山村；中二叠世茅口组（原资料归属早二叠世，下同）。

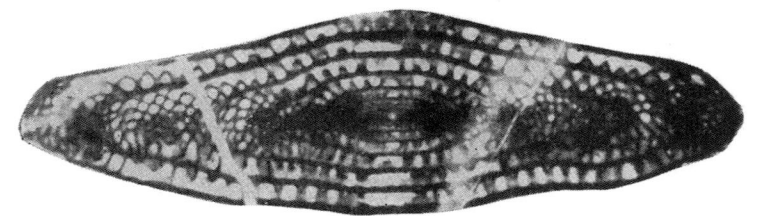

轴切面，×10

图 4-1-14 *Schwagerina pactiruga* Chen

>>> 似短极希瓦格蜓 *Schwagerina quasibrevipola* Sheng

壳小，卵圆形（图 4-1-15；地质部南京地质矿产研究所，1982b）。6½~8 圈，内部 3 圈包卷紧，向外放松。长 2.04~3.18mm，宽 1.20~2.22mm。第 1~7 圈的宽度分别为：0.18mm、0.36mm、0.48mm、0.78mm、0.90mm、1.20mm、1.80mm。隔壁褶皱规则而强烈，旋脊在内部 3 圈发育。初房外径 0.06~0.12mm。

轴切面，×10

图 4-1-15 *Schwagerina quasibrevipola* Sheng

产地及层位：瑞昌市；中二叠世茅口组。

>>> 店上希瓦格蜓 *Schwagerina dianshangensis* Wang Y.H.

壳大，长纺锤形，中部微拱，两极圆钝（图 4-1-16；地质部南京地质矿产研究所，1982b）。8½ 圈，包卷紧而均匀。壳长 11.69mm，宽 2.75mm。第 1~8 圈的宽度分别为：0.28mm、0.38mm、0.61mm、0.87mm、1.17mm、1.63mm、2.09mm、2.55mm。旋壁薄，2 层，自内圈向外逐渐增厚。隔壁褶皱规则，呈圆拱形，其高度为壳室的 2/3 或达壳室的顶部。初房圆，外径 0.15mm。

产地及层位：瑞昌市；中二叠世栖霞组。

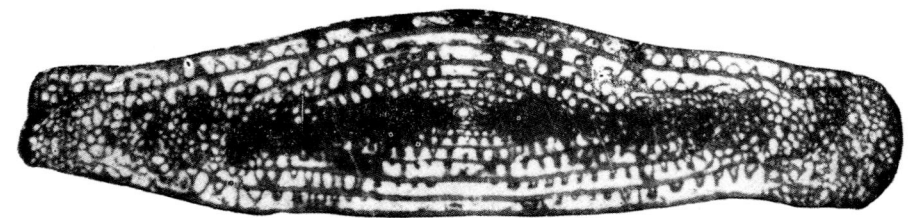

轴切面，×10

图 4-1-16　*Schwagerina dianshangensis* Wang Y.H.

▶▶▶ 矛头希瓦格蜓 *Schwagerina lanceolata* Wang et Qing

壳中等，长纺锤形，中部凸，两极尖伸（图 4-1-17；王云慧和覃兆松，1982），形似矛头状。5 圈，长 3.86mm，宽 1.43mm。轴率 2.65:1。第 1~5 圈宽度分别为：0.21mm、0.31mm、0.52mm、0.91mm、1.43mm。旋壁 2 层，蜂巢层粗。隔壁全部被褶皱成不甚规则的拱形。旋脊小，仅见于内部 2 圈。通道低，轴积淡，分布于最外 2 圈的轴部。初房小，外径约 0.16mm。

产地及层位：高安县鸡公岭；晚石炭世马平组（原船山组）*Triticites*–*Montiparus* 带、*Montiparus* 亚带。

横切面，×15

图 4-1-17　*Schwagerina lanceolata* Wang et Qing

▶▶▶ 章江壮希瓦格蜓 *Robustoschwagerina zhangjiangensis* Wang et Qing

壳中等，亚球形，壳长略大于壳宽（图 4-1-18；王云慧和覃兆松，1982）。6 圈，长 4.59mm，

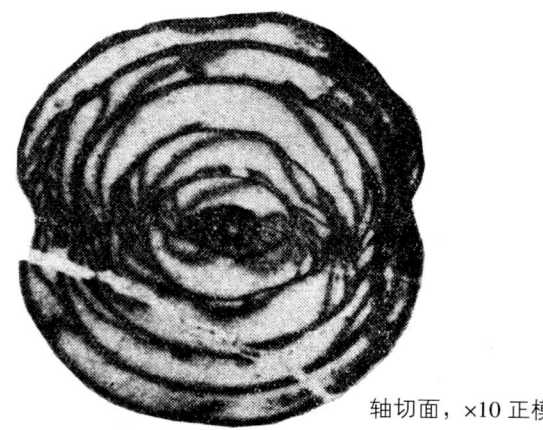

轴切面，×10　正模标本

图 4-1-18　*Robustoschwagerina zhangjiangensis* Wang et Qing

宽 3.62mm。轴率约 1.26:1。最初 3 圈包卷很紧，呈厚纺锤形，第 4 圈后包卷显著放松，变为亚球形。第 1~5 圈的宽度分别为：0.36mm、0.61mm、0.91mm、2.14mm、3.06mm。旋壁由致密层及蜂巢层组成，内部紧卷部分旋壁较厚，向外显著变薄。旋脊在内圈硕大，自通道向两极延伸，高过壳室的一半；在外圈旋脊小，点状。通道在内圈高，扇形。初房小，外径约 0.20mm。

产地及层位：高安县鸡公岭；早二叠世马平组（原船山组）*Sphaeroschwagerina-Eoparafusulina* 带。

▶▶▶ 厚壁假希瓦格蜓 *Pseudoschwagerina crassispira* Wang et Qing

壳中等，近椭球形，两极微凸（图 4-1-19；王云慧和覃兆松，1982）。8 圈，内部 5 圈包卷紧，呈粗纺锤形，向外放松较快，至最外圈变为近椭球形。长 4.35mm，宽 3.11mm。轴率 1.40:1。第 1~7 壳圈宽度依次为：0.21mm、0.29mm、0.42mm、0.65mm、0.96mm、1.48mm、2.35mm。旋壁厚，在第 4、5 圈上厚 0.052mm，在第 6、7 圈上厚 0.10mm，在第 8 圈上厚 0.16mm。隔壁轻微褶皱，在侧坡上呈小拱形。旋脊每圈都有，呈小点状。初房微小，球形，外径约 0.13mm。

产地及层位：高安县鸡公岭；早二叠世马平组（原船山组）*Sphaeroschwagerina-Eoparafusulina* 带。

轴切面，×10 正模标本

图 4-1-19　*Pseudoschwagerina crassispira* Wang et Qing

◆ 壁蜓属 *Rugosofusulina* Rauser，1937

壳中等，长纺锤形到亚圆柱形。4~6 圈，包卷较松。旋壁由致密层及蜂巢层组成，有些种的致密层起波状皱折，一些致密层和蜂巢层都起皱折。隔壁褶皱强烈，不规则。旋脊仅见于内圈。通道单一。

分布及时代：中国、日本、北美、苏联；晚石炭世。

▶▶▶ 齐整皱壁蜓 *Rugosofusulina ordinata* Zhang

壳小，短椭圆形，中部微拱或平，两极钝圆（图 4-1-20；地质部南京地质矿产研究所，1982b）。6½ 圈，包卷紧匀。长 3.07mm，宽 2.16mm。旋壁较厚，致密层皱折。隔壁仅下半部褶皱，褶曲宽低，排列较规则。轴积显著。通道低宽。初房外径 0.11mm。

产地及层位：乐平市；晚石炭世黄龙组。

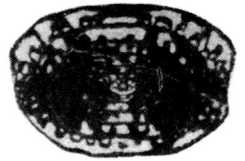

轴切面，×10

图 4-1-20　*Rugosofusulina ordinata* Zhang

》》》美丽皱壁蜓 *Rugosofusulina pulchella* Rauser

壳中等，纺锤形，中部微凸，两极钝尖（图 4-1-21；地质部南京地质矿产研究所，1982b）。5 圈，长 4.7mm，宽 1.98mm。各壳圈的宽度依次为：0.36mm、0.54mm、0.96mm、1.32mm、1.98mm。旋壁由致密层及蜂巢层组成，呈波状皱折，在最外圈上厚约 0.07mm。隔壁褶皱强烈而不规则，在侧坡褶曲呈半圆形，其高度约为壳室的一半。初房外径约 0.16mm。

产地及层位：信丰县；晚石炭世黄龙组。

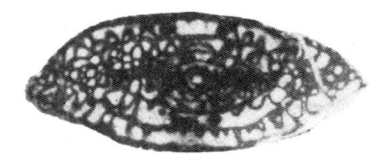

轴切面，×10
图 4-1-21 *Rugosofusulina pulchella* Rauser

◆ 假纺锤蜓亚科 Pseudofusulininae Dutkellitsch，1934
◆ 始拟纺锤蜓属 *Eoparafusulina* Coogan，1960

壳小到大，亚圆柱形到亚球形。壳圈一般为 6~7 个，包卷紧匀。旋壁由致密层及蜂巢层组成。隔壁全面褶皱，褶曲高度约为壳室的一半。具窄的串孔，除末圈外，可见旋脊或假旋脊。通道单一。初房小。

分布及时代：中国、北美等地；晚石炭世。

》》》于都始拟纺锤蜓 *Eoparafusulina yuduensis* Zhu

壳中等，亚圆柱状，中部微拱，两极稍钝圆（图 4-1-22；地质部南京地质矿产研究所，1982b）。5½圈，首圈椭圆形，以后壳圈为纺锤形，最后壳圈呈亚圆柱状，包卷内紧外松。长 3.72mm，宽 1.38mm。各个壳圈宽度依次为：0.30mm、0.48mm、0.60mm、0.96mm、1.38mm。旋壁由致密层及蜂巢层组成，内圈薄，在外圈上厚约 0.07mm。

产地及层位：于都县禾丰镇金鸡山村；晚石炭世黄龙组。

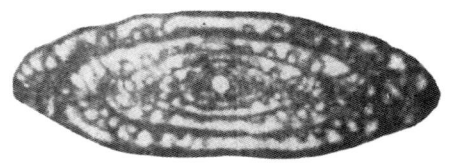

轴切面，×15
图 4-1-22 *Eoparafusulina yuduensis* Zhu

◆ 拟纺锤蜓属 *Parafusulina* Dunbar et Skinner，1931

壳很大，长纺锤形到亚圆柱形。旋壁由致密层及粗蜂巢层组成。隔壁强烈褶皱，从这一极部到另一极部，排列比较规则。串孔发育。通道单一。初房大。

分布及时代：中国、日本、美国、苏联；中二叠世。

⟫⟫⟫ 略伸拟纺锤蟆 *Parafusulina subextensa* Chen

壳巨大，长圆柱形（图4-1-23；地质部南京地质矿产研究所，1982b）。6½圈，包卷紧密。长12.3mm，宽2.58mm。最初几圈为纺锤形，两极钝尖，其后壳圈变成长圆柱形，两极钝圆。第1~5圈的宽度分别为：0.36mm、0.90mm、1.38mm、1.80mm、2.10mm、2.58mm。旋壁较薄，由2层组成。隔壁在内圈褶皱强烈而规则，在外圈上仅下半部褶皱，在轴切面上褶曲呈半圆形或四方形。初房形状不规则，最大外径约0.42mm。

产地及层位：宜春市慈化镇慈化村；中二叠世栖霞组。

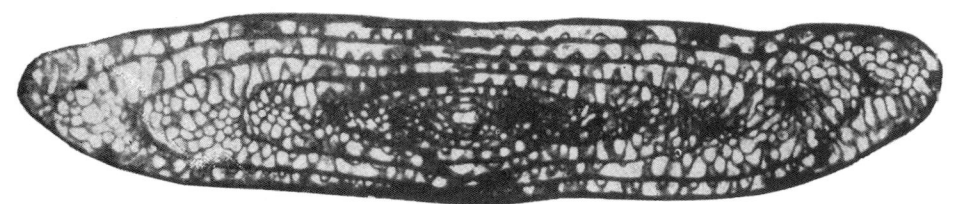

轴切面，×10

图4-1-23 *Parafusulina subextensa* Chen

⟫⟫⟫ 多隔壁拟纺锤蟆 *Parafusulina multiseptata* (Schellwien)

壳巨大，亚圆柱形，中部微凸（图4-1-24；地质部南京地质矿产研究所，1982b）。7圈，长约10.8mm，宽3.42mm。内部壳圈一般呈纺锤形。各个壳圈的宽度依次为：0.60mm、0.90mm、1.20mm、1.80mm、2.40mm、3.00mm、3.42mm。旋壁较厚，在最外圈上厚约0.09mm，由致密层及蜂巢层组成。隔壁除最外圈仅下半部褶皱外，其余各圈中均是全面褶皱，强烈而规则。初房圆而大，外径约0.42mm。

产地及层位：湖口县；中二叠世栖霞组。

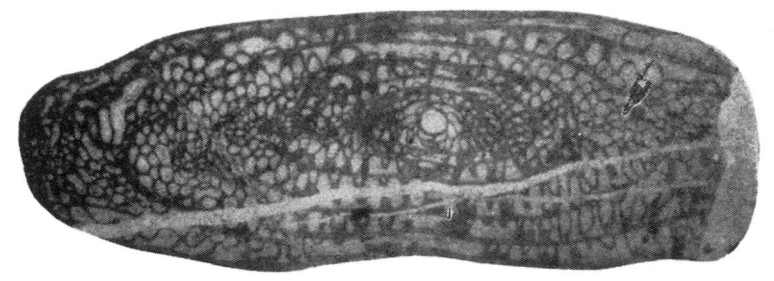

轴切面，×10

图4-1-24 *Parafusulina multiseptata* (Schellwien)

⟫⟫⟫ 双锐尖始拟纺锤蟆 *Eoparafusulina bicuspidate* Wang et Qing

壳中等，厚纺锤形，中部外凸，两极尖（图4-1-25；王云慧和覃兆松，1982）。8圈，壳圈包卷紧，内部 5 圈更紧。正模标本长 4.35mm，宽 2.30mm。轴率 1.89:1。第 1~8 圈的宽度分别为：0.16mm、0.21mm、0.31mm、0.47mm、0.70mm、1.01mm、1.43mm、2.00mm。旋壁由致密层和细蜂巢层组成。隔壁全部强烈褶皱，褶曲呈规则的拱形。旋脊小点状，在内圈发育。初房微小，球形，外径约 0.104mm。

产地及层位：高安鸡公岭；早二叠世马平组（原船山组）*Sphaeroschwagerina–Eoparafusulina* 带。

轴切面，×10　　　　　　　轴切面，×10

图 4-1-25　*Eoparafusulina bicuspidate* Wang et Qing

◆ 朱森蟆属 *Chusenella* Hsü，1942

壳中等到大，纺锤形。6~10 圈，内部数圈包卷很紧，旋壁薄，隔壁平直；外部壳圈的包卷很松，旋壁厚，由致密层及蜂巢层组成，隔壁强烈褶皱，褶曲高窄。旋脊弱，仅见于内部数圈。轴积微弱，见于内圈中。初房小。

分布及时代：中国、日本、印度支那等地；中二叠世。

》》》宜山朱森蟆 *Chusenella ishanensis*（Hsü）

壳巨大，长纺锤形，中部凸，两极顿尖（图 4-1-26；地质部南京地质矿产研究所，1982b）。10½ 圈，包卷内紧外松。长 12mm，宽 3.6mm。轴率 3.3:1。各个圈层宽度依次为：0.24mm、0.40mm、0.48mm、0.66mm、0.78mm、1.14mm、1.68mm、2.16mm、2.80mm、3.6mm。隔壁在内部壳圈不褶皱，在外部壳圈褶皱十分强烈，褶曲都呈"∧"形，其高约为壳室高度的 2/3。旋壁由致密层及蜂巢层组成，内薄外厚，最外圈上部厚约 0.1mm。轴积发育，呈带状分布于初房两侧。旋脊仅见于内部 3~4 壳圈中，但不很发育。初房小而圆，外径约 0.12mm。

产地及层位：余干县仙牙岭；中二叠世茅口组。

轴切面：×10

图 4-1-26　*Chusenella ishanensis*（Hsü）

>>> 陶维利氏朱森蜓 *Chusenella douvillei*（Colani）

壳大，粗纺锤形（图 4-1-27；地质部南京地质矿产研究所，1982b）。10 圈，长 7.80mm，宽 3.90mm。最初 4 圈包卷紧密，外部几圈宽松。旋壁薄，由致密层及蜂巢层组成。隔壁在内部 3 圈不褶皱，其余各圈中褶皱强烈而规则，在两极部分构成细网状构造。初房小而圆，外径约 0.10mm。

产地及层位：万载县株潭镇；中二叠世茅口组。

轴切面，×10

图 4-1-27 *Chusenella douvillei*（Colani）

◆ 费伯克蜓超科 Verbeekinacea Staff et Wedekind，1910
◆ 史塔夫蜓科 Staffellidae M.Maclay，1949
◆ 南京蜓属 *Nankinella* Lee，1933

壳中等，凸镜形。8~14 壳圈，各个壳圈均为凸镜形，壳缘窄圆，脐部凸出。旋壁大都矿化，似由致密层、透明层及内疏松层组成，外疏松层缺失，隔壁平直。旋脊小而显著，三角形。通道新月形。

分布及时代：中国、日本、印度支那、苏联；二叠纪。

>>> 湖南南京蜓 *Nankinella hunanensis* Chen

壳小，粗凸镜形，壳缘圆尖，两极凸（图 4-1-28；地质部南京地质矿产研究所，1982b）。8 圈，内部 3 圈盘形。长 1.33mm，宽 2.14mm。第 1~8 壳圈的宽度依次为：0.25mm、0.41mm、0.65mm、0.87mm、1.16mm、1.50mm、1.84mm、2.14mm。旋壁较厚，由致密层、厚透明层及内、外疏松层组成。初房外径 0.12mm。

产地及层位：修水县四都镇清水岩；晚二叠世长兴组。

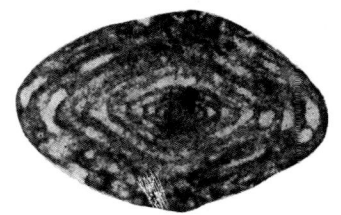

轴切面，×20

图 4-1-28 *Nankinella hunanensis* Chen

小南京蜓 *Nankinella minor* Sheng

壳小，凸镜形，壳缘钝圆（图 4-1-29；地质部南京地质矿产研究所，1982b）。6~7 圈，长 1.20~1.80mm，宽 2.00~2.68mm。旋壁除致密层外，其他构造很难看出。隔壁平直。旋脊小。通道高。初房外径 0.06~0.10mm。

产地及层位：乐平市前鲍村；晚二叠世长兴组。

轴切面，×20

图 4-1-29　*Nankinella minor* Sheng

◆ 球蜓属 *Sphaerulina* Lee，1933

壳小，近球形，脐部微平。7~10 圈，宽 1.20~1.80mm。最初 5 圈凸镜形，第 6 圈起变为球形。旋壁厚，由致密层及细蜂巢层组成。壳室高度中等。隔壁平直或下部微皱。旋脊小。通道中等。

分布及时代：中国南部；二叠纪。

紫松镇球蜓 *Sphaerulina zisongzhengensis* Sheng

壳小，亚球形，壳缘宽圆，脐部不甚明显（图 4-1-30；地质部南京地质矿产研究所，1982b）。9½圈，最初 3 圈凸镜形，以后各圈的中轴增长，壳形变为亚球形。长 2.25mm，宽 2.38mm。第 1~9 壳圈的宽度分别为：0.31mm、0.46mm、0.62mm、0.81mm、1.04mm、1.29mm、1.58mm、1.94mm、2.25mm。旋壁 2 层，蜂窝构造不清楚。隔壁不褶皱。旋脊小。通道低宽。初房圆，外径 0.12mm。

产地及层位：修水县四都镇清水岩；晚二叠世长兴组。

轴切面，×20

图 4-1-30　*Sphaerulina zisongzhengensis* Sheng

◆ 费伯克蜓科 Verbeekinidae Staff et Wedekind，1910
◆ 米斯蜓亚科 Misellininae M.Maclay，1958
◆ 假桶蜓属 *Pseudodoliolina* Yabe et Hanzawa，1932

壳中等到大，短圆筒形到椭圆形。14~20 圈，包卷均匀。旋壁薄，似由单一的致密层组成。隔壁平直。有列孔。旋脊窄而高，有时可达壳室的顶部。

分布及时代：中国、日本、印度支那及美国等地；中二叠世。

>>> 美丽假桶䗴 *Pseudodoliolina pulchra* Sheng

壳中等，长椭圆形，中部微凸，两极钝圆（图 4-1-31；地质部南京地质矿产研究所，1982b）。12 圈，包卷较松。长 6.30mm，宽 3.60mm。各圈的宽度依次为：0.36mm、0.60mm、0.72mm、0.84mm、0.96mm、1.26mm、1.80mm、1.92mm、2.40mm、2.88mm、3.24mm、3.60mm。旋壁由一层致密层组成。隔壁不褶皱。拟旋脊很发育，形状不规则。列孔发育，多呈球形。初房圆，外径约 0.30mm。

产地及层位：德安县付山村；中二叠世茅口组。

轴切面，×10

图 4-1-31 *Pseudodoliolina pulchra* Sheng

◆ 新希瓦格䗴科 Neoschwagerinidae Dunbar et Condra，1927
◆ 新希瓦格䗴亚科 Neoschwagerininae Dunbar et Condra，1927
◆ 新希瓦格䗴属 *Neoschwagerina* Yabe，1903

壳中等到大，纺锤形。10~20 圈。旋壁由致密层及细蜂巢层组成。隔壁平直。副隔壁有轴向及旋向两组，旋向副隔壁又分第一及第二旋向副壁隔两类，后者仅见于高级种的外圈。拟旋脊低而较宽，常和第一旋向副隔壁相连。列孔多。

分布及时代：中国、日本、印度支那、苏联及美国等地；中二叠世。

>>> 珠新希瓦格䗴 *Neoschwagerina margaritae*（Deprat）

壳中等，厚纺锤形（图 4-1-32；地质部南京地质矿产研究所，1982b）。22 圈，长 5.66mm，宽 5.25mm。第 1~22 圈的宽度分别为：0.13mm、0.14mm、0.23，0.31mm、0.42mm、0.57mm、0.75mm、0.96mm、1.22mmmm、1.46mm、1.66mm、1.90mm、2.10mm、2.50mm、2.75mm、3.06mm、3.32mm、3.67mm、4.08mm、4.49mm、4.90mm、5.25mm。旋壁薄，2 层。第一旋向副隔壁位于拟旋脊之上，与拟旋脊相连。拟旋脊高，呈三角形。初房微小，外径约 0.05mm。

产地及层位：九江县；中二叠世茅口组。

图 4-1-32 *Neoschwagerina margaritae*（Deprat）

>>> 陶维利氏新希瓦格蜓 *Neoschwagerina douvillei* Ozawa

壳大，纺锤形，中轴直（图 4-1-33；地质部南京地质矿产研究所，1982b）。15 圈，长 7.20mm，宽 3.90mm。最初 2 圈为圆球形。轴率约 1:1。旋壁较薄，最外圈上厚约 0.03mm，由致密层及纤细的蜂巢层组成。隔壁不褶皱。第一旋向副隔壁窄而细，常位于拟旋脊之上，或与之相连；第二旋向副隔壁很不发育，仅见于最外壳圈上。初房较大，外径约 0.36mm。

产地及层位：鄱阳县洪门口村；中二叠世茅口组。

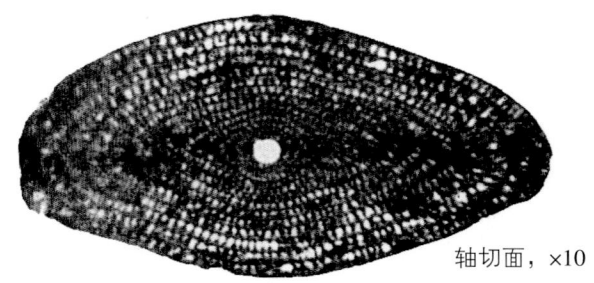

图 4-1-33 *Neoschwagerina douvillei* Ozawa

◆ 矢部蜓属 *Yabeina* Deprat，1914

壳大，粗纺锤形到长纺锤形。旋壁由致密层及纤细蜂巢层组成。隔壁平直。副隔壁有轴向及旋向两组。旋向副隔壁又有第一、二旋向副隔壁两类。副隔壁的上半部由蜂巢层聚集而成，下半部固结不透明。拟旋脊很发育。列孔多。

分布及时代：中国、日本、印度支那、苏联及美国等地；中二叠世。

>>> 顾伯勒氏矢部蜓 *Yabeina gubleri* Kammera

壳大，长纺锤形（图 4-1-34；地质部南京地质矿产研究所，1982b）。12½圈，长 7.31mm，宽 3.60mm。旋壁薄，蜂巢层纤细。第一旋向副隔壁的上端粗，下端变细固结，与拟旋脊相连。第二旋向副隔壁短，约为第一旋向副隔壁的一半。拟旋脊多，窄而较高。列孔多而圆。初房较大，外径 0.28~0.30mm。

产地及层位：宜春县慈化镇慈化村；中二叠世茅口组。

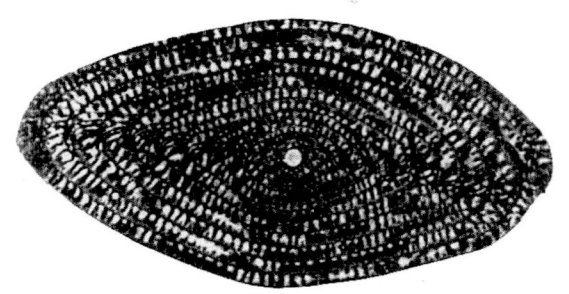

轴切面，×10

图 4-1-34 *Yabeina gubleri* Kammera

第二节　腔肠动物门 Coelenterata

◆ 珊瑚纲 Anthozod
　　◆ 四射珊瑚亚纲 Tetracoralla
　　　　◆ 泡沫珊瑚目 Cystiphyllida Nicholson，1889
　　　　　　◆ 刺壁珊瑚科 Tryplasmatidae Etheridge，1907
　　　　　　　　◆ 刺壁珊瑚属 *Tryplasma* Lonsdale，1845

单体。隔壁短，不连续，内缘有明显的单独羽榍刺状突起。在边缘区则隔壁膨胀形成边缘灰质厚结带。隔壁由杆状的复羽榍、全羽榍或双性羽榍及其间的层状骨素组成。无鳞板。床板发育，完整，平坦或下凹。

分布及时代：欧洲、亚洲、澳洲、北美洲；晚奥陶世—早泥盆世。

>>> 长刺刺壁珊瑚 *Tryplasma longispinosum* Lin et Zou

单体，圆柱状（图 4-2-1；地质部南京地质矿产研究所，1982a）。隔壁粗，长短两列，内端皆伸入体腔内，隔壁数目均为 37×2。床板一般完整，近水平或强烈上凸。

产地及层位：玉山县下镇外村塔山西；晚奥陶世三衢山组。

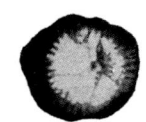 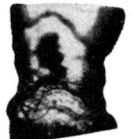

a：横切面，×2　　　　　　　　　　b：纵切面，×2

图 4-2-1 *Tryplasma longispinosum* Lin et Zou

巨型刺壁珊瑚 *Tryplasma giganteum* Lin et Zou

单体，阔锥状，大（图 4-2-2；地质部南京地质矿产研究所，1982a）。隔壁粗，长短两列，大多数伸入到体腔内。在 24.00mm 的横切面上，隔壁总数 88 个。边缘厚，结带宽 2.00~2.40mm。床板完整，近水平微弯曲。

产地及层位：玉山县下镇镇；晚奥陶世三衢山组。

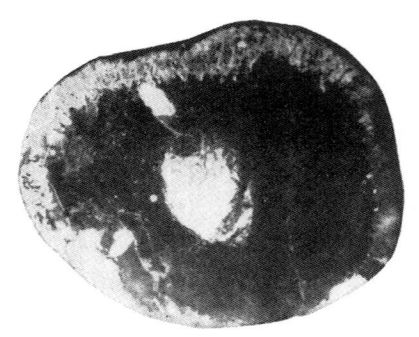 

a：横切面，×2　　　　　　　　　　　b：纵切面，×2

图 4-2-2　*Tryplasma giganteum* Lin et Zou

肯特利里珊瑚属 *Cantrillia* Smith，1930

单体珊瑚，似刺壁珊瑚属。边缘灰质厚结带宽，由层状骨素组成。床板完整，其上覆有灰质，这种灰质中的层状骨素与边缘灰质厚结带的层状骨素紧密相连。

分布及时代：欧洲，早志留世；中国，晚奥陶世。

曲柱状肯特利里珊瑚 *Cantrillia scolecoidea* Lin et Zou

单体，曲柱状（图 4-2-3；地质部南京地质矿产研究所，1982a）。直径 14.00mm，长 30.00mm。隔壁针刺状，沉没在边缘厚结带的层状骨素中，少数微伸入到体腔内。在直径长径 15.50mm、短径 12.50mm 的成年期横切面中，厚结带宽度 0.90~1.20mm。床板完整，微上拱或下凹，在 5.00mm 长度内有 3~4 个。

产地及层位：玉山县下镇镇；晚奥陶世三衢山组。

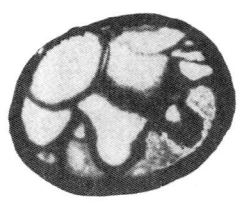  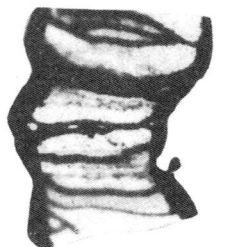

a：横切面，×2　　　　b：横切面，×2　　　　c：纵切面，×2

图 4-2-3　*Cantrillia scolecoidea* Lin et Zou

◆ **新肯特利里珊瑚属 *Neocantrillia* Lin et Zou，1983**

单体珊瑚，角锥状或圆柱状。厚结带厚，由层状骨素组成。在幼年期，厚结带宽，成年期变窄。隔壁呈针刺状，沉没在厚结带的层状骨素中，少数可伸入体腔中。床板不完整，呈交互状或泡沫状；少数完整，微上凸。部分床板上有灰质加厚，其中的层状骨素与厚结带连接起来。床板的灰质加厚中有时也发育针刺状隔壁构造。

分布及时代：江西、浙江；晚奥陶世晚期。

▶▶▶ **泡沫床板新肯特利里珊瑚 *Neocantrillia cystitabulata* Lin et Zou**

单体，角锥状（图4-2-4；地质部南京地质矿产研究所，1982a）。直径16.00mm。成年期为16.00mm时，厚结带变窄，仅1.20mm。厚结带由层状骨素组成。隔壁呈针刺状，沉没在厚结带的层状骨素中。床板不完整，泡沫状。

产地及层位：玉山县下镇镇；晚奥陶世三衢山组。

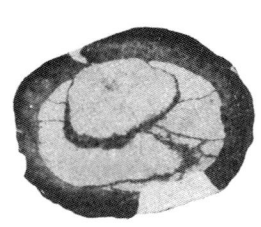 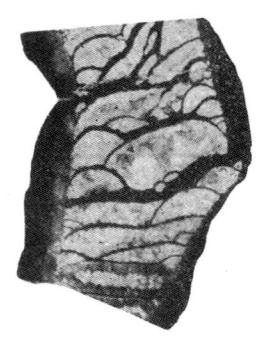

a：横切面，×2　　　　　　　　　　b：纵切面，×2

图4-2-4　*Neocantrillia cystitabulata* Lin et Zou

◆ **泡沫肯特利里珊瑚属 *Cystocantrillia* Lin et Zou**

单体珊瑚，圆柱状或角锥状。厚结带由层状骨素组成，一般很厚。隔壁呈针刺状，沉没在层状骨素中。沿体壁发育泡沫带，其中经常为灰质充填（甚至填满泡沫内的空隙）。床板一般不完整，呈交互状，少数完整。床板上常沉积灰质和发育针刺状隔壁构造。

分布及时代：江西、浙江；晚奥陶世晚期。

▶▶▶ **泡沫床板泡沫肯特利里珊瑚 *Cystocantrillia cystitabulata* Lin et Zou**

单体，角锥状（图4-2-5；地质部南京地质矿产研究所，1982a）。直径10.00mm。隔壁呈针刺状，沉没在灰质厚结带中。厚结带厚，在长径为9.00mm、短径为8.00mm的横切面（幼年期）中，厚结带宽0.80mm；在长径为11.50mm、短径为10.50mm的成年期横切面中，厚结带宽0.70~1.00mm。泡沫带由1~2列泡沫组成。床板不完整，呈泡沫状。

产地及层位：玉山县下镇镇；晚奥陶世三衢山组。

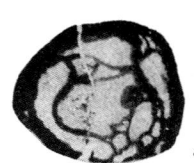 

a：横切面，×2　　　　　　　　　　　　　b：纵切面，×2

图 4-2-5　*Cystocantrillia cystitabulata* Lin et Zou

◆十字珊瑚目 **Stauriida Verrill**，1885
　◆杯珊瑚科 **Cyathophyllidae Dana**，1846
　　◆中华分珊瑚属 *Sinodisphyllum* Sun，1958

单体珊瑚，近圆柱状或角锥状。隔壁两级，在鳞板带内微厚，进入床板带变细。鳞板呈半球形。床板带较宽，轴部床板通常完整，微上凸，与鳞板带之间为辐板组成的过渡带，横面呈"人"字形或交角形，单羽楣型，平行排列，斜上伸张。

分布及时代：中国南部、苏联、加拿大西北部；中泥盆世末期—晚泥盆世早期。

>>> 过渡型中华分珊瑚 *Sinodisphyllum intermedium*（Liao）

弯锥状单体珊瑚（图 4-2-6；地质部南京地质矿产研究所，1982b）。成年个体体径 2.50mm，隔壁数 33×2。一级隔壁长，伸入个体的轴部，在鳞板带内稍厚；次级隔壁短，仅为相邻一级隔壁长度的 1/5。床板不甚完整，轴部平列微凸，少数下凹，在 5.00mm 的长度内计 10 个，与鳞板带之间为一窄列的过渡带，由斜列微凹的辐板组成，横面呈"人"字形或交角状。

产地及层位：萍乡市；晚泥盆世早期佘田桥组。

 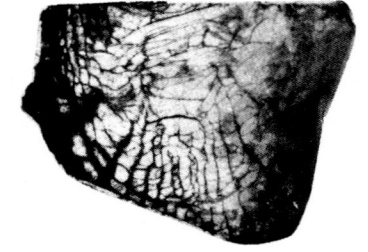

a：横切面，×2　　　　　　　　　　　　　b：纵切面，×2

图 4-2-6　*Sinodisphyllum intermedium*（Liao）

◆杯珊瑚属 *Cyathophyllum* Goldfuss，1826，emend.Birenheide，1963

单体及复体珊瑚，具隆起的、平坦的或漏斗形的萼部。一级隔壁伸达中心或在中央留下一个小型空间。主隔壁短缩。主内沟深陷。鳞板小而多。床板不完整或呈泡沫状。

分布及时代：亚洲、欧洲、大洋洲；中—晚泥盆世。

江西杯珊瑚 Cyathophyllum jiangxiensis Yü

单体珊瑚（图4-2-7；地质部南京地质矿产研究所，1982b）。在直径为30.00~32.00mm的成年个体的横切面内，隔壁数（35~38）×2。一级隔壁长达或接近个体的轴部，部分隔壁的轴端弯曲，在宽阔的鳞板带内隔壁粗细变化较大，在内列鳞板带呈楔状增厚，向内逐渐变细，边缘的隔壁有曲折状凸板，少数隔壁分叉。

产地及层位：萍乡市；晚泥盆世早期佘田桥组。

横切面，×2

图4-2-7 *Cyathophyllum jiangxiensis* Yü

◆ 池珊瑚科 Laccophyllidae Grabau，1928

◆ 脊板包珊瑚属 Amplexocarinia Soshkina，1939

单体珊瑚，锥柱状。外壁薄。青年期隔壁较长，成年期隔壁后缩。横板内墙完整或不完整。横板完整，轴部水平状，两侧急剧下斜。邻近外壁有小的水平状或外斜的横板。无鳞板。

分布及时代：中国、苏联，中二叠世；北美洲，晚石炭世。

江西脊板包珊瑚 Amplxocarinia jiangxiensis Zhu

小型单体（图4-2-8；地质部南京地质矿产研究所，1982b）。个体横切面呈圆形，体径3.20mm，隔壁数14，呈辐射状排列，短而细，长度约占个体半径的1/3，末端止于内墙或稍伸入内墙。纵面上轴部横板呈水平状，间距为1.00~1.50mm，两侧横板向外倾斜，直达外壁。

产地及层位：进贤县石灰岭村；中二叠世茅口组。

a：横切面，×3　　b：纵切面，×3

图4-2-8 *Amplxocarinia jiangxiensis* Zhu

◆ 多腔珊瑚科 Polycoellidae de Fromental, 1861
◆ 速壁珊瑚属 *Tachylasma* Grabau, 1922

单体珊瑚, 阔锥状或圆锥状。两条侧隔壁和两条对侧隔壁较其余隔壁长而厚。主隔壁短, 主部的一级隔壁常作羽状排列。次级隔壁短。主内沟显著。无鳞板。

分布及时代: 亚洲、欧洲、大洋洲; 石炭纪—二叠纪。

永新速壁珊瑚 *Tachylasma yungsinense* Chi

单体 (图 4-2-9; 地质部南京地质矿产研究所, 1982b)。横切面不规则, 略呈椭圆形。体径 16.00mm, 主部有一级隔壁 4 对, 对部有 7 对。主隔壁短, 主内沟明显。两条侧隔壁和两条对侧隔壁长而厚, 延至中心。次级隔壁短。

产地及层位: 安福县小江边村; 中二叠世栖霞组。

横切面, ×2

图 4-2-9 *Tachylasma yungsinense* Chi

细长速壁珊瑚 *Tachylasma elongatum* Grabau

单体, 弯锥状 (图 4-2-10; 地质部南京地质矿产研究所, 1982b)。外壁表面有显著的生长线或生长纹。当横面直径为 12.00mm 时, 两条对侧隔壁和两条侧隔壁几乎伸入中心, 显著加厚, 其余一级隔壁长短不一, 对隔壁薄而短。主内沟明显。对部两边各有 7~9 条一级隔壁, 主部各有 3~4 条一级隔壁; 次级隔壁较发育, 其长度为一级隔壁的 1/3。

产地及层位: 丰城市; 中二叠世栖霞组。

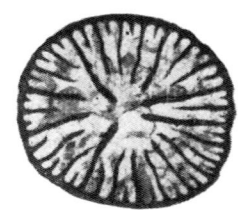

横切面, ×2

图 4-2-10 *Tachylasma elongatum* Grabau

◆ 满珊瑚科 Plerophyllidae Koker, 1924
◆ 满珊瑚属 *Plerophyllum* Hinde, 1890

圆锥状单体珊瑚。主隔壁、侧隔壁和对侧隔壁较其余一级隔壁厚长。次级隔壁短。无鳞板。

分布及时代: 亚洲、欧洲、大洋洲; 晚泥盆世—二叠纪。

弯隔壁满珊瑚 *Plerophyllum flexiseptatum* Yan et Chen

小型单体, 外壁薄 (图 4-2-11; 地质部南京地质矿产研究所, 1982b)。体径 9.00mm, 隔壁数 22×2; 主隔壁、两条侧隔壁及两条对侧隔

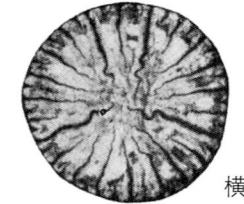

横切面, ×3

图 4-2-11 *Plerophyllum flexiseptatum* Yan et Chen

壁比其他一级隔壁长，且加厚，于中心相互融合，两条侧隔壁和两条对侧隔壁末端呈波状弯曲，在主部有 3 对一级隔壁，对部有 5 对一级隔壁，长度不等。次级隔壁较短，均灰质加厚。

产地及层位：高安市；中二叠世栖霞组。

◆ 索斯金娜珊瑚科 Sochkineophyllidae Grabau，1928
  ◆ 黄氏珊瑚属 *Huangophyllum* Tseng，1948

单体珊瑚。隔壁作四分羽状排列，对部发育比主部快，对隔壁长而厚，几乎达到中心，但未成中轴。主内沟和侧内沟明显。横板稀少。无鳞板。

分布及时代：中国；中二叠世。

>>> 对称黄氏珊瑚 *Huangophyllum symmetricum* Tseng

单体，外壁厚，边缘厚结带 1.00mm（图 4-2-12；地质部南京地质矿产研究所，1982b）。成年期体径 14.00mm，一级隔壁数 39，作四分羽状排列，对部发育较主部快。对隔壁长且厚，伸达中心。主隔壁短，主内沟明显。次级隔壁发育，其长度为一级隔壁的 1/3。老年期一级隔壁后缩，但对隔壁仍较长，主内沟不明显。

产地及层位：萍乡市胡家坊村；中二叠世栖霞组。

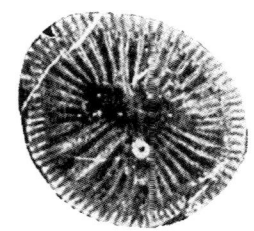

横切面，×2

图 4-2-12 *Huangophyllum symmetricum* Tseng

◆ 逆叶珊瑚科 Antiphyllidae ntiphyllid
  ◆ 拟犬齿珊瑚属 *Paracaninia* Chi，1937

单体，角锥状或圆柱状。幼年期一级隔壁几乎达到中心，成年期短缩呈包珊瑚型。次级隔壁短。主内沟明显。横板完整，常呈水平状，两侧下倾。无鳞板。

分布及时代：中国、苏联，二叠纪；北美洲，石炭纪。

>>> 梁山拟犬齿珊瑚 *Paracaninia liangshanensis*（Huang）

单体（图 4-2-13；地质部南京地质矿产研究所，1982b）。体径 28.00mm，隔壁 35×2。一级隔

a：横切面，×1.5   b：纵切面，×1.5

图 4-2-13 *Paracaninia liangshanensis*（Huang）

壁几乎达到中心，末端微弯曲；次级隔壁短，长度为一级隔壁的 1/5~1/4。主部隔壁呈羽状排列，主内沟较明显。横板排列规则，中央平凸，边缘向外倾斜，间距为 1.00~2.00mm。无鳞板。

产地及层位：安福县小江边村；中二叠世栖霞组。

▶▶▶ 江西拟犬齿珊瑚 *Paracaninia jiangxiensis* Yan et Chen

单体，外壁薄（图 4-2-14；地质部南京地质矿产研究所，1982b）。体径 23.00mm，隔壁 36×2。一级隔壁长，几乎达到中心；次级隔壁短。主内沟明显。横板完整或不完整，中间上拱，向两侧下倾，两侧不对称，珊瑚体凸侧拱度大，缓向凹侧倾斜，5.00mm 长度内有 3~4 条。无鳞板。

产地及层位：瑞昌市乌石街村；中二叠世栖霞组。

横切面，×1.5

图 4-2-14 *Paracaninia jiangxiensis* Yan et Chen

▶▶▶ 紫江拟犬齿珊瑚 *Paracaninia tzuchiangensis*（Huang）

单体（图 4-2-15；地质部南京地质矿产研究所，1982b）。体径 30.00mm，外壁薄。一般隔壁数 42，长度为个体半径的 2/3~3/4；次级隔壁长为一级隔壁的 1/3~1/2。主内沟明显。纵面上横板完整，轴部呈水平状，两侧下斜，5.00mm 长度内有 4 条。无鳞板。

产地及层位：瑞昌市横山村；中二叠世栖霞组。

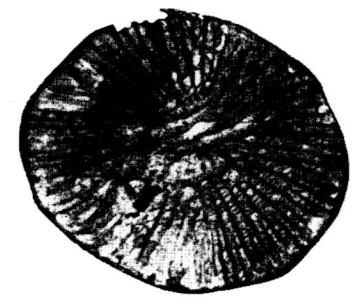　　

a：横切面，×1.5　　　　　　　　　　　　b：纵切面，×1.5

图 4-2-15 *Paracaninia tzuchiangensis*（Huang）

◆ 拟内沟珊瑚科 Zaphrentoididae Schindewolf, 1938
◆ 奇壁珊瑚属 *Allotropiophyllum* Grabau, 1928

小型单体，角锥状。对部隔壁较主部隔壁发育快，对部一级隔壁长度常为主部的 2~4 倍，末端弯连成半圆形内壁；次级隔壁短。主内沟深。无鳞板。

分布及时代：亚洲、欧洲；石炭纪—二叠纪。

江西奇壁珊瑚 *Allotropiophyllum jiangxiense* Yan et Chen

小型单体，角锥状，外壁薄（图 4-2-16；地质部南京地质矿产研究所，1982b）。体径 16.00mm，一级隔壁数 36，主部一级隔壁呈羽状排列，主隔壁短，主内沟深陷。主部一级隔壁 7 对，对部一级隔壁 9 对。2 条侧隔壁、2 条对隔壁较其他一级隔壁粗厚，末端呈棒锤状；对隔壁与其他一级隔壁等长。次级隔壁较长，其末端常与一级隔壁一侧相连。

产地及层位：瑞昌市；中二叠世栖霞组。

横切面，×1.5

图 4-2-16 *Allotropiophyllum jiangxiense* Yan et Chen

安福奇壁珊瑚 *Allotropiophyllum anfuense* Zhu

小型单体，外壁较厚（图 4-2-17；地质部南京地质矿产研究所，1982b）。幼年期体径 5.50mm，一级隔壁数 20；次级隔壁长度为一级隔壁的 1/3~1/2。成年期体径 6.50mm，一级隔壁数 22，主隔壁短，主内沟明显。对部隔壁发育比主部快，其数为主部的 3 倍，并显著加厚，末端转折围成完整的内壁。侧内沟不发育。无鳞板。

产地及层位：安福县小江边村；中二叠世栖霞组。

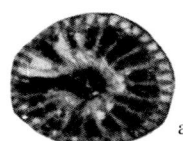 

a：横切面，×2　　　　b：横切面，×2　　　　c：横切面，×2

图 4-2-17 *Allotropiophyllum anfuense* Zhu

槽形奇壁珊瑚 *Allotropiophyllum sulciforme* Zhao et Zhu

单体，小型，横切面呈椭圆形（图 4-2-18；地质部南京地质矿产研究所，1982b），直径长轴为 2.8mm，短轴为 2.3mm，外壁甚薄。隔壁两列，数目为 16+16；一级隔壁末端与内墙相接，外厚，

a：横切面，×10　　　　b：横切面，×5

图 4-2-18 *Allotropiophyllum sulciforme* Zhao et Zhu

向内减薄；二级隔壁长度约为一级隔壁的 1/3。内墙呈长槽形，长度为 2.30mm，宽度为 0.40mm。主隔壁长度约与二级隔壁相当。

产地及层位：宜春市新塘；中二叠世茅口组。

◆ 表珊瑚科 Hapsiphllidae Grabau，1928
　◆ 双瓣珊瑚属 *Duplophyllum* Koker，1924

单体，弯阔锥状。青年期和成年期的一级隔壁长达中心，末端加厚，对部发育速度较主部快。次级隔壁长，末端与一级隔壁侧缘相接。横板完全，排列疏松。无鳞板。

分布及时代：中国、帝汶岛；石炭纪—二叠纪。

▶▶▶ 小江边双瓣珊瑚 *Duplophyllum xiaojiangbianense* Zhu

单体（图 4-2-19；地质部南京地质矿产研究所，1982b）。横切面直径 15.00mm，隔壁 24+24，作辐射状排列；一级隔壁甚长，伸达中心，内端加厚，部分呈棒锤形，主部有 4 对，对部有 7 对；次级隔壁长约为一级隔壁的 1/2，内端弯曲，与一级隔壁侧缘相接。

产地及层位：安福县小江边村；中二叠世栖霞组。

横切面，×2

图 4-2-19　*Duplophyllum xiaojiangbianense* Zhu

◆ 顶柱珊瑚科 Lophophyllidiidae Grabau，1928
　◆ 顶柱珊瑚属 *Lophophyllidium* Grabau，1928

单体，角锥状或圆柱状。一级隔壁长，末端常加厚。次级隔壁短。中轴粗大，与对隔壁相连。成年后期隔壁短缩，中轴孤立于中心。横板向中轴升起。鳞板缺失。

分布及时代：亚洲、欧洲、北美洲；石炭纪—二叠纪。

▶▶▶ 多隔壁顶柱珊瑚 *Lophophyllidium multiseptatum*（Grabau）

小型单体（图 4-2-20；地质部南京地质矿产研究所，1982b）。体径 6.50mm，边缘带厚，隔壁

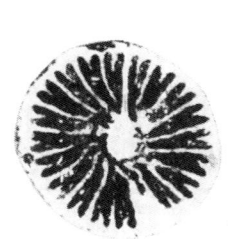

a：横切面，×4

b：纵切面，×4

图 4-2-20　*Lophophyllidium multiseptatum*（Grabau）

数20×2，一级隔壁不达中心，长度为个体半径的4/7~5/7；次级隔壁发育。主隔壁发育较弱，内端变薄，且弯曲，主内沟不显。对隔壁延至中心，加厚至棒状中轴，中轴边缘呈锯齿状，中隔细，横板完整，水平状。无鳞板。

产地及层位：瑞昌市；中二叠世栖霞组。

◆ **灰柱珊瑚属 *Stereostylus* Jeffords，1947**
>>> **爱娜灰柱珊瑚 *Stereostylus annae* Jeffords**

小型单体，横切面直径为5.00mm，边缘厚结带厚度为4.00mm。隔壁两级（图4-2-21；朱正刚和赵嘉明，1992），数目为18+18；一级隔壁末端细；主隔壁短，长度约为其他一级隔壁的1/2；对隔壁末端侧弯与中轴相连；二级隔壁呈脊状突起，隐埋在边缘厚结带。中轴呈板状，长0.80mm，宽0.20mm，中线明显。床板拱起，5.00mm长度内有6~7条。

产地及层位：彭泽县镜子山；晚石炭世马平组（原船山组）。

a：横切面，×3

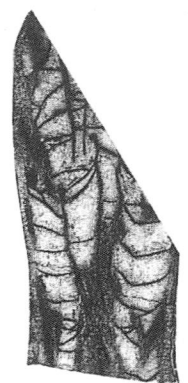
b：纵切面，×3

c：横切面

图4-2-21 *Stereosrylus annae* Jeffords

◆ **帝汶珊瑚属 *Timorphyllum* Gerth，1921**
>>> **针隔壁帝汶珊瑚 *Timorphyllum raphiseptatum* Zhao et Zhu**

单体珊瑚，横切面直径为10.50mm。隔壁两级（图4-2-22；赵嘉明和朱相水，1991），数目为36+36，自外向内由粗变细，末端尖呈微弯长针状，四分排列；一级隔壁长，伸入轴部边缘；二级

a：横切面，×3

b：横切面，×2

图4-2-22 *Timorphyllum raphiseptatum* Zhao et Zhu

隔壁长度为一级隔壁的 1/4~1/3；主隔壁的长度约与二级隔壁相当；对隔壁厚，伸入轴部，末端微加厚形成条厚状中轴。

产地及层位：宜春市新塘；中二叠世茅口组。

>>> **多隔壁帝汶珊瑚 *Timorphyllum multiseptatum* Zhao et Zhu**

单体珊瑚，横切面呈椭圆形（图 4-2-23；朱正刚和赵嘉明，1992），直径长轴为 17.5mm，短轴为 13mm。隔壁两级，数目为 41+41，四分排列；一级隔壁长、直，末端略弯，有的略加厚；二级隔壁直，呈针状，长度为一级隔壁的 1/4~1/3；主隔壁短于二级隔壁；对隔壁厚、长，末端伸入轴部，膨大成宽度约 1.20mm 的中轴。

产地及层位：宜春市新塘；中二叠世茅口组。

a：横切面，×2，副模（Paratype）　　b：横切面，×2，正模（Holotype）　　c：横切面，×1

图 4-2-23　*Timorphyllum multiseptatum* Zhao et Zhu

◆ **杯盾珊瑚科 Cyathopsidae Dybowski，1873**
　◆ **假内沟珊瑚属 *Pseudozaphrentis* Sun，1958**

单体珊瑚，外形锥状或柱状。隔壁两级，在鳞板带呈楔状增厚，次级隔壁短。鳞板带窄。床板不完整，多呈泡沫状上凸形。过渡带内的辐板泡沫状上凸，在横面内呈"人"字形或交角状。

分布及时代：中国南部、苏联、加拿大西北部；晚泥盆世早期。

>>> **曲形假内沟珊瑚 *Pseudozaphrentis curvatum* Sun**

柱锥状珊瑚，成年珊瑚体的体径为 14.50~17.00mm，隔壁数（29~32）×2（图 4-2-24；地质部南京地质矿产研究所，1982b）。一级隔壁长近个体中心，在狭窄的鳞板带内呈楔状增厚，边缘侧向衔接

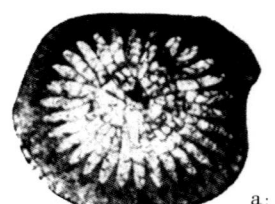 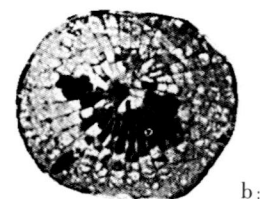

a：横切面，×2　　　　　　　　　　　　b：横切面，×2

图 4-2-24　*Pseudozaphrentis curvatum* Sun

成厚结带；次级隔壁没入厚结带。鳞板带窄，由5~6列小型鳞板组成，倾斜较陡；床板带宽，由不甚完整的床板组成，轴部平列上凸。过渡带内辐板呈泡沫状斜列，在横面内呈"人"字形或交角状。

产地及层位：萍乡市；晚泥盆世早期佘田桥组。

◆ **犬齿珊瑚属 *Caninia* Michelin in Gervais，1840**

单体，锥柱状。幼年期一级隔壁长达中心，成年期后缩，主部的隔壁常于横板带内加厚，次级隔壁短。主内沟明显。横板完整，水平状，边缘部分微下倾。鳞板带宽度不定，鳞板呈同心状或"人"字形排列。

分布及时代：亚洲、欧洲、北美洲、大洋洲；石炭纪—二叠纪。

▶▶▶ **贵县犬齿珊瑚同心亚种 *Caninia kueihsienensis concentrica* Lee et Yü**

单体（图4-2-25；地质部南京地质矿产研究所，1982b）。体径17.00mm，一级隔壁数33，其长度为个体半径的3/5，在鳞板带内较薄，横板带内稍加厚；次级隔壁短，与鳞板带的宽度相当。主内沟明显。鳞板呈不规则的同心状或角状排列。

产地及层位：崇义县羊角坑村；晚石炭世黄龙组。

横切面，×3

图4-2-25 *Caninia kueihsienensis concentrica* Lee et Yü

▶▶▶ **马平犬齿珊瑚 *Caninia mapingensis* Lee et Yü**

单体（图4-2-26；地质部南京地质矿产研究所，1982b）。成年期直径20.00mm，一级隔壁数29，于横板带内加厚，主部更显著，长度约为半径的2/3；次级隔壁甚短，长度为一般隔壁的1/6。主内沟明显。鳞板带较宽，约为一级隔壁长度的1/2，鳞板呈同心状或"人"字形排列。

产地及层位：乐平市涌山；晚石炭世黄龙组。

横切面，×2

图4-2-26 *Caninia mapingensis* Lee et Yü

◆ 北极珊瑚属 *Arctophyllum* Fedorowski，1975
>>> 江西北极珊瑚 *Arctophyllum jiangxiense* Zhu et Zhao

单体，在直径20.00mm的横切面上，隔壁两级（图4-2-27；朱正刚和赵嘉明，1992），隔壁数为34+34，细构造为垂直羽针型；一级隔壁的长度约为个体半径的4/5，在主部的一级隔壁数为20，全部强烈加厚；主隔壁短，长度约为一级隔壁的1/2；对部的一级隔壁数为14，甚薄；二级隔壁甚短，呈条状突起。主内沟明显。鳞板带十分窄，鳞板呈不规则的"人"字形。

产地及层位：彭泽县镜子山；晚石炭世马平组（原船山组）。

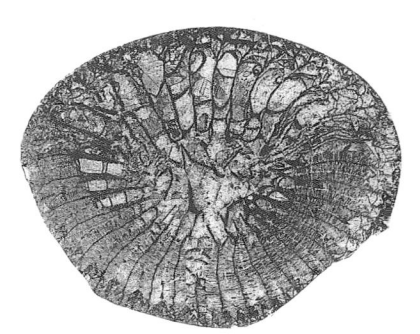 

a：横切面，×3　　　　　　　　　　b：纵切面，×3

图4-2-27　*Arctophyllum jiangxiense* Zhu et Zhao

◆ 福米切夫氏珊瑚属 *Fomichevella* Fedorowski，1975
>>> 霍尔氏福米切夫珊瑚 *Fomichevella hoeli*（Holtedahl）

丛状复体。成年期个体直径为15.00mm（图4-2-28；朱正刚和赵嘉明，1992）。隔壁两级，隔壁数为（17~23）+（17~23），微加厚；一级隔壁长度约为个体直径的1/3；二级隔壁最长为一级隔壁的1/3。鳞板带窄，鳞板呈不规则的"人"字形。

产地及层位：乐平市涌山；晚石炭世马平组（原船山组）。

横切面，×2

图4-2-28　*Fomichevella hoeli*（Holtedahl）

>>> 长隔壁福米切夫氏珊瑚 *Fomichevella longiseptata* Zhu et Zhao

丛状复体。个体横切面直径为13.00mm，外壁甚薄（图4-2-29；朱正刚和赵嘉明，1992）。隔壁两级，数目为30+30，主部的隔壁微加厚，细构造为垂直羽针型；一级隔壁的长度一般约为个体直径的 1/3，一部分特长且伸入中心互相交结；二级隔壁甚短，长度约为一级隔壁的 1/5；主隔壁短，主内沟明显。边缘鳞板带甚窄，鳞板呈同心状。

产地及层位：乐平市涌山；晚石炭世马平组（原船山组）。

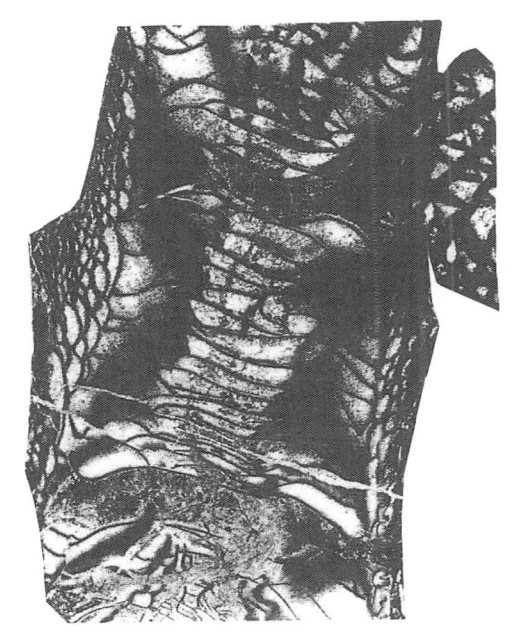

a：横切面，×3　　　　　　　　　　　　b：纵切面，×3

图 4-2-29 *Fomichevella longiseptata* Zhu et Zhao

◆ 沟珊瑚科 **Bothrophyllidae Fomichev，1953**
　◆ 提曼珊瑚属 *Timania* **Shtukenberg，1875**
　　》》》 提曼珊瑚（未定种）*Timania* sp.

单体，横切面直径为 15.50mm（图 4-2-30；朱正刚和赵嘉明，1992）。隔壁两级，数目为 28+28。细构造为垂直羽针型。一级隔壁在主部的床板带内强烈加厚；对隔壁伸入中心成板状中轴；二级隔壁甚短，呈脊突。鳞板带窄，鳞板呈"人"字形。因缺纵切面而未定种。

产地及层位：乐平市涌山；晚石炭世马平组（原船山组）。

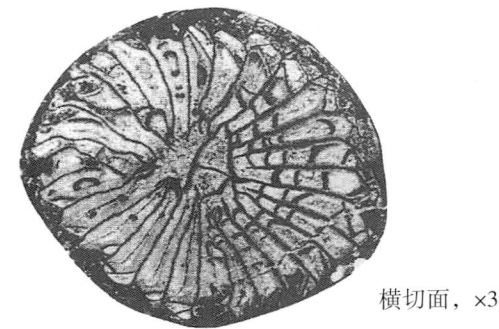

横切面，×3

图 4-2-30 *Timania* sp.

◆康宁珊瑚科 Famly Koninckophyllidae Wang，1950
　◆康宁珊瑚属 Genus *Koninckophyllum* Thomson et Nicholson，1876
　　▷▷▷ 侧犬齿珊瑚状康宁珊瑚 *Koninckophyllum caninophylloidea* X. Yü

标本（图4-2-31；朱正刚和赵嘉明，1992）与江苏吴县文化山马平组（原船山组）的正模标本相比，除了前者隔壁数目略少外，其他特征相同。

产地及层位：于都县禾丰金鸡山；晚石炭世马平组（原船山组）。

 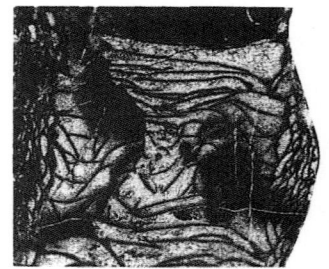

a：横纵切面，×3　　　　　　　　　　b：横切面，×3

图4-2-31 *Koninckophyllum caninophylloidea* X. Yü

◆蛛网珊瑚科 Clisiophyllidae Nicholson in Nicholson et Lydeker，1889
　◆薄板珊瑚属 *Lasmophyllum* Zhao，1981
　　▷▷▷ 薄板珊瑚（未定种）*Lasmophyllum* sp.

丛状复体。个体横切面直径为7.50mm。隔壁两级（图4-2-32；朱正刚和赵嘉明，1992），数目为19+19。一级隔壁长，粗细不匀，部分伸入轴部且相连；二级隔壁长度约为一级隔壁的1/3。鳞板1~2列。

产地及层位：于都县禾丰金鸡山；中二叠世栖霞组下部。

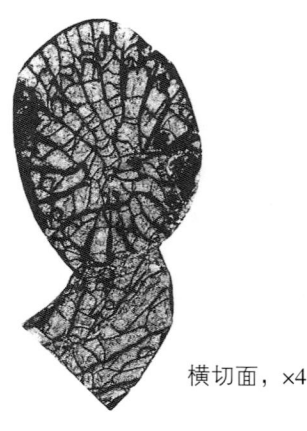

横切面，×4

图4-2-32 *Lasmophyllum* sp.

◆ 杏仁珊瑚科 Amygdalophyllidae Grabau，1935
　◆ 骨珊瑚属 *Carinthiaphyllum* Heritsch，1936
　　>>> 始柱珊瑚型骨珊瑚 *Carinthiaphyllum eostrotionideum* Zhu et Zhao

分散的丛状复体。横切面呈微椭圆形（图4-2-33；赵嘉明和朱相水，1991），直径为6×5.50mm，边缘偶有极少数不甚明显的泡沫板。隔壁两级，数目为19+19，粗细均匀，微弯曲，主、对部相对应呈羽状排列。一级隔壁长，几乎伸入中区；二级隔壁长度为一级隔壁的4/5。鳞板呈同心状或角状。中轴呈不规则状，中线明显。

产地及层位：彭泽县镜子山；晚石炭世马平组（原船山组）。

 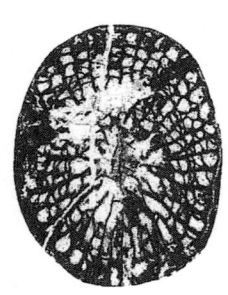 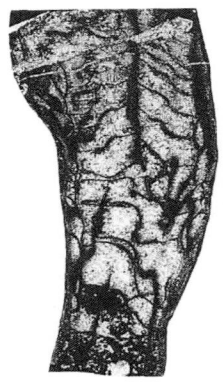 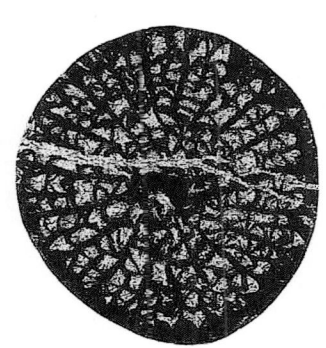

a：横切面，×5　　b：横切面，×5　　c：纵切面，×5　　d：纵切面，×5

图 4-2-33　*Carinthiaphyllum eostrotionideum* Zhu et Zhao

◆ 舌珊瑚科 Kionophyllidae X. Yü，1980
　◆ 似杏仁珊瑚属 *Amydalophylloides* Dobrolyubova et Kabakovich，1948
　　>>> 多隔壁似杏仁珊瑚 *Amydalophylloides multiseptatus* X. Yü

标本的体径14.00mm（图4-2-34；朱正刚和赵嘉明，1992），隔壁数目31+31，二级隔壁的长度为一级隔壁的2/3~3/4，雏形复中柱直径为2.00mm左右。

产地及层位：彭泽县镜子山；晚石炭世马平组（原船山组）。

横切面，×4

图 4-2-34　*Amydalophylloides multiseptatus* X. Yü

◆ 扁轴珊瑚科 Petalaxidae Fomichev，1953
　◆ 累特埠珊瑚属 *Lytvophyllum* Dobrolyubova in Soshkina，Dobrolyubova et Porfirey，1941
　　▶▶▶ 弯曲累特埠珊瑚 *Lytvophyllum flexuosum* Zhao et Zhu

丛状复体。幼体直径 2.50~3.50mm，仅有一级隔壁（图 4-2-35；朱正刚和赵嘉明，1992），数目为 7~12，其中较大个体者的主、对隔壁伸入中心互相连接，隔壁之间开始出现泡沫板的横切面线条。成年期直径为 4.50~6.00mm，边缘常出现不规则大型的泡沫板。隔壁两级，弯曲，数目为 (12~14)+(12~14)；一级隔壁长度约为个体半径的 1/2；二级隔壁长度为一级隔壁的 1/3~1/2。中板不稳定。纵切面上两侧泡沫板的形状大小大部分一致，局部特大，数目为 1 列。中板细而断续。床板向中板上升或平缓，微向上隆起。

产地及层位：玉山县下镇镇；晚石炭世马平组（原船山组）。

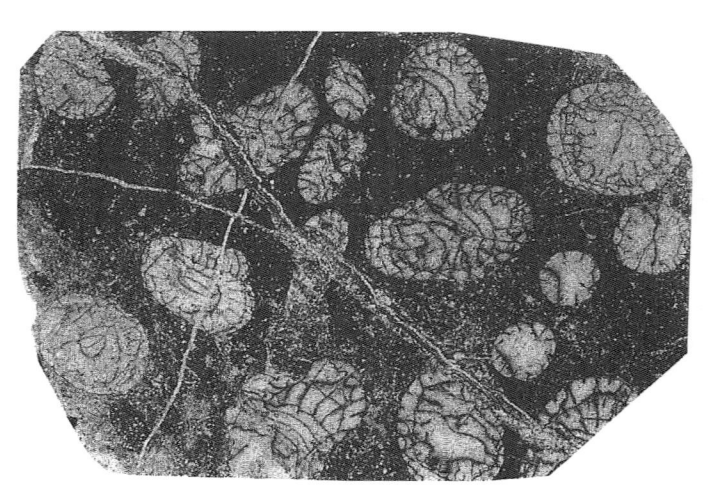
a：横切面，×4

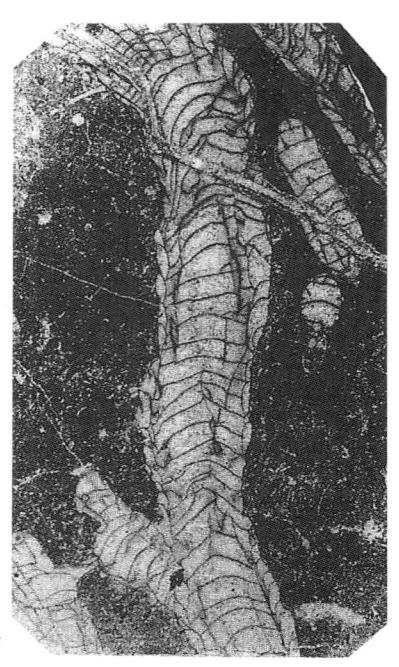
b：纵切面，×4

图 4-2-35 *Lytvophyllum flexuosum* Zhao et Zhu

▶▶▶ 累特埠珊瑚（未定种）*Lytvophyllum* sp.

丛状复体，直径为 5.00mm。隔壁两级（图 4-2-36；朱正刚和赵嘉明，1992），数目为 17+17，微加厚，直，部分一级隔壁外端被局部不规则的大型泡沫板所阻，长度约为个体半径的 4/5；二级隔壁短，呈脊突或为一级隔壁长度的 1/5。轴部为一个弯曲条状的中轴。因标本保存少，故未定种。

产地及层位：彭泽县镜子山；晚石炭世马平组（原船山组）。

横切面，×2
图 4-2-36 *Lytvophyllum* sp.

◆ 原始伊凡诺夫氏珊瑚属 Genus *Protoivanovia* X. Yü，1977

》》》双形原始伊凡诺夫氏珊瑚 *Protoivanovia dupliformis* X. Yü

标本仅保存 2 个较完整的个体和 2 个不完整的个体（图 4-2-37；朱正刚和赵嘉明，1992）。其中一个较完整个体的隔壁带与泡沫带的界限较分明，另一个较完整个体的大半部隔壁与成密层的泡沫带的界限不甚分明。以上特征与产于江苏的 *Protoivanovia dupliformis* X. Yü 正模标本是相似的。

产地及层位：彭泽县镜子山；晚石炭世马平组（原船山组）。

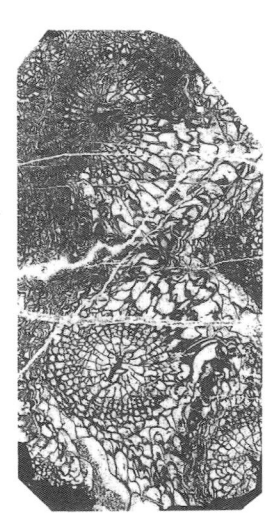
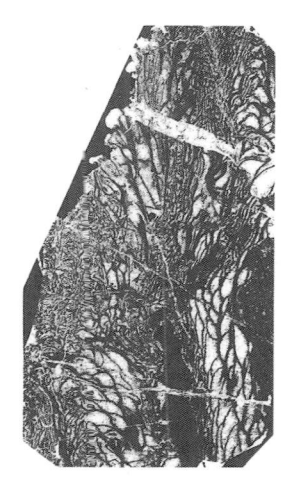

a：横切面，×2　　　b：纵切面，×2

图 4-2-37 *Proioivanovia dupliformis* X. Yü

》》》彭泽原始伊凡诺夫氏珊瑚 *Protoivanovia pengzeensis* Zhu

从较长的隔壁形态及隔壁数目来看，这个种（图 4-2-38；朱正刚和赵嘉明，1992）与山西陵川附城上石炭统的 *Protoivanovia lingchuanensis* Zhao（赵嘉明，1987）有些相似，不同的是后者中轴呈多种形态。

产地及层位：彭泽县镜子山；晚石炭世马平组（原船山组）。

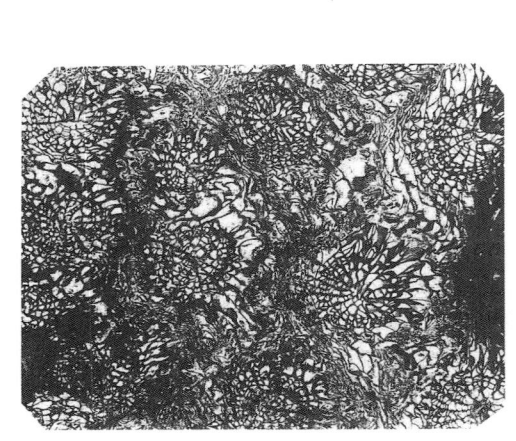
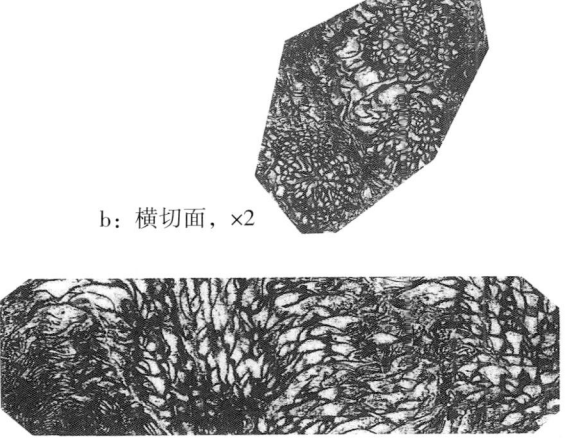

a：横切面，×2　　　b：横切面，×2

c：纵切面，×4

图 4-2-38 *Protoivanovia pengzeensis* Zhu

◆轴珊瑚科 Axophyllidae Edwards et Haime，1851
　◆卡尼氏珊瑚属 *Carniaphyllum* Heritsch，1936
　　»»» 戈尔坦氏卡尼氏珊瑚 *Carniaphyllum gortanii* Heritsch

单体，椭圆锥柱状（图 4-2-39；朱正刚和赵嘉明，1992）。横切面呈椭圆形，直径长轴为 17.50mm，短轴为 13.00mm。边缘内部具少数不稳定的泡沫板。隔壁两级，微弯曲，数目为 31+31；一级隔壁长，几乎伸达轴部，二级隔壁长度为一级隔壁的 1/2~2/3。鳞板带宽，鳞板呈不规则的"人"字形。轴部由中板、辐板和斜板组成简单复中柱，一端与一级隔壁相连。

产地及层位：彭泽县镜子山；晚石炭世马平组（原船山组）。

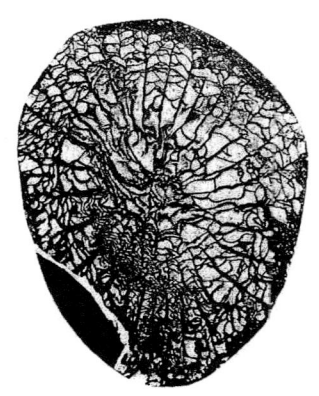 

a：横切面，×3　　　　　　　b：纵切面，×3

图 4-2-39 *Carniaphyllum gortanii* Heritsch

◆卫根珊瑚科 Waagenophyllidae Wang，1950
　◆卫根珊瑚属 *Waagenophyllum* Hayasaka，1924

丛状复体。隔壁始端长达外壁，长短相间。复中柱由中板、辐板和斜板组成。鳞板发育。斜横板呈拉长泡沫状，向中心倾斜，横板短小，水平排列或下凹。

分布及时代：亚洲、欧洲、大洋洲、北美洲；二叠纪。

»»» 美丽卫根珊瑚 *Waagenophyllum pulchrum* Maeda et Hamada

丛状复体（图 4-2-40；地质部南京地质矿产研究所，1982b）。个体横切面呈椭圆形。体径 6.00~7.00mm。隔壁数（19~22）×2，始端加厚显著，内端变薄，一级隔壁止于复中柱；次级隔壁长为一级隔壁的 2/3~3/4。复中柱大，呈圆形，约占个体体径 1/3，由同心状斜板、少数辐板和不稳定的中板组成。纵面上鳞板带窄。斜横板呈拉长的泡沫状，向复中柱陡倾，复中柱边缘具水平状小横板。

产地及层位：彭泽县马当镇；中二叠世茅口组。

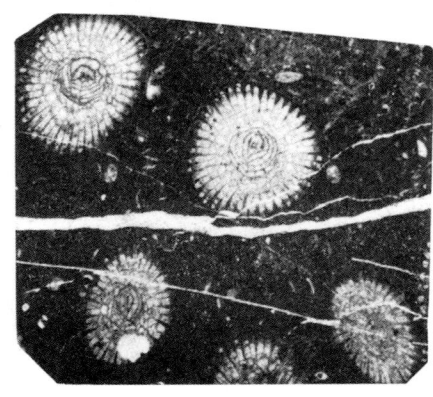
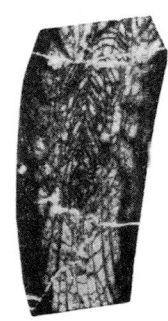

a：横切面，×3　　　　　　　　　b：纵切面，×3

图 4-2-40　*Waagenophyllum pulchrum* Maeda et Hamada

◆ 伊泼雪珊瑚属 *Ipciphyllum* Hudson，1958

角柱状群体。外壁完全。复中柱由中板、辐板和斜板组成。隔板长短两级。横板水平排列或向中心倾斜。斜横板泡沫状。鳞板带较宽，鳞板排列规则。

分布及时代：亚洲、欧洲、非洲；二叠纪。

〉〉〉瑞昌伊泼雪珊瑚 *Ipciphyllum ruichangense* Chen et Yan

块状群体（图 4-2-41；地质部南京地质矿产研究所，1982b）。个体横切面一般呈四边形、五边形、六边形，直径为 4.50~11.00mm，外壁薄而直。隔壁数 31~34，一级隔壁与次级隔壁几乎等长，唯次级隔壁稍细薄或短些，始端均伸达外壁。复中柱较大，呈蛛网状，直径约 2.00mm，近圆形，由辐板、斜板和薄而长的中板组成。纵面上鳞板带宽，5~7 列，横板完整或不完整，向复中柱倾斜，5.00mm 长度范围内有 14 条。

产地及层位：瑞昌市烈女山；中二叠世茅口组。

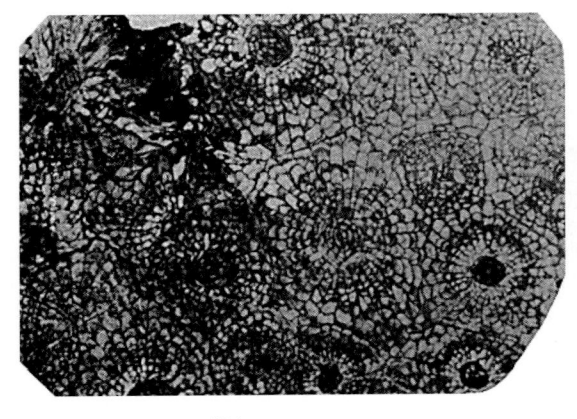
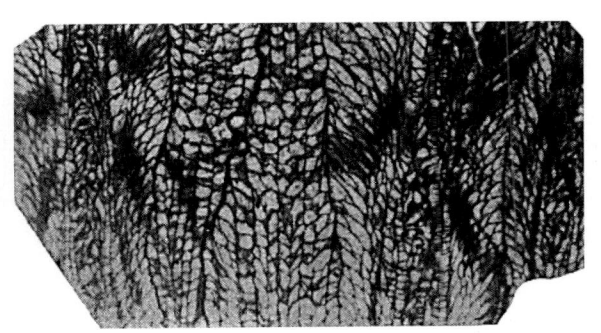

a：横切面，×3　　　　　　　　　b：纵切面，×3

图 4-2-41　*Ipciphyllum ruichangense* Chen et Yan

>>> 粗糙伊泼雪珊瑚 *Ipciphyllum asperum* Zhao et Zhu

块状复体，个体横切面呈不规则多边形（图4-2-42；赵嘉明和朱相水，1991），直径为4.50~8.00mm，两个相邻个体中心之间的距离为4.00~7.00mm。间壁厚度为0.10~0.20mm，结构粗糙，呈不规则锯齿状，弯曲，中线在镜下明显。隔壁两级，数目为（14~18）+（14~18），弯曲；一级隔壁在鳞板带内细而弯曲，在床板带内加厚，末端几乎与轴部相接；二级隔壁略超于鳞板带，长度为一级隔壁的1/3~1/2。鳞板呈不规则的"人"字形，同心状，似泡沫状或长泡弧状。轴部为短而细、明显或不明显的中板，少数断续状的辐板以及不完整的环形或泡弧形的斜板组成的复中柱，大多数直径为1.50~1.80mm，少数为1.20mm。

产地及层位：宜春市新塘；中二叠世茅口组。

a：横切面，×3　　　　　　　　　　　　b：纵切面，×3

图4-2-42　*Ipciphyllum asperum* Zhao et Zhu

>>> 亚帝汶伊泼雪珊瑚 *Ipciphyllum subtimoricum*（Huang）

块状复体，个体呈不规则的多边形（图4-2-43；赵嘉明和朱相水，1991），直径为6.00~11.00mm，两个相邻个体中心之间的距离为5.00~9.00mm。隔壁数目为（17~19）+（17~19），一级隔壁长达轴部，二级隔壁长度约为一级隔壁的2/3，于床板带内微加厚。内墙未发育。鳞板呈不规则泡沫交错状或同心状。复中柱的中板甚细或发育不明显；辐板断续，为数不多；斜板甚多，呈泡沫状；中柱呈椭圆形，长轴直径为2.2mm，短轴直径为1.6mm或1.5mm×2.5mm。

产地及层位：宜春市新塘；中二叠世茅口组。

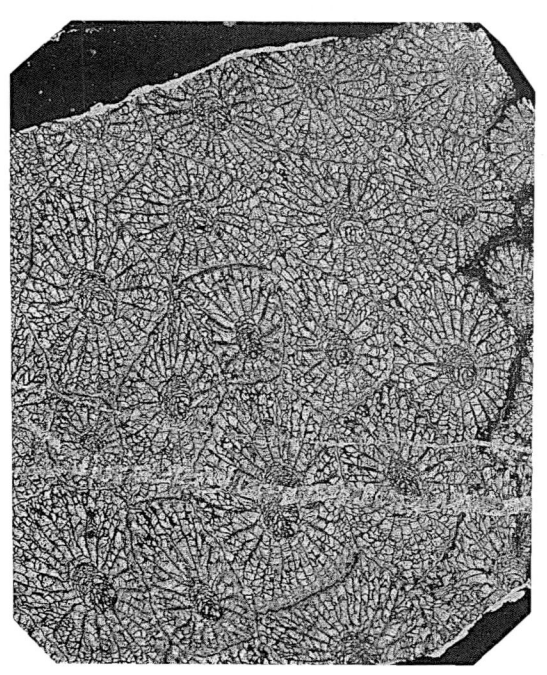

a: 横切面，×3　　　　　　　　　　　　　b: 纵切面，×3

图 4-2-43　*Ipciphyllum subtimoricum* (Huang)

- ◆ 多壁珊瑚科 **Polythecaliidae**，**Lin**，**1989**
  - ◆ 云珊瑚属 *Nephelophyllum* **Wu et Zhao**，**1974**
    - 》》》杂柱云珊瑚 *Nephelophyllum mixocolumellum* **Zhu et Zhao**

块状复体，个体之间由鳞片小板组成的间壁相连，或由泡沫板相连（图 4-2-44；朱正刚和赵嘉明，1992）。个体呈不完整的多边形，最大对角线度量为 16.00mm。间壁的鳞片小板较疏松。泡

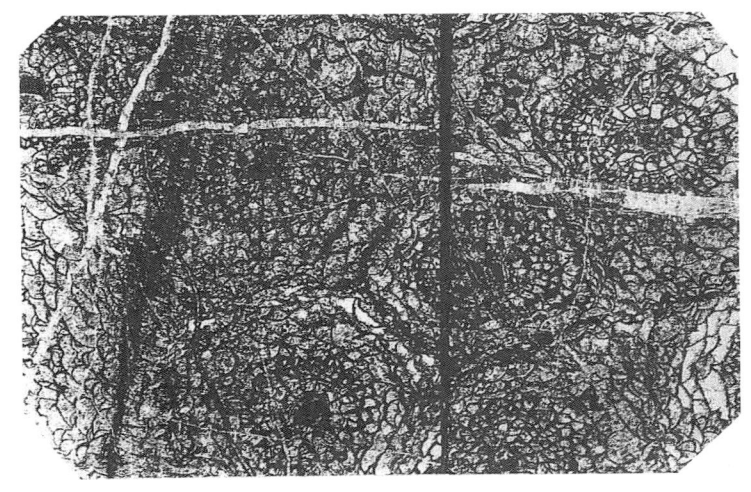 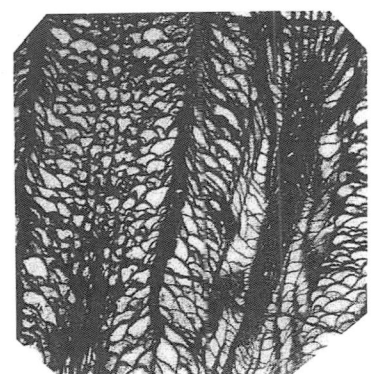

a: 横切面，×3　　　　　　　　　　　　　b: 纵切面，×3

图 4-2-44　*Nephelophyllum mixocolumellum* Zhu et Zhao

沫带宽，宽度约占对角线的 1/2，泡沫板中等大小，板面上的脊甚少。隔壁带最大直径为 6.50mm，与泡沫带的界限较为分明。隔壁两级，数目为（17~18）+（17~18）；一级隔壁末端伸入轴区，但与中柱未相接；二级隔壁长度为一级隔壁长度的 1/2~2/3，较细。轴部有由 1 个中板、少数辐板及为数目不超过 5 列的泡弧状斜板组成的复中柱，直径为 1.2mm×1.8mm，2mm×2.8mm；或仅由一条一级隔壁伸至中心膨大成中轴类型，周围有时具有脊突，直径为 0.8mm×1.5mm 及 1mm×1.5mm。纵切面上的泡沫板微向内倾斜，轴部显示复中柱类型，斜板向外倾斜，排列紧密，加厚明显。床板完整，微向内倾斜或交错微向内倾斜，3.00mm 长度范围内有 9~10 条。

产地及层位：上高县蒙山肖坊；中二叠世栖霞组下部。

◆ 拟似文采尔氏珊瑚属 *Parawentzellophyllum* X. Yü，1977
⟫⟫⟫ 乐平拟似文采尔氏珊瑚 *Parawentzellophyllum lepingense* Zhu et Zhao

块状复体，个体横切面呈不规则的多边形（图 4-2-45；朱正刚和赵嘉明，1992），相邻个体中心之间距离为 7.00~12.00mm。间壁全部灰质加厚，局部缺失。边缘泡沫带的宽度是个体间壁至轴距离的 1/2，泡沫板小至中等大小，板面上无隔壁脊突。隔壁两级，数目为（17~19）+（17~19），外端止于泡沫带；一级隔壁末端几乎与轴部相连；二级隔壁略短于一级隔壁。轴部有由弯曲的中板、断续的辐板及呈小泡沫形的斜板所组成的复中柱，排列紧密呈圆形或椭圆形，直径为 1.50~2.00mm。

产地及层位：乐平市涌山；晚石炭世马平组（原船山组）。

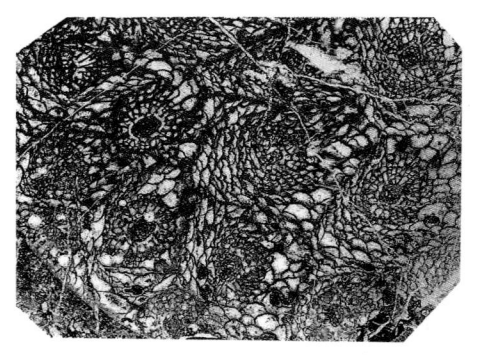 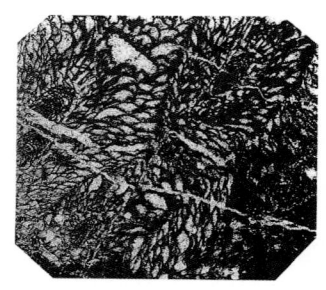

a：横切面，×2　　　　　　　　　　b：纵切面，×2

图 4-2-45 *Parawentzellophyllum lepingense* Zhu et Zhao

◆ 多壁珊瑚属 *Polythecalis* Yabe et Hayasaka，1916

块状群体，个体为不规则的多角状。部分间壁消失，个体间则以泡沫板相连。间壁上常有许多齿状突起。间壁长短两级。内壁明显。复中柱由中板、辐板和斜板组成。横板向轴部下倾。

分布及时代：亚洲；中二叠世。

⟫⟫⟫ 扬子多壁珊瑚窄小亚种 *Polythecalis yangtzeensis angusta* Wu et Zhao

本种与 *Polythecalis yangtzeensis* Huang 的区别是，个体小，隔壁带窄小，次级隔壁发育，复中柱小，横板带窄（图 4-2-46；地质部南京地质矿产研究所，1982b）。

产地及层位：彭泽县镜子山；中二叠世栖霞组。

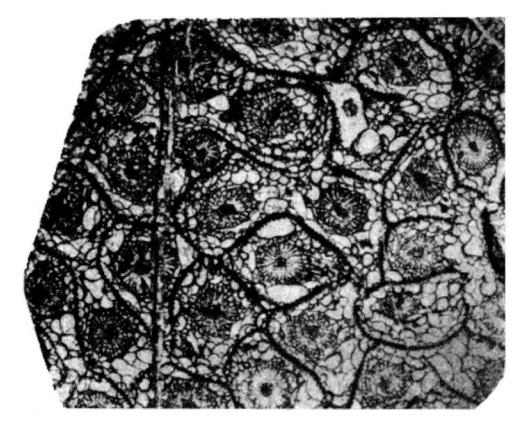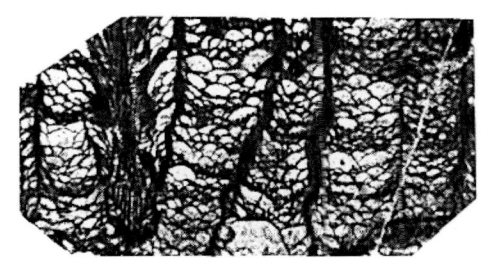

a：横切面，×2　　　　　　　　　　　　b：纵切面，×2

图 4-2-46　*Polythecalis yangtzeensis angusta* Wu et Zhao

◆ **单壁珊瑚属 *Monothecalis* Wu et Zhao，1983**

>>> **宽单壁珊瑚 *Monothecalis laxa* Wu et Zhao**

本种（图 4-2-47；朱正刚和赵嘉明，1992）除了隔壁带略大以及床板密度较大些外，其他特征与南京五贵山 *Monothecalis laxa* Wu et Zhao 的正模标本一致。

产地及层位：上高县肖坊；中二叠世栖霞组下部。

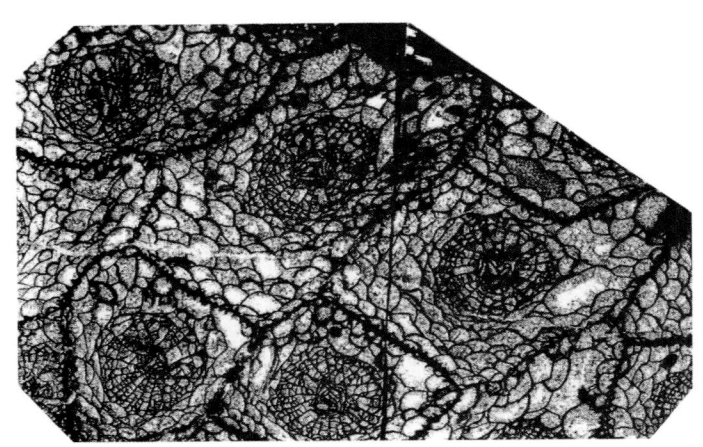

a：横切面，×3　　　　　　　　　　　　b：纵切面，×3

图 4-2-47　*Monothecalis laxa* Wu et Zhao

>>> **双形单壁珊瑚 *Monothecalis diplofermis* Zhu et Zhao**

块状复体，由两类不同形态的个体组成（图 4-2-48；朱正刚和赵嘉明，1992），一类为似无间壁的 *Chushenophyllum*，另一类为似具隔壁的、泡沫上具有隔壁脊突的 *Polythecalis*。类似

Chushenophyllum 的个体，两相邻个体中心之间距离为 7.00~10.50mm，隔壁带直径为 3.50~4.50mm，隔壁两级，细而弯曲，数目为 (15~16)+(15~16)，二级隔壁的长度为一级隔壁长度的 1/3~1/2。泡沫带宽，泡沫板中等大小，无隔壁脊。复中柱的中板尚明显，辐板少数与泡沫状斜板组成简单的泡沫蛛网状，直径为 1.20~1.50mm。

产地及层位：上高县肖坊；中二叠世栖霞组下部。

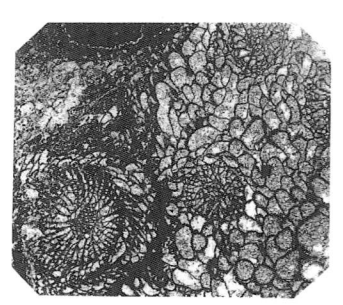
a：横切面，×2

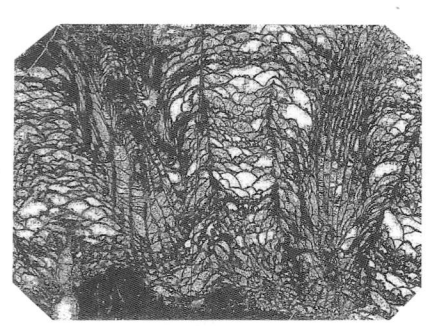
b：纵切面，×2

图 4-2-48 *Monothecalis diplofermis* Zhu et Zhao

少壁单壁珊瑚 *Monothecalis rariepitheca* Zhu et Zhao

块状复体，个体之间的间壁发育甚少，大部分个体以泡沫板相连（图 4-2-49；朱正刚和赵嘉明，1992）。相邻个体中心的距离为 9.00~12.00mm。泡沫板甚发育，占个体大部分，泡沫板中等大小，个别较大，形状不规则。隔壁脊几乎未出现。隔壁带与泡沫带之间的界限分明，隔壁带呈圆形或椭圆形，直径为 3.50~5.50mm，隔壁两级，数目为 (14~16)+(14~16)；一级隔壁末端伸近复中柱；二级隔壁长度为一级隔壁的 1/3~1/2。复中柱近圆形，直径为 1.00~2.00mm，中板短，辐板少数呈放射状，斜板呈半圆形或泡沫状，灰质加厚。

产地及层位：上高县肖坊；中二叠世栖霞组下部。

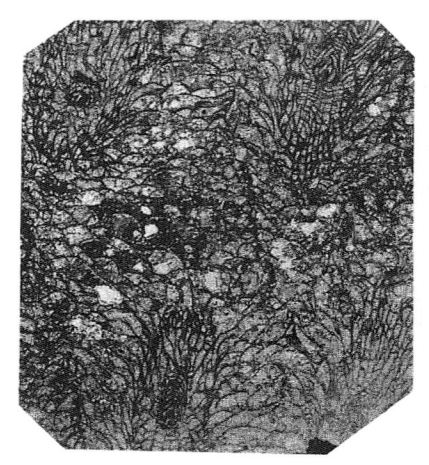
a：横切面，×3

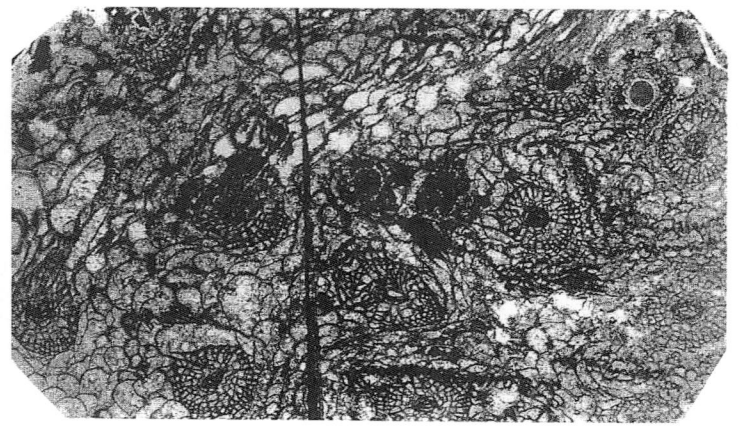
b：纵切面，×3

图 4-2-49 *Monothecalis rariepitheca* Zhu et Zhao

◆ 尝试珊瑚属 *Peiraphyllum* X. Yü，1980
》》》角空尝试珊瑚 *Peiraphyllum anguiporum* Zhu et Zhao

块状复体，个体横切面呈不规则多角形（图 4-2-50；朱正刚和赵嘉明，1992），间壁局部消失，存在的间壁薄，中线能见。间空呈三角形，边长分别为 1.20mm、3.50mm 和 4.50mm。相邻个体中心之间距离为 6.00~10.00mm。边缘泡沫板发育，泡沫板为小型至中型，形状不规则。隔壁两级，细而弯曲，数目为 28+28，外端有时断续伸入泡沫带；一级隔壁末端伸入轴区，与复中柱未相连；二级隔壁的长度为一级隔壁的 1/3~1/2，或更短。轴部呈蛛网状复中柱，由不稳定的细而弯曲的中板、断续的辐板及 5~10 列斜板所组成，直径为 2.00~3.00mm。

产地及层位：崇义县羊角坑；晚石炭世马平组（原船山组）。

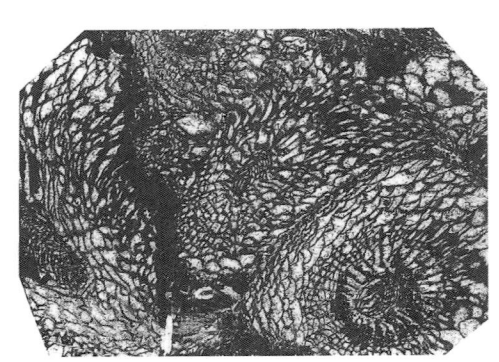
a：横纵切面，×2

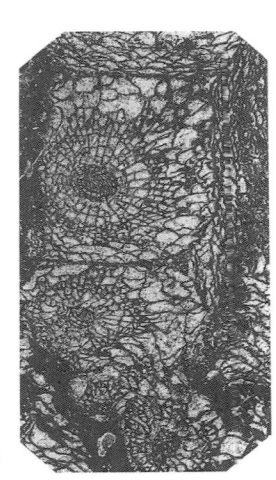
b：横切面，×2

图 4-2-50 *Peiraphyllum anguiporum* Zhu et Zhao

◆ 原喷口珊瑚科 Protonaoticophyllidae Xu et Chen in Xu et al.，1987
◆ 托马斯珊瑚属 *Thomasiphyllum* Minato et Kato，1965

单体珊瑚。隔壁两极。邻近外壁的隔壁，常分异点状或刺状，分散在边缘泡沫板上。复中柱由中板、斜板和辐板组成。鳞板带宽。横板内倾。

分布及时代：中国、伊朗、缅甸、突尼斯；晚石炭世晚期—中二叠世。

》》》江西托马斯珊瑚 *Thomasiphyllum jiangxiense* Zhu

单体，圆锥状（图 4-2-51；地质部南京地质矿产研究所，1982b）。在直径 35.00mm 的横切面上隔壁数 44×2，始端常分叉，局部呈泡沫状。一级隔壁内端几乎达到复中柱。次级隔壁长度为一级隔壁长度的 1/2~2/3。复中柱大，椭圆形，围壁明显，直径 10.00mm，由较多的辐板、同心状斜板和中板组成蛛网状；中板薄，微弯曲。斜板密集，呈帐篷状。

产地及层位：新余市大仙峰；中二叠世栖霞组（下部）。

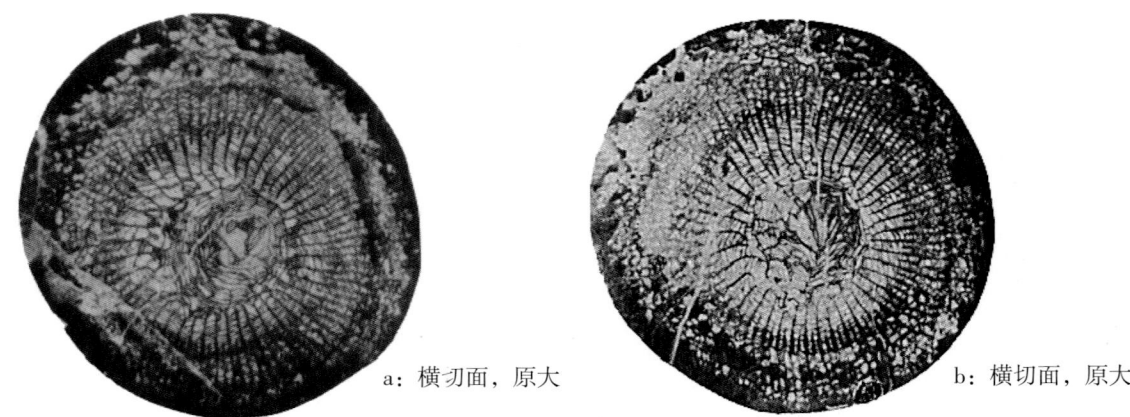

a：横切面，原大　　　　　　　　　　　b：横切面，原大

图 4-2-51　*Thomasiphyllum jiangxiense* Zhu

◆**假卡尼氏珊瑚属 *Pseudocarniaphyllum* Wu，1961**

》》》**江西假卡尼氏珊瑚 *Pseudocarniaphyllum jiangxiense* Zhu et Zhao**

单体，横切面直径为 20.00mm，内缘具有规则的泡沫板（图 4-2-52；朱正刚和赵嘉明，1992）。隔壁两级，数目为 34+34，外端断续伸入泡沫带；一级隔壁末端几乎与轴部相遇，于床板带内略微加厚；二级隔壁长度约为一级隔壁的 1/2。复中柱似蛛网状，由长而弯曲的中板、少数断续的辐板及 4~5 列完整的斜板所组成，直径为 3.3mm×3.0mm。

产地及层位：彭泽县镜子山；晚石炭世马平组（原船山组）。

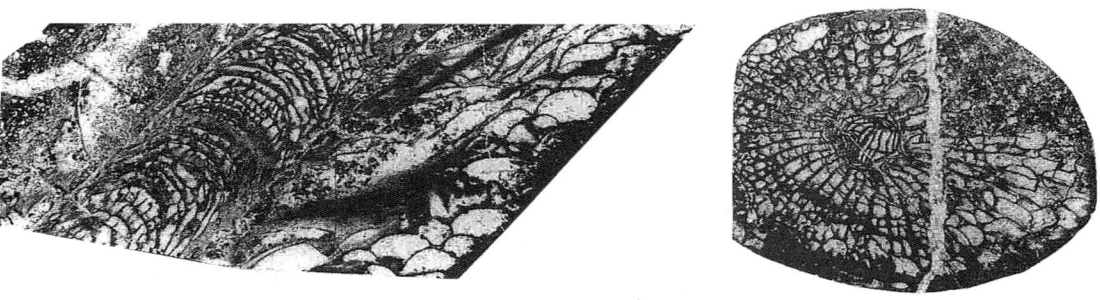

a：纵切面，×3　　　　　　　　　　　b：横切面，×3

图 4-2-52　*Pseudocarniaphyllum jiangxiense* Zhu et Zhao

◆**拟文采尔珊瑚科 Wentzellophyllidae Yu，1965**

◆**拟文采尔珊瑚属 *Wentzellophyllum* Hudson emend.Yü，1962**

角柱状群体，具蛛网状复中柱。隔壁两级，相间排列，偶尔发育三级隔壁。边缘发育宽度不等的泡沫带。隔壁外端参差不齐地消失于泡沫带中。间壁常呈锯齿状。鳞板带宽，鳞板小。横板向轴部倾斜、下凹、上凸或呈水平状。常发育斜横板。在邻近复中柱处常有短小横板。

分布及时代：亚洲；晚石炭世—中二叠世。

>>> 服尔兹拟文采尔珊瑚 *Wentzellophyllum volzi* (Yabe et Hayasaka)

块状群体（图4-2-53；地质部南京地质矿产研究所，1982b），个体呈五边形、六边形、七边形，直径为14.00~18.00mm。隔壁数为(23~26)×2，于横板带内加厚。一级隔壁长，始端断续伸入泡沫带内。内端止于复中柱；次级隔壁长度为一级隔壁的2/3~3/4，局部见有三级隔壁。复中柱呈椭圆形，直径3.00mm，由叠锥状斜板、9~12条辐板及中板组成蛛网状构造。泡沫带宽窄不一，泡沫板上有断续的隔壁峰。纵面上鳞板有5~6列，倾斜平缓。横板完整或不完整，缓慢向复中柱倾斜，5.00mm长度内有16~18条。

产地及层位：武宁县新开岭；中二叠世栖霞组（下部）。

a：横切面，×1.5　　　b：纵切面，×1.5

图4-2-53 *Wentzellophyllum volzi* (Yabe et Hayasaka)

>>> 贵州拟文采尔珊瑚 *Wentzellophyllum kueichowensis* Huang

块状群体，角柱状（图4-2-54；地质部南京地质矿产研究所，1982b）。直径为13.00~15.00mm，隔壁数(18~20)×2，在横板内加厚显著，一级隔壁长，始端断续伸入边缘泡沫带内，内端几乎达到复中柱；次级隔壁长度约为一级隔壁的2/3。复中柱呈椭圆形，长轴直径为2.00~3.00mm，由长而直的中板、9~12条轴板和泡沫状斜板组成。纵面上鳞板有3~4列。横板不完整，缓慢向复中柱倾斜，5.00mm长度内有9~13条。

产地及层位：武宁县澧溪镇；中二叠世栖霞组。

横切面，×1.5

图4-2-54 *Wentzellophyllum kueichowensis* Huang

◆ 柯坪珊瑚科 Kepingophyllidae Wu et Zhou，1982
◆ 始柯坪珊瑚属 *Eokepingophyllum* X. Yü
>>> 乏柱始柯坪珊瑚 *Eokepingophyllum acolumellum* Zhu et Zhao

块状复体，个体横切面呈不规则多边形（图4-2-55；朱正刚和赵嘉明，1992），个体之间有小棘片相连形成棘片间壁。相邻个体中心的间距为10.00~12.00mm。隔壁两级，数目为(17~19)+

(17~19)，微加厚，外端常伸入泡沫带内；一级隔壁长，末端伸入轴部；二级隔壁长，略短于一级隔壁。边缘泡沫带窄，泡沫板不规则，常与断续的隔壁混杂在一起。轴部缺乏构造，仅由几条一级隔壁末端伸入轴部。纵切面上的泡沫板向内倾斜。床板向内陡倾。

产地及层位：乐平市涌山；晚石炭世马平组（原船山组）。

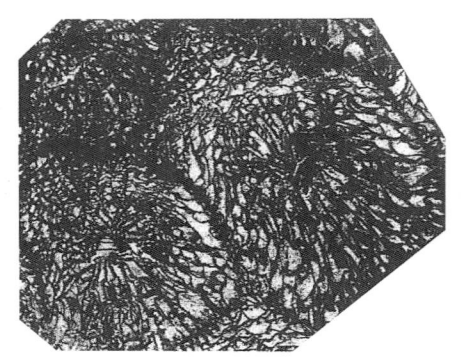
a：横切面，×3

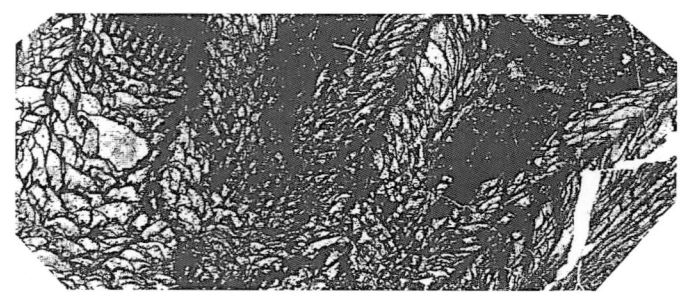
b：纵切面，×3

图 4-2-55　*Eokepingophyllum acolumellum* Zhu et Zhao

◆床板珊瑚亚纲 Tabulata
　◆束珊瑚目 Sarcinulida Sokolov，1955
　　◆束珊瑚亚目 Sarcinulina Sokolov，1950
　　　◆束珊瑚科 Sarcinulidae Sokolov，1950
　　　　◆束珊瑚属 *Sarcinula* Lamarck，1816

丛状群体，外形不一，由许多紧密分布的圆柱形的个体组成。个体之间由联接板连接，联接板板腔与个体体腔之间由 20~24 个联接孔连接。隔壁构造呈脊状，数目为 20~24 个，由简单的羽榍组成，其外端常伸入联接板板腔内，组成放射状隔壁环。床板完整，弯曲，少数不完整。

分布及时代：欧洲、亚洲；晚奥陶世。

》》江西束珊瑚 *Sarcinula fiangxiensis* Lin

块状群体珊瑚（图 4-2-56；地质部南京地质矿产研究所，1982a）。个体横切面为圆形，直径为 2.70~2.90mm。联接板发育。体壁厚，厚度为 0.40~0.50mm。隔壁脊短，内端呈刺状。床板完整，弯曲，在 5.00mm 长度内有 8~10 个。

产地及层位：玉山县下镇镇；晚奥陶世三衢山组。

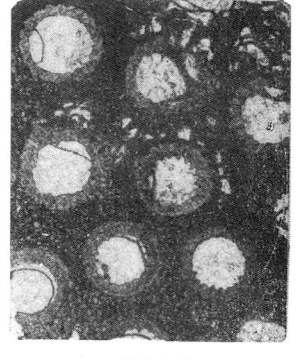
a：横切面，×4

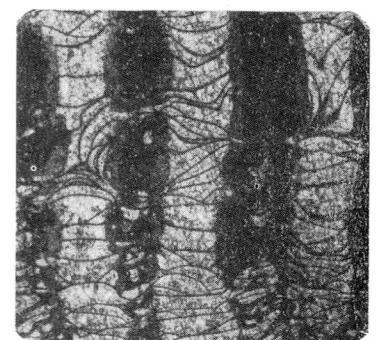
b：纵切面，×4

图 4-2-56　*Sarcinula fiangxiensis* Lin

◆连板珊瑚科 Calapoeciidae Raduguin, 1938
　◆连板珊瑚属 *Calapoecia* Billings, 1865

丛块状或块状群体珊瑚，外形不一。个体的横切面为圆形，有时为似多边形。体壁厚，由简单的羽榍组成。个体彼此紧密分布，由几乎完全无空隙的联接板连接。联接板与个体之间由 20~24 个呈同一水平分布的联接孔相连。隔壁构造呈脊状，其数目为 20~24 个，内端有时呈刺状，常伸入个体体腔中。它们皆由简单的羽榍组成。隔壁脊外端伸入板腔中，形成放射状的隔壁环。床板完整或不完整。

分布及时代：亚洲、北美洲；中—晚奥陶世。

》》》江西连板珊瑚 *Calapoecia jiangxiensis* Lin et Chow

丛块状群体珊瑚（图 4-2-57；地质部南京地质矿产研究所，1982a）。个体横断面为圆形，直径为 3.30~3.70mm。联接板发育，彼此重叠。体壁厚 0.40mm。隔壁脊短，内端呈刺状。床板完整，微上下弯曲，在 5.00mm 长度内有 9~12 个。

产地及层位：玉山县下镇镇；晚奥陶世三衢山组。

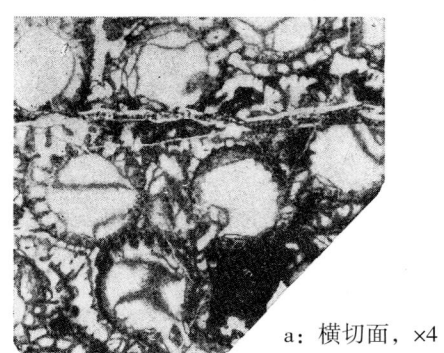
a：横切面，×4

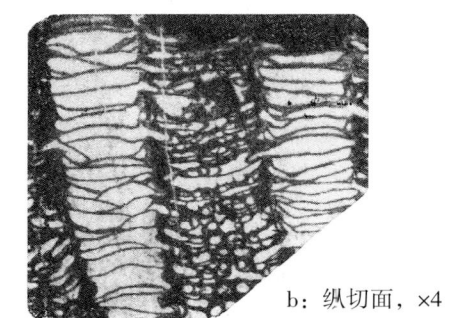
b：纵切面，×4

图 4-2-57　*Calapoecia jiangxiensis* Lin et Chow

◆蜂巢珊瑚目 Favositida Wedekind, 1937
　◆蜂巢珊瑚亚目 Favositina Sokolov, 1950
　　◆阿盖特珊瑚科 Agetolitidae kim, 1962
　　　◆阿盖特珊瑚属 *Agetolites* Sokolov, 1955

块状群体珊瑚，外形为球状、半球状、圆面包状等。由许多大的多角柱形的个体组成。体壁一般比较厚，由简单的羽榍组成。角孔发育，常与相邻的 3~4 个个体相通。隔壁有长短两列，长隔壁几乎伸入个体中央，其总数不超过 24 个。在部分种中，有时或多或少发育了鳞片刺。所有隔壁皆由简单的羽榍组成。床板完整，近水平或微弯曲，少数不完整。

分布及时代：中国、苏联、美国阿拉斯加；晚奥陶世。

》》》多床板阿盖特珊瑚 *Agetolites multitabulatus* Lin

个体横切面为多边形，直径为 3.20~4.80mm（图 4-2-58；地质部南京地质矿产研究所，1982a）。体壁薄，厚度为 0.20~0.30mm。隔壁薄，有长短两列；长隔壁长，伸达个体中央；短隔壁发育，长度为长隔壁的 1/2，总数为 16 个。床板完整，微弯曲。在 5.00mm 长度内有 11 个。

产地及层位：玉山县下镇镇；晚奥陶世三衢山组。

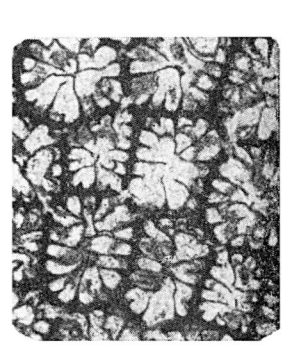 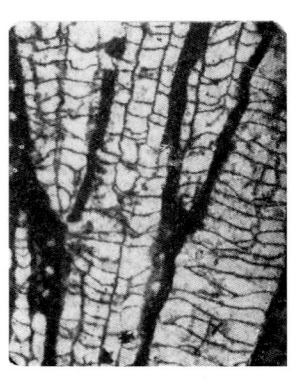

a：横切面，×4　　　　　　　　　　　　　　b：纵切面，×4

图 4-2-58 *Agetolites multitabulatus* Lin

》》》江西似阿盖特珊瑚 *Agetolitella jiangxiensis* Lin et Zou

个体横切面呈多边形，直径为 2.50~3.80mm（图 4-2-59；地质部南京地质矿产研究所，1982a）。体壁厚，波状弯曲。角孔及壁孔发育。隔壁长短两列，长的几乎达到中央，数目 8~10 个；短隔壁长度为长隔壁的 1/4。同时，发育鳞片刺。床板完整，近水平，在 5.00mm 长度内有 7~10 个。

产地及层位：玉山县下镇镇；晚奥陶世三衢山组。

 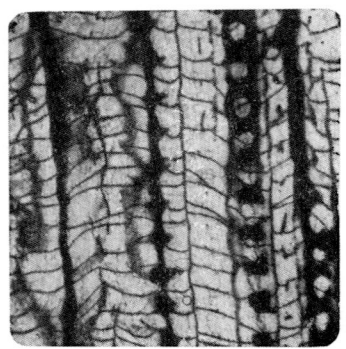

a：横切面，×4　　　　　　　　　　　　　　b：纵切面，×4

图 4-2-59 *Agetolitella jiangxiensis* Lin et Zou

◆ 米契林珊瑚科 Micheliniidae Waagen et Wentzel，1886
　◆ 原米契林珊瑚属 *Protomichelinia* Yabe et Hayasaka，1915

块状群体，由许多多角柱状的个体组成。个体之间由联接孔连接，其形状、大小不一，分布也不规则。体壁一般较薄；床板一般完整，偶见不完整；隔壁构造呈刺状或瘤状，有时不存在。

分布及时代：亚洲、欧洲；晚石炭世—中二叠世。

▶▶▶ 昔阳原米契林珊瑚 *Protomichelinia siyangensis*（Reed）

块状群体（图4-2-60；地质部南京地质矿产研究所，1982b）。个体横切面呈五边形或六边形，体径在4.00~5.00mm之间；小个体呈三角形或四边形，体径在1.50~2.00mm之间。体壁稍薄。联接孔发育。床板完整，水平或微上拱，间距约1.00mm。壁刺不发育。

产地及层位：莲花县；中二叠世栖霞组。

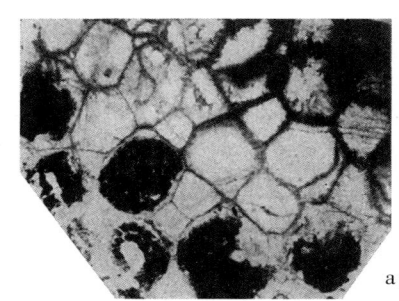 

a：横切面，×2　　　　　b：纵切面，×2

图4-2-60　*Protomichelinia siyangensis*（Reed）

▶▶▶ 乐平原米契林珊瑚 *Protomichelinia lepingensis* Zhu

块状群体（图4-2-61；地质部南京地质矿产研究所，1982b）。个体横切面呈四边形、五边形、六边形。体径一般为2.00~2.50mm。体壁厚度0.30mm。联接孔稀少。床板水平或上拱，5.00mm长度内有6~7条。壁刺存在。

产地及层位：乐平市；中二叠世栖霞组。

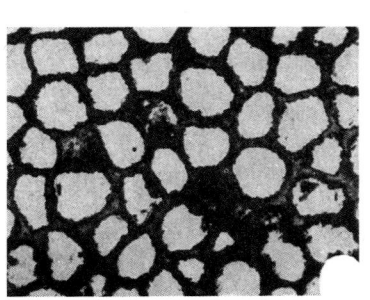 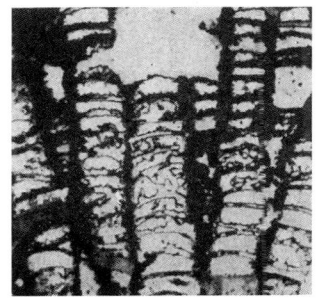

a：横切面，×3　　　　　b：纵切面，×3

图4-2-61　*Protomichelinia lepingensis* Zhu

▶▶▶ 微型原米契林珊瑚 *Protomichelinia microstoma*（Yabe et Hayasaka）

块状群体（图4-2-62；地质部南京地质矿产研究所，1982b）。个体横切面呈五边形或六边形，体径在2.00~2.50mm之间；幼小个体呈三角形或四边形，体径约1.00mm，体壁薄。联娈孔大，分布不均匀。床板一般完整，水平或微上拱；少数不完整，呈交错状，5.00mm长度内有10~12条。壁刺发育。

产地及层位：乐平市；中二叠世栖霞组。

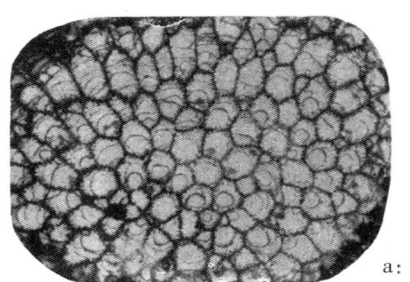

a：横切面，×2　　　　　　　b：纵切面，×2

图 4-2-62　*Protomichelinia microstoma*（Yabe et Hayasaka）

异常原米契林珊瑚芒康亚种 *Protomichelinia abnormis markamensis* Deng

块状复体珊瑚，个体横切面呈多角形（图 4-2-63；朱相水和赵嘉明，1991），大小平均为 4.50mm。体壁厚度平均为 0.35mm。壁孔稀少。床板平缓或上拱，5.00mm 长度内有 4~6 条。

产地及层位：瑞金市白云山；中二叠世栖霞组。

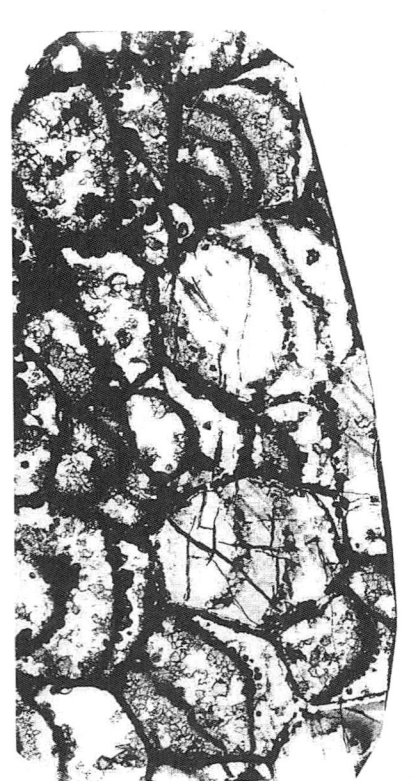
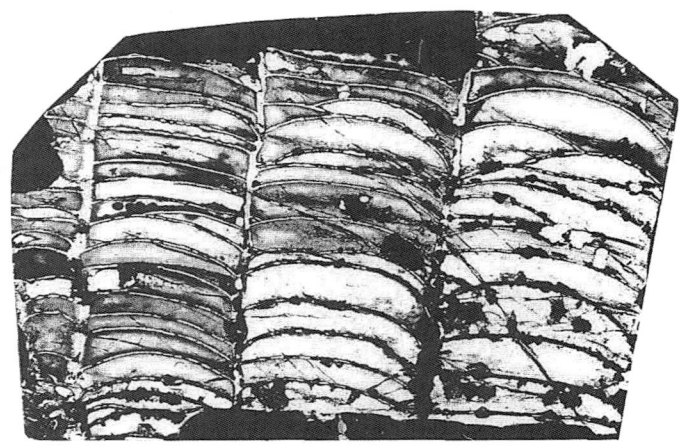

a：横切面，×3　　　　　　　b：纵切面，×3

图 4-2-63　*Protomichelinia abnormis markamensis* Deng

瑞金原米契林珊瑚 *Protomichelinia ruijinensis* Zhu et Zhao

扇球状复体珊瑚，宽度为 5.00mm，高度为 4.00mm。个体横切面呈多角状（图 4-2-64；朱相水和赵嘉明，1991），平均大小为 5.50mm。体壁厚度为 0.30mm。壁孔发育，孔径为 0.20~0.30mm。壁刺未发育。床板平缓或上拱，5.00mm 长度内有 4~6 条。幼体的床板呈泡沫状。

产地及层位：瑞金市白云山；中二叠世栖霞组。

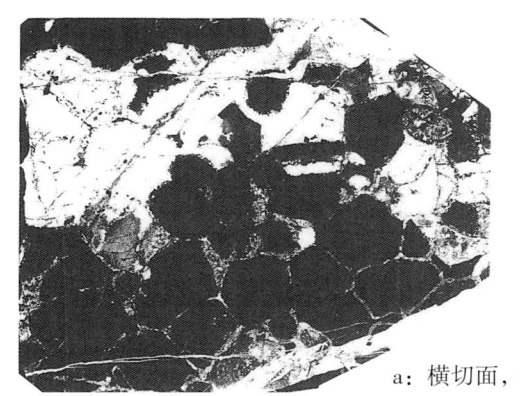 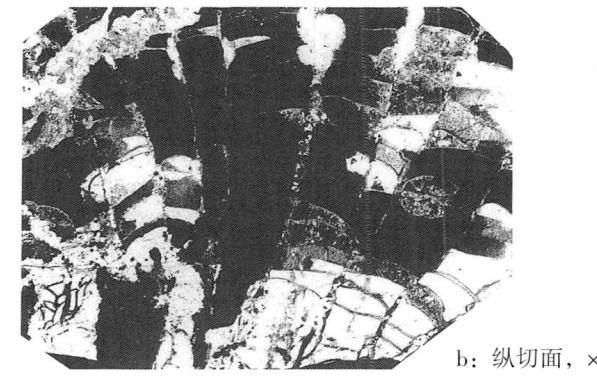

a：横切面，×2　　　　　　　　　　　　　　　　　　b：纵切面，×2

图 4-2-64　*Protomichelinia ruijinensis* Zhu et Zhao

▷▷▷ 乐平原米契林珊瑚具孔亚种 *Protomichelinia lopingensis poriferum* Zhu et Zhao

不规则扇球状复体珊瑚，宽度为 30.00mm，高度为 25.00mm。个体横切面呈多角形（图 4-2-65；朱相水和赵嘉明，1991），大小平均为 2.40mm。体壁厚度平均为 0.20mm。壁孔发育。壁刺甚发育，粗短。床板平缓或上拱，5.00mm 长度内有 8~9 条。

产地及层位：瑞金市白云山；中二叠世栖霞组。

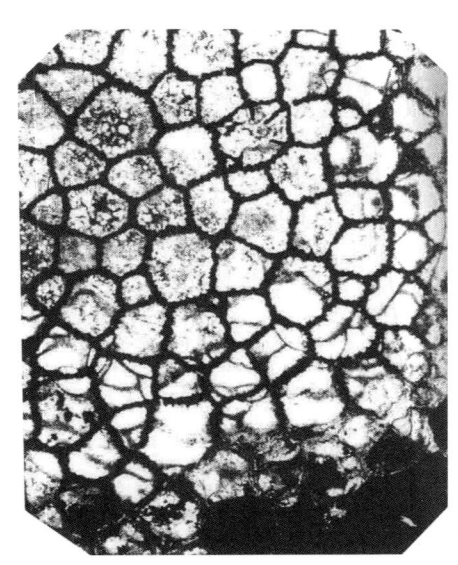 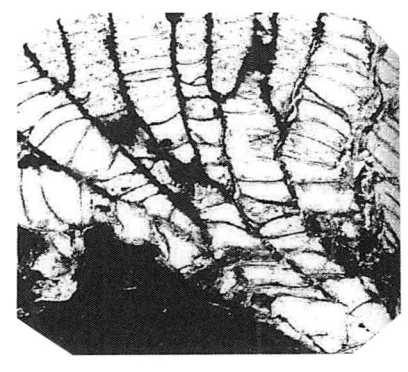

a：横切面，×4　　　　　b：纵切面，×4

图 4-2-65　*Protomichelinia lopingensis poriferum* Zhu et Zhao

◆ 泡沫米契林珊瑚属 *Cystomichelinia* Lin，1962

块状群体，由许多多角柱状的个体组成。个体之间由联接孔连接，联接孔的形状、大小不一，一般无规则地分布在个体体壁上，有的分布在角上。体壁厚度中等。在个体体腔边缘有泡沫带存在，连续或不连续地分布，一般为 1 列，偶有 2 列及以上。床板完整或不完整，后者呈交错状或泡沫状。隔壁构造呈刺状，一般很发育，有些种缺失。

分布及时代：中国南部、伊朗；石炭纪—中二叠世。

波阳泡沫米契林珊瑚 *Cystomichelinia boyangensis* Zhu

块状群体（图 4-2-66；地质部南京地质矿产研究所，1982b）。个体横切面呈五边形或六边形，体径为 2.00~3.00mm。体壁薄，约厚 0.20mm。联接孔细小而多。泡沫带不发育，沿体壁断续分布。完整的床板一般向上拱或弯曲；不完整的床板则呈泡沫状，5.00mm 长度内有 8~10 条。壁刺发育，粗大，不仅分布在个体体壁上，而且也常见于泡沫板之上。

产地及层位：鄱阳县铁石墩村；中二叠世栖霞组。

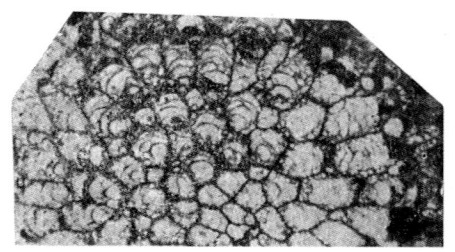

a：横切面，×2   b：纵切面，×2

图 4-2-66 *Cystomichelinia boyangensis* Zhu

江西泡沫米契林珊瑚 *Cystomichelinia jiangxiensis* Zhu et Zhao

扇球状复体珊瑚，宽度为 27.00mm，高度为 25.00mm。个体多角柱状、放射状排列（图 4-2-67；朱相水和赵嘉明，1991），大小平均为 2.60mm。体壁厚度平均为 0.35mm，两侧较粗糙。壁孔少。壁刺十分发育，排列紧密。边缘泡沫板 1~2 列，大小及形状不一，连续排列，在泡沫板上具有壁刺。床板完整，上拱呈弧形，或不完整呈泡沫交错状，5.00mm 长度内有 8~10 条。

产地及层位：乐平市鲤鱼山；中二叠世栖霞组。

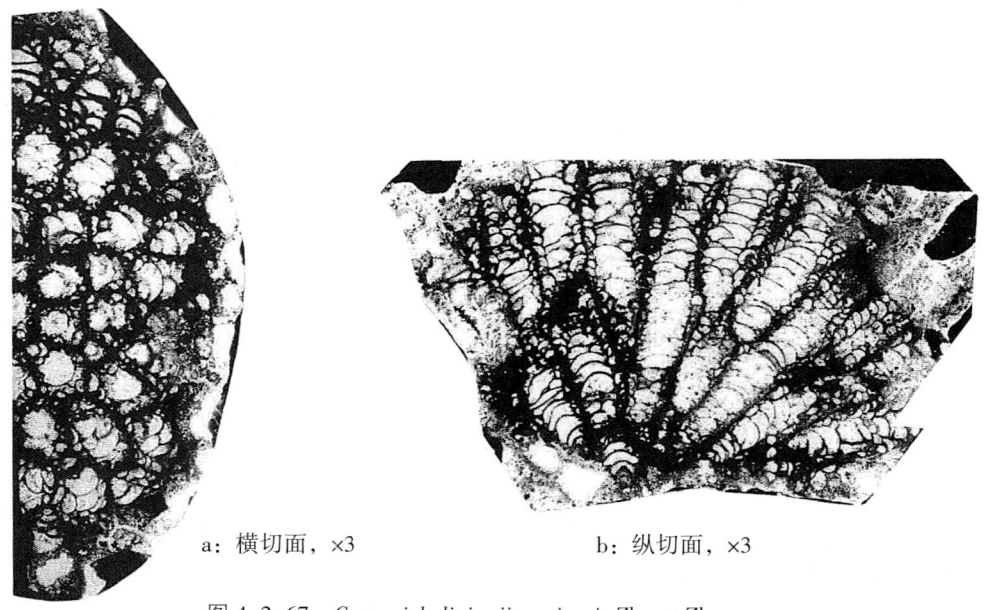

a：横切面，×3   b：纵切面，×3

图 4-2-67 *Cystomichelinia jiangxiensis* Zhu et Zhao

小泡沫泡沫米契林珊瑚 *Cystomichelinia vesiculasa* King

扇球状复体珊瑚，宽度为 32.00~45.00mm，高度为 28.00~30.00mm。个体呈多角柱状、放射状排列，大小平均为 2.70mm（图 4-2-68；朱相水和赵嘉明，1991）。体壁厚度平均为 0.12mm。壁孔少。壁刺发育。边缘泡沫板 1~2 列，不连续，大小和形状不一。床板完整呈拱形，少数不完整呈泡沫交错状，5.00mm 长度内有 10~14 条。

产地及层位：乐平市鲤鱼山；中二叠世栖霞组。

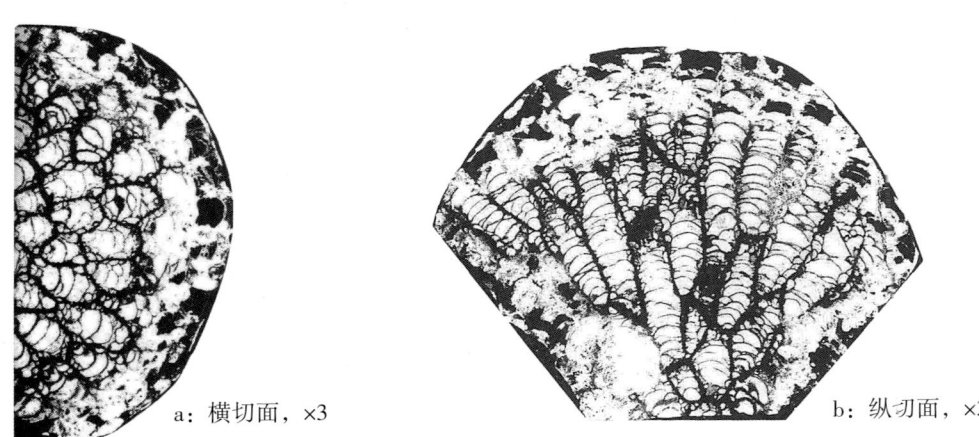

图 4-2-68 *Cystomichelinia vesiculasa* King

亚来宾泡沫米契林珊瑚 *Cystomichelinia sublaibinensis* Zhu et Zhao

扇球状复体珊瑚，宽度为 20.00mm，高度为 15.00mm。个体呈多角柱状、放射状排列，大小平均为 2.20mm（图 4-2-69；朱相水和赵嘉明，1991）。体壁厚度平均为 0.30mm。壁孔未发育。壁刺十分发育。边缘泡沫板 1 列，不连续，常有灰质加厚。床板大部分完整呈拱形，少数不完整呈交错状，5.00mm 长度内有 8~10 条。

产地及层位：乐平市鲤鱼山；中二叠世栖霞组。

图 4-2-69 *Cystomichelinia sublaibinensis* Zhu et Zhao

似米契林珊瑚泡沫米契林珊瑚 *Cystomichelinia michelinioidea* Zhu et Zhao

扇球状复体珊瑚，宽度为 65.00mm，高度为 55.00mm。个体呈多角柱状，放射状排列，个体大小平均为 4.10mm（图 4-2-70；朱相水和赵嘉明，1991）。体壁厚度平均为 0.10mm。壁孔发育。壁刺发育稀疏。边缘泡沫板发育稀疏。床板大部分不完整，呈泡沫交错状，少数拱起，5.00mm 长度内有 8~9 条。

产地及层位：乐平市鲤鱼山；中二叠世栖霞组。

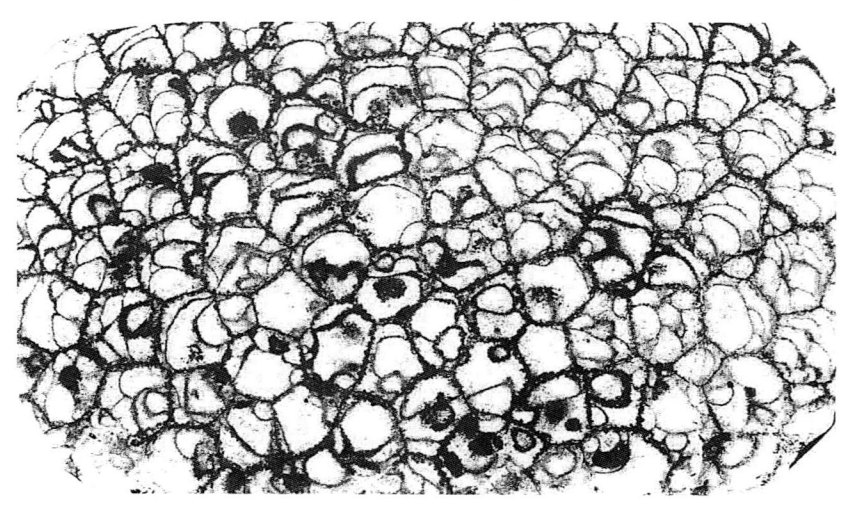

a：横切面，×3

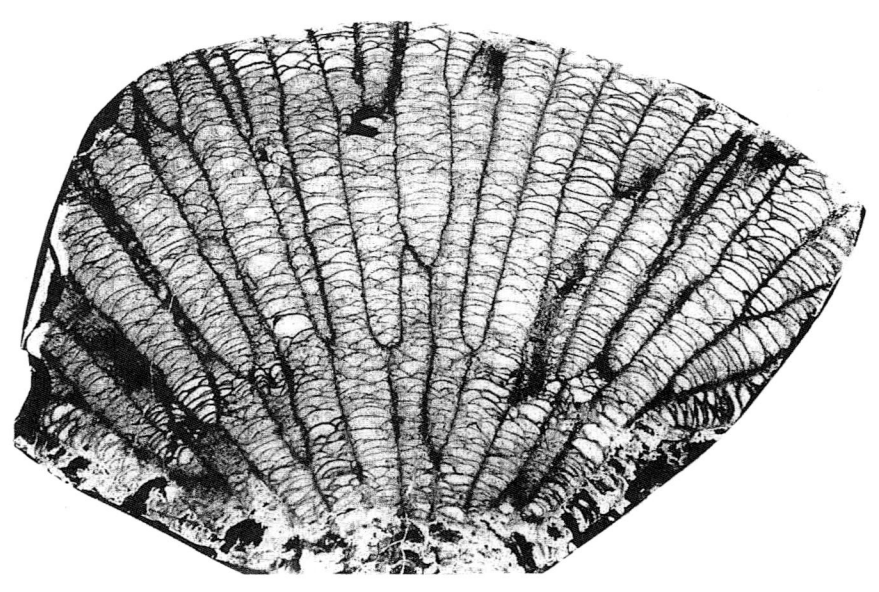

b：纵切面，×3

图 4-2-70 *Cystomichelinia michelinioidea* Zhu et Zhao

◆ 灌木孔珊瑚亚目 Thamnoporina Sokolov，1950

　◆ 厚孔珊瑚科 Pachyporidae Gerth，1921

　　◆ 科累马珊瑚属 *Kolymopora* Preobrazhensky，1964

块状群体珊瑚，外形为圆柱状或分枝状。个体与复体表面呈直角或锐角相交，萼为多角形，在其边缘发育隔壁脊，因而使萼部具星状构造。在复体轴部床板稀、薄，而在边缘带分布密。在复体边缘带体壁、床板均强烈灰质加厚，甚至充填个体体腔，形成明显的灰质带。体壁和隔壁由羽榍组成。角孔发育。隔壁构造在轴部呈刺状，在萼部一般呈脊状，数目一般为 12 个。

分布及时代：中国、苏联；晚奥陶世晚期。

▶▶▶ 江西科累马珊瑚 *Kolymopora jiangxiensis* Lin et Zou

群体，外形为圆柱形，直径约 30.00mm（图 4-2-71；地质部南京地质矿产研究所，1982a）。个体的横切面为多边形，大小不一，小个体围绕着大个体；大个体呈七边形、八边形、九边形、十边形、十一边形，大小为 2.60~3.10mm；小个体呈四边形、五边形、六边形、七边形，大小为 1.00~2.00mm。体壁薄，厚 0.05~0.10mm。角孔发育。床板完整，微上下弯曲，在轴部稀，边缘带密且为灰质加厚，在 5.00mm 长度内前者有 4~5 个，后者则可达 15~20 个。隔壁构造在轴部为刺状，在群体边缘则为脊状，其数目一般为 12 个。

产地及层位：玉山县下镇外村石燕山；晚奥陶世三衢山组。

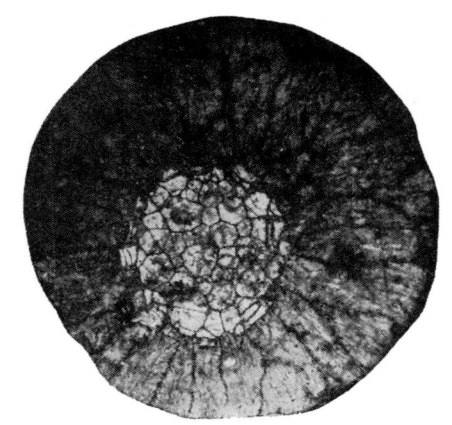
a：横切面，×2

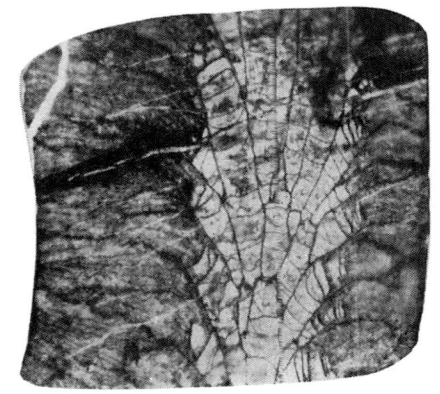
b：纵切面，×2

图 4-2-71　*Kolymopora jiangxiensis* Lin et Zou

◆ 灌木孔珊瑚属 *Thamnopora* Steininger，1831

枝状群体，由分散或紧接的圆柱状枝体组成。个体呈扇状，自枝体轴部向外分布，与枝体表面一般呈直角相交。个体横切面为多边形，偶尔呈圆角形。灰质加厚带由枝体轴部向边缘逐渐增加。壁孔发育，大多呈单列分布在体壁面上。床板发育。

分布及时代：世界各地；晚奥陶世—泥盆纪。

鹿角灌木孔珊瑚 *Thamnopora cervicornis*（Blainville）

群体枝状，枝体直径为 11.00mm 左右，个体的枝体轴部呈扇形分布，与表面呈直角相交，杯部为多角形（图 4-2-72；地质部南京地质矿产研究所，1982b）。个体横切面为五边形、六边形、七边形，体径为 0.70~1.00mm。个体体壁厚度由枝部的轴部向边缘部分均匀增厚，厚度为 0.10~1.00mm，中线清晰。壁孔大，直径为 0.20mm 左右。床板稀少。壁刺未见。

产地及层位：上高县铜鼓岭；晚泥盆世早期佘田桥组。

图 4-2-72 *Thamnopora cervicornis*（Blainville）

◆ 槽珊瑚亚目 Alveolitina Sokolov，1950
　◆ 槽珊瑚科 Alveolitidae Duncan，1872
　　◆ 槽珊瑚属 *Alveolites* Lamarch，1801

群体块状，外形不规则或为层状及板状。个体细，互相紧贴，稍弯曲，与群体表面斜交。个体横切面呈三角形、半月形或压扁多角形。体壁厚。壁孔少，一般呈 1 列分布。床板薄，完整，水平状或倾斜状。壁刺发育，常有 1 列壁刺特别发育。群体繁殖方式为中间分芽。

分布及时代：亚洲、欧洲、大洋洲、北美洲、南美洲；志留纪—泥盆纪。

小型槽珊瑚 *Alveolites parvus* Lecompte

块状群体，体积不大，浑圆形，由截面为浑圆三角形或半圆形的个体组成（图 4-2-73；地质部南京地质矿产研究所，1982b）。个体体径介于 0.30~0.50mm 之间。体壁厚 0.20mm 左右，中线不

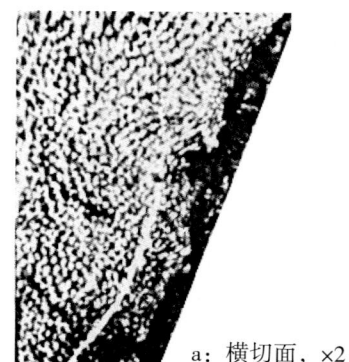
a：横切面，×2

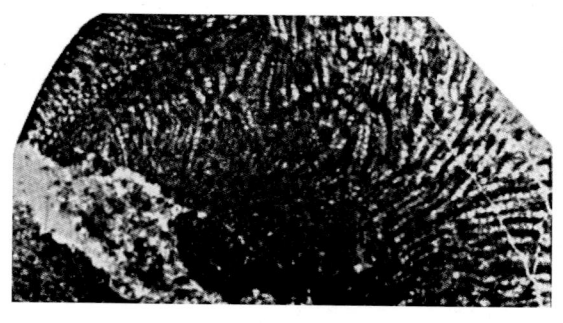
b：纵切面，×2

图 4-2-73 *Alveolites parvus* Lecompte

清楚。壁孔呈圆形。床板水平，弯曲或倾斜状，有时不完整，间距 0.30~0.40mm。壁刺大。

产地及层位：上高县铜鼓岭；晚泥盆世早期佘田桥组。

◆ 笛管珊瑚目 Syringoporida Sokolov，1947

　◆ 笛管珊瑚科 Syringoporidae Fromental，1861

　　◆ 笛管珊瑚属 *Syringopora* Goldfuss，1826

丛状群体，由许多近似平行的圆柱形个体组成。个体之间由联接管连接。联接管一般不规则地分布，少数呈规则的纵排分布。体壁薄。床板呈漏斗状，有的具有轴管。壁刺存在或缺失。繁殖方式是联接管分芽和侧分芽。

分布及时代：亚洲、欧洲、大洋洲、北美洲；奥陶纪—二叠纪。

》》》双曲板笛管珊瑚 *Syringopora hyperbolo-tabulata* Yoh in Chi

丛状群体（图 4-2-74；地质部南京地质矿产研究所，1982b）。个体横切面为圆形，体径 2.00mm。体壁厚度中等。联接管不多。床板为漏斗状。轴管发育。壁刺存在，短刺状。

产地及层位：永新县；早石炭世杨家源组。

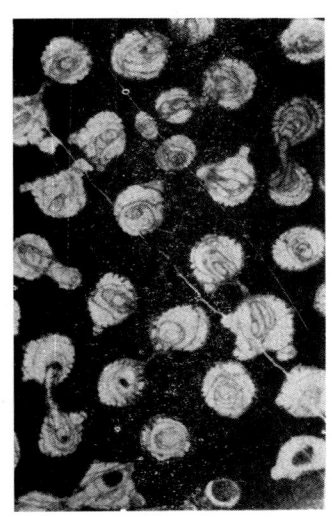
a：横切面，×3

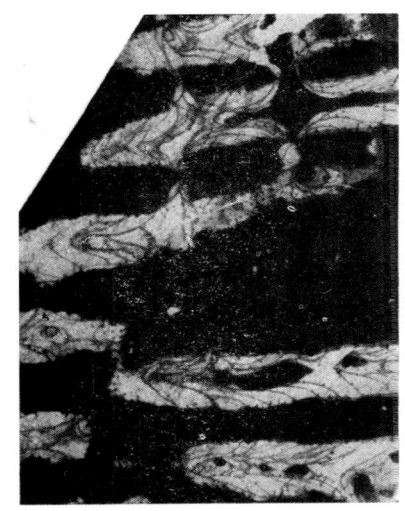
b：纵切面，×3

图 4-2-74　*Syringopora hyperbolo-tabulata* Yoh in Chi

◆ 方管珊瑚科 Tetraporellidae Sokolov，1950

　◆ 早坂珊瑚属 *Hayasakaia* Lang，Smith et Thomas，1940，emend. Sokolov，1947

丛状群体，由许多角柱状和圆柱状的个体组成。个体间由规则地排成 4 排分布的联接管或联接孔连接。个体内部沿着个体体壁边缘有泡沫带存在，泡沫带连续或断续。床板有完整的、凸的、斜的、弯曲的，也有不完整的。隔壁构造存在或缺失。

分布及时代：亚洲、欧洲南部；中二叠世。

》》》雅致早坂珊瑚 *Hayasakaia elegantula*（Yabe et Hayasaka）

丛状群体（图 4-2-75；地质部南京地质矿产研究所，1982b）。个体横切面呈微圆多角形或多角形，体径为 1.00~1.40mm，幼年个体为 0.70mm。体壁厚度中等。边缘泡沫带发育，连续或断续分布，呈 1 列。床板多数不完整，呈交错状或漏斗状；少数完整，呈倾斜或上拱状。

产地及层位：上高县蒙山肖坊；中二叠世栖霞组。

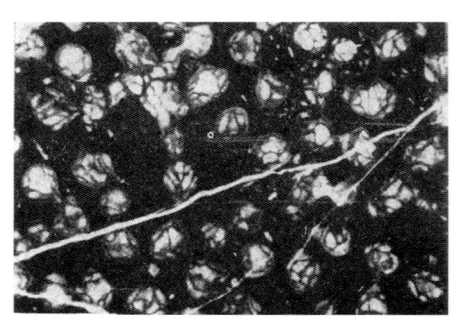   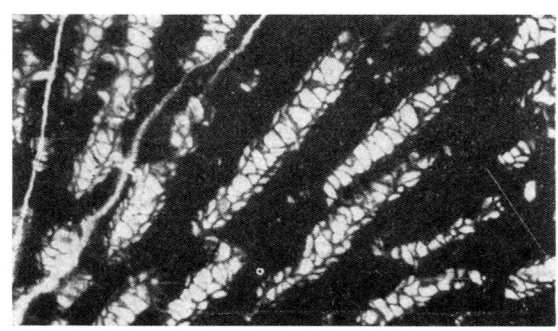

a：横切面，×4　　　　　　　　　　　　b：纵切面，×4

图 4-2-75　*Hayasakaia elegantula*（Yabe et Hayasaka）

◆ 日射珊瑚亚纲 Heliolitoidea
◆ 日射珊瑚目 Heliolitida Abel，1920
◆ 星孔珊瑚科 Stelliporellidae Bondarenko，1971
◆ 拟星孔珊瑚属 *Parastelliporella* Lin et Chow，1977

块状群体珊瑚，由许多圆柱形的个体和多角柱形的中间管组成。体壁薄。隔壁发育，长短不一，数目为 12 个。床板完整，少数不完整。在体腔中央发育了中柱，其横切面呈薄板状或透镜状。管壁薄。横隔板完整，密集分布。

分布及时代：江西；晚奥陶世晚期。

》》》中轴拟星孔珊瑚 *Parastelliporella columella* Lin et Chow

个体横切面呈星形，直径为 0.70~0.80mm（图 4-2-76；地质部南京地质矿产研究所，1982a）。

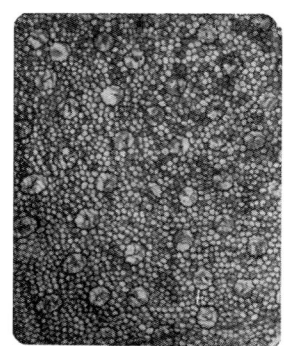   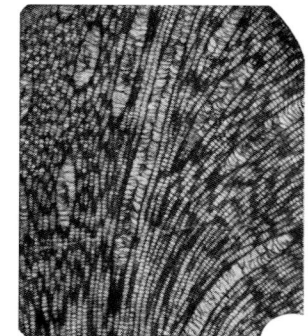

a：横切面，×4　　　　　　　　　　　　b：纵切面，×4

图 4-2-76　*Parastelliporella columella* Lin et Chow

个体间距为 0.20~1.60mm。隔壁数目为 12 个，长度为半径的 1/3。中轴发育。床板完整，在 1.00mm 长度内有 5~6 个。中间管呈五边形、六边形、七边形，直径为 0.25~0.35mm。横隔板密度与床板近似。

产地及层位：玉山县下镇镇；晚奥陶世三衢山组。

◆ 新沃姆斯珊瑚属 Neowormsipora Lin et Chow，1977

块状复体珊瑚，外形样式繁多。个体横切面呈星形，具 12 个长的刺状隔壁。床板完整，部分不完整。中间管管壁不完整，因此，在群体的横切面上，中间管的横切面有时呈多边形，有时很不规则。在群体的纵切面上，横隔板常呈交互状或泡沫状。

产地及层位：中国；晚奥陶世。

江西新沃姆斯珊瑚 Neowormsipora jiangxiensis Lin et Chow

个体横切面呈星形，直径为 1.70~1.80mm（图 4-2-77；地质部南京地质矿产研究所，1982a）。个体间距为 0.20~0.60mm。体壁厚 0.07~0.10mm。床板完整，上凸，在 5.00mm 长度内有 12~15 个。隔壁长。中间管横切面呈多边形或不规则形。横隔板呈交互状和泡沫状。

产地及层位：玉山县下镇镇；晚奥陶世三衢山组。

a：横切面，×4 b：纵切面，×4

图 4-2-77 *Neowormsipora jiangxiensis* Lin et Chow

第三节 腕足动物门 Brachiopoda

◆ 无铰纲 Inarticulata Huxley，1869
◆ 舌形贝目 Lingulida Waagen，1885
◆ 圆货贝科 Obolidae King，1846
◆ 圆货贝属 *Obolus* Eichwald，1829

贝体为磷酸钙质和有机质间层。两壳凸度近等。腹、背前面具横纹。壳面饰细弱同心纹。腹壳内层后半加厚，其上印有心形印痕，体筋痕布列在心形印痕的周缘。背壳内后半部也加厚，各种体筋痕也布列于其周缘。

分布及时代：世界各地；中寒武世—早奥陶世。

▶▶▶ 状美圆货贝（相似种）*Obolus* cf. *apollinis* Eichwald

贝体横圆形，壳宽较壳长稍大（图 4-3-1；地质部南京地质矿产研究所，1982a）。壳顶部钝圆状，未突出于后缘外。凸度适中，较均匀，后部凸起较高。壳面光滑，只饰有细条状同心层。

产地及层位：上饶市；早奥陶世印渚埠组。

腹内模，×3

图 4-3-1 *Obolus* cf. *apollinis* Eichwald

◆ 小舌形贝属 *Lingulella* Salter，1866

长卵形，近等双凸。壳壁薄。腹壳和背壳的前面都具有明显的横纹。壳面饰同心纹，有时见弱的并常不连续的放射纹。壳质和体筋痕的布列皆与 *Obolus* 类似。

分布及时代：世界各地；早古生代。

▶▶▶ A 种小舌形贝 *Lingulella* sp. A

贝体小，卵形（图 4-3-2；地质部南京地质矿产研究所，1982a）。壳顶角较钝，接近直角。两侧缘弧曲。前缘阔圆状。凸度适中，腹壳最高凸起点近壳后 2/3 处。假间面由显著发达的细锥形肉茎沟分成二前面。壳面饰细密同心纹。

产地及层位：上饶市；早奥陶世印渚埠组。

a：腹内模，×5　　b：腹外模，×5

图 4-3-2 *Lingulella* sp. A

▶▶▶ B 种小舌形贝 *Lingulella* sp. B

贝体很小，近长卵形，壳顶角较尖锐（图 4-3-3；地质部南京地质矿产研究所，1982a）；两壳凸度几乎相等，最凸处在贝体中部。壳面饰同心纹，个别同心纹加粗。

产地及层位：上饶市；早奥陶世印渚埠组。

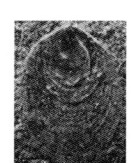 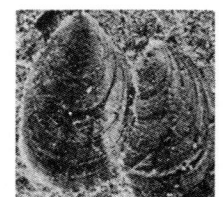

a：背外模，×5　　b：腹视，×10

图 4-3-3 *Lingulella* sp. B

◆ 顶孔贝目 Acrotretida Kuhn，1949
◆ 顶孔贝科 Acrotretidae Schuchert，1893
◆ 汉索贝属 *Hansotreta* Krause et Rowell，1975

腹壳高锥形，假间面前倾至斜倾，交互脊窄，茎孔在壳顶，顶突起呈三角形。背假间面由凹形背中片分成二前面，强正倾至下倾。背中隔板超出壳长的一半，向前增高，并在腹前缘凹入。壳面饰生长层纹。

分布及时代：中国、北美洲；早奥陶世晚期—中奥陶世早期。

>>> 上饶汉索贝 *Hansotreta shangraoensis* Liu

贝体不大（图4-3-4；地质部南京地质矿产研究所，1982a）。背壳近圆形，凸度匀缓。背壳顶在壳后缘上。壳面仅饰低弱同心纹。小的凹形背中片分开假间面为二前面。背中隔板始于壳后顶稍前，前延达壳长2/3处，前段增宽并沿其中线形成一凹槽。

产地及层位：上饶市；早奥陶世印渚埠组。

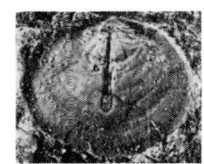

背内模，×5

图4-3-4 *Hansotreta shangraoensis* Liu

◆ 半孔贝属 *Semitreta* Biernat，1973

腹壳高锥状，具短的外肉茎管。顶突起，长，并向前加宽。背壳内有低而宽的中隔脊。主筋痕呈肾形。较远分离。

分布及时代：东亚、东欧；早—中奥陶世。

>>> 江西半孔贝 *Semitreta jiangxiensis* Liu

贝体较大（图4-3-5；地质部南京地质矿产研究所，1982a）。背壳呈卵形。背壳顶在壳后缘。凸度匀缓。壳面饰粗细不匀的细密同心带。凹形背中片分开假间面为二前面，其前有较厚的三角形台。中隔脊较短，前延不达壳中部。在背中脊前端两侧，有2个小的卵形凸起，应为前筋痕。

产地及层位：上饶市；中—晚奥陶世胡乐组（下部）（原资料为中奥陶世下部，下同）。

a：背内模，×3　　　　b：背外模，×3

图4-3-5 *Semitreta jiangxiensis* Liu

◆ 有铰纲 Articulata Huxley，1869
◆ 正形贝目 Orthida Schuchert et Cooper，1931
◆ 正形贝超科 Orthacea Woodward，1852
◆ 正形贝科 Orthidae Woodward，1852
####### ◆ 矮正形贝属 *Nanorthis* Ulrith et Cooper，1936

贝体小，外貌似德姆贝。侧视为不等双凸型。腹壳沿纵中线隆凸若脊，背壳相应凹陷若槽。壳面具簇状壳纹。腹窗腔深，齿小，齿板不发育；背窗腔较浅，主基正形贝型，主突起、背窗台均不发育。

分布及时代：北半球；早奥陶世早期。

》》》九江矮正形贝 *Nanorthis jiujiangensis* Liu

贝体小，圆方形（图4-3-6；地质部南京地质矿产研究所，1982a）。铰缘较窄。背壳凸度适中。有显著的背中槽，始自壳顶，在壳前加宽，整个中槽几乎占壳面积的1/3。放射壳纹呈较强的簇状。背壳内无主突起。腕基粗短，可看作小的菱形背窗腔。

产地及层位：武宁县；早奥陶世印渚埠组。

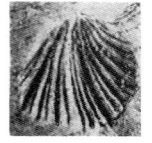 

a：背外模，×5　　b：背内模，×5

图4-3-6　*Nanorthis jiujiangensis* Liu

◆ 全形贝超科 Enteletacea Waagen，1884
◆ 全形贝科 Enteletidae Waagen，1884
◆ 直房贝属 *Orthotichia* Hall et Clarke，1892

贝体中等到大，两壳不等呈双凸型；轮廓呈亚方形或亚卵形，主端圆。铰合线短于最大壳宽。腹壳具中槽或坦平；背壳凸度较强。腹壳具铰合面，喙短而微弯曲；背铰合面低矮，喙弯曲。壳面饰有细密放射线，有时具不规则同心生长线。腹内具齿板，异向展伸，中隔脊发育。背内腕基强，为强大的支板所支持。异向展伸，主突起小。

分布及时代：世界各地；晚石炭世—二叠纪。

》》》付山直房贝 *Orthotichia fushanensis* Liao

贝体略大，壳长可达50.00mm（图4-3-7；地质部南京地质矿产研究所，1982b）。卵圆形，以前1/3处为最宽；背凸型，后1/3处为最厚；腹中槽宽浅，边界不明显，始于壳顶前方；背壳轴部高隆，两侧微凹。腹铰合面高，垂直结合面，背喙强弯。全壳饰细密壳线；壳层呈覆瓦状，向前缘增密。

产地及层位：德安县付山村；中二叠世栖霞组。

 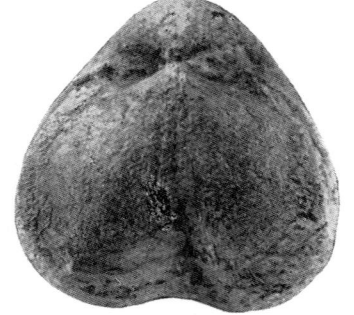 

a：腹视，×1　　b：背视，×1　　c：侧视，×1

图4-3-7　*Orthotichia fushanensis* Liao

》》》江西直房贝 *Orthotichia jiangxiensis* Hu et Ching

贝体略大，壳宽达 50.00mm（图 4-3-8；地质部南京地质矿产研究所，1982b）。轮廓横卵形；壳宽与壳长之比为 5:4。背凸型，腹壳近平或微凹；腹中槽和背中隆均无显著界线。全壳覆有细密壳纹。

产地及层位：于都县段屋乡；中二叠世小江边组。

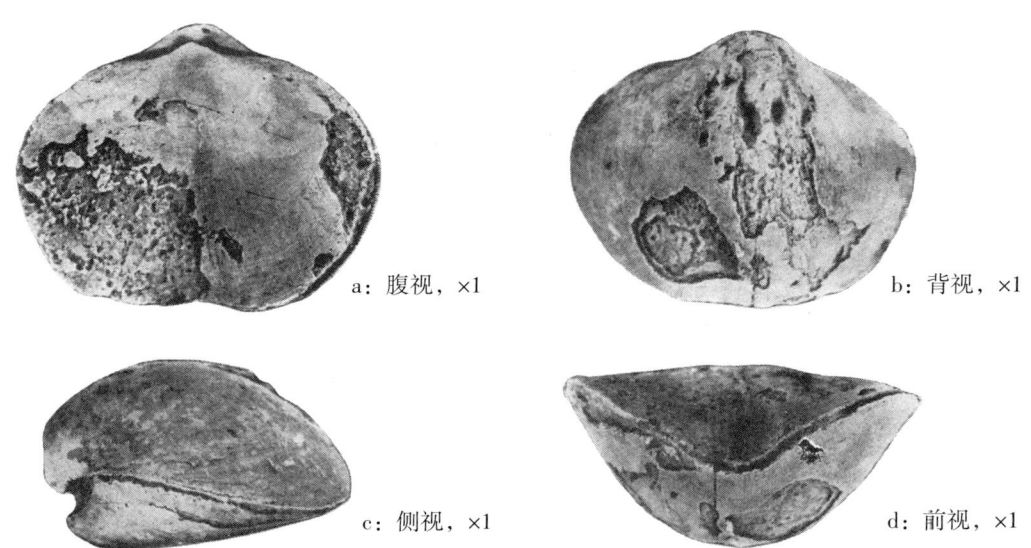

图 4-3-8 *Orthotichia jiangxiensis* Hu et Ching

◆ 阿柯斯贝属 *Acosarina* Cooper et Grant，1969

贝体小，两壳呈强烈双凸型；最大壳宽位于中部；前接合缘槽缘型。铰合面发育，后转面显著。腹内具低而长的中隔板，向前伸展超越壳长的 1/2，齿板短。

分布及时代：亚洲、北美洲；二叠纪。

》》》多腊山阿柯斯贝 *Acosarina dorashanensis* Sokolskaja

贝体小，轮廓呈亚圆形，两壳呈双凸型，最大壳宽在中部，壳长略大于壳宽（图 4-3-9；地质部南京地质矿产研究所，1982b）。背壳具浅宽的中槽，腹宽内具齿板，中隔板发育，几乎到达前缘。壳面饰有细放射纹和同心纹。

产地及层位：丰城市尚庄街道；晚二叠世乐平组。

图 4-3-9 *Acosarina dorashanensis* Sokolskaja

》》印度阿柯斯贝 *Acosarina indica*（Waagen）

贝体小，近圆形，壳宽稍大于壳长，近等双凸型（图4-3-10；地质部南京地质矿产研究所，1982b）。腹壳凸度适中，顶部凸度最大，向前平缓，喙尖弯。铰合面凹曲，三角孔大，铰合线短，背壳凸度大于腹壳，横向中部较平，侧缘陡。铰合面小，喙也弯曲。全壳饰有细密壳线，前缘每2.00mm长度内有8条。腹内齿板长，中隔脊比齿板更长一些。

产地及层位：铅山县新安埠；中二叠世栖霞组。

a：背视，×1.5　　b：腹视，×1.5　　c：腹视，×1　　d：背视，×1　　e：侧视，×1

图4-3-10　*Acosarina indica*（Waagen）

◆五房贝超科 Pentameracea Mc'coy，1844
◆克拉克贝科 Clarkellidae Schuchert et Cooper，1931
◆准共凸贝属 *Syntrophina* Ulrich，1928

壳体不大，较强双凸型，有较强的腹中槽和背中隆，壳面无放射纹。腹内具单柱匙形台，背壳内腕支板薄细，支持在一对长的互相分离、向前侧伸开的隔板上。

分布及时代：北半球及北非；早奥陶世。

》》坎贝尔准共凸贝（相似种）*Syntrophina* cf. *campbelli*（Walcott）

壳体不大，近圆方形（图4-3-11；地质部南京地质矿产研究所，1982a）。腹壳铰合线较直，短于最大壳宽，最大壳宽位于壳中部，凸度适中，较均匀。壳顶小，低圆状，稍伸出后缘。腹中槽界线分明，始自壳顶，约占全壳1/3的面积，在前缘以近直角折向背方。壳面光滑无饰。腹匙形台小，腹中隔板粗短，延伸不到壳长的1/3。

产地及层位：武宁县；早奥陶世印渚埠组。

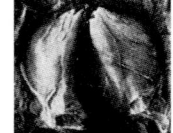

腹内模，×2

图4-3-11　*Syntrophina* cf. *campbelli*（Walcott）

◆小房贝科 Camerellidae Hall et Clarke，1894
◆小房贝属 *Camerella* Billings，1859

轮廓呈近圆形至五边形，全体可看作球形，铰合线短，主端阔圆。壳面后部光滑，前部覆有壳线。腹壳铰合面狭窄，不显著，窗孔洞开。背壳铰合面消失，前接合缘单褶型。腹窗腔深，铰齿强大，齿板聚合，形成双柱型匙形台，中隔板向前方延伸，超出匙形台一段距离。背窗腔亦深，长卵形。腕基甚短钝，腕板长，聚合形成双柱型的短小腕房，中隔板长。

分布及时代：东亚、北美洲；中奥陶世—志留纪。

▶▶▶ 单褶小房贝 *Camerella uniplicata* Liang

贝体小（图 4-3-12；地质部南京地质矿产研究所，1982a）。壳宽仅有 17.00mm，壳长13.00mm，厚约 14.00mm，轮廓为圆三角形。主端圆。单褶型；腹背两壳均具较发育的铰合面。腹壳低凸，腹中槽深宽，始于中部，出现后前伸不远即向背方昂起，形成一个高大的前舌。沿前舌中线发育有一个低圆的隆脊。腹喙尖，凸，铰合面平直，倾斜型。窗孔窄，背壳强烈凸隆，中隆高强，自中部开始，隆顶平圆，背喙短小，弯曲，背铰合面窄，倾斜型。两壳光滑无饰，腹壳铰齿三角形。齿板薄，高长，相向延伸，在距壳底不远处相连，组成一个深"V"形双柱匙形台。匙形台较长，台支板长，伸达中部。背壳内腕基不发育。腕板薄而长，在距壳底不远聚合成一双柱型的腕房，腕房也呈"V"形。房支板长度约为壳长的1/3。

产地及层位：玉山县下镇镇；晚奥陶世长坞组。

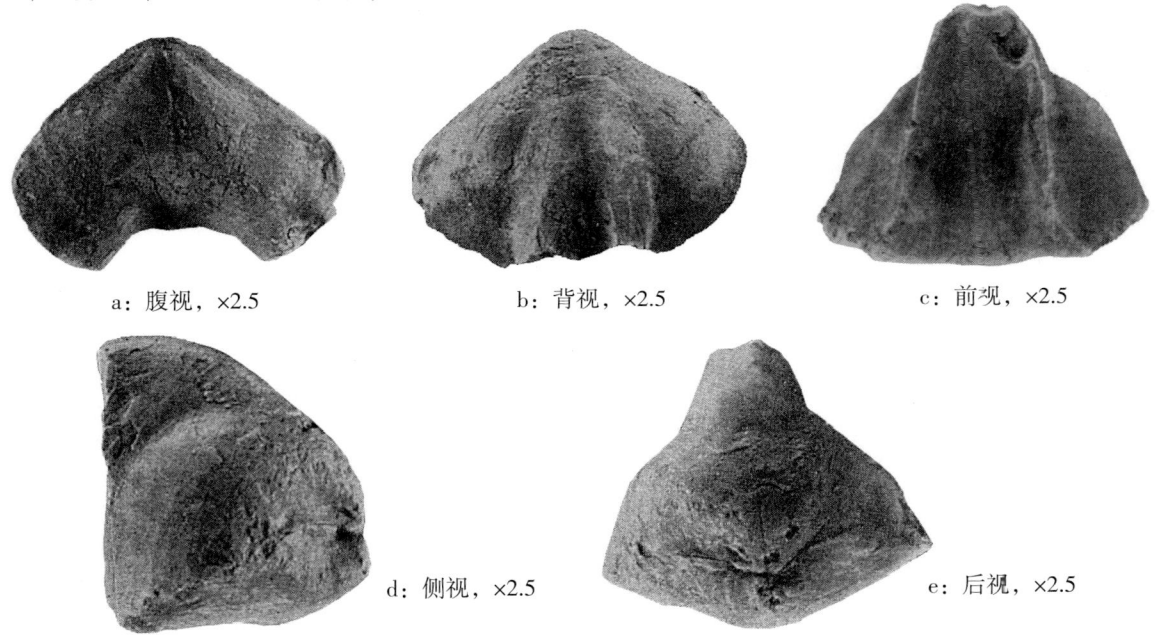

a：腹视，×2.5　　　b：背视，×2.5　　　c：前观，×2.5

d：侧视，×2.5　　　　　　e：后视，×2.5

图 4-3-12　*Camerella uniplicata* Liang

◆ 扭月贝超科 **Strophomenacea King，1846**
　　◆ 薄皱贝科 **Leptaenidae Hall et Clarke，1894**
　　　　◆ 薄膝贝属 *Leptagonia* **Mc'Coy，1844**

贝体中等，略呈凹凸型，腹壳前缘膝折（产生平台状的前缘）。腹喙前端具三角孔，常被假窗板覆盖，两壳铰合面狭长，壳线细弱，内脏区具显著的同心皱。腹内齿板发育，组成匙形台。背内围绕内脏腔形成环带状隆起，主突起二分，中隔脊低。

分布及时代：亚洲、欧洲；早石炭世。

>>> 二分薄膝贝 *Leptagonia distorta*（Sowerby）

贝体中等，双凸型，轮廓近四边形（图 4-3-13；地质部南京地质矿产研究所，1982b）。腹壳体腔区平坦，前缘强烈膝曲，背壳微凸，两壳均具狭长铰合面，腹三角孔洞开。全壳饰细密壳纹，壳皱十分发育。腹内具铰齿及匙形台，背内有主突起。

产地及层位：永新县；早石炭世杨家源组。

腹视，×1

图 4-3-13 *Leptagonia distorta*（Sowerby）

◆ 雕月贝科 Glyptomenidae Williams，1965
◆ 特板贝亚科 Teratelasminae Pope，1976
◆ 塔山贝 *Tashanomena* Zhan et Rong，1994

贝体小，近半圆形，侧视呈凹凸型；壳表饰以放射纹和细密的同心微纹。铰齿粗强，齿板薄，向前延伸并弯曲成腹肌痕面的后、侧围脊；肌痕面为双叶型，小，一对肾形的闭肌痕位于肌痕区后中部；两肌痕叶之间具宽而低矮的肌隔；具大型肉茎胼胝。主突起小，双叶型，略向腹、后方突伸；横向扩展的铰窝脊从侧面与两主突起叶的基部相连；闭肌痕通常具显著的围脊；后一对肌痕面较小，后侧围脊宽厚且高，与铰窝脊近平行；前一对肌痕面较大，前、侧围脊呈"∽"形，发育程度不等的中隔板位于贝体的中部。两壳内部均具不规则分布的乳头状突起，即为假疹构造。

分布及时代：中国东部、江西；晚奥陶世

>>> 变异塔山贝 *Tashanomena variabilis* Zhan et Rong

贝体小，壳长一般为 2.00~3.50mm，宽 3.00~5.00mm。近半圆形（图 4-3-14；詹仁斌和戎嘉余，1994），侧视为凹凸型，两壳弯曲度相近，弯曲最大处位于贝体中部，少数背壳微凹，近平坦。主端近直角状，少数略成锐角或钝角。壳表由放射状和同心状两种装饰组成。放射纹通常具有粗、

a: 腹内模，×10

b: 腹外模，×10

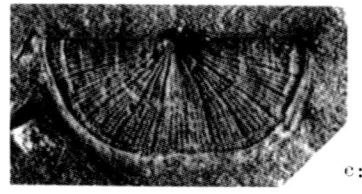
c: 背外模，×10

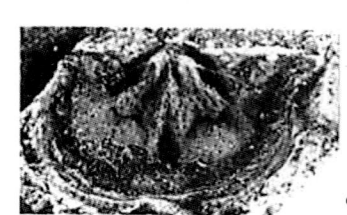
d: 背内模，×10

图 4-3-14 *Tashanomena variabilis* Zhan et Rong

细、近等特征；同心微纹密集而均匀地分布于整个壳表。铰齿较强，齿板发育。整个壳内表布满排列及大小均不规则的乳头状突起（假疹，pseudopunctae）。主突起小，双叶型，基部分离，略向后、向腹方突伸；铰窝脊发育，短、高，两侧与主突起叶的基部相连；两铰窝脊之间的夹角为115°~145°。

产地及层位：玉山县下镇镇；晚奥陶世下镇组。

◆ 直形贝超科 Orthotetacea Williams，1953
　　◆ 舒克贝科 Schuchertellidae Williams，1953
　　　　◆ 帅尔文贝属 *Schellwienella* Thomas，1910

贝体中等至大，呈颠倒型或微弱双凸型。铰合面低矮，背铰合面不发育。壳纹细，插入式增多，向前加粗，间隙较宽，并饰有细的横纹。细密的假疹孔仅分布于间隙内。腹内具分叉形齿板，下伸达壳底。背内主突起粗长，后侧各有一粗短隆脊围绕铰窝。

分布及时代：世界各地；志留纪—二叠纪。

帅尔文贝属（未定种）*Schellwienella* sp.

贝体较大，轮廓近半圆形，壳长 45.00mm，宽 50.00mm 左右（图 4-3-15；地质部南京地质矿产研究所，1982b）。喙部略凸，前部平坦，主端尖伸，背喙强凸。壳面覆有壳纹，向前以插入或分枝式增多，前缘可看作束状，每束有 3~5 条，并有稀疏壳层。腹内齿板分离向前伸展。

产地及层位：永新县；早石炭世晚期梓山组。

a：腹视，×1

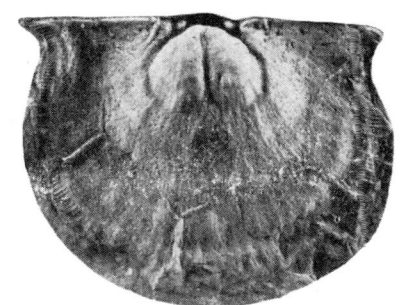

c：背视，×1

b：腹视，×1

图 4-3-15 *Schellwienella* sp.

◆ 米克贝科 Meekellidae stehil，1954
◆ 米克贝属 *Meekella* White et St. John，1867

贝体中等或大，铰合线短于壳宽，两壳为双凸型。腹壳形状不定，壳顶及铰合面常扭曲，以致不对称。背壳形状较规则。腹喙直耸，顶端具茎孔。铰合面高而斜倾，三角孔被假窗板覆盖，两侧各有一初铰合面。壳面具壳褶，向前变粗强，并布细密壳纹，假疹孔规则成排分布于间隙内。腹内具高大而薄的齿板，近平行向前伸展，背内有叉状主突起，铰窝板高大而异向伸展。

分布及时代：世界各地；晚石炭世—二叠纪。

>>> 江西米克贝 *Meekella jiangxiensis* Hu et Ching

贝体大，壳宽 55.00mm 左右，轮廓呈横方形，主端方圆，以中部为最大壳宽（图 4-3-16；地质部南京地质矿产研究所，1982b）。背凸型，背凸于腹，背壳前半部具中槽。腹喙微弯曲，铰合面呈横宽形，斜倾型。壳纹宽度稍有差异，并簇聚成不很显著的较窄的壳褶，轴部的壳褶较粗强，至后侧部，则减弱或消失。

产地及层位：安福县小江边、于都县段屋乡；中二叠世小江边组。

a：腹视，×1　　　　　　　　　b：背视，×1

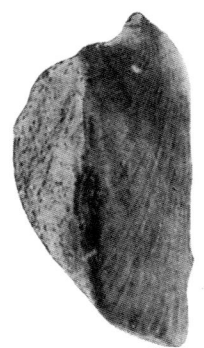 

c：侧视，×1　　　　　　　　　d：前视，×1

图 4-3-16　*Meekella jiangxiensis* Hu et Ching

◆ 江西贝属 *Kiangsiella* Grabau et Chao，1927

贝体较大，两壳为不等双凸型。腹壳缓凸，喙尖锐高耸而弯曲，铰合面高而凹曲，稍歪扭；三角孔覆有完整、凸起假窗贝；铰合线直，约为壳宽的 1/2。背凸于腹，喙部低而不显著，铰合面不发育。腹中隆及背中槽宽浅而不明晰。两壳均饰细密壳纹和同心层，壳纹以插入式增多，在喙前部若干壳纹簇合成粗圆的壳褶，前接合缘呈锯齿形。

分布及时代：中国、欧洲及大洋洲；晚石炭世—二叠纪。

⋙ 丁氏江西贝 *Kiangsiella tingi* Grabau

贝体较大，轮廓呈圆五角形，壳宽 4.70mm（图 4-3-17；地质部南京地质矿产研究所，1982b）。铰合线略短于壳宽的一半。腹壳较大，凸隆匀缓；喙部尖而拱凸；铰合面高而凹曲，三角孔狭窄，覆有假窗板；腹壳前部阔凸如中隆。背壳凸隆高强，喙部不显著。两壳覆细密壳纹，前缘每 2.00mm 长度内约有 5 条；间隙较深，喙前出现粗圆壳褶，向前扩大增多。

产地及层位：铅山县新安埠乡新安埠村；中二叠世栖霞组（小江边组）。

a：腹视，×1　　　　　b：背视，×1　　　　　c：侧视，×1

图 4-3-17 *Kiangsiella tingi* Grabau

◆ 近瑞克贝属 *Perigeyerella* Wang，1955

贝体中等或大，双凸型，腹壳锥形；铰合线短于壳宽的一半；最大壳宽居中部；背中槽微弱；腹铰合面特高，轻微扭曲；喙耸伸，三角孔窄，覆有假窗板。背铰合面缺失；齿板聚合成匙形台，仅后端有支板。壳纹细密，间隙内具细弱同心纹；假疹孔排列成放射状。

分布及时代：中国；晚二叠世。

⋙ 线纹近瑞克贝 *Perigeyerella costellata* Wang

贝体较大，轮廓呈圆三角形，铰合线短于壳宽的 1/2（图 4-3-18；地质部南京地质矿产研究所，1982b）。双凸型。腹壳后部强凸，前部近平；壳喙直伸，铰合面微凹，呈狭三角形。背壳圆隆，宽大于长；中槽狭浅；壳面布满细匀的壳纹，向前以插入式增多，间隙较宽，与细密同心纹相交织，成筛孔状网格。

产地及层位：丰城市；晚二叠世乐平组。

a：腹视，×1　　　　　　　　　　　　b：背视，×1

c：后视，×1　　　　　　　　　　　　d：侧视，×1

图 4-3-18　*Perigeyerella costellata* Wang

◆ **直形贝科 Orthotetidae Waagen，1884**
　　◆ **大德皮贝属 *Megaderbyia* Ting，1965**

特征与 *Derbyia* Waagen 相似。但贝体巨大，主端强烈尖突，腹中隔板向前伸展并具横脊，肌痕面深，扇形。铰合线长为最大壳宽。

分布及时代：亚洲；二叠纪。

》》**横宽大德皮贝 *Megaderbyia transversalis* Hu et Ching**

贝体大，壳宽可达 80.00mm（图 4-3-19；地质部南京地质矿产研究所，1982b）；轮廓呈横方形，主端锐角状，略向侧方突伸；侧视较扁薄，近等双凸型；中槽及中隆均缺失，腹喙近于直伸，铰合面为窄长的三角形。壳纹（线）多次分枝，始于壳喙附近者较粗，渐次变细分叉，粗细相间排列，在前缘每 5.00mm 长度内有 10 条。

产地及层位：于都县段屋乡；中二叠世小江边组。

a: 腹视, ×1

b: 背视, ×1

c: 后视, ×1

图 4-3-19 *Megaderbyia transversalis* Hu et Ching

◆ 长身贝目 Productida Sarytcheva, 1960
　◆ 戟贝超科 Chonetacea Shrock et Twenhobel, 1953
　　◆ 戟贝科 Chonetidae Bronn, 1862
　　　◆ 戟贝属 *Chonetes* Fischer de Waldeim, 1837

贝体小,半圆形;两壳平凸型或轻微凹凸型,铰合线为最大壳宽;两壳均具铰合面,三角孔覆以假窗板;壳面饰有细壳纹;腹壳后缘具一排倾斜的壳针。铰窝由弯曲的内铰窝眷和短的外铰窝脊包围;腕痕缺失;有一对异向伸展的侧隔板。微小的瘤状突起遍布两壳内部壳面。

分布及时代:世界各地;泥盆纪—二叠纪。

哈德戟贝 *Chonetes hardensis* (Phillips)

贝体小,轮廓近四方形(图 4-3-20;地质部南京地质矿产研究所, 1982b);铰合线为最大壳宽;腹壳缓凸,喙小,两翼直角形,无中槽。壳面饰有

a: 腹视, ×1　　b: 腹视, ×1

图 4-3-20 *Chonetes hardensis* (Phillips)

细密壳纹，前缘每 1.00mm 长度内约有 6 条。壳内壳面具有微小的瘤状突起。

产地及层位：丰城市桥东镇；早石炭世梓山组。

▶▶▶ 巴鲁斯戟贝 *Chonetes barusiensis* (Daridson)

贝体小，壳宽 6.50mm，壳长 3.50mm，轮廓近梯形（图 4-3-21；王钰等，1964）。腹壳缓凸，顶部略凸，处于铰合线的后方；隆起的中部壳面轮廓呈三角形。中槽前部宽而深；耳翼平坦，光滑无饰；主端尖。壳面饰有 13 条粗强的壳纹，中槽内有 3 条，比较微弱，两侧各有 5 条。壳纹始见于壳顶附近，向前加宽增强，但不分枝。

a：腹视，×1   b：腹视，×3

图 4-3-21 *Chonetes barusiensis* (Daridson)

产地及层位：乐平市；晚二叠世乐平组。

◆ 似瓦刚贝属 *Waagenites* Paeckelmann, 1930

贝体小，轮廓呈方形；腹壳高凸，有一深的中槽；喙部强烈弯曲，无假窗板；壳面饰有较粗的壳纹或壳线；耳翼较大，光滑；背内无副隔板，铰窝脊短。

分布及时代：亚洲、欧洲；二叠纪。

▶▶▶ 苏州似瓦刚贝 *Waagenites soochowensis* (Chao)

贝体小，轮廓横长（图 4-3-22；地质部南京地质矿产研究所，1982b）；腹壳高凸，腹喙强弯越过铰合线，中槽宽深，耳翼大、平坦。背壳浅凹，中隆发育。初壳纹为 16~18 条；中槽内的较细弱，侧坡上的向前偶尔以分枝式和插入式增加，在前缘达 20~24 条。耳翼则光滑无饰。

a：腹视，×2   b：背视，×2

图 4-3-22 *Waagenites soochowensis* (Chao)

产地及层位：宜春市飞剑潭乡飞剑潭水库；晚二叠世乐平组。

◆ 小戟贝属 *Chonetinella* Ramsbottom, 1952

贝体中等或小，轮廓呈横半圆形。腹壳凸隆强烈；壳顶显著地耸凸于铰合线的后方；喙部大而拱凸；中槽颇为发育，狭窄而深；两侧壳面呈肺叶状隆起。耳叶平坦，与其余壳面界限明显，向两侧延伸不远。背壳轴部附近的壳面呈凹槽状，中间有一中隆。壳面饰有细密的壳纹，偶尔具同心纹。背壳及腹壳内均具低的中隔板及呈放射状成行排列的细瘤。背壳内往往还具有腕基突起。

产地及层位：亚洲、北美洲及欧洲；晚石炭世—二叠纪。

次扭月贝形小戟贝 *Chonetinella substrophomenoides*（Huang）

贝体较小，壳长 7.20~8.00mm，壳宽 11.50~12.80mm（图 4-3-23；王钰等，1964）；轮廓呈横梯形。腹壳凸隆十分强烈而规则，尤以顶部凸隆最强；喙部窄而尖，不弯曲，略微越过铰合线的后方。耳翼微隆或平，与壳顶间平滑相连；主端尖锐。中槽十分窄深，始见于喙部附近，两侧壳面呈肺叶状隆起。壳纹密集，间隙狭窄，脊顶平，在前喙有 40~50 条。

腹视，×1

图 4-3-23 *Chonetinella substrophomenoides*（Huang）

产地及层位：乐平市；晚二叠世乐平组。

◆ 细戟贝属 *Tenuichonetes* Ching et Hu，1978

贝体中等或略大，轮廓横长，主端锐角形。腹壳缓凸，中槽浅而始于喙部，壳纹细密，前喙每 2.00mm 长度内有 10~12 条；中槽内及前部壳面常具不规则壳褶；主壳刺 3~4 对，与铰合缘以 60°左右斜交；腹中隔板伸达前缘附近，始端于窗腔内加厚成台状；背内主突起后视为四叶型，前视为双叶型，中隔板细长，具侧隔板及数条瘤脊；无腕痕。

分布及时代：中国；中二叠世。

细戟贝属（未定种）*Tenuichonetes* sp.

贝体中等大小，轮廓近横方形，主端近锐角形（图 4-3-24；地质部南京地质矿产研究所，1982b）。腹壳缓凸，中槽浅而始于喙部。全壳饰有细密壳纹。

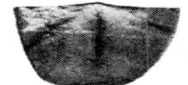

腹视，×1

图 4-3-24 *Tenuichonetes* sp.

产地及层位：上高县南港乡狮形山；中二叠世茅口组。

◆ 长身贝超科 *Productacea* Gray，1840
◆ 小戟贝科 *Chonetellidae* Licharew，1960
◆ 华夏贝属 *Cathaysia* Ching，1966

贝体小，轮廓呈横方形，铰合线为最大壳宽。腹体腔区低平，前方略膝曲；中槽宽浅；铰合面低，三角孔小；耳翼大，与体腔区之间有一凹槽。背壳深凹，亦膝曲；铰合面线状。体腔浅匀。壳面似有以低圆、分枝式增加的壳纹，耳翼壳皱显著，边缘环带上无壳纹。沿铰合缘主壳刺排列成行，以主端一枚为最大，中槽两侧拖曳部上各有 2~4 枚巨大壳刺。

分布及时代：亚洲；二叠纪。

戟形华夏贝 *Cathaysia chonetoides*（Chao）

贝体较小，轮廓呈横方形，铰合线为最大壳宽（图 4-3-25；地质部南京地质矿产研究所，

1982b）。腹壳缓凸，前方壳面略向背方膝曲，耳翼大而平坦；中槽始于壳面中部，前部相当宽而显著。放射状壳线多次分枝，并稍有扭曲，耳翼上无壳线而具明显的壳皱。铰合缘上有 1 列壳刺，在中槽两侧壳面有 2~4 枚壳刺。

产地及层位：丰城市尚庄街道；晚二叠世乐平组。

a：背内，×2　　　　　b：腹视，×2

图 4-3-25　*Cathaysia chonetoides*（Chao）

◆ 海登贝属 *Haydenella* Reed，1944

贝体小至中等，轮廓近圆形。腹壳圆凸，无中槽，铰合面短，铰合线略短于壳宽；喙小、尖突，几乎不超越铰合线；耳翼小，略突起。背壳下凹，体腔狭匀。壳面饰有向前分枝或插入式增多的放射线。耳翼附近具数条显著的同心皱。生长线微弱。壳刺小，散布在壳线上，并沿耳翼与体腔区间排成一行。背壳纹饰与腹壳相似，佀具细放射纹，每一条壳线上有 3~5 条。背内主突起小、单叶形；中隔板短，延伸至横中线前方。腹壳内部构造不明。

分布及时代：亚洲；二叠纪。

》》》 吉安海登贝 *Haydenella chianensis*（Chao）

贝体中等大小，轮廓为方圆形（图 4-3-26；地质部南京地质矿产研究所，1982b）；铰合线等于壳宽；腹壳缓凸，全体呈半球形，前方作强匀膝曲。喙尖而不越过铰合线。耳翼小，平坦，与其余壳面间有一行壳刺和短显的壳皱，背壳的凹曲度与腹壳相应，体腔浅匀。壳面饰有低圆壳线和细弱同心纹。见有分散直立的壳刺。

注：野外标本所见该种化石的壳体表面呈银灰色，故以往定为吉安银色长身贝（*Argentiproducfus*）。

产地及层位：安福县小江边村；中二叠世小江边组。

a：腹视，×1　　　　　b：腹视，×1

图 4-3-26　*Haydenella chianensis*（Chao）

◆ 轮刺贝科 Echinoconchidae Stehli, 1954
◆ 轮刺贝属 *Echinoconchus* Weller, 1914

贝体中等至大，轮廓为长卵形。腹壳凸隆，常具中槽；壳顶圆而弯曲；耳小；铰合线短于壳宽；侧坡陡峻。背壳微凹、膝曲，具短拖曳部。壳面饰有同心层，向侧部及前部变窄，同心层上有两组粗细不同前倾壳刺。后排大，前排小。背内具细的主突起，后视为三叶型；中隔板细长；主脊自主突起始，沿铰合缘延伸。

分布及时代：亚洲、欧洲、北美洲及非洲；石炭纪。

凉州轮刺贝 *Echinoconchus liangchowensis* Chao

贝体中等，轮廓为长卵形（图 4-3-27；地质部南京地质矿产研究所，1982b）；铰合线短于壳宽；腹壳高凸，背壳平凹；体腔厚大。腹喙部尖锐强曲，伸过铰合线；中槽始于喙前附近。壳顶附近饰有壳皱及呈同心状或五点状排列的细长壳刺；中部壳层上具两排分布不均匀的壳刺，后坡一排较大，其前方具小刺；耳翼上的刺密集均匀。背壳体腔区平坦，甚厚。中隆不清楚；壳层自壳顶向前渐强，呈尖棱脊状；后坡具一排近规则前倾壳刺及带凹窝的刺瘤。

产地及层位：铅山县叶家湾；晚石炭世藕塘底组（原资料归属中石炭世，下同）。

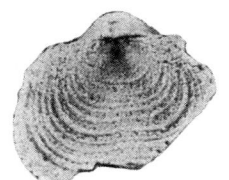

a：腹视，×1　　b：背视，×1　　c：后视，×1　　d：前视，×1　　e：侧视，×1

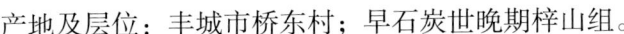

图 4-3-27 *Echinoconchus liangchowensis* Chao

美雅轮刺贝 *Echinoconchus elegans* (Mc'Coy)

贝体中等，轮廓近圆形（图 4-3-28；地质部南京地质矿产研究所，1982b）；铰合线短于壳宽。腹壳均匀强凸，无中槽；喙小而弯曲，越过铰合线；耳小。壳面饰有疏稀钝棱形壳层，10 条左右；层间隙宽而光滑；层脊具一行柱状粗大的壳刺，其前方有 1~2 行很细的壳刺。

a：背视，×1　　b：背内视，×1

图 4-3-28 *Echinoconchus elegans* (Mc'Coy)

产地及层位：丰城市桥东村；早石炭世晚期梓山组。

◆ 维地长身贝属 *Vediproductus* Sarytcheva, 1965

贝体中等。腹壳强凸，喙部窄而凸，越过铰合线；铰合线短于壳宽；喙部与侧坡倾斜较陡，向前扩展。耳翼小。两壳饰有规则的同心皱,向侧部和耳部变窄,其前坡陡,无壳刺,后坡具壳刺:大斜刺于后,短刺居中,密集小刺在前。背壳层窄,刺少。背内主突起后视为三叶型,由中隔板支持;主脊平行铰合缘并在耳部急剧弯曲。

分布及时代:中国、苏联;二叠纪。

>>> 似刺瘤维地长身贝 *Vediproductus punctatiformis* (Chao)

贝体中等大小,呈卵圆形,铰合线短于壳宽(图4-3-29;地质部南京地质矿产研究所,1982b)。腹壳强凸,纵向近螺旋形弯曲;侧坡陡而近直立,向前渐展开;中槽始于喙前附近,宽而浅;喙耸突而弯曲,超越喙合线。背壳稍凹,喙紧伏于铰合线,中隆不显。壳面饰有向前增宽的壳层,其上具断脊状壳刺,最前方小刺密集,中部者稍大。

产地及层位:安福县小江边村;中二叠世小江边组。

a: 腹视, ×1   b: 背视, ×1

图4-3-29 *Vediproductus punctatiformis* (Chao)

◆ 瓦刚贝属 *Waagenoconcha* Chao, 1927

贝体中等大小,轮廓为方圆形,铰合线稍短于壳宽。腹壳缓凸;中槽明显;耳翼小。背壳近平,体腔宽厚。壳面饰有两种刺基,在前缘刺基小、圆形、排列紧密,使壳面呈阶梯状,其余壳面刺基较粗、长圆形、排列似网格状;近前缘呈不明显的同心状。

分布及时代:世界各地;石炭纪—二叠纪。

>>> 于都瓦刚贝 *Waagenoconcha yuduensis* Hu et Ching

贝体较小,壳宽约25.00mm,呈圆柱状,壳体中部最宽(图4-3-30;地质部南京地质矿产研究所,1982b);腹壳顶部缓凸,与耳翼之间有一凹曲相隔,主端近方;中槽宽浅,限于壳顶前方。壳刺细密直立,均匀分布,呈五点状排列,至前部变得十分细密;耳翼基部具有一排壳刺。背壳具有不规则的同心皱和凹痕,壳刺稀疏。

产地及层位:于都县段屋乡;中二叠世小江边组。

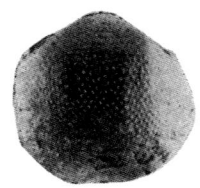   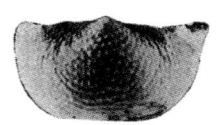

a: 腹视, ×1   b: 背视, ×1   c: 侧视, ×1   d: 后视, ×1

图4-3-30 *Waagenoconcha yuduensis* Hu et Ching

◆ 群山贝科 Monticuliferidae Muir-Wood et Cooper，1960

◆ 拟网格长身贝属 *Dictyoclostoidea* Wang et Ching，1964

贝体中等，轮廓呈横长方形，铰合线长为最大壳宽；腹壳顶部平坦，前方缓曲或急剧弯曲；耳翼大，平坦；铰合面低，三角孔小。背壳深凹；铰合面为线状，与腹铰合面直交；体腔匀浅，壳线较细弱，并在壳皱顶部呈瘤状突起；拖曳部上具多数壳刺，在沿铰合缘成行排列；背壳布满细纹。背内主突起为三叶型，平伸；主脊缺失；中隔板始于肌痕面前方，伸达体腔前缘。

分布及时代：中国；中二叠世。

>>> 江西拟网格长身贝 *Dictyoclostoidea kiangsiensis* Wang et Ching

贝体中等，轮廓呈横方形，铰合线稍短于壳宽，主端近方（图 4-3-31；地质部南京地质矿产研究所，1982b）。两壳弯曲度几乎相等，均为急剧、圆浑的膝曲，形成薄匀的体腔。喙直、适突过铰合面；壳线较细弱；与壳皱相交组成规则而美观的网格，由壳顶部向前部逐渐增宽；壳顶两侧铰合缘上，各有一排 3~4 枚壳刺。背内主突起为双叶型，伸向腹方；中隔板自肌痕面前部延至体腔区前缘附近。

产地及层位：于都县段屋乡；中二叠世小江边组。

a：腹视，×1　　　　　　　　　b：背视，×1

图 4-3-31　*Dictyoclostoidea kiangsiensis* Wang et Ching

◆ 群山贝属 *Monticulifera* Muir-Wood et Cooper，1960

贝体中等或略大，轮廓近方形；腹壳膝曲，铰合面低；壳顶饰有三角形瘤突及不规则的间断的纤纹，拖曳部具壳线或纤纹；壳刺沿铰合缘排列成行。背壳布满壳纹、壳皱及凹窝。

分布及时代：中国；中二叠世。

>>> 中华群山贝 *Monticulifera sinensis*（Frech）

贝体中等大小，轮廓呈横方形，铰合线为最大壳宽（图 4-3-32；地质部南京地质矿产研究所，

1982b)。腹壳凸隆，侧坡陡峻，中槽始于后部，浅而宽。耳翼显著，平坦；近直角三角形，其上具有同心皱；主端方。壳面满覆有不连续的放射线，并有五点状排列的刺瘤。贝体前部和中部刺瘤集结处，壳线汇集成束；尚有横纹贯穿壳表。

产地及层位：于都县段屋乡；中二叠世小江边组。

 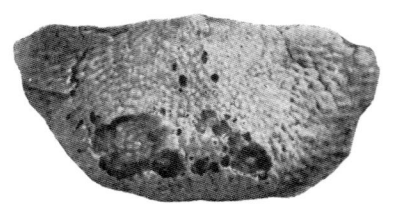 

a：腹视，×1　　　　　　　b：腹视，×1　　　　　　　c：背视，×1

图 4-3-32　*Monticulifera sinensis*（Frech）

◆ 网格长身贝科 Dictyoclostidae Stehli，1954
◆ 瘤褶贝属 *Tyloplecta* Muir-Wood et Cooper，1960

贝体中等或大，两壳膝曲。后部具壳皱及壳线，构成显著的网格状，前部为壳线，前缘附近呈鳞片状壳层；壳刺沿铰合缘排列成一行，并散布于其余壳面上；背壳无壳刺，布满壳纹。主突起为三叶型，向背方弯曲，无茎部。

分布及时代：亚洲、欧洲；二叠纪。

》》巨线瘤褶贝 *Tyloplecta grandicostata*（Chao）

贝体中等，轮廓近五角形，铰合线等于壳宽（图 4-3-33；地质部南京地质矿产研究所，1982b）。腹壳强凸，前部膝曲，拖曳部拱曲；耳翼显著，略平，不太大；中槽很宽，较深，始于喙前附近。背壳缓凹，前部强烈膝曲。腹壳面饰以简单、粗圆壳线，间隙圆与壳线等宽。侧部壳线以分枝式或插入式增加。后部具模糊壳皱，与壳线交织成不规则的瘤突。壳刺粗大而疏稀，在耳翼基部及铰合缘排列成行；拖曳部刺瘤沿放射状壳线分布。

产地及层位：修水县清水岩；中二叠世茅口组。

a：腹视，×1　　　　　　　b：腹视，×1

图 4-3-33　*Tyloplecta grandicostata*（Chao）

❯❯❯ 南京瘤褶贝 *Tyloplecta nankingensis*（Frech）

贝体中等到大，轮廓近卵圆形（图 4-3-34；地质部南京地质矿产研究所，1982b）。腹壳强凸，沿纵向壳顶最凸，中部稍平，拖曳部缓凸；壳顶后坡及侧坡较陡；喙尖而弯曲，稍越过铰合线；耳翼平而明显，主端近方；有的无中槽或有而不显。壳面饰以规则粗强壳线，间隙深，前部每 10.00mm 长度内有 4~5 条，侧部多插入式增加；同心线则限于后部，与壳线相交成瘤突，并呈网格状。背壳后部呈不显著的网格状，还饰有壳纹。当表层剥落后，显有细密的刺瘤和假疹孔。

产地及层位：信丰县大阿镇太平围村；中二叠世栖霞组、小江边组。

a：腹视，×1   b：侧视，×1

c：后视，×1   d：腹视，×1

图 4-3-34 *Tyloplecta nankingensis*（Frech）

❯❯❯ 李希霍芬瘤褶贝 *Tyloplecta richthofeni*（Chao）

贝体中等，轮廓呈横长形，铰合线为最大壳宽（图 4-3-35；地质部南京地质矿产研究所，1982b）。规则凸隆。喙部较尖锐，卷曲，稍越过铰合线；耳翼大，略卷曲；中槽不清楚，背体腔区凹曲，规则匀缓，前方膝曲。壳线多、圆浑，时而间断，时而分枝，于间断处具细长壳刺；后部壳线与同心线组成网格状；沿铰合缘有一排壳刺。

产地及层位：修水县清水岩；中二叠世栖霞组。

a：腹视，×1　　　　　　　　b：背视，×1　　　　　　　　　　c：腹视，×1

图 4-3-35　*Tyloplecta richthofeni*（Chao）

▶▶▶ 扬子瘤褶贝 *Tyloplecta yangtzeensis*（Chao）

贝体大，轮廓呈次方形（图 4-3-36；地质部南京地质矿产研究所，1982b）；铰合线约等于壳宽。腹壳规则强凸。喙宽而钝，内卷，超越铰合线；耳翼微平，略卷曲；中槽不显；背体腔区凹曲。壳线低圆较粗，前缘每 10.00mm 长度内有 5~6 条。间隙宽而圆滑，后部与同心线相交成显著壳瘤；壳刺散布于壳线上并密集于耳翼外侧。

产地及层位：宜春市飞剑潭乡；晚二叠世乐平组。

腹视，×1

图 4-3-36　*Tyloplecta yangtzeensis*（Chao）

▶▶▶ 宜春瘤褶贝 *Tyloplecta yichunensis* Ching et Hu

贝体较大，轮廓为次卵圆形（图 4-3-37；地质部南京地质矿产研究所，1982b）；铰合线等于壳宽。腹壳均匀强烈凸隆，耳翼略平坦；主端近于直角。壳面饰有低圆壳线，前缘每 10.00mm 长度内有 5~6 条；间隙宽而圆凹，与同心线相交组成网格；壳刺散布于壳线上，并密集在耳翼外侧。

产地及层位：宜春市飞剑潭乡；晚二叠世乐平组。

 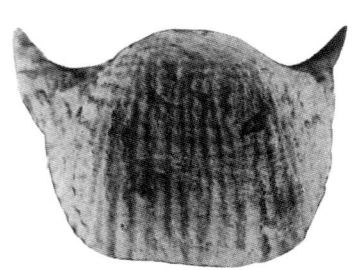 

a：背视，×1　　　　　　　　b：腹视，×1　　　　　　　　　c：侧视，×1

图 4-3-37　*Tyloplecta yichunensis* Ching et Hu

◆ 赵氏贝属 *Chaoina* Ching, 1965

贝体小至中等，柱状，通常无中槽；腹壳顶部缓凸，前方膝曲；喙部具有固着斑；同心皱规则，连贯，布满后部，与壳线组成网格状；壳刺散布于腹壳的壳线上，并沿耳翼基部排列成一行。背内主突起为双叶型，无茎，闭肌痕光滑，呈肾状凸起，主脊强，延伸至耳翼基部消失。

分布及时代：中国南方；中二叠世。

▶▶▶ 密纹赵氏贝 *Chaoina multicostata* Hu et Ching

贝体中等，壳宽可达 40.00mm（图 4-3-38；地质部南京地质矿产研究所，1982b）；轮廓为圆柱形，壳长略大于壳宽。腹壳强烈膝曲，沿纵向弯曲，呈较松的螺线形；侧坡陡峻，无中槽。体腔区的壳皱相当规则，横贯全壳，并与壳线交织成网格状；壳线细密，宽度不等，前缘每 5.00mm 长度内有 4~7 条。壳刺稀疏地散布于腹壳全部表面；在耳翼基部排成一行。

产地及层位：于都县段屋乡；中二叠世小江边组。

a：腹视，×1　　　　　b：背视，×1　　　　　c：侧视，×1

图 4-3-38　*Chaoina multicostata* Hu et Ching

◆ 横格贝属 *Transennatia* Waterhouse, 1975

贝体小至中等，为近方形。腹壳顶区缓凸，前方强烈膝曲；中槽始于喙前，在拖曳部深凹；耳翼小，近平坦，具有粗强壳皱，与铰合缘近垂直。背壳微凹，前方急剧膝曲；体腔深厚。壳线粗强，其间隙窄深；同心线仅在体腔区发育并与壳纹交织成清晰的网格状。槽内壳线常合并。壳刺稀疏地散布于壳面，耳翼者较大，排成一行。背内主突起为粗短的双叶型，中隔板高耸，呈薄刃状，延伸至体腔前部；主脊显著，平行于铰合缘并延伸至侧缘，无边缘脊，腕痕清楚。

分布及时代：亚洲、北美洲；二叠世。

▶▶▶ 优美横格贝 *Transennatia gratiosus*（Waagen）

贝体小，壳长大于壳宽，铰合线为最大壳宽，主端方（图 4-3-39；地质部南京地质矿产研究所，1982b）。腹壳强凸，顶区凸隆，两耳近平，与壳顶区界线清楚，前方强烈膝曲。中槽始于体腔区前方，在拖曳部深窄。背壳深凹，与腹壳凸度相适应。腹壳壳面饰有粗强放射线，中槽内有 5 条，两侧各有 11 条左右。同心线仅在体腔区发育，与壳线交织成优美而显著的网格状装饰。

产地及层位：丰城市；晚二叠世乐平组。

a：腹视，×1.5　　　　　　　　b：后视，×1

图 4-3-39　*Transennatia gratiosus*（Waagen）

>>> 珍珠横格贝 *Transennatia margaritatus*（Mansuy）

贝体小，轮廓近方形，主端尖，铰合线为最大壳宽（图 4-3-40；地质部南京地质矿产研究所，1982b）。腹壳体腔区中部凸隆，前方强烈膝曲。耳翼较大，平坦，与壳顶区界线清晰。腹壳喙小，紧伏于铰合线。中槽稍离壳顶发生，向前渐深宽。壳面饰有细密壳线，在喙前处作分枝式增多；同心线显著，在体腔区与壳线组成串珠状的网格纹饰。此种与 *T. gratiosus*（Waagen）近似，区别是后者贝体略小，腹壳体腔区中部较隆凸，两侧壳线相对较少。

产地及层位：高安市；晚二叠世乐平组。

 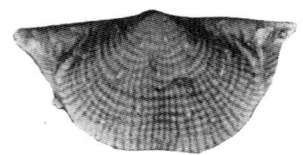 

a：后视，×1.5　　　　　b：前视，×1.5　　　　　c：侧视，×1.5

图 4-3-40　*Transennatia margaritatus*（Mansuy）

◆ 管盖贝科 Aulostegidae Muir-Wood et Cooper，1960
◆ 椅腔贝属 *Edriosteges* Muir-Wood et Cooper，1960

贝体中等大小，轮廓为长方形，铰合线等于壳宽。腹壳凸隆，顶部平坦，前部具中槽，铰合面低。三角孔后部覆假窗板。耳翼清楚，前缘挠曲，形成狭窄的沟槽。背壳微凹，膝曲，拖曳部短，壳面饰有短而弯曲的壳刺，略呈同心状；同心皱在耳翼处较发育，中部微弱，壳纹密布于体腔区；背壳仅具刺窝，主突起为三叶型，中隔板长。

分布及时代：亚洲、北美洲；二叠纪。

>>> 凯撒椅腔贝 *Edriosteges kayseri*（Chao）

贝体中等，轮廓为横方形；铰合线等于壳宽（图 4-3-41；地质部南京地质矿产研究所，1982b）。腹壳缓凸均匀；喙低，顶区平凸，两侧降低；前缘和侧缘附近壳面较平坦，形成挠起的宽边；耳翼平坦。背壳匀凹，与腹壳相似，壳面饰有壳纹及壳皱；后者在耳翼和侧区较明显。耳翼具有一排壳刺。

产地及层位：上高县七宝山村；晚二叠世七宝山组。

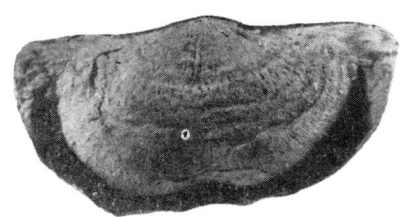

a：背视，×1　　　　　　　b：背视，×1　　　　　　　c：腹视，×1

图 4-3-41　*Edriosteges kayseri*（Chao）

▶▶▶ 鄱阳椅腔贝 *Edriosteges poyangensis*（Kayser）

贝体较大，轮廓呈横梯形。腹壳缓凸，边缘挠曲（图 4-3-42；地质部南京地质矿产研究所，1982b）；沿纵向圆滑平缓弯曲，侧缘平直；喙钝，伸突于铰合线后方；铰合线等于壳宽；铰合面为狭三角形；耳翼稍平；主端近方。背壳缓凹。壳面饰有微细的同心皱；壳刺近似五点状排列；当表层剥落显露出极细的壳纹。背壳具同心皱、壳纹及凹痕。

产地及层位：上高县七宝山村；晚二叠世七宝山组。

a：腹视，×1　　　　　　　　　　b：背内及其外模，×1.5

图 4-3-42　*Edriosteges poyangensis*（Kayser）

◆ 乌鲁希腾贝科 Urushteniidae Ching，1963
◆ 似乌鲁希腾贝属 *Urushtenoidea* Ching et Hu，1978

贝体较小，略呈柱状，腹顶平隆，前部和侧部急剧膝曲，拖曳部长；中槽浅或缺失；贝体腔区近平，前部和侧部近直角形折曲，拖曳部短，具褶边。腹顶饰有同心皱及平伏壳刺；顶区前部和拖曳部具有简单壳线，后者前部还盖满覆瓦状壳层；在线脊上壳刺长而直立。背壳壳饰与腹壳相适应，无壳刺。腹铰合面不发育，有内脊。背内主突起为双叶型，肌痕面向背方倾斜；主穴大；无中隔脊，细隔板高；壳内面光滑，仅壳棘上具内刺；假疹布于壳棘和拖曳部。

分布及时代：中国；中二叠世。

▶▶▶ 赵氏似乌鲁希腾贝 *Urushtenoidea chaoi*（Ching）

贝体小或近于中等，壳宽 15.00~27.00mm（图 4-3-43；地质部南京地质矿产研究所，1982b）；壳线粗疏，腹壳共有 32~36 条，轴部有 6~8 条；侧区各有 13~14 条整齐而低平的壳线。壳褶不甚规则，有 8~12 圈。

该种是小江边组特有，且具有代表性的化石，在江西省范围内凡有小江边组分布的地方，均有其出现。

产地及层位：安福县小江边村；中二叠世小江边组。

a：背视，×1.5　　　　　b：前视，×1.5　　　　　c：侧视，×2

图 4-3-43　*Urushtenoidea chaoi*（Ching）

◆ 钩盖贝属 *Uncisteges* Ching et Hu，1978

主突起为双叶型，向腹方伸突；腕支板融合成宽厚的中隔脊；主穴细小；闭肌痕肾形，平铺于壳内面。其余形态与 *Urushtenoidea* Ching et Hu 基本一致。

分布及时代：中国东南各省及青海省；中二叠世。

▶▶▶ 豆蔻钩盖贝 *Uncisteges maceus*（Ching）

贝体较小，顶视为横椭圆形，壳顶高隆与拖曳部呈棱角形膝曲（图 4-3-44；地质部南京地质矿产研究所，1982b）；中槽平浅，始自壳顶前方，纵贯拖曳部。壳线细密均匀而规则地覆在腹壳壳表上，约 52 条。背体腔区近平坦，壳层密集。主突起为双叶型，向后延伸而超越铰合线。

产地及层位：安福县小江边村；中二叠世小江边组。

a：腹视，×1　　　　　b：背视，×1　　　　　c：侧视，×1

图 4-3-44　*Uncisteges maceus*（Ching）

◆ 围脊贝科 Marginiferidae Stehli，1954
◆ 刺围脊贝属 *Spinomarginifera* Huang，1931

贝体小或近中等；腹壳顶区高凸，前方膝曲；顶区壳面具五点状分布的刺瘤及同心线，拖曳部的刺基狭长，发育程度不同的壳线，壳刺沿铰合缘排成一行并簇聚于耳翼；背壳具壳皱，少数直立的细刺及凹窝。主突起粗壮；围脊发达，腕痕与中隔板间有一行内刺。

分布及时代：亚洲；二叠纪。

▶▶▶ 贵州刺围脊贝 *Spinomarginifera kueichowensis* Huang

贝体中等，轮廓近五角形（图 4-3-45；地质部南京地质矿产研究所，1982b）。腹壳强凸，膝曲，拖曳部缓凸；铰合线直长，等于壳宽；喙稍越过铰合线；耳翼隆曲，主端近方；侧坡较陡，腹中槽浅宽或缺失。壳顶多圆形的刺瘤，呈五点状排列，向前刺基加长而成壳线；后部具有同心线，不规则，至膝曲处消失。背内深凹，壳面具有刺瘤，内具有围脊和中隔板。

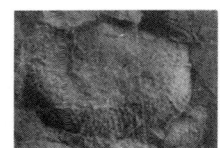

背视，×1

图 4-3-45 *Spinomarginifera kueichowensis* Huang

产地及层位：武宁县船滩镇；晚二叠世龙潭组。

▶▶▶ 乐平刺围脊贝 *Spinomarginifera lopingensis*（Kayser）

贝体中等，轮廓为横卵形（图 4-3-46；地质部南京地质矿产研究所，1982b）。腹壳强凸，顶区弯曲，前部近平；耳翼发育，并卷曲。腹顶部饰有五点状排列的粗大刺瘤及同心线，前部有粗强、钝棱形壳线，每 5.00mm 长度内约有 4 条。其上分散有细长而直立的壳刺。围脊发育。

产地及层位：丰城市仙姑岭村；晚二叠世乐平组。

 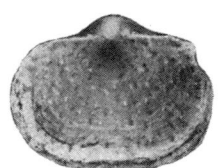 

a：腹视，×1.5　　　　b：背视，×1.5　　　　c：侧视，×1.5

图 4-3-46 *Spinomarginifera lopingensis*（Kayser）

◆ 新轮皱贝属 *Neoplicatifera* Ching, Liao et Fang, 1974

贝体小，圆柱形，主端近方；铰合线约等于壳宽。腹壳强凸均匀，喙弯曲，略越过铰合线；两壳均膝曲，后部布满同心皱，拖曳部光滑或发育有程度不等的壳线，同心皱及壳线上饰有短而直立的壳刺，耳翼与壳顶之间有一行排成弧形的壳刺；背壳上的壳刺十分细短、疏少。主突起为双叶型，闭肌痕光滑、凸起；侧脊沿铰合缘延伸并穿过耳翼基部。

分布及时代：中国；中二叠世。

▶▶▶ 新滩新轮皱贝 *Neoplicatifera sintanensis*（Chao）

贝体较小，轮廓为圆柱形，壳宽 13.00mm 左右，铰合线长略短于壳宽（图 4-3-47；地质部南京地质矿产研究所，1982b）。腹壳强凸，喙弯曲，超越铰合线。壳顶区较平缓，中部强烈膝曲，前部较平直；侧坡陡峻，体腔短厚。耳翼小，主端方；腹壳顶部壳皱较连贯匀整，有 10~13 条，拖曳部光滑或具断续壳线。壳刺于壳皱上及前部壳线上散布。

产地及层位：武宁县崖山村；中二叠世栖霞组。

a：腹视，×1　　b：后视，×1

图 4-3-47　*Neoplicatifera sintanensis*（Chao）

◆ 线纹长身贝科 Linoproductidae Stehli，1954

◆ 线纹长身贝属 *Linoproductus* Chao，1927

贝体中等至大，腹壳强烈凸隆，背壳急剧膝曲。壳壁均较薄，壳面布满细壳纹，平直或扭曲；壳皱仅限于耳翼及侧坡，背壳较显著，切断壳纹；壳刺粗疏，散布在整个壳面上，刺基可由几条线合成，并斜交于铰合缘排成 1~2 行；主突起为三叶型。

分布及时代：世界各地；晚石炭世—中二叠世。

>>> 段屋线纹长身贝 *Linoproductus duanwuensis* Hu et Ching

贝体中等，壳宽可达 35.00mm，轮廓为竖椭圆形，以中部为最宽（图 4-3-48；地质部南京地质矿产研究所，1982b）；腹壳均匀地隆起，中槽不发育，壳顶低平，几乎不突伸过铰合缘。壳面布满细圆均匀壳线，每 5.00mm 长度内约有 7 条；壳皱稀少，限于耳翼及侧缘附近，壳刺粗强，除铰合缘的一排外，只有少数几根出现在前方壳面上。

产地及层位：于都县段屋乡；中二叠世小江边组。

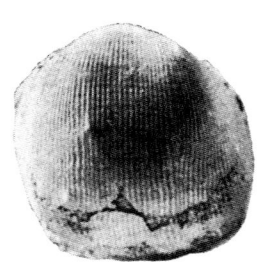 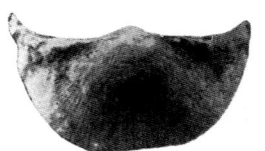

a：腹视，×1　　　　　　　　b：后视，×1

图 4-3-48　*Linoproductus duanwuensis* Hu et Ching

>>> 西门线纹长身贝 *Linoproductus simenensis*（Tschernyschew）

贝体中等，轮廓为长卵形，铰合线短于壳宽（图 4-3-49；地质部南京地质矿产研究所，1982b）。腹壳强凸，壳顶低平而小；前方为锐角状膝曲；耳翼平；中槽缺失。壳线弯曲成束，每 5.00mm 长度内有 9~10 条，耳翼上具有数条壳皱。壳刺散于壳面上。

产地及层位：铅山县新安埠乡新安埠村；中二叠世栖霞组。

a：腹视，×1　　　　　　b：侧视，×1　　　　　　c：后视，×1

图 4-3-49　*Linoproductus simenensis*（Tschernyschew）

◆ 巴拉克霍贝属 ***Balakhonia* Sarytcheva，1963**

贝体中等或大，腹壳凸隆，背壳凹曲，体腔浅均。壳壁薄；耳翼呈宽三角形。放射线细匀，并与同心线交织成"十"字形网格状；同心皱限于喙部两侧；壳刺沿铰合缘成行排列；腹壳壳刺稀少。背内主突起冠低，双叶型；中隔板粗壮，前部渐细，具有弯痕。

分布及时代：亚洲、欧洲；早石炭世

▶▶▶ 珂克德萨巴拉克霍贝 ***Balakhonia kok-dscharensis*（Gröber）**

贝体较大，为近方形，铰合线等于壳宽（图 4-3-50；地质部南京地质矿产研究所，1982b）。腹壳强凸，喙部圆凸，稍越过铰合线；壳顶两侧坡陡峻，自喙部向前强烈展开，然后向内圆曲。耳翼较大，主端方，与体腔区无明显界线。全壳饰有细密壳线，以分枝或插入式增多；同心皱不规则分布于耳翼及侧坡；壳线具少量刺痕；沿铰合缘有一行斜向排列的凹坑，耳翼为簇状壳刺。壳内主突起双叶型，中隔脊低。

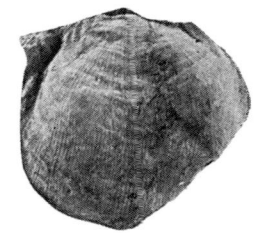

腹视，×1

图 4-3-50　*Balakhoria kok-dscharensis*（Gröber）

产地及层位：莲花县路口；早石炭世

◆ 细线贝科 **Striatiferidae Muir-Wood et Cooper，1960**
　◆ 扁平长身贝属 ***Compressoproductus* Sarytcheva，1960**

贝体中等，腹壳在纵向近乎平直，铰合线极短；壳面饰有细密的壳纹和波状的同心皱；壳刺仅发育在耳翼及邻近的边缘壳面；主突起为单叶型。

分布及时代：亚洲、欧洲及北美洲；二叠纪。

▶▶▶ 扁平扁平长身贝 ***Compressoproductus compressa*（Waagen）**

贝体中等，为长三角形，铰合线极短（图 4-3-51；地质部南京地质矿产研究所，1982b）。腹喙狭尖，直耸，最大壳宽在前缘附近。壳顶狭窄，顶角约50°；壳体低平，无中槽。壳纹呈插入式增多，每5.00mm长度内约有20条；壳皱横贯轴部，遍覆全壳，棱角形，间沟宽圆。

产地及层位：丰城市东神岭村；晚二叠世乐平组。

a：腹视，×1　　　　　　　　　　　　　　　　b：腹视，×1

图 4-3-51　*Compressoproductus compressa*（Waagen）

◆**大长身贝科 Gigantoproductidae Muir-Wood et Cooper，1960**

◆**大长身贝属 *Gigantoproductus* Prentice，1951**

贝体巨大，轮廓横长，壳壁厚；铰合线等于壳宽。腹壳顶部沿纵向强烈弯曲；背壳深凹。两壳均不膝曲；耳翼大；壳面饰有细纹及发育程度不等的纵脊；壳刺沿铰合缘排成一行，少数散布在其余壳面上；背内主突起为三叶型，腕痕内侧具有圆丘状凸起。

分布及时代：亚洲、欧洲；早石炭世晚期。

▶▶▶ **爱德堡大长身贝 *Gigantoproductus edelburgensis*（Phillips）**

贝体大，半圆形，壳横展，壳宽为80.00~100.00mm，铰合线为最大壳宽（图4-3-52；地质部南京地质矿产研究所，1982b）。腹壳强凸，喙大、弯曲，微超过铰合缘；耳翼卷成半圆柱形。壳纹较粗、脊顶圆，与间隙近于等宽，在中部每10.00mm长度内有8~12条。同心皱仅限于后部及两翼。壳面前部壳线上具有少数壳刺。

产地及层位：丰城市桥东镇；早石炭世晚期梓山组。

a：腹视，×1　　　　　　　　　　　　　　　　b：腹视，×1

图 4-3-52　*Gigantoproductus edelburgensis*（Phillips）

◆蕉叶贝超科 Lyttoniacea Waagen，1883

◆蕉叶贝科 Lyttoniidae Waagen，1883

◆蕉叶贝属 *Leptodus* Kayser，1883

贝体呈牡蛎状，以腹壳固着，轮廓多变，两侧不对称；腹壳缓凸，铰合线短而直；主茧积弯向背方，周缘壳面强烈扩张；侧隔板弯曲，向前微突，顶钝圆。背壳的中叶有狭窄的凹沟。壳面饰有波状同心线。壳质薄，不易保存，常为内膜构造。

分布及时代：世界各地；二叠纪。

>>> 直长蕉叶贝 *Leptodus elongates* Ching et Hu

贝体中等大小，轮廓为卵圆形。腹壳微凸（图 4-3-53；地质部南京地质矿产研究所，1982b）。周缘弯曲，包卷背壳。贝体窄长，中隔板平立直，侧隔板较短，每侧有 8~15 条，向前微凸，并与中隔板近于垂直。

产地及层位：上高县七宝山村；晚二叠世乐平组。

a：腹视，×1   b：腹视，×1

图 4-3-53 *Leptodus elongates* Ching et Hu

◆古勃贝属 *Gubleria* H. et G. Termier，1959

贝体轮廓为卵圆形，一般特征如 *Leptodus nobilis* Waagen，腹壳缓凸，壳面饰有同心纹；腹壳与背壳凹曲度相适应，壳面具瘤突。但在背壳内，轴部呈窄沟状或呈被横坝连接的裂隙状，两侧各具一条细的隆脊；侧叶之间完全分离。背中隔较宽，为断续凹孔穿成节状。

分布及时代：亚洲、欧洲；晚二叠世。

>>> 黄氏古勃贝 *Gubleria huangi* Wang et Ching

贝体较小，轮廓为长卵形（图 4-3-54；地质部南京地质矿产研究所，1982b）。腹壳前部和侧部轻微凸

腹视，×1

图 4-3-54 *Gubleria huangi* Wang et Ching

隆，中部缓凹，呈马鞍形；侧区壳面陡峻或近于直立，侧缘后端相交成 45°；前缘略呈半圆形。腹壳中隔板两侧各有侧隔板 14 条，其间距在 3.00mm 左右，平直或微凹，多与中隔板垂直。中隔板被凹孔穿成节状；壳面有瘤突。

产地及层位：乐平市；晚二叠世乐平组。

◆小嘴贝目 Rhynchonellida Moore，1952
◆小嘴贝超科 Rhynchonellacea Gray，1848
◆狮鼻贝科 Pugnacidae Rzhonsnitskaya，1956
◆准小钩形贝属 *Uncinunellina* Grabau，1931

贝体小，轮廓呈横宽卵圆形；两壳强凸，背凸大于腹。腹中槽、背中隆发育，均始于壳体中部，侧缘陡，前缘弯向背方成横方形前舌。壳线细密低平，向前以分枝式增加，线脊前端具纵沟；侧区壳线不发育，壳后光滑无饰。腹内齿板强烈外斜或与壳壁合并，背中隔板缺失，铰板宽平，腕棒呈竖板状，沿结合面延伸。虽其壳表形态与 Uncinulidae（科）的各属类同，但据壳内构造却应归入 Pugnaxidae（科）。

分布及时代：亚洲；二叠纪。

》》帝汶准小钩形贝 *Uncinunellina timorensis*（Beyrich）

贝体较小，轮廓横宽，呈卵圆形（图 4-3-55；地质部南京地质矿产研究所，1982b）；两壳强凸，背壳大于腹壳。腹中槽、背中隆发育，均始于壳体中部，侧缘陡，腹前缘弯向背方成横方形前舌。壳线细密低平，始于缘部附近，中槽内有 7~8 条，侧区有 9 条以上；线脊前端可见纵沟。

产地及层位：安福县小江边村；中二叠世小江边组。

a：腹视，×1　　　　b：背视，×1　　　　c：前视，×1

图 4-3-55 　*Uncinunellina timorensis*（Beyrich）

◆云南贝科 Yunnanellidae Rzhonsnitskaya，1959
◆云南贝属 *Yunnanella* Grabau，1931

贝体呈三角形，腹壳缓凸，喙尖而高耸，顶端为茎孔所截切；背壳凸度大于腹壳；中槽、中隆始于壳体前部，中槽阔浅，前方强弯形成舌状延伸。壳线圆，向前合并或单独扩粗成棱形壳褶。腹内齿板发育；背内中隔板短小，隔板槽呈开阔的 "V" 字形。

分布及时代：亚洲、欧洲；晚泥盆世。

▶▶▶ 陡缘云南贝 *Yunnanella abrupta* Grabau

贝体呈横圆形，两壳强凸（图 4-3-56；地质部南京地质矿产研究所，1982b）；壳线较粗而少；壳褶简单。腹中槽狭而深，前舌明显。背壳呈规则的圆穹形，中隆始于近中部。中槽内具紧密壳褶 2 条，均由单一壳线扩大而成；中隆上有 3 条；侧区前部有 3~5 条。

产地及层位：崇义县稍坑乡；晚泥盆世麻山组（锡矿山组）。

a：腹视，×1　　　　b：背视，×1　　　　c：侧视，×1

图 4-3-56　*Yunnanella abrupta* Grabau

◆ 无洞贝目 Atrypida Moore，1952
◆ 无洞贝超科 Atrypacea Gill，1871
◆ 无洞贝科 Atrypidae Gill，1871
◆ 无洞贝属 *Atrypa* Dalman，1828

贝体小至中等，轮廓为横椭圆形或次圆形。两壳为近等双凸型。铰合线短直，主端圆。铰合面缺失。腹中槽和背中隆限于壳中部或缺失。腹喙小而弯。前结合缘微单褶型。壳线以插入式增加。一般具显著同心层。腹内齿板短粗；背内铰窝深宽，铰板分离；腕螺指向背中部。

分布及时代：世界各地；志留纪—泥盆纪。

▶▶▶ 无洞贝（未定种）*Atrypa* sp.

贝体小，轮廓为长卵形，两壳双凸型（图 4-3-57；地质部南京地质矿产研究所，1982b）。铰合线短直，主端圆；腹壳喙小而弯曲，背壳凸度略大于腹壳；腹中槽、背中隆不显著。壳线向前以插入式增多，并具同心线。

产地及层位：高安市荷岭乡上寨村；中泥盆世棋梓桥组。

a：腹视，×1　　b：背视，×1

图 4-3-57　*Atrypa* sp.

◆ 剥鳞贝属 *Desquamatia* Alekseeva，1960

贝体外形、主基及腕骨与 *Atrypa* Dalman，1828 完全相似，两壳为近等双凸型，背壳凸度略大于腹壳；腹喙稍弯，茎孔发育，三角双板联合。壳线较细，同心线不显著。腹内齿板发育。

分布及时代：世界各地；泥盆纪—早石炭世。

>>> 哈夫剥鳞贝 *Desquamatia khavae* Alekseeva

贝体浑圆，以中部为最大壳宽（图4-3-58；地质部南京地质矿产研究所，1982b）；两壳凸度很接近，隆凸较缓或均匀；腹壳喙短，稍微弯曲；腹中槽和背中隆只见于前部，且较低缓；壳面所饰壳线十分细密，每5.00mm长度内有10条。

产地及层位：高安市荷岭乡上寨村；中泥盆世棋梓桥组。

　　a：腹视，×1　　　　　　b：背视，×1　　　　　c：侧视，×1

图4-3-58 *Desquamatia khavae* Alekseeva

◆ 石燕目 Spiriferida Allan，1940

　◆ 石燕超科 Spiriferacea King，1846

　　◆ 弓石燕科 Cyrtospiriferidae H. et C. Termier，1949

　　　◆ 弓石燕属 *Cyrtospirifer* Nalivkin，1918

贝体中等，轮廓为菱形，以铰合线为最宽；两壳为近等双凸型；腹铰合面较低，三角形、凹曲；腹中槽及背中隆纵贯全壳；侧区壳线简单，中槽和中隆的壳线较细密，不断增多；齿板长，具窗内板。

分布及时代：世界各地；晚泥盆世—早石炭世。

>>> 横展弓石燕 *Cyrtospirifer extensa* Ching et Liu

贝体中等大小，轮廓为长菱形，两翼横展（图4-3-59；地质部南京地质矿产研究所，1982b），壳长15mm，壳宽约30mm，两壳为双凸型，背壳大于腹壳；腹喙尖突，铰合面略凹；腹中槽及背中隆纵贯全壳，其上覆壳线细密，向前以分枝式增多，两侧壳线简单，较粗。

产地及层位：莲花县长坪；晚泥盆世佘田桥组。

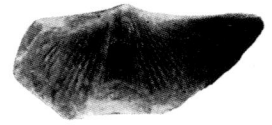  

　　a：腹视，×1　　　　　　b：背视，×1　　　　　c：侧视，×1

图4-3-59 *Cyrtospirifer extensa* Ching et Liu

刘家塘弓石燕 *Cyrtospirifer liugiatangensis* Hou

贝体大，轮廓为近横方圆形（图4-3-60；地质部南京地质矿产研究所，1982b）。壳长47.00mm，宽60.00mm左右。铰合线直，近等于壳宽。主端近方形。铰合面三角形稍倾斜。中隆自喙部始，向前加高渐宽。顶较平，与壳面两侧界线渐变。两侧壳线宽平规则，由喙部向前逐渐加宽，每侧25条左右，中隆上的以分枝式增加。尚具同心纹，在前缘较明显。

产地及层位：崇义县茶滩乡稍坑村；晚泥盆世麻山组。

背视，×1

图4-3-60 *Cyrtospirifer liugiatangensis* Hou

混生弓石燕 *Cyrtospirifer hybridus* Hou

贝体中等，轮廓为横椭圆形，铰合线略短于壳宽（图4-3-61；地质部南京地质矿产研究所，1982b）；主端钝圆。腹壳凸隆；喙小，顶内弯；铰合面高，宽三角形，与背铰合面近直交。中槽始于喙部，有前缘或不高的前舌，槽底圆平。背缓凸，中隆低平，前缘显著。壳面饰有细壳线，中槽内及中隆上中部分枝式增多；前半部具轻微同心层。

产地及层位：崇义县茶滩乡稍坑村；晚泥盆世麻山组。

a：腹视，×1　　b：背视，×1　　c：侧视，×1　　d：前视，×1

图4-3-61 *Cyrtospirifer hybridus* Hou

北京弓石燕 *Cyrtospirifer pekinensis* (Grabau)

贝体中等，壳宽30.00mm，壳长15.00mm（图4-3-62；地质部南京地质矿产研究所，1982b）；轮廓横长，铰合线为最大宽度，两壳为近等双凸型；主端方，侧缘圆；腹喙尖而直，铰合面略高稍凹曲；中槽棱形、较深，前缘呈三角形，向背方强突。槽内主线简单，很少分叉；侧部有2~4对壳线；侧区壳线阔圆、间隙窄，各有16条。前缘同心纹较显著。

产地及层位：莲花县下坊乡下坊村；晚泥盆世麻山组。

a：腹视，×1　　　　b：背视，×1　　　　c：后视，×1

图4-3-62 *Cyrtospirifer pekinensis* (Grabau)

▶▶▶ 亚阿卡斯弓石燕 *Cyrtospirifer subarchiaci*（Martelli）

贝体近中等，轮廓近方形，主端方圆，贝体肥厚（图4-3-63；地质部南京地质矿产研究所，1982b）。两壳为双凸型；腹喙微弯，铰合面近于下倾型，高为壳长的1/3左右。中槽深圆，槽内壳线细密，于前缘附近可达20条；侧区各有20条。

产地及层位：崇义县茶滩乡稍坑村；晚泥盆世麻山组。

 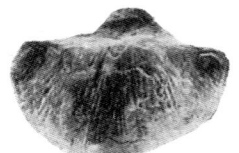  

a：腹视，×1　　b：背视，×1　　c：侧视，×1　　d：后视，×1

图4-3-63　*Cyrtospirifer subarchiaci*（Martelli）

▶▶▶ 弯槽弓石燕 *Cyrtospirifer sulcifer* Hall et Clarke

贝体较大，壳宽可达65.00mm（图4-3-64；地质部南京地质矿产研究所，1982b）；轮廓为半圆形，主端较尖突。两壳缓凸；铰合面稍低，直倾型；中槽圆浅，中隆显著，壳线情况不详，侧区壳线各有20条左右。同心线在前半部显著。腹内齿板较长，延伸过贝体中部。

产地及层位：遂川县珠田乡坑口村；晚泥盆世麻山组或洋湖组。

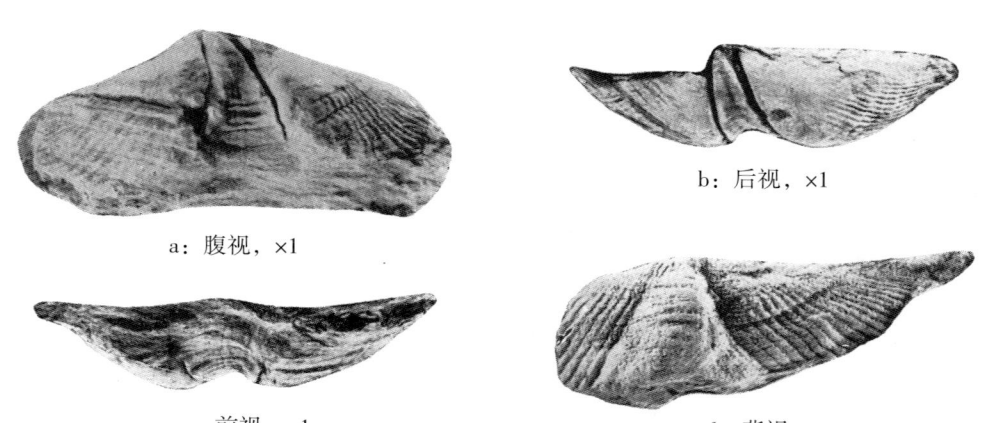

a：腹视，×1　　b：后视，×1

c：前视，×1　　d：背视，×1

图4-3-64　*Cyrtospirifer sulcifer* Hall et Clarke

◆ 湖南石燕属 *Hunanospirifer* Tien，1938

贝体中等或稍大，三角形或菱形；铰合线等于壳宽或略短。两壳高凸，腹壳凸度较强，铰合面高，三角孔洞开；壳线粗圆，侧区壳线简单，中槽及中隆壳线较细，中央壳线分叉1~2次，齿板长，铰板始部连接在一起、拱凸。

分布及时代：亚洲；晚泥盆世。

▶▶▶ 王氏湖南石燕 *Hunanospirifer wangi* Tien

壳宽近于 40.00mm，近方圆形，以中部最宽，主端近方（图 4-3-65；地质部南京地质矿产研究所，1982b）。双凸型，最凸处在中后部；中槽圆，较深。背壳顶部隆起较显著，前部平缓。中隆低圆。侧区壳线低，各约 20 条；中槽内壳线分叉，前缘有 14 条左右；中隆壳线前部变得十分宽平。

产地及层位：信丰县西牛乡鹅公头村；晚泥盆世三门滩组。

a: 背视，×1

b: 腹视，×1

图 4-3-65 *Hunanospirifer wangi* Tien

◆ 帐幕石燕属 *Tenticospirifer* Tien，1938

贝体中等或略大，腹壳高凸呈半锥形，背壳缓凸或近平；腹铰合面高，近等边三角形；中槽及中隆显著，自喙部向前缘急剧扩大；中槽壳线组合形式似弓石燕属，但中央壳线往往不发育；腹三角孔内有窗内板；齿板薄而长；背壳内具短中隔板。

分布及时代：世界各地；晚泥盆世—早石炭世初期。

▶▶▶ 帐幕帐幕石燕 *Tenticospirifer tenticulum*（Verneuil）

贝体中等，铰合线等于壳宽。腹壳高凸，轮廓为三角形，主端略尖（图 4-3-66；地质部南京地质矿产研究所，1982b）；铰合面高，近等边三角形；中槽显著，前缘呈短舌状向背方弯曲。槽内壳线分叉，侧区各有 20 条左右。

产地及层位：信丰县西牛乡鹅公头村；晚泥盆世三门滩组。

a: 腹视，×1

b: 后视，×1

c: 侧视，×1

图 4-3-66 *Tenticospirifer tenticulum*（Verneuil）

◆ 穹石燕属 *Cyrtiopsis* Grabau，1925

贝体中等，近五角形；铰合线短于壳宽；两壳高凸；中槽、中隆发育。腹铰合面高而弯曲；三角孔覆次假窗板，顶端有茎孔。中槽壳线较侧区弱，两条主线较粗，将中槽分为 3 部分；壳线多分叉。腹内具齿板，近平行，围绕肌痕面。

分布及时代：世界各地；晚泥盆世。

》》》中间弯石燕 Cyrtiopsis intermedia Grabau

贝体小而厚，轮廓近五角形，壳长 20.00mm，壳宽 18.00mm 左右（图 4-3-67；地质部南京地质矿产研究所，1982b）；铰合线略短于壳宽。最大壳宽位于中部。腹壳凸度稍高于背部；喙部直伸，微弯曲；铰合面缓凹，斜倾型；主端钝角；三角孔覆以假窗板；中槽显著，底棱角形，前缘呈棱角状切入背方。槽内壳线分叉，侧区简单，较粗、宽平，各有 15~18 条。

产地及层位：莲花县下坊乡；晚泥盆世麻山组。

a：腹视，×1　　b：背视，×1　　c：前视，×1　　d：侧视，×1

图 4-3-67　*Cyrtiopsis intermedia* Grabau

◆石燕科 Spiriferidae King，1846
◆始分喙石燕属 Eochoristites Chu，1933

贝体中等，轮廓略圆，铰合线往往短于壳宽；腹铰合面凹曲；壳线低圆，侧区壳线简单，中槽及中隆壳线简单或 2 次分叉；齿板粗强。

分布及时代：中国；早石炭世。

》》》雷彭台始分喙石燕 Eochoristites neipentaiensis Chu

贝体中等，壳宽约 28.0mm（图 4-3-68；地质部南京地质矿产研究所，1982b）；近半圆形，以铰合线最宽。腹壳顶部高凸，由此向前方及侧方倾斜，坡角在 45°~60°。中槽窄，底部浅圆，边界壳线特别粗强。壳线低圆、简单，间隙窄浅，侧区壳线各有 17 条。中槽内有中央壳线 1 条，另外，依次在喙部及中部边界壳线分出 2 对壳线。腹壳内具粗强的齿板。

产地及层位：永新县日光乡江家村；早石炭世杨家源组。

腹视，×1

图 4-3-68　*Eochoristites neipentaiensis* Chu

◆石燕属 Spirifer Sowerby，1818

贝体较大，轮廓为半圆形，最大壳宽位于铰合线或稍前方。腹喙尖而弯；铰合面凹曲，呈窄三角形。壳线多而细，在侧区多作分叉，但不成簇；中槽内除中央及边界壳线外，还有由边界线分叉壳线。壳面饰有很细的壳纹。腹内齿板短、平行；背内主突起低，腕棒支板颇高。

分布及时代：世界各地；早石炭世。

⟫⟫⟫ 石燕属（未定种）*Spirifer* sp.

贝体中等或稍大，壳宽 35.00~45.00mm，壳长 20.00~30.00mm（图 4-3-69；地质部南京地质矿产研究所，1982b）；轮廓为横半圆形，铰合线为最大壳宽，腹喙弯；中槽始于喙部，向前变宽；背中隆不高。侧区壳线多为 2 次分叉，中槽内有一中央壳线，中隆上壳线保存模糊而不清楚。

产地及层位：莲花县路口乡路口村；早石炭世杨家源组。

a：背视，×1　　　　　　　　　　　b：腹视，×1

图 4-3-69　*Spirifer* sp.

◆ 窗孔贝超科 Delthyriacea Ivanova，1960
　◆ 马丁贝科 Martiniidae Waagen，1883
　　◆ 马丁贝属 *Martinia* McCoy，1884

贝体小到中等，轮廓呈较浑圆形，铰合线短于壳宽，主端钝圆。中槽及中隆显著，前缘单褶型；壳面仅饰有同心线及凹痕，无褶饰；腹内无齿板、中隔板；背内无腕支板及中隔板。

分布及时代：世界各地；石炭纪—二叠纪。

⟫⟫⟫ 似鱼鳞贝形马丁贝 *Martinia squamularioides* Huang

贝体中等，壳宽 24.00mm，壳长 25.00mm（图 4-3-70；地质部南京地质矿产研究所，1982b）；轮廓为长卵形，最大壳宽位于中部。铰合线长为壳宽的 1/2，主端钝圆。铰合面被腹喙所掩覆。中

a：腹视，×1　　　　　　　　　　　b：侧视，×1

图 4-3-70　*Martinia squamularioides* Huang

槽浅平，仅发育在前部。背壳中隆不发育，壳面仅饰有密集的同心纹；当表层剥落后，同心纹与放射纹组成网格状装饰。

产地及层位：丰城市坞社里村；晚二叠世乐平组。

◆ 小马丁贝属 *Martiniella* (Grabau et Tien, 1931) Chu, 1933

贝体中等，轮廓为略圆形。铰合线短于壳宽，主端钝圆。两壳为双凸型，背壳凸度低于腹壳。腹喙弯曲，铰合面较发育，三角孔洞开。背喙稍突，铰合面极窄。腹中槽向前缘呈舌状卷曲；背中隆不发育。壳面仅饰有同心纹。腹内具齿板及中隔脊；背内具中隔脊及铰窝支板。

分布及时代：中国南方；早石炭世。

▶▶▶ 青龙小马丁贝 *Martiniella chinglungensis* Chu

贝体中等，壳长约30.00mm，壳宽22.00mm（图4-3-71；地质部南京地质矿产研究所，1982b）；轮廓浑圆；最大壳宽在主端稍前方，主端阔圆。腹喙弯曲，肩角圆，隐于壳顶内侧。壳面沿纵向弯曲，自后方向前渐缓，沿横向弯曲较强，两侧较陡。中槽显著，窄而清晰，始于喙部，向前加深增宽。壳面饰有细壳纹。腹内齿板薄，向前延伸至壳后部1/3处，相距近而平行。

腹视，×1
图4-3-71 *Martiniella chinglungensis* Chu

产地及层位：永新县日光乡江家村；早石炭世杨家源组。

◆ 网格贝超科 Reticulariacea Waagen, 1883
◆ 爱莉莎贝科 Elythidae Fredericks, 1919
◆ 鱼鳞贝属 *Squamularia* Gemmellaro, 1899

轮廓为横椭圆形，铰合线短于壳宽，主端圆；两壳为不等双凸型；两壳喙尖小，相向弯曲。腹凸强于背，最大壳厚位于后部；中槽和中隆缺失或微弱发育。壳面饰有鳞片状同心层；层缘排列着密疏齿状刺痕，细刺简单。腹壳内无齿板及中隔板；背壳内无铰窝支板及中隔板。

分布及时代：世界各地；石炭纪—二叠纪。

▶▶▶ 卡罗鱼鳞贝 *Squamularia calori* Gemmellaro

壳长约38.00mm，近圆形（图4-3-72；地质部南京地质矿产研究所，1982b）；不等双凸型，腹壳凸度为背壳的2~3倍。腹壳纵向弯曲呈半圆形；无中槽；喙部近垂直，强烈突伸；铰合面高凹，下部略后倾，上部近平直。背壳近圆形，缓凸，以中后部凸隆较显著；壳面布满密集的同心纹和细密的纤纹。

产地及层位：于都县梓山乡龙子坑村；中二叠世小江边组。

a：腹视，×1　　　　　　　b：背视，×1　　　　　c：侧视，×1

图 4-3-72　*Squamularia calori* Gemmellaro

》》》 巨大鱼鳞贝 *Squamularia grandis* Chao

贝体大，轮廓为椭圆形，铰合线约为壳宽的 1/2，主端圆（图 4-3-73；地质部南京地质矿产研究所，1982b）。腹壳沿纵向弯曲强而规则，横向高拱；喙尖、微弯，向前增大；两肩平直而不凹曲；铰合面高，三角孔大；中槽始于壳顶前方，初为低平，向前加宽。壳层低平，层缘上具一行珠状壳刺。

产地及层位：丰城市尚庄乡东神岭村；晚二叠世乐平组。

a：腹视，×1　　　　　　　　　　b：背视，×1

c：侧视，×1

图 4-3-73　*Squamularia grandis* Chao

◆ 双腔贝科 Ambocoeliidae George，1931

◆ 爱曼妞贝属 *Emanuella* Grabau，1925

贝体小，轮廓近圆形，壳宽大于壳长；铰合线短于壳宽；主端圆。两壳为双凸型，均具铰合面。腹喙略弯曲；三角孔时有部分覆以假窗板；壳面前部中央常有不明显的凹陷。壳饰仅具微弱的同心纹及壳纹。腹内无齿板，背内铰窝支板延伸颇长。

分布及时代：亚洲及北美洲；中泥盆世—晚泥盆世。

>>> 爱曼妞贝属（未定种）*Emanuella* sp.

贝体小，轮廓近椭圆形，腹壳强烈规则凸隆，凸隆最高处位于中部（图4-3-74；地质部南京地质矿产研究所，1982b）；背壳缓凸，主端圆，两壳都具铰合面；腹喙弯曲，三角孔洞开，壳面光滑无饰。

产地及层位：高安市荷岭乡上寨村；中泥盆世棋梓桥组。

 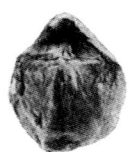 

a：腹视，×1　　　　　b：背视，×1　　　　　c：侧视，×1

图 4-3-74 *Emanuella* sp.

◆ 准石燕超科 Spiriferinacea Davidson，1844

◆ 准石燕科 Spiriferinidae Davidson，1844

◆ 疹石燕属 *Punctospirifer* North，1920

贝体小至中等，轮廓为半圆形，两壳为不等双凸型；中槽及中隆发育良好，向前增宽。腹壳铰合面高，三角形，微曲。喙明显；壳褶粗强，简单；微饰具有叠瓦状壳层，壳刺极细。腹内有强展的齿板及高强中隔板；背内中隔脊低，主突起突伸于低矮、戟状的背三角孔内。

分布及时代：世界各地；石炭纪—二叠纪。

>>> 阿尔发疹石燕 *Punctospirifer alpheus* (Huang)

贝体小，轮廓呈次菱形（图4-3-75；地质部南京地质矿产研究所，1982b）；腹壳缓凸，喙部显著尖锐、略弯；铰合面大、弯曲、倾斜；中槽明显，槽底呈棱角形；两侧各具壳褶4条，间隙深；背壳凸度低于腹壳；喙低，铰合面低线状。中隆发育，侧区壳褶也各具4条，壳面饰有细密的同心层。

产地及层位：丰城市东神岭村；晚二叠世乐平组。

a：腹视，×1　　　　b：背视，×1　　　　c：侧视，×1　　　　d：前视，×1

图 4-3-75　*Punctospirifer alpheus*（Huang）

◆ 微石燕属 *Spiriferellina* Fredericks，1913

贝体小至中等，略为横宽，主端窄圆；中槽及中隆深强、狭窄，侧区各有 3~6 条棱角形壳褶；微壳饰为鳞片状壳层及细密的瘤突；齿板与中隔板被次生壳质连结成匙形台状。

分布及时代：亚洲、欧洲及北美洲；二叠纪。

微石燕属（未定种）*Spiriferellina* sp.

贝体中等，壳宽 30.00mm，壳长 20.00mm，轮廓为半圆形，最大壳宽位于铰合线上（图 4-3-76；地质部南京地质矿产研究所，1982b）。腹凸于背，中槽深强；中隆显著，顶部稍平。侧区壳面各有 4 条棱形壳褶；全壳饰有密集而耸突的短刺瘤，尚具有同心纹。腹内中隔板强；背内中隔脊较强大。

产地及层位：高安市建山乡建山村；晚二叠世乐平组。

a：腹视，×1　　　　　　　　　　　b：背视，×1

图 4-3-76　*Spiriferellina* sp.

◆ 无窗贝超科 Athyridacea Mc'Coy，1844
◆ 无窗贝科 Athyrididae Mc'Coy，1844
◆ 隐石燕属 *Cryptospirifer*（Grabau，1931）Huang，1933

贝体巨大，壳壁厚；轮廓近圆形，偶尔铰合线延展较长。腹壳铰合面直倾型，为背铰合面所隐掩，不显；腹喙弯曲，覆于弯曲的背喙之上，中槽及中隆浅、凸或缺失。壳线有时宽平、模糊或消失，以致壳面光滑，仅具同心纹。背内铰板巨大而复杂，具发达的背孔。

分布及时代：中国；中二叠世。

隐石燕属（未定种）*Cryptospirifer* sp.

贝体巨大，壳宽 120.00mm，壳长 85.00mm 以上，壳厚 67.00mm 左右（图 4-3-77；地质部南京地质矿产研究所，1982b）。轮廓呈近圆形。两壳为近等双凸型，腹铰合线直，稍短于壳宽。中槽和中隆缺失；腹铰合面低，弯曲；紧覆于背喙之上，壳面光滑无饰。

产地及层位：修水县四都乡清水岩村；中二叠世茅口组。

a：腹视，×1/2

b：后视，×1/2

图 4-3-77 *Cryptospirifer* sp.

◆ **携螺贝属 Spirigeralla Waagen，1883**

贝体中等或略大，轮廓呈长圆形或次圆形；两壳为不等双凸型；腹壳缓隆，中槽宽，喙部强烈弯曲，掩没茎孔；壳面饰有同心层，层缘不扩展，也无细刺；腹壳内有较多的次生壳质，往往掩埋齿板；铰板大，向后弯伸，具背孔。

分布及时代：世界各地；二叠纪。

》》 **大型携螺贝 Spirigerella grandis Waagen**

贝体中等，轮廓呈竖椭圆形，以中部为最宽（图 4-3-78；地质部南京地质矿产研究所，1982b）；近等双凸型；腹壳凸隆均匀而强烈，最高点在后部的 1/3 处，腹喙强烈弯曲，紧覆于背喙之上；腹中槽及背中隆缺失；壳面饰有同心线，前缘及侧缘尤为显著，稍加密、增粗。尚具有细弱放射纹。

产地及层位：德安县付山乡付山村；中二叠世栖霞组。

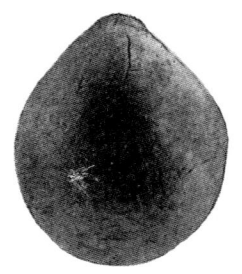
a：腹视，×1

b：背视，×1

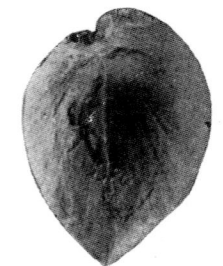
c：侧视，×1

图 4-3-78 *Spirigerella grandis* Waagen

第四节 软体动物门 Mollusca

◆ 双壳纲 Bivalvia
　◆ 古栉齿目 Paraeotaxodonta Korobkov，1954
　　◆ 栗蛤超科 Nuculacea Gray，1824
　　　◆ 栗蛤科 Nuculidae Gray，1824
　　　　◆ 拟栗蛤属 *Nuculopsis* Girty，1911

壳较小，三角形，相当膨凸。壳顶靠后，壳嘴强烈后转。小月面狭，或有弱的心月面脊。壳面光滑或有细同心线。内韧带，三角形弹体窝位于前后两列栉齿的交点之下。内腹边光滑。前后闭肌痕近于相等。无外套湾。

分布及时代：世界各地；石炭纪—二叠纪。

▶▶▶ 扬子拟栗蛤 *Nuculopsis yangtzeensis*（Frech）

壳中等大小，横椭圆形，前后两端很圆（图 4-4-1；地质部南京地质矿产研究所，1982b）。壳顶宽而低圆，位于后部壳长的 1/5 处。前后背边在壳顶下以钝角相交。壳面光滑。

产地及层位：铅山县湖坊乡下港村；晚二叠世乐平组。

a：左内模，×1.5　　b：右内模，×2

图 4-4-1　*Nuculopsis yangtzeensis*（Frech）

◆ 梳齿蛤科 Ctenodontidae Wöbrmann，1893
　◆ 古尼罗蛤属 *Palaeoneilo* Hall et Whitfield，1869

栗蛤形，前后部伸长，略呈楔形。后壳顶坡有些下陷。栉齿型铰齿呈连续排列。外韧带位于狭槽中。两闭肌痕近等，位于铰边外端之下。

分布及时代：世界各地；奥陶纪—中生代。

▶▶▶ 坟头古尼罗蛤 *Palaeoneilo fentouensis* Liu

壳中等或稍大，适度穹突，椭圆形（图 4-4-2；地质部南京地质矿产研究所，1982a）；前端宽

a：左壳亚内模，×1　　b：左壳，×1

图 4-4-2　*Palaeoneilo fentouensis* Liu

圆，后端略狭。腹边浑圆；背边穹曲。壳顶尖，略超出背边。壳面具同心线。

产地及层位：武宁县澧溪镇；中志留世坟头组（原夏家桥组）。

▶▶▶ 贵州古尼罗蚌 *Palaeoneilo guizhouensis* Chen et Lan

壳为横卵形，较膨凸，最凸处位于壳面中部（图4-4-3；地质部南京地质矿产研究所，1982b）。前部长，后部短；前边狭圆状，后边宽弧形。腹边宽圆弧形。壳顶略凸，突出于铰边之上，位于距前端约2/5壳长处，壳嘴内曲。壳面具细密同心线。

产地及层位：丰城市梅仙岭村；晚二叠世乐平组。

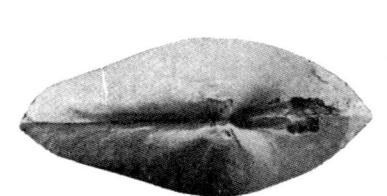

a：顶视，×3　　　　　　　　b：右侧视，×3

图4-4-3　*Palaeoneilo guizhouensis* Chen et Lan

◆ 似栗蚌科 Nuculanidae Adams et Adams，1858
◆ 短嘴蚌属 *Phestia* Chernyshev，1951

壳小而长，后部伸长为船嘴状。后腹边可内凹。壳嘴后转。无小月面。后壳顶脊棱状。盾纹面较扁。壳面同心脊多而锐。前后两列栉齿为弹体窝所隔，齿数比约1:1.5；后列栉齿耸过斜的弹体窝后边。壳内面有一凸脊，自壳顶腔伸向后边，近外套线或更上处增宽并消失。在此凸脊前或其前坡的壳顶区部分内，有一较大的椭圆形顶肌痕。前闭肌痕小而圆，后闭肌痕较大而长。无外套湾。

分布及时代：亚洲、欧洲、北美洲及大洋洲；石炭纪—二叠纪。

▶▶▶ 湖南短嘴蚌 *Phestia hunanensis* (Ku et Chen)

壳略小，横向延长，膨凸（图4-4-4；地质部南京地质矿产研究所，1982b）。前端收缩较强，后端尖鼻状延伸。前腹边凸弧形，后腹边微内曲。壳顶宽凸钝圆，位置位于中央。

产地及层位：铅山县湖坊乡下港村；晚二叠世乐平组（原雾林山组）。

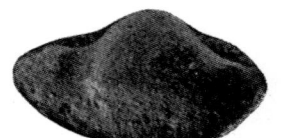

a：左内模，×5　　　　　　　　b：右内模，×5

图4-4-4　*Phestia hunanensis* (Ku et Chen)

◆ 古异齿目 Palaeoheterodonta Newell,1965
◆ 瓢形蛤超科 Modiomorphacea Miller,1877
◆ 瓢形蛤科 Modiomorphidae Miller,1877
◆ 拟瓢蛤属 *Modiolopsis* Hall,1847

壳小至中等，呈横卵形，等壳，不等侧。中等膨凸。后部壳高最大。背边微凸，腹边微凹。壳顶小而低，位置靠近前端。后壳顶脊低圆，有时不明显。壳体中部无明显的中央凹陷。壳面通常饰有细同心线。无铰齿。前闭肌痕小而深；后闭肌痕大，不清晰。

附注：典型的拟瓢蛤大多见于奥陶系。以往归入本属的各种志留系的化石标本，是否确定为拟瓢蛤，尚待研究。现暂置问号，以资存疑。

分布及时代：世界各地；奥陶纪、志留纪（?）。

▶▶▶ 面店拟瓢蛤（?）*Modiolopsis*（?）*mientienensis* Grabau,1926

壳形延长，壳长为壳高的 2 倍（图 4-4-5；中国科学院南京地质古生物研究所《中国的瓣鳃类化石》编写小组，1976）。前端狭圆；后端宽圆。铰边直，稍长于壳长的 1/2，腹边直。壳体中等膨凸，最大凸度位于壳顶区。壳面中央凹陷不发育。壳顶略突出，距前端的距离为壳长的 1/4。壳面有同心线。

产地及层位：修水县、武宁县；中志留世坟头组。

右内视，×1

图 4-4-5 *Modiolopsis*（?）*mientienensis* Grabau,1926

◆ 瓢形蛤属 *Modiomorpha* Hall et Whitfield,1869

壳中等，壳面的中央凹陷和腹边中部的内弯明显。壳面光滑或具同心线。左壳有楔形齿一个，右壳仅有相应的齿窝。无片状齿。

分布及时代：亚洲、欧洲、美洲等；早志留世—早二叠世。

▶▶▶ 隐瓢形蛤 *Modiomorpha crypta*（Grabau），1926

壳中等大小，最大壳高位于壳长的后部约 1/3 处，其与壳长之比为 2:3（图 4-4-6；中国科学院南京地质古生物研究所《中国的瓣鳃类化石》编写小组，1976）。后边上部稍直，后背角约 140°。

 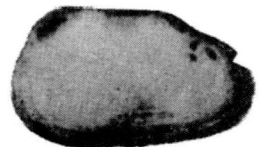 

a：背视，×1　　　　　　b：右视，×1　　　　　　c：左视，×1

图 4-4-6 *Modiomorpha crypta*（Grabau），1926

壳体中等膨凸，壳面中央略凹陷，腹边中部略向内弯曲。后壳顶脊微弱。壳顶距前端的距离为壳长的1/4。壳面有同心线。

产地及层位：武宁县、修水县；早志留世清水组、中志留世坟头组（原夏家桥组）。

◆ 三角蛤超科 Trigoniacea Lamarck，1819
　　◆ 褶翅蛤科 Myophoriidae Bronn，1849
　　　　◆ 裂齿蛤属 *Schizodus* de Verneuil et Murchison，1844

壳小至中等，呈圆三角形至近四边形，中等膨凸至较扁。壳顶突出铰边之上，壳嘴后转。外脊不强。壳面光滑或具同心线。右壳齿一个，强而明显；大多退化。左壳中央齿2个，粗壮，末端稍显分裂；弱而狭长；退化或近于退化。无撑铰器。闭肌痕小，近圆形，无外套湾。

分布及时代：世界各地；石炭纪—二叠纪。

>>> 乐平裂齿蛤 *Schizodus lopingensis* Kayser

壳小，近四方形，前边稍倾斜，微弯曲，腹边平凸，后边较陡直（图4-4-7；地质部南京地质矿产研究所，1982b）。壳顶尖圆，位置位于壳长前方约1/3处，略突出铰边。外脊发育，向上弯曲。水管区较大，面积近壳面的一半。壳面光滑。

左侧视，×1

图4-4-7　*Schizodus lopingensis* Kayser

产地及层位：乐平市鸣山村；晚二叠世乐平组。

>>> 江西裂齿蛤 *Schizodus jiangxiensis* Li et Ding

壳大，圆三角形，长稍大于高。略膨凸（图4-4-8；地质部南京地质矿产研究所，1982b）。壳嘴内曲，壳顶高突，尖圆，位置靠近中央。前、后两侧近乎相等，前、后端圆，腹边圆弧形。外脊明显，后背角钝。壳面较光滑，近腹边有少数同心圈。

右侧视，×1

图4-4-8　*Schizodus jiangxiensis* Li et Ding

产地及层位：高安市建山乡建山村；晚二叠世乐平组。

◆ 褶翅蛤属 *Myophoria* Bronn，1834

轮廓为三角形，壳嘴适度前转，外脊显著或弱，自壳顶伸至后腹角；有或无小月面，内脊减弱或消失。主区光滑或有放射饰及同心饰。每壳二齿，前闭肌痕之后和后闭肌痕之前均有撑铰器。

分布及时代：世界各地；三叠纪—二叠纪。

褶翅蛤（新裂齿蛤）*Myophoria*（*Neoschizodus*）Giebel，1855

壳面光滑，具有明显的外脊和角状后腹角。左壳中央齿三角形或两分叉，并具齿侧细沟棱，后齿狭；右壳前齿强，三角形，后齿延长。撑铰器十分发育。

分布及时代：世界各地；三叠纪、二叠纪。

光滑褶翅蛤（新裂齿蛤）*Myophoria*（*Neoschizodus*）*laevigata*（Ziethen）

三角形，前边短圆，后边与腹边相交成锐角状，壳顶小，突出铰边，位置靠近中央而稍靠前端（图4-4-9；地质部南京地质矿产研究所，1982c）。壳顶角90°，水管区凹曲，呈半月形，外脊明显。

产地及层位：高安市杨家村；早三叠世青龙组。

右侧视，×3

图4-4-9 *Myophoria*（*Neoschizodus*）*laevigata*（Ziethen）

褶翅蛤（脊褶蛤）*Myophoria*（*Costatoria*）Waagen，1907

三角卵形，外脊明显，小月面清晰而小。等壳，高度小于或等于长度。壳面主区饰有强的放射脊，水管区光滑或有弱的射脊。右壳强，近等，左壳中央齿强。齿侧有细齿纹，撑铰器出现。前肌痕大，近卵形，后肌痕小而近圆形。

分布及时代：世界各地；三叠纪、二叠纪。

安源褶翅蛤（脊褶蛤）*Myophoria*（*Costatoria*）*anyuanica* Li

壳小，呈横卵形，前部短，圆凸而陡峭（图4-4-10；地质部南京地质矿产研究所，1982c）。后部伸长，在后部壳长1/4处斜切向下，构成角状后端。壳体膨凸，最大凸度在壳顶区域和壳体中部，至腹边渐平缓。壳顶大而圆，位置十分靠前。外脊强而明显，水管区为长三角形，其上未见放射线。主区有3根强而粗的放射棱脊，脊间沟宽，此射脊位置接近壳体后部。细而弱的同心线布满整个壳面。

产地及层位：萍乡市安源镇大田村；晚三叠世安源组。

右侧视，×3

图4-4-10 *Myophoria*（*Costatoria*）*anyuanica* Li

◆ **珠蚌超科 Unionacea Fleming，1828**
　◆ **厚心蛤科 Pachycardiidae Cox，1961**
　　◆ **蚌形蛤属 *Unionites* Wissmann，1841**

壳体中等，为卵形或梯形，中等膨凸。小月面和盾纹面出现或缺失。每壳一假主齿，通常弱，不定形。前部片状齿常缺失；两壳后部片状齿弱而长，几乎伸至壳嘴，在左壳为片状凸出，在后背角可能有一较短和更远离的片状齿。有的种前闭肌痕的后边有弱的撑铰器。壳面较光滑。

分布及时代：亚洲、北美洲、欧洲及大洋洲；三叠纪。

▶▶▶ 法萨蚌形蛤 *Unionites fassaensis*（Wissmann）

壳椭圆形至横长形，壳顶圆凸于壳顶中央，前边圆、后边斜切，腹边圆弧形，壳面光滑或有同心线（图 4-4-11；地质部南京地质矿产研究所，1982c）。

产地及层位：上饶市田墩；早三叠世青龙组。

左侧视，×1

图 4-4-11 *Unionites fassaensis*（Wissmann）

▶▶▶ 平行蚌形蛤 *Unionites albertii*（Assmann）

壳为横长形，两侧显著不同，前边圆，后末端斜切，后背边直，背腹边近乎平行（图 4-4-12；地质部南京地质矿产研究所，1982c）。壳顶低宽，位置靠前。壳顶后显示一矛形长凹陷，后顶脊下伸至后腹角。壳面光滑。

产地及层位：万载县双桥乡大桥东村；中三叠世杨家组。

a：右侧视，×1.5　　　　　　　　　　　　b：左侧视，×2

图 4-4-12 *Unionites albertii*（Assmann）

◆ 江西蛤属 *Jiangxiella* Liu，1976

壳中等至较大，短椭圆形至长四边形。等壳，不等侧。壳顶低，壳面仅同心纹饰。无小月面和盾纹面。左壳壳顶下有一三角形假主齿，齿上有许多放射状沟纹，其后另有一狭的假主齿；两枚长的后片状齿与假主齿未完全分离，向后延伸至后背端并向下弯曲；前片状齿为一三角形假主齿前下端向前延伸所形成。右壳壳顶下为一三角形假主齿齿窝，其前后各有一狭的假主齿，前后片状齿各二，与假主齿未完全分离。片状齿上有横沟棱。前闭肌痕小而强，近卵形，并有横沟纹，其上方有小的足肌痕，无外套湾。

分布及时代：中国南部；晚三叠世。

▶▶▶ 椭圆江西蛤 *Jiangxiella elliptica* Liu

壳中等大小，横长，近椭圆形。前端略凸出，后端钝圆（图 4-4-13；地质部南京地质矿产研究所，1982c）。壳顶低而稍宽，与前端的距离约为壳长的 1/3，其前面的凹陷宽而明显。壳面有同心线及弱的同心脊。

产地及层位：萍乡市安源镇大田村；晚三叠世安源组。

左侧视，×1

图 4-4-13 *Jiangxiella elliptica* Liu

>>> 平坦江西蛤 *Jiangxiella plana* Liu

壳中等大小，扁平，近卵形（图4-4-14；地质部南京地质矿产研究所，1982c）。短的背边与后背边呈明显的钝角相交，腹边弧形凸出强，后壳顶脊之后背区狭小，略呈三角形，壳面同心纹密。

产地及层位：萍乡市安源镇大田村；晚三叠世安源组。

a：右侧视，×1.5　　　　　　　　　b：左侧视，×1

图4-4-14 *Jiangxiella plana* Liu

>>> 近卵形江西蛤 *Jiangxiella subovata* Liu

壳中等或略小，卵圆形，膨凸较强（图4-4-15；地质部南京地质矿产研究所，1982c）。前端略收缩，后端钝圆。壳顶低小，位于前部的1/3壳长处，其前略下凹；后壳顶脊宽圆，但与壳体区分不明显。壳面仅有细的同心线。

产地及层位：萍乡市安源镇大田村；晚三叠世安源组。

  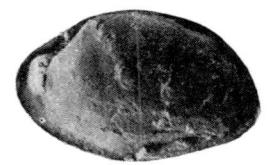

a：铰部，×4　　　　　b：左内模，×3　　　　　c：左内模，×3

图4-4-15 *Jiangxiella subovata* Liu

>>> 大田江西蛤 *Jiangxiella datianensis* Liu

壳横长，约等于或大于壳高，中等膨凸（图4-4-16；地质部南京地质矿产研究所，1982c）。前

 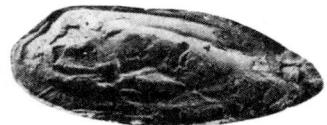 

　　　　　　　　　　　　b：左内模，×2

a：群体，×1　　　　　　　　　　　c：右内模，×2

图4-4-16 *Jiangxiella datianensis* Liu

端钝圆，腹边长，微曲；后背边略斜切，后背角宽，钝角状。壳顶位于壳长的1/3处。壳面有不规则的同心脊及同心线。

产地及层位：萍乡市安源镇大田村；晚三叠世安源组。

◆广东蛤属 *Guangdongella* Li et Li，1977

壳小，近三角形，膨凸强，壳顶宽，前转内曲，后腹角60°，后壳顶脊强，壳面具规则的同心褶，于后壳顶脊附近消失；后脊面陡而窄、平，其上仅具细生长线。右壳顶下有一枚大的三角形假主齿，前后尚具两枚顶端相连的假主齿；左壳顶下为三角形主齿窝。前后假主齿各一，后片状齿一枚，所有齿上具有规则沟纹，外韧带后韧式，前闭肌痕深，后闭肌痕浅，外套线简单。

分布及时代：中国南部；晚三叠世。

》》》精致广东蛤 *Guangdongella exquisite* Li et Li

壳小，近三角形，膨凸强（图4-4-17；地质部南京地质矿产研究所，1982c）。壳顶明显，前转内曲，小月面小而窄，后壳顶脊显著。壳面具规则的同心褶，于壳顶脊附近消失。

产地及层位：萍乡市安源镇大田村；晚三叠世安源组。

左内模，×3

图4-4-17 *Guangdongella exquisite* Li et Li

◆醴陵蛤属 *Lilingella* Liu，1968

等壳，前部圆，后部斜切；壳顶位于壳长1/5处的前方，并略凸出向前。后壳顶脊尖锐并自壳顶下伸至后腹角，构成十分尖的后端。后背面狭长，与后壳顶脊以钝角相交。壳面同心线不规则，但明显，它们往往在后壳顶脊前消失。后背面光滑。没有观察到任何保存的铰合构造。

比较：该属与*Pteromya*的区别是两壳相等，且具有更尖的后端。

分布及时代：江西、湖南；早侏罗世。

》》》简单醴陵蛤 *Lilingella simplex* Liu

等壳，前部圆，后部斜切（图4-4-18；煤炭部湘赣煤田地质会战指挥部和中国科学院南京地质古生物研究所，1968）；壳顶位于壳长1/5处的前方，并略凸出向前。后壳顶脊尖锐并自壳顶下

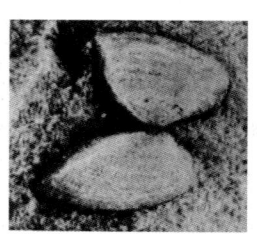

a：两瓣侧视，×3

b：两瓣侧视，×2

图4-4-18 *Lilingella simplex* Liu

伸至后腹角，致构成十分尖的后端。后背面狭长，与后壳顶脊以钝角相交。壳面同心线不规则，但明显，它们往往在后壳顶脊前消失。后背面光滑。没有观察到任何保存的铰合构造。

产地及层位：新余市花鼓山乡；晚三叠世—早侏罗世多江组。

◆ 珠蚌科 Unionidae Fleming，1828
　◆ 裸珠蚌属 *Psilunio* Stefanescu，1896

壳中等至颇大，壳较厚，短而圆。略膨凸至很膨凸，后腹角发育程度不等。后壳顶脊显著至不发育。壳顶耸突，多较宽靠前。壳顶饰由细而近平行并有些波状的褶脊组成，向下有时逐渐破裂，有时转为不显著的倒 "人" 字形纹饰，有时在后部有较细的斜射脊。壳面常仅有同心饰。

铰齿强，假主齿上常有斜而不规则的沟脊。左壳前假主齿两个，一个较狭短，前指，另一个斜三角锥状，尖端后指，两者组成宽钝角，有时近于排成一直线，后部片状齿两个。右壳前假主齿三角锥状，其前后方有时各有一残迹型较小的假主齿，后部片状齿。壳顶腔深。

分布及时代：亚洲、欧洲及北美洲西部；晚三叠世至现代。

>>> 楔形裸珠蚌 *Psilunio sphenaeformis* Ding，Li et Sun

壳较小，短楔形（图 4-4-19；地质部南京地质矿产研究所，1982c）。前部甚短，后部伸长。前缘圆，后缘斜切，后端狭窄变尖。后背缘稍后倾，腹缘凸圆形。相当膨凸，最凸处在壳面中部。壳顶前转，宽凸，甚靠前端。壳面具同心生长线。

比较：本种壳较小，后端狭窄变尖，呈楔形，壳顶甚靠前且较膨凸，可区别于其他种。

产地及层位：吉水县施家边乡；中侏罗世罗坳组。

左内模侧视，×1.5
图 4-4-19 *Psilunio sphenæformis* Ding，Li et Sun

◆ 吉水蚌属 *Jishuiconcha* Ding，Li et Sun，1982

壳中等大小，较厚重。圆形、圆三角形和长椭圆形轮廓。中等膨凸至很膨凸，最大凸度在壳面中部稍靠上。壳顶耸突，前转，常位于前端 1/3~1/2 壳长之间。后壳顶脊不显至颇显。壳内面较光滑。壳饰未保存。

铰板宽厚，铰齿粗强。左壳前假主齿两枚，齿面被深沟分裂成一些小齿，后部片状齿两枚，上方者呈薄板状，光滑，下方者粗强，齿面上有发育的斜交沟棱；右壳前假主齿两枚，一枚较粗强，另一枚发育短小，后部片状齿 2~3 枚，其一略短，齿面裂沟发育，另一枚较长，厚板状，齿侧有沟纹，亦有为薄片状，略短。壳顶腔浅或略深。前闭肌痕深，斜卵形，其内有树枝状沟棱，两个足肌痕也较深，其上者与前闭肌痕相切，下者与前闭肌痕明显分离；后闭肌痕稍大，近半圆形，深浅不一，上深下浅，其内较光滑，其上方有一明显分离的足肌痕。

分布及时代：江西；中侏罗世。

>>> 圆形吉水蚌 *Jishuiconcha circularis* Ding，Li et Sun

壳中等大小，圆形或近圆形，长、高近等（图 4-4-20；地质部南京地质矿产研究所，1982c）。前、后、腹缘均呈圆弧形。适度膨凸，最大凸度在壳顶区。壳顶前倾，位置靠近中部的前方，突出于铰缘之上。后壳顶脊宽圆略显。

产地及层位：吉水县施家边乡；中侏罗世罗坳组。

a：未成年左内模侧视，×1

b：右内模侧视，×1.5

图 4-4-20 *Jishuiconcha circularis* Ding，Li et Sun

>>> 三角吉水蚌 *Jishuiconcha trigono* Ding，Li et Sun

壳中等大小，圆三角形，长、高近等。前缘狭圆，后缘直切，后背缘斜切，后部高于前部（图 4-4-21；地质部南京地质矿产研究所，1982c）。中等膨凸。壳顶高耸，略前转，位置靠近中部。

产地及层位：吉水县施家边乡；中侏罗世罗坳组。

左内模侧视，×1.5

图 4-4-21 *Jishuiconcha trigono* Ding，Li et Sun

>>> 椭圆吉水蚌 *Jishuiconcha elliptico* Ding，Li et Sun

壳不大，椭圆形（图 4-4-22；地质部南京地质矿产研究所，1982c）。高长之比约 3/5，最大宽度通过壳顶。前缘狭圆形，后缘宽圆形，腹缘直或微凸，前、后背缘均倾斜。中等膨凸。壳顶前转，宽凸，位置位于距离前端约 1/3 壳长处。后壳顶脊宽圆略显。

产地及层位：吉水县施家边乡；中侏罗世罗坳组。

a：右内模侧视，×1.5

b：右内模侧视，×1.5

图 4-4-22 *Jishuiconcha elliptico* Ding，Li et Sun

◆ 丽蚌属 *Lamprotula* Simpson，1900

中等至大，厚重，长卵形、椭圆形、三角形至四边形。微膨凸至很膨凸。典型的种类，壳顶近前端。小月面凹陷尚显。壳顶饰同心形，以后发展为尖端后指的"V"字形或双沟形。壳面除同心饰外，常有从上述壳顶发展而跨越同心生长线的疣状或褶脊状突起或瘤节，水管区多有发育不等的斜放射脊。铰板常宽厚。右壳3枚前假主齿多呈放射状，最前者小或为残迹，前斜中央者强，为三角锥状，后方者短，低狭片状；后部片状齿一个，狭长板状，其下有时另有一颇低而不发育的锥形片状齿。左壳前假主齿两个，其后方者粗三角锥状；2枚后部片状齿狭长板状，在下方者较发育。较发育的假主齿上多有放射状小沟脊，片状齿上则常仅有小粒点，多不规则。壳顶腔较深。前闭肌痕与其后上方两个小足肌痕常较显著；后闭肌痕后方近后边缘多有突起的茧突。

分布及时代：亚洲中、东部及欧洲东部（?）；中侏罗世—现代。

◆ 始丽蚌亚属 *Lamprotula*（*Eolamprotula*）Ku，1962

中后部壳面饰疣或饰脊组成"V"字形图案，位于后背部之前，壳顶不左前背端或距前背端较远。前主齿（4a）等后斜。

分布及时代：亚洲中、东部及欧洲东部（?）；中侏罗世—现代。

▶▶▶ 浙江始丽蚌 *Lamprotula*（*Eolamprotula*）*zhejiangensis* Ku et Ma

壳稍大，椭圆形（图4-4-23；地质部南京地质矿产研究所，1982c）。后腹缘内凹，后腹角发育而略下垂。后背缘宽圆。水管区狭而陡，后壳顶脊不很显著。壳面自凹入的后腹缘向上有一略凹

a：双壳背视，×1　　　　　　　　　　　b：左侧视，×1

图4-4-23　*Lamprotula*（*Eolamprotula*）*zhejiangensis* Ku et Ma

陷的弧形槽，向壳顶延伸，并逐步不明显。壳面瘤饰不是很密，分布到中下部。水管区上有9~10根斜放射褶脊。

产地及层位：于都县罗坳乡罗坳村；中侏罗世罗坳组。

>>> 长方形始丽蚌 *Lamprotula*（*Eolamprotula*）*longequadrata* Ding

壳中等大小，近长方形，高长之比为 3/5（图 4-4-24；地质部南京地质矿产研究所，1982c）。前缘圆弧形，后缘直切状，后背角与后腹角近直角，后背缘直而长，约水平延伸，腹缘宽弧形。中等膨凸，后壳顶脊略显，水管区大，三角形，向后背缘倾伏。壳顶前倾，略突出于铰边之上，位置距离前端将近 1/4 壳长处。壳面饰近基底大多为扁长椭圆形的疣状突起，中上部疣饰较多，分布不规则，前腹部仅有同心饰，具不明显的双沟状壳顶饰，水管区上有 6~7 根斜放射褶脊。本种近长方形的轮廓，后缘明显直切状以及后背角、后腹角略相等，均呈直角状等，是区别于其他种的特征。

产地及层位：于都县罗坳乡罗坳村；中侏罗世罗坳组。

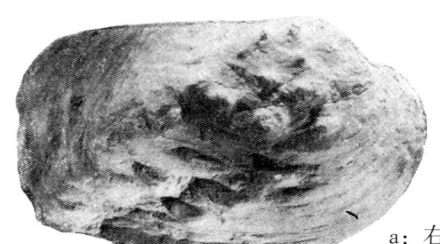 

a：右侧视，×1　　　　　　　　　　　　　　　　b：左侧视，×1

图 4-4-24　*Lamprotula*（*Eolamprotula*）*longequadrata* Ding

>>> 徽洲始丽蚌（?）*Lamprotula*（*Eolamprotula*）? *huizhouensis* Gu et Wen

壳中等或稍小，斜三角形，后腹缘略延伸，但不尖（图 4-4-25；地质部南京地质矿产研究所，1982c）。膨凸强，超过壳高的 2/3，壳顶下的前中部最膨凸。壳顶距前端约为壳长的 1/5。壳面由壳顶至腹缘后中部略凹或平，其前后相对隆起成脊，前方的脊宽缓，在腹缘形成凸角，其后方腹缘微凹，后壳顶脊窄而较凸。这两条脊上各有一列自壳顶发出并逐渐变粗变稀的凸疣，前脊上约 10 个，后壳顶脊上约 13 个。

产地及层位：于都县罗坳乡罗坳村；中侏罗世罗坳组。

a：右侧视，×1　　　　　　　　　　　　　　　　b：左侧视，×1

图 4-4-25　*Lamprotula*（*Eolamprotula*）? *huizhouensis* Gu et Wen

◆ 珠蚌科（?）Unionidae? Fleming, 1828
◆ 中村蚌属 *Nakamuranaia* Suzuki, 1943

壳中等大小，圆形、半梯形、长椭圆形至长形轮廓。等壳，不等侧。中等膨凸。壳嘴明显，内曲，前转。后壳顶脊不明显至颇明显。壳面仅有不规则的同心线。

铰齿发育，齿上几乎光滑。右壳前假主齿二，后部片状齿一；左壳前假主齿一（有时在其上方另有一不很发育的齿），后部片状齿二。前闭肌痕深，其内侧上方另有一单独的小足肌痕，后闭肌痕较浅而大。外套线简单。

分布及时代：亚洲中、东部；晚侏罗世—早白垩世。

▶▶▶ 青山中村蚌 *Nakamuranaia chingshanensis* (Grabau)

半梯形，壳顶位于壳长靠前的 2/5 处，壳高约为壳长的 3/5（图 4-4-26；地质部南京地质矿产研究所，1982c）。前缘圆弧形，后缘常呈斜切状。

产地及层位：弋阳县葛溪乡火把山村；早白垩世冷水坞组。

a：双壳内模合视（未成年个体），×3　　　　b：右内模侧视，×1

图 4-4-26　*Nakamuranaia chingshanensis* (Grabau)

▶▶▶ 近圆中村蚌 *Nakamuranaia subrotunda* Gu et Ma

近圆形。壳高与壳长之比在 0.67~0.79 之间（图 4-4-27；地质部南京地质矿产研究所，1982c）。壳顶后部的高度较壳顶前稍大，后腹角不明显。壳顶较小，前转，位于前端 0.33~0.45 壳长之间。

产地及层位：弋阳县葛溪乡火把山村；早白垩世冷水坞组。

a：右内模侧视，×1　　　　b：左内模侧视，×3

图 4-4-27　*Nakamuranaia subrotunda* Gu et Ma

▶▶▶ 近等侧中村蚌 *Nakamuranaia subequilateralis* Ding

壳中等大小，椭圆形，近于等侧，前高约等于后高（图4-4-28；地质部南京地质矿产研究所，1982c）。前、后缘均呈弧形，腹缘略直或宽弧形。略膨凸。壳顶正，位置靠近中央，略突出于铰缘之上。壳面具同心线。

产地及层位：弋阳县葛溪乡火把山村；早白垩世冷水坞组。

右内模侧视，×1

图4-4-28 *Nakamuranaia subequilateralis* Ding

◆ 类三角蚌科 Trigonioidae Cox，1952
◆ 类三角蚌属 *Trigonioides* Kobayashi et Suzuki，1936

壳大小形状不一。两侧不等或近乎相等。壳嘴前转或近于正转。壳面饰脊比较特殊：中部较大面积上放射脊交成尖端略向后斜的"V"字形，该"V"字形的前一组和后一组分别与前后侧的斜放射脊交成"人"字形饰。铰齿为假异齿型，部分铰齿有变异，发育不强，有时甚至不存在。假主齿发育或粗壮的锥状者，边缘部分的铰齿多为狭片状。前闭肌痕后上方的足肌痕与前闭肌痕分离完全，后闭肌痕前上方也有足肌痕。壳内面有边缘凹曲。

分布及时代：亚洲；白垩纪。

▶▶▶ 类三角蚌亚属 *Trigonioides*（*Trigonioides*）Kobayashi et Suzuki，1936

壳中等至较大。壳饰都具有中部"V"字形与两侧的"人"字形脊饰，中央小齿发育较正常。
分布及时代：亚洲；早白垩世—晚白垩世中期。

▶▶▶ 典型类三角蚌 *Trigonioides*（*Trigonioides*）*kodairai* Kobayashi et Suzuki

横长梯形，壳面中部约5对放射脊交成"V"字形，其尖端微向后指，未交成"V"字形而达于腹缘者，约19根（图4-4-29；地质部南京地质矿产研究所，1982c）。前侧斜脊约19根，后侧斜脊达22根，有分叉，其上部者与中部脊交成"人"字形，下部者被中部脊所切。壳顶前转，位于中央而略偏前。后壳顶褶曲钝圆，不很发育。

产地及层位：弋阳县葛溪乡火把山村；早白垩世冷水坞组。

a：左内模侧视，×3　　　　　　　　b：右侧视，×1

图4-4-29 *Trigonioides*（*Trigonioides*）*kodairai* Kobayashi et Suzuki

◆花蛤超科 Astartacea, d'Orbigny, 1844
　◆花蛤科 Astartidaed, d'Orbigny, 1844
　　◆小花蛤属 *Astartella* Hall, 1858

壳稍小,卵形至近方形。中等膨凸。壳顶突出背边,位置靠近前端。小月面及盾纹面显著。壳面仅有同心纹饰。壳顶腔深。右壳有三角形齿,倾斜的齿,及前后侧齿;左壳的略呈钩状,强,宽而倾斜,后侧齿长。前后闭肌痕略小,近乎相等,位于铰边两端的下方。外套线无湾,外韧带后韧式,具有短而明显的韧片。壳内面具有边缘凹曲。

分布及时代:欧洲、亚洲、美洲及大洋洲;石炭纪—二叠纪。

>>> 托约小花蛤 *Astartella toyomensis* Nakazawa et Newell

壳小,卵形,适度膨凸(图 4-4-30;地质部南京地质矿产研究所,1982b)。壳顶前转,位于最前端。后背边长,近乎于直,前边凸圆,后边宽弧形,腹边向后下方斜延。壳顶前略显凹曲。壳面同心圈密而规则,其中部尤为明显。

产地及层位:高安市枧溪村;晚二叠世乐平组。

左内模,×3

图 4-4-30 *Astartella toyomensis* Nakazawa et Newell

◆心蛤超科 Carditacea Fleming, 1828
　◆肋饰蛤科 Permophoridae Van de Poel, 1959
　　◆内氏蛤属 *Netschajewia* Licharew, 1925

壳中等大小,梯形轮廓,比较窄。壳体膨凸。前壳突发育明显。小月面和盾纹面缺失。铰齿(3b)弱而不显,后侧齿强。壳面生长线不规则。

分布及时代:欧洲、日本及中国;二叠纪。

>>> 长型内氏蛤(相似种)*Netschajewia* cf. *elongata* (Netschajew)

壳小至中等,壳体膨凸(图 4-4-31;地质部南京地质矿产研究所,1982b)。壳顶低平,位于最前端。背边长而直,仅中部微凸。前端狭窄,后端宽大,后边上部斜切状,后腹部圆弧形,腹边略直,前部向上收缩。壳面有不规则的同心线。

产地及层位:丰城市东神岭村;晚二叠世乐平组。

a: 右内模, ×4　　　　b: 右侧视, ×1.5

图 4-4-31 *Netschajewia* cf. *elongata* (Netschajew)

◆蓝蚬超科 Corbiculacea Gray，1847
  ◆豆蚬科 Pisidiidae Gray，1857
    ◆球蚬属 *Sphaerium* Scopoli，1777

壳较小。圆形、圆三角形至狭长卵椭圆形。壳顶靠近中间而偏前。外韧带。右壳有一个常分叉的主齿，左壳有两个横斜的主齿，侧齿狭长，右壳前后各二，左壳前后各一。壳面同心饰发育不一。

分布及时代：世界各地；中侏罗世—现代。

延边球蚬 *Sphaerium yanbianense* Gu et Wen

近方圆至微椭圆形（图 4-4-32；地质部南京地质矿产研究所，1982c）。后背角稍大于 90°，后缘斜切或斜曲，后腹角稍小于 90°。壳顶较凸，前转较显，位置靠近壳长前方的 1/3 左右。

产地及层位：弋阳县葛溪乡火把山村；早白垩世冷水坞组。

a：右内模侧视，×5　　　b：左内模侧视，×5　　　c：右内模侧视，×1.5

图 4-4-32　*Sphaerium yanbianense* Gu et Wen

热河球蚬 *Sphaerium jeholense*（Grabau）

近方圆型（图 4-4-33；地质部南京地质矿产研究所，1982c）。壳后部较前部略高。前缘圆，背、腹缘凸弧状，后缘略斜切或圆弧形。中等膨凸。壳顶位于壳长靠前方的 1/3 处，后壳顶脊尚显著。

产地及层位：弋阳县葛溪乡火把山村；早白垩世冷水坞组。

a：双壳内模合视，×5　　　b：双壳内模合视，×1.5

图 4-4-33　*Sphaerium jeholense*（Grabau）

浦江球蚬 *Sphaerium pujiangense* Gu et Wen

壳长 8.00~15.50mm，横长发育（图 4-4-34；地质部南京地质矿产研究所，1982c）。壳高为壳长的 0.49~0.71 倍，长菱形。后缘背部稍斜曲，后腹角钝圆，锐角状，明显斜伸。壳顶较钝，位于壳长靠前的 1/3 左右处。壳体颇膨凸。

产地及层位：弋阳县葛溪乡火把山村；早白垩世冷水坞组。

a：右内模侧视，×5　　　　b：右内模侧视，×5　　　　c：双壳内模合视，×1.5

图 4-4-34　*Sphaerium pujiangense* Gu et Wen

◆ **新栉齿目 Neotaxodonta Korobkov，1954**
　　◆ **箱蚶超科 Aracea Stoliczka，1871**
　　　　◆ **箱蚶科 Arcidae Lamarck，1809**
　　　　　　◆ **雅箱蚶属 *Elegantarca* Tomlin，1930**

近圆梯形。等壳，两侧不等。膨凸，壳体前方有一十分陡的坡为界，后方有一棱脊为界，后壳顶脊棱角状。外韧带，两韧式。壳嘴下窄的韧带区达于前后两侧。

分布及时代：亚洲、欧洲等；中—晚三叠世。

》》 **双脊雅箱蚶 *Elegantarca subareata* Chen**

壳近圆梯形，后方延长，略窄（图 4-4-35；地质部南京地质矿产研究所，1982c）。壳顶附近曲度较大；前端圆，腹边弯曲宽圆，与后端呈钝角相接，壳顶前部发育一脊。水管区狭，壳嘴小而明显，位于前方，铰线短直，壳面饰有细同心线。

产地及层位：万载县双桥乡大桥东村；中三叠世杨家组。

右侧视，×1.5

图 4-4-35　*Elegantarca subareata* Chen

◆ **弱齿目 Dysodonta Neumayr，1883**
　　◆ **翼蛤超科 Pteriacea Gray，1847**
　　　　◆ **翼蛤科 Pteriidae Gray，1847**
　　　　　　◆ **翼蛤属 *Pteria* Scopoli，1777**

壳斜卵形，前斜。不等壳，左壳较凸。后耳翼状，较前耳长而大。足丝凹口位于右前耳的下面，纤维质韧带附结于三角形弹体窝中，薄片质韧带附于韧带区上。铰边长直，铰齿有主齿二，片状齿一，均不发育。后闭肌痕大，位置靠近中部。

分布及时代：世界各地；三叠纪—现代。

⟫⟫⟫ 三角翼蛤 *Pteria trigona* Li

壳中等大小，斜三角形，较膨凸，最大凸度在壳顶区域及壳体中部，至腹边扁平（图4-4-36；地质部南京地质矿产研究所，1982c）。顶轴角25°~30°。铰边长，壳顶尖，突出铰边之上。两耳扁平，前耳小而明显，后耳大，其末端尖，但不超过壳体后端，后耳凹较深。腹边圆弧形，后腹边窄，呈角状。壳面及二耳有规则且密的同心线。

产地及层位：上饶市田墩乡田墩村；早三叠世铁石口组。

左侧视，×2

图4-4-36 *Pteria trigona* Li

⟫⟫⟫ 长耳翼蛤 *Pteria longiaurita* Li

壳小，枪形，斜向伸展（图4-4-37；地质部南京地质矿产研究所，1982c）。左壳膨凸，铰边直而长，壳顶尖，距前端约为壳长的1/4，并稍突出铰边之上。前耳呈狭长的针状，水平向前伸出。其长超过壳体最大长度，约等于壳长的1.5倍。后耳短小，扁平，与壳体分界不很明显。壳面有不规则的同心皱。

产地及层位：上饶市田墩乡田墩村；早三叠世铁石口组。

左侧视，×5

图4-4-37 *Pteria longiaurita* Li

◆ 羽蛤科 Pterineidae Miller，1877
◆ 小羽蛤属 *Pteronitella* Billings，1874

壳翼蛤形至卵形，前耳小，角状；后耳大。壳面无放射饰；铰齿呈放射状排列。

分布及时代：亚洲、欧洲和北美洲；中（？）—晚志留世至泥盆纪。

⟫⟫⟫ 长形小羽蛤 *Pteronitella elongata* Liu

壳稍大，纵卵形，壳长是壳高的2/3（图4-4-38；地质部南京地质矿产研究所，1982a）。左壳较膨凸。壳顶较突，位置靠近铰边中部，壳嘴微前转。后耳分化不强。

比较：本种以其纵卵形壳体及位置靠近铰边中部的壳顶区别于本属已知种。

产地及层位：武宁县桥头；中志留世坟头组。

左壳内模，×1

图4-4-38 *Pteronitella elongata* Liu

》》A 种小羽蛤 *Pteronitella* sp. A

壳中等大小，前斜，菱形轮廓，壳长约为壳高的 2 倍（图 4-4-39；地质部南京地质矿产研究所，1982a）。膨凸，左壳稍大。壳顶圆凸，靠前，位于壳长约 1/4 处。前耳近三角形，后耳分化不明显。铰边直，后边近截形。壳顶后可见 2 枚片状齿，与铰边略微斜交。前闭肌痕卵圆形。

产地及层位：武宁县桥头；中志留世坟头组。

左壳内模，×1

图 4-4-39 *Pteronitella* sp. A

◆ 贝荚蛤科 Bakevelliidae King，1850
◆ 贝荚蛤属 *Bakevellia* King，1848

壳翼蛤型，近似于等壳。前耳小，后耳突出成锐角。足丝凹口缺失。韧带区宽。通常有 2~5 个狭而不等距的弹体窝。每壳前面有 2~3 个短的小齿，后面有 1~2 个近水平延长的片状齿，有时沿铰合区下边缘呈现锯齿状。通常为不等柱类。

分布及时代：亚洲、欧洲及北美洲；二叠纪—白垩纪。

》》棱贝荚蛤长型亚种 *Bakevellia costata longa* Li

壳小，斜长三角形，后腹部延伸颇长，后腹边呈圆弧形（图 4-4-40；地质部南京地质矿产研究所，1982c）。壳顶尖，强烈突出铰边之上，顶轴角约 50°。左壳前耳小，明显；后耳大，扁平，呈尖三角形。后壳顶脊发育，壳面有细密而规则的同心线。

产地及层位：上饶市田墩乡田墩村；早三叠世铁石口组。

左侧视，×3

图 4-4-40 *Bakevellia costata longa* Li

》》棱贝荚蛤 *Bakevellia costata*（Schlotheim）

壳小，菱形，壳顶位于前端，顶轴角 50°（图 4-4-41；地质部南京地质矿产研究所，1982c）。右壳面具十分显著的片状同心饰。两耳突出呈尖角状。

产地及层位：上饶市田墩乡；早三叠世铁石口组。

a：左侧视，×3　　　　　　　　　　　　　　b：左侧视，×5

图 4-4-41　*Bakevellia costata* (Schlotheim)

》》》长铰贝荚蛤 *Bakevellia matsushitia* Nakazawa

壳中等大小，翼蛤型（图 4-4-42；地质部南京地质矿产研究所，1982c）。背边直，为壳体最大长度。左壳顶微突，到前端的距离为壳长的 1/4，前耳明显；后耳大，平坦，翼状，末端超过壳体后端。壳体中部中等膨凸，壳面有同心脊及同心层。

产地及层位：萍乡市安源镇大田村；晚三叠世安源组。

a：左侧视，×1　　　　　　　　　　　　　　b：左内模，×2

图 4-4-42　*Bakevellia matsushitia* Nakazawa

》》》万载贝荚蛤 *Bakevellia wanzaiensis* Li

壳小，狭横长形，微斜（图 4-4-43；地质部南京地质矿产研究所，1982c）。前边短圆，后部伸长。在后部壳长 2/3 处斜切向下，构成圆的后端，背边与腹边近乎于平。铰边短直，顶轴角 25°，壳顶位于前端铰边的 1/4 处。尖突出铰边之上。前耳小，后耳大，平坦，呈斜三角形，与壳体有一明显的脊分开，壳面有同心线。

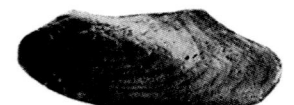

左侧视，×3

图 4-4-43　*Bakevellia wanzaiensis* Li

产地及层位：万载县大桥东村；中三叠世杨家组。

◆ 类贝荚蛤属 *Bakevelloides* Tokuyama，1959

壳圆三角形，颇膨凸，常等壳，左壳有一浅的壳面凹陷将前部与壳体隔开。韧带区宽，为扁三角形或梯形，其上有几个强的弹体窝，铰板前部有放射状假栉齿；后端有二片状齿。壳面具有同心饰或放射饰。

分布及时代：亚洲、欧洲；三叠纪—侏罗纪。

🔺 大田类贝荚蛤 *Bakevelloides datianensis* Li

壳中等大小，斜三角形，膨凸强。背边长直，壳顶尖，壳嘴位于前端，内曲，壳顶脊强，后壳顶坡甚陡（图4-4-44；地质部南京地质矿产研究所，1982c）。壳前部宽，短圆。后面狭窄，并强烈斜伸。前耳小，不显；后耳大，三角形，近直角与后端连接。它的末端呈钝角。韧带区宽，三角形，其上有弹体窝4~5个，间距不等。壳面有同心线，尤以后耳明显。

产地及层位：萍乡市安源镇大田村；晚三叠世安源组。

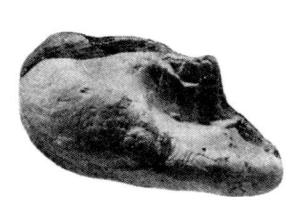
a:左侧视，×2

b:右侧视，×2

图4-4-44 *Bakevelloides datianensis* Li

🔺 浏阳类贝荚蛤 *Bakevelloides liuyangensis* Liu

壳中等大小，膨凸强，背边直（图4-4-45；地质部南京地质矿产研究所，1982c）。壳顶强突起，超过背边，位于最前端；壳嘴内曲前转。壳顶脊强、宽圆；后壳顶坡甚陡。后耳平而大，前耳不发育。壳面同心线细密。

产地及层位：萍乡市安源镇大田村；晚三叠世安源组。

a:右侧视，×1.5

b:左侧视，×1.5

图4-4-45 *Bakevelloides liuyangensis* Liu

🔺 近方类贝荚蛤 *Bakevelloides subquadratus* Liu

壳大，近四方形，膨凸较强，甚不等侧（图4-4-46；地质部南京地质矿产研究所，1982c）。

a:左内模，×1

b:左侧视，×1

c:右侧视，×1

图4-4-46 *Bakevelloides subquadratus* Liu

壳顶宽圆，位置靠近前端。前耳不明显；后耳大，末端稍尖，不超过壳体最大长度，其下的壳边微向内弯曲。前边近直。壳面仅有同心纹。

产地及层位：萍乡市安源镇大田村；晚三叠世安源组。

▶▶▶ 日置类贝荚蛤 *Bakevelloides hekiensis* (Kobayshi et Ichikawa)

壳较大，相当膨厚（图 4-4-47；地质部南京地质矿产研究所，1982c）。圆或斜的三角形，接近于等壳。壳顶稍凸，位置靠近前端，通常不超出背边。前腹边较直，后边微凸，前耳不发育，后耳宽平。壳面同心线发育。

产地及层位：萍乡市安源镇大田村；晚三叠世安源组。

a：右侧视，×1　　　　　　　b：左侧视，×1

图 4-4-47　*Bakevelloides hekiensis* (Kobayshi et Ichikawa)

◆ 东和翼蛤属 *Towapteria* Nakazawa et Newell，1968

壳小，翼蛤形，不等壳，两侧不等，左壳膨凸，前部无叶状耳，但被壳顶至腹边的宽沟所分开，壳面有强放射脊，右壳膨凸小，壳面有较宽而弱的放射脊和同心饰，前耳叶状，为一窄沟所分开；有 1~2 个短主齿，与铰边平行，每壳有一个窄长与铰边平行的后侧齿；韧带区狭，其上有数个弱的三角形弹体窝。

分布及时代：中国、日本；晚二叠世—早三叠世。

▶▶▶ 斯西替东和翼蛤 *Towapteria scythica* (Wirth)

壳小，壳顶突起，略向后转，位于铰边长 1/5 的前方，使壳体前后两部分极不相等（图 4-4-48；地质部南京地质矿产研究所，1982c）。后壳顶脊隆起明显，壳面中部有粗状的放射脊 10 多条，自壳顶至壳边有同心生长线，并与放射脊相交。前耳小，耳凹发育；后耳大且扁平，为三角形。

产地及层位：宜春市柏木乡柏木村；早三叠世青龙组。

左侧视，×5

图 4-4-48　*Towapteria scythica* (Wirth)

◆ 等盘蛤科 Isognomoniidae Woodring，1925

◆ 瓦根股蛤属 *Waagenoperna* Tokuyama，1959

壳相当大，壳菜蛤形，平，近似等壳。前耳小，后耳宽，但与壳体分界不显。壳嘴小，足丝凹口显著，韧带区较背边短，具线纹韧带沟和一组宽大于长的弹体窝，其间距向后逐渐变宽。成年期无齿。前肌痕小而清楚，后肌痕大而弱。壳面有同心生长线。

分布及时代：亚洲、欧洲；晚二叠世—晚三叠世。

壳菜蛤形瓦根股蛤 *Waagenoperna mytiloides* Zhang

壳不大，较厚，近壳菜蛤形（图 4-4-49；地质部南京地质矿产研究所，1982c）。前后边近平行，长略大于高，壳顶近前端，斜向在 45°~50°之间。前耳小，后耳大，分界不显。足丝凹口约位于壳高上部的 1/3 处。后背端斜切。仅有同心壳饰。

产地及层位：新余市下村乡花鼓山村；晚三叠世安源组。

a：右侧视，×1　　　b：铰部，×5

图 4-4-49　*Waagenoperna mytiloides* Zhang

三角形瓦根股蛤 *Waagenoperna triangularis*（Kobayashi et Ichikawa）

壳大，扁平，斜三角形，壳顶尖，位置靠近前端（图 4-4-50；地质部南京地质矿产研究所，1982c）。前耳小，后耳宽，与壳体分界不显，前后边近平行，腹边宽圆，韧带区上可见弹体窝 5~7 个。壳面具同心饰。

产地及层位：高安市灰埠乡寮山；晚三叠世安源组。

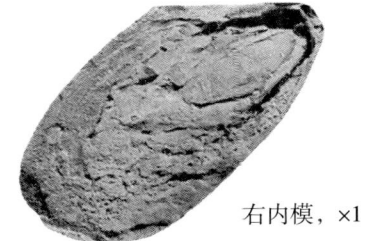

右内模，×1

图 4-4-50　*Waagenoperna triangularis*（Kobayashi et Ichikawa）

◆ 二叠股蛤属 *Permoperna* Nakazawa et Newell，1968

壳形，前斜。不等壳，左壳较右壳膨凸。壳顶低，壳嘴近前端，前转。前耳小，后耳较宽大。韧带区细长，至后端变得不清晰，上有一些近长方形的韧带槽。每壳有一枚弱的后侧齿。

分布及时代：中国、日本；晚二叠世。

››› 中华二叠股蛤 *Permoperna sinensis* (Frech)

壳中等至大，近梯形，壳体下部明显扩张，并略向后延伸（图 4-4-51；地质部南京地质矿产研究所，1982b）。左壳前耳具足丝凹曲，后耳平坦，钝角三角形，背边短直，腹边宽圆。壳顶小，略向前曲，不突出铰边，壳嘴前转。壳顶褶曲矬，向后逐缓。壳面及两耳具细同心线。沿铰边具有一列长柱状弹体窝。

产地及层位：乐平市鸣山矿区；晚二叠世乐平组。

a：左侧视，×1.5

b：左内模，×1

图 4-4-51 *Permoperna sinensis* (Frech)

◆ 海扇超科 **Pectinacea Rafinesgue，1815**
　◆ 海扇科 **Pectinidae Rafinesgue，1815**
　　◆ 肋海扇属 **Pleuronectites Schlotheim，1820**

扭海扇形，不等壳，壳面通常较光滑。右壳不等侧，前耳伸出为长方形，足丝凹口深，常有丝梳，后耳斜三角形，其后边斜切状，它的长度大于前耳。左壳近于等侧，较右壳微凸。

分布及时代：亚洲、欧洲；三叠纪。

››› 双形肋海扇 *Pleuronectites difformis* Chen

壳卵圆形，高大于长，右壳平，前端稍向前伸展，壳顶位置靠近中间，两耳与壳体间有明显凹沟分隔（图 4-4-52；地质部南京地质矿产研究所，1982c）。前耳长、宽、大，耳末端呈圆弧形，向前伸出，足丝凹口深；后耳三角形，耳凹浅。壳面仅有弱同心线，但前耳同心线明显。

产地及层位：萍乡市；早三叠世殷坑组。

a：右外模，×2

b：右侧视，×2

图 4-4-52 *Pleuronectites difformis* Chen

◆ 燕海扇科 Aviculopectinidae Meek et Hayden，1864

◆ 燕海扇属 *Aviculopecten* Mc'Coy，1851

壳小至中等；不斜或微前斜。左壳明显膨凸，壳面有细而众多的间生式放射脊，同心线弱或不明显。右壳平或微凸，放射脊分叉式，宽而平，间隔密。后耳略长于前耳；两壳耳部放射脊沟均为间生式。铰合区平而狭；两壳壳嘴的下面都有一个三角形弹体窝。

分布及时代：世界各地；石炭纪—二叠纪。

▶▶▶ 乐平燕海扇 *Aviculopeten lopingensis* Ku

壳较小，中等膨凸，不斜。壳顶尖，距前端的距离为壳长的1/3，超出背边（图4-4-53；地质部南京地质矿产研究所，1982b）。两耳发育，前耳略小而圆。壳面及两耳具三级间生放射脊。首级放射脊粗而圆，共10根，脊上不等距地发育鳞片状突起。同心线细密，壳面有的具弱的同心生长圈。

产地及层位：乐平市；晚二叠世乐平组。

 a：左侧视，×1    b：左侧视，×1

图4-4-53 *Aviculopeten lopingensis* Ku

◆ 刺海扇属 *Acanthopecten* Girty，1903

壳圆形，不斜或略前斜。长、高几乎相等，两耳稍超过壳长，后耳较长。放射脊简单，均始于壳顶区。左壳射脊通常不超过25条，宽而排列紧密，放射脊顶部常具狭圆的棱脊。同心层规则，越过射脊时向背部突起成叠瓦状，于脊间沟内则成指向腹边的凸曲或尖刺。右壳接近于平坦，壳面仅发育与左壳数目相等且位置相当但细得多的放射脊。铰合构造与燕海扇相同。

分布及时代：世界各地；石炭纪—二叠纪。

▶▶▶ 高安刺海扇 *Acanthopecten gaoanensis* Li et Ding

壳大，圆形，不斜。左壳较膨凸（图4-4-54；地质部南京地质矿产研究所，1982b）。铰边长直，左壳后耳大而长，末端尖，超过壳后端界线。壳面有粗而强的放射棱脊约13根，同心层发育，间隔大于放射脊间距，后耳以同心层为主，未见放射线，腹边有刺状伸出。

产地及层位：丰城市东神岭村；晚二叠世乐平组。

左侧视，×1

图4-4-54 *Acanthopecten gaoanensis* Li et Ding

◆ 葛梯海扇属 *Girtypecten* Newell, 1938

壳近圆形，前斜或不斜。左壳面具有粗而间隔颇宽常伸出腹边的放射脊，并与强度相同间隔相似的同心脊交叉成窗格状构造。该同心脊可延伸至耳部。同心脊与放射脊的交叉点可突起成尖刺。耳部及壳面放射脊之间具有间隔较宽的间生式放射线。韧带构造为燕海扇形，唯弹体窝的大部分位于壳嘴之后。

分布及时代：世界各地；二叠纪。

❯❯❯ 北碚葛梯海扇 *Girtypecten beipeiensis* Liu

壳小扁平（图 4-4-55；地质部南京地质矿产研究所，1982b）。左壳有强放射脊 7 根，狭圆，超出壳边缘呈刺状，脊两旁有浅沟；同心脊 10 多圈，向壳顶加密一倍，与放射脊相交成长方格子状壳饰，亦有若干弱同心线分布其间。前耳小，三角形，具同心线及一条弱放射褶；后耳具细密同心线，末端尖伸。

产地及层位：萍乡市；晚二叠世大隆组。

左侧视，×2
图 4-4-55 *Girtypecten beipeiensis* Liu

❯❯❯ 突刺葛梯海扇 *Girtypecten spinosus* Chen

壳较小，稍膨凸（图 4-4-56；地质部南京地质矿产研究所，1982b）。两耳大，扁平。前耳略小，耳凹深，与壳体分界明显。后耳末端尖，耳凹宽。壳面有 7 根稍圆的放射脊，间距宽，未见二级放射线。同心脊间距较放射脊宽。两者交点具刺状突起。同心脊延伸至耳部。

产地及层位：高安市枧溪村；晚二叠世乐平组。

左内模，×3
图 4-4-56 *Girtypecten spinosus* Chen

◆ 贵州海扇属 *Guizhoupecten* Chen, 1962

中等或稍大，扭海扇形，后斜，右壳比左壳稍扁平。壳面放射脊发育，左壳间生，右壳分叉。耳部放射脊减弱。两耳分化强，前耳比后耳约长两倍。足丝凹口狭而清晰。左壳铰合区具后倾的三角形弹体窝，其前后各具一放射状凹沟。

分布及时代：亚洲、北美洲；二叠纪。

❯❯❯ 王氏贵州海扇 *Guizhoupecten wangi* Chen

壳大（图 4-4-57；地质部南京地质矿产研究所，1982b）。壳顶褶曲宽圆，壳顶角约为 100°。两耳长方形，前耳长约为后耳的两倍。左壳具有粗而扁平的间生放射脊约 30 根，共二至三级不等。右壳放射脊二或三分叉，

左侧视，×1
图 4-4-57 *Guizhoupecten wangi* Chen

共约 30 根。前耳可见 4 根放射脊。

产地及层位：高安市建山村；晚二叠世乐平组。

◆ 正海扇属 *Eumorphotis* Bittner，1900

壳中等至较大，较正或微前斜，通常壳长大于高。不等壳，左壳膨凸，右壳扁平。两耳发达，后耳较大，与壳顶部无明显耳凹相隔；右前耳下，足丝凹口明显，耳凹较发育。铰线长直，一般约等于壳长，韧带区狭，其上有微细而近束状的水平条纹；韧带槽浅而倾斜。壳面放射饰有简单的，也有海菊蛤式的，类型多样。

分布及时代：亚洲、欧洲、美洲；三叠纪、早三叠世（最繁盛）。

▷▷▷ 多饰正海扇 *Eumorphotis multiformis* Bittner

壳纵卵形，铰边长直，前耳接近于平坦，呈三角形（图 4-4-58；地质部南京地质矿产研究所，1982c）。壳面具有规则的四级放射脊。

产地及层位：上饶市；早三叠世铁石口组。

▷▷▷ 差棱正海扇 *Eumorphotis inaequicostata*（Benecke）

壳小，长方形，微倾斜（图 4-4-59；地质部南京地质矿产研究所，1982c）。壳嘴突出在铰边之上。前耳小而发育，有耳凹与壳体分隔。后耳宽阔。壳面由三级放射脊和强的同心饰组成鳞片状装饰。

产地及层位：宜春市柏木乡柏木村；早三叠世殷坑组。

左内模，×3

图 4-4-58 *Eumorphotis multiformis* Bittner

左外模，×2

图 4-4-59 *Eumorphotis inaequicostata*（Benecke）

▷▷▷ 皱正海扇 *Eumorphotis rugosa* Chen

壳体小，方形，膨凸，前壳顶坡较陡，壳顶宽大并突出在铰边之上（图 4-4-60；地质部南京地质矿产研究所，1982c）。左前耳略向前伸出与壳体间有浅凹分开；后耳宽大，平坦，与壳体无明显界限。壳面放射脊粗而多，脊上并有许多小瘤。

产地及层位：万载县；早三叠世殷坑组。

左侧视，×2

图 4-4-60 *Eumorphotis rugosa* Chen

>>> 上饶正海扇 *Eumorphotis shangraoensis* Li

壳大，纵卵形，纵向延伸，高是长的两倍（图 4-4-61；地质部南京地质矿产研究所，1982c）。壳中等膨凸。壳顶区尤膨凸。前后壳顶坡颇陡。壳咀位近中央略靠前。强烈突出铰边之上。两耳大，发育；前耳接近于平坦，与壳体分离十分明显；后耳伸出较少，沿后铰边下斜，与壳体聚合成角。壳面有粗强的二级放射脊，近腹边有少而疏的不规则瘤状隆起，同心线不发育，但二耳尚明显。

产地及层位：上饶市；早三叠世铁石口组。

左侧视，×1

图 4-4-61 *Eumorphotis shangraoensis* Li

>>> 巢正海扇 *Eumorphotis hinnitidea* （Bittner）

壳饰简单，仅有放射脊10余根。同心线横跨放射褶脊，延伸出明显的刺状。

产地及层位：上饶市；早三叠世铁石口组。

>>> 巢正海扇田墩亚种 *Eumorphotis hinnitidea tiandunensis* Li

壳近圆形，左壳中等膨凸。铰线长直，等于或大于壳长。壳顶稍大（图 4-4-62；地质部南京地质矿产研究所，1982c）。壳咀位置近中央稍靠前，略突出铰边之上。两耳发育，前耳伸出，略成拱形。与壳体间有浅凹分隔。后耳较大，扁平的尖三角状，与壳面无明显界限。壳面有二级强的放射脊 20 余根，放射脊与同心线相交成网格状，相交处有刺状突起。腹边有刺伸出。后耳以同心线为主，放射线较弱，且不显网格。

产地及层位：上饶市田墩；早三叠世铁石口组。

a：左侧视，×1.5　　　b：右侧视，×2　　　c：左外模，×1.5

图 4-4-62 *Eumorphotis hinnitidea tiandunensis* Li

>>> 优美正海扇 *Eumorphotis elegans* Li

壳大，正卵形，左壳壳顶区颇膨凸，铰边长直，等于或略短于壳长（图 4-4-63；地质部南京地质矿产研究所，1982c）。壳咀位置靠近中央，微突出铰边之上，前后腹边缘均匀弧形。两耳大而发育，前耳凸度稍大，耳凹显著，后耳尖三角形，扁平，两耳及壳面有细致而清晰的同心纹，并和许多放射线交织成细密的网格，至两耳及壳体外边缘则以同心纹为主，并夹间距相等的同心线。

产地及层位：上饶市田墩；早三叠世铁石口组。

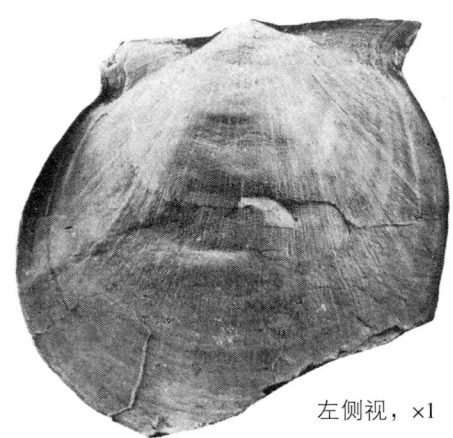

左侧视，×1

图 4-4-63　*Eumorphotis elegans* Li

》》》江西正海扇 *Eumorphotis jiangxiensis* Li

壳大，纵卵形，倾斜，左壳颇膨凸（图4-4-64；地质部南京地质矿产研究所，1982c）；前后壳顶坡较陡，壳顶区尤膨凸，壳顶尖，突出铰边之上，壳咀前转内曲。两耳大，发育成尖三角形，与壳体间有很深的耳凹分开，足丝凹曲明显，壳面有粗强的二级放射脊，其上有许多不规则的瘤状隆起。同心线发育，腹边缘有明显的刺状伸出。两耳同心线与放射线交织成网格状，并有少量瘤状隆起。

产地及层位：上饶市；早三叠世铁石口组。

a：左侧视，×1　　　　　　　　　　　　　b：左外模，×1

图 4-4-64　*Eumorphotis jiangxiensis* Li

◆厚保海扇属 *Asoella* Tokuyama，1959

方圆形轮廓，长高近相等，左壳宽凸。前耳常缩小，后耳亦小，近三角形。壳顶大而圆，突出在长直的铰边之上；壳咀正转。右壳前耳长三角形。足丝凹口浅；后耳甚小。壳面有细放射线和同心线。韧带区狭，扁三角形，后斜的弹体窝位于其中央。

分布及时代：亚洲、欧洲等；三叠纪（以中三叠世最繁盛）。

▶▶▶ 琴式厚保海扇 *Asoella illyrica*（Bittner）

壳小，纵卵形，略膨凸（图 4-4-65；地质部南京地质矿产研究所，1982c）。壳顶稍突出铰边之上。两耳小，近三角形。壳面放射脊和同心线清楚，数目众多。

产地及层位：万载县双桥乡大桥东村；中三叠世杨家组。

左侧视，×2

图 4-4-65 *Asoella illyrica*（Bittner）

▶▶▶ 湖北厚保海扇 *Asoella hupehica* Hsü

壳小，近圆形（图 4-4-66；地质部南京地质矿产研究所，1982c）。壳体膨凸很强，壳顶区尤为显著。前耳小，与壳体分界明显；后耳较大，同壳体无清楚界线，壳面具许多二级放射脊，同心饰不明显。

产地及层位：万载县双桥乡大桥东村；中三叠世杨家组。

左侧视，×2

图 4-4-66 *Asoella hupehica* Hsü

◆ 尖鸟海扇属 *Ornithopecten* Cox，1962

壳小，近圆形，不斜到微前斜。左壳顶不凸。前耳小，后耳翼状，略尖成锐角，与壳体界限不好分。右壳前耳大，其下有浅到深的足丝凹口，大多数种边缘凹曲下有浅凹。壳饰有间距很窄的放射脊，并有间生放射脊及同心片。

分布及时代：亚洲、欧洲、北美洲；三叠纪。

▶▶▶ 细瘤尖鸟海扇 *Ornithopecten tuberculata* Li

壳近圆形，扁平，铰线直长，壳顶位置略靠前端（图 4-4-67；地质部南京地质矿产研究所，1982c）。右壳前耳大，发育成水平翼状，耳凹显著，足丝凹口明显；后耳大，宽平，与壳体分界不明显。左壳壳咀稍突出铰线之上。前耳小；后耳大，尖翼状。壳面具二级不同强度的放射线，常被同心线所切而成细瘤状，并使壳面呈细格子状，两耳以放射脊为主，同心线弱。

产地及层位：宜春市柏木乡柏木村；早三叠世殷坑组。

右侧视，×2

图 4-4-67 *Ornithopecten tuberculata* Li

◆假髻蛤科 Pseudomonotidae Newell，1938
◆克氏蛤属 *Claraia* Bittner，1901

近圆形轮廓。前斜或近不斜，不等壳。左壳较凸，壳顶位于前端。壳面具有同心线，有的有放射线。后耳较大，但不延伸，与壳顶部分界不是很明显；前耳小而发育或缺失。右壳扁平，前耳下足丝凹口显著，有的存在固着痕。铰边直，长度小于壳长很多。

分布及时代：亚洲、欧洲、美洲及大洋洲；早三叠世。

>>> 王氏克氏蛤 *Claraia wangi*（Patte）

壳圆形（图 4-4-68；地质部南京地质矿产研究所，1982c）；右壳前耳小而尚显，与壳体非常靠近，因而足丝凹口不是很清晰。铰线直而短，壳面具极细而均匀的同心线。

产地及层位：萍乡市；早三叠世殷坑组。

左侧视，×1.5

图 4-4-68　*Claraia wangi*（Patte）

>>> 湖南克氏蛤 *Claraia hunanica*（Hsü）

壳倾斜（图 4-4-69；地质部南京地质矿产研究所，1982c）。壳顶靠前，膨凸。两耳与壳顶以陡的凹陷分开，前耳小，后耳扁平。壳面有许多扁平的放射脊并插入细的放射线。壳顶区放射线细微；后耳区域的同心线十分细。

产地及层位：上饶县；早三叠世铁石口组。

a：右外模，×1.5　　　　　　b：左视图，×2

图 4-4-69　*Claraia hunanica*（Hsü）

>>> 带耳克氏蛤 *Claraia aurita*（Hauer）

斜卵形，壳顶区膨凸，位于前端（图 4-4-70；地质部南京地质矿产研究所，1982c）。壳面有许多规则清楚的同心脊，无放射饰纹。左壳前耳短小而显，后耳宽大。

产地及层位：铅山县局里村；早三叠世铁石口组。

左侧视，×1

图 4-4-70　*Claraia aurita*（Hauer）

》》》萍乡克氏蛤 *Claraia pingxiangensis* Li

壳纵卵形,强烈后斜,前边短,后腹边颇伸长,但不成角状(图 4-4-71;地质部南京地质矿产研究所,1982c)。壳顶大,稍突出铰边之上。壳嘴位置近前端。右前耳小而显,其下足丝凹口狭窄而不清晰;后耳大,扁平。左前耳不显,后耳大,与壳体无明显分界。壳面有细的同心线。壳顶区同心线十分细弱。未见放射线。

产地及层位:萍乡市长平乡战山村;早三叠世殷坑组。

a:右侧视,×1　　　　　　　　b:左侧视,×1

图 4-4-71　*Claraia pingxiangensis* Li

》》》射饰克氏蛤 *Claraia stachei* Bittner

壳纵卵形,左壳稍比右壳膨凸(图 4-4-72;地质部南京地质矿产研究所,1982c)。后耳颇大,与壳体无明显分界,其上无放射脊;右前耳小而明显,足丝凹口清晰。壳面放射脊发育均匀,有 30~40 根,在壳中部发育最强。同心线细,在前后两耳区域显著。

产地及层位:宜春市柏木乡柏木村;早三叠世殷坑组。

左侧视,×1.5

图 4-4-72　*Claraia stachei* Bittner

》》》江西克氏蛤 *Claraia jiangxiensis* Li

壳长卵形,纵向延伸较长;壳高是壳长的 1.5 倍,略倾斜,顶轴角 70°~80°(图 4-4-73;地质部南京地质矿产研究所,1982c)。前边与后边几乎平行,铰边直,稍短于壳长。壳嘴位于前端。左壳顶膨凸,突出铰边之上。两耳不发育。右前耳小而明显,具狭窄的足丝凹口。壳面有许多细而规则的同心线和同心纹。

产地及层位:萍乡市;早三叠世殷坑组。

a:右侧视,×1.5　　　　b:右侧视,×1.5　　　　c:右侧视,×1.5

图 4-4-73　*Claraia jiangxiensis* Li

◆ 日月海扇科 Amussiidae Ridewood，1903
　◆ 光海扇属 *Entolium* Meek，1865

本属颇似股海扇，但壳体两边十分对称，边缘圆，不倾斜，两耳耸出在铰边上的程度较小，无足丝凹口。

分布及时代：亚洲、欧洲、北美洲等；中生代。

盘光海扇 *Entolium discites* Schlotheim

壳圆形，中等大小，中等膨凸（图 4-4-74；地质部南京地质矿产研究所，1982c）。壳顶角至少 90°。铰边直。两耳较宽，接近于相等。自壳顶两侧各有一弱的凹沟射向前后边。壳面具同心饰。

产地及层位：上饶市田墩乡田墩村；早三叠世铁石口组。

a：右侧视，×2　　　b：右侧视，×2　　　c：左侧视，×3

图 4-4-74 *Entolium discites* Schlotheim

斜形光海扇 *Entolium obliquus* Li

壳小，扁平，斜卵形，强烈前倾（图 4-4-75；地质部南京地质矿产研究所，1982c）。高大于长，长约等于高的 1/2。壳顶尖，位置位于中央稍靠前，略突出铰边。铰边直，为壳长的 1/3。顶轴角约 65°。两耳呈三角形，与壳体有很深的耳凹相隔。前耳尖角状伸出，后耳略大。壳面光滑，靠腹边缘有弱同心线。

产地及层位：上饶市田墩乡田墩村；早三叠世铁石口组。

右侧视，×3

图 4-4-75 *Entolium obliquus* Li

◆ 股海扇属 *Pernopecten* Winchell，1865

壳圆，前斜或不斜。耳分化明显；右壳背边直，且低平；左壳两耳超过背边甚多，呈尖三角形。自壳顶向前后边发育两条壳面凹陷，后壳面凹陷通常较长。成年期足丝凹口及足丝凹曲退化消失。前后端具明显的张开。右壳铰合构造除中央三角形弹体窝外，其前后各发育一平行于背边的铰棱，左壳有两条铰棱。耳棱发育，为粗的短棒状。

分布及时代：世界各地；石炭纪—二叠纪。

》》梨形股海扇 *Pernopecten piriformis* Liu

壳小，纵向延伸，背边短（图 4-4-76；地质部南京地质矿产研究所，1982b）；两耳狭。壳面及两耳有同心线。

产地及层位：丰城市梅仙岭村；晚二叠世乐平组。

a：左侧视，×1.5

b：右侧视，×3

图 4-4-76 *Pernopecten piriformis* Liu

◆ 锉蛤超科 **Limacea** Rafinesgue，1815
　◆ 锉蛤科 **Limidae** Rafinesgue，1815
　　◆ 古锉蛤属 *Palaeolima* Hind，1903

壳较小，斜卵形。后斜。中等至稍膨凸，接近于等壳。壳顶小而尖，位置靠近背边中央。壳面光滑或具放射饰。耳小，扁平，无足丝凹口。两壳的壳顶下各具一深的韧带槽。无齿（?）。

分布及时代：世界各地；石炭纪—二叠纪。

》》安福古锉蛤 *Palaeolima anfuensis* Li et Ding

壳小，近圆形（图 4-4-77；地质部南京地质矿产研究所，1982b）。左壳较膨凸，中部尤甚。铰边长而直，略短于壳长。壳顶位于中央，不突出铰边。两耳稍大，近等。前、后壳顶脊清晰。壳面有二级较规则的放射脊，数目较多，脊间沟宽，间距近等。壳面同心线细弱，前耳同心线较明显。

产地及层位：安福县哑岭村；晚二叠世乐平组。

右内模，×3

图 4-4-77 *Palaeolima anfuensis* Li et Ding

》》江西古锉蛤 *Palaeolima jiangxiensis* Li

壳小，稍膨凸，前部较长（图 4-4-78；地质部南京地质矿产研究所，1982c）。两耳小而明显，近等。壳顶尖，位置靠近中央，不突出铰边之上。放射脊扁圆，约 28 根，每 2 根成束，脊间沟内间生数目不等的放射线。腹边有细弱同心线。

产地及层位：萍乡市；早三叠世殷坑组。

右侧视，×3

图 4-4-78 *Palaeolima jiangxiensis* Li

◆壳菜蛤超科 Mytilacea Ferussac，1822
◆壳菜蛤科 Mytilidae Rafinesgue，1815
◆前壳菜蛤属 *Promytilus* Newell，1942

壳斜延，薄。壳顶位前端，壳嘴与前端突部分都较尖而狭。前壳突明显分化，以宽而明显的壳面凹陷与壳体分开。壳面凹陷伸至前边并形成显著的足丝弯曲。前壳顶脊圆，明显。铰齿与壳菜蛤相同。

分布及时代：亚洲、欧洲、美洲；石炭纪—二叠纪。

▶▶▶ 剑形前壳菜蛤 *Promytilus ensiformis* Li et Ding

壳中等大小，剑形，斜向延伸（图 4-4-79；地质部南京地质矿产研究所，1982b）。铰边直，约为壳长的 2/3。壳顶小，近前端。前壳叶小而明显，略向前突出。后背边略直，前腹边圆弧状。壳顶脊弱，壳面有细密的同心线，以壳面中部尤为明显。

产地及层位：高安市枧溪村；晚二叠世乐平组。

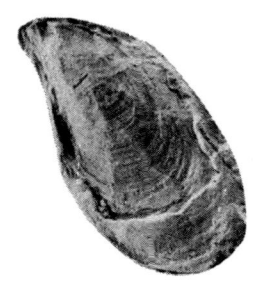

右内模，×2

图 4-4-79 *Promytilus ensiformis* Li et Ding

◆壳菜蛤属 *Mytilus* Linne，1758

壳薄，较长的梯形或类似梯形轮廓。沿斜方向发育，斜度通常超过 45°。前壳突，大多发育很差，壳顶位于最前或近于最前端。壳面无放射壳饰。壳顶之下有时有 1~2 个小齿突。韧带半在外，狭而长，超过铰边长度的 3/4，有时等于铰边全长。

分布及时代：世界各地；三叠纪至现代。

▶▶▶ 腿形壳菜蛤先驱亚种 *Mytilus eduliformis praecursor* (Frech)

壳倾斜延伸，膨凸较缓（图 4-4-80；地质部南京地质矿产研究所，1982c）。前端尖锐，背边呈较缓的弯曲状，并与后边连合成宽圆形。壳顶位于前顶端，微向前弯曲。

产地及层位：万载县双桥乡大桥东村；中三叠世杨家组。

a：左侧视，×3　　　　　　　　b：右侧视，×3

图 4-4-80 *Mytilus eduliformis praecursor* (Frech)

◆贫齿目 Desmodonta Neumayr, 1883
　　◆前鸟蛤超科 Praecaradiacea Hörnes, 1884
　　　　◆前鸟蛤科 Praecaradiidae Hörnes, 1884
　　　　　　◆坟头蛤属 *Fentounia* Liu, 1983

壳中等至大，近圆形或斜圆形。壳薄、适度穹突。壳嘴内卷，前转，位于壳体前部。壳面光滑，或具同心线。外韧带，后韧式。内部构造不详。

分布及时代：江苏、江西、安徽、浙江；中志留世。

卷喙坟头蛤 *Fentounia helicorostrata* Liu

壳中等大小，斜圆形（图 4-4-81；地质部南京地质矿产研究所，1982a）。前端略狭圆，前腹边斜伸；后端宽钝；背边略平。壳薄，适度膨胀，壳顶区穹突较强，壳顶宽，位于壳长中部稍前，壳嘴内卷强。壳面具同心细线。跨韧式，后韧带。内部构造未明。

产地及层位：武宁澧溪镇；中志留世坟头组。

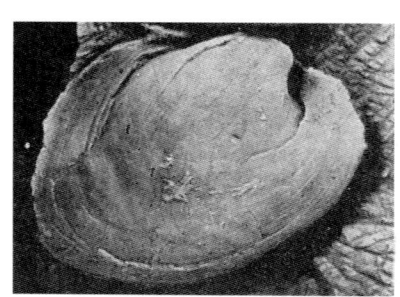 

a：右壳内模，×1.5　　　　　　　　　　　　b：左壳，×1.5

图 4-4-81　*Fentounia helicorostrata* Liu

◆卵石蛤超科 Edmondiacea King, 1850
　　◆后直蛏科 Orthonotidae S. A. Miller, 1877
　　　　◆后直蛏属 *Orthonota* Conrad, 1841

壳蛏形，狭而横长，壳长为壳高的 4 倍以上。等壳，不等侧，前端高度小于后端。背腹边接近于平行。壳顶靠近前端，壳嘴正转。后壳顶脊明显，其后可另有褶脊。中部壳面具有微向后斜伸的壳面凹陷。壳面具同心圈及同心线，向后明显增强。后端微张开。

分布及时代：亚洲、欧洲和北美洲；中奥陶世—中泥盆世。

沿边后直蛏 *Orthonota perlata* Barrande

壳稍小，横长（图 4-4-82；地质部南京地质矿产研究所，1982a）。前边狭，后边宽，末端成直切状。后背边长而直；腹边中部略内凹。壳顶略宽，不甚明显，与前端的距离约为壳长的 1/3。壳嘴尖，内曲。壳顶脊狭圆。壳面的中央凹陷宽。小月面短；盾纹面狭长。壳面有不规则的同心脊圈。

产地及层位：武宁县澧溪镇；中志留世坟头组。

a：左侧视，×1.5

b：背视，×1.5

c：右侧视，×1.5

图 4-4-82 *Orthonota perlata* Barrande

◆ 笋海螂超科 **Pholadomyacea** Gray，1847

◆ 笋海螂科 **Pholadomyidae** Gray，1847

◆ 变带蛤属 *Wilkingia* Wilson，1959

壳小至中等，等壳不等侧，横卵形。壳顶位近前端，后壳顶脊弱。自壳顶向腹边有的具有一宽而浅的壳面凹陷。具盾纹面及小月面。后端微张开或无张开。壳面具同心纹及同心线。后部有时具明显的瘤疹状突起。两闭肌痕浅，外套湾浅。无齿。

分布及时代：世界各地；石炭纪—二叠纪。

▶▶▶ 丰城变带蛤 *Wilkingia fengchengensis* **Li et Ding**

壳中等大小，强烈膨凸，最大凸度位于壳面中上部（图 4-4-83；地质部南京地质矿产研究所，1982b）。壳顶宽，突出于铰边之上。壳嘴内曲，位置靠近前端。前腹边宽圆形，腹边微凸，后部缩狭，后边略斜切。壳面具规则的同心脊。

产地及层位：丰城市梅仙岭村；晚二叠世乐平组。

a：左侧视，×1.5

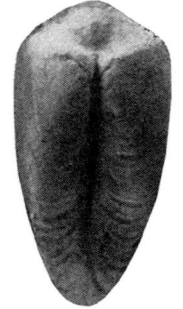

b：顶视，×1.5

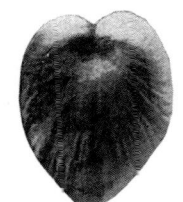

c：前视，×1.5

图 4-4-83 *Wilkingia fengchengensis* Li et Ding

◆腹足纲 Gastropoda
　　◆前鳃亚纲 Prosobranchia
　　　　◆古腹足目 Archaeogastropoda Thiele, 1925
　　　　　　◆神螺科 Bellerophontidae Mc'coy, 1851
　　　　　　　　◆神螺属 *Bellerophon* Montfort, 1808

壳体左右对称，圆球形。壳口椭圆形，略扩大，裂口深；裂带明显，有的背侧中部具钝突的旋脊。脐孔为内唇的加厚壳质所覆盖。壳面仅饰有生长线，偶尔具彩色花纹。

分布及时代：世界各地；奥陶纪—三叠纪。

詹氏神螺（相似种）*Bellerophon* cf. *jonesianus* Koninck

壳接近于球形，最大直径（11.30mm）与口部的横径（10.80mm）几乎相同（图4-4-84；余汶等，1963）。体环较宽圆，其上仅有一微突起的钝脊。不完全包旋，脐孔中大。壳面光滑，或具有从脐部向后弯曲的细鳞状生长线。

产地及层位：彭泽县镜子山；中二叠世茅口组。

a：口视，×1　　　　b：侧视，×2　　　　c：背视，×2

图4-4-84　*Bellerophon* cf. *jonesianus* Koninck

◆轴线螺科 Poleumitida
　　◆轴线螺属 *Poleumita* Clarxe and Ruedemann, 1903

脐缘略呈角状。壳口不很斜。壳饰有相间分布的粗旋脊及细旋线，它们与密集而弯曲的生长线相交。

分布及时代：欧亚大陆及北美；奥陶纪? 志留纪—泥盆纪。

沾益轴线螺（?）*Poleumita* (?) *changyiensis* Grabau

螺塔低，由4个迅速增长的螺环所组成，螺环旋绕低于周缘（图4-4-85；余汶等，1963）。缝合线深陷，顶角约 90°。螺环面圆或略扁平，具有不等距的旋脊 5 条或 6 条，旋脊之间偶尔有细旋线。位于周缘上的 2 条旋脊可能为裂带的所在。壳口圆形。脐孔宽大且深。

产地及层位：武宁县浬溪；中志留世坟头组。

背视，×3

图 4-4-85 *Poleumita*（?）*changyiensis* Grabau

◆ 炼房螺科 **Hormotomidae Wenz，1938**

◆ 炼房螺属 *Hormotoma* **Salter，1859**

螺塔高，螺环凸圆。壳口狭窄，椭圆形，上端角状，下部圆；外唇具宽深的缺凹；内唇扭曲。裂带位于螺环中部或下部；脐孔窄小且被覆盖。壳饰明显。

分布及时代：世界各地；奥陶纪—泥盆纪。

▶▶▶ 曲靖炼房螺 *Hormotoma kütsingensis* **Grabau**

壳小而细长，由 7~8 个被较深的缝合线所分隔的螺环组成（图 4-4-86；余汶等，1963）。顶角约 15°。保存为内模的螺环呈圆形，螺环中部有一条隐约可见的旋棱，在旋棱上有一条不明显裂带。此外尚有少数细的旋纹。

产地及层位：武宁县浬溪；中志留世坟头组。

 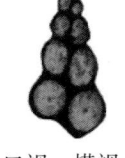

b：口视，横视，×3

a：口视，×3

图 4-4-86 *Hormotoma kütsingensis* Grabau

◆ 锥子螺科 **Subulitidae Lindström，1884**

◆ 小沟螺属 *Soleniscus* **Meek & Worthen，1861**

纺锤形、卵形或椭圆形。壳面光滑，体环大，胀凸。口缘不完整，前端宽沟。壳轴具尖锐的褶皱。

分布及时代：中国、苏联及北美；泥盆纪—二叠纪。

▶▶▶ 瘦小小沟螺（相似种）*Soleniscus* cf. *anguliferus*（White）

壳小，螺塔微突，螺环 5 个，迅速增高、增大，壳口较小且狭（图 4-4-87；余汶等，1963）。

产地及层位：乐平市；晚二叠世乐平组。

a：背视，×1　　b：口视，×1

图 4-4-87 *Soleniscus* cf. *anguliferus*（White）

◆ 中腹足目 Mesogastropoda
◆ 水螺科 Hydrobiidae Fisher, 1885
◆ 近水螺属 *Parhydrobia* Cossmann, 1913

壳小,窄塔形至近柱形,壳顶钝,具8~10个缓慢且规则增长的螺环。螺环面凸且光滑。缝合线深。末螺环似圆形。脐孔狭窄。壳口小,卵形,上端无角状,口缘薄,轴光滑且凹下。

分布及时代:亚洲、欧洲、美洲;晚白垩世至古近纪。

>>> 瘦近水螺 *Parhydrobia macilenta* Yü

壳小,塔锥形,具螺环7~9个(图4-4-88;余汶等,1963)。螺环增长缓慢且有规则。螺环面圆凸,缝合线深。末螺环高大,约占壳高的1/3,周缘凸圆,向底部逐渐缩小。壳口下斜,卵圆形,外唇薄,呈弧形;壁唇翻贴在末螺环壁上,轴唇翻转,近于直。具脐缝。壳面饰有生长线。

产地及层位:武宁县王埠;古近纪武宁群。

a:口视,×3　　　　　　　　　b:侧视,×3

图4-4-88 *Parhydrobia macilenta* Yü

◆ 河边螺科 Amnicolidae
◆ 斯氏旋螺属 *Stantonogyra* Yen, 1946

壳中大,长卵形,螺塔高起,末螺环迅速增大且明显下降。螺环微凸。具脐孔。壳面饰有明显旋棱和生长线。壳口宽卵形,口缘连续,外唇薄,上部微收缩,壁唇少许厚,轴唇呈弧形。

分布及时代:中国、美国;白垩纪。

>>> 旋纹斯氏旋螺 *Stantonogyra spiralis* Yü

壳小,锥形,仅保存下部3个螺环(图4-4-89;余汶等,1963)螺环迅速增大,环外侧圆凸,缝合线深。底部凸,具脐孔。壳口圆卵形,口缘厚且完整。壳面饰有生长线和旋线。生长线细,旋纹细密,粗细两组,相间排列。

产地及层位:新余市马洪乡;晚白垩世龟峰群。

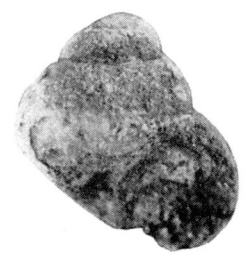

a：口视，×5　　　　　　　　　　　　　　b：背视，×5

图 4-4-89　*Stantonogyra spiralis* Yü

◆ 河边螺属 Genus *Amnicola* Could et Haldeman，1841

▶▶▶ 樟树河边螺 *Amnicola zhangshuensis* Wu

壳体较小，圆卵形（图 4-4-90；吴乃琴，1989）。由 4~5 个螺环组成。螺荟低圆锥形，壳顶小而尖。螺塔部各螺环增长缓慢且均匀，壳顶生长极慢，从第二螺环起生长开始加快，各环的宽度均为高度的 2 倍多，螺环面圆凸，缝合线深陷。有的标本在末第二螺环上具微弱的生长线。末螺环近圆形，圆凸。周缘面圆，延至底部。底部圆，具脐隙。壳口梨形，周缘连续，外唇薄，呈弧形，壁唇弯曲略翻转，贴于末螺环上，轴唇近于直，下端宽圆。末螺环上饰有细的生长线，近壳口处有 1~2 条较粗的生长线。壳口上具有口盖。口盖钙化强烈，细弱的旋线不清，角质，左旋，瓜子形，属螺旋型亚旋族。背面中部稍偏前，凹陷明显。核部不清，背面后部旋线较粗，周缘宽。

产地及层位：江西清江县（现樟树市）；临江组一段至三段。

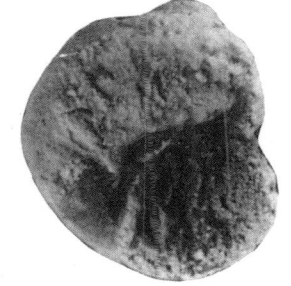

a：口视，×15　　　　　　b：背视，×15　　　　　　c：口视，×12

图 4-4-90　*Amnicola zhangshuensis* Wu

◆ 狭口螺科 Stenothyridae

◆ 恒河螺属 Genus *Gangetia* Ancey，1890

▶▶▶ 侧凸恒河螺 *Gangetia gibba* Wu

壳小，卵锥形（图 4-4-91；吴乃琴，1989），由 4~5 个螺环组成。壳顶小而尖。螺塔锥形，约占壳高的 1/3。各螺环增长规则且缓慢。螺环宽度约为高度的 2.5 倍，螺环面宽圆，上斜面平缓，缝合线深陷。末螺环极胀凸，呈卵形，腹侧显著突起。壳口斜卵形，口缘连续，薄而简单。脐呈缝状。壳面光滑，仅在腹侧上饰有微弱的生长纹。壳口上具口盖、口盖角质，半透明，属螺旋型亚旋族。背面中部偏前，凹陷明显，核部旋绕规则，左旋。背面后部的旋线较粗，向前逐渐变细，周缘宽。

产地及层位：江西清江县（现樟树市）；临江组二段。

a：口视，×12　　　　　　　　　　　b：背视，×12

图 4-4-91 *Gangetia gibba* Wu

◆狭口螺属 Genus *Stenothyra* Benson，1856
》》清江狭口螺 *Stenothyra qingjiangensis* Wu

壳体小，卵锥形（图 4-4-92；吴乃琴，1989），由 4 个螺环组成。螺塔锥形，中等突起。壳顶小而尖。各螺环增长均匀缓慢。第一、第二螺环生长慢，第三螺环起生长加快，螺环的宽度较之高度增长更大。螺环面宽凸或略平。缝合线清楚。末螺环极膨胀，高大，周缘面凸圆，并向底部逐渐延伸。底部圆。无脐。壳口小，近圆形。口缘薄，外唇略破损，内唇圆弧形并略加厚，壳面光滑。

产地及层位：清江县（现樟树市）；临江组二段、三段。

a：口视，×12　　　　　　　　　　　b：背视，×12

图 4-4-92 *Stenothyra qingjiangensis* Wu

◆豆螺科 Bithyniidae Fisher，1885
◆豆螺属 *Bithynia* Leach，1818

壳小，卵锥形，螺环圆凸。壳面光滑或具旋向纹饰。末螺环凸胀。脐孔有或缺失。壳口卵形。分布及时代：世界各地；侏罗纪—现代。

》》》曲口豆螺 *Bithynia loxostoma* Wang

壳体锥形，较大，由 6 个螺环组成，螺环凸（图 4-4-93；余汶等，1963）。螺塔部的螺环偶尔有休止期形成的粗脊。缝合线深。末螺环增长迅速，超过壳高的 1/3。壳面生长线明显，近壳口处出现两级生长线。壳口卵形，口缘厚，外唇中部出现一弯曲。具脐缝。

产地及层位：武宁县；古近纪武宁群。

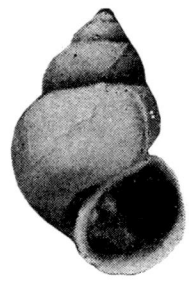

a：口视，×3　　　　　　　　b：侧视，×3

图 4-4-93　*Bithynia loxostoma* Wang

》》》袁水豆螺 *Bithynia yuanshuiensis* Wu

壳体小，卵锥形或长卵形（图 4-4-94；吴乃琴，1989），螺塔低，宽圆锥形。顶角 70°~75°。由 3~4½ 个螺环组成。各螺环增长均匀缓慢，螺环面宽圆成凸圆。上斜面斜或宽圆。壳顶小而突

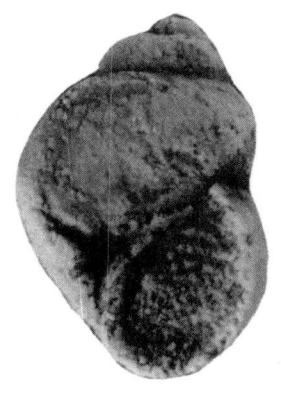

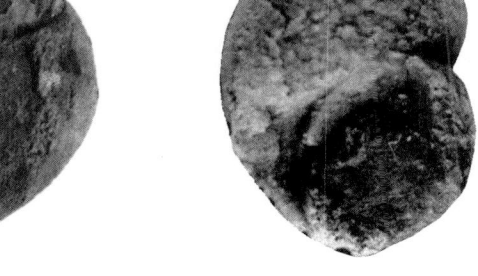

a：口视，×12　　　　　b：背视，×12　　　　　c：口视，×12

图 4-4-94　*Bithynia yuanshuiensis* Wu

起。第一螺环小即壳顶。第二螺环的宽度为高度的 2 倍多。第三螺环与第二螺环相比，凸度不变，宽高比为 2.5 或 3。缝合线深呈浅沟状。末螺环胀凸，呈卵形，占整个壳高的 3/4。最大宽度在周缘处，周缘面圆凸，近缝合线处圆浑。底部圆。具脐孔或脐缝。壳口卵圆形或是梨形，上端锐角状，下端圆。口缘连续，外唇薄，呈宽弧形，壁唇斜直或贴伏于末螺环上，与较斜的轴唇形成大于 90°的钝角。口缘加厚稍翻卷。壳面光滑，无生长线保存。口盖旋轮型。角质，半透明。与壳口等大，紧紧封闭住壳口。外唇边凸，外圈适度宽，边缘加厚。内圈旋线少而细。核位于前端近轴唇处。

产地及层位：清江县（现樟树市）；临江组一段至三段。

◆微黑螺科 Micromelaniidae
◆前贝加尔螺属 *Probaicalia* Martinson，1949

壳小，细长，塔形或宽锥形。具 5~13 个螺环。螺环凸或平。壳面饰有细生长线，有的种具有显著的旋棱。壳口小，椭圆形，无脐。

分布及时代：亚洲、欧洲；晚侏罗世—白垩纪。

⋙ 格氏前贝加尔螺 *Probaicalia gerassimovi*（Reis）

壳中大，塔形，具 10~11 个螺环（图 4-4-95；余汶等，1963）。壳顶钝圆，早期螺环规则增长，且饰有 2 条明显的旋棱，旋棱分别位于螺环的上、下侧。上旋棱与上缝合线之间的螺环面倾斜；上、下旋棱之间平凹；下旋棱与下缝合线之间的螺环面倾斜。末螺环略高大，饰有 3 条等距分布的粗旋棱，第三条旋棱位于底部边缘，底部平凹，无脐。缝合线深且微斜。壳口破损。

产地及层位：弋阳县葛溪乡；早白垩世冷水坞组。

a：背视，×6

b：背视，×5

图 4-4-95 *Probaicalia gerassimovi*（Reis）

⋙ 维其姆前贝加尔螺 *Probaicalia vitimensis* Martinson

壳小，高锥形，约具 6 个规则增长的螺环（图 4-4-96；余汶等，1963）。壳顶圆钝，螺塔高锥形,早期螺环中部饰有 2 条旋棱。缝合线深。上缝合线和上旋棱之间明显倾斜,2 条粗旋棱之间的螺环面明显凹下,下旋棱和下缝合线之间螺环面倾斜。末螺环圆凸,饰有 3 条等距分布的粗旋棱,各旋棱之间略凹下。底部微凸,无脐孔。壳口略破损,近卵形,上端宽角状,下端圆角状。

产地及层位:贵溪县毫纲山乡;晚白垩世周田组。

a:口视,×8　　　　　　　　b:背视,×8

图 4-4-96 *Probaicalia vitimensis* Martinson

◆ **截螺科 Truncatellidae**

　◆ **钝顶螺属 *Obtusospira* Yü,1977**

壳体中等大小,柱锥形,壳顶钝平,螺环 4~5 个。第一个螺环盘旋,后部螺环具 1 条周缘旋棱。壳口近梨形。无脐。壳面饰有生长线和细旋线。

分布及时代:中国;白垩纪。

》》》**周缘棱钝顶螺 *Obtusospira pericarinata* Yü**

壳中等,柱锥形,壳顶钝平,螺环 4 个(图 4-4-97;余汶等,1963)。第一个螺环圆,平旋;第二个螺环增长较快,出现周缘细棱,上斜面平或微凹,下侧面稍内斜。第三螺环周缘棱尖锐,把环外侧分为近相等的两部分。末螺环高大,约占壳高的 1/2。壳口近梨形,旋绕达于周缘之下。口缘厚且完整,上端角状,下部宽圆。无脐。

产地及层位:新余市马洪乡;晚白垩世龟峰群。

a:口视,×5　　　　　　　　b:背视,×5

图 4-4-97 *Obtusospira pericarinata* Yü

◆ 肺螺亚纲 Pulmonata
◆ 基眼目 Basommatophora
◆ 扁卷螺科 Planorbidae
◆ 南方圆螺属 *Australorbis* Pilsbry，1934

壳体大，上下两侧均略凹陷，螺环多。增长缓慢，周缘圆形或角状。壳口斜。
分布及时代：欧亚大陆及南美洲；晚白垩世至现代。

假菊石型南方圆螺假菊石螺亚种 *Australorbis pseudammonius pseudoammonius* (Schlotheim)

壳体破碎，由 7 个缓慢增大的螺环所组成（图 4-4-98；余汶等，1963）。体环增长较快。壳顶微凹陷。壳面具细生长线。
产地及层位：新余市临江；古近纪临江组。

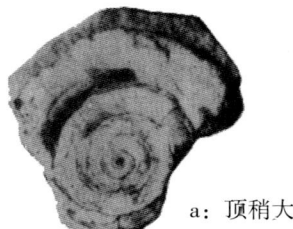 

a：顶稍大   b：底稍大

图 4-4-98 *Australorbis pseudammonius pseudoammonius* (Schlotheim)

◆ 滴螺科 Physidae
◆ 滴螺属 *Physa* Draparnaud，1801

壳体小至大，左旋。多数为膨大的卵形，螺塔低，顶尖。螺环凸，光滑，螺塔部的螺环缓慢增大，末螺环膨大。壳口卵形，上部尖角状，下部圆。外唇缘锐利，轴唇弯曲，轴唇缘适度宽，薄。
分布及时代：亚洲、欧洲、非洲及美洲；晚侏罗世至现代。

垣曲滴螺 *Physa yuanchuensis* Yü

壳体中大，左旋，长卵形（图 4-4-99；地质部南京地质矿产研究所，1982c）。螺塔锥形，顶尖，增长规则。末螺环骤然胀大，螺环面圆凸，并向底部缩小。壳口长卵形，上端角状，下端宽圆。无脐。
产地及层位：新余市临江；古近纪临江组。

a：侧视，×2   b：口视，×2

图 4-4-99 *Physa yuanchuensis* Yü

❯❯❯ 肾形滴螺 *Physa renarria* Wu

壳体小，卵形（图4-4-100；吴乃琴，1989）。左旋，具4个螺环。螺塔低。螺环增长缓慢而均匀。壳顶钝。缝合线深陷且斜。末螺环极胀大，呈卵柱形。壳口大，占壳高的一半，近肾形。轴唇呈"S"形弯曲，近基部处有两条粗的褶曲。无脐。壳面光滑，仅在末螺环上饰有细的生长纹。

产地及层位：清江县（现樟树市）；古近纪临江组第二段上部。

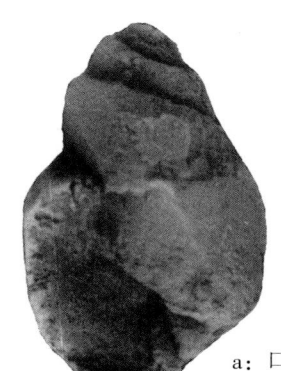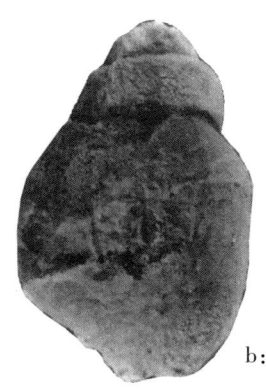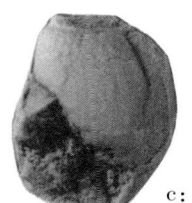

a: 口视，×10   b: 背视，×10   c: 口视，×10

图4-4-100 *Physa renaria* Wu

❯❯❯ 滴螺（未定种）*Physa* sp.

壳体小，卵球形（图4-4-101；吴乃琴，1989）。左旋。壳顶小而钝。具4个螺环。螺塔极低。钝圆锥形。螺环增长均匀缓慢。缝合线深凹。末螺环卵形，高大，周缘凸圆。壳口大，宽耳形。壳表面光滑。

产地及层位：清江县（现樟树市）；古近纪临江组二段上部。

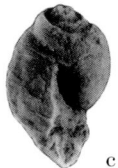

a: 口视，×6   b: 背视，×6   c: 侧视，×6

图4-4-101 *Physa* sp.

◆ 单饰螺属 Genus *Aplexa*，1820
❯❯❯ 单饰螺（未定种）*Aplexa* sp.

壳体小，近纺锤形（图4-4-102；吴乃琴，1989）。左旋。具5~6个螺环。螺塔圆锥形，增长缓慢。末螺环高大而膨凸。壳口近耳形。壳面光滑。

产地及层位：江西清江县（现樟树市）；临江组第二段下、上部，三段。

口视，×6

图4-4-102 *Aplexa* sp.

◆ 柄眼目 Stylommatophora
  ◆ 蛹形螺科 Pupillidae
    ◆ 临江螺属 *Linjiangella* Wu，1989

壳体小到很小，柱形或卵柱形。壳顶钝。具 4~5 个螺环。螺塔低，似盔形或钝锥形。末螺环增长迅速，不膨凸，超过壳高的一半。呈柱形或卵柱形。无脐。壳口小，卵圆形，口内无齿突。壳面饰有生长线和旋线。

分布及时代：中国；始新世。

>>> 奇异临江螺 *Linjiangella peregrina* Wu

壳体微小，柱形或卵柱形（图 4-4-103；吴乃琴，1989）。壳顶钝。具 4 个以上的螺环。壳顶突起，呈盔形或钝圆锥形。缝合线深陷，略斜。末螺环增长极快，不膨凸，超过壳高的一半，呈柱形或卵柱形，周缘面平直或微凸圆。壳口卵圆形，约占壳体高的 1/3，口缘简单，口内无齿突，外唇宽弧形，上端宽角状，下端圆，轴唇略翻卷。无脐孔。壳面纹饰保存较差，生长线仅在末螺环上保存，稀疏略弯曲，在近壳口处较为明显。个别标本见稀疏的旋线。

产地及层位：清江县（现樟树市）；古近纪临江组第三段。

  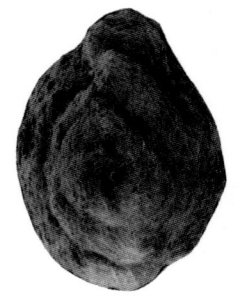

a：口视，×10　　　b：背视，×10　　　c：顶视，×10

图 4-4-103　*Linjiangella peregrina* Wu

◆ 拟蛹形螺属 *Pupoides* L. Pfeiffer，1854
  ◆ 瘦拟蛹形螺亚属 *Ischnopupoides* Pilsbry，1926
    >>> 古老拟蛹形螺 *Pupoides*（*Ischnopupoides*）*antiquus* Yu et Wang

壳小，蛹形，壳顶突起（图 4-4-104；顾和林，1988）。具 5~6 个螺环，最初 3 个螺环增长规则，其后的螺环增长加快，以体螺环增长最为显著。体螺环的高度通常占壳高的 2/3。螺环面宽圆，周缘平圆，缝合线浅。壳表面饰有生长肋和生长线。生长肋粗壮，每螺上约有 24 条，生长线细密地分布在相邻两生长肋之间。壳口卵圆形，较大，轴唇及基唇略向外翻卷，口内无齿状构造。

产地及层位：新余市马洪乡；古近纪新余组。

  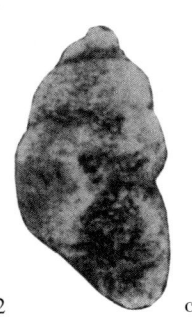 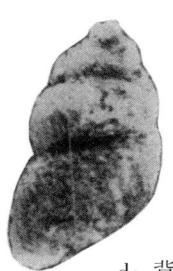

a：口视，×12　　　　b：背视，×12　　　　c：口视，×15　　　　d：背视，×15

图 4-4-104　*Pupoides*（*Ischnopupoides*）*antiquus* Yu et Wang

◆ 雕拟蛹形螺亚属 *Glyptopupoides* **Pilsbry，1926**
▶▶▶ 新余拟蛹形螺 *Pupoides*（*Glyptopupoides*）*xinyuensis* **Gu**

壳体小，卵锥形（图 4-4-105；顾和林，1988）。壳顶尖突。具 4~5 个螺环。最初 2 个螺环生长规则，第 3 螺环起增长迅速，体螺环宽大。螺环面圆凸，周缘圆，缝合线深而宽。壳表面饰有主长线，主长脊不发育。壳口长卵形，壁唇斜。口内无齿状构造。

产地及层位：新余市马洪乡；古近纪新余组。

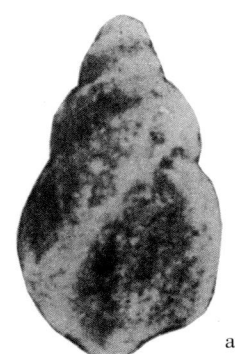 

a：口视，×15　　　　　　　　　　b：背视，×15

图 4-4-105　*Pupoides*（*Glyptopupoidcs*）*xinyuensis* Gu

◆ 瓦娄蜗牛科 **Valloniidae**
◆ 上湖螺属 *Shanghuspira* **Yu，1977**
▶▶▶ 具肋上湖螺 *Shanghuspira costata* **Yu**

壳体小，长圆卵形，螺塔低，壳顶钝（图 4-4-106；顾和林，1988）。具 4½ 个螺环。每个螺环的高宽均以约 2 倍于先前螺环高宽的速度增长。螺环外侧面圆凸，周缘宽圆，缝合线较深。体螺环极膨大，其高度占壳体高度的 3/4。壳口保存不完好，近长卵形，轴唇直长且厚。脐隙不显著。壳表面饰有生长线，横肋不显著。

产地及层位：新余市马洪乡；古近纪新余组。

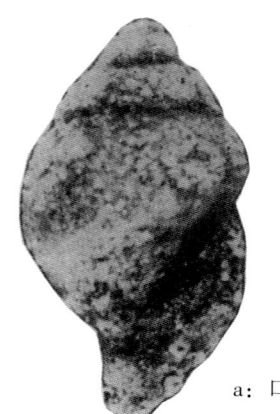

a: 口视，×15　　　　b: 背视，×15

图 4-4-106　*Shanghuspira costata* Yu

◆ 琥珀螺科 Succineidae

　　◆ 琥珀螺属 *Succinea* **Draparnaud**，**1801**

　　　》》》 斜卵形琥珀螺 *Succinea obliquovata* **Wu**

壳体大，极斜长卵形（图 4-4-107；吴乃琴，1989）。具 3½ 个螺环。壳顶小而尖。螺塔极短。开始的 1½ 个螺环为胎壳，小、光滑，螺环面圆。缝合线适度深。末螺环增长极为迅速，几乎为整个的壳高，呈斜长卵形，周缘极胀凸。壳口长卵形，高大，占壳体高的 2/3。脐区凹陷。壳面饰有粗的生长线，呈肋状或索状突起。生长线或肋均弯曲。

产地及层位：清江县（现樟树市）；古近纪临江组三段。

a: 口视，×5　　　　b: 背视，×5

图 4-4-107　*Succinea obliquovata* Wu

◆ 球果螺科 Strobilopsidae

　　◆ 锯唇螺属 *Prionolabium* **Yu**，**1982**

　　　》》》 十褶锯唇螺 *Prionolabium decilamellatum* **Gu**

壳体中等大，低宽锥形（图 4-4-108；顾和林，1988）。螺塔低，壳顶钝，顶角约为 130°。具

6~7个螺环。早期螺环增长慢而规则。末螺环宽度增加显著。螺环外侧面凸，周缘窄圆，略呈角状，上侧面扁平，下侧面稍凸。螺环的旋转紧接其前一螺环的周缘，在末螺环近口处稍下降，缝合线浅。脐区凹，脐孔小，占壳径1/6左右。壳口斜，新月形，口缘完整，口壁厚且稍翻卷，壁唇直，外唇宽弓形。在距口缘6.00~7.00mm处的螺环上有一收缩段，发育有一圈旋褶，其中，壁唇褶6条，以第1和第6条为最弱，其余4条较强壮且略长；在外壁内表面，发育基旋褶8条，腭旋褶2条，基、腭旋褶位于上部者较长，下部接近脐区者则较短。壳表饰有密集而粗的生长线。

产地及层位：新余市马洪乡；古近纪新余组。

a：口视，×4

c：轴切面，×6

b：背视，×4

图 4-4-108 *Prionolabium decilamellatum* Gu

◆ 古球果螺属 *Palaeotrobilops* Gu，1988

壳体小到中等大小，低宽锥形，螺塔低而拱圆，壳顶钝。具6~8个螺环。早期螺环增长缓慢，后期3~4螺环增长显著。螺环圆凸，周缘圆。螺环底部宽圆，脐孔小。壳口全缘式，近半圆形，上端宽圆，下端窄圆。壁唇上发育一条近三角形的壁唇片，并渐向口内尖灭。口内距口缘4.00~5.00mm处发育4~5条壁旋褶、2条腭旋褶和8~9条基旋褶。壳表发育生长线等纹饰。

分布及时代：中国；古近纪。

▶▶▶ 古老古球果螺 *Palaeostrobilops antiquus*（Wang）

壳体小到中等大小，低宽锥形（图4-4-109；顾和林，1988）。螺塔低而拱圆，壳顶钝。具6~8个螺环，最初3~4个螺环增长缓慢而规则，其后的螺环宽度增长很显著。螺环外侧面凸圆，周缘圆。螺环生长均紧接旋绕于其前一螺环的周缘之下。缝合线较浅。体螺环较膨大，在近壳口处略收缩，环下侧面平。壳口斜，近半圆形，上端略宽于下端，全缘式口缘，口唇厚且轻度向外翻卷。口内壁唇的中部偏上处，发育一条近三角形的壁唇片，其长度为 3.00~4.00mm，向口内上侧尖灭。自壳口向口内深约 5.00mm 处，壳体内表面发育一圈长 2.00~3.00mm 的旋褶。其中，壁旋褶 5 条、腭旋褶 2 条、基旋褶 8~9 条。基旋褶通常是近脐孔者较短，近周缘者较长。体螺环底部平凸，脐孔小。壳表面发育生长线，近口缘处间或变成生长肋。

产地及层位：新余市马洪乡；古近纪新余组。

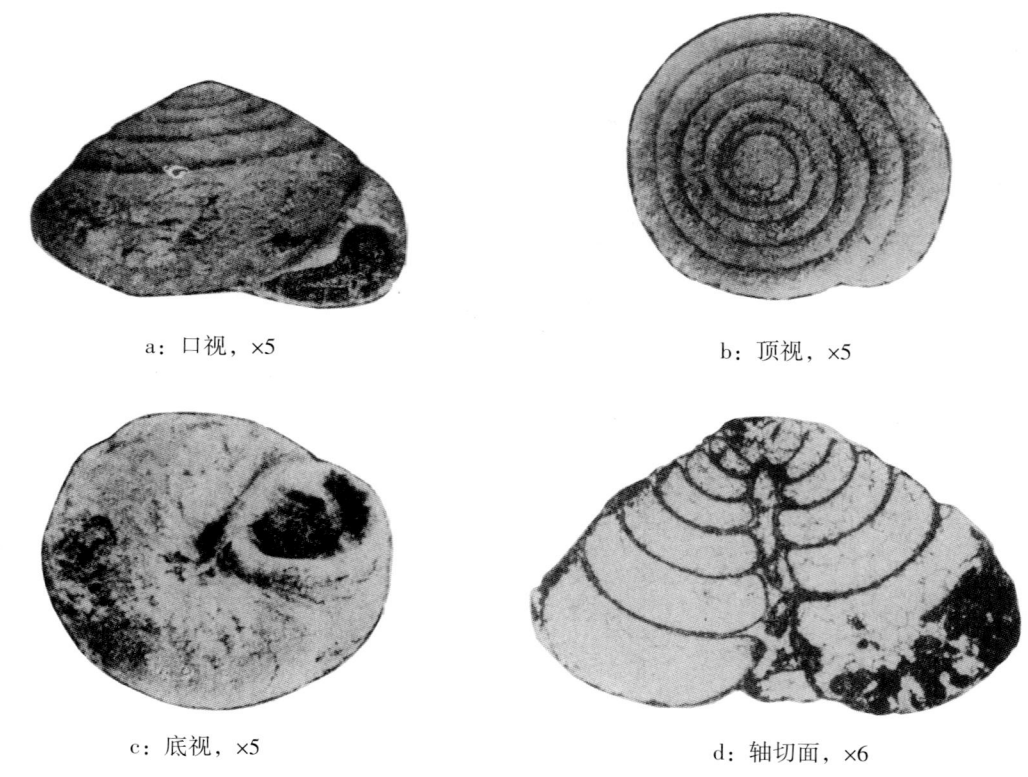

a：口视，×5　　　　　　　　　　b：顶视，×5

c：底视，×5　　　　　　　　　　d：轴切面，×6

图 4-4-109　*Palaeostrobilops antiquus*（Wang）

◆ **盘球果螺属 *Discostrobilops* Pilsbry，1927**

》》》 **周缘棱盘球果螺？ *Discostrobilops*? *pericarinata* Gu**

壳体中等大小，低宽锥形，貌似铁饼（图 4-4-110；顾和林，1988）。螺塔低平，壳顶钝。具规则生长的螺环 7~8 个。螺环面中部偏上方发育角状周缘旋棱。上侧面外倾，略凸，近周缘处则轻度下凹；下侧面平凸，近周缘棱处亦略凹，使周缘旋棱显得突出。螺环生长时紧接其前一螺环的周缘旋棱之下。缝合线浅。体螺环末端近口缘处略向上抬起。壳口小，卵形。外唇因周缘旋棱影响而呈角状。距口缘 3.00~4.00mm 处发育壁旋褶 5 条、腭旋褶 2 条、基旋褶 8 条。2 条腭旋褶及近脐区的第 1、第 2 条基旋褶稍长，其余基旋褶略短。基、腭旋褶常以沟痕形态在内模标本上保存，壁旋褶需经揭露方可见到。体螺环底面宽平，脐区凹，脐孔小。壳体表面发育粗生长线。

产地及层位：新余市马洪乡；古近纪新余组。

图 4-4-110　*Discostrobilops? pericarinata* Gu

》》重褶盘球果螺？ *Discostrobilops? diploptycha* Gu

壳体小到中等大小，低宽锥形，螺塔低（图 4-4-111；顾和林，1988）。具 5~6 个螺环，增长缓慢规则。螺环圆凸，周缘凸。螺环旋绕紧接于周缘之下，缝合线较深。体螺环的增长略显著于先前诸螺环，底部宽圆，脐孔极小。壳口斜，窄长卵形。自壳口向后，螺环外壁内表先后发育两列旋褶。近壳口约 2.00mm 处的一列旋褶，由 2 条腭旋褶和 8 条基旋褶组成。基旋褶自近脐部者向上至

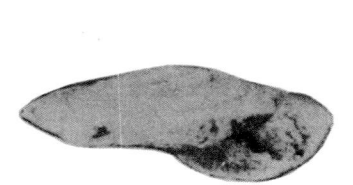
a：口视，×6

b：顶视，×6

c：底视，×6

图 4-4-111　*Disostrobilops? diploptycha* Gu

近周缘处者逐渐由短变长，最近周缘处的第 8 条基旋褶与其上的 2 条腭旋褶基本等长，约为 2.50mm，是最底部的第 1 基旋褶长度的近 3 倍。另一列旋褶发育于自前一列旋褶倒旋 90°处，由 2 条腭旋和 6~8 条基旋褶组成，此列旋褶自下而上基本等长，约 2.00mm，壳体表面发育细弱的生长线，体螺环上的生长线较粗。

产地及层位：新余市马洪乡；古近纪新余组。

◆ 拱顶螺科 Camaenidae
◆ 多雕螺属 *Multiscapta* Yu，1982
》》》新余多雕螺 *Multiscapta xinyuensts* Gu

壳体中等大小，宽锥形（图 4-4-112；顾和林，1988）。螺塔中等高，壳顶钝圆。具 7~8 个螺环。螺环增长缓慢而规则。螺环面圆凸，缝合线较深。体螺环增长显著，其周缘圆凸并略显钝角状。底部宽圆，脐区宽，脐孔较大，其直径略小于壳径的 1/3。壳口大，近卵圆形，略向后下斜。口缘厚且稍向外翻卷。距口缘 5.00~6.00mm 处，螺环外侧显著收缩，收缩带内发育一列斜行排列的旋褶，其中，腭旋褶 2 条，长度为 3.00~4.00mm，基旋褶 9 条，其中近脐部的第 1、第 2 条基旋褶较长，约 4.00mm，向上第 3~5 条基旋褶较短，为 2.00~3.00mm，而第 6~9 条基旋褶复与第 1、第 2 条等长。旋褶在内模标本上表现为沟痕。壳表发育粗生长线。

产地及层位：新余市马洪乡；古近纪新余组。

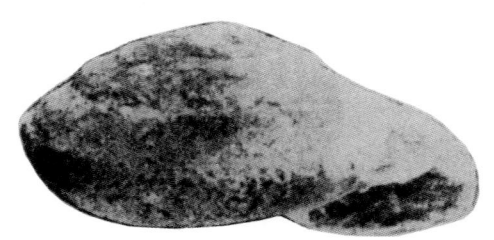

a：口视，×4

 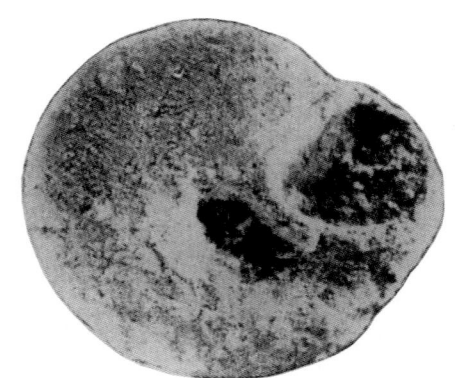

b：顶视，×4　　　　　　　　　　　　c：底视，×4

图 4-4-112　*Multiscapta xinyuensis* Gu

◆头足纲 Cephalopoda

　◆鹦鹉螺亚纲 Nautiloidea

　　◆爱丽斯曼角石目 Ellesmeroceratida Flower，1950

　　　◆爱丽斯曼角石科 Ellesmeroceratidae Kobayashi，1934

　　　　◆彭泽角石属 *Pengzeceras* Chen，1983

个体较大，直壳，直径增长缓慢，横断面亚圆形。体管细小，在腹部近边缘，横断面呈两侧收缩的长圆形。隔壁颈斜领式，连接环增厚。

分布及时代：江西、安徽；早奥陶世早期。

▶▶▶ 卵形彭泽角石 *Penzeceras ovatum* Chen

直径增长缓慢，横断面圆形（图 4-4-113；地质部南京地质矿产研究所，1982a）。体管在腹部近边缘，横断面两侧收缩的卵圆形，腹较背窄些。当壳体背腹直径为 21.50mm 时，相应体管背腹直径为 4.80mm，两侧直径为 3.00mm，与壳壁相距 0.50mm。隔壁颈短，斜领式，连接环增厚。气室排列密集，高 2.00~2.50mm。

产地及层位：德安县葛峰乡；早奥陶世印渚埠组。

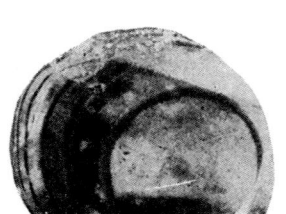
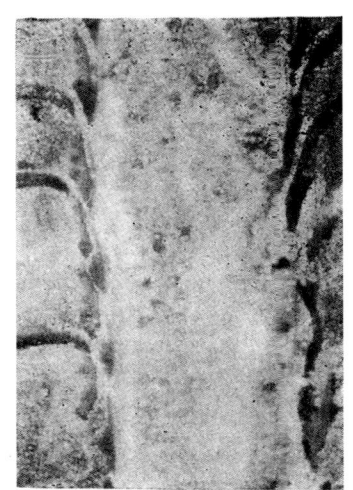

a：横断面，×1　　　　　　　　　b：体管局部放大，×5

图 4-4-113　*Penzeceras ovatum* Chen

◆古圆口角石属 *Eocyclostomiceras* Chen，1983

个体较大，直壳，直径增长缓慢，横断面圆形或亚圆形。体管细小，在腹部的近边缘，横断面圆形。隔壁颈斜领式，连接环增厚状，并呈层状分异。气室低矮，高 2.00~3.00mm。

分布及时代：江西；早奥陶世早期。

腹缘古圆口角石 *Eocyclostomiceras ventrum* Chen

个体大,直壳,直径增长缓慢,横断面圆形(图 4-4-114;地质部南京地质矿产研究所,1982a)。体管在腹边缘,宽为壳径的 1/11。隔壁颈斜领式,长相当气室高度的 1/3。连接环增厚状,并呈层状分异。气室高度近 3.00mm。

产地及层位:德安县葛峰乡;早奥陶世印渚埠组。

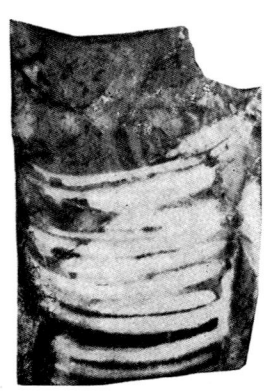 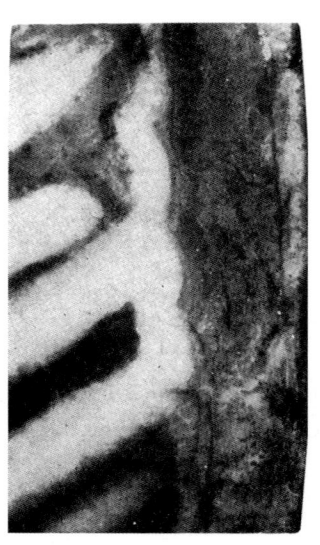

a:纵断面,×1　　　　　　　　　b:局部放大,×5

图 4-4-114　*Eocyclostomiceras ventrum* Chen

亚缘古圆口角石 *Eocyclostomiceras subventrum* Chen

直壳,直径增长缓慢,横断面圆形(图 4-4-115;地质部南京地质矿产研究所,1982a)。体管细小,在腹边缘,与壳壁相距 1.00mm,宽相当壳径的 1/10。隔壁颈斜领式,长相当气室高度的 2/5,连接环向始端增厚。气室高度 2.00mm。

产地及层位:德安县葛峰乡;早奥陶世印渚埠组。

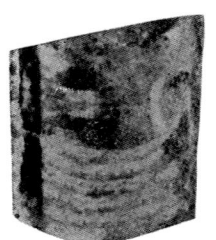 

a:纵断面,×1　　　　　　　　　b:局部放大,×5

图 4-4-115　*Eocyclostomiceras subventrum* Chen

斜壁古圆口角石 *Eocyclostomiceras clinoseptatum* Chen

直壳，扩大率 1:12，横断面圆形（图 4-4-116；地质部南京地质矿产研究所，1982a）。体管在腹边缘，与壳壁 0.60mm 间距，宽相当壳体直径的 1/8。隔壁颈微弱内斜，长相当气室高度的 1/3；连接环粗厚，呈层状分异。气室较低，高 1.50~2.00mm。隔壁由背向腹始端倾斜。

产地及层位：德安县葛峰乡；早奥陶世印渚埠组。

a：纵断面，×1　　　　b：横断面，×1

图 4-4-116 *Eocyclostomiceras clinoseptatum* Chen

半领角石属 *Hemichoanella* Teichert et Glenister，1954

壳直，横断面圆形。体管粗大，在腹边缘。隔壁颈半领式，连接环稍厚于隔壁颈。壳表光滑。缝合线横直，具深窄的腹叶。

分布及时代：中国及澳大利亚；早奥陶世。

坎宁半领角石 *Hemichoanella canningi* Teichert et Glenister

直壳，扩大率 1:7，横断面圆形（图 4-4-117；地质部南京地质矿产研究所，1982a）。体管在腹边缘，直径增长缓慢，其宽度相当壳径的 1/3（始端）到 1/4（前端）。隔壁颈半领式，微弱内斜，连接环稍厚于隔壁颈。气室高 2.00mm。

产地及层位：德安县葛峰乡；早奥陶世印渚埠组。

横断面，×1

图 4-4-117 *Hemichoanella canningi* Teichert et Glenister

直角石目 Orthoceratida Kuhn，1940
假直角石超科 Pseudorthocerataceae Flower et Caster，1935
假直角石科 Pseudorthoceratidae Flower et Caster，1935
乐平角石属 *Lopingoceras* Shimansky，1962

壳表具横环，横断面呈圆形。缝合线平行横环，并且位于两横环之间，与壳体的纵轴相垂直。

体管节呈长椭圆形。

分布及时代：中国南部、苏联、伊朗、南斯拉夫；二叠纪。

›››尖环乐平角石 *Lopingoceras acutanolatum* Zhao，Liang et Zheng

直角石式壳，横断面近圆形（图4-4-118；地质部南京地质矿产研究所，1982b）。气室较高，约为壳径的1/2。两个隔壁之间具高且尖的横环，该环在背部较明显往前弯，至侧部向腹部倾斜。体管小，偏腹部。

产地及层位：丰城市东神岭村、安福北华山；晚二叠世乐平组。

a：腹视，×1.5　　　　　　　　　　b：背视，×1.5

图4-4-118　*Lopingoceras acutanolatum* Zhao，Liang et Zheng

›››乐平乐平角石 *Lopingoceras lopingense*（Stoyanov）

直角石式壳，横切面呈扁圆形（图4-4-119；地质部南京地质矿产研究所，1982b）。气室低，为壳径的1/3~1/4。在两个隔壁之间具微凸的横环，该环在背部微向前弯，在侧部微斜，至腹部微向后弯。体管细，偏中心，近腹部。隔壁颈为弯颈式，体管节呈长椭圆形。

产地及层位：丰城市东神岭村、乐平；晚二叠世乐平组。

a：背视，×2　　　　　　　　　　b：腹视，×2

图4-4-119　*Lopingoceras lopingense*（Stoyanov）

◆头带角石超科 Tainocerataceae Hyatt，1883
◆头带角石科 Tainoceratidae Hyatt，1883
◆丽饰鹦鹉螺属 *Eulomacoceras* Zhao，Liang et Zheng，1978

壳呈厚盘状，半外卷，鹦鹉螺式壳。旋环横断面近方形。腹部宽，微凹。腹侧缘较圆，侧部中等宽，向脐部倾斜。壳面饰有细生长线纹，在腹部具宽舌状腹湾。脐缘上有一列略向后斜伸的长瘤，自该瘤分出2~5条粗细不等的横肋，横肋终止在腹侧缘并在末端相连成粗瘤或由单肋变粗的瘤状物。脐中等或较大，较浅，脐缘呈圆角状。

分布及时代：中国南部；晚二叠世。

⟫⟫⟫ 粗壮丽饰鹦鹉螺 *Eulomacoceras robustum* Zhao，Liang et Zheng

壳体大，近外卷，呈厚盘状，旋环横断面近方形（图 4-4-120；地质部南京地质矿产研究所，1982b）。外旋环前部的腹面相当宽，腹中部微凹，具宽舌状的腹湾。侧部中等宽，向脐部倾斜。壳面饰生长线纹。脐缘上具一排瘤，自此向外生出 2~3 条分叉的、向前弯的肋。腹侧缘具粗高的瘤。脐部较大，脐缘呈圆角状。

产地及层位：高安市孔岭村；晚二叠世乐平组。

a：腹视，×2/3　　　　b：侧视，×2/3

图 4-4-120　*Eulomacoceras robustum* Zhao，Liang et Zheng

⟫⟫⟫ 双肋丽饰鹦鹉螺 *Eulomacoceras bicostatum* Zhao，Liang et Zheng

壳体中等大小，呈盘状，半外卷，鹦鹉螺式壳（图 4-4-121；地质部南京地质矿产研究所，1982b）。旋环横断面近方形。腹部宽。腹侧缘较圆，脐缘上具一列瘤，该瘤至外旋环前部变长且后斜，每个瘤又分出两条横肋，这些肋终止于腹侧缘并在末端结成粗瘤。脐部中等宽，较浅。

产地及层位：高安市孔岭村；晚二叠世乐平组。

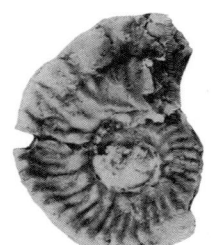

侧视，×1/2

图 4-4-121　*Eulomacoceras bicostatum* Zhao，Liang et Zheng

⟫⟫⟫ 美丽丽饰鹦鹉螺 *Eulomacoceras venustum* Zhao，Liang et Zheng

壳体较大，半外卷，呈盘状（图 4-4-122；地质部南京地质矿产研究所，1982b）。腹侧缘圆，内旋环的脐缘具小且密的褶，由它分出 2 条细斜的"S"形横肋，至外旋环的后部，脐缘上的褶渐变为瘤，外旋环前部脐缘上的瘤分出 4~5 条细密的横肋，该肋在腹侧缘相互交结或单独加粗成瘤状物，壳面上饰细密的生长线纹。

产地及层位：高安市英岗岭村；晚二叠世乐平组。

侧视，×1/2

图 4-4-122　*Eulomacoceras venustum* Zhao，Liang et Zheng

◆触旋角石目 Tarphycerida Flower，1951
　◆轮角石科 Trocholitidae Chapman，1857
　　◆玉山角石属 *Yushanoceras* Chen et Liu，1976

蛇卷式壳，旋环扩大缓慢，彼此接触，横断面肾形。旋环两侧具横肋，由两侧向腹中部逐渐消失。体管细小，在背中之间。

分布及时代：江西；晚奥陶世。

蛇形玉山角石 *Yushanoceras serpentinum* Chen et Liu

壳盘卷状，旋环扩大甚缓，彼此接触，横断面呈肾形，旋环两侧具横肋，向腹中部横肋逐渐消失（图 4-4-123；地质部南京地质矿产研究所，1982a）。体管细，位于旋环背中之间，直径约为壳径的 1/6，脐宽而浅，脐孔大。

产地及层位：玉山县下镇镇；晚奥陶世长坞组。

a: 侧视，×1　　　　　　　　　　b: 腹视，×1

图 4-4-123 *Yushanoceras serpentinum* Chen et Liu

◆轮角石属 *Trocholites* Conrad，1838

壳呈盘旋状，旋环彼此接触不深。壳表具向后方倾斜的成丛状的粗肋。住室甚长，占外旋环的 1/2 或 3/4 长度。旋环横断面呈宽的肾形，宽度大于高度。脐大而脐孔甚小。体管为直角石式，位于背缘或近于背缘。连接环很厚。

分布及时代：世界各地；早奥陶世晚期—晚奥陶世。

下镇轮角石 *Trocholites xiazhenense* Chen et Liu

壳体较小，呈盘旋形。旋环扩大缓慢，住室部分向前微弱收缩，横断面呈肾形，宽大于高（图 4-4-124；地质部南京地质矿产研究所，1982a）。脐部宽浅，直径约为壳径的 1/2。脐孔小。缝合线横直。体管小，位于背缘，直径为旋环背腹径的 1/5。隔壁颈直领式，连接环粗厚，隔壁密度 4~5 个。

产地及层位：玉山县下镇镇；晚奥陶世长坞组。

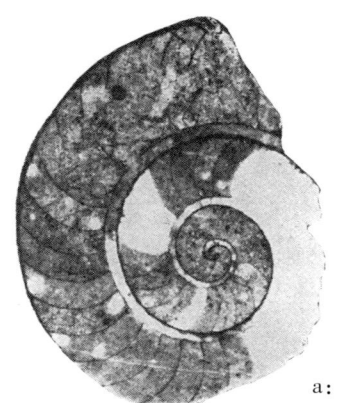
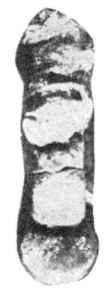

a：纵断面，×2　　　　b：横断面，×1

图 4-4-124　*Trocholites xiazhenense* Chen et Liu

◆ 巴氏角石科 **Barrandeoceratidae Foerste，1925**

◆ 反弯角石属 *Antiplectoceras* **Foerste et Savage，1927**

壳体为盘圈形，由 4 个以上的旋环组成，旋环横断面呈卵形，高长于宽，腹缘尖窄。壳表具向口端弯曲的横肋。

分布及时代：北美洲、中国；晚奥陶世。

》》》 下镇反弯角石 *Antiplectoceras xiazhenense* **Zou**

壳体由 4 个彼此接触的旋环组成，接触带浅（图 4-4-125；地质部南京地质矿产研究所，

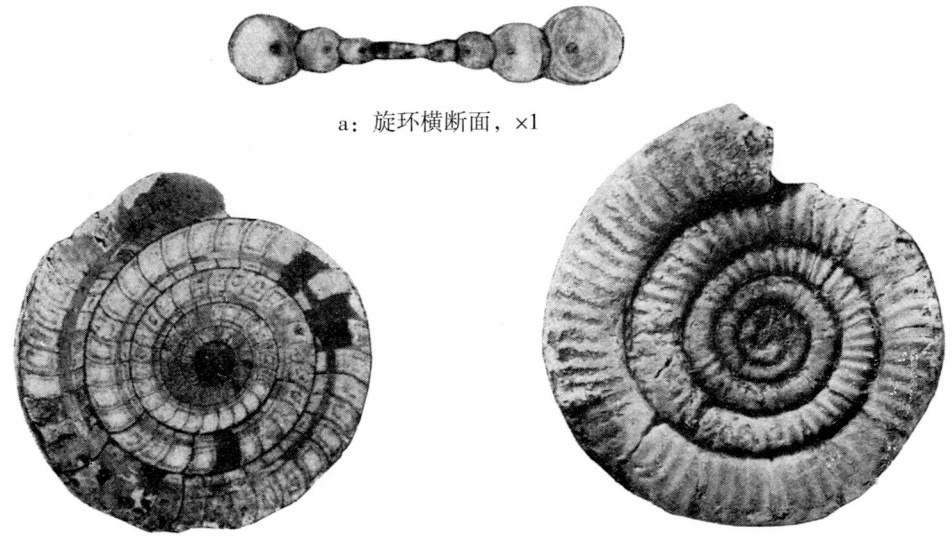

图 4-4-125　*Antiplectoceras xiazhenense* Zou

1982a）。脐部宽浅，脐孔甚小。旋环横断面呈两侧压扁的亚圆形，横肋向口端凹曲，与旋环近垂直，两侧显著，向腹缘逐渐减弱。旋环两侧直径长度内可排列 5 个横肋，背腹直径长度内可排列 6 个。隔壁下凹浅，下凹度不足一个气室的 1/2。体管呈圆管状，位于背缘与中央之间，直径为壳径的 1/5。隔壁颈短直。

产地及层位：玉山县下镇镇；晚奥陶世长坞组。

◆ 内角石亚纲 Endoceratoidea Teichert，1933
　◆ 内角石目 Endocerida Teichert，1933
　　◆ 原房角石科 Protocameroceratidae Kobayshi，1937
　　　◆ 似塔拉斯角石属 *Isotalassoceras* Chen，1983

个体中等大小，微弱内腹弯曲，横断面两侧收缩，体管细小，在腹边缘。隔壁颈微弱内斜，长约为气室高度的 1/3。连接环较薄。体管内迭锥体发育，体房腔细长，其始端中偏背部。

分布及时代：江西；早奥陶世。

>>> 内弯似塔拉斯角石 *Isotalassoceras endogastrum* Chen

壳体微弱内腹弯曲，直径增长率 9:2；横断面背腹压缩，背腹直径与两侧直径之比约为 6:7（图 4-4-126；地质部南京地质矿产研究所，1982a）。体管在腹边缘，与壳壁直接接触，直径增长缓慢，相当壳径的 2/9（始端）到 1/6（前端）的距离。隔壁颈微弱内斜，末端分叉，长约为气室高度的 1/3。连接环较隔壁颈稍厚些。体房腔细长，锥顶在体管中偏背部。气室高 3.00mm，前端 2.00mm。隔壁由腹向背前倾斜。

产地及层位：德安县葛峰乡；早奥陶世印渚埠组。

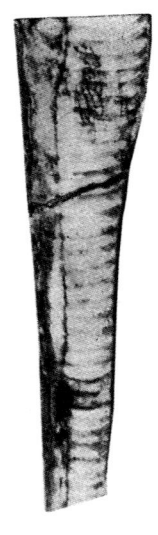 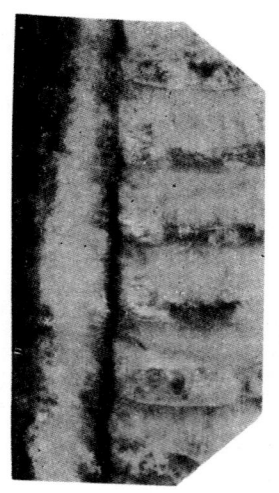

a：纵断面，×1　　　　b：局部放大，×5

图 4-4-126 *Isotalassoceras endogastrum* Chen

◆ 东北角石科 Manchuroceratidae Kobayashi，1933
◆ 长颈角石属 *Dideroceras* Flower，1950

直角石式壳，前断面圆形。体管粗大，在腹边缘或腹的近边缘，隔壁颈长颈式。

分布及时代：世界各地；早—中奥陶世。

▶▶▶ 庐山长颈角石 *Dideroceras lushanense* Chen et Ying

壳直，直径增长缓慢，横断面为圆形（图 4-4-127；地质部南京地质矿产研究所，1982a）。体管在腹边缘，宽为壳径的 1/3~2/7。隔壁颈长 1 个半气室，形状近直，在隔壁孔前端形成微弱膝状弯曲。气室密度 3~3.5 个。

产地及层位：彭泽县乐观乡；早奥陶世印渚埠组。

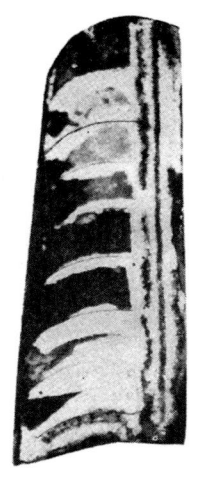
a：纵断面，×1

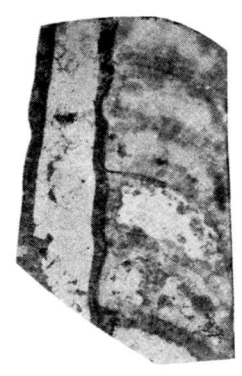
b：纵断面，×1

图 4-4-127 *Dideroceras lushanense* Chen et Ying

◆ 吉赛尔角石属 *Chisiloceras* Gorlani，1934

壳直形，横断面圆或亚圆形，体管粗大，在壳体中部或近中部。隔壁颈长颈式。

分布及时代：中国长江流域及新疆；早奥陶世。

▶▶▶ 庐山吉赛尔角石 *Chisiloceras lushanense* Chen

个体较大，壳直行，扩大率 1:7，横断面为圆形（图 4-4-128；地质部南京地质矿产研究所，1982a）。体管偏中心，直径向前收缩，标本始端宽为壳径的 1/7。隔壁颈长 1 个半气室。气室高 6.00mm，前端较低仅 4.00mm。隔壁密度 8 个。

产地及层位：彭泽县乐观乡；早奥陶世印渚埠组。

纵断面，×1/2
图 4-4-128 *Chisiloceras lushanense* Chen

◆菊石亚纲 Ammonoidea
　　◆棱菊石目 Goniatitida Hyatt，1884
　　　　◆寿昌菊石超科 Shouchangocerataceae Zhao et Zheng，1977
　　　　　◆寿昌菊石科 Shouchangoceratidae Zhao et Zheng，1977
　　　　　　◆寿昌菊石属 *Shouchangoceras* Zhao et Zheng，1977

壳体完全内卷，略呈饼状，具窄穹形的腹部。旋环横断面略呈椭圆形。幼年期壳的壳表光滑或饰有很细的纵旋纹。成年期壳上饰有纵旋纹及皱纹，交织成网状。体管位于隔壁中央与背脊之间。缝合线为棱菊石式，共有8个叶部，腹叶呈舌状。

分布及时代：中国南部；中二叠世。

寿昌寿昌菊石 *Shouchangoceras shouchangense* Zhao et Zheng

壳体完全内卷，呈饼状，腹部窄弯，侧面近扁平、微凸（图4-4-129；赵金科，1977）。旋环横断面略呈椭圆形，外旋环完全包围内旋环，后者环高约占前者环高的1/2。壳面饰有明显的装饰纹，可分3个带，在侧部内围近脐部处饰有向后弯曲，随即向前方斜伸的弱褶皱纹；在侧面中部，褶皱分散成为向前微弯的细肋纹，同时出现明显的纵旋纹；在腹侧面及腹部，细肋纹向后方急剧弯曲，纵旋纹逐渐变粗并被肋纹所分割，二者交织成网格状，成年期壳的口部微有收缩现象，近口部常具1~2条不甚明显的收缩沟，并在腹部形成浅的宽舌状腹弯。缝合线为棱菊石式，腹叶长、呈舌状，侧鞍很宽并高于外鞍，侧叶宽、长。

产地及层位：江西上饶蔡家黄泥坞及铅山；中二叠世车头组（原早二叠世湖塘组，下同）。

  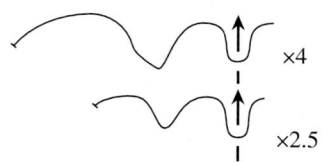

a：侧视，×1　　　　　　b：侧视，×1　　　　　　c：缝合线

图4-4-129 *Shouchangoceras shouchangense* Zhao et Zheng

亚球形寿昌菊石 *Shouchangoceras subglobosum* Zhao et Zheng

壳体厚、完全内卷，呈亚球形，腹部为穹圆形（图4-4-130；地质部南京地质矿产研究所，1982b）。表面纵旋纹与细肋纹交织成网格状，而在外旋环前部网格逐渐消失，纵旋纹继续存在并变粗壮，直到口部。

产地及层位：上饶市四十八都乡蔡家村；中二叠世车头组。

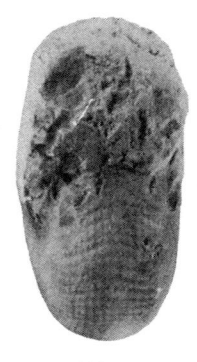

a：前视，×1　　　　　　　　　b：侧视，×1

图 4-4-130　*Shouchangoceras subglobosum* Zhao et Zheng

◆ 上饶菊石属 *Shangraoceras* Zhao et Zheng，1977

壳体完全内卷，呈亚球形，旋环横断面呈新月形。壳表饰有弯曲、粗壮、平顶的横肋及弱的纵旋纹，交织成网格状。粗肋在腹部呈宽的倒"人"字形。近口部具收缩沟，口部有收缩现象，口缘的腹侧发育一对几乎抵及背部的象牙状围垂。体管位于隔壁中央至背脊之间。缝合线为棱菊石式，似新缓菊石，由 8 个叶部组成。

分布及时代：中国南部；中二叠世。

⋙ 粗壮上饶菊石 *Shangraoceras robustum* Zhao et Zheng

壳体中等，完全内卷，呈亚球形（图 4-4-131a、图 4-4-131b；地质部南京地质矿产研究所，1982b）。腹部宽弯，脐部窄且深。壳表饰有粗壮、弯曲、平顶的横肋及弱的纵旋纹。横肋起自脐缘处，有单一的和二分支的。两种肋在侧部向前方弯曲，纵旋纹在住室前部变显著，而横肋变稀疏，终至消失。缝合线为棱菊石式（图 4-4-131c）。

产地及层位：上饶市四十八都乡蔡家村；中二叠世车头组。

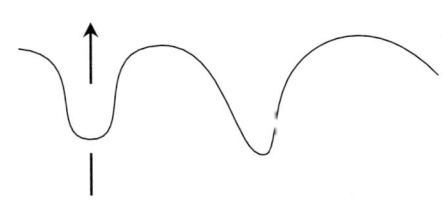

a：侧视，×1　　　　　b：前视，×1　　　　　c：缝合线，×2.4

图 4-4-131　*Shangraoceras robustum* Zhao et Zheng

⋙ 镰形肋上饶菊石 *Shangraoceras falcoplicatum* Zhao et Zheng

壳体内卷，脐部几近闭合，呈厚饼状，腹部窄弯，侧部较扁平（图 4-4-132；赵金科，1977）。

旋环横断面略呈长卵形。壳表饰有弯曲、呈镰形的平顶肋及纵旋纹。肋起自脐缘以外，在侧部内围向前方弯曲，至腹侧部迅速向后方弯斜，在腹部形成宽的倒"人"字形，与此同时肋逐渐变粗。纵旋纹在住室后部很弱，与肋交织成网状，至前部变粗些，而横肋却消失了。近口部常有收缩沟，口部有收缩现象，口缘的腹侧部发育一对象牙状围垂。

缝合线为棱菊石式，腹叶窄长，呈舌状；侧叶较宽，后端尖，比腹叶长些；外鞍高，侧鞍宽且低些。

幼年期壳亦呈亚球状，壳表大部光滑，但在前部出现非常弱的、弯曲的横肋纹，其弯曲方向与成年期的壳相似。缝合线特征也基本上和成年期的壳相同。

产地及层位：江西上饶蔡家黄泥坞；中二叠世车头组。

  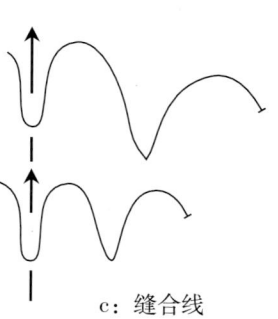

a：前视，×1　　　　　　　b：侧视，×1　　　　　c：缝合线

图 4-4-132　*Shangraoceras falcoplicatum* Zhao et Zheng

◆ **象牙菊石属 *Elephantoceras* Zhao et Zheng，1977**

壳体小，内卷，呈亚球状，腹部宽穹，旋环横断面略呈方形。成年期壳面饰有较粗的横肋，其上具9排呈旋向排列的瘤及疣。口部有收缩现象。口缘的腹侧部发育一对几乎包围到背部的象牙形的围垂。缝合线为棱菊石式，腹叶呈舌状，侧叶窄。

分布及时代：浙江、江西；中二叠世。

》》**瘤象牙菊石 *Elephantoceras nodosum* Zhao et Zheng**

壳体小，完全内卷，呈亚球形（图4-4-133；地质部南京地质矿产研究所，1982b）。壳表饰有明显的粗肋，肋上具9排呈旋向排列的疣节；其中位于腹面上的5排疣较粗强，且又以腹侧部上的两排疣最粗壮。口部收缩，口缘的腹侧部发育一对相当长的、几乎包围到背部的象牙状围垂，其上具向前弯曲的舌状生长线。

产地及层位：上饶市四十八都乡蔡家村；中二叠世车头组。

 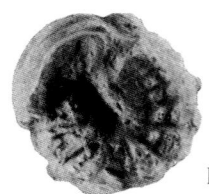

a：腹视，×1　　　　　　　b：侧视，×1

图 4-4-133　*Elephantoceras nodosum* Zhao et Zheng

◆ 腹菊石超科 Gastrioceratoceae Hyatt，1884

◆ 副腹菊石科 Paragastrioceratidae Ruzhencev，1951

◆ 阿尔图菊石属 *Altudoceras* Ruzhencev，1940

壳体大，半外卷到半内卷，呈盘状。脐部中等大。壳表具粗的纵旋纹及细的生长线。脐缘饰有肋状物，在生长的早期阶段尤其发育。具收缩沟，并随着壳体增长而消失。生长线和收缩沟形成腹弯。腹叶不很宽，两侧边几乎平行，腹支叶相当窄，略呈压舌板状。腹中鞍中等高，鞍顶相当宽。

分布及时代：中国、北美、西西里岛；中二叠世。

齐特尔阿尔图菊石 *Altudoceras zitteli*（Gemm.）

壳体半外卷，呈盘状。脐宽约占壳径的 1/2，腹部弯圆（图 4-4-134；地质部南京地质矿产研究所，1982b）。旋环横断面略呈马蹄形。脐缘呈棱角状，脐壁陡斜。壳面饰有均匀的纵旋纹，在内部旋环的脐缘处饰有短肋，并随着旋环的增长逐渐变稀、变粗，继而逐渐变弱，呈褶皱状，终至完全消失。

产地及层位：上饶市四十八都乡蔡家村；中二叠世车头组。

a：侧视，×1.5　　　　b：腹视，×1.5

图 4-4-134　*Altudoceras zitteli*（Gemm.）

索西阿尔图菊石（相似种）*Altudoceras* cf. *sosiense*（Gemm.）

壳体半外卷，呈盘状（图 4-4-135；地质部南京地质矿产研究所，1982b）。旋环横断面呈马蹄形。腹部弯圆，逐渐过渡到较扁平的侧部。脐缘呈棱角状，脐部宽度约占壳径的 1/3 强，脐壁低、陡。壳表饰有明显的纵旋纹，腹部上的纵旋纹较均匀、较密。偶有收缩沟，并形成窄而深的腹弯，

a：腹视，×1　　　　b：侧视，×1

图 4-4-135　*Altudoceras* cf. *sosiense*（Gemm.）

显著的腹侧突以及不对称弯曲的侧弯。未见缝合线。

产地及层位：上饶市四十八都乡蔡家村；中二叠世车头组。

》》》罗默阿尔图菊石（相似种）*Altudoceras* cf. *roemeri*（Gemm.）

壳体外卷，呈盘状。旋环横断面略呈半椭圆形，高度略小于厚度，最大厚度位于脐缘处（图4-4-136；赵金科，1977）。腹部弯圆，侧部近扁平，向外围倾斜。脐缘呈棱角状，脐壁较陡，脐宽约占壳径的1/2。外旋环饰有明显的纵旋纹，侧面上的纵旋纹较腹面上的稀疏些。脐壁基本上是光滑的，仅在上部发育有一条相当明显的纵旋纹和沟。内旋环脐缘附近饰有细的横肋，随着旋环增长横肋渐变短，终至消失。偶具不明显的收缩沟，并形成宽浅的腹弯、显著的腹侧突及不对称弯曲的侧弯。缝合线只见于宽的腹叶。

产地及层位：上饶市四十八都乡蔡家村；中二叠世车头组。

a：侧视，×1　　　　　　　　　b：侧视，×1

图 4-4-136　*Altudoceras* cf. *roemeri*（Gemm.）

◆沟腹菊石科 Aulacogastrioceratidae Zhao et Zheng，1977
◆沟腹菊石属 *Aulacogastrioceras* Zhao et Zheng，1977

壳体外卷，呈厚盘状。腹部为宽沟形，腹沟两边界以具有纵疣节的脊状腹侧棱。侧部呈旋棱状，具刺状结节。旋环横断面略呈梯形，高度略小于厚度。生长线在腹沟内形成相当深的舌状腹弯。脐部宽而深，脐壁陡斜。缝合线为棱菊石式，由8个叶部组成，腹叶较窄长，二分为长的披针形腹支叶；侧叶窄长。后端尖，脐叶短，后端尖。

分布及时代：江西；中二叠世。

》》》刺沟腹菊石 *Aulacogastrioceras spinosum* Zhao et Zheng

壳体极外卷，呈厚盘状（图4-4-137；地质部南京地质矿产研究所，1982b）。旋环横断面略呈

 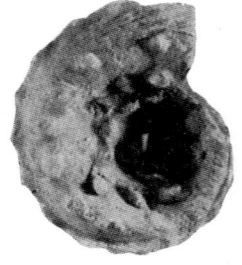

a：腹视，×1　　　　　　　　　b：侧视，×1

图 4-4-137　*Aulacogastrioceras spinosum* Zhao et Zheng

梯形，外旋环的背部包围内旋环很少，脐宽约占壳径的1/2。腹部为宽沟形。腹沟宽约占旋环厚度的1/2，两侧界为脊状的腹侧棱，其上饰有弱的纵疣。侧部呈棱状，其上具刺状瘤，最外旋环具12~13个刺状瘤，内一旋环上的刺特别长。

产地及层位：上饶市四十八都乡；中二叠世车头组。

◆ 伴卧菊石科 Metalegoceratidae Plummer et Scott, 1937

◆ 伴卧菊石属 *Metalegoceras* Schindewolf, 1931

壳体外卷到半外卷，呈厚盘状或亚球状，脐部变化很大，旋环横断面由半椭圆形到低梯形，腹部宽穹，侧部很窄。壳面饰有弱的横肋纹。缝合线由12个叶部组成。

分布及时代：中国、帝汶岛、苏联、北美洲、澳大利亚；中二叠世。

▶▶▶ 上饶伴卧菊石 *Metalegoceras shangraoense* Zhao et Zheng

壳体半内卷，略呈亚球形，具宽穹的腹部和窄的侧部（图4-4-138a、图4-4-138b；地质部南京地质矿产研究所，1982b）。旋环横断面呈半椭圆形。脐部很深，宽度约为壳径的1/2。脐缘呈棱角状，脐壁高、陡。

缝合线的腹叶被高窄的腹中鞍分为两个披针形的腹支叶，腹叶前部无收缩现象，第二与第一脐叶的宽度约相等，均呈三角形（图4-4-138c）。

产地及层位：上饶市四十八都乡；中二叠世车头组。

  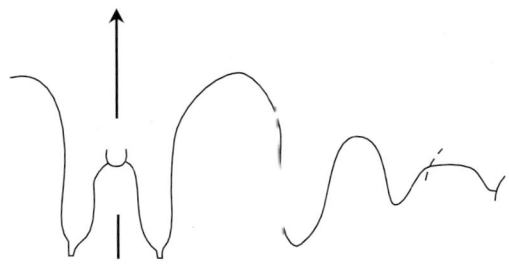

a：前视，×1　　　　　b：侧视，×1　　　　　c：缝合线，×1.04

图4-4-138 *Metalegoceras shangraoense* Zhao et Zheng

▶▶▶ 纹伴卧菊石 *Metalegoceras liratum* Zhao et Zheng

壳体相当内卷，呈亚球状。腹部宽，微弯。旋环横断面略呈半椭圆形。脐部深，宽度约为壳径的2/5，脐壁高且陡，脐缘呈棱状。最大厚度位于脐缘处。侧部饰有十分细密的生长线，在内围近脐缘处具很弱的褶皱和数条相当明显的纵旋纹。缝合线似前一种，唯第二脐叶较宽。

产地及层位：上饶市四十八都乡；中二叠世车头组。

平腹伴卧菊石 *Metalegoceras platyventrum* Zhao et Zheng

壳体外卷，呈盘状（图4-4-139；地质部南京地质矿产研究所，1982b）。脐宽约占壳径的1/2，腹部扁平、微凸。侧部向腹部倾斜，内围微凸，外围稍凹，腹侧缘为显著的纵棱。旋环横断面呈梯形。侧面内围饰有弱的纵旋纹和低弱的放射状皱纹。生长线十分细密。

产地及层位：上饶市四十八都乡；中二叠世车头组。

a：前视，×1   b：侧视，×1

图4-4-139 *Metalegoceras platyventrum* Zhao et Zheng

旋棱伴卧菊石 *Metalegoceras spirale* Zhao et Zheng

壳形介于*M. liratum*和*M. platyventrum*之间。其特征是壳体半外卷，呈厚盘状，腹部微弯，旋环横断面略呈梯形（图4-4-140；赵金科，1977）；脐部宽度约为壳径的1/3，脐缘呈棱状；腹侧缘为一条不很明显的纵旋棱，两侧伴生有浅的纵侧沟，内侧沟较外侧沟宽些，其内侧发育有另一条不明显的纵旋棱；缝合线的外鞍较宽、高，第一脐叶宽，略呈直角状。

产地及层位：上饶市四十八都乡；中二叠世车头组。

a:前视，×1   b:侧视，×1

图4-4-140 *Metalegoceras spirale* Zhao et Zheng

◆环叶菊石超科 Cyclolobaceae Zittel，1895

◆环叶菊石科 Cyclolobidae Zittel，1903

◆墨西哥菊石属 *Mexicoceras* Ruzhencev，1955

壳体内卷，呈亚球形。旋环横断面呈新月形。壳表光滑或饰有细的生长线纹，间有收缩沟。缝合线为亚菊石式，腹支叶很窄，呈多齿状；每一外侧具 5 个侧叶，略呈直线排列。侧叶宽，呈多瓣形。

分布及时代：中国南部、北美西南部；中二叠世。

>>> 球形墨西哥菊石 *Mexicoceras globosum* Chao

壳体内卷，呈亚球形。脐部很小，腹部宽穹，侧部较窄，弯曲（图 4-4-141；地质部南京地质矿产研究所，1982b）。旋环横断面呈新月形。每一旋环具有 4 个显著的、微弯曲的收缩沟，在脐缘外微向前方弯曲，在侧部微向后方弯曲，缝合线的腹支叶窄，后端二分。

产地及层位：铅山县新安埠乡湖塘村；中二叠世车头组。

a：前视，×1

b：侧视，×1

c：缝合线，×0.8

图 4-4-141 *Mexicoceras globosum* Chao

◆副桐庐菊石属 *Paratongluceras* Zhao et Zheng，1977

壳体内卷，由亚球状到球状，外缝合线具 4 对侧叶，侧叶后部膨胀，后端具 4~5 个齿。

分布及时代：浙江、江西；中二叠世。

>>> 亚球形副桐庐菊石 *Paratongluceras subglobosum* Zhao et Zheng

壳体呈亚球形，内卷，外旋环几乎完全包围内一旋环（图 4-4-142a、图 4-4-142b；地质部南京地质矿产研究所，1982b）。旋环横断面呈新月形。脐部很小，很深，脐壁陡，脐缘呈棱角状。缝合线的叶部很短，腹支叶很窄，除后端长尖外，内侧只是 2 个突起状的齿，每一外侧有 4 个掌状的叶部，第一、第二侧叶后端 3 个齿呈长指状，第三、第四侧叶为齿状（图 4-4-142c）。

产地及层位：上饶市四十八都乡蔡家湾村；中二叠世车头组。

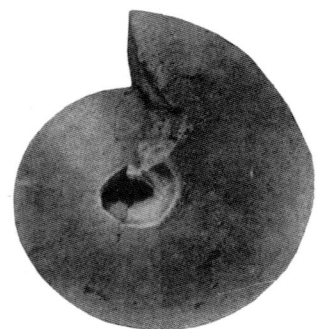 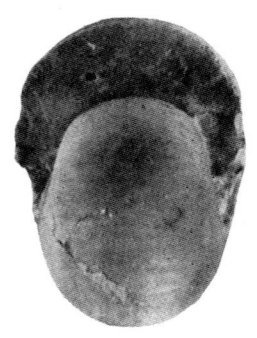 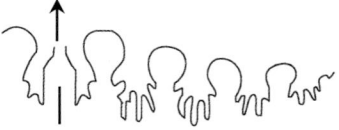

a：侧视，×1　　　　b：前视，×1　　　　c：缝合线，×12

图 4-4-142　*Paratongluceras subglobosum* Zhao et Zheng

◆ 齿菊石目 Ceratitida Hyatt，1884
　◆ 外盘菊石超科 Xenodiscaceae Frech，1902
　　◆ 副色尔特菊石科 Paracelitidae Spath，1903
　　　◆ 西保罗菊石属 *Cibolites* Plummer et Scott，1937

壳体由外卷到半内卷，呈薄饼状，具尖棱状的腹部和扁平的侧部，背部微被内一旋环侵入稍许。侧面饰有细弱的"S"形生长线或较粗的肋纹。缝合线为棱菊石式，由 8 个叶部组成。

分布及时代：中国浙江、江西、北美洲西南部；中二叠世。

>>> 弯褶西保罗菊石 *Cibilites curvoplicatus* Zhao et Zheng

壳体外卷，呈极薄的盘状（图 4-4-143a、图 4-4-143b；地质部南京地质矿产研究所，1982b）。脐宽约占壳径的 2/5；腹部呈尖棱状，侧部扁平、微凸。背部被内一旋环侵入稍许，旋环横断面呈矛状。气壳的侧面饰有稀疏的粗肋。肋在住室部分渐变为细密的弓形的肋纹，在腹棱上形成"人"字形的腹鞘。缝合线的腹叶不详，侧叶宽短，鞍部向前方斜列。

产地及层位：上饶市四十八都乡；中二叠世车头组。

a：前视，×1　　　b：侧视，×1

图 4-4-143　*Cibilites curvoplicatus* Zhao et Zheng

◆蛇菊石科 Ophiceratidae Arthaber, 1911

◆蛇菊石属 *Ophiceras* Griesbach, 1880

壳体外卷，呈盘状。脐部很宽，具有高而直立的脐壁。腹部穹圆。旋环横断面略呈三角形。表面一般光滑或具少数不明显的肋或瘤。缝合线为微弱的菊面石式，具两个细长的侧叶及短的助线系。

分布及时代：中国南部、北美、苏联、格陵兰岛；早三叠世早期。

>>> 降落蛇菊石 *Ophiceras demissum* (Oppel)

壳外卷，呈盘形（图 4-4-144；地质部南京地质矿产研究所，1982c）。旋环增长速度缓慢。腹部穹圆，两侧面扁平而微凸，表面饰有细的生长线。脐部较大，约占壳径的 1/2，脐缘显著，脐壁低而陡立。缝合线为菊面石式，腹支叶短，下端具有齿。侧叶宽长有齿，脐叶短些，下端齿少，外鞍低，侧鞍略高，鞍顶浑圆。

产地及层位：信丰县铁石口；早三叠世铁石口组。

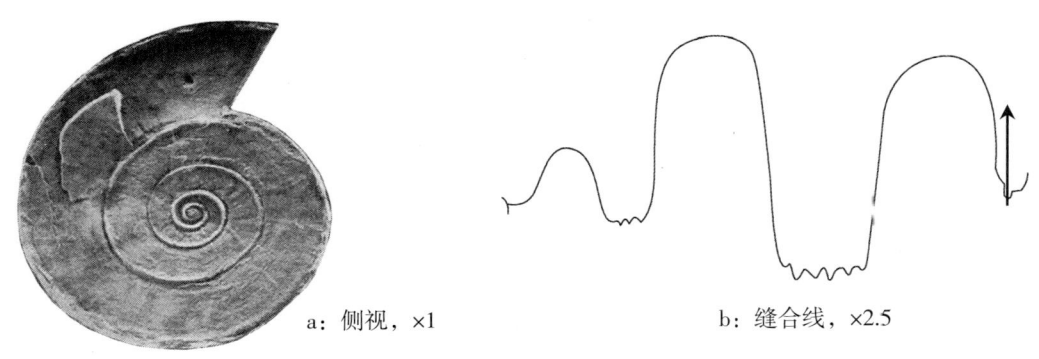

a：侧视，×1　　　　b：缝合线，×2.5

图 4-4-144　*Ophiceras demissum* (Oppel)

◆弛蛇菊石亚属 *Ophiceras* (*Lytophiceras*) Spath, 1930

壳形似 *Ophiceras*，但侧面较扁，包围度大。脐缘较圆，脐壁较低且无棱。缝合线与 *Ophiceras* 相同。

分布及时代：中国南部、北美、苏联、格陵兰岛；早三叠世早期。

>>> 查孟达弛蛇菊石（相似种）*Ophiceras* (*Lytophiceras*) cf. *chamunda* (Diener)

壳体中等大小，外卷，呈盘状，为椭圆形旋卷，旋环增长速度具有规律，腹部圆，侧面扁平，表面基本光滑，在外旋环前方有隐弱的纹饰，脐部浅而宽，脐缘显著，脐壁低（图 4-4-145；地质部南京地质矿产研究所，1982c）。缝合线为菊面石式；腹支叶不清楚，侧叶窄长，下端具齿，脐叶短，外鞍与侧鞍窄圆而高。

产地及层位：莲花县石背；早三叠世铁石口组。

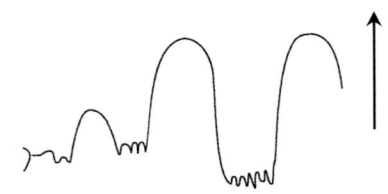

a：侧视，×1　　　　　　　　　　　　　　b：缝合线，×2.5

图 4-4-145　*Ophiceras*（*Lytophiceras*）cf. *chamunda*（Diener）

◆ **大巴山菊石科 Tapashanitidae Zhao，Liang et Zheng，1978**

◆ **大巴山菊石属 *Tapashanites* Chao et Liang，1965**

　　壳体半外卷至外卷，呈盘状。旋环横断面呈半椭圆形，两侧扁缩。腹部光滑，穹圆形。侧部微凸。脐部中等宽或很宽。内旋环侧面饰有短粗的瘤状肋。至外旋环渐变为细肋或细线纹。缝合线为菊面石式，腹叶两分，具一对侧叶，两对脐叶，侧叶及脐叶部下端均具细齿。

　　分布及时代：中国南部；晚二叠世晚期。

》》**尖肋大巴山菊石 *Tapashanites acuticostatus* Zhao，Liang et Zheng**

　　壳体中等大，半外卷，呈盘状（图 4-4-146；地质部南京地质矿产研究所，1982b）。旋环横断面呈半椭圆形。腹部光滑，呈窄圆形。侧部微凸。腹侧部浑圆。脐部很宽，脐缘呈角状或亚角状。内旋环似具瘤状物，外旋环后部具较粗的放射状横肋，至前部横肋变得细密且向前弯。缝合线保存不清。

　　产地及层位：龙南县五里山；晚二叠世长兴组。

a：侧视，×1　　　　　　　　　　　　　　b：腹视，×1

图 4-4-146　*Tapashanites acuticostatus* Zhao，Liang et Zheng

》》肋大巴山菊石 *Tapashanites costatus* Zhao，Liang et Zheng

壳体较大，外卷，呈盘状（图4-4-147；地质部南京地质矿产研究所，1982b）。外旋环横断面呈半椭圆形。腹部呈窄穹圆形。侧部微穹。脐部浅。脐缘较圆。内旋环侧面具小的瘤状肋，至末了第二旋环变为十分粗壮的放射状横肋，至最外旋环则变为向前倾斜的细横肋。缝合线的腹叶宽短，侧叶长，下端具7~8个齿，第一脐叶窄短，下端具3~4个齿。

产地及层位：龙南县五里山；晚二叠世长兴组。

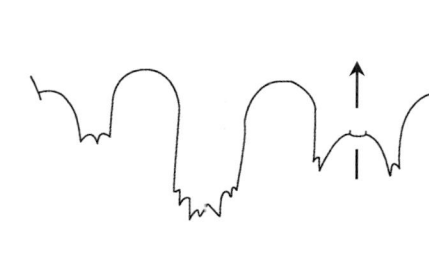

a：腹视，×1　　　　　b：侧视，×1　　　　　c：缝合线×207

图4-4-147 *Tapashanites costatus* Zhao，Liang et Zheng

◆ 假提罗菊石科 Pseudotirolitidae
◆ 假提罗菊石属 *Pseudotirolites* Sun，1937

壳外卷，侧部具明显的肋，距腹部不远处常有侧瘤和横肋。腹部具明显的中脊。缝合线为菊面石式，外缝合线的每边具有两个齿状的侧叶及短的助线系。腹叶被低的腹鞍分为两个尖的腹支叶。

分布及时代：中国南部；晚二叠世。

》》亚洲假提罗菊石 *Pseudotirolites asiaticus*（JKL.）Sun

壳外卷，在一块完整的标本上，拥有5个旋环，最大壳径57.00mm（图4-4-148；地质部南京地质矿产研究所，1982b）。在距腹部1/3的侧面，有少数的侧瘤，一个旋环约有14个肋，外旋环高25.00mm。缝合线的腹叶被一中鞍分成两个短小呈尖形的腹支叶。第一侧叶宽深，末端具很多锯齿；第二侧叶较短窄，末端亦具锯齿，但数目比第一侧叶少。鞍均具圆顶。

产地及层位：崇义县左溪；晚二叠世大隆组。

a：侧面，×1

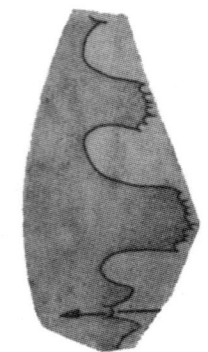

b：缝合线，×2

图 4-4-148 *Pseudotirolites asiaticus*（JKL.）Sun

马平假提罗菊石 *Pseudotirolites mapingensis* Sun

壳外卷，完整的标本拥有 5 个旋环（图 4-4-149；地质部南京地质矿产研究所，1982b）。侧面具很多简单的肋。早期壳的肋不太凸，而后期壳的肋则很凸，侧瘤近于腹侧部。缝合线的侧鞍宽圆，侧叶较斜且长，同时其末端有少数的锯齿。

产地及层位：铅山县湖坊乡；晚二叠世大隆组。

侧面，×1

图 4-4-149 *Pseudotirolites mapingensis* Sun

肋瘤菊石科 Pleuronodoceratidae Zhao，Liang et Zheng，1978
肋瘤菊石属 Pleuronodoceras Chao et Liang，1965

壳体大小不等，外卷或半外卷，薄盘状。旋环横断面略呈窄的长方形。腹部窄圆，具腹中棱。侧部扁平或微向内倾斜。脐部浅。幼年期壳的侧面仅具细的横肋纹，成年期壳的侧部具细长的横肋及腹侧瘤。缝合线为菊面石式，具一个两分的腹叶，一对侧叶和两对脐叶。

分布及时代：中国南部；晚二叠世晚期。

广德肋瘤菊石 *Pleuronodoceras guangdeense* Zhao，Liang et Zheng

壳体中等大，半外卷，呈盘状（图 4-4-150；地质部南京地质矿产研究所，1982b）。住室横断面略呈长方形。腹部呈屋脊形，具腹中棱。侧部的中内围微穹，近腹侧缘部分微凹，脐部浅且宽。侧部具细肋纹，自末了第二个旋环前部起，随着旋环增长、肋纹逐渐变粗，肋终止于腹侧缘并结成瘤，该瘤由小变大。缝合线的侧叶宽长，下端具 6~7 个齿；外鞍窄，侧鞍宽圆，脐鞍最宽。

产地及层位：上饶县田墩；晚二叠世长兴组。

a：腹视，×1   b：侧视，×1

图 4-4-150　*Pleuronodoceras guangdeense* Zhao，Liang et Zheng

▶▶▶ 独山肋瘤菊石 *Pleuronodoceras dushanense* Chao et Liang

壳体中等大、外卷，呈薄盘状（图 4-4-151；地质部南京地质矿产研究所，1982b）。旋环横断面略呈长方形。腹部窄且光滑，呈穹圆形，具显著的腹中棱。侧部扁平，脐部较浅，脐中等宽，脐缘较圆。末了第二个旋环前部的侧面上具细密的肋纹。随着旋环的增长，肋纹逐渐变粗并终止于腹侧缘。自外旋环中部起，横肋至腹侧缘结为小瘤。外旋环的前部、横肋较细且微向前方弯曲。缝合线的腹叶两分，下端具两个齿；侧叶窄长，下端具 7~8 个齿，第一脐叶下端具 5~6 个齿。

产地及层位：上饶县田墩；晚二叠世长兴组。

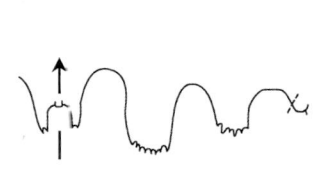

a：侧视，×1　　b：腹视，×1　　c：侧视，×1　　d：缝合线，×1.2

图 4-4-151　*Pleuronodoceras dushanense* Chao et Liang

◆ 耳菊石超科 Otocerataceae Hyatt，1900
　　◆ 安德生菊石科 Anderssonoceratidae Ruzhencev，1959
　　　　◆ 平盘菊石亚科 Planodiscoceratinae Zhao，Liang et zheng，1978
　　　　　　◆ 丰城菊石属 *Fengchengoceras* Zhao，Liang et Zheng，1978

壳体较小，半外卷，呈薄盘状。旋环横断面呈长方形。腹部具 3 个尖棱，在腹中棱的两侧各具一明显的浅沟。侧部较窄，微凹，末了第二个旋环的脐缘上具瘤。外旋环的侧部饰有褶和弯的细生长线纹。脐部中等大，脐缘微凸。缝合线的腹叶中等长，侧叶较窄，呈舌形。

分布及时代：江西；晚二叠世。

》》》三棱丰城菊石 *Fengchengoceras tricarinatum* Zhao，Liang et Zheng

壳体较小，半外卷，呈薄盘状（图 4-4-152；地质部南京地质矿产研究所，1982b）。旋环的高度大于厚度，横断面呈长方形。腹部窄而平，具 3 个棱，以腹中棱稍粗些，腹侧缘较圆。末了第二个旋环的脐缘上具瘤；外旋环的脐缘和侧部饰有短褶或细生长线纹。脐部中等大，脐缘微凸，脐壁低。缝合线的腹叶中等长，较宽，侧叶窄长，呈舌形，脐叶短，外鞍宽圆，侧鞍低窄。

产地及层位：丰城市仙姑岭村；晚二叠世乐平组。

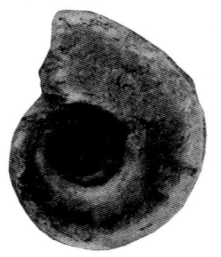

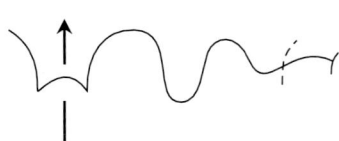

a：侧视，×2　　b：腹视，×2　　c：缝合线，×5.6

图 4-4-152　*Fengchengoceras tricarinatum* Zhao，Liang et Zheng

◆安德生菊石亚科 Anderssnoceratinae Ruzhenchov，1959
◆安德生菊石属 *Anderssonoceras* Grabau，1924

壳较小，近内卷，具凸出的脐缘，旋环高，腹部有龙骨状突起。缝合线为棱菊石式，腹叶分为两个尖短的腹支叶，侧叶及脐叶下端略尖，鞍具圆顶。

分布及时代：中国南部；晚二叠世。

》》》简单安德生菊石 *Anderssonoceras simplex* Zhao，Liang et Zheng

壳较小，半外卷，呈轮状（图 4-4-153；地质部南京地质矿产研究所，1982b）。旋环横断面呈低盔状。腹部中等宽，具弱的腹中棱。腹侧缘呈亚角状。侧部窄，下凹。腹部及腹侧缘饰有弱的纵纹。脐壁中等高，脐缘外凸。缝合线的腹叶窄长，两分叉，外鞍及侧鞍均圆。

产地及层位：丰城市仙姑岭村；晚二叠世乐平组。

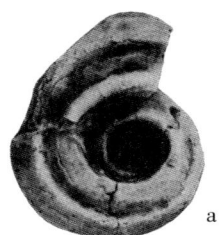

a：侧视，×2　　　　　　　　　　b：前视，×2

图 4-4-153　*Anderssonoceras simplex* Zhao，Liang et Zheng

⋙ 粗壮安德生菊石 *Anderssonoceras robustum* Zhao, Liang et Zheng

壳较小，半内卷，呈厚轮状（图4-4-154；地质部南京地质矿产研究所，1982b）。旋环横断面呈盔状。腹部宽，具钝的腹棱，在它的两侧各具一浅的腹沟。侧部窄，微凹。壳面饰弱而弯的生长线纹和褶。脐部大而深，腹缘很凸。缝合线的腹叶宽且短，侧叶中等长，向下变窄，脐叶宽且短。

产地及层位：丰城市上塘乡仙姑岭村；晚二叠世乐平组。

 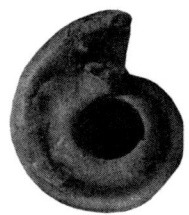 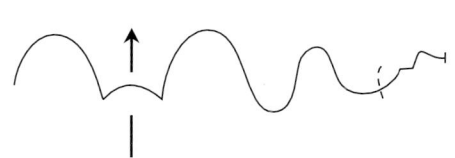

a：腹视，×1.5　　b：侧视，×1.5　　c：缝合线，×5

图4-4-154　*Anderssonoceras robustum* Zhao, Liang et Zheng

⋙ 安福安德生菊石（相似种）*Anderssonoceras* cf. *anfuense* Grabau

壳体较小，环高与环厚几乎相等，旋环横断面呈盔状（图4-4-155；地质部南京地质矿产研究所，1982b）。腹部中等宽，微弯，具较钝的腹棱。侧部微凹。脐部较小且浅，脐缘较凸，呈圆角状。缝合线的腹叶较宽，腹支叶窄尖。外鞍及侧鞍均宽圆，侧叶向下变窄。

产地及层位：安福县枫田镇枫田村；晚二叠世乐平组。

  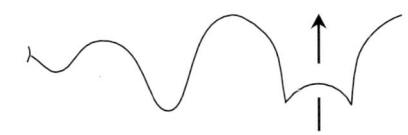

a：腹视，×1　　b：侧视，×1　　c：缝合线，×4

图4-4-155　*Anderssonoceras* cf. *anfuense* Grabau

◆ 仙姑岭菊石属 *Xiangulingites* Zhao, Liang et Zheng, 1978

壳体较小，半外卷，呈轮状。旋环横断面呈盔状。腹部呈屋脊形，具腹中棱。侧部窄或中等宽，下凹。壳面饰有细弱的纵纹和不明显的横褶。脐部中等大小，脐缘中等凸。缝合线的腹叶中等长，两分叉，侧叶下端宽圆，脐叶短，较圆。

分布及时代：江西；晚二叠世。

⋙ 棱腹仙姑岭菊石 *Xiangulingites acutus* Zhao, Liang et Zheng

壳体较小，半外卷，呈轮状（图4-4-156；地质部南京地质矿产研究所，1982b）。旋环横断面呈盔状。腹部呈窄弯形，具较明显的腹中棱。侧部窄，中围下凹。壳表饰有细的横纹和弱褶。脐部中等宽，相当深，脐缘较凸。缝合线的腹叶中等宽长，侧叶下端宽圆，脐叶短。

产地及层位：丰城市上塘镇仙姑岭村；晚二叠世乐平组。

 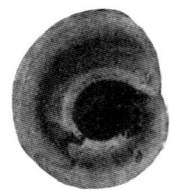 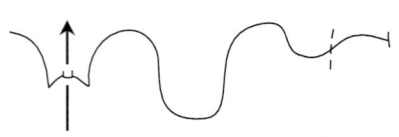

a：前视，×1.5　　　　b：侧视，×1.5　　　　c：缝合线，×3

图 4-4-156　*Xiangulingites acutus* Zhao，Liang et Zheng

◆ 厚轮菊石属 *Pachyrotoceras* Zhao，Liang et Zheng，1978

壳体较小，半外卷，呈厚轮状。旋环横断面呈梯形。腹部宽且平，具弱的腹中棱及两个不明显的浅沟。腹侧缘圆。侧部很窄，微凹。壳面光滑。脐宽且深，脐缘中等凸。缝合线的腹叶长，两分叉，侧叶呈舌形，脐叶较短，具弱的助线系。

分布及时代：江西；晚二叠世。

▶▶▶ 丰城厚轮菊石 *Pachyrotoeras fengchengense* Zhao，Liang et Zheng

壳体小，半外卷，呈厚轮状（图 4-4-157；地质部南京地质矿产研究所，1982b）。旋环横断面呈低盔形，腹部呈低屋脊状，腹中棱明显。侧部窄，下凹。腹部饰有细弱的纵旋纹。脐部深，较宽，脐缘呈高耳状。缝合线的腹叶较长，腹支叶窄尖，侧叶近舌形。

产地及层位：丰城市上塘镇仙姑岭村；晚二叠世乐平组。

 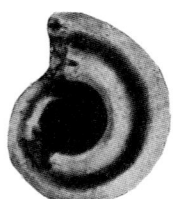 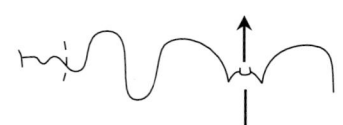

a：前视，×2　　　　b：侧视，×2　　　　c：缝合线，×7

图 4-4-157　*Pachyrotoeras fengchengense* Zhao，Liang et Zheng

◆ 阿拉斯菊石科 Araxoceratidae Ruzhencev，1959
　◆ 阿拉斯菊石亚科 Araxoceratinae Ruzhencev，1959
　　◆ 阿拉斯菊石属 *Araxoceras* Ruzhencev，1959

壳呈轮状，具宽的旋环。腹部平或微弯。脐部较宽，相当深，具很凸的脐缘。腹叶与第一脐叶等长，其余的两个脐叶的下端具粗齿。

分布及时代：中国南部、苏联、伊朗；晚二叠世。

▶▶▶ 江西阿拉斯菊石 *Araxoceras kiangsiense* Chao et Liang

壳体小，半外卷，呈厚轮状（图4-4-158；地质部南京地质矿产研究所，1982b）。旋环的横断面呈低盔状。腹部宽，微穹，具钝的腹中棱和两条弱纵棱。侧部窄，外侧围微凹。壳面饰有细的纵旋纹，侧面饰有微穹的线纹和弱褶。脐部中等大，脐缘相当凸。缝合线的腹叶很长，腹支叶窄尖，侧叶略短于腹叶，脐叶宽短，助线系比较发育。

产地及层位：丰城市梅林镇；晚二叠世乐平组。

 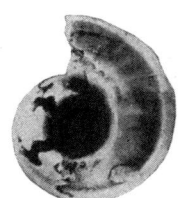 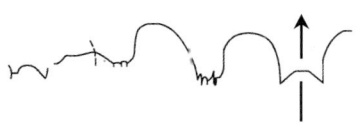

a：腹视，×1.5　　b：侧视，×1.5　　c：缝合线，×5

图4-4-158　*Araxoceras kiangsiense* Chao et Liang

◆ 前耳菊石属 *Prototoceras* Spath，1930

壳或多或少呈轮状，半内卷或内卷。腹部呈屋顶状。脐大小不等，脐缘凸或微凸。缝合线的腹叶短，第一脐叶较腹叶长，下端具很多齿，其余叶部的齿不太发育。

分布及时代：中国南部、苏联、伊朗；晚二叠世。

▶▶▶ 丰城前耳菊石 *Prototoceras fengchengense* Zhao，Liang et Zheng

壳体较小，半内卷，呈厚轮状（图4-4-159；地质部南京地质矿产研究所，1982b）。旋环横断面呈低盔状。腹部呈穹圆形，具较钝的腹中棱。腹侧部饰有细弱的纵旋纹。脐部较小，脐缘凸出，呈耳状。脐缘多具小的凸起，侧面饰有横纹或弱褶。缝合线的腹叶中等长，分为两个支叶，侧叶不太长，脐叶宽浅，助线系不发育。

产地及层位：丰城市上塘镇仙姑岭村；晚二叠世乐平组。

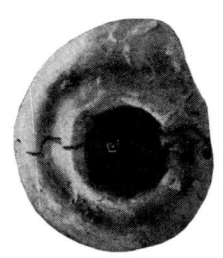  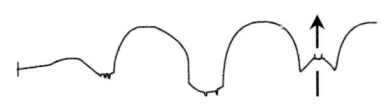

a：侧视，×2　　b：前视，×2　　c：缝合线，×4

图4-4-159　*Prototoceras fengchengense* Zhao，Liang et Zheng

≫ 安福前耳菊石 *Prototoceras anfuense* Zhao, Liang et Zheng

壳体较小，半外卷，呈厚轮状（图4-4-160；地质部南京地质矿产研究所，1982b）。旋环横断面呈低盔状。腹部呈宽穹圆形，具弱的腹中棱，在它的两侧各具一浅沟。侧面饰有放射状的弱褶。脐部中等宽，脐缘呈高耳状。缝合线的腹叶较长，具窄尖的腹支叶，侧叶较窄，具8个齿。

产地及层位：安福县山庄乡北华山村；晚二叠世乐平组。

 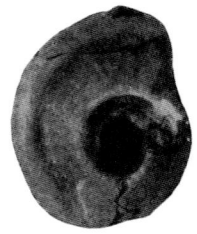 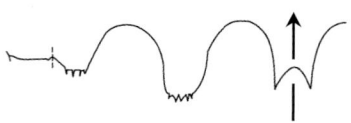

a：腹视，×1　　b：侧视，×1　　c：缝合线，×3.6

图4-4-160　*Prototoceras anfuense* Zhao, Liang et Zheng

◆ 孔岭菊石亚科 Konglingitinae Zhao, Liang et Zheng, 1978
◆ 孔岭菊石属 *Konglingites* Chao et Liang, 1966

壳体较大，半内卷，呈轮状。旋环横断面呈梯形。腹部较宽，微穹，具较钝的腹棱。腹侧棱呈钝角状。侧部较宽，内侧部较凸，侧中围具纵棱，外侧部平或微凹。壳面饰有"S"形的横生长线纹。脐部不太凸，呈低耳状。缝合线为菊面石式，腹叶较长，两分叉，侧叶较宽，腹侧棱有将侧叶下端分成两部分的趋势，脐叶短，助线系较发育。

分布及时代：中国南部；晚二叠世。

≫ 条纹孔岭菊石 *Konglingites striatus* Zhao, Liang et Zheng

壳体较大，半内卷，呈轮状（图4-4-161；地质部南京地质矿产研究所，1982b）。旋环横断面近梯形。具较钝的腹中棱，在它的两侧各具一条弱的棱。侧部宽，侧中围具一钝的纵棱，侧部饰有

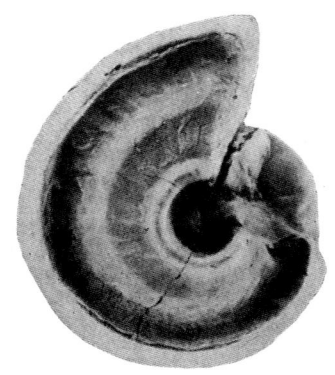  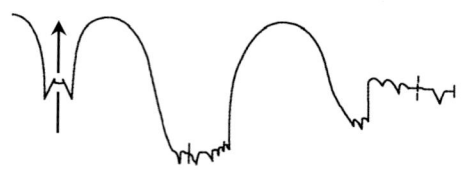

a：侧视，×1　　b：腹视，×1　　c：缝合线，×1.6

图4-4-161　*Konglingites striatus* Zhao, Liang et Zheng

明显的弯条纹。脐部较小，脐缘呈低耳状。缝合线的腹叶窄长，两分叉，侧叶长，近舌形，具较发育的齿，脐叶短，具助线系。

产地及层位：高安市孔岭村；晚二叠世乐平组。

❯❯❯ 中华孔岭菊石 *Konglingites sinensis* (Chao et Liang)

壳体粗大，半外卷，呈厚轮状（图4-4-162；地质部南京地质矿产研究所，1982b）。旋环横断面呈梯形。腹部从低屋脊状至宽穹形。侧面较窄，外侧部微凹。侧部饰有细弱的"S"形生长线纹。脐部中等宽，脐缘相当凸。缝合线的腹叶窄长，分两叉，侧叶中等宽，脐叶窄短，助线系不太发育。

产地及层位：高安市孔岭村；晚二叠世乐平组。

  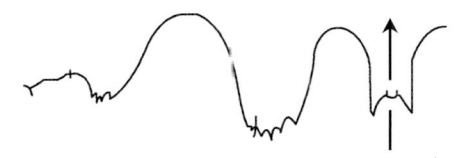

a：前视，×1　　　　b：侧视，×1　　　　c：缝合线，×1.6

图4-4-162 *Konglingites sinensis* (Chao et Liang)

❯❯❯ 高安孔岭菊石 *Konglingites gaoanensis* Zhao, Liang et Zheng

壳体中等大，半外卷，呈轮状（图4-4-163；地质部南京地质矿产研究所，1982b）。旋环横断面近梯形。腹部呈宽穹圆形，具钝的腹中棱和两个弱的腹侧棱。腹侧缘近直角状。侧面较宽，侧中部具一钝的纵棱。壳面饰有弱的生长线纹。脐部稍宽，脐缘较凸。

产地及层位：高安市孔岭村；晚二叠世乐平组。

 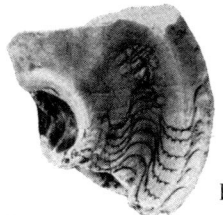

a：腹视，×1　　　　b：侧视，×1

图4-4-163 *Konglingites gaoanensis* Zhao, Liang et Zheng

◆ 三阳菊石属 *Sanyangites* Zhao, Liang et Zheng, 1978

壳体中等大，半内卷，呈轮状。旋环横断面在幼年及中年期，呈低盔形，至成年期近长方形。腹部微穹，具3个较尖的腹棱。在腹棱的两侧各具一浅沟。侧面中等宽，有的侧中围具一纵棱。壳面光滑或饰有细的线纹。脐部中等大小，脐缘不凸或微凸。缝合线为菊面石式，腹叶两分，侧叶宽且短，脐叶窄短，助线系短。

分布及时代：江西；晚二叠世。

》》三棱三阳菊石 *Sanyangites tricarinatus* Zhao，Liang et Zheng

壳体中等大，半内卷，呈轮状（图 4-4-164；地质部南京地质矿产研究所，1982b）。旋环横断面呈长方形。腹部微穹，具 3 个尖的腹棱，在腹中棱的两侧各具一浅沟。侧部从较窄变宽，内侧围具一纵棱。壳面饰有细的线纹。脐部中等大。脐缘微凸。缝合线的腹叶宽短，两分，外鞍窄低，侧叶宽圆，脐叶窄短，助线系短。

产地及层位：宜春市三阳乡三阳村；晚二叠世乐平组。

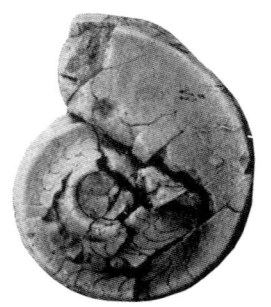  

a：侧视，×1　　　　b：前视，×1　　　　c：缝合线，×2.4

图 4-4-164　*Sanyangites tricarinatus* Zhao，Liang et Zheng

》》卢村三阳菊石 *Sanyangites lucunensis* Zheng et Ma

壳体近内卷，轮状（图 4-4-165；地质部南京地质矿产研究所，1982b）。旋环高度略大于厚度，横断面呈高盔形。最大厚度位于脐缘。腹部微穹，具 3 条腹棱；腹侧缘呈棱状，棱与棱相间以浅沟，其中腹中棱两侧的沟较深些。气壳的侧外围明显凹下，至住室、侧部渐变平，同时在其内围出现一条很弱的纵旋棱。脐宽约占壳径的 1/4，脐缘微凸，脐壁陡斜。缝合线为齿菊石式，外缝合线具 2 个后端有细齿的脐叶。

产地及层位：宜春市卢村；晚二叠世乐平组。

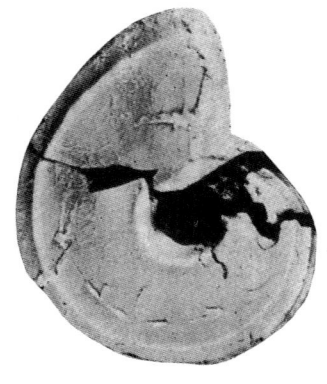  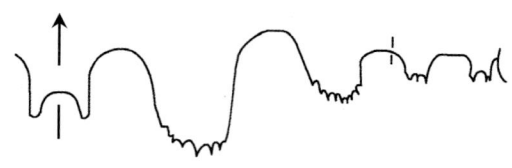

a：侧视，×1　　　　b：腹视，×1　　　　c：缝合线，×2.65

图 4-4-165　*Sanyangites lucunensis* Zheng et Ma

◆ 锦江菊石属 *Jinjiangoceras* Zhao, Liang et Zheng, 1978

壳体近内卷，呈盘状。腹部具尖的腹棱。外旋环后部横断面呈楔形；外旋环前部，壳体变厚，腹部加宽，横断面呈长方形。腹侧缘呈钝角状。侧面宽，扁平。侧面中部具一纵旋棱并饰有细的"S"形横纹。脐小，脐缘不凸。

分布及时代：江西；晚二叠世。

>>> 窄鞍锦江菊石 *Jinjiangoceras stenosellatum*（Chao et Liang）

壳体大小不等，近内卷，呈盘状（图4-4-166；地质部南京地质矿产研究所，1982b）。腹部具尖的腹棱。旋环横断面从楔形至长方形。侧面宽，扁平，侧面中部具有一条纵旋棱并饰有细的"S"形横纹。脐小，脐缘不凸。缝合线的腹叶窄，腹支叶有两个小齿，侧叶宽而长，下端具10余个齿，脐叶短，助线系不发育。

产地及层位：高安市孔岭村；晚二叠世乐平组。

 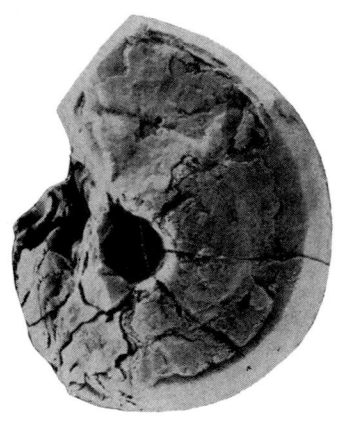 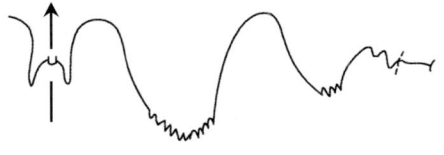

a：腹视，×1　　b：侧视，×1　　c：缝合线，×2.4

图 4-4-166 *Jinjiangoceras stenosellatum*（Chao et Liang）

>>> 江西锦江菊石 *Jinjiangoceras jiangxiense* Zheng et Ma

壳体较小，半内卷，亚凸镜状，旋环高度大于厚度（图4-4-167；地质部南京地质矿产研究所，1982b）。腹部窄穹，具高且尖的腹中棱和低弱的腹侧棱，腹侧缘呈棱状，棱与棱相间以浅的腹

  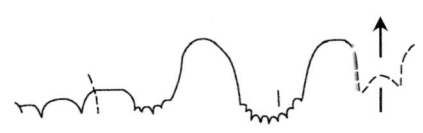

a：前视，×1　　b：侧视，×1　　c：缝合线，×5

图 4-4-167 *Jinjiangoceras jiangxiense* Zheng et Ma

沟。侧部宽，略凹，住室的侧内围具一弱的纵旋棱。脐部小，占壳径的 1/4 左右。除住室的脐缘微凸外，其余部分的脐缘不凸，浑圆。缝合线为齿菊石式，脐叶较短，侧鞍顶部略尖缩。

产地及层位：高安市孔岭村；晚二叠世乐平组。

◆ 江西菊石属 *Kiangsiceras* Chao et Liang，1965

壳体小，半内卷，呈厚轮状。旋环的厚度增长较快，环厚大于环高，横断面呈低盔状。腹部较宽，微穹，具 3 条腹棱，在腹中棱两侧各具一浅沟。腹侧部呈直角状。侧部很窄，微凹。脐较宽；脐缘外凸，呈高耳状，脐壁高且陡。缝合线为菊面石式，腹叶短，两分叉；侧叶相当宽，腹侧棱将叶下端的锯齿明显地分为两部分；脐叶窄长，具助线系。

分布及时代：江西；晚二叠世。

▶▶▶ 轮状江西菊石 *Kiangsiceras rotule* Chao et Liang

壳体较小，半内卷，呈厚轮状（图 4-4-168；地质部南京地质矿产研究所，1982b）。旋环横断面呈低盔状。腹部较宽，微穹，具 3 条腹棱，其中以腹中棱最壮。腹中棱两侧各具一浅沟。壳面未见纹饰。脐中等宽，脐缘相当凸，呈高耳状。缝合线腹叶短而宽，两分叉，侧叶宽，腹侧缘将侧叶分为两部分，脐叶窄长，具助线系。

产地及层位：高安市孔岭村；晚二叠世乐平组。

 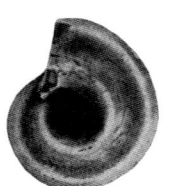  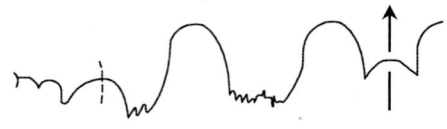

a：腹视，×1.5　　　b：×1.5　　　c：前视，×1.5　　　d：缝合线，×4

图 4-4-168　*Kiangsiceras rotule* Chao et Liang

◆ 耳菊石科 Otoceratidae Hyatt，1900
　◆ 耳菊石属 *Otoceras* Hyatt，1900

壳体近内卷，脐部很深，脐壁高而直立，脐缘呈尖棱状，或呈领状。旋环横切面为三角形，腹部为尖棱状。缝合线为菊面石式，腹叶小，每一腹叶外边具有 4~6 个侧叶，无肋线系。

分布及时代：中国南部、喜马拉雅山区、苏联、格陵兰岛；早三叠世早期。

▶▶▶ 耳菊石？（未定种）*Otoceras*? sp.

此标本被压扁，但可看出近内卷，具有旋形边棱，表明腹部呈尖棱形（图 4-4-169；地质部南京地质矿产研究所，

侧视，×1

图 4-4-169　*Otoceras*? sp.

1982c)。旋环包围度较大，表面具有弱的纹饰。脐小而深，脐壁高而呈耳状。缝合线不详。

产地及层位：瑞昌市和平山；早三叠世殷坑组。

◆ 诺利菊石超科 Noritaceae
◆ 佛莱明菊石科 Flemingitidae Hyatt，1900
◆ 佛莱明石属 *Flemingites* Waagen，1892

壳外卷，呈盘状。有时具有显著的横肋，一般具有纵旋纹。缝合线为粗菊面石式至亚菊面石式。

分布及时代：亚洲、北美洲；早三叠世。

▶▶▶ 高云岭佛莱明菊石 *Flemingites kaoyunlingensis* Chao

壳体较小，半外卷，呈盘状，旋环包围度较大，侧面扁平，表面饰有均匀的褶皱纹和细的纵旋纹，褶皱纹起自脐缘，往腹部即消失（图4-4-170；地质部南京地质矿产研究所，1982c）。纵旋纹只限于侧面外围至腹侧缘部分。脐中等宽。脐缘明显而圆。缝合线不详。

产地及层位：莲花县石背；早三叠世铁石口组。

a：侧视 ×2

图4-4-170 *Flemingites kaoyunlingensis* Chao

◆ 狄那菊石超科 Dinaritaceae Mojsisovics，1882
◆ 提罗菊石科 Tirolitidae Mojs，1882
◆ 提罗菊石属 *Tirolites* Mojs，1879

壳外卷，具扁缩的或亚角状的旋环，腹部呈宽圆形或平截状，侧面具肋，腹侧缘有瘤状物。缝合线简单，具宽且浅的、完整的或微齿状的侧叶，脐缘上有一个辅助叶。

分布及时代：中国南部、喜马拉雅山、阿尔卑斯山区、阿尔巴尼亚、苏联等；早三叠世。

▶▶▶ 江苏提罗菊石 *Tirolites jiangsuensis* Guo

壳外卷，呈盘状，旋环断面为长方形，两侧面扁缩，表面具有向前方弯的横肋和收缩沟，横肋在侧中围渐粗，至腹侧缘呈瘤状，腹部近方形，腹缘呈齿状，脐部宽而浅（图4-4-171；地质部南京地质矿产研究所，1982c）。

缝合线：腹支叶被中央鞍分成2个短支叶，下端尖，侧叶宽浅，外鞍与侧鞍矮圆。

产地及层位：莲花县石背；早三叠世铁石口组。

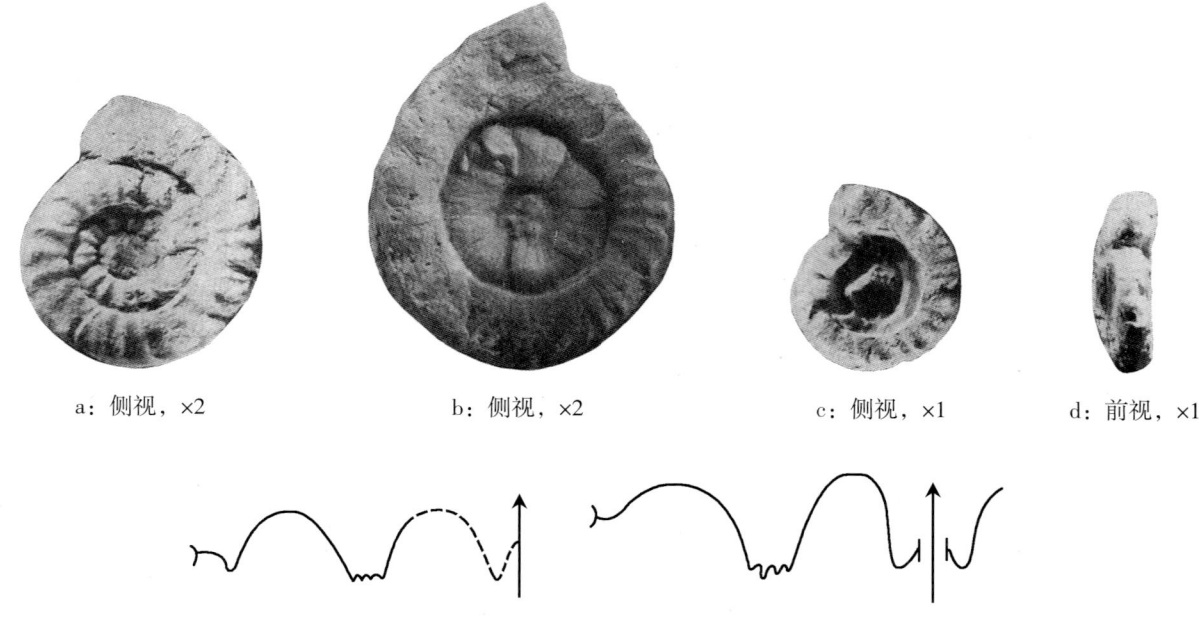

a：侧视，×2　　　　b：侧视，×2　　　　c：侧视，×1　　　　d：前视，×1

e：缝合线，×10

图 4-4-171　*Tirolites jiangsuensis* Guo

第五节　节肢动物门 Arthropoda

◆ 三叶虫纲 Trilobita
　◆ 球接子目 Agnostida Kobayashi，1935
　　◆ 球接子亚目 Agnostina Salter，1864
　　　◆ 双分球接子科 Diplagnostidae Whitehouse，1936
　　　　◆ 双分球接子属 *Diplagnostus* Jaekel，1909

头鞍次圆柱形，具中沟，切过颊部和头鞍前叶。尾轴大部呈次圆柱形，后端收缩。具有长的中脊，轴部 3 节或 4 节。在尾部侧刺之间的边缘有一呈新月形的凹槽，使这部分的边缘分成两条脊状突起。

分布及时代：普遍见于世界各地；中寒武世。

近似双分球接子 *Diplagnostus similis* Zhang

头部平，凸起不高，表面光滑（图 4-5-1；地质部南京地质矿产研究所，1982a）。前部边缘沟宽，边缘窄。头鞍被一直的横沟分为前后叶，前叶被中沟分开。中沟越过头鞍前区达于边缘沟。基底叶大，三角形。尾部横宽。尾轴粗，向后尖消。轴部分为 3 节，前两节上具长的中脊。后缘于两侧刺间具新月形的凹沟。

产地及层位：上饶；中寒武世杨柳岗组。

a：头部，×10　　　　　　　　　b：尾部，×10

图 4-5-1　*Diplagnostus similis* Zhang

◆ 矛头球接子科 **Hastagnostidae** Howell，1937

◆ 雕纹球接子属 *Glyptagnostus* Whitehouse，1936

头部和尾部的颊部具有许多网格状沟纹。头鞍长方形，两侧平行或接近平行。前叶节分为 3 部，一个狭而前端尖锐的中部和两个圆滑的侧部。后叶长，中部有龙骨状突起及圆形小中疣。基底叶可能是复合而成。尾轴横分 4 叶，同时又纵分为 3 带，两侧具小瘤，后端尖锐。边缘后侧具一对短刺。

分布及时代：亚洲、欧洲、大洋洲及苏联东西伯利亚；晚寒武世早期至中期。

▶▶▶ 网形雕纹球接子 *Glyptagnostus reticulatus*（Angelin）

头尾次方形。头鞍大，长方形，两侧平行（图 4-5-2；地质部南京地质矿产研究所，1982a）。横沟清楚，前叶分为 3 部，窄的、前端尖锐的中部和两个圆滑的侧部。后叶长，中部有龙骨状突起及圆形中瘤。基底叶大，近似三角形。颊部被网形沟切割，间有小瘤。尾轴锥形，具有一长圆形的中间突起，分 4 节，两侧布有鳞状小叶。肋部有一中沟，表面网格状间有小瘤状。具一对短的侧刺。

产地及层位：武宁县大源；晚寒武世华严寺组。

 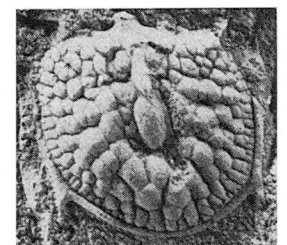

a：头部，×4　　　　　　　　　b：尾部，×4

图 4-5-2　*Glyptagnostus reticulatus*（Angelin）

◆ 褶纹球接子属 *Ptychagnostus* Jaekel，1909

头鞍前叶节略作三角形，头鞍后部两旁分为两小叶。尾轴三角形，不伸至后边缘，中部具大的中瘤，此中瘤可伸至后叶节的前部，尾边缘无刺。外壳表面有沟或小点。

分布及时代：欧洲、南美洲、北美洲、大洋洲及东亚；中寒武世。

>>> 始祖褶纹球接子 *Ptychagnostus atavus* (Tullberg)

背壳长卵形。头部具长短不等的放射状小沟。头鞍尖锥形，横沟明显，后叶中心的后部有一小瘤。基底叶呈三角形。胸部两节。尾部无放射线纹。中轴分3节，在第2节的末端具有一瘤（图4-5-3；地质部南京地质矿产研究所，1982a）。

产地及层位：彭泽县乐观乡；中寒武世杨柳岗组。

a：完整个体，×6　　b：尾部，×5

图4-5-3 *Ptychagnostus atavus* (Tullberg)

◆ 莱得利基虫目 Redlichiida Richter，1933
◆ 莱得利基虫科 Redlichiidae Poulsen，1927
◆ 莱得利基虫属 *Redlichia* Cossmon，1902
>>> 彭泽莱得利基虫 *Redlichia pengzeensis* Zhang

体瘦长。头鞍秃锥形（图4-5-4；张敬礼，1980），前端圆润；3对头鞍沟向后斜伸，中部变浅相通，颈环宽度均匀；鞍沟与颈沟见不明显的对称小坑。后侧翼窄，向两侧平伸。外边缘突起光滑，中部加宽，边缘沟见不明显的稀疏小坑；内边缘窄。眼叶长而弯曲，后端接近颈环中部，固定颊窄。面线前支波形向外斜伸，α=80°。胸窄长，共15节。第4、11节具轴刺，关节半环清楚；轴节迭碗状相互嵌在一起，肋叶具肋刺，自上向下，由三角形加长为镰刀形。尾小轴3节，第1节宽于胸轴末节，第3节分成左右两块突起，肋叶已不可分，呈低平的尾缘。

产地及层位：江西彭泽龙宫洞；下寒武统观音堂组。

图4-5-4 *Redlichia penzeensis* Zhang

>>> 天红莱得利基虫 *Redlichia tianhongensis* Zhang

虫体呈卵形（图4-5-5；张敬礼，1980）。头鞍锥形，3对头鞍沟，中部浅相通，远轴有一对对称小坑明显。颈环宽度均匀，鞍沟亦有一对对称小坑，具颈疣。固定颊窄，后侧翼窄向两侧平伸。外边缘中部变宽，内边缘窄，边缘沟似有稀疏山坑。眼叶长而弯曲，自由颊上眼基凸起，颊刺较长。β≈125°，面线前支向上斜伸，α≈85°。胸节长，15节，宽度较 *Redlichia pengzeensis* 大，第11节具轴刺，具肋刺。自上至下由三角形变为镰刀形。尾小近椭圆，见三节。无尾刺。

产地及层位：江西彭泽龙宫洞；早寒武世观音堂组。

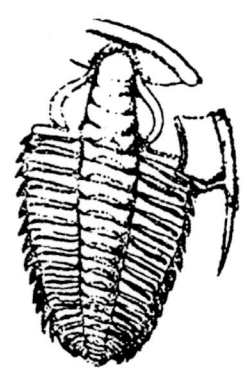

图4-5-5 *Redlichia tianhongensis* Zhang

》》》 江西莱得利基虫 *Redeichia jiangxiensis* Zhang

头极宽，且宽大于高，头鞍呈钝锥形（图 4-5-6；张敬礼，1980），3 对头鞍沟清楚，自上至下加宽加深，鞍叶在中轴部凸起，第 2 鞍叶尤甚呈疣状。似使头鞍又纵向三分。颈环宽度均匀，具短颈刺。眼叶宽大，自第 1 鞍叶末以较大弧度向外弯曲，使固定颊特宽。眼叶基部与颈环下部接近。外边缘窄长，中部加厚。内边缘窄；眼前叶为扁豆形，其后缘见线状眼线，与面线前支近平行。面线前支以缓波状向上斜伸，$\alpha \approx 85°$，壳面稍粗糙。

图 4-5-6 *Redlichia jiangxiensis* Zhang

产地及层位：江西彭泽龙宫洞；早寒武世观音堂组。

◆ 耸棒头虫目 Corynexochida kobayashi，1935
　◆ 耸棒头虫科 Corynexochidae Angelin，1854
　　◆ 耸棒头虫属 *Corynexochus* Angelin，1854

背壳长卵形。头鞍向前强烈扩展。眼叶中等大小。固定颊前狭后宽。胸部具深沟，肋部末端尖锐。

分布及时代：亚洲、欧洲、大洋洲、北美洲；中寒武世—晚寒武世。

》》》 羽尾状耸棒头虫 *Corynexochus plumura* Whitehouse

头鞍向前强烈扩大，前缘近平直，后部有两对短的、向后倾斜的鞍沟（图 4-5-7；地质部南京地质矿产研究所，1982a）。颈沟、背沟均深。颈环中部宽。眼叶中等大小，位于头鞍前部。固定颊窄。后侧翼宽大，边缘宽。胸部附近有两个胸节。中轴与肋部宽度大致相等。肋节具深的肋沟。

产地及层位：上饶市；晚寒武世华严寺组。

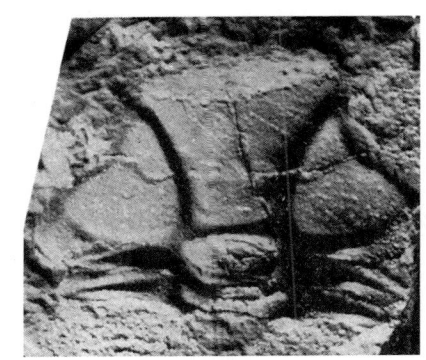

头盖，×10

图 4-5-7 *Corynexochus plumura* Whitehouse

◆ 褶颊虫目 Ptychopariida Swinnerton，1915
　◆ 褶颊虫亚目 Ptychopariina Richter，1933
　　◆ 舒马德虫科 Shumardiidae Lake，1907
　　　◆ 舒马德虫属 *Shumardia* Billings，1862

小型三叶虫，背壳卵形，凸起，异尾型。头部半圆形，无眼及面线。头鞍宽，略作棒状，凸起，前侧有一对被前一对向前斜伸的头鞍沟划分的眼状侧叶，在此侧叶之后有一对或两对短的头鞍侧沟。背沟两侧深而宽，向前变窄变浅，颈环明显呈现，前边缘相当发育。颊角尖锐，后边缘沟深，后边缘窄。胸部较头部略窄，中轴宽，向后收缩，背沟宽而深。肋节末端向后伸成尖角。第4胸节大，有长肋刺。尾部次方形至半圆形或次三角形，中轴向后收缩。壳面在许多种群中有斑点。

分布及时代：亚洲、欧洲、南北美洲；中寒武世（？）、晚寒武世—晚奥陶世。

>>> 顽固舒马德虫 *Shumardia tenacis* Zhou

头部半卵圆形，强烈凸起，具有近90°的夹角，头鞍向前扩大迟缓，前缘略呈半圆形，头鞍沟一对，各自分叉为前后两支，前面一支深，向内前方延伸，后面一支浅，向侧后方斜伸，正好抵达颈沟（图4-5-8；地质部南京地质矿产研究所，1982a）。前后抵达颈沟。前后两支头鞍沟从头鞍切出两对近乎三角形的侧叶。颈沟浅，但清晰，颈环为宽的半椭圆形。背沟后部深而宽，向前逐渐变浅变窄。颊部强烈下弯。后边缘沟平伸，内端深，外端浅。后边缘略呈直角三角形，由外端向里端迅速变狭。

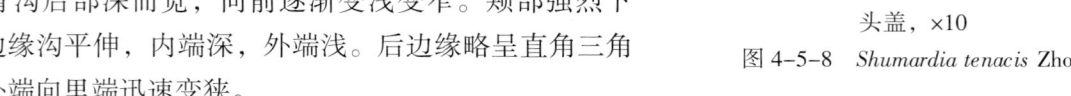

头盖，×10

图4-5-8 *Shumardia tenacis* Zhou

产地及层位：武宁县；晚奥陶世黄泥岗组。

◆ 油栉虫科 Olenidae Burmeister，1843
◆ 褶线虫亚科 Plicatolininae Robison et Pantoja-Alor，1968
◆ 五家尖虫属 *Wujiajiania* Lu et Lin，1980
>>> 膨大五家尖虫 *Wujiajiania expansa* Lu et Lin

仅有两块头盖标本，其特征与 *Wujiajiania expansa* 的正模标本（卢衍豪等，1980）完全一致（图4-5-9；林天瑞，1986）。头盖亚梯形，头鞍极大，呈鼓形，前缘中央向后凹，4对头鞍沟，

a: 头部，×6

b: 不完整背甲，×6

图4-5-9 *Wujiajiania expansa* Lu et Lin

第一对呈坑状，第二对外端远距背沟，第三、四对中间相连，呈"V"形，颈节的两侧叶及中瘤，无内边缘，外边缘狭，呈脊状。眼脊清晰，眼叶突起，位于头鞍前两侧，固定颊宽度为眼叶宽的一倍，后侧翼长三角形，后边缘宽度小于颈节宽度的 2/3。

产地及层位：江西武宁塘畔村新开岭和岭背垅；上寒武统西阳山组。

◆ 栉虫亚目 Asaphina Salter, 1864
　◆ 栉虫科 Asaphidae Burmeister, 1843
　　◆ 后玉屏虫属 *Metayuepingia* Liu, 1977

头鞍近长方形，中部收缩，具中瘤，无颈沟及鞍沟。前边缘窄，后部下凹，前端翘起。眼叶中等大小，半圆形，位于头盖的中部。固定颊窄。面线前支向前延伸至前边缘处略为扩展，而后向内延伸会合于头鞍的前上方成一尖角转向腹部。活动颊宽，颊角圆润。胸部 8 节。尾部为半椭圆形，中轴宽而短，分 5 节和 1 末节。肋部光滑，不分节。边缘平，凹下。

分布及时代：中国华南；早奥陶世。

▶▶▶ 长形后玉屏虫 *Metayuepingia elongata* Q. Z. Zhang

头鞍长方形，平缓突起，中部略收缩，前端圆，最宽处位于头鞍的后部，无鞍沟及颈沟，于眼叶后端水平位置处具小的中瘤（图 4-5-10；地质部南京地质矿产研究所，1982a）。背沟于两侧窄而深，但头鞍的前端不显。内边缘窄，凹下。前边缘略凸起，中部向前尖出。眼叶中等大小，半圆形，位于头鞍的中部。固定颊窄。后侧翼短，约为头鞍长度的 1/2。面线前支略向前扩张，于前侧则转向内曲，交会于前缘的中点。口板中心体呈椭圆形，前侧翼三角形，侧缘和后缘宽，后缘无缺口。

头盖，×2.5
图 4-5-10 *Metayuepingia elongata* Q. Z. Zhang

产地及层位：德安县；早奥陶世印渚埠组。

◆ 宝石虫科 Nileidae Angelin, 1854
　◆ 粘壳虫属 *Symphysurus* Goldfuss, 1843

与宝石虫的区别为具有半圆形的或抛物线形的头部，强烈突起的头鞍，深陷的背沟，较窄的和较凸的向后收缩的胸轴，较平的尾部，尾部无边缘，但中轴较明显从肋部分出。

分布及时代：亚洲、欧洲、南美洲、北美洲；早奥陶世至中奥陶世。

▶▶▶ 建德粘壳虫 *Symphysurus kientehensis* (Sheng)

背壳相当凸，长度大于宽度。头部和尾部大小几乎相等，半圆形，宽阔。头鞍沿中线强烈凸起，呈次方形，前部宽。无头鞍沟及颈沟。眼叶大，位于头盖的中部。固定颊狭。活动颊略宽于固定颊，具圆润的颊角（图 4-5-11；地质部南京地质矿产研究所，1982a）。胸部短，具 8 节，宽度大于长度。尾半圆形。中轴短锥形，不明显地分为 2 节。肋叶光滑，肋叶有一宽度均匀的边缘。

产地及层位：武宁县澧溪镇新开岭；早奥陶世印渚埠组。

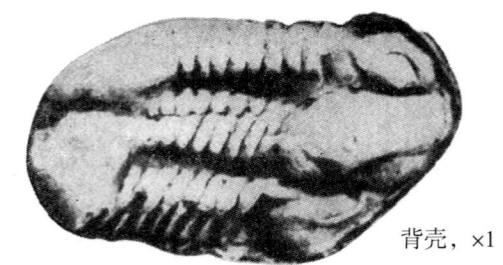

背壳，×1

图 4-5-11 *Symphysurus kientehensis*（Sheng）

◆ 圆尾虫科 Cyclopygidae Raymond，1925
◆ 圆尾虫属 *Cyclopyge* Hawle et Corda，1847

头鞍宽，两侧直，向前收缩，具一对或两对向后斜的头鞍侧叶。眼极长大，向前下弯。胸部 6 节，向后变宽，中轴向后强烈收缩。尾部较长大，呈半圆形。中轴窄而短，肋叶宽，具边缘或无边缘。

分布及时代：亚洲、欧洲及北美洲；奥陶纪。

反曲原尾虫 *Cyclopyge recurva* Lu

背壳呈长椭圆形（图 4-5-12；地质部南京地质矿产研究所，1982a）。头鞍两侧向前收缩明显，前缘圆润，但弧度较小，后缘略后拱，呈开阔弧形。后部具一对斜伸的头鞍沟，其后各具一明显的圆形隆形。胸部 6 节，轴部向前向后收缩。尾部略呈半圆形，中轴短，后缘圆润，背沟深，尾边缘明显，中部略向后下方凸出。幼虫尾部中轴及肋部均明显分节。

产地及层位：大余县排牙下；中奥陶世—晚奥陶世对耳石组（原资料为中奥陶世，下同）。

 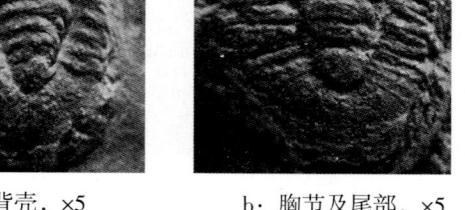

a：背壳，×5　　　b：胸节及尾部，×5

图 4-5-12 *Cyclopyge recurva* Lu

小尖圆尾虫 *Cyclopyge spiculata* Zhou

头鞍长与宽之比为 4:3，前端强烈收缩并向前凸出于眼睛前缘之前，成一钝的尖角（图 4-5-13；地质部南京地质矿产研究所，1982a）。一对短头鞍沟，位于头鞍后部，其延长线以 90°在中轴相交。中瘤位于头鞍中部。另一对显著的圆形隆起位于头鞍沟之后。

产地及层位：武宁县；晚奥陶世黄泥岗组。

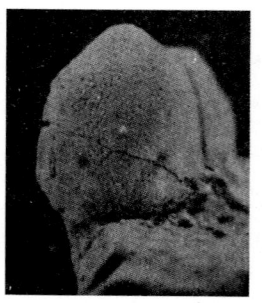 

a：正视，×4　　　b：侧视，×4

图 4-5-13 *Cyclopyge spiculata* Zhou

◆粘眼虫属 *Symphysops* Raymond，1925

头鞍在中部最宽，前端有前刺，具 2 对横伸的头鞍沟。眼在腹部相连。活动颊后部发育有一相当宽的边缘。尾部较小，半圆形。中轴中等长度，轴环节及肋节较少。尾边缘较窄。

分布及时代：中国南部、欧洲、北美洲东部；中奥陶世—晚奥陶世。

▶▶▶祁东粘眼虫 *Symphysops qidongensis* Zhou

头鞍侧缘呈阔弧形向侧方凸出，向前收缩最快，具短小的头鞍前刺，头鞍沟浅而宽，后一对较明显，前部具中瘤。胸部分 6 节（图 4-5-14；地质部南京地质矿产研究所，1982a）。胸轴宽，向后收缩，第 3 轴环节上具一对圆形印痕。肋部狭。尾部呈开阔的半椭圆形，宽度约为长度的两倍。中轴锥形，凸起，分为 4 节。背沟宽而深。肋部具模糊的肋沟。边缘沟清晰，尾边缘宽而均匀。

产地及层位：大余县排牙下；中奥陶世对耳石组下部。

不完整背壳，×5

图 4-5-14 *Symphysops qidongensis* Zhou

◆小裸壳虫属 *Psilacella* Whittard，1952

头鞍大，两侧近于平行，前端宽圆。背沟微弱。有 3 对显著的头鞍沟。固定颊窄，极小。尾部半圆形。中轴三角形，为尾长的 1/2，分 5 节。肋部分 3 节，后部光滑不分节。

分布及时代：中国南部；中奥陶世晚期。苏格兰、捷克；奥陶纪。哈萨克斯坦；晚奥陶世。

▶▶▶湖南小裸壳虫 *Psilacella hunanensis* Zhou

头鞍宽大，侧缘呈开阔弧形向侧方凸出，前缘宽圆（图 4-5-15；地质部南京地质矿产研究所，1982a）。3 对侧头鞍沟深而狭，前一对短，略向前斜伸，第 2 对近乎平伸或微前倾，后一对平伸或微后斜，后两对鞍沟内端均明显向后弯曲。尾部半圆形，宽度小于长度的 2 倍。中轴锥形，分为

a：头盖，×5   b：尾部，×5

图 4-5-15 *Psilacella hunanensis* Zhou

4~5节。背沟深。肋部前两对肋沟深，其余均模糊不清。边缘沟浅而宽，边缘明显，宽度均匀。

产地及层位：大余县排牙下；中奥陶世对耳石组上部。

◆ 南岭虫属 *Nanlingia* Wei et Zhou，1983

尾部近半圆形，前缘强烈向后弯曲。中轴短，凸起，向后收缩，末端圆润，其长度约为尾部长的 2/5，其前缘宽度约为尾部宽的 1/4，两条深的轴环沟，分出 3 个轴环节，前一节前部具明显的关节半环。背沟深。肋部微凸，侧部及后部略下弯，后部具明显的中脊。两侧肋部具 8 对凸脊和宽而平的肋沟与间肋沟。前部凸脊向侧后方斜伸，后部中脊向后伸展，凸脊及中脊内端粗，向尾边缘逐渐变细，伸入尾边缘后趋于消失，但前两对凸脊仍继续向后引长，且合并为一对向侧后方伸出的尾刺。尾边缘平而狭，与肋部分界不清。

分布及时代：江西南部；中奥陶世。

▶▶▶ 具尾南岭虫 *Nanlingia caudata* Wei et Zhou

尾部近半圆形，前缘强烈向后弯曲（图 4-5-16；地质部南京地质矿产研究所，1982a）。中轴短，凸起，向后收缩，末端圆润，其长度约为尾部长的 2/5，其前缘宽度约为尾部宽的 1/4，两条深的轴环沟，分出 3 个轴环节，前一节前部具明显的关节半环。背沟深。肋部微凸，侧部及后部略下弯，后部具明显的中脊。两侧肋部具 8 对凸脊和宽而平的肋沟与间肋沟。前部凸脊向侧后方斜伸，后部中脊向后伸展，凸脊及中脊内端粗，向尾边缘逐渐变细，伸入尾边缘后趋于消失，但前两对凸脊仍继续向后引长，且合并为一对向侧后方伸出的尾刺。尾边缘平而狭，与肋部分界不清。

尾部，×4
图 4-5-16 *Nanlingia caudata* Wei et Zhou

产地及层位：大余县排牙下；中奥陶世对耳石组下部。

◆ 刺尾虫科 Ceratopygidae Linnarsson，1869
◆ 原刺尾虫属 *Proceratopyge* Wallerius，1895

头鞍圆锥形或两侧近于平行，未伸达外边缘，头鞍后部具有中疣。头鞍沟清楚或不甚明显。固定颊宽。眼叶位于头盖中部。面线前支向前扩张或近于平行。胸部分 9 节。尾部大，半圆形到次三角形。中轴圆锥形，分节，伸至边缘。肋部最前一节延伸成一对壮大的尾刺。

分布及时代：亚洲、北欧及大洋洲；中寒武世—晚寒武世。拉丁美洲；早奥陶世（?）。

▶▶▶ 凤凰原刺尾虫 *Proceratopyge fenghwangensis* Hsiang

头鞍切锥形，前端圆滑。眼叶大，半圆形。内边缘颊宽，下凹，具有不大的三角形伸出体和浅的横沟。边缘沟十分微弱。胸部分为9节。尾部横伸。中轴长锥形，分为8节。边缘宽凹。肋部分节，第一对肋节延长成一对尾刺（图4-5-17；地质部南京地质矿产研究所，1982a）。

产地及层位：武宁县澧溪镇大源；晚寒武世西阳山组。

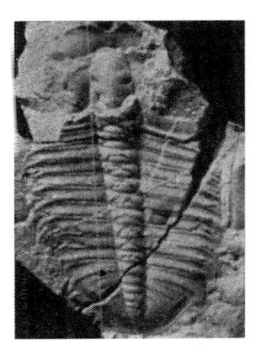

背壳，×2

图4-5-17 *Proceratopyge fenghwangensis* Hsiang

◆斜视虫亚目 Illaenina Jaanusson，1959
　◆斜视虫科 Illaenidae Hawle et Corde，1847
　　◆兹狄克虫属 *Zdicella* Snajdr，1957

头鞍狭，略平行，背沟仅后部较为清晰，无眼。胸部分10节。尾部小于头部，尾较短而狭，三角形。

分布及时代：中国华南、欧洲；晚奥陶世。

>>> 骤折兹狄克虫 *Zdicella refrata* Zhou et Ju

头盖略呈半圆形，前部及侧部强烈向下膝曲，后缘平直，但侧端略向后弯曲（图4-5-18；地质部南京地质矿产研究所，1982a）。前边缘沟狭。外边缘狭，呈凸脊状。头鞍狭，基部宽度约为头盖宽度的2/7。背沟后部深而宽，略微向前收缩，具两对卵形小坑，至头盖长1/3处背沟变浅，并向前逐渐消失。面线前部略向前收缩，后部略向后收缩。无眼。尾部呈半椭圆形，长与宽的比为3:5，侧部及后部向下弯曲。前缘平直，前侧缘向后侧倾斜。尾轴狭而短，三角形。背沟宽而浅，向后收缩并逐渐消失。

产地及层位：武宁县；晚奥陶世黄泥岗组。

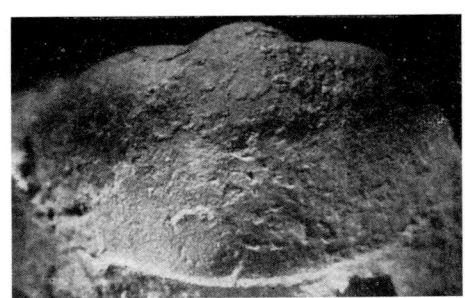

a：头盖前视，×3

b：头盖正视，×3

图4-5-18 *Zdicella refrata* Zhou et Ju

◆蚜头虫科 Proetidae Sulter，1864
　◆修水砑头虫属 *Xiushuiproetus* Q. Z. Zhang，1983

头鞍短，锥形。3对鞍沟。内边缘平，宽度中等。前边缘凸起，于中部位置有一向后突出的三角形棱脊。颈沟分叉，颈环两侧被分出一对三角状侧叶。后侧翼细长。面线前支向前扩张。眼叶大，位于头鞍后部。尾亚三角形，轴部凸，前部显现6~12个环节，轴节沟在侧部被一对纵脊分为

3部分。肋节9节，一般前部6节较清楚；间肋沟极窄，隐约可见。边缘清楚、凹下，宽度中等。

分布及时代：中国江西、四川；中志留世。

🞂🞂🞂 双河修水砑头虫 *Xiushuiproetus shuangheensis* (Wu) emend

头鞍锥形，长大于宽（图4-5-19；地质部南京地质矿产研究所，1982a）。3对鞍沟，第1、2对鞍沟短，略向后斜；第3对长，后斜、深而明显。内边缘平。外边缘凸起，较宽，于内侧向后有一突出的三角形棱脊。眼大、位于头鞍的中部偏后。颈沟深，两侧分叉。颈环窄而凸起，两侧被分割成三角形侧叶。尾长，半椭圆形。轴部凸，轴节14节，轴节沟于两侧被一对纵脊分为3部分。肋叶9节，肋沟后部变浅，且逐渐不明显。边缘明显，宽度中等。

产地及层位：武宁县；中志留世坟头组。

a：头盖，×3　　　　　　b：尾部，×3

图4-5-19　*Xiushuiproetus shuangheensis* (Wu) emend

🞂🞂🞂 鄱阳修水砑头虫 *Xiushuiproetus poyangsis* Q. Z. Zhang

本种与模式种 X. *shuangheensis* (Wu) 的区别是：本种头鞍宽度小，向前较尖削；前边缘窄；眼叶小，为头鞍长度的一半；鞍沟浅；颈环侧叶大，为颈环横宽的1/3；尾部呈亚三角形，向后尖削，轴沟相对较浅（图4-5-20；地质部南京地质矿产研究所，1982a）。

产地及层位：武宁县；中志留世坟头组。

a：头盖；b：尾部；c：尾部；d：唇板×1.5

图4-5-20　*Xiushuiproetus poyangsis* Q. Z. Zhang

◆小菲氏虫科 Phillipsinellidae Whitington, 1950
◆副小菲氏虫属 *Paraphillipsinella* Lu, 1974

虫体小。头鞍前叶膨大，呈圆球形，后叶呈柱形，但向前微收缩。眼小。无明显的前边缘。
分布及时代：中国南部；中奥陶世—晚奥陶世。

▶▶▶ 湖北副小菲氏虫 *Paraphillipsinella hubeiensis* Zhou

头盖长度大于宽度（图4-5-21；地质部南京地质矿产研究所，1982a）。头鞍后部近于柱形，向前微收缩；头鞍前叶大，强烈凸起，较长，其长度大于头鞍后叶的长度；前端宽圆。头鞍前后叶之间的横沟清楚，但微弱。颈沟深，中部微向前弯曲。颈环中等宽度，向前拱曲，两端窄。背沟窄而深。活动颊窄，具细颊刺。胸部分6节，中轴与肋叶约等宽。尾部横宽。中轴锥形，伸至后缘，分3~4节。肋部可见2~3节。

产地及层位：武宁县；晚奥陶世黄泥岗组。

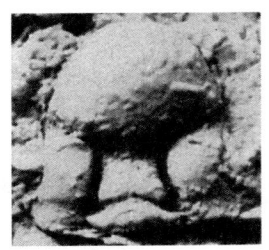

a：头盖，×8　　　b：背壳，×10

图4-5-21 *Paraphillipsinella hubeiensis* Zhou

◆菲利普虫科 Phillipsiidae Oehlert, 1886
◆假菲利普属 *Pseudophillipsia* Gemmelaro, 1892

头部半圆形，具颊刺。头鞍前部膨大，其后侧具3对小的隆起的侧叶，在颈环之前的后侧叶大，为深的侧沟独立分出，在颈环之前及两后叶之间凹陷成一低的叶节，两眼之间的头鞍收缩，头鞍不伸达前缘。具前边缘。颈环中部宽，前缘向前拱曲。眼叶相当大，位于头鞍中后部，呈新月形。胸节10节，胸轴较肋叶小，肋节末端圆润。尾部长，分节在14节以上，两侧各有一排大瘤。边缘明显。

分布及时代：亚洲、欧洲南部、北美洲；二叠纪。

钝尾假菲利普虫 *Pseudophillipsia obtusicauda* Kayser

头部半椭圆形（图 4-5-22；地质部南京地质矿产研究所，1982b）。头鞍前叶向前拱曲。头鞍前叶后部两侧有 3 对小的瘤状侧叶，侧沟浅而宽，头鞍后部有一对宽而深的弯曲的后头鞍沟，在两眼之间头鞍强烈收缩。颈环中部宽，颈沟深而宽，前拱。眼叶中等大小，新月形，位于头鞍横中线的中后方。胸部保存不全，约有 10 节。尾部呈长椭圆形，中轴分为 12 节以上，每节的顶部均有一对大疣。肋部较中轴稍宽，约分 12 节。

产地及层位：乐平市；晚二叠世乐平组。

背壳，×1
图 4-5-22 *Pseudophillipsia obtusicauda* Kayser

上高假菲利普虫 *Pseudophillipsia shanggaoensis* Zhang

头鞍凸，前叶近椭圆形，略向前扩张，前缘向前拱曲，在前叶后部两侧有 3 对小的瘤状侧叶（图 4-5-23；地质部南京地质矿产研究所，1982b）；头鞍后部被宽的头鞍沟分为一对小的后侧叶和一个突起的中叶。颈沟宽，颈环窄而凸。眼叶中等大小，位于头鞍的后部。后侧翼窄而短。

产地及层位：上高县；晚二叠世乐平组。

头盖，×2.5
图 4-5-23 *Pseudophillipsia shanggaoensis* Zhang

蒙山假菲利普虫 *Pseudophillipsia mengshanensis* Lin

头鞍大，头部半圆形（图 4-5-24；地质部南京地质矿产研究所，1982b）。头鞍前部大而长，长度占头鞍总长度的 5/6，头鞍后部狭，有一对浅而宽、且急剧向后弯曲的沟，把后部分成一对小而呈瘤状的侧叶和一窄的中叶。颈沟阔而略深，但两侧变狭。眼叶大，其长度约为头鞍长度的一半，位于头部的中后部。眼强烈突起、大，呈肾状，由许多细小的眼粒组成。具一长而细，向后略向内伸出的颊刺。标本上可见 5 个胸节。轴环与肋节约等宽，肋节上肋沟浅而宽。

产地及层位：上高县；中二叠世栖霞组。

头部及胸节，×2
图 4-5-24 *Pseudophillipsia mengshanensis* Lin

◆ 短扭头虫科 Brachymetopidae Prantl et Pribyl, 1950
◆ 短扭头虫属 *Brachymetopus* Mc'Coy, 1847

头部边缘凸，具明显的边缘沟，颊刺不长。头鞍两侧平行或为亚三角形，具一对头鞍沟。眼呈肾状，位于头部的后部。尾呈半圆形或半椭圆形。尾轴宽，分为9~17节。肋沟明显，肋叶宽而凸。

分布及时代：欧洲；晚泥盆世。亚洲、北美洲、大洋洲；早石炭世—晚二叠世。

◆短扭头虫亚属 *Brachymetopus*（*Brachymetopus*）Mc'Coy，1847

尾轴9~10节。肋叶具大的肋瘤，末端向后延伸成刺。

分布及时代：欧洲；晚泥盆世。亚洲、北美洲、大洋洲；早石炭世—晚二叠世。

▶▶▶高安短扭头虫 *Brachymetopus*（*Brachymetopus*）*gaoanensis* Zhang

头盖半圆形，边缘宽，无颊刺（图4-5-25；地质部南京地质矿产研究所，1982b）。颈沟深，平直；眼叶大，半圆形，为头鞍长度的3/4，后部与颈沟平。壳面除颈环外皆具瘤点，其中在头鞍前区的中部有一对大的瘤点，另外在眼叶的前、后端也各有一对次一级的瘤点，其余瘤点则呈不规则分布。尾部半圆形，轴部锥状，直达于尾缘。轴分为9节以上，每节皆具一排小的瘤点；肋部6节，在每一对肋叶上和肋沟内皆具一排规则排列的瘤点，但每隔一条肋叶的肋叶中部有一个大的肋瘤，肋叶向外具短的肋刺。

产地及层位：高安市；晚二叠世乐平组。

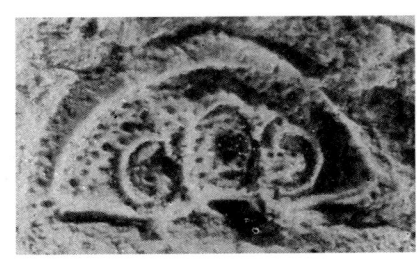 

a：头盖，×6　　　　　　　　　　b：尾部，×6

图4-5-25　*Brachymetopus*（*Brachymetopus*）*gaoanensis* Zhang

◆三瘤虫亚目 Trinucleina Swinnerton，1915
　◆三瘤虫科 Trinucleidae Hawle et Corda，1847
　　◆修水三瘤虫属 *Xiushuilithus* Zhou，1976

头鞍梨形，具3对侧头鞍沟，无假前叶节和颈刺，具微弱的叶状体。颊部具侧眼粒和眼脊。饰边上叶板分为凹陷的内边缘和稍微凸起的颊边缘，内边缘狭，具两列同心状排列的小陷孔，这些小陷孔分布在辐射状排列的陷坑之内。颊边缘小陷孔呈不十分规则的同心状排列，前部不同列的小陷孔又呈粗略的辐射状排列。饰边下叶板具较弱的梁脊，梁脊外具一列较大的小陷孔。

分布及时代：中国华南；中奥陶世—晚奥陶世。

▶▶▶修水修水三瘤虫 *Xiushuilithus xiushuiensis* Zhou

头鞍梨形，具3对侧头鞍沟，无假前叶节和颈刺，具微弱的叶状体（图4-5-26；地质部南京地质矿产研究所，1982a）。颊部具侧眼粒和眼脊。饰边上叶板分为凹陷的内边缘和稍微凸起的颊边缘，内边缘狭，具两列同心状排列的小陷孔，这些小陷孔分布在辐射状排列的陷坑之内。颊边缘小陷孔呈不十分规则的同心状排列，前部不同列的小陷孔又呈粗略的辐射状排列。饰边下叶板具较弱的梁脊，梁脊外具一列较大的小陷孔。

产地及层位：武宁县；晚奥陶世砚瓦山组。

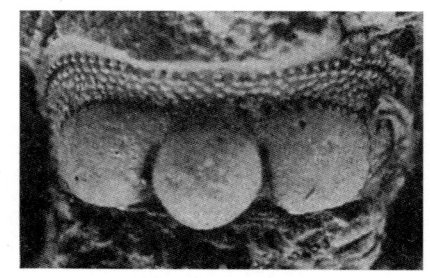

a：头部正视，×10　　　　　　　　　b：头部前视，×6

图 4-5-26　*Xiushuilithus xiushuiensis* Zhou

◆南京三瘤虫属 *Nankinolithus* Lu，1955

头鞍具有假前叶节，3对头鞍沟，2、3两对较清楚。颊部无侧眼粒和眼脊。边缘分为凹下的内边缘和凸起的颊边缘。上叶板上内边缘有3行排列在放射形陷坑内的小陷孔。颊边缘上的小陷孔在前部呈放射状排列，侧部则呈不规则的交错排列。尾部短，为三角形，中轴狭，分节，肋部有3对肋沟。

分布及时代：华南；晚奥陶世。

南京南京三瘤虫 *Nankinolithus nankinensis* Lu

头部大致呈宽的半椭圆形，前缘弯曲不强烈（图4-5-27；地质部南京地质矿产研究所，1982a）。头鞍高凸，中部有一中瘤，具3对鞍沟。颈环向后拱曲，颈沟极宽。颊叶无侧眼粒和眼脊。饰边分为一个凹陷的内边缘和一个稍为隆起的颊缘。在上叶板上，内边缘有大约3行小陷孔分布在50个左右的放射形陷坑；颊边缘在颊叶前部各陷坑之内有2~4个小陷孔，向侧部小陷孔逐渐增多，在接近后边缘的区域，其数目有7~9个，这些小陷孔呈不规则的排列。下叶板背视具凹陷的梁脊和乳头状小突起。颊刺在后侧颊角上向外后斜。外边缘狭，不甚显著。

头盖，×2

图 4-5-27　*Nankinolithus nankinensis* Lu

产地及层位：武宁县澧溪镇新开岭；晚奥陶世黄泥岗组。

◆江西三瘤虫属 *Jianxilithus* Zhang et Zhou，1976

头部宽，矩形。头鞍梨形，具小的叶状体和 3 对侧头鞍沟。颊叶具侧眼粒和眼脊。饰边宽，具发育的引长体。上叶板分为微凹的内边缘和微凸的颊边缘。内边缘具微弱辐射脊隔开的陷坑，陷坑里有 3~4 列小陷孔。颊边缘有许多呈不规则排列的小陷孔。下叶板具微弱的梁脊，其外具一列较大的小陷孔。胸部分 6 节。尾部宽，三角形，尾轴可分为 6~7 节。

分布及时代：江西、皖南；中奥陶世—晚奥陶世。

⟫⟫⟫ 宽边江西三瘤虫 *Jianxilithus latimarginis* Zhang et Zhou

头部宽，矩形（图 4-5-28；地质部南京地质矿产研究所，1982a）。头鞍梨形，具有小的叶状体和 3 对侧头鞍沟。颊叶具侧眼粒和眼脊。饰边宽，具发育的引长体。上叶板分为微凹的内边缘和微凸的颊边缘。内边缘具微弱辐射脊隔开的陷坑，陷坑里有 3~4 列小陷孔。颊边缘有许多呈不规则排列的小陷孔。下叶板具微弱的梁脊，其外具一列较大的小陷孔。胸部分 6 节。尾部宽，三角形，尾轴可分为 6~7 节。

产地及层位：武宁县；晚奥陶世砚瓦山组。

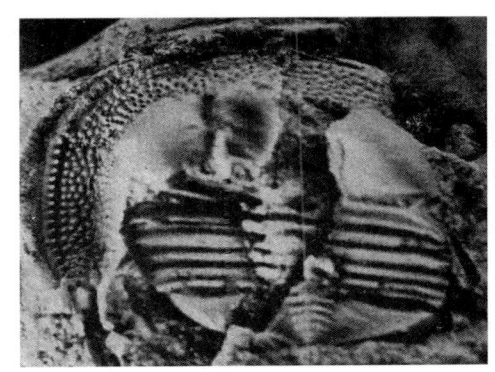

背壳，×4

图 4-5-28 *Jianxilithus latimarginis* Zhang et Zhou

◆带针虫科 Raphiophoridae Angelin，1854
◆九溪虫属 *Jiuxiella* Liu，1977

头鞍棒状，凸起，光滑无头鞍沟。头鞍中部具一小疣。头鞍侧叶小。眼疣在头鞍相对中线的前方，眼疣后面有一较细的柄状物，向后斜伸与背沟相连。前边缘平与固定颊融合，表面光滑或具细纹饰。后边缘窄。活动颊小，细长条形，边缘向外延伸成颊刺。胸部分 6 个胸节。中轴窄，向后徐徐收缩。肋部宽，肋部平，第一对肋节向外弯曲成刺状。尾部很宽，半椭圆形。尾轴尖锥形，伸达边缘，分 5 节以上。肋部宽，只有一条深凹的肋沟，其长度为肋部的 2/3。边缘宽，与肋部之间有一条与尾缘平行的弧状脊线。

分布及时代：湖南、江西；早奥陶世—中奥陶世早期。

⟫⟫⟫ 江西九溪虫 *Jiuxiella jiangxiensis* Qiu

头盖半椭圆形（图 4-5-29；地质部南京地质矿产研究所，1982a）。头鞍平缓凸起，向前迅速扩大，呈倒梨形，无头鞍沟，中部有一小疣，其上有向前弯曲的细纹。头鞍

不完整背壳，×3

图 4-5-29 *Jiuxiella jiangxiensis* Qiu

侧叶中等大小，位于头鞍后部两侧。眼疣小，位于头鞍相对位置的 2/3 处。眼疣后面的柄状物极细，略向后斜伸，并与背沟相连。前边缘较宽，并向前下方倾斜，与固定颊融合。头盖除头鞍外，有波状细纹。胸部分 6 节，中轴窄，肋部宽。

产地及层位：上饶市；早奥陶世印渚埠组。

◆孔扭头虫科 Orometopidae Hupe，1955
◆江西盾壳虫属 *Jiangxiaspis* Q. Z. Zhang，1983

背壳短，近圆形。头盖梯形。头鞍短棒状，向前略扩大，前端圆，鞍沟不明显。颈沟两侧宽，由两侧向中部变窄变浅。颈环窄。前边缘微凸，宽度不大，无内外边缘之分。固定颊为头鞍宽度的 2/3。眼脊粗壮，平伸。眼粒大，向上突起。后侧翼长，于后侧角处微向前曲。后缘沟宽而深。面线前肢呈半圆形切于前部边缘。后肢短，近水平伸出。颊刺特别长，为背壳长度的 3 倍。胸节分 4 节。轴环节于两侧具瘤状凸起。肋叶平直，间肋沟深而宽。尾部短而扁，宽度为长度的 5 倍，尾轴分 3 节，边缘窄，边缘沟清晰。

分布及时代：德安县；早奥陶世。

▶▶▶长刺江西盾壳虫 *Jiangxiaspis longispinalis* Q. Z. Zhang

背壳短，近圆形（图 4-5-30；地质部南京地质矿产研究所，1982a）。头盖梯形。头鞍短棒状，向前略扩大，前端圆，鞍沟不明显。颈沟两侧宽，由两侧向中部变窄变浅。颈环窄。前边缘微凸，宽度不大，无内外边缘的区分。固定颊为头鞍宽度的 2/3。眼脊粗壮，平伸。眼粒大，向上突起。后侧翼长，于后侧角处微向前曲。后缘沟宽而深。面线前肢呈半圆形切于前部边缘。后肢短，近水平伸出。颊刺特别长，为背壳长度的 3 倍。胸节分 4 节。轴环节于两侧具瘤状凸起。肋叶平直，间肋沟深而宽。尾部短而扁，宽度为长度的 5 倍，尾轴分 3 节，边缘窄，边缘沟清晰。

背壳，×10
图 4-5-30 *Jiangxiaspis longispinalis* Q. Z. Zhang

产地及层位：德安县；早奥陶世印渚埠组。

◆镜眼虫目 Phacopida Salter，1864
◆手尾虫亚目 Cheirurina Harrington et leanza，1957
◆多股虫科 Pliomeridae Raymond，1913
◆拟侯氏虫属 *Parahawleia* Zhou，1976

角颊类三叶虫。头部强烈拱起，略呈半圆形。头鞍呈五边形，向前剧烈扩大，具 3 对深而宽的头鞍沟。背沟深而宽，头鞍前部近乎消失。颈沟深，中部前拱。颈环狭，中部略宽。无眼。固定颊及头鞍前部具大小不一的小陷坑。前边缘沟深而宽，约在头鞍前侧角中止，并与第一对头鞍沟贯通。后边缘沟深而宽。尾部半圆形，中轴不伸达后缘，由6节组成，末节略呈倒三角形。肋部具5对肋叶，略呈花瓣形。肋沟深，肋叶后部强烈向下弯曲，并延伸成肋刺。尾部轴节上具小瘤。

分布及时代：江西；晚奥陶世。

▶▶▶ 雕刻拟候氏虫 *Parahawleia insculpta* Zhou

头部略呈半圆形（图4-5-31；地质部南京地质矿产研究所，1982a）。头鞍呈五边形，向前剧烈扩大。具3对深而宽的头鞍沟，前一对从头鞍前侧角向后斜伸，较后两对长。背沟深而宽。颈沟深，中部前拱，颈环狭（纵向）。无眼。面线从狭角切过侧边缘而达侧边缘沟，沿侧边缘沟向前延伸，在头部前部又斜切前侧边缘。固定颊上具大小不一的小圆疣。前边缘沟深而宽，约在头鞍前侧角中止，并与第一对头鞍沟贯通。后边缘沟深而宽。胸部分11节。中轴窄，轴节沟、背沟及肋部的肋沟皆深而宽。尾部半圆形。中轴锥形，不伸达后缘，由6节组成。肋部具5对肋叶，略呈花瓣形。肋沟深，肋叶后部强烈向下弯曲，并延伸成肋刺。

产地及层位：武宁县；晚奥陶世黄泥岗组。

a：正视，×3　　　　　　b：侧视，×3

图4-5-31　*Parahawleia insculpta* Zhou

◆ 彗星虫科 Encrinuridae Angelin，1854
◆ 王冠虫属 *Coronocephalus* Grabau，1924，emend，Wang，1938

头鞍后部收缩较强，3对鞍沟，头鞍前叶大而长。头鞍前沟仅在头鞍前叶侧部显示，假头鞍前区与头鞍前叶胶合在一起。颊刺长。活动颊外缘有一排排列规则的齿状瘤。胸部分11节。尾为三角形或半椭圆形。中轴及肋部分节多，肋叶外端没有刺。唇瓣中心体为圆或椭圆形，中心体上的中叶前端不伸达前边缘之前，前缘及前侧缘呈梯形。

分布及时代：中国南方；志留纪。

▶▶▶ 霸王王冠虫 *Coronocephalus rex*（Graban）

背壳长纺锤形（图4-5-32；地质部南京地质矿产研究

背壳，×1

图4-5-32　*Coronocephalus rex*（Graban）

所，1982a）。头鞍前叶宽大，后部收缩较强，有3对横越头鞍的鞍沟。第1、2、3对头鞍沟上均有3对瘤点，呈直线排列。固定颊及头鞍前叶上均有密集的瘤点。胸部11个胸节，肋节后缘有一浅的间肋沟，于肋节后缘截割成一窄的后缘脊。尾部呈三角形，中轴环节36节以上，肋部有12个肋叶。

产地及层位：武宁县澧溪镇；中志留世坟头组。

⋙ 卵形王冠虫 *Coronocephalus ovatus* Chang

头鞍前叶大，略呈宽卵形（图4-5-33；地质部南京地质矿产研究所，1982a）。有3对鞍沟，最前一对在中线位置不相连。尾部呈长三角形。中轴细而极长，分节有46节以上。肋部16节。

产地及层位：武宁县澧溪镇；中志留世坟头组。

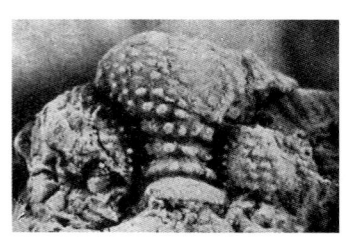
a：头盖，×1.5

b：尾部，×1.5

图 4-5-33 *Coronocephalus ovatus* Chang

⋙ 武宁王冠虫 *Coronocephalus wuningensis* Q. Z. Zhang

头鞍短，前部横宽，有3对头鞍沟（图4-5-34；地质部南京地质矿产研究所，1982a）。后两对横越头鞍；前一对呈凹口状，在中线位置不相连。头鞍叶由瘤点构成，后两对鞍叶上具两对瘤点，前一对上有3对瘤点。头鞍前沟在头鞍前侧呈短的凹口状。固定颊宽度与第二

a：头盖，×2

b：尾部，×3

图 4-5-34 *Coronocephalus wuningensis* Q. Z. Zhang

对鞍叶处的头鞍宽度近等。后侧翼长，微向后弯曲。后侧缘由颈环向外增宽，在后缘上各有 6 对瘤刺。颊刺长，其两外侧缘上具有 3 粒小的瘤刺。尾部为短宽三角形。轴环节有 36 节以上。肋部肋沟宽，有 12 个肋节。头鞍及固定颊上具粗而圆、密集分布的瘤点。尾部无瘤点而具细小的凹坑。

产地及层位：武宁县夏家桥；中志留世坟头组。

◆ 小王冠虫亚属 *Coronocephalus*（*Coronocephalina*）Wu，1977

头部半圆形。头鞍棒状，在第二对头鞍处收缩最强。有 3 对头鞍沟，第 3 对头鞍沟不横越头鞍。头鞍前沟不明显。颊刺长，活动颊宽大，外缘上有排列整齐而规则的齿状短刺。胸节分 11 节，中轴较肋部窄，轴节两端及肋节始端有一对小瘤。尾部为三角形，中轴和肋部分节多；肋节末端伸出尖的肋刺。

分布及时代：湖北、贵州、江西、安徽；中志留世。

▶▶▶ 高罗小王冠虫 *Coronocephalus*（*Coronocephalina*）*gaoluoensis* Wu，1977

头部半圆形，头鞍棒状，3 对鞍沟（图 4-5-35；地质部南京地质矿产研究所，1982a）。鞍沟在头鞍两侧呈深的凹坑，后两对在中部变浅相连。颈环及鞍叶中部窄，向侧部变宽为三角状，在其两角处并有瘤点尖出。鞍叶的中部位置有一对不明显的瘤点。头鞍前沟不明显。第 3 对鞍叶及头鞍前叶具密集的瘤点，其他部位瘤点不明显。胸部 9 节以上，肋叶及轴节上均见不明显的瘤点。尾部三角形，中轴窄，分节有 35 节以上。肋部 14~16 节，肋节末端具细小的短刺。

产地及层位：修水县四都乡；中志留世坟头组。

a：头盖及尾部，×1.5　　b：尾部，×1.5　　c：不完整背壳，×2

图 4-5-35　*Coronocephalus*（*Coronocephalina*）*gaoluoensis* Wu，1977

▶▶▶ 湖口小王冠虫 *Coronocephalus*（*Coronocephalina*）*hukouensis* Q. Z. Zhang

尾部横宽，宽度显著大于长度，后侧缘向内收缩（图 4-5-36；地质部南京地质矿产研究所，

1982a)。尾轴窄，分为 50 个环节。轴节沟仅见于侧部，中部除前部几节外，一般不连接。肋部宽，肋沟浅，分 15 个肋节，肋叶末端具短的尖刺。活动颊为宽等腰三角形，颊部具明显的小坑，边缘有 11 个大小不等的短齿。口板中心体为卵圆形，前圆后尖，前叶三等分，唇瓣斑凸，前侧翼三角形。

产地及层位：湖口县；中志留世坟头组。

◆ **刺头虫属 Senticucullus Xia, 1974**

头部呈半圆形，外缘有 12 对长刺。头鞍前叶大，并向两侧扩张，后部于第 2 对头鞍沟处收缩最强。有 3 对头鞍沟。头鞍前叶后部有较大的瘤点，或有时光滑。头鞍前沟呈一浅而宽的凹口状。假头鞍前区与前叶连在一起不易区分。无头鞍前叶中沟。胸部有 11 个胸节。尾部呈三角形，中轴有 50 节左右，肋部肋节有 14 节左右，末端有长刺伸出。口板中体扁圆，中体上的中叶前端窄，两侧沟深。

分布及时代：中国扬子区；中志留世。

>>> **美丽刺头虫 Senticucullus elegans Xia**

头部外缘有 12 对长刺（图 4-5-37；地质部南京地质矿产研究所，1982a）。固定颊刺向外并向后伸出较长。3 对头鞍沟，2 对在中线位置相连，前 1 对不连。头鞍前沟在头鞍前叶后侧部呈一浅而宽的凹口状，此凹口之后有一窄而浅的沟，似第 4 对头鞍沟，头鞍中叶后部有疣点装饰。胸部有 11 个胸节。尾部呈三角形，中轴分节多至 50 余个，肋节有 14 节，末端有长刺伸出。

产地及层位：武宁县夏家桥；中志留世坟头组。

尾部，×1.5

图 4-5-36　*Coronocephalus* (*Coronocephalina*) *hukouensis* Q. Z. Zhang

a：头部及胸节，×2

b：尾部，×2

图 4-5-37　*Senticucullus elegans* Xia

◆ 小溶溪虫属 *Rongxiella* Chang，1974

头鞍前叶强烈凸起，大而近球形；头鞍后部窄，两侧近平行，有3对浅的鞍沟。背沟深，在与颈沟、鞍沟、头鞍前沟相应的背沟内有5对深的凹坑。固定颊凸，颊刺短。头鞍前叶有瘤点突起。向前逐渐消失。活动颊呈三角形，颊部宽而凸。边缘平，其上有11个不十分明显的小突起。口板中心体呈卵圆形，凸起高，前叶三分；唇瓣斑小，位于中心体的中后部；前边缘宽，略下凹；前翼平，宽度与前边缘宽度一致。尾呈半圆形。尾轴平，有30个环节。肋部12个肋节。无边缘存在。

分布及时代：四川、江西；中志留世。

▶▶▶ 涅溪小溶溪虫 *Rongxiella lixiensis* Q. Z. Zhang

头鞍前叶强烈凸起，大而近球形（图4-5-38；地质部南京地质矿产研究所，1982a）。头鞍后部窄，两侧近平行，具3对浅而宽的鞍沟。前一对短，在头鞍中部不相连；后两对横越头鞍。颈沟窄，颈环中部略向前凸出。背沟深，在与颈沟、鞍沟、头鞍前沟相对应的背沟内，有5对深的凹坑。固定颊凸，颊刺短而弯曲。头鞍前叶后部瘤点大，向前逐渐消失。在后两对鞍叶上各有一对小瘤。活动颊呈三角形，颊部宽而凸。外边缘平，其上有11个不十分明显的小突起。口板中心体为卵圆形，凸起高。前叶三分。唇瓣斑小，位于中心体的中后部。

产地及层位：武宁县澧溪镇；中志留世坟头组。

a：尾部，×1.5　　　　　　b：头盖，×3

图4-5-38　*Rongxiella lixiensis* Q. Z. Zhang

◆ 强新月虫属 *Dindymene* Hawle et Corda，1847

无眼。头鞍向前扩大，并超越边缘。具面线或无面线。胸部分10节。尾部的肋部分2节。

分布及时代：中国南部、欧洲；中奥陶世—晚奥陶世。

▶▶▶ 东方强新月虫 *Dingdymene orientailis* Zhou

头部呈半圆形，强烈凸起（图4-5-39；地质部南京地质矿产研究所，1982a）。头鞍棒状，基部很狭，仅占头部宽度的1/6，向前迅速均匀地扩大，沿轴向，头鞍略呈抛物线形，最高点约在头鞍后的1/3处。不具头鞍沟，中瘤或短中刺位于基部，背沟深。颈环较头鞍基部宽。颊叶略呈等边三角形，前侧部向下强烈弯曲。无眼。后边缘内端狭。前边缘狭，侧边缘后部宽，向前变窄。面线切颊角之前，然后大致沿边缘沟延伸。头鞍表面具小瘤，前部尚夹有较大的小瘤。颊叶具密集而均匀排列的小陷坑和小瘤。侧边缘具夹杂大瘤的细瘤。

产地及层位：武宁县；晚奥陶世黄泥岗组。

a：头盖前视，×10　　　　　　　　　　　b：头盖正视，×10

图 4-5-39　*Dingdymene orientailis* Zhou

◆ 凯里虫属 *Kailia* Chang，1974

头盖平缓凸起。背沟窄而深。头鞍平缓凸起，后部收缩，前部扩大，前端圆。头鞍前叶中部有时有一窄的中沟。有4对窄而短的头鞍沟。颈沟与背沟相连。颈环平或平缓凸起，宽度相等。后边缘沟及后边缘清晰。固定颊刺短小。眼中等大小。活动颊较宽。边缘窄而凸起，有一排小瘤状突起。胸部分11节，中轴较肋部窄。尾部大，呈半椭圆形或亚三角形。中轴沟浅，中轴逐渐向后收缩。肋部有15个平而宽的肋节、肋沟较窄。腹边缘窄。头部、胸部及尾部均光滑。

分布及时代：中国扬子区；中志留世。

》》 武宁凯里虫 *Kailia wuningensis* Q. Z. Zhang

头盖平缓凸起，头鞍前部横宽，后部收缩，呈阔斧形（图 4-5-40；地质部南京地质矿产研究所，1982a）。头鞍前叶无中沟。有4对窄而短的鞍沟。头鞍叶以后一对最窄，前一对为后一对的2倍。颈沟深，颈环平，宽度相等。后侧翼水平伸出。后边缘平，由颈环向外增宽，于最宽处，成一平缓的弧形向后凸出。颊刺极短小。尾部平缓凸起，为亚三角形。轴沟极浅，近乎消失。轴环节仅见前部 15~20 节。轴节沟在轴部两侧深，中部变浅。肋部肋节宽，斜伸，有10个肋节，肋沟浅。

产地及层位：武宁县鲁溪镇；中志留世坟头组。

a：头盖，×3　　　　　　　　　　　　b：尾部，×2

图 4-5-40　*Kailia wuningensis* Q. Z. Zhang

>>> 修水凯里虫 *Kailia xiushuiensis* Q. Z. Zhang

该种总的特征和 *Kailia wuningegsis* Q. Z. Zhang 一致，即头部后侧翼平伸，颊刺极短，尾部前缘拱曲，肋叶少，仅 10 节。而主要的区别则是头鞍前叶具中沟，尾部向缘向后尖削（图 4-5-41；地质部南京地质矿产研究所，1982a）。

产地及层位：武宁县鲁溪镇；中志留世坟头组。

a：头盖，×1.5　　　　　　　　　b：尾部，×3

图 4-5-41　*Kailia xiushuiensis* Q. Z. Zhang

◆ 镜眼虫亚目 Phacopina Struve，1959
◆ 达尔曼虫科 Dalmanitidae Vogdes，1890
◆ 达尔曼虫属 *Dalmanitina* Reed，1805

头鞍具 3 对略倾斜的头鞍沟，后两对明显向前收缩，其中一对分叉。颊刺短。尾部呈次圆形，中轴颇宽，具轴后脊，后端常有一末刺。

分布及时代：亚洲、欧洲、北美洲、北非；中奥陶世—早志留世、(?) 中志留世。

◆ 宋溪虫亚属 *Dalmanitina* (*Songxites*) Lin，1980

头鞍向前扩大，具 3 对深的侧头鞍沟，前一对自头鞍侧角略向后斜，第二对近水平，后一对在近轴端分叉。眼叶较小，呈新月形，位于第二对侧头鞍沟之前。固定颊狭小。面线后肢水平伸出，至边缘沟急转向后斜伸。颊刺短。眼睛由 56 个透镜状的小眼体组成。活动颊呈刺三角形，具一狭的边缘。唇瓣近椭圆形，前翼小，表面具小瘤。尾部呈次三角形，宽度略大于长度。轴部由 12 个轴节和 1 末刺组成，肋部分成 8 节，具肋沟和间肋沟、边缘明显。

分布及时代：江西武宁；晚奥陶世晚期。

>>> 武宁宋溪虫 *Dalmanitina* (*Songxites*) *wuningensis* Lin

头鞍向前扩大，具 3 对深的侧头鞍沟（图 4-5-42；地质部南京地质矿产研究所，1982a）。前面 1 对自头鞍前侧角向后斜伸一小段距离，然后急转向内近平伸；第二对近水平；后一对在近轴端分叉。眼叶较小，呈新月形，前端紧靠前一对侧头鞍沟，后端在第二对侧头鞍沟前的相对位置。固定颊狭小。面线后肢自眼叶后端开始近水平向外伸出，至边缘沟急转向后、向外斜伸，切于最后一对侧头鞍沟相对位置的侧缘。活动颊比固定颊宽，呈次三角形，具一狭的边缘。唇瓣近椭圆形，边缘狭，前翼小，表面具小瘤。尾部呈次三角形，宽度略大于长度。轴部呈长锥状，由12个轴节和1末刺组成。肋部分成8节、肋沟和间肋沟伸至近边缘。边缘明显。

产地及层位：武宁县宋溪镇；晚奥陶世晚期新开岭组下部。

a：头盖，×2　　　　　　　　　　　b：尾部，×1.7

图 4-5-42　*Dalmanitina*（*Songxites*）*wuningensis* Lin

◆ **齿肋虫目 Odontopleurida Whittington，1959**
　◆ **似球虫科 Isocolidae Angelin，1854**
　　◆ **托蒙特虫属 *Thomondia* Harper，1942**

头盖呈半椭圆形，强烈凸起。头鞍呈铲形，基部具一对侧头鞍沟。无眼。面线为亚边缘类型。

分布及时代：中国华南、欧洲；晚奥陶世。

▶▶▶ 铲形托蒙特虫 *Thomondia palaformis* Zhou

头盖呈半椭圆形，强烈凸起，长略大于宽（图4-5-43；地质部南京地质矿产研究所，1982a）。头鞍高凸，呈铲形，前缘伸抵前边缘沟，1对宽而深的侧头鞍沟位于基部，后端与颈沟贯通。颈环狭，具中瘤。固定狭小，三角形。无眼。边缘沟宽而深。后边缘凸起。侧边缘因受面线切割，保存于头盖上的部分狭于前及后边缘。

产地及层位：武宁县；晚奥陶世黄泥岗组。

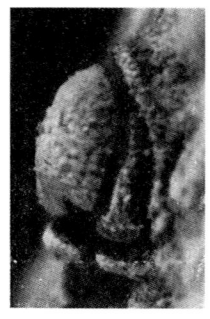 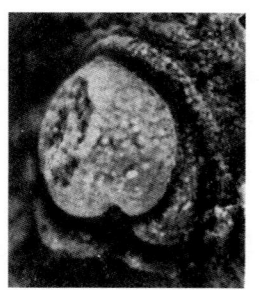

a：头部侧视，×20　　　　　　　　　　b：头部正视，×20

图 4-5-43　*Thomondia palaformis* Zhou

◆甲壳纲 Grustacea

　◆鳃足亚纲 Branchiopoda

　　◆介甲目 Conchostraca Sars, 1867

　　　◆瘤模叶肢介亚目 Estheritina Kobayashi, 1972

　　　　◆光滑叶肢介超科 Lioestherioidea Raymond, 1946

　　　　　◆真叶肢介科 Euestheriidae Defretin, 1965

　　　　　　◆真叶肢介属 *Euestheria* Deperet et Mazeran, 1912

壳瓣一般比较小，呈椭圆形、卵形、圆形或近方形。生长带上具有小网状装饰，印在外模上尽是一些小点粒，排列不规则。

分布及时代：世界各地；中生代。

⋙ 小型真叶肢介 *Euestheria minuta*（Zieten）

壳小，呈短椭圆形至近方形，凸度较大（图 4-5-44；张文堂等，1976）。长一般在 2.80mm 左右，高在 2.00mm 左右。前缘及腹缘较直，后缘比较圆，前高略大于后高。背缘短，壳顶突出，位于其中前部。生长线凸，生长带凹，生长带总数 15~26 条。生长带上具有微小的网状装饰。

产地及层位：崇仁县礼陂镇；晚三叠世安源组。

a: 右瓣，×10

b: 左瓣，×10

图 4-5-44 *Euestheria minuta*（Zieten）

⋙ 一平浪真叶肢介 *Euestheria yipinglangensis* Chen

壳瓣小，近方圆形（图 4-5-45；张文堂等，1976）。长 2.80~4.20mm，宽 2.40~3.60mm，长与高之比为 7:6。前、后缘均较直，腹缘稍圆并向下拱曲。背缘直，壳顶位于其近中央。生长带比较多，上面具有小的网孔状装饰。

产地及层位：崇仁县礼陂镇；晚三叠世安源组。

a：左瓣内模，×10　　　　　　　　　b：右瓣，×10

图 4-5-45　*Euestheria yipinglangensis* Chen

◆ 薄壳叶肢属 **Tenuestheria Chen et Shen，1977**

壳瓣很薄，形似 Sinoestheria 但无生长线反转弯曲现象。个体中或大。背缘直长。生长带较少且宽而平，其上具极浅的细网状装饰，但能保存下来的很少。

分布及时代：浙江、江苏、安徽和江西；晚白垩世。

》》》 薄壳薄壳叶肢介 *Tenustheria tenuis* **Chen et Shen**

壳瓣薄，长椭圆形（图 4-5-46；地质部南京地质矿产研究所，1982c）。长 7.20mm，高 3.80mm。背缘直而长，胎壳稍大，位于其中前方。生长线较细。生长带 15 条，宽而平，上具极浅的细网状装饰，常不易保存。

产地及层位：贵溪市罗河镇毫纲山；晚白垩世周田组。

a：左瓣外模，×4　　　　　　　　　b：同一标本生长带上的装饰，×80

图 4-5-46　*Tenustheria tenuis* Chen et Shen

◆ 宽网叶肢介科 **Loxomegaglyptidae Novojilov，1958**
　　◆ 安源叶肢介属 **Anyuanestheria Zhang et Chen，1976**

壳瓣为小—中等，椭圆—近方形。生长带上密布中网状装饰，在壳瓣后腹部渐变成线状排列。

分布及时代：江西、安徽、湖南、四川；晚三叠世。

>>> 近方形安源叶肢介 *Anyuanestheria subquadrata* Zhang et Chen

壳瓣中等大小，近方形（图 4-5-47；张文堂等，1976）。全型标本长 11.00mm，高 8.50mm。背缘直而长，壳顶位于其前端。前、后缘均较直，且近平行，腹缘稍圆。前高等于后高。生长线细，生长带多，大于 24 条。生长带上密布中网状装饰，在壳瓣后腹区具有明显的线状排列现象，线之间多横耙相连，使生长带成为垂直伸长的长方形格条。

产地及层位：萍乡市安源镇；晚三叠世安源组。

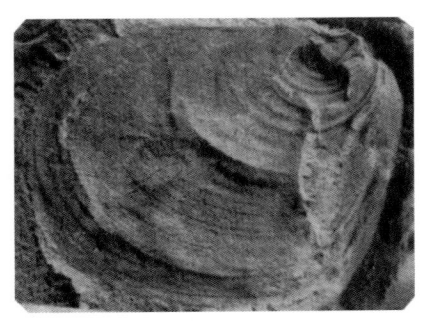
a：左瓣外模，×5

b：右瓣，×5

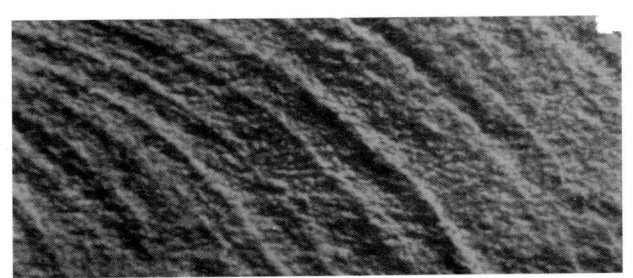
c：同一标本壳瓣前部生长带上的装饰，×40

图 4-5-47 *Anyuanestheria subquadrata* Zhang et Chen

>>> 近卵形安源叶肢介 *Anyuanestheria subovata* Chen

壳瓣中等大小，比较长，近卵形（图 4-5-48；张文堂等，1976）。长 6.00mm，高 3.80mm。背

a：左瓣内模，×5

b：左瓣外模，×5

图 4-5-48 *Anyuanestheria subovata* Chen

缘直而长，壳顶靠近其前端。前、后缘均比较圆，对称弯曲，腹缘宽缓，向下拱曲。壳瓣后端稍有收缩。生长线细，生长带数目多，近30条。生长带上密布中网状装饰，在壳瓣后腹区具有明显的线状排列。

产地及层位：萍乡市安源镇；晚三叠世安源组。

◆东方叶肢介科 Eosestheriidae Zhang et Chen，1976
◆延吉叶肢介属 *Yanjiestheria* Chen，1976

壳瓣中等大小，呈椭圆、卵圆、圆或三角形。近背部和前部的生长带上密布小网状装饰，网壁相对较粗，网孔较小较深，网孔形状不规则，在外模上为一个个不规则的小瘤点或弯曲的长瘤状物。向腹或后腹部，上述小网状的网孔渐沿垂直方向引长，排列规则，进而过渡为密集的细线状装饰，细线直或弯曲，常向上或向下分叉，并有短线或斜线插入，细线间常有横耙相连，在外模上则呈许多不连续的细线状物。

分布及时代：中国、朝鲜及后贝加尔边疆区；早白垩世。

》》》庆尚延吉叶肢介 *Yanjiestheria kyongsangensis* （Kobayashi et Kido）

壳瓣长椭圆形或长卵形（图4-5-49；张文堂等，1976）。个体中等大小，长12.00~14.00mm，高8.00~9.00mm。背缘长，中部微拱，壳顶位于其前部。前缘直，后缘、腹缘圆，前高略大于后高。生长线粗，生长带窄而密，有时在壳瓣中部稍宽一些，总数多于35条，甚至达50条。生长带上主要是密集的细线状装饰，排列比较规则，有时弯曲并分叉，靠近背部和前部则分布有不规则的小网状装饰，两者是逐渐过渡关系。小网状装饰在前腹区网孔经常垂直拉长，定向排列，印在外膜上则呈现为一个个不规则弯曲的点瘤，并排列成一些不连续的线。

产地及层位：铅山县青溪镇石溪；早白垩世冷水坞组。

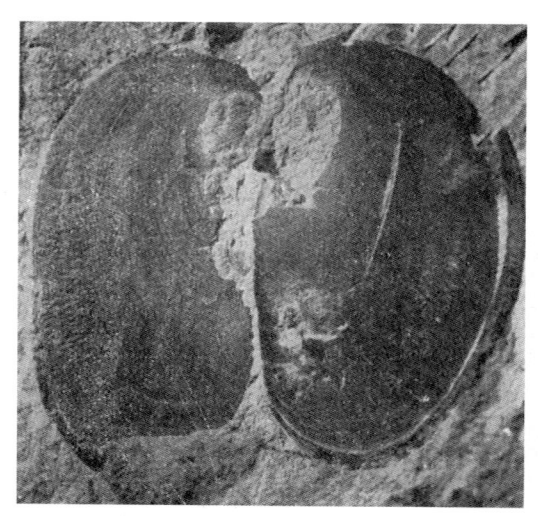 

a：张开的双瓣，×4　　　　　　　　　　b：同一标本生长带上的装饰，×40

图4-5-49　*Yanjiestheria kyongsangensis*（Kobayashi et Kido）

中华延吉叶肢介 *Yanjiestheria sinensis*（Chi）

壳瓣椭圆形（图 4-5-50；张文堂等，1976）。个体中等大小，长 9.20mm，宽 6.20mm。背缘长，前部微拱，壳顶位于其前端。前缘较直，腹缘向下宽缓、拱曲，后缘圆。前高略大于后高。生长线细，生长带中等宽度，有 25 条。

产地及层位：铅山县；早白垩世冷水坞组。

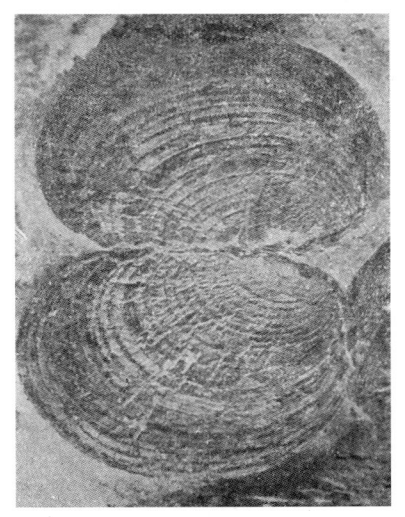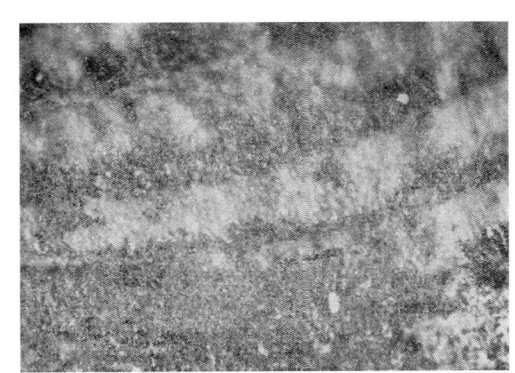

a：张开的双瓣外模，×6　　　　　　　b：同一标本生长带上的装饰，×80

图 4-5-50　*Yanjiestheria sinensis*（Chi）

浙江延吉叶肢介 *Yanjiestheria chekiangensis*（Novojilov）

壳瓣短，近圆形（图 4-5-51；张文堂等，1976）。个体中等大小，长 9.60mm，高 7.40mm。背缘短，壳顶位于其前部。前、后缘及腹缘均圆，后缘在接近背部时受了挤压而变形。前高略大于后高。生长线细，生长带密，总数多于 35 条。壳瓣前部的生长带上密布不规则的小网状装饰，网孔常垂直引长并扭曲，印在外模上为不规则弯曲的长瘤状物；壳瓣后部的生长带上分布有从小网状装饰逐渐过渡来的细线状装饰，细线较直，排列也较规则。

产地及层位：弋阳县中畈乡冷水坞；早白垩世冷水坞组。

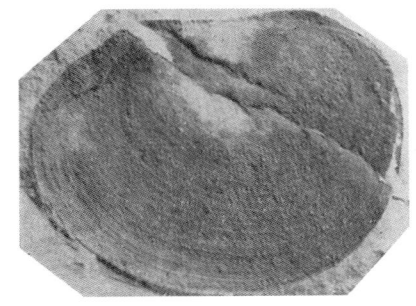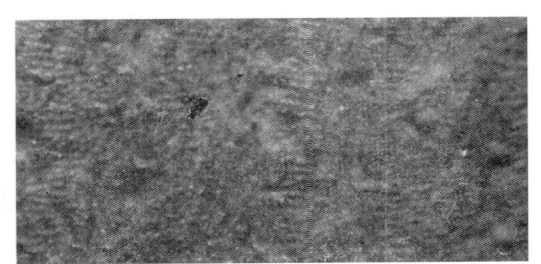

a：左瓣外模，×5　　　　　　　b：同一标本生长带上的装饰，×80

图 4-5-51　*Yanjiestheria chekiangensis*（Novojilov）

鹅湖岭延吉叶肢介 *Yanjiestheria ehulinensis* Zhang et Chen

壳瓣为长卵形，个体小，壳长不及 5.00mm（图 4-5-52；地质部南京地质矿产研究所，1982c）。生长线及生长带保存不完整。壳瓣前部有似长卵形突起物，是头部和大鄂的痕迹，其上方有一管状物向后并略向下斜伸，前后端都有弯曲，实为肠管。

产地及层位：铅山县鹅湖镇；早白垩世石溪组。

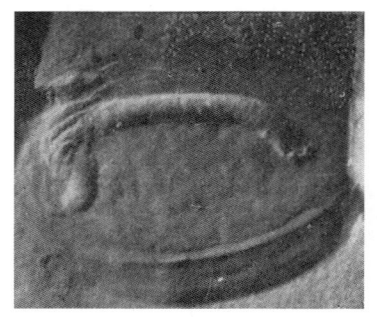 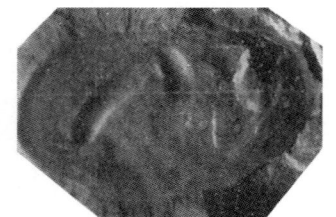

a：右瓣外模，×10　　b：左瓣外模，×10

图 4-5-52　*Yanjiestheria ehulinensis* Zhang et Chen

◆ 瘤模叶肢介超科 Estheriteoida Zhang et Chen，1976
　◆ 抚顺雕饰叶肢介科 Fushunograptidae Wang，1974
　　◆ 直线叶肢介属 *Orthestheria* Chen，1976

壳瓣一般比较小而厚，呈椭圆、卵、菱、矩、圆或近方形。背缘一般短而直。生长带上具有规则排列的直线状装饰，线脊很少分叉，线间无其他构造。生长带过窄时，线脊发育不全而形成长的点瘤状物。

分布及时代：欧洲、亚洲；白垩纪。

中间型直线叶肢介 *Orthestheria intermedia*（Chi）

壳瓣厚，近似矩形。个体小，长 3.30~4.00mm，高 2.40~3.00mm，背缘短而直，胎壳小，位于壳瓣中部（图 4-5-53；张文堂等，1976）。前、后缘及腹缘均较直，前、后高近于相等。生长线的

 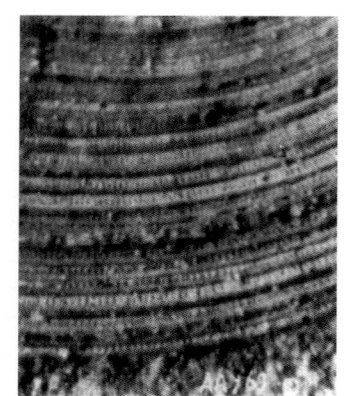

a：同一标本，×20　　b：同一标本生长带上的装饰，×40

图 4-5-53　*Orthestheria intermedia*（Chi）

弧度比较开阔，生长带较密，在 30 条以上。生长带上具有简单的线脊状装饰，线脊短而直，排列比较规则而密集。

产地及层位：弋阳县中畈乡冷水坞；早白垩世冷水坞组。

◆椭圆叶肢介属 *Ellipsograpta* Chang，1957

壳瓣呈椭圆形。背缘直，壳顶位于背缘中间或中间的前方。生长带有 20~30 条，其上的装饰为 *Orthestheriopsis* 型装饰的进一步发展。每条生长带的上部，线脊加粗，靠拢，线间大多数消失，造成无饰假象，外模上或无痕迹，或仅有少许微小的点瘤残余；每条生长带的下部，仍为线脊和横耙，且在生长带的下缘特别加强，有变成"滨生长线瘤"的趋势，尤以近腹缘的几条生长带上较明显。在靠近背缘的生长带上则保留了较多的 *Orthestheriopsis* 型的装饰特征。

分布及时代：浙江、黑龙江、江西；白垩纪。

▶▶▶近方形椭圆叶肢介 *Ellipsograpta subguadrata* Chen et Shen

壳瓣近方形（图 4-5-54；地质部南京地质矿产研究所，1982c）。生长带 30 条以上。

产地及层位：贵溪市罗河镇毫纲山；晚白垩世周田组。

a：右瓣外模，×10　　　　b：同一生长带上的装饰，×20

图 4-5-54 *Ellipsograpta subguadrata* Chen et Shen

◆吉林叶肢介科 Jilinestheriidae Zhang et Chen，1976
◆网格叶肢介属 *Dictyestheria* Chang et Chen，1964

壳瓣小—中等大小，呈椭圆形、卵形或长方形。生长线一般较粗壮，中轴部位有时具一条凹槽。生长带 15~20 条，其上具呈线性排列的网格状装饰。网壁一般较粗壮，但横网壁有时则比较细弱，并呈横刺或横耙状。网孔相对较浅小。在外模上则呈放射状的、不连续的长短线脊或具有线状排列的浅瘤点。

分布及时代：中国、蒙古国；晚白垩世。

▶▶▶长形网格叶肢介 *Dictyestheria elongata* Chang et Chen

个体小或中等大小，长 5.60mm，高 3.60mm，背缘长 3.00~4.00mm（图 4-5-55；张文堂等，1976）。壳瓣平，呈长椭圆形。壳瓣位于背缘中点与前端之间。前缘及后缘均较圆。后腹缘向外微有扩大，腹缘向下拱曲度较小。后高较前高略大。生长线粗壮，生长带较宽，不少于13条，其上有密集的线脊装饰。突起的线脊与生长线呈直角相交；线脊长或略有弯曲；线脊之间有凹沟相隔；线脊的两侧有短刺状物伸出或在两线脊之间有横耙连结，一般在每条生长带的下半部横耙较多。在壳瓣的前腹区的生长带上，线脊弯曲与横耙组成了完全的粗网格装饰。壳瓣外模上的装饰则相应显示为放射状排列的长、短线脊与瘤点突起。

产地及层位：会昌县周田镇；晚白垩世周田组。

左瓣，×10

图 4-5-55 *Dictyestheria elongata* Chang et Chen

◆ 非洲叶肢介超科 **Afrograptioidea Novojilov，1957**
　　◆ 非洲叶肢介科 **Afrograptidae Novijilov，1957**
　　　　◆ 江西叶肢介属 *Ganestheria* **Bi et Xie，1982**

壳瓣长大且扁平，椭圆形。背缘长，微拱曲，壳顶位于其中前部。生长线粗而凸，具一排明显的生长线瘤构造。生长带少且宽而平。个体发育后期的生长线的后端在接近背缘时，微向后反转弯曲。生长带上具有简单的线脊状装饰，偶有分叉。

分布及时代：江西南部；晚白垩世。

▶▶▶ 龙南江西叶肢介 *Ganestheria longnanensis* **Bi et Xie**

壳瓣椭圆形，扁而平（图4-5-56；地质部南京地质矿产研究所，1982c）。个体大，长15.20mm，高8.60mm，长高比为1.8:1，背缘长，微拱，壳顶位于其前部约1/4处。生长线粗壮、凸起，其上具一排明显的生长线瘤构造。瘤点突出于生长线的腹侧斜面上，在生长线的下部呈一排深的凹坑。生长带少，有10条，部分生长线在接近背缘时略向后反转弯曲。生长带上具有简单的脊状装饰，表现为排列稀疏的浅沟。同一生长带上的线脊粗细均匀，较直或略有弯曲，个别向上分叉。

产地及层位：龙南县程龙镇；晚白垩世周田组。

a：左瓣外模，×4.3　　　　　　　　b：壳瓣上的装饰，×20

图 4-5-56 *Ganestheria longnanensis* Bi et Xie

◆介形虫亚纲（Ostracoda）
　◆球星介科 Cyclocyprididae Kaufmann，1900
　　◆球星介亚科 Cyclocypridinae Kaufmann，1900
　　　◆枣星介属 *Ziziphocypris* Chen，1965
　　　　》》》西氏枣星介 *Ziziphocypris simakovi*（Mandelstam）

壳体小，侧视呈椭圆形（图 4-5-57；许玩宏，1993）。背、腹缘均呈宽弧形外弯，两端圆。左壳大，沿腹缘叠覆右壳。壳面具与背、腹缘相平行的纵向细纹脊。壳周约有 3 条与壳缘相平行的环状细纹脊，壳的最大高度在近中部处。壳后 1/3 处最厚。

产地及层位：江西信江盆地；周田组（原周家店组）。

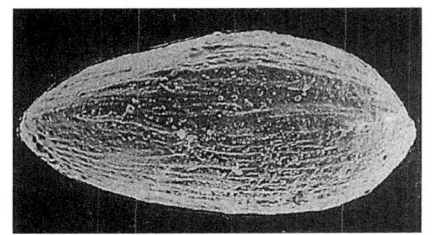
a：完整壳体背视，×90

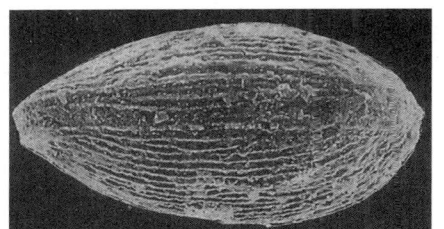
b：完整壳体腹视，×90

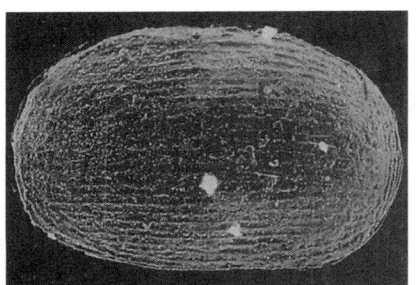
c：完整壳体左视，×90

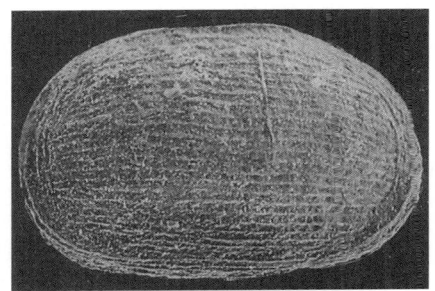
d：完整壳体右视，×90

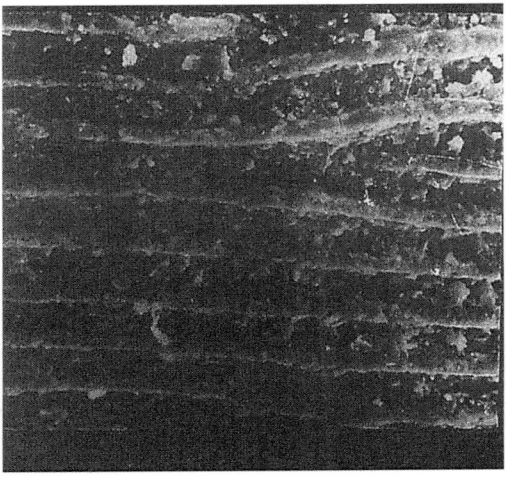
e：壳面装饰，×250

图 4-5-57 *Ziziphocypris simakovi*（Mandelstam）

>>> 双肋枣星介 *Ziziphocypris bicarinata* Zhang

壳体小，侧视呈椭圆形（图 4-5-58；许玩宏，1993）。背缘近平直或外凸，背、腹缘近平行。前、后端均圆。左壳大，沿自由边缘叠覆右壳。壳面具近平行的纹脊，少数一次分叉。但边缘有 3 条左右的纹脊呈环形平行壳缘。壳的后部有两条短翼状肋脊，向前至中后部变成纹脊伸向前端。壳中部最高，壳后 1/3 处最厚。

产地及层位：江西信江盆地；周田组（原周家店组）。

近模，完整壳体右视，×90

图 4-5-58 *Ziziphocypris bicarinata* Zhang

◆ 土星介科 Ilyocyprididae Kaufmann，1900
　◆ 土星介亚科 Ilyocypridinae Kaufmann，1900
　　◆ 刺星介属 *Rhinocypris* Anderson，1940
　　　>>> 侏罗侏罗刺星介 *Rhinocypris jurassica jurassica*（Martin）

壳体小，侧视近肾形（图 4-5-59；许玩宏，1993）。背缘直，略后倾。腹缘后 1/3 处内凹。前背角清晰。前缘斜宽圆，后缘圆。最大高度位于壳前的 1/4 处。左壳大于右壳，沿自由边缘叠覆右壳，尤其以腹缘叠覆最明显。背缘中部至壳中有斜 "V" 形槽，其下有一痘痕。其前另有一窄 "V" 形槽，较短。壳面布满细网纹及刺状结节。背视呈梭形。最大厚度位于壳后的 1/3 处。

产地及层位：江西信江盆地；周田组（原周家店组）。

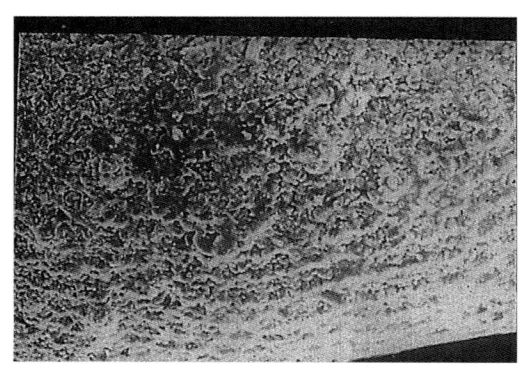

a：近模，左壳外视，×27

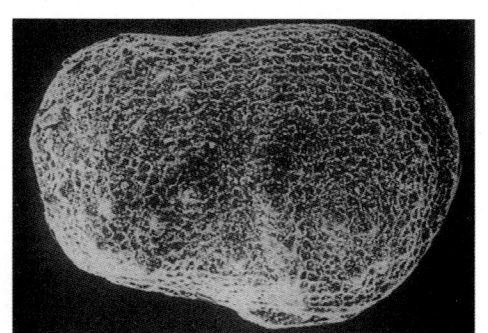

b：近模，左壳外视，×108

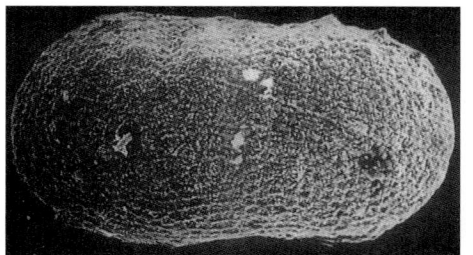

c：近模，左壳外视，×108

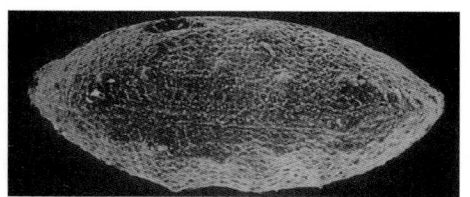

d：近模，完整壳体背视，×108

图 4-5-59 *Rhinocypris jurassica jurassica*（Martin）

◆ 金星介科 Cyprididae Baird, 1845
  ◆ 女星介亚科 Cyprideinae Martin, 1940
    ◆ 女星介属 *Cypridea* Bosquet, 1852
      ▶▶▶ 罗塘女星介 *Cypridea luotangensis* Xu

壳体中等大小，侧视呈长三角形（图4-5-60；许玩宏，1993）。前端高于后端。前缘近圆形，上部截切。后端窄圆且向下向后延伸。背缘直、后倾。腹缘略内凹。前背角清晰，位于壳前约2/5处，与壳体最大高度重叠。左壳大，沿自由边缘包覆右壳，尤其在腹缘及前背角处最显著。前腹角具壳喙，凹痕清晰。背视壳体呈纺锤形，凸度大，壳宽近等于壳高。壳面光滑。

产地及层位：江西信江盆地；周田组（原周家店组）。

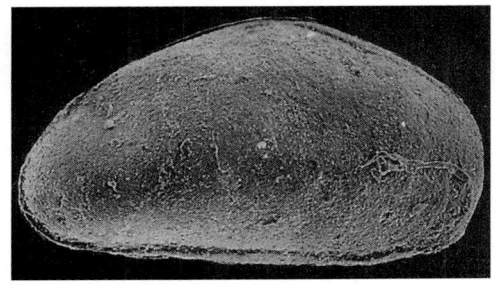
a: 正模，右视，×54

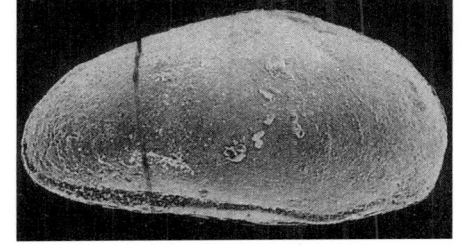
b: 正模，背视，×54

c: 副模，右视，×54

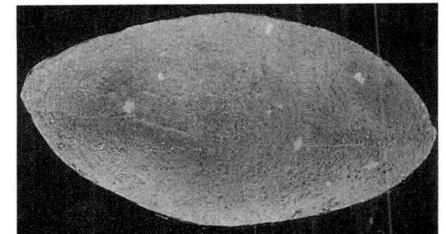
d: 副模，背视，×54

图4-5-60 *Cypridea luotangensis* Xu

◆ 蒙古星介属 *Mongolocypris* Szczechura, 1978
  ▶▶▶ 江西蒙古星介 *Mongolocypris jiangxiensis* Xu

壳体大，侧视呈长椭圆形（图4-5-61；许玩宏，1993）。背缘直，略后倾。腹缘近直。前腹角清晰，最大高度位于前腹角处。前缘宽圆，上部斜切。后缘方圆，下部与腹缘成直角相交。前腹角处有一小而清晰的壳喙，指向后方。左壳大，沿自由边缘包覆右壳。背视近橄榄形，最大宽度在壳后的2/5处。两壳铰合处略内凹而成不十分明显的"V"形槽。壳面光滑。肌痕构造包括闭壳肌痕和大颚肌痕，闭壳肌痕共6枚，前列4枚呈纵向弧形排列，另外2枚位于弧形后侧；2枚大颚肌痕位于闭壳肌痕群前侧下方。

产地及层位：江西信江盆地；周田组（原周家店组）。

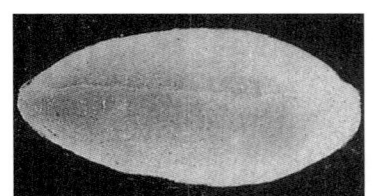
a：副模，完整壳体背视，×32

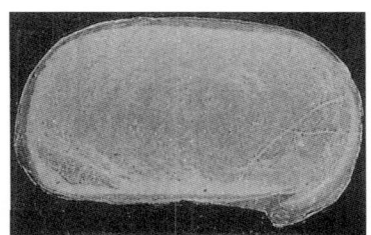
b：副模，左壳内视，×32

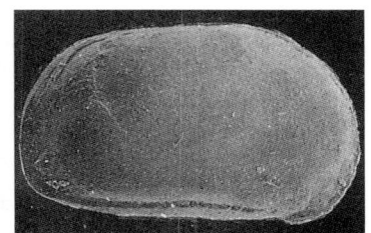
c：正模，完整壳体右视，×32

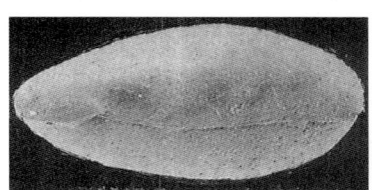
d：副模，完整壳体腹视，×32

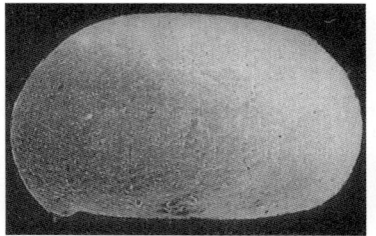
e：副模，完整壳体左视，×32

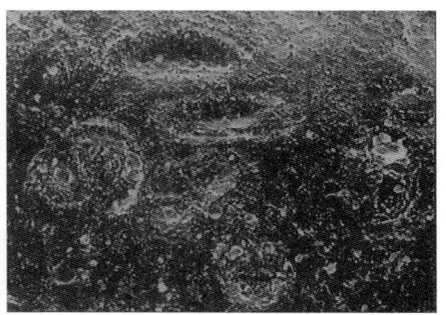
f：副模，左壳内视，×166

图 4-5-61　*Mongolocypris jiangxiensis* Xu

◆达尔文介超科 **Darwinulacea** Brady et Norman，1889
　◆达尔文介科 **Darwinulidae** Brady et Robertson，1872
　　◆达尔文介属 *Darwinula* Brady et Norman
　　　》》》小豆荚达尔文介 *Darwinula leguminella*（Forbes）

壳体小，侧视近楔形（图 4-5-62；许玩宏，1993）。背缘微外弯、前倾。腹缘前 1/3 处内凹。前端窄圆，后端宽圆。左壳大，沿自由边缘叠覆右壳。背视呈楔形，前端尖，后端圆。壳体最大高度及厚度在壳后的 1/3 处，壳面光滑。

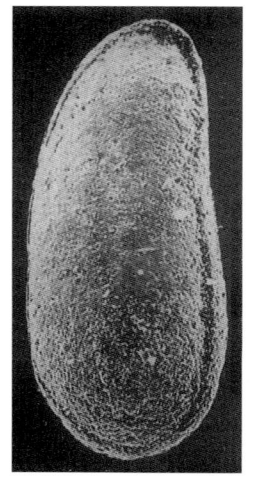
a：正模，右视，×84

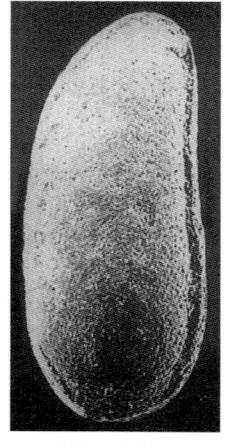
b：近模，右视，×84

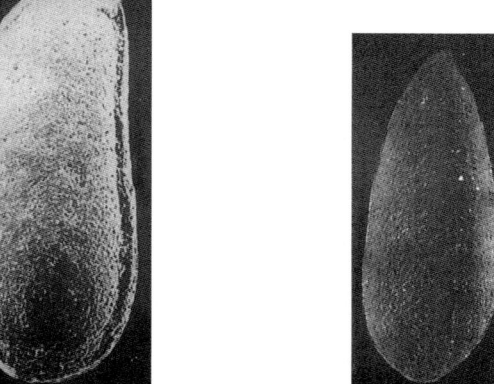
c：近模，背视，×63

图 4-5-62　*Darwinula leguminela*（Forbes）

产地及层位：江西信江盆地；周田组（原周家店组）。

⟩⟩⟩ 窄达尔文介 *Darwinula contrata* Mandelstam

壳体小，近长卵形（图 4-5-63；许玩宏，1993）。背缘平缓外弯，中部近直，向前倾斜。腹缘中部靠前微内凹，前端低，后端高，呈圆形。左壳大于右壳。壳的中后部最高、最厚，壳面光滑。

产地及层位：江西信江盆地；周田组（原周家店组）。

⟩⟩⟩ 达尔文介（未定种）*Darwinula* sp.

壳体小，侧视呈楔形（图 4-5-64；许玩宏，1993）。前端窄圆，后端宽圆，上部略截切。背缘平缓外拱，呈弧形。腹缘在前 1/3 处内凹。最大高度在后 1/4 处。壳体短而高，高长比大于 0.5。单壳背视后部凸度大。壳面光滑。

产地及层位：江西信江盆地；周田组（原周家店组）。

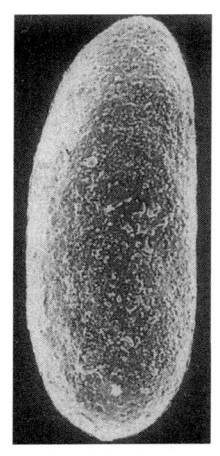

近模，右壳外视，×75

图 4-5-63 *Darwinula contrata* Mandelstam

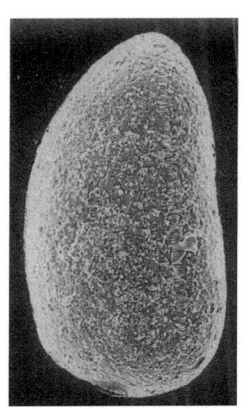

右壳外视，×90

图 4-5-64 *Darwinula* sp.

◆ 昆虫纲 Insecta

　◆ 鞘翅目 Coleoptera

　　◆ 长扁甲科 Family Cupedidae Latreille，1825

　　　◆ 背长扁甲属 Genus *Notocupes* Ponomarenlso，1968

　　　　⟩⟩⟩ 背长扁甲（未定种）*Notocupes* sp.

标本为甲虫体的负面，正面标本失落（图 4-5-65；黄兆祺等，1991）。甲虫的头部没保存，前胸只存后半部，虫体的两鞘翅保存最好，除翅顶略缺外，其余翅区均保存。虫体长 11.00mm，宽 6.00mm。虫体狭长，前胸背板的轮廓狭长，至少中部较后端大；中胸大于前胸。中足基节近圆形；后足基节呈三角形，股节略粗，胫节长。

鞘翅的基部稍小于中部，翅顶部渐窄，位于鞘翅部的肩角圆，侧缘和缓拱曲，边缘略宽；4 条较宽的纵肋，每条肋具 2 条刻点，刻点中等大小，圆。基内角斜钝，缝缘直。

产地及层位：江西弋阳梅溪矿区；早侏罗世门口山组。

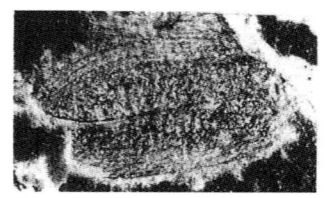 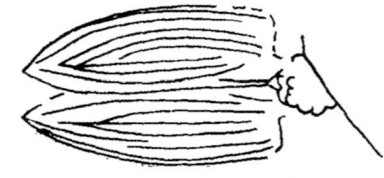

a：成虫，×3　　　　　　　　　　　b：鞘翅，×3

图 4-5-65 *Notocupes* sp.

◆ 直脉蝎蛉科 Family Orthophlebiidae Handlirsch，1906
　◆ 原蝎蛉属 Genus *Protorthophlebia* Till.，1933
　　》》》 侧羽原蝎蛉 *Protorthophlebia latipennis* Till.

前翅标本，翅顶部失落，翅基和翅中部极好，略狭长，翅基部狭于翅顶部（图 4-5-66；黄兆祺等，1991）。翅保存长度 9.00mm，宽 4.50mm；可能长度为 11.00mm。

前翅前缘直，后缘基部不扩大，翅长约为翅宽的 2 倍半。Sc 脉直，接近翅前缘，止于翅痣区，并具一小分支。R 脉直，强；Rs 脉于翅基自 R 脉主干分出，Rs_{1+2} 长于 Rs_{3+4}。R 脉的主干（即自基部开始到 Rs 脉分出处）长度几乎等于 Rs 脉未分的一段长度的 2 倍；Rs_{1+2} 与 Rs_{3+4} 的各自分叉点不在一个水平面上，前者的分叉点略迟于 Rs_{3+4} 的分叉点。M 脉具 4 支，M4 与 CuA 相连的横脉位有 M_{3+4} 的分支点。CuA 脉的端部于横脉相连点略下凹，Cup 直。3 条臀脉（A_1、A_2、A_3）斜行至臀缘。

产地及层位：江西弋阳梅溪矿区；早侏罗世门口山组。

 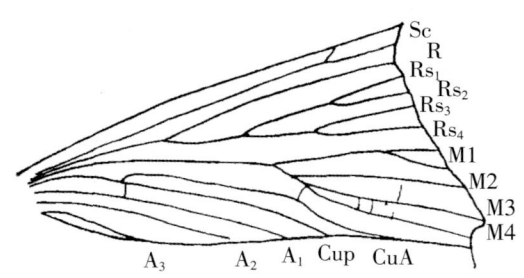

a：前翅，×8　　　　　　　　　　　b：前翅，×8

图 4-5-66 *Protorthophlebia latipennis* Till.

◆ 曲脉石蝇科 Family Geinitziidae Handlirsch，1906
　◆ 梅溪石蝇属 *Meixiella* Huang，Li et Lin，1991
　　》》》 后网梅溪石蝇 *Meixiella postiretis* Huang，Li et Lin

前翅标本。椭圆形，翅顶圆，前缘拱曲，翅后缘中部略平（图 4-5-67；黄兆祺等，1991）。翅长 18.00mm，宽 7.00mm。Sc 脉长，止于翅顶前，具 14 支斜行分支。亚前缘脉区宽。R 脉的主干长，其顶部三分支，弯向前缘。Rs 脉自翅中部由 R 主干分出，直行到翅顶处分支，有 6 分支，虽较直但止于翅前缘。Sc-R 间与 R-Rs 间有横脉，不是很密。M 脉主干短于 R 脉主干，MA 脉行到翅的中部为双叉形分支，共 4 支至翅顶缘；Mp 脉于翅基部自 M 主干发出，斜行将近 MA 脉分支点处的前方分成两支至翅后缘。Cu 脉发达，Cup-A_1 间和 A_1-A_2 间的横脉呈"H"或"Y"形，不是很密。M-Cu 主干间具较密且强的横脉。

产地及层位：江西戈阳梅溪矿区；早侏罗世门口山组。

a：前翅，×5　　　　　　　　　　b：前翅，×5

图 4-5-67　*Meixiella postiretis* Huang，Li et Lin

◆ 中生（蜚）蠊科 Family Mesoblattinidae Handlirsch，1908
　◆ 灰（蜚）蠊属 Genus *Samaroblatta* Tillyard，1919
　　》》》光泽灰（蜚）蠊 *Samaroblatta nitida* Lin，1986

虫体长 17.00mm，宽 8.00mm（图 4-5-68；黄兆祺等，1991）。头部被前胸背板所覆，仅裸露额部前缘，圆突。前胸背板较大，阔盾形，前缘中央部分略隆起，两侧翼平。左、右两翅互相叠覆，左盖翅近前

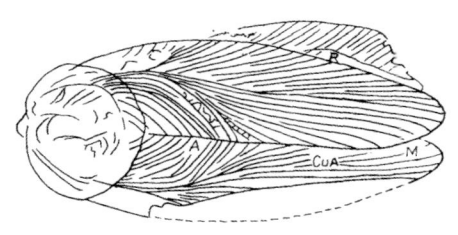

b：背部，×7.5

a：成虫，×5

图 4-5-68　*Samaroblatta nitida* Lin

缘部分和顶域损坏，右后翅略完整。盖翅长 14.50mm，宽 4.00mm，呈狭长形，翅脉丰富。肩区颇阔，Sc 脉具少量分支，R 脉平缓，至少具 20 支分支。M 脉于翅中部起分支，具 5 支。CuA 脉的最早分支点较 M 脉早，有 6 分支，分列于翅后缘。Cup 脉强列弯曲，臀区大且直，A 脉多数单一，A_1 至 A_2 间具横脉，呈网状。

产地及层位：江西戈阳梅溪矿区；早侏罗世门口山组。

▶▶▶ 灰（蜚）蠊（未定种）*Samaroblatta* sp.

盖翅和后翅标本，皆不完整（图 4-5-69；黄兆祺等，1991）。盖翅只存翅中部，翅顶和翅基均失落；后翅顶部失落，臀域不全。

盖翅翅脉相当丰富，R 脉弯曲，分支多数简单；M 脉呈双叉分支；CuA 脉弯曲，分支呈栉状。后翅略呈三角形，臀域不甚扩大，后翅基部狭窄，前缘于翅基处略向内下凹，翅臀缘斜直。

Sc 脉简单，长，基部有一小段与 R 脉十分接近，几乎无法分清；R 脉虽不很粗大，但十分清晰，于翅中部起分叉，至少具 3 支，Rs 脉自翅基处由 R 脉分出，前行不久即分叉，至少有 5 支呈双叉型的分支，Rs 脉较 R 脉发达。M 脉相当粗大，于翅中部起分支，其中在前面的分支较后面的分支细；顶部的 3 支小分支粗大。CuA 脉最早的分支处也在基部，至少具 7 分支，Cup 脉十分粗大，简单。CuA 脉的最后一分支与 Cup 脉之间具有很多斜行小脉，有些小脉间呈网状。臀脉细，A 脉长且细，有斜小脉分出，至少可见 4 支小脉；臀域不大，狭长。

产地及层位：江西戈阳梅溪矿区；早侏罗世水北组（原门口山组）。

a：后翅，×3

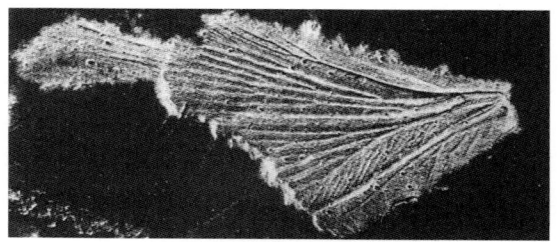

b：盖翅，×40

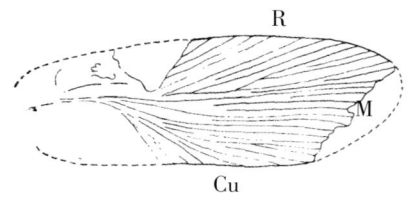

c：盖翅，×2

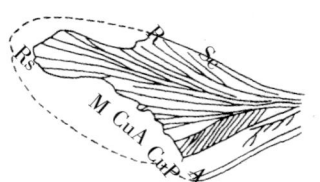

d：后翅，×1.69

图 4-5-69 *Samaroblatta* sp.

第六节 半索动物门 Hemichordata

◆ 笔石纲 Graptolithina Bronn，1846
　◆ 树形笔石目 Dendroidea Nicholson，1872
　　◆ 树笔石科 Dendrograptidae Roemer in Frech，1897
　　　◆ 树笔石属 *Dendrograptus* Hall，1858

笔石体始部具有茎和根状构造，呈树形，分枝不规则。枝间无横靶和胶结物连接；胞管排列呈锯齿状。正胞管为管状或部分孤立，副胞管形状无定。

分布及时代：世界各洲；中寒武世（?）至晚石炭世。

▶▶▶ 雕刻树笔石（相似种）*Dendrograptus* cf. *persculptus* Hopkinson

保存不完整，主枝未保存，枝为波形弯曲，在末端部分拟有横靶相连（图4-6-1；穆恩之和陈旭，1962）。枝的宽度很均一，平均为0.50mm，在10.00mm中有12个胞管，胞管呈齿状排列。

产地及层位：武宁县；早奥陶世印渚埠组。

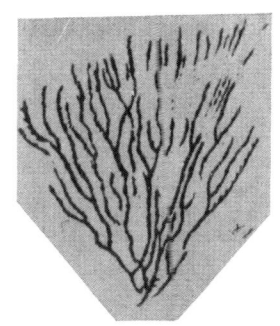

×1
图 4-6-1 *Dendrograptus* cf. *persculptus* Hopkinson

◆ 网格笔石属 *Dictyonema* Hall，1851

笔石体呈锥形或盘形，胎管露出或包围在根状的构造里。笔石枝为正分枝，各枝平行或近于平行，枝间有横靶连接，形成网格状。胶结少或无。正胞管为直管状，侧面呈锯齿状，副胞管的形状无定。

分布及时代：世界各洲；晚寒武世至早石炭世。

▶▶▶ 良好网格笔石 *Dictyonema euodum* Ni

笔石体保存不完整，近扇形，保存长度12.00mm，宽24.00mm，笔石枝为正分枝，分枝规则，各枝的分枝距离相当，约3.00mm（图4-6-2；地质部南京地质矿产研究所，1982a）。枝近直，彼此近于平行，枝宽0.35mm，10.00mm宽度中包含16~19个枝。横靶细，宽0.05mm，长0.30mm，通常与枝垂直，与正胞管口尖相连，排列规则，相邻横靶间距离为0.70mm，因而横靶与笔石枝构成长方形网格，10.00mm内有13个横靶。正胞管在笔石枝两侧左右相间排列，呈锯齿状，10.00mm内约有26个胞管。

产地及层位：武宁县宋溪镇新开岭；早奥陶世印渚埠组。

×3

图 4-6-2 *Dictyonema euodum* Ni

▶▶▶ 扇形网格笔石棱角变种 *Dictyonema flabelliforme* var. *anglica* **Bulman**

笔石体呈宽圆锥形，高 30.00mm，宽 32.00mm（图 4-6-3；地质部南京地质矿产研究所，1982a）。分枝十分规则，分枝角为 50°~60°，枝宽 0.50mm，10.00mm 内有 5~6 个枝。

横靶与枝斜交，十分纤细，10.00mm 中有 4~5 个横靶。在侧面保存的笔石枝上可以见到胞管，正胞管呈锯齿状，倾角 20°左右。在 10.00mm 内有 11~12 个胞管。

产地及层位：修水县；早奥陶世印渚埠组。

×1

图 4-6-3 *Dictyonema flabelliforme* var. *anglica* Bulman

▶▶▶ 扇形网格笔石规则亚种 *Dictyonema flabelliforme regulare* **Lee et Chen**

笔石体呈宽圆锥形，高 30.00mm 以上，宽 25.00mm 以上，长与宽大致相当（图 4-6-4；地质部南京地质矿产研究所，1982a）。笔石枝直或微曲，各枝大致平行，稍微曲，枝宽 0.30~0.40mm。各枝间距为 0.50mm。在 10.00mm 内有 15 个笔石枝。横耙细，仅 0.10mm。横耙从正胞管口部生出，在 5.00mm 内有 6 个横耙。

正胞管为细长的直管，相邻胞管掩盖 3/5，在 5.00mm 内有 6~7 个正胞管。

产地及层位：德安县黄桶村；早奥陶世印渚埠组。

×2

图 4-6-4 *Dictyonema flabelliforme regulare* Lee et Chen

▶▶▶ 扇形网格笔石群居亚种 *Dictyonema flabelliforme sociale* Salter

笔石体不完全，长度在 30.00mm 以上（图 4-6-5；地质部南京地质矿产研究所，1982a）。笔石枝宽度为 0.20mm，各级枝的宽度均匀，大致平行，稍微弯曲。在 5.00mm 内有 12 个笔石枝。

笔石枝为规则的正分枝，分枝距离不等。分枝角相当小，仅 5°~10°，分出的两枝几乎平行。各枝间距通常为 0.30mm，相当于笔石枝宽度的 1.5 倍。横耙细，与枝正交，少数与枝斜交。横耙间距不等，在 1.00~0.20mm 之间。5.00mm 内有 5~6 个横耙。胞管性质不明。

产地及层位：德安县；早奥陶世印渚埠组。

×3

图 4-6-5 *Dictyonema flabelliforme sociale* Salter

▶▶▶ 纺锤网格笔石 *Dictyonema fusulum* Ni

笔石体形似纺锤状，长 34.00mm，最大宽度在中部为 21.00mm（图 4-6-6；地质部南京地质矿产研究所，1982a）。始端具花蕾形的浮胞，长 1.25mm，宽 1.00mm。笔石枝为规则的正分枝，各枝间的分枝距离由笔石体始端向末端渐增，由 0.25mm 增至 2.00mm，笔石枝微弯，枝宽 0.20~0.25mm，10.00mm 内有 17~23 个笔石枝。横耙细，与枝近于垂直相交，与正胞管口尖相连，长 0.20~0.30mm，相邻横耙间距为 1.00mm，致使笔石枝与横耙构成长方形网格，10.00mm 内有 9~10 个横耙，正胞管长约 0.70mm，在枝的两侧左右相间排列，呈锯齿状。

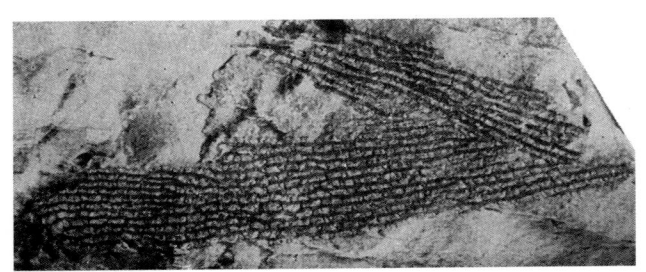

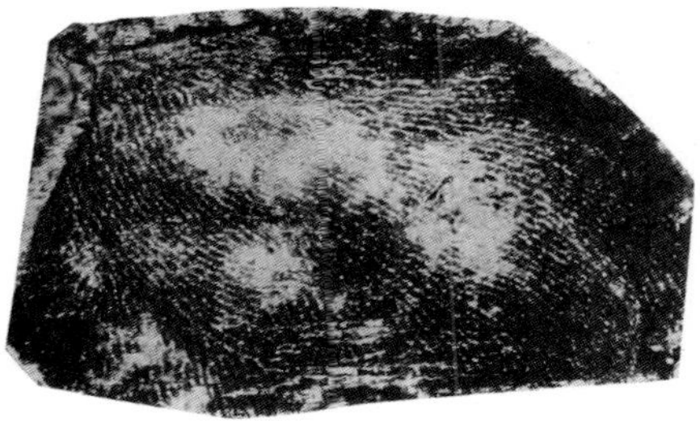

×1.5

图 4-6-6 *Dictyonema fusulum* Ni

产地及层位：武宁县；早奥陶世印渚埠组。

◆ 无羽笔石属 *Callograptus* Hall，1865

笔石体呈锥形或不规则，常具有齿茎或无齿的茎状构造，笔石枝为规则的正分枝，各枝平行或近于平行，横耙稀少或无横耙。正胞管为直管状，副胞管形状无定。

分布及时代：世界各洲；中寒武世（?）至早石炭世。

>>> 椭圆无羽笔石 *Callograptus ellipsoideus* Jiao

笔石体为鸡蛋形或椭圆形，长42.00mm，宽38.00mm（图4-6-7；地质部南京地质矿产研究所，1982a）。笔石枝大体是直的，或稍微弯曲，笔石枝由中心向四周呈放射状伸展。各枝互相平行，或近于平行。排列紧密，10.00mm 内有22~24个笔石枝。在笔石体始部笔石枝的分枝距离近（2.00~3.00mm），末部笔石枝的分枝距离远（5.00~6.00mm）。笔石枝为规则的正分枝，形成分枝带，通常正分4~5次，有180多个末枝。笔石枝宽度为0.30~0.50mm，长达30.00mm。各枝间的距离不等，距离在与枝宽相当到枝宽的1/2倍之间。无横耙，正胞管为简单的直管状，在2.50mm内有5~6个胞管。

产地及层位：武宁县；早奥陶世印渚埠组。

×2

图 4-6-7　*Callograptus ellipsoideus* Jiao

◆ 反称笔石科 Anisograptidae Bulman, 1950
◆ 十字笔石亚科 Staurograptinae Mu, 1974
◆ 十字笔石属 *Staurograptus* Emmons, 1855

笔石体有4个原始枝，各原始枝再正分若干次。胞管的性质和树笔石相似。

分布及时代：亚洲、大洋洲、北美洲及欧洲（?）；早奥陶世。

>>> 均分十字笔石 *Staurograptus dichotomus* Emmons

标本保存于灰黑色硅质板岩中。笔石体较大，向四周均分展开，直径20.00mm左右，分枝5次（图4-6-8；肖承协和陈洪治，1993）。4个原始枝分别长0.60mm、1.00mm、1.20mm和1.90mm。分枝距离逐渐增加，二级枝长1.70~2.20mm，三级枝长2.40~3.00mm，四级枝长3.00~4.00mm，个别标本保存有5级枝。枝细，正面保存时宽0.30mm，侧面保存时宽0.60mm。分枝角从始部向末部逐渐减小，原始枝夹角近90°，二级枝60°~90°，三级枝50°左右。枝在始部较直，在末部较弯曲。胎管保存不清。正胞管直管状，腹缘直，口缘平，掩盖1/4~1/3，2.50mm内有3个正胞管。

产地及层位：崇义县茅坪；早奥陶世茅坪组。

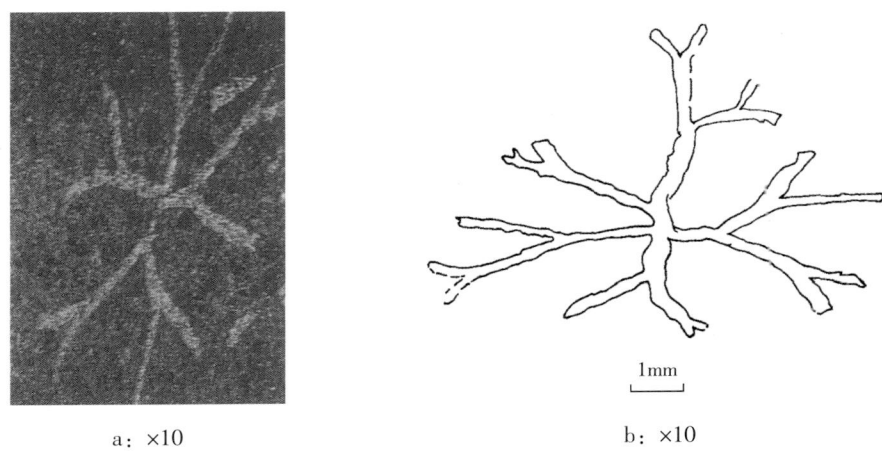

图4-6-8 *Staurograptus dichotomus* Emmons

》》》美丽十字笔石 *Staurograptus formosus* Xiao

标本保存于灰黑色硅质板岩中，呈薄膜状。笔石体直径可达20.00mm，两侧对称，分枝3~4次，保存12个末枝（图4-6-9；肖承协和陈洪治，1993）。4个原始枝呈正"十"字形均匀展开，其中，2个较短（0.60~1.50mm），由1~2个胞管组成；另2个很长（3.50~5.00mm）。二级枝长度近相

a：×10

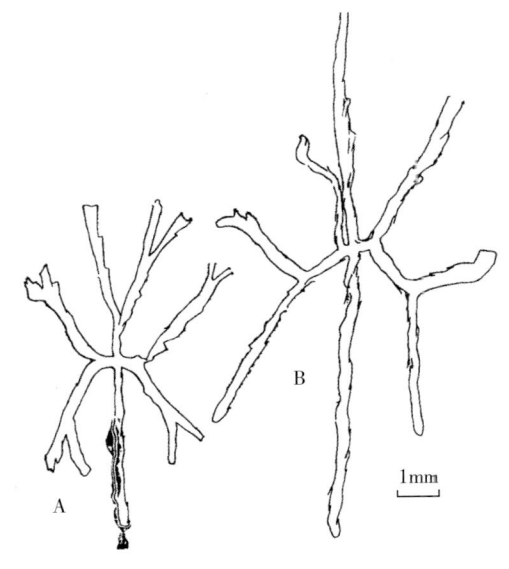

b：正模标本（A），副模标本（B）

图4-6-9 *Staurograptus formosus* Xiao

等，2.00mm左右，末级枝短。各级枝的宽度较均匀，为0.25~0.40mm。原始枝分枝角90°，2个二级枝的分枝角120°，另2个35°，三级枝的分枝角30°。

胎管在笔石体中央呈圆点状保存。正胞管直管状，长1.00mm，口部宽0.30mm，掩盖1/3，10.00mm内有10~12个胞管。

产地及层位：崇义县茅坪；早奥陶世茅坪组。

长大十字笔石 Staurograptus magnus Mu et Chen

笔石体大，原始枝及次级枝长，可具五级枝，笔石体始部枝较直，末部枝软曲，正胞管具口尖（图4-6-10；穆恩之和陈旭，1962）。

笔石体半径在18.00mm以上，4个原始枝呈"十"字形均分展开，其长度分别为1.00、2.00、2.00、3.00mm。具四级分枝，少数可达五级，共有20~25个末枝。二级枝长3.00~4.00mm，三级枝长多在4.00mm左右，少数可达6.00mm以上，四级枝短的在4.00mm左右，长的为7.00~9.00mm。笔石体始部枝直，末部枝软曲，背面保存时枝宽0.20~0.30mm，侧面保存时过胞管口部枝宽0.50~0.60mm。二级枝的分枝角在70°左右，三、四级枝分枝角一般在50°左右。胎管在笔石体中央呈圆点状保存，其直径为0.40mm。正胞管呈直管状，腹缘直，口缘平；具显著的口尖，5.00mm内有6~7个正胞管。

产地及层位：武宁县；早奥陶世印渚埠组。

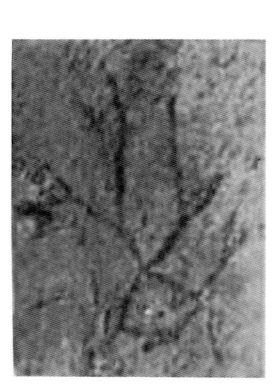
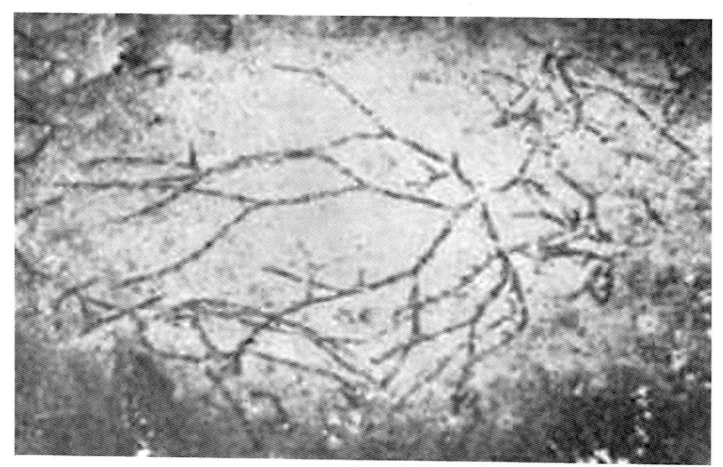

a：未成年笔石体，×3　　　　　　　b：×3

图4-6-10　*Staurograptus magnus* Mu et Chen

◆ 磨棍笔石属 Genus *Alegograptus* Obut et Sobolevskaya, 1962
最北方磨棍笔石？*Aletograptus hyperboreus*? Obut et Sobolevskaya

笔石体小，直径9.00mm，由4个不再分枝的原始枝组成（图4-6-11；肖承协和陈洪治，1993）。各枝直或微曲，其中2枝较长，长6.00~7.00mm，另外2枝较短，枝长2.50~3.00mm，枝宽

0.20~0.40mm。相邻笔石枝以 90°夹角自胎管处展开。胞管为细长的直管，倾角极小，2.50mm 内有 2 个胞管。

产地及层位：崇义县茅坪；早奥陶世茅坪组。

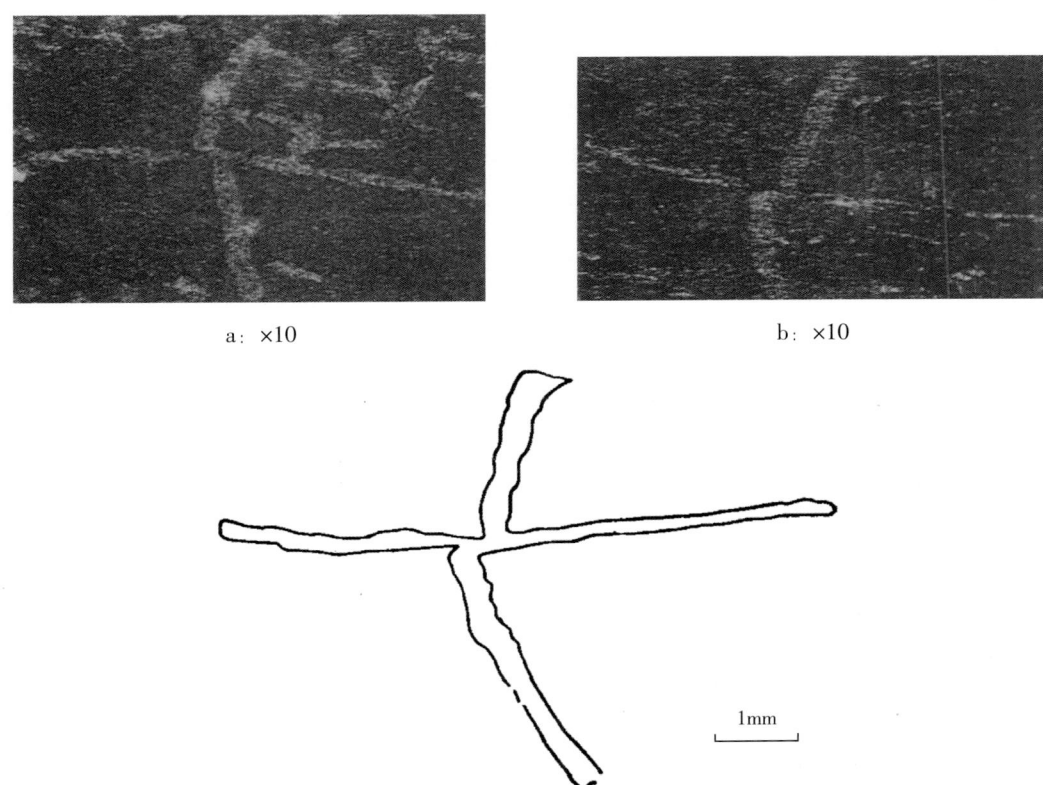

图 4-6-11　*Aletograptus hyperboreus*? Obut et Sobolevskaya

◆ 反称笔石亚科 **Anisograptinae Bulman，1950**
　◆ 反称笔石属 **Genus *Anisograptus* Ruedemann，1937**
　　》》》马滩反称笔石 ***Anisograptus matanensis* Ruedemann**

笔石体由 3 个原始枝组成，直径 18.00mm，均分 4 次，保存 16 个末枝（图 4-6-12；肖承协和陈洪冶，1993）。原始枝长 0.50~1.50mm，二级枝长 0.60~3.50mm，三级枝最长达 5.00mm，末级枝不发育。各级枝的宽度均匀，0.30~0.50mm。分枝角不均匀，原始枝分枝角近 120°，其他各级枝分枝角 30°~90°。

胞管保存不清晰，仅在个别枝上见直

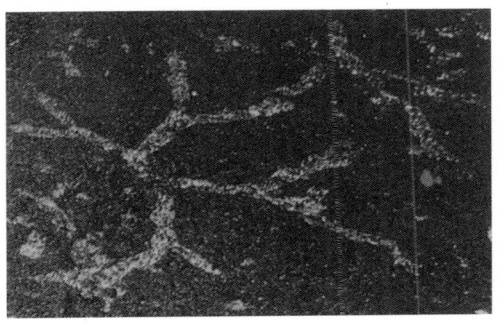

图 4-6-12　*Anisograptus matanensis* Ruedemann

管状的正胞管，长 1.00mm，口部宽 0.20mm，腹缘直，口缘平，倾角小，掩盖 1/2，5.00mm 内有 6 个胞管。

产地及层位：崇义县茅坪；早奥陶世茅坪组。

精细反称笔石 *Anisograptus delicatulus* Cooper et Stewart

笔石体由 3 个原始枝组成（图 4-6-13；肖承协和陈洪冶，1993）。原始枝中有 1 个不再分枝，另 2 个枝分枝二次。各级枝宽度较均匀，侧面保存的宽达 0.50mm。胎管圆管状，长 1.20mm。正胞管长 1.20mm，口部宽 0.30mm，腹缘微凹，口缘平，5.00mm 内有 5 个胞管。

产地及层位：崇义县茅坪；早奥陶世茅坪组。

a：×7

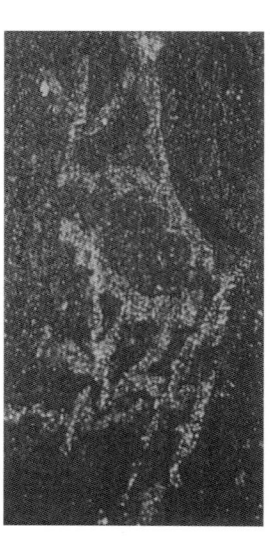
b：×10

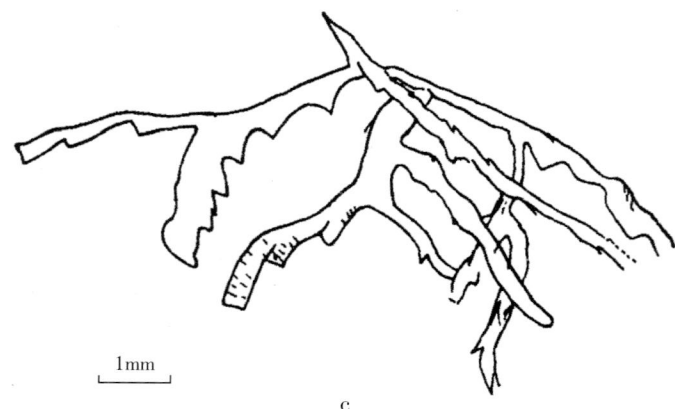
c

图 4-6-13 *Anisograpatus delicatulus* Cooper et Stewart

理查森反称笔石 *Anisograptus richardsoni* Bulman

笔石体由3个原始枝组成（图4-6-14；肖承协和陈洪治，1993），直径7.00mm，原始枝长0.80~1.30mm，均分4次，保存15个末枝。二级枝长1.20~2.50mm，分枝角70°~80°，三级枝长2.00~2.60mm，分枝角50°~60°，四级枝分枝角约35°。各级枝宽较均匀，0.30~0.50mm。正胞管直管状，长约0.80mm，口部窄，3.00mm内有3个胞管。

产地及层位：崇义县茅坪；早奥陶世茅坪组。

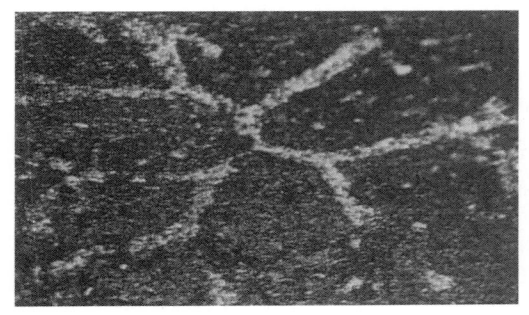
a: ×10

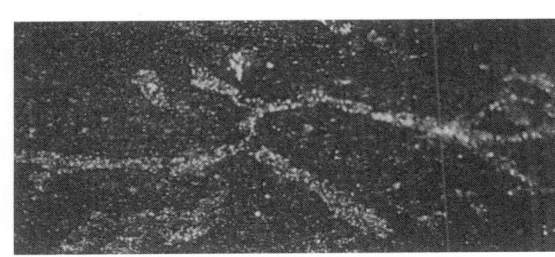
b: ×10

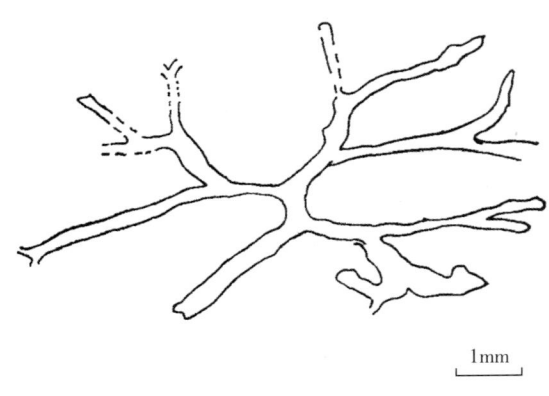
c

图4-6-14 *Anisograptus richardsoni* Bulman

致密反称笔石 *Anisograptus compactus* Cooper et Stewart

笔石体小，直径6.50mm，由3个原始枝组成，分枝3次，保存8个末枝（图4-6-15；肖承协和陈洪治，1993）。原始枝很短，长0.40~0.50mm，二级枝长0.60~1.00mm。枝宽0.30~0.40mm。胞管圆管状，长0.70mm。正胞管为直管状，长0.80mm，口部宽0.15mm，腹缘直，具口尖，倾角10°~15°，5.00mm内有5个胞管。

产地及层位：崇义县茅坪；早奥陶世茅坪组。

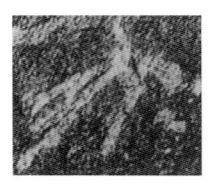
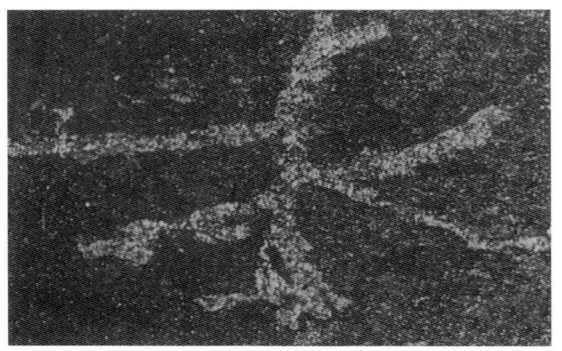

a: ×10   b: ×10

图 4-6-15 *Anisograptus compactus* Cooper et Stewart

>>> 广东反称笔石 *Anisograptus guangdongensis* Wang, Liu et Zhou

笔石体小，直径 3.00~3.50mm。3 个原始枝以 120°夹角均分展开，各自分枝 1~2 次，有 6~8 个末枝（图 4-6-16；肖承协和陈洪冶，1993）。原始枝分别长 0.30mm、0.40mm、0.60mm，二级枝长 1.00~1.20mm。分枝角 70°~100°。宽 0.2~0.3mm。正胞管为直管状，长 0.90mm，口部宽 0.20mm，腹缘直，倾角 15°，2.50mm 内有 3 个胞管。

产地及层位：崇义县茅坪；早奥陶世茅坪组。

×10

图 4-6-16 *Anisograptus guangdongensis* Wang, Liu et Zhou

>>> 路德曼反称笔石 *Anisograptus ruedemanni* Bulman

笔石体小，下斜生长，分枝一次（图 4-6-17；肖承协和陈洪冶，1993）。3 个原始枝分别长 0.40mm、0.60mm、0.80mm，枝宽 0.30mm，分枝角 140°~160°。二级枝长 0.50~0.60mm，枝宽 0.30mm。胎管为直管状，长 1.20mm，顶端具线管。正胞管为直管状，长 0.80mm，腹缘与口缘均较平直，3.00mm 内有 3 个胞管。

产地及层位：崇义县茅坪；早奥陶世茅坪组。

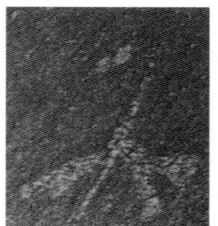

×10

图 4-6-17 *Anisograptus ruedemanni* Bulman

>>> 路氏反称笔石（相似种）*Anisograptus* cf. *ruedemanni* Bulman

笔石体较小，直径 15.00~20.00mm，3 个原始枝中有 2 枝以 160°夹角展开，另 1 枝下斜生长，与上述两枝的夹角分别为 70°和 130°左右（图 4-6-18；穆恩之和陈旭，1962）。3 个原始枝中有一枝较短，为 2.50mm，另 2 枝分别为 3.50mm 和 5.50mm。各原始枝正分 1~2 次，二级枝长 2.50~

3.50mm，三级枝一般较短。次级枝的分枝角均在 60°左右，各枝劲直，宽度近等，背面保存时枝宽 0.30~0.40mm，侧面保存时过胞管口部枝宽 0.60~0.70mm。胎管锥状，出露长度仅 1.00mm 左右，具线管。正胞管为直管状，口缘微凹，具口尖，相邻胞管掩盖约 1/3，10.00mm 内有 10~11 个正胞管（2.80mm 内见有 3 个正胞管）。副胞管不清晰。

产地及层位：江西武宁塘畔村岭背垅；早奥陶世塘畔组。

×6

图 4-6-18 *Anisograptus* cf. *ruedemanni* Bulman

◆ 三笔石属 Genus *Triograptus* Monsen，1925

⋙ 加拿大三笔石 *Triograptus canadensis* (Monsen)

笔石体由 3 个直或微曲的枝组成，分枝角 90°~150°（图 4-6-19；肖承协和陈洪治，1997）。枝长 2.10~3.00mm。宽 0.40mm。正胞管直管状，腹缘直，口缘平，长 1.20mm，口部宽 0.20mm，倾角 10°~150°。5.00mm 内有 5 个胞管。

产地及层位：崇义县茅坪；早奥陶世茅坪组。

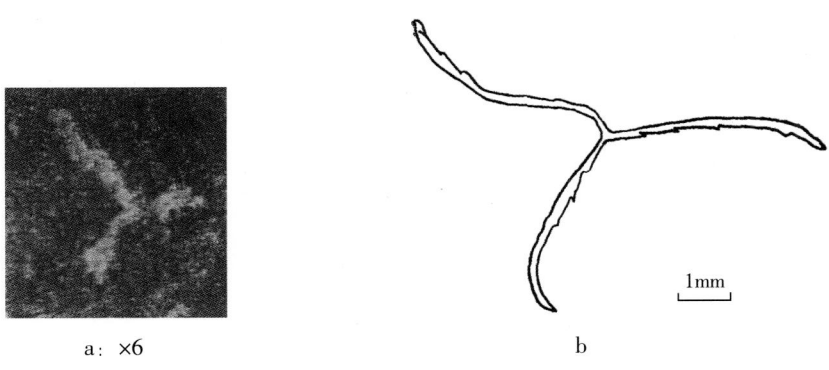

a：×6 b

图 4-6-19 *Triograptus canadensis*（Monsen）

⋙ 劲直三笔石 *Triograptus rigidus* Mu et Chen

3 个笔石枝中 2 枝平伸，1 枝下斜，各枝纤细而劲直，胞管排列稀（图 4-6-20；穆恩之和陈旭，1962）。笔石体中等大，3个不再分枝的笔石枝均自胎管口部附近生出，其中2枝以180°角平伸，另1枝下斜生长，最大枝长5.00~6.00mm。各枝劲直，纤细，宽度始末匀等，背面保存时枝宽0.30~0.40mm，侧面保存时过胞管口部枝宽0.50mm左右。胎管锥状，长1.00mm左右，口部宽仅0.20~0.30mm。正胞管直管状，腹缘直，口缘平，长1.50mm左右，倾角15°左右，相邻胞管掩盖1/4到1/3，10.00mm内有9个正胞管（5.5mm内有5个）。时有极细的管状体出露于笔石枝的另一侧，可能系副胞管之所在。

产地及层位：武宁县塘畔村岭背垅；早奥陶世塘畔组。

a：×6　　　　　　　　　b：×3　　　　　　　　　c：×10

图 4-6-20　*Triograptus rigidus* Mu et Chen

◆ 苔藓笔石属 Genus *Bryograptus* Lapworth，1880
>>> 新厂苔藓笔石 *Bryograptus xinchangensis* Wang，Liu et Zhou

笔石体由3个原始枝组成，高3.00~5.50mm，宽4.00~6.00mm（图4-6-21；肖承协和陈洪冶，1993）。原始枝长1.00~3.50mm，宽0.30~0.70mm。分枝角70°~90°。原始枝行均分，分枝距离不甚规则。胎管呈长锥状，长1.40mm，顶端具线管。胞管直管状，腹缘直，口缘平，5.00mm内有5个胞管。

产地及层位：崇义县茅坪；早奥陶世茅坪组。

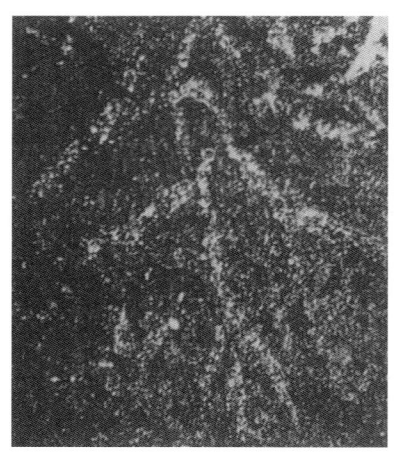 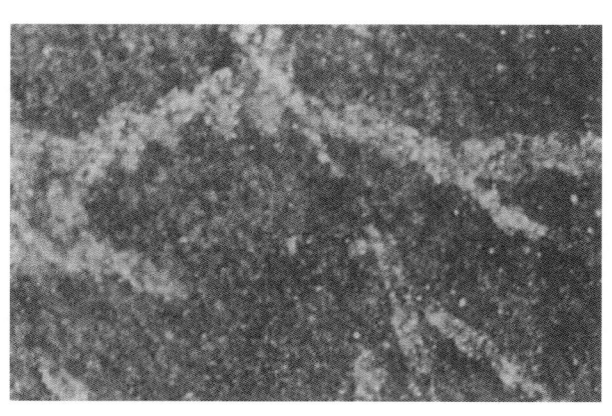

a：×12　　　　　　　　　　　　　b：×12

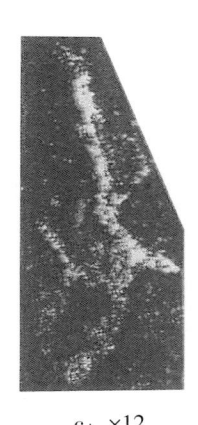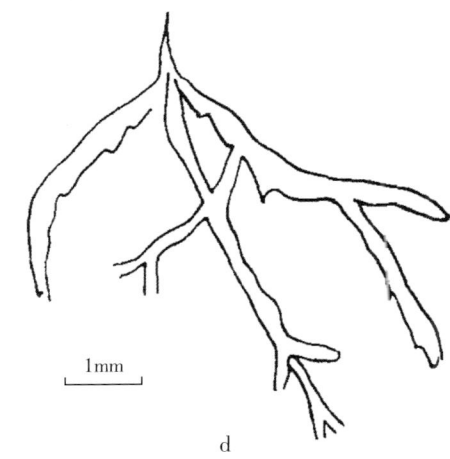

图 4-6-21 *Bryograptus xinchangensis* Wang, Liu et Zhou

◆ 匿笔石亚科 **Adelograptinae Mu, 1974**

◆ 匿笔石属 ***Adelograptus* Bulman, 1941**

笔石体通常下斜或大致平伸，从两个原始枝的腹部不规则地分出侧枝，有的侧枝又有分枝，正胞管呈正锯齿状，茎胞管和副胞管只在早期的种中存在。

分布及时代：亚洲、北美洲、大洋洲、欧洲及北非；早奥陶世。

亚洲匿笔石（相似种）*Adelograptus* cf. *asiaticus* Mu

笔石体长仅 2.50mm，宽与长大致相当（图 4-6-22；地质部南京地质矿产研究所，1982a）。2 个主枝下垂，宽 0.60mm。胎管为圆锥形，长 1.50mm，宽 0.30mm，胎管顶端伸出纤细线管，长 1.50mm，胎管口刺长 0.20mm。从胎管生出两个原始枝，分散角 90°，在主枝上又生出侧枝，宽为 0.30mm。胞管为直管状，腹缘凹入，口缘平，口尖较显，长度为 1.30mm，相当于宽度的 3 倍，掩盖 1/2，5.00mm 内有 4~5 个胞管。

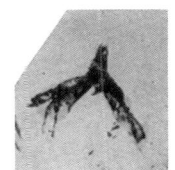

图 4-6-22 *Adelograptus* cf. *asiaticus* Mu

产地及层位：上饶市；早奥陶世印渚埠组。

中国匿笔石 *Adelograptus sinicus* Mu

笔石体下斜生长，胎管为长锥形，长约 1.30mm，宽约 0.30mm（图 4-6-23；地质部南京地质矿产研究所，1982a）。从胎管近口部，生出两个原始枝，分散角为 90°。距离胎管 1.00mm 处，各生出一个下垂的侧枝。笔石枝长度小于 5.00mm，宽度为 0.70mm，侧枝细，宽约 0.30mm。胞管为细长管状，长约 1.70mm，长是宽的 5 倍。腹缘凹入，口缘微凹，口尖较显，掩盖

图 4-6-23 *Adelograptus sinicus* Mu

1/3，5.00mm 内有 4~5 个胞管。

产地及层位：上饶市；早奥陶世印渚埠组。

>>> 克拉克匿笔石 *Adelograptus clarki* (T. S. Hall)

笔石体小，由 2 个主枝组成，枝直或微弯曲，长 2.50~3.00mm，宽 0.20~0.30mm，分散角 140°~145°（图 4-6-24；肖承协和陈洪治，1993）。第一对侧枝由两主枝的第一个胞管生出，侧枝又分枝一次。侧枝长 1.20~1.50mm，宽 0.30~0.40mm。胎管为圆锥状，长 0.90~1.00mm，口部宽 0.40mm，顶端具线管。正胞管直管状，长 1.00mm，口部宽 0.25~0.30mm，腹缘微凹，口缘平，倾角 15°，掩盖 1/3，3.00mm 内有 3 个胞管。

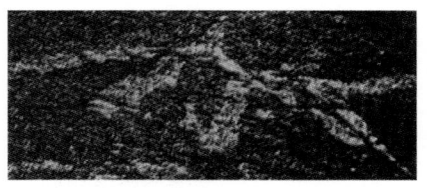

图 4-6-24 *Adelograptus clarki* (T. S. Hall)

产地及层位：崇义县茅坪；早奥陶世茅坪组。

>>> 简单匿笔石 *Adelograptus simplex* (Tornquist)

当前的标本与 Tornquist（1904）的模式标本特征相同，但是在 Tornquist（1904）和许杰、黄枝高（1979）的描述和图像中，均未见有副胞管，可能是标本保存不够清晰的缘故（图 4-6-25；陈旭等，1983）。当前的标本见有第一个副胞管（bi1）的保存，为十分细小的圆管，紧贴胎管壁向下，位于胎管和第一个正胞管之间。

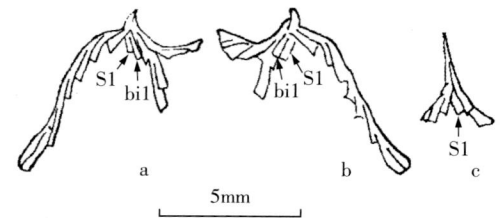

图 4-6-25 *Adelograptus simplex* (Tornquist)

此外，许杰和黄枝高（1979）作为新种描记的 *Adelograptus concinnus* 特征与 *Adelograptus simplex* (Tornquist) 几乎完全一致，应该作为后者的同义名。

产地及层位：玉山县；早奥陶世宁国组底部。

◆ 枝笔石属 *Clonograptus* Nicholson，1873

笔石体有 2 个原始枝，各原始枝正分 7~8 次，均是正分枝，枝通常一级比一级长，末枝枝数较多。

分布及时代：亚洲、大洋洲、北美洲及欧洲；早奥陶世。

>>> 弯曲枝笔石 *Clonograptus flexilis* T. S. Hall

笔石体较大，平伸展开，分枝 6 次以上，始部枝较直，末部微弯曲。原始枝短，长 0.80mm，二级枝长 4.50mm，三级枝长 4.00mm，四级枝长 7.50mm，五级枝长达 10.00mm。始部分枝角大，向末部逐渐减小（图 4-6-26；肖承协和陈洪治，1993）。胎管在笔石体中央，呈长管状，长约 1.00mm，腹缘直，具口尖，

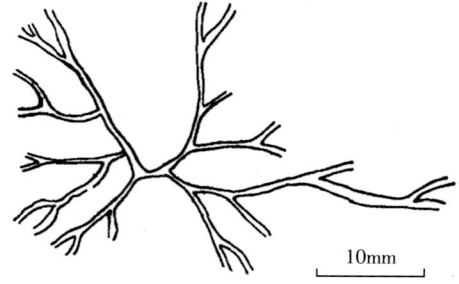

图 4-6-26 *Clonograptus flexilis* T. S. Hall

内有 4~5 个胞管。

产地及层位：崇义县茅坪；早奥陶世茅坪组。

>>> 细弱枝笔石江西亚种 *Clonograptus tenellus jiangxiensis* Jiao

笔石枝平伸，两边对称，半径 20.00~25.00mm（图 4-6-27；地质部南京地质矿产研究所，1982a）。原始枝短，长 2.00mm，正分 5~6 次，分枝距离逐渐增加。次级枝长 1.50~2.20mm，三级枝长 2.50~3.00mm，四级枝长 4.70~5.00mm，五级枝长 12.70~13.00mm，六级枝尚未发育完全，长 2.00~2.50mm。分枝角相应逐渐变小；原始枝 180°，次级枝 90°~100°，三级枝 70°~80°，四级枝 50°~60°，五级枝 35°~40°，六级枝仅 25°左右。笔石枝纤细，前四级枝宽度，一般为 0.40mm，五级枝宽度达 0.90mm，六级枝为 0.60mm。所有笔石枝全向外平伸，显得劲直，通常稍微弯曲。正胞管为细长的直管，具有尖锐口尖，掩盖少，仅 1/3，倾角 30°，5.00mm 内有 4~4.5 个胞管。

产地及层位：上饶市；早奥陶世印渚埠组。

×3

图 4-6-27 *Clonograptus tenellus jiangxiensis* Jiao

>>> 纤细枝笔石 *Clonograptus tenellus*（Linnarsson）

笔石体由 2 个原始枝组成，正分 5 次以上，直径 17.00~20.00mm（图 4-6-28；肖承协和陈洪治，1993）。原始枝长 2.00mm，宽 0.45mm，二级枝长 2.00~2.50mm，宽 0.50mm，三级枝长 2.50~3.50mm，宽 0.20~0.30mm，四级枝长 2.00mm，宽 0.20mm。分枝角从始部向末部逐渐减小，二级枝分枝角在 80°~90°之间，三级枝分枝角在 70°~80°之间，四级枝分枝角 60°。胞管为直管状，腹缘微凹，倾角小，5.00mm 内有 5 个胞管。

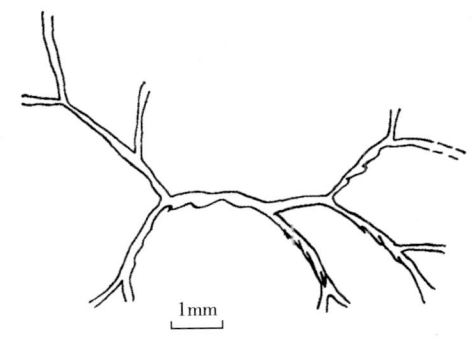

图 4-6-28 *Clonograptus tenellus*（Linnarsson）

产地及层位：崇义县茅坪；早奥陶世茅坪组。

◆ 正笔石目 Graptoloidea Lapworth, 1875
　◆ 无轴笔石亚目 Axonolipa Frech, 1897
　　◆ 均分笔石科 Dichograptidae Lapworth, 1873
　　　◆ 劳氏笔石属 *Loganograptus* Hall, 1865

笔石体水平伸展，具四、五级枝，通常包含 10~30 个末枝，前三、四级枝较短近乎相等，末级枝长，胞管为均分笔石式。

分布及时代：世界各洲；早奥陶世。

>>> 劳氏劳氏笔石 *Loganograptus logani*（Hall）

笔石体大，两个一级枝组成的横索长 3.00mm，宽 0.25mm（图 4-6-29；地质部南京地质矿产研究所，1982a）。分枝四级，次级枝和三级枝枝长分两组，一组长为 1.50mm；另一组长为 0.70mm，枝宽 0.25mm，末枝长 19.00mm，宽为 0.50~1.30mm。次级枝的分枝角为 90°~110°，四、三级枝的分枝角为 90°~120°，末枝的分枝角为 90°~100°。胞管长 3.50mm，宽 0.50mm，倾角 10°。相邻胞管掩盖 1/2~2/3。10.00mm 内有 8~9 个胞管。

产地及层位：崇义县过埠镇上黄背；早奥陶世茅坪组。

×3
图 4-6-29 *Loganograptus logani*（Hall）

◆ 均分笔石属 *Dichograptus* Salter, 1863

笔石体平伸至上斜伸展，正分枝，分枝 3 次，具有 5~8 个末枝，一级和二级枝短，末枝长，胞管为简单的直管状。

分布及时代：世界各洲；早奥陶世。

江西均分笔石 *Dichograptus jiangxiensis* Jiao

笔石体正分枝3次，具有5个末枝（图4-6-30；地质部南京地质矿产研究所，1982a）。胎管明显，高0.70mm。两个原始枝水平伸展，形成长2.80mm的"横索"。次级枝长短不一，长1.50~17.00mm。末级枝长10.00~20.00mm。次级枝间的分枝角为110°，三级枝间分枝角为90°。原始枝极细，宽约0.15mm，次级枝宽0.20~0.40mm，最宽达1.00mm，三级枝始端窄，约0.40mm，末端宽达1.00~1.20mm。胞管为直管状，长约2.00mm，宽1.20mm，腹缘直，口缘平，倾角35°左右，胞管间掩盖极小，仅1/4~1/3。10.00mm内有7~8个胞管。

产地及层位：大余县；早奥陶世宁国组下部。

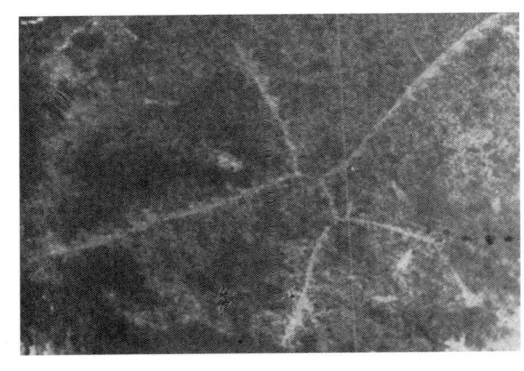

图4-6-30 *Dichograptus jiangxiensis* Jiao

分离均分笔石细致亚种 *Dichograptus separatus delicatus* Chen

笔石体正分3次，有8个末枝，枝细而劲直，末级枝宽仅0.30mm，最长一个末枝可达11.00mm（图4-6-31；地质部南京地质矿产研究所，1982a）。横索细直而长，长达4.50mm，而宽仅0.20mm，二级枝与原始枝长度、宽度都大致相同，长约2.00mm，二、三两级枝的分枝角均在90°左右。胞管十分细长，掩盖很少，5.00mm内有3个胞管。

产地及层位：玉山县；早奥陶世宁国组下部。

图4-6-31 *Dichograptus separatus delicatus* Chen

分离均分笔石崇义亚种 *Dichograptus separatus chongyiensis* Jiao

笔石体正分枝3次，有8个末枝（图4-6-32；地质部南京地质矿产研究所，1982a）。原始枝长3.50mm，次级枝长1.50~2.00mm，宽度相等为0.40~0.50mm，末级枝长5.00~10.00mm，宽0.50~1.00mm。次级枝分枝角80°，三级枝分枝角90°。胞管为管状，长度相当于宽度的2~3倍，倾角30°~35°，掩盖1/3，口缘平直。在10.00mm内有10个胞管。

产地及层位：崇义县过埠镇牛皮湾；早奥陶世宁国组下部。

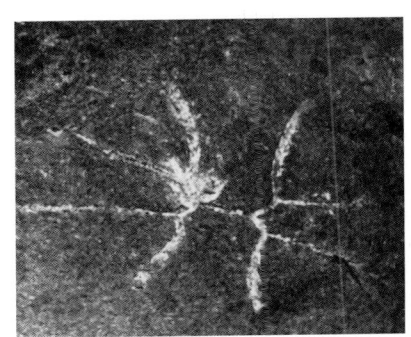

图4-6-32 *Dichograptus separatus chongyiensis* Jiao

玉山均分笔石 *Dichograptus yushanensis* Ge

笔石体具7个末枝，横索长1.60mm，次级枝长1.00~1.20mm，它们的宽仅0.25~0.30mm，末枝长17.20mm，末部宽仅0.80mm（图4-6-33；地质部南京地质矿产研究所，1982a）。次级枝的分枝角为115°~120°，末枝分枝角为110°。胞管长3.00mm，宽0.50mm，倾角20°，相邻胞管掩盖2/3。5.00mm内有4个胞管。

产地及层位：玉山县；早奥陶世宁国组下部。

×2

图4-6-33 *Dichograptus yushanensis* Ge

◆ 台山笔石属 *Taishanograptus* Li et Ge, 1987
细枝台山笔石（相似种）*Taishanograptus* cf. *graciliramosus* Li et Ge

笔石体小，正分两次，包括4个末枝（图4-6-34；李积金等，2000）。胎管十分醒目，为细长的圆锥形，长3.50mm，口部宽0.30mm，胎管刺粗短，尖顶伸出纤细的线管。从胎管近口部生出两个原始枝，两枝造成120°的分散角，第一枝（由一个胞管组成）在离胎管口1.30mm处正分一次，分枝角85°；第二枝（由两个胞管组成）在离胎管口3.00mm处正分一次，分枝角50°，一级枝宽0.25~0.30mm，二级枝宽0.20mm。胞管为细长的直管状，长1.30~1.50mm，口部宽0.25mm，倾角小，仅5°。

产地及层位：崇义县过埠镇樟木曲；早奥陶世对耳石组（原樟木曲组）。

◆ 假苔藓笔石属
Pseudobryograptus Mu, 1957

×15

图4-6-34 *Taishanograptus* cf. *graciliramosus* Li et Ge

笔石体小，下垂生长，其发育形式为均分笔石式，两个原始枝各再正分2~4次，形成5~8个末枝；胞管为简单的直管状，属均分笔石式。

分布及时代：亚洲、大洋洲及北美洲；早奥陶世。

>>> 平行假苔藓笔石 *Pseudobryograptus parallelus* Mu

笔石体小，长 14.00mm，宽 8.00~10.00mm（图 4-6-35；地质部南京地质矿产研究所，1982a）。笔石枝下垂生长，正分枝，分枝 5 次。前三级枝短，仅一个胞管，四、五级枝长，长约 10.00mm，宽 0.40~0.50mm。胎管细长，长达 3.00mm。从胎管口部伸出两个原始枝，各级枝分枝角约 90°，五级枝的分枝角小于 90°。胞管为直管状，长 1.80mm，相邻胞管掩盖小，约 1/4。5.00mm 内有 4 个胞管。

产地及层位：崇义县；早奥陶世宁国组下部。

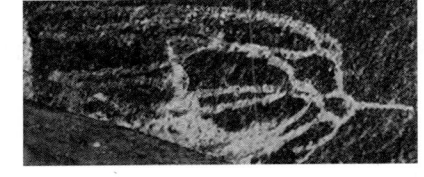

图 4-6-35 *Pseudobryograptus parallelus* Mu

◆ 切笔石属 *Temnograptus* Nicholson，1876

笔石体较大，正分枝达 4 级以上，后几级分枝的间距近似相等，不再增加。胞管为简单的直管。

分布及时代：中国及欧洲；早奥陶世。

>>> 玉山切笔石 *Temnograptus yushanensis* Chen

笔石体两个原始枝下斜分出，此后又正分 4 次，但二级分枝并非均等正分，因此笔石体偏向一侧（图 4-6-36；地质部南京地质矿产研究所，1982a）。各级分枝的长度逐渐增长而分枝角度则逐渐减小。枝细而直，各级枝的宽度大致相当，末级枝宽 0.60mm。胞管为简单直管，腹缘及口缘均直，倾角小，不超过 20°，掩盖 2/5，10.00mm 内有 10 个胞管。

产地及层位：玉山县；早奥陶世宁国组下部。

图 4-6-36 *Temnograptus yushanensis* Chen

◆ 联笔石属 *Zygograptus* Harris et Thomas，1941

笔石体具有两个长的一级枝，形成了一个特长的横索，随后在短的距离内，连续正分达 5 级以上，前几枝短，末级甚长，胞管为均分笔石式。

分布及时代：大洋洲、北美洲及中国；早奥陶世。

江西联笔石 Zygograptus jiangxiensis Jiao

两个原始枝水平伸展，形成 6.00mm 长的横索，宽 0.10~0.15mm（图 4-6-37；地质部南京地质矿产研究所，1982a）。分枝达 7 级，二、三、四、五级枝长度近似相等，约 2.50mm，六级枝长 3.50mm，七级枝短，发育不全，各级枝宽近似相等，0.10~0.20mm。各级枝分枝角变化不大，一般在 40°~50°之间。

产地及层位：崇义县过埠镇牛皮湾；早奥陶世宁国组下部。

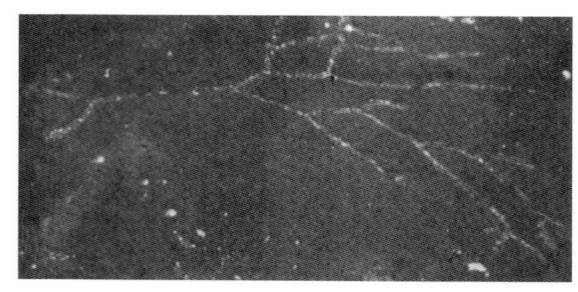

×3

图 4-6-37 *Zygograptus jiangxiensis* Jiao

◆ 玉山笔石属 Yushanograptus Chen et Han，1964

笔石体具有两个下斜近于平伸的原始枝。原始枝很长，其末部均正分枝，分枝形式为棱笔石式，可达 6 级以上。胞管为直管状。

分布及时代：中国；早奥陶世。

平伸玉山笔石 Yushanograptus horizonatus（Jin et Wang）

笔石体有两个呈齿状曲折的主枝，在主枝转折的外侧分出"侧枝"，为棱笔石式的分枝形式（图 4-6-38；地质部南京地质矿产研究所，1982a）。"侧枝"细长且相互近平行，长约 10.00mm，宽约 0.30mm。"侧枝"与"主枝"交角小于 90°。胎管未见。一级枝（即横索）长 2.30mm，枝宽 0.20~0.30mm。胞管为直管状，长 2.00mm，长度相当宽度的 7~8 倍，倾角极小，掩盖很少。在 10.00mm 内有 6~7 个胞管。

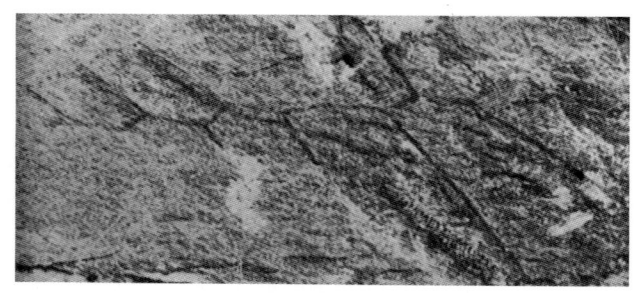

×3

图 4-6-38 *Yushanograptus horizonatus*（Jin et Wang）

产地及层位：崇义县过埠镇牛皮湾；早奥陶世宁国组下部。

分离玉山笔石 Yushanograptus separates Chen et Sun

笔石体具有两个下斜或平伸的原始枝（横索）。原始枝粗而长，共有 11~12 个胞管，分枝形式为棱笔石式，可达 6 极以上。胎管为长锥形。只有一个横管，生长型式为均分笔石式。胞管为简单的直管。在 10.00mm 长度内，原始枝上有 7 个胞管，末枝上可达 10 个胞管。

产地及层位：玉山县李家棚；早奥陶世宁国页岩组。

◆ 灌木笔石属 Genus *Thamnograptus* Hall，1859
⟫⟫⟫ 波氏灌木笔石 *Thamnograptus poori* Ruedemann

笔石体大，主枝长 65.00~73.00mm，宽度均匀，宽 0.10~0.30mm，略呈齿状曲折。分枝规则，在主枝曲折的外侧，左右相间分出"侧枝"，"侧枝"间距相等，长 3.00~4.00mm，劲直或微弯，彼此近于平行，"侧枝"不再分枝，长 35.00~36.00mm，宽度均匀，宽 0.05~0.10mm，末端尖削，与主枝交角为 80°~90°。在一个标本上，笔石枝外有膜状物，主枝上的膜状物宽 1.20mm，其"侧枝"上的膜状物宽 0.50mm。胞管轮廓隐约可见，为简单的直管状，倾角极小。

产地及层位：崇义县过埠镇樟木曲；早奥陶世对耳石组（原樟木曲组）。

◆ 棱笔石科 Goniograptidae Yu et Fang，1979
◆ 棱笔石属 *Goniograptus* Mc'coy，1876

笔石体正分枝，从二级开始组成 4 个齿状曲折分枝的枝组，以后的各级枝均从二级枝转折端外侧分出，此即棱笔石式的分枝。胞管为简单的直管状。

分布及时代：中国、北美洲及大洋洲；早奥陶世。

⟫⟫⟫ 中华棱笔石 *Goniograptus sinicus* Huang et Hsiao

笔石体近于方形，最大直径 36.00mm（图 4-6-39；地质部南京地质矿产研究所，1982a）。横索长 2.60mm。笔石枝为交错减缩的正分枝，分枝可达 8 级。每次二分叉形成两个枝，其中之一不再分叉，另一枝继续分叉，这种减缩分枝左右交替进行，因而形成 4 个齿状曲折的"主枝"。分枝距离逐渐增加，从二级枝的 1.50mm 增至七级枝的 4.00mm。分枝夹角逐渐变小，二级枝夹角近于 90°，八级枝夹角为 55°。胞管不是很清晰，但部分可见到锯齿状口尖。笔石枝宽度为 0.80~1.20mm。

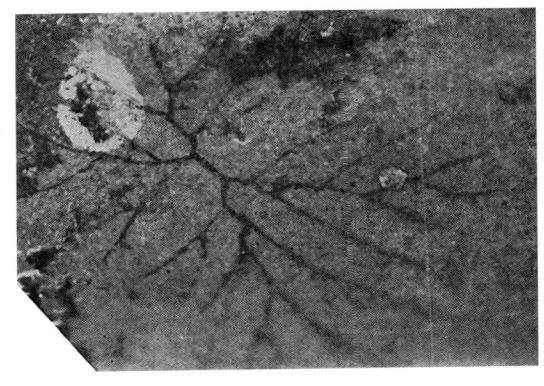

×2

图 4-6-39 *Goniograptus sinicus* Huang et Hsiao

产地及层位：崇义县过埠镇牛皮湾；早奥陶世宁国组下部。

⟫⟫⟫ 武宁棱笔石 *Goniograptus wuningensis* Yü et Fang

笔石体较大，直径 30.00mm（图 4-6-40；地质部南京地质矿产研究所，1982a）。胎管未保存，一级枝保存不全，估计两个原始枝（横索）长 2.50mm，二级枝长 1.00mm，二级枝间的夹角为

130°。自三级枝起笔石枝的分枝互相交替，形成齿状曲折的 4 个"主枝"。即棱笔石式分枝。在"主枝"转折的外侧，分出"侧枝"。4 个"主枝"上"侧枝"的分枝间距随着分枝级别的增高而逐渐增大，分别为 1.40mm、1.70mm、2.20mm、2.70mm、3.10mm。每个"主枝"有 7 个笔石枝，完整的笔石体应有 28 个笔石枝。"主枝"与"侧枝"间的夹角一般逐渐减小，分别为 90°、50°、45°、45°、40°。笔石体的横索及齿状曲折的"主枝"较纤细，自始部至末部由 0.10mm 增至 0.20mm，而"侧枝"较宽，其宽度可达 0.70~0.80mm。胞管直管形，在笔石体的笔石枝末端大而清晰，长 1.50mm，宽 0.50mm，口缘平直或稍内凹，侧角 30°，掩盖 2/5，5.00mm 内有 5 个胞管。

图 4-6-40 *Goniograptus wuningensis* Yü et Fang

产地及层位：武宁县；早奥陶世宁国组下部。

◆ 尖顶笔石属 *Acrograptus* Tzaj，1969，emend. Fortey et Cooper，1982

具有两枝的棱笔石类，两枝平伸或明显下斜，始端窄，宽 0.5mm 或更窄。

分布及时代：中国；早奥陶世。

≫ 爱丽丝尖顶笔石 *Acrograptus ellesae*（Ruedemann）

两枝下斜伸出，分散角 135°~160°，枝保存长达 4.50mm，宽度均一，为 0.20~0.30mm（图 4-6-41；李积金等，2000）。胞管长 1.20mm，口部宽 0.10mm，腹缘直与背缘近于平行，口缘直，相邻胞管间掩盖近 1/4，倾角仅 8°，始部 4.00mm 内有 4 个胞管。

产地及层位：崇义县过埠镇樟木曲村；早奥陶世茅坪组。

图 4-6-41 *Acrograptus ellesae*（Ruedemann）

≫ 半孤立尖顶笔石 *Acrograptus hemisolatus* Li et Xiao

笔石体两枝在始部以 180°分散角平伸向外，5.00mm 后微微向下向外斜伸，与枝的始部形成 10°的交角（图 4-6-42；李积金等，2000）。副模标本两枝先向两侧平伸，其后很快转折向外和向下，或许是保存原因。枝长 17.00~27.00mm。始端宽 0.40mm，向末部逐渐增宽。离始端 5.00mm 处宽 0.50mm，10.00mm 处宽 0.70mm，此宽度稳定地保持至末部，至末端又微微收缩。胎管短小，长仅 0.60~1.00mm。胞管也短小，长仅 1.10~1.40mm，始部窄，向口部扩展并向腹部弯曲，弯曲部分占体宽的 1/2，致使胞管口部呈孤立状，相邻胞管间掩盖 1/3，倾角 10°~20°，向口部增至 45°~60°，始部 10.00mm 内有 12 个胞管，末部为 11 个。

产地及层位：崇义县思顺乡白石坳；早奥陶世对耳石组（原樟木曲组）。

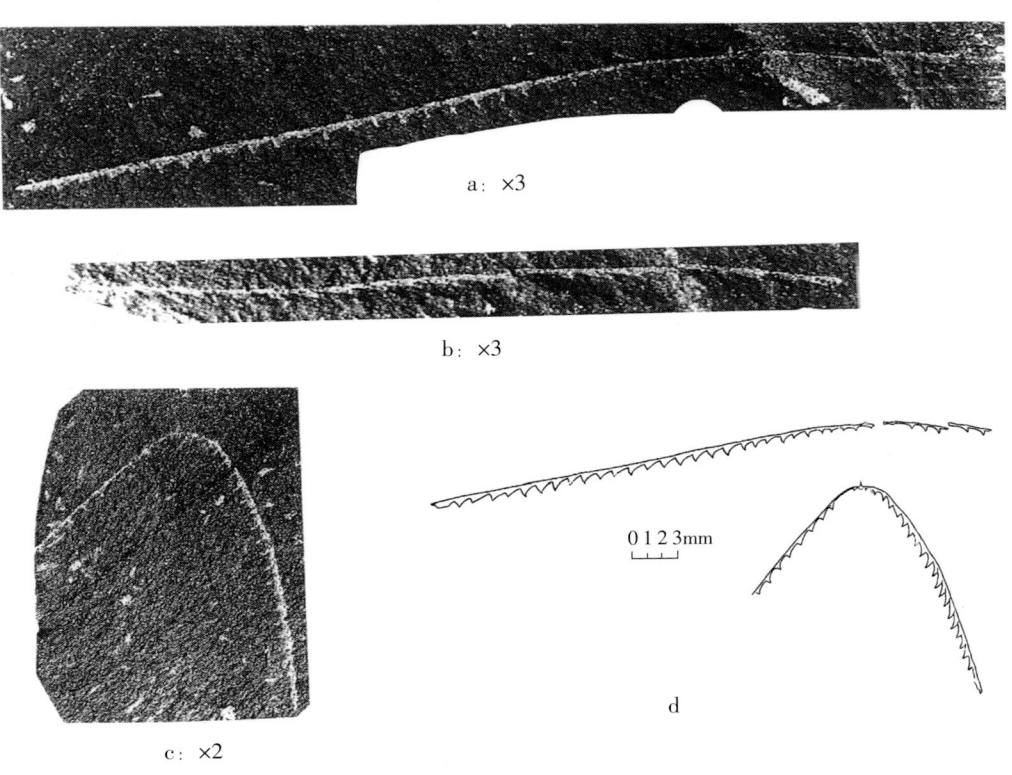

图 4-6-42　*Acrograptus hemisolatus* Li et Xiao

◆ **翼笔石科 Pterograptidae Mu，1950**

　　◆ **翼笔石属 *Pterograptus* Holm，1881**

两个主枝下垂或下斜生长，每一主枝的两侧均有侧枝，这些侧枝相间排列。

分布及时代：亚洲、大洋洲、南美洲及欧洲；早奥陶世。

>>> **精美翼笔石 *Pterograptus elegans* Holm**

笔石体长 14.00mm，宽约 12.00mm（图 4-6-43；地质部南京地质矿产研究所，1982a）。胎管小，两个主枝下斜伸展，构成 90°~100° 的夹角，主枝微曲，末部转向下垂。每个主枝生有 6~7 个相间排列的侧枝，侧枝向下垂伸，相互近于平行，侧枝间距约 1.00mm，主枝与侧枝夹角 40°~50°。主枝和侧枝性质相同，宽约 0.40mm，倾角 30°~40°，掩盖 1/4~1/3，5.00mm 内有 6 个胞管。

产地及层位：崇义县；早奥陶世宁国组下部。

图 4-6-43　*Pterograptus elegans* Holm

· 293 ·

弯曲翼笔石 *Pterograptus flexuosus* Ni

笔石体近似菱形，长约 24.00mm，宽 20.00mm 左右（图 4-6-44；地质部南京地质矿产研究所，1982a）。两主枝始端的分散角为 120°，随后缩小为 90°，两主枝下斜生长，枝劲直，至末部两主枝急速向腹侧弯曲。每个主枝具 11~12 个相间排列的侧枝，主枝始部二对侧枝向下垂伸，其余侧枝不同程度地向腹侧弯曲。枝宽 0.40mm。胎管短小，长 0.60mm，口部宽 0.20mm。胞管直管状，相互掩盖少，倾角小，10.00mm 内有 8~10 个胞管。

产地及层位：武宁县；早奥陶世宁国组下部。

×2

图 4-6-44　*Pterograptus flexuosus* Ni

江西翼笔石 *Pterograptus jiangxiensis* Ni

笔石体呈梨形，长 20.00mm，宽 15.00mm（图 4-6-45；地质部南京地质矿产研究所，1982a）。两主枝始部分散角为 110°，主枝伸展方向由下斜逐渐转为向下垂伸，每个主枝具有 4 个相间排列的侧枝，侧枝末端与主枝近于平行。枝宽 0.40~0.50mm。胎管长约 0.80mm。

产地及层位：武宁县；早奥陶世宁国组下部。

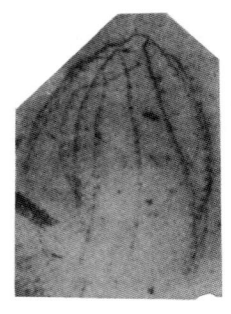

×2

图 4-6-45　*Pterograptus jiangxiensis* Ni

中国翼笔石 *Pterograptus sinicus* Mu

胎管短小，两主枝起初向两侧斜伸，呈 60° 的分散角，然后转向下垂，逐渐平行（图 4-6-46；地质部南京地质矿产研究所，1982a）。笔石体长 20.00mm 以上，宽约 9.00mm，每一主枝带有 10 个左右相间排列的侧枝，侧枝起初向外伸展，但很快向下垂伸，各侧枝互相平行，甚至和主枝也平行。主枝和侧枝性质相同，枝宽 0.20~0.30mm。胞管细长，倾角小。

产地及层位：永新县三湾乡汗江；早奥陶世宁国组下部。

×3

图 4-6-46　*Pterograptus sinicus* Mu

琵琶翼笔石 *Pterograptus lyricus* Keble et Harris

笔石体呈长卵形，长 25.00~32.00mm，宽 9.00~20.00mm，两个主枝大部分下斜生长，分散角为 60°~70°，距胎管 10.00~14.00mm 处，主枝开始向腹侧剧烈弯曲（图 4-6-47；倪寓南，1991）。每个主枝具有 14~20 个或更多的侧枝。在笔石体始部侧枝向下垂直生长，其余的

×4

图 4-6-47　*Pterograptus lyricus* Keble et Harris

侧枝不同程度地向腹侧弯曲，末部的侧枝弯曲最剧，彼此相交。胎管长 0.60~0.80mm，口部宽约 0.20mm。胞管长 1.20~1.40mm，腹缘微弯，口缘平，倾角小，相互掩盖为 1/5~1/4，10.00mm 长度内有 8~10 个胞管。

产地及层位：武宁县；中奥陶世胡乐组。

◆头发笔石属 *Trichograptus* Nicholson，1876

两个主枝平伸或上斜，仅在笔石枝的腹侧伸出侧枝。笔石枝细。胞管为简单的直管状。

分布及时代：中国、欧洲、南美洲及大洋洲；早奥陶世。

▶▶▶ 简单头发笔石 *Trichograptus simplicis* Chen

笔石体十分细弱，两个主枝水平伸出后即弯曲向上，形成宽缓的弧形（图 4-6-48；地质部南京地质矿产研究所，1982a）。两个主枝的腹侧各自分出一个侧枝，一侧枝自主枝的第二个胞管口部分出，另一侧枝从另一主枝的第四个胞管口部分出，两个侧枝均只保存一个胞管。主枝及侧枝均十分细弱，宽仅 0.35mm。胎管为细长的锥形，直立向上，胞管为细长的直管，在 5.00mm 内有 5 个胞管。

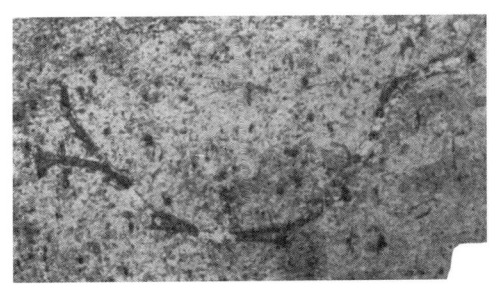

图 4-6-48 *Trichograptus simplicis* Chen

产地及层位：玉山县；早奥陶世宁国组下部。

◆垂柳笔石属 *Pendeosalicograptus* Jiao，1981

笔石体两枝下垂，两个主枝纤细狭长，枝长 30mm 左右。每一主枝上均有一个侧枝，侧枝不再分枝。侧枝与主枝近于平行。

分布及时代：中国浙江、江西；早奥陶世。

▶▶▶ 垂柳笔石（未定种）*Pendeosalicograptus* sp.

笔石体两主枝下垂，相互平行，长 34.50mm，宽 6.00mm（图 4-6-49；李积金等，2000）。胎管为圆锥形，长 2.50mm，口部宽 0.40mm。第一枝的第一个胞管（th_1^1）从胎管近口部生出后，向下向外伸展，其后的胞管均向下生长；第二枝的第一个胞管（th_1^2）从第一枝第一个胞管（th_1^1）生出后，横过胎管口部向下向外伸展，其后的胞管也依然向下生长，两主枝成 50°的交角，其后很快向下转折，变成两枝相互平行。枝直，长 32.50mm，始端横过第一个胞管（th_1^1）口部，宽 0.40mm，向末部逐渐增至最大宽度 0.80mm。从第一枝的第八个胞管和第二枝的第五个胞管处生出侧枝，沿每一主枝的背部向下垂伸，主枝与侧枝相互平行。胞管

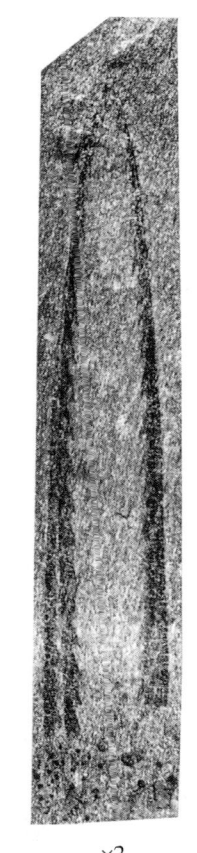

图 4-6-49 *Pendeosalicograptus* sp.

为简单的直管状，长 2.80mm，口部宽 0.30mm，腹缘直，口缘平，倾角小，仅 15°，相邻胞管间掩盖 1/3。胞管排列稀松，始部 10.00mm 内有 6 个胞管，末部同样长度内有 5 个胞管。

产地及层位：崇义县过埠镇樟木曲；早奥陶世对耳石组（原樟木曲组）。

◆ 四笔石科 Tetragraptidae Mu, 1950
◆ 四笔石属 *Tetragraptus* Salter, 1863

笔石体两边对称，具有 4 个主枝，其生长方式从下垂到上斜。
分布及时代：世界各洲；早奥陶世。

直立四笔石大型亚种 *Tetragraptus erectus maximus* Ni

笔石体的 4 个末枝直立向上，彼此近于平行（图 4-6-50；地质部南京地质矿产研究所，1982a）。笔石体长 12.00mm，宽 7.00mm，横索短，长 1.60mm，末枝宽 1.20~1.40mm。胎管长锥形，长约 0.80mm，口部宽 0.30mm。胞管喇叭状，口部显著扩大，宽达 1.00mm，口尖显著，腹缘微弯，相互掩盖 1/2 左右，10.00mm 内有 14 个胞管。

产地及层位：武宁县；早奥陶世宁国组下部。

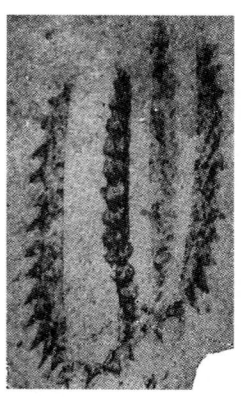

×4

图 4-6-50 *Tetragraptus erectus maximus* Ni

灌木四笔石 *Tetragraptus fruticosus* (Hall)

四枝下斜生长，似"铃形"（图 4-6-51；地质部南京地质矿产研究所，1982a）。笔石体高 11.00mm，宽 8.00mm。胎管呈尖锥状，长 2.00mm，宽 0.35mm。尖端伸出线管，长 3.00mm，两个原始枝分枝角为 75°，二级枝分枝角为 50°~70°。笔石枝宽度 0.40~0.60mm。胞管长约 1.50mm，宽 0.30mm，口尖显著；倾角 20°~30°，掩盖 1/4~1/3，10.00mm 内有 9 个胞管。

产地及层位：崇义县；早奥陶世宁国组下部。

×3

图 4-6-51 *Tetragraptus fruticosus* (Hall)

下垂四笔石 *Tetragraptus pendens* Elles

笔石体小，四枝下垂（图 4-6-52；地质部南京地质矿产研究所，1982a）。枝长 10.00mm 左右，宽度均匀，宽为 0.50mm。胎管长 0.90mm，尖端伸出线管，线管依附于浮胞上。胞管细长，长 1.60mm，宽 0.30mm，口缘及腹缘均微微凹入，倾角 20°，掩盖 1/3，10.00mm 内有 8 个胞管。

×2

图 4-6-52 *Tetragraptus pendens* Elles

产地及层位：崇义县；早奥陶世宁国组下部。

◆ 工字笔石亚属 *Tetragraptus*（*Etagraptus*）Ruedemann, 1940

笔石体具有与四笔石类似的4个主枝，但两枝的分枝角近于180°，呈"工"字形。

分布及时代：世界各洲；早奥陶世。

▷▷▷ 靠近工字笔石 *Tetragraptus*（*Etagraptus*）*approximates*（Nicholson）

笔石体极大，长度超过 21.00cm（图 4-6-53；地质部南京地质矿产研究所，1982a）。横索水平伸出与二级枝近于直交，构成明显的"工"字形。始部宽 4.00mm，然后逐渐变宽，近末部宽 11.00mm。横索长 1.50~2.00mm，宽 1.50mm。二级枝长达 16.00cm 以上，枝劲直，宽 1.00~2.00mm，末部最宽。胞管近于直管状，长约 3.00mm，宽约 0.50mm，倾角 20°~30°，掩盖 3/4~4/5，10.00mm 内有 7~8 个胞管。

产地及层位：崇义县、玉山县；早奥陶世宁国组下部。

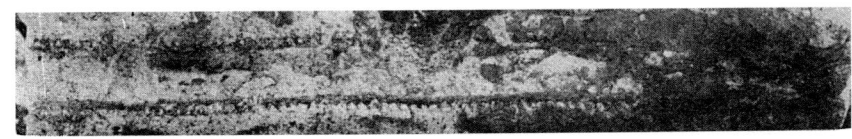

a：×1

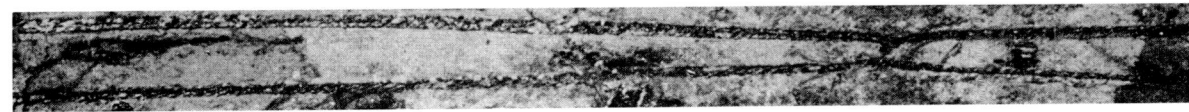

b：×1

图 4-6-53　*Tetragraptus*（*Etagraptus*）*approximates*（Nicholson）

▷▷▷ 拉瓦尔工字笔石 *Tetragraptus*（*Etagraptus*）*lavalensis* Ruedemann

笔石体近"工"字形，4个末枝细长，始部弯曲成弧形，末部近于平行（图 4-6-54；地质部南京地质矿产研究所，1982a）。末枝的始端为 0.80mm，长 2.40mm。胞管为细长的直管，倾角不超过 30°，在 10.00mm 内有 8~9 个胞管。

产地及层位：玉山县；早奥陶世宁国组下部。

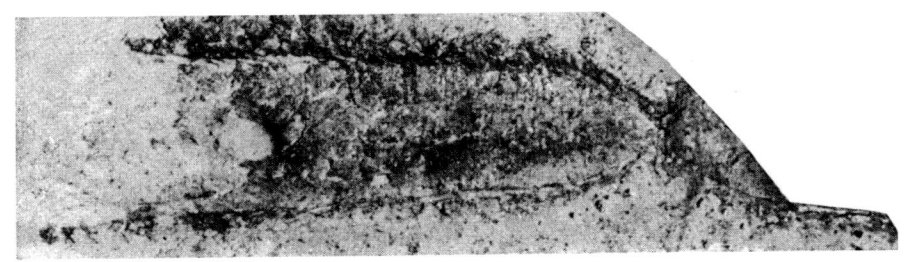

×3

图 4-6-54　*Tetragraptus*（*Etagraptus*）*lavalensis* Ruedemann

太平洋工字笔石 *Tetragraptus* (*Etagraptus*) *pacificus* Ruedemann

笔石体中等大小，末枝长 11.00mm 以上，弯曲成宽缓的弧形，枝的始端宽 0.80mm，向末部逐渐增至最大宽度 1.50mm（图 4-6-55；地质部南京地质矿产研究所，1982a）。横索长 3.00mm，宽 0.50mm。胞管为简单的直管，但口缘微向内凹，在 10.00mm 内有 10 个胞管。

产地及层位：玉山县；早奥陶世宁国组下部。

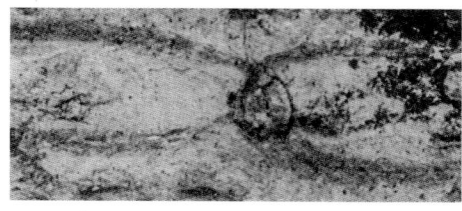

×3

图 4-6-55 *Tetragraptus* (*Etagraptus*) *pacificus* Ruedemann

魁北克工字笔石 *Tetragraptus* (*Etagraptus*) *quebecensis* Ruedemann

本种与 *T.*(*Etagraptus*) *approximates* (Nicholson) 的区别在于笔石体的横索分出成对与之垂直的末级枝，末级枝彼此平行，其始端也不呈弧形弯曲，横索两侧以及末级枝分枝处均见有甚为发育的膜状物（图 4-6-56；陈旭等，1983）。由于笔石体长大，4 个末级枝伸出很长，它们在水中的摆动或扭动对于细而短的横索就会产生较大的扭力或剪切力，因此笔石体横索两侧及末级枝始端连结处膜状物的发育就起了加固作用，当然膜状物也有助于笔石体的平衡和漂浮。

产地及层位：玉山县；早奥陶世宁国组下部。

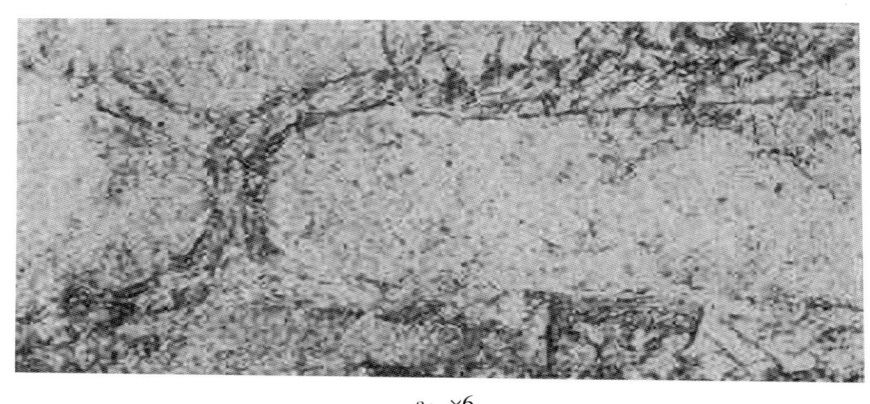

a：×6

b：×1

图 4-6-56 *Tetragraptus* (*Etagraptus*) *quebecensis* Ruedemann

◆ 四笔石亚属 *Tetragraptus* (*Tetragraptus*) Salter, 1863

劲直四笔石 *Tetragraptus* (*Tetragraptus*) *rigidus* Geh

当前标本的特征与葛梅钰（1964）描述的湖北此种模式标本的特征相一致，但有的标本胞管排列较密，10.00mm 内有 10~12 个胞管（图 4-6-57；李积金等，2000）。

产地及层位：崇义县过埠镇樟木曲；早奥陶世对耳石组（原樟木曲组）。

×1

图 4-6-57　*Tetragraptus*（*Tetragraptus*）*rigidus* Geh

》》》伍德四笔石 *Tetragraptus*（*Tetragraptus*）*woodae* **Ruedemann**

笔石体较大，4 枝上斜生长。枝长 26.00mm 以上，宽 2.50~2.80mm。胎管长 2.20mm，尖顶延伸成线管。横索长 1.60mm（图 4-6-58；李积金等，2000）。胞管为细长管状，腹缘近直，口部明显扩展成刺状口尖，口缘近直或稍内凹。胞管长 3.00mm，口部宽 0.60~0.80mm，倾角为 40°，相邻胞管间掩盖 4/5，10.00mm 内有 10~12 个胞管。

产地及层位：崇义县过埠镇樟木曲；早奥陶世对耳石组（原樟木曲组）。

×3

图 4-6-58　*Tetragraptus*（*Tetragraptus*）*woodae* Ruedemann

◆ 始四笔石亚属 Tetragraptus (Eotetragraptus) Boucek et Pribyl, 1951
≫ 早熟始四笔石 Tetragraptus (Eotetragraptus) immaturus Hsü

笔石体小，直径7.50mm，横索长1.60~1.80mm（图4-6-59；李积金等，2000）。四枝平伸，枝极短，长仅3.00mm，最大宽度0.80mm。胎管不清晰。胞管长1.00mm左右，口部宽0.30mm。口缘微凹，倾角27°~35°，相邻胞管间掩盖1/2，2.50mm内有4个胞管。

产地及层位：崇义县思顺乡白石坳；早奥陶世对耳石组（原樟木曲组）。

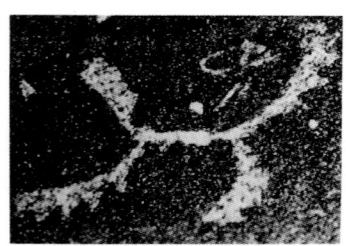

a: ×6　　　　　　　　　　　　　　b: ×6

图4-6-59　Tetragraptus (Eotetragraptus) immaturus Hsü

◆ 拟四笔石亚属 Tetragraptus (Paratetragraptus) Obut, 1957
≫ 近靠拟四笔石强壮亚种（相似亚种）
Tetragraptus (Paratetragraptus) approximates cf. robustus Williams et Stevens

笔石体强壮，长15.00~31.00mm，横索水平伸出，与二级枝近于垂直相交，构成明显的"工"字形（图4-6-60；李积金等，2000）。二级枝长6.50~15.00mm，始端宽2.00~2.50mm，至中部达最大宽度3.50~4.00mm，末端又减缩到2.50mm，枝的背缘微微凹入。胞管为直管状，长3.00mm，口部宽0.70mm，腹缘凹入，口尖发育呈刺状，胞管倾角大，与枝的背缘近于直角相交，相邻胞管间掩盖3/4。胞管排列较密。10.00mm内有13个胞管。

产地及层位：崇义县过埠镇樟木曲；早奥陶世对耳石组（原樟木曲组）。

图4-6-60　Tetragraptus (Paratetragraptus) approximates cf. robustus Williams et Stevens

◆ 对笔石科 **Didymograptidae** Mu, 1950

◆ 对笔石属 *Didymograptus* Mc'coy, 1851

笔石体两边对称，仅有两个枝，不再分枝，两枝下垂或上斜；胞管为均分笔石式。

分布及时代：世界各洲；早奥陶世—中奥陶世。

细线状对笔石 *Didymograptus filiformis* Tullberg

笔石体两枝下斜，分散角为 90°~120°，枝十分细弱，宽仅 0.30mm，两枝的始部弯曲成宽缓的弧形（图 4-6-61；地质部南京地质矿产研究所，1982a）。胞管为简单的直管，十分细长，掩盖很少，倾角仅 10°左右，在 5.00mm 内有 5 个胞管。

产地及层位：玉山县；早奥陶世宁国组下部。

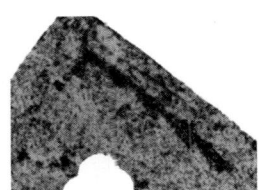

图 4-6-61 *Didymograptus filiformis* Tullberg

反常对笔石 *Didymograptus abnormis* Hsü

笔石体两枝平伸，其末端稍微向上伸展，枝短，长度不超过 10.00mm，始端宽度最大，宽 1.40~1.50mm，愈向末端则愈变窄（图 4-6-62；地质部南京地质矿产研究所，1982a）。胞管为直管状，口缘内凹，口尖显著，倾角 30°，掩盖 2/3，5.00mm 内有 6 个胞管。

产地及层位：崇义县过埠镇樟木曲；早奥陶世茅坪组。

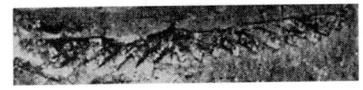

图 4-6-62 *Didymograptus abnormis* Hsü

不对称对笔石 *Didymograptus asymmetricus* Huang, Xiao et Xia

笔石体短，两枝呈不对称状态（图 4-6-63；黄枝高等，1988）。胎管倾斜，长 1.50mm，口部宽 0.30mm，顶端有时保存有细线管。th_1^1 自胎管近顶端生出，沿胎管壁向下生长短距离后斜离胎管，th_1^2 自 th_1^1 始部生出后，横过胎管中部向下斜伸。第一笔石枝的始部下斜生长，约 2.00mm（2~3 个胞管）后向外明显弯曲呈水平或微上斜延伸；第二笔石枝较劲直下斜或近水平伸展。两枝最初分散角为 135°左右。笔石枝长 8.00~13.00mm，始部宽 0.70~1.10mm，不断向末部加宽至最宽 1.40~1.80mm。胞管为直管状，长 2.00~2.50mm，口部宽 0.50~0.70mm，口部略向外扩张，口缘内凹，口尖明显。第一枝始部几个胞管倾角小，20°~25°，相邻胞管间掩盖 1/2；笔石枝弯曲后，倾角增大至 45°~50°，掩盖 2/3，10.00mm 内有 12 个胞管。第二枝始、末部的胞管倾角变化不大，为 30°左右，相邻胞管掩盖 1/2~2/3，10.00mm 内有 10 个胞管。

产地及层位：崇义县思顺乡对耳石；中奥陶世胡乐组下部。

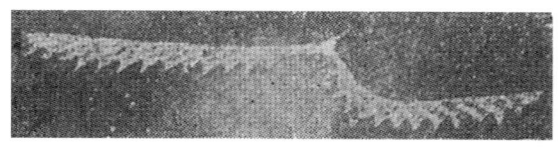
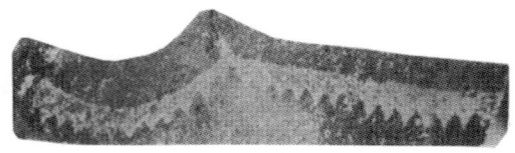

a：×3　　　　　　　　　　　　　　　　　　b：×3

图 4-6-63　*Didymograptus asymmetricus* Huang，Xiao et Xia

>>> 下曲对笔石 *Didymograptus deflexus* Elles et Wood

笔石体由两个下曲的笔石枝组成，枝的背侧起伏不平，始部两枝呈拱形（图 4-6-64；地质部南京地质矿产研究所，1982a）。始部枝宽 0.50mm，向下逐渐增宽，弯曲处最宽达 0.90mm，末部枝宽约 0.70mm，始部分散角 90°，末部分散角为 110°~120°。胎管为圆锥管状，长 1.50mm，宽 0.30mm。始部前两对胞管腹缘弯曲呈钳形，以后逐渐变直，口缘平直，口尖较显。

×3

图 4-6-64　*Didymograptus deflexus* Elles et Wood

胞管倾角在始部为 40°，末部为 30°，胞管间掩盖 1/2 左右，在 10.00mm 内有 14~16 个胞管。

产地及层位：崇义县思顺乡；早奥陶世宁国组下部。

>>> 微曲对笔石 *Didymograptus inflexus* Chen et Xia

笔石体细小，枝长不超过 10.00mm（图 4-6-65；地质部南京地质矿产研究所，1982a）。始部两枝微向下曲，呈宽缓的弧形，末部下斜伸出，始部分散角 110°~130°，下曲部分分散角 80°~90°，末部分散角 130°~150°，笔石枝始端宽 0.70mm，至枝的转曲处，宽达 0.80~0.90mm，此后枝宽较均匀，为 0.80mm 左右。胎管细长，长 1.50mm，宽 0.30mm，顶端伸出纤细弯曲的线管，长达 5.00~

a：×3　　　　　　　　b：×2

图 4-6-65　*Didymograptus inflexus* Chen et Xia

10.00mm。始部第一对胞管腹缘弯曲呈钳形。胞管为直管状，腹缘微曲或直，口缘平直，口尖较显，倾角30°~40°，掩盖1/2~2/3，5.00mm内有7~8个胞管。

产地及层位：玉山县；早奥陶世宁国组下部。

江西对笔石 *Didymograptu jiangxiensis* Ni

笔石体两枝下垂，始端尖削，分散角为60°~70°，末部分散角为10°~20°（图4-6-66；地质部南京地质矿产研究所，1982a）。枝长一般在15.00mm左右，始部宽0.50~0.60mm，向末部逐渐增加，最大宽度为15.00mm。胎管长1.6mm，口尖露出，口部宽约0.40mm。胞管长2.00mm左右，宽是长的1/4~1/3，腹缘近直，口缘平，倾角20°~30°，相互掩盖1/3~1/2，10.00mm内有10~12个胞管。

产地及层位：武宁县；早奥陶世宁国组下部。

图4-6-66 *Didymograptu jiangxiensis* Ni

细长对笔石 *Didymograptus longinquus* Ni

笔石体细长，两枝下垂，始部20.00mm以内，两枝近于平行，随后两枝微分散，分散角约为10°（图4-6-67；地质部南京地质矿产研究所，1982a）。枝长达70.00mm，始部枝宽0.50mm，逐渐增宽，距始端25.00mm处达最大宽度2.00mm，此后枝宽均一。胎管露出部分长1.20mm，下部被始部胞管掩盖。由笔石体始部到末部，胞管长度由1.00mm增至2.00mm，腹缘微弯到弯曲，口尖不显到较显，倾角由30°左右增大到55°，相互掩盖由1/2~3/5，胞管排列均匀，10.00mm内有9~11个胞管。

产地及层位：武宁县；早奥陶世宁国组下部。

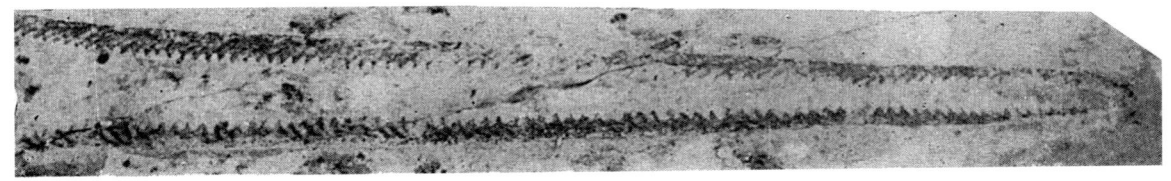

图4-6-67 *Didymograptus longinquus* Ni

莫氏对笔石 *Didymograptus murchisoni*（Beck）

该笔石具有以下几个特点（图4-6-68；地质部南京地质矿产研究所，1982a）。

① 笔石体两枝下垂平行，末部相交或不相交；② 笔石体具备加厚而圆滑的始端；③ 笔石枝始部细，20.00mm以内迅速增宽到最大宽度（通常为2.50mm左右，最宽可达3.00-4.00mm），此宽度保持到末端；④ 胞管腹缘微弯，口尖较明显，有时呈刺状。

产地及层位：武宁县；早奥陶世宁国组下部。

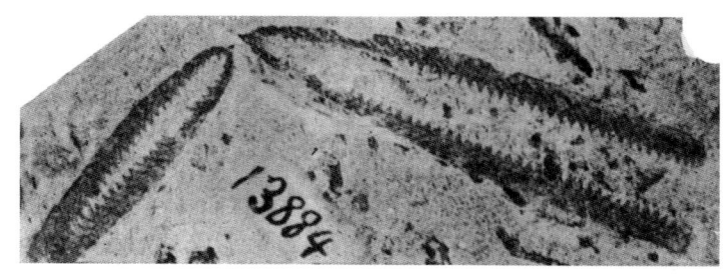

×2

图 4-6-68　*Didymograptus murchisoni*（Beck）

▶▶▶ 丝形对笔石 *Didymograptus nematus* Ni

笔石体两枝极为纤细，微弯，宽 0.25~0.40mm，枝长 20.00mm 左右（图 4-6-69；地质部南京地质矿产研究所，1982a）。两枝始部的分散角为 150°，末部转为近于平伸。胎管短小，长约 0.50mm，宽 0.20mm。胞管直管状，长 1.50~2.00mm，口部宽 0.25~0.30mm，口缘平或微凹，与枝背缘斜交，倾角很小，相互掩盖 1/4~1/3，10.00mm 内有 8~9 个胞管。

产地及层位：武宁县；中奥陶世胡乐组下部。

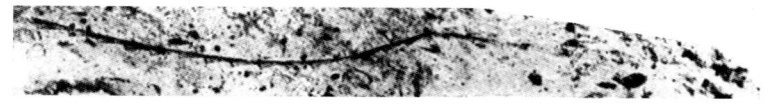

×3

图 4-6-69　*Didymograptus nematus* Ni

▶▶▶ 先前对笔石 *Didymograptus praenuntius* Törnquist

笔石体两枝直而平伸，枝的始端宽 1.50mm，向末部逐渐增至最大宽度（2.00~2.20mm）（图 4-6-70；地质部南京地质矿产研究所，1982a）。笔石体的始端发育型式属"平伸对笔石"阶段。胞管为简单的直管，腹缘略有弯曲，口尖不显，口缘直而斜，在 10.00mm 内有 8~10 个胞管。

产地及层位：玉山县；早奥陶世宁国组下部。

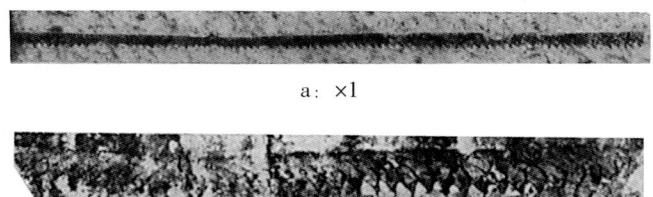

a：×1

b：×3

图 4-6-70　*Didymograptus praenuntius* Törnquist

原两分对笔石 *Didymograptus protobifidus* Elles

笔石体两枝下垂，近于平行（图 4-6-71；地质部南京地质矿产研究所，1982a）。始端尖削，以 80°~90°分散角分出，随即转曲下垂，末部分散角小，近于平行。笔石枝始端宽 0.60~0.70mm，向末部逐渐增宽为 1.10mm，个别宽度达 1.40mm。胎管长锥体，长 1.40mm，宽 0.30mm。胞管为直管状，腹缘和口缘均直，斜交，口尖不显，倾角 30°左右，掩盖 2/3，10.00mm 内有 12~14 个胞管。

产地及层位：崇义县过埠镇樟木曲；早奥陶世茅坪组。

a: ×3 b: ×3

图 4-6-71 *Didymograptus protobifidus* Elles

细弱对笔石 *Didymograptus pusillus* Tullberg

笔石体两枝下斜，分散角为 130°左右，枝细而直，最大宽度在 0.50mm 左右，只有一个横管（图 4-6-72；地质部南京地质矿产研究所，1982a）。胞管为简单直管，10.00mm 内有 14 个胞管。

产地及层位：玉山县；早奥陶世宁国组下部。

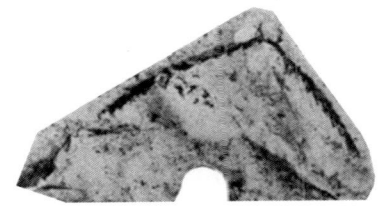

×3

图 4-6-72 *Didymograptus pusillus* Tullberg

中国对笔石 *Didymograptus sinensis* Lee et Chen

笔石体两枝下斜，分散角为 160°，枝细而直，宽 0.40~0.60mm，似有两个横管（图 4-6-73；地质部南京地质矿产研究所，1982a）。胞管为简单的直管，10.00mm 内有 13 个胞管。

产地及层位：玉山县；早奥陶世宁国组下部。

×3

图 4-6-73 *Didymograptus sinensis* Lee et Chen

瑞典对笔石 *Didymograptus suecicus* Tullberg

笔石体两枝平伸，稍向上弯，枝劲直，长 10.00mm，始端宽 1.00mm，最大宽度 1.40mm（图 4-6-74；地质部南京地质矿产研究所，1982a）。胞管长 3.00mm，宽 0.60mm，口缘微凹，口尖清晰，倾角 30°，掩盖 2/3，10.00mm 内有 9~10 个胞管。

产地及层位：玉山县；早奥陶世宁国组下部。

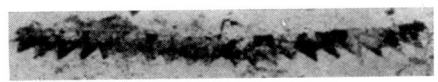
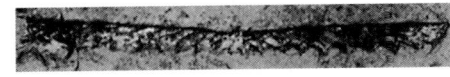

a: ×3 b: ×3

图 4-6-74 *Didymograptus suecicus* Tullberg

连接对笔石 *Didymograptus synapsis* Ni

笔石体两枝下垂，平行，末部相交，始端分散角为90°（图4-6-75；地质部南京地质矿产研究所，1982a）。枝长约25.00mm，始部宽0.70mm，向末部渐增，最大宽度为1.60mm，两枝背缘的间距为3.00mm。胎管长2.00mm，口部露出。胞管长1.00~2.00mm，腹缘直或微弯，倾角30°~50°，相互掩盖1/3~1/2，10.00mm内有9~11个胞管。

产地及层位：武宁县；早奥陶世宁国组下部。

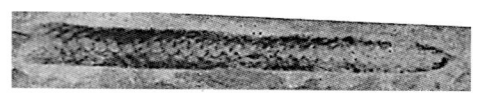

×2
图4-6-75 *Didymograptus synapsis* Ni

圆端对笔石 *Didymograptus tylotos* Ni

笔石体两枝下垂，始端宽圆，分散角为130°，随即减少为40°，枝长33.00mm（图4-6-76；地质部南京地质矿产研究所，1982a）。始部宽0.80mm，向末部逐渐增宽到2.40mm。胎管短小，口部被始部胞管掩盖。胞管长1.60~2.00mm，腹缘微弯，口缘内凹，口尖发育，倾角50°，相互掩盖1/2~2/3，露出部分呈锯齿状，10.00mm内有12~14个胞管。

产地及层位：武宁县；早奥陶世宁国组下部。

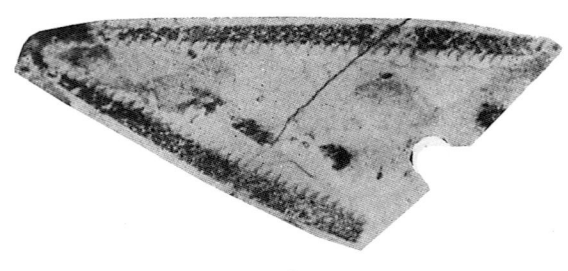

×2
图4-6-76 *Didymograptus tylotos* Ni

"V"形下曲对笔石（相似种）*Didymograptus* cf. *v-deflexus* Harris

笔石体两枝下曲，但弯曲部分较短且比较缓和（图4-6-77；地质部南京地质矿产研究所，1982a）。枝宽均一，在1.10mm左右，两枝的分散角的变化自笔石体始部至末部为120°→90°→140°。胞管为简单的直管，在10.00mm内有13个胞管。

产地及层位：玉山县；早奥陶世宁国组下部。

×2
图4-6-77 *Didymograptus* cf. *v-deflexus* Harris

武宁对笔石 *Didymograptus wuningensis* Ni

笔石体始端厚而圆，两枝间分散角为 90°，随即转为两枝下垂，分散角减少为 20°（图 4-6-78；地质部南京地质矿产研究所，1982a）。枝长 40.00mm，始部宽 1.00mm，15.00mm 以内增加到 2.00mm，随后渐增到 2.40mm，此宽度保持到末端。胎管口部被始部胞管掩盖。始部胞管较短，一般长 2.00~2.50mm，腹缘微弯，口缘平或微凹，倾角 30°~45°，相互掩盖 1/2~2/3，10.00mm 内有 8~10 个胞管。

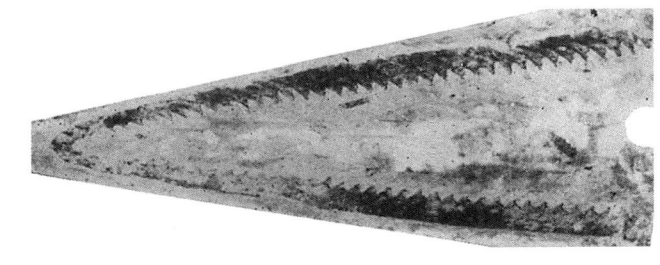

图 4-6-78 *Didymograptus wuningensis* Ni

产地及层位：武宁县；早奥陶世宁国组下部。

平伸扩展笔石线形亚种 *Didymograptus（Expansograptus）extensus linearis* Monsen

笔石体两枝平伸，分散角 180°，其中一个标本的始端自胎管两侧下斜伸出，分散角 145°，随后立即平伸向外（图 4-6-79；李积金等，2000）。枝长 26.50~60.00mm，始端宽 0.60~1.00mm，向

图 4-6-79 *Didymograptus（Expansograptus）extensus linearis* Monsen

末端缓慢加宽，5.00mm 处宽 1.00mm，10.00mm 处宽 1.10mm，20.00mm 处达最大宽度 1.30~1.50mm，此宽度保持至末端。胎管长 1.00~1.50mm，口部宽 0.40~0.50mm。胞管长 2.00mm，口部宽 0.40~0.70mm，腹缘直或微弯，口缘直或微凹，相邻胞管间掩盖 1/2，倾角 27°~30°，始部 10.00mm 内有 10~12 个胞管，末部同样长度内仅有 7~10 个胞管（个别标本胞管长 3.0mm，掩盖近 2/3，倾角 20°，10.00mm 内仅有 6~7 个胞管）。

产地及层位：崇义县过埠镇樟木曲、上黄背；早奥陶世对耳石组（原樟木曲组）。

燕形扩展笔石 *Didymograptus* (*Expansograptus*) *hirundo* Salter

多数标本保存在黑色粉砂质泥岩中或风化呈银灰色的泥岩中，呈薄膜状（图 4-6-80；李积金等，2000）。笔石体两枝平伸，分散角 180°，枝长可达 116.00mm，始端宽 1.80~2.30mm，有的标本第二对胞管处枝宽达 2.70~3.00mm，向末部逐渐增宽，5.00mm 处宽 2.20~2.50mm，10.00mm 处宽 2.30~2.50mm，20.00mm 处宽 2.70~3.00mm，30.00mm 处宽 2.80~3.00mm，此宽度稳定地保持至末部，末端稍有收缩。胎管长 2.30~2.70mm，口部宽 0.70mm。胞管长 3.50~4.00mm，口部宽 0.70~1.00mm，腹缘凹入，口缘直，口尖发育，相邻胞管间掩盖 2/3~3/4，倾角 40°~55°，向口部增至 65°~80°，始部 10.00mm 内有 10~12 个胞管，末部同样长度内只有 7 个胞管。

产地及层位：崇义县过埠镇樟木曲；早奥陶世对耳石组（原樟木曲组）。

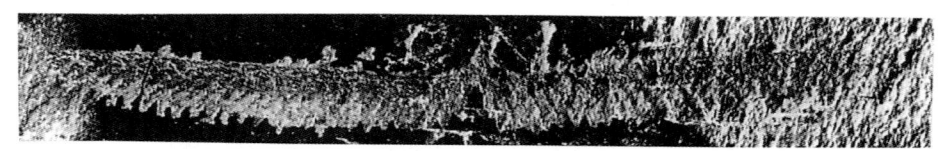

a：×2

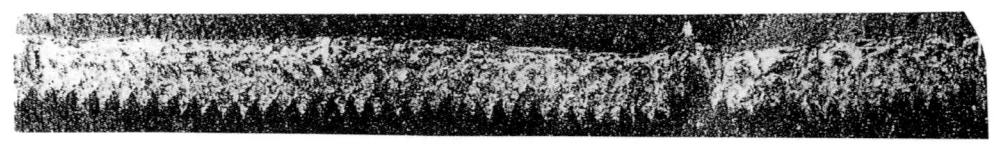

b：×2

图 4-6-80 *Didymograptus* (*Expansograptus*) *hirundo* Salter

燕形扩展笔石西方亚种 *Didymograptus* (*Expansograptus*) *hirundo occidentalis* Ruedemann

笔石两枝平伸（图 4-6-81；李积金等，2000），并略微上翘，枝保存长度 22.00~55.00mm，始端宽 2.50~3.30mm，向末部迅速加宽，10.00mm 处宽 3.50~3.70mm，20.00mm 处宽 4.40~4.50mm，30.00mm 处达最大宽度 4.80~5.00mm，此宽度保持至末端。胎管长 3.00~3.80mm，口部宽 0.50~0.60mm。胞管长 4.00~5.50mm，口部宽 0.70~0.80mm，腹缘凹入，口缘直，具有明显的口尖，相邻胞管间掩盖 4/5，倾角 50°~55°，向口部增至 60°~85°，始部 10.00mm 内有 10~11 个胞管，末部同样长度内只有 8~9 个胞管。

产地及层位：崇义县过埠镇樟木曲；早奥陶世对耳石组（原樟木曲组）。

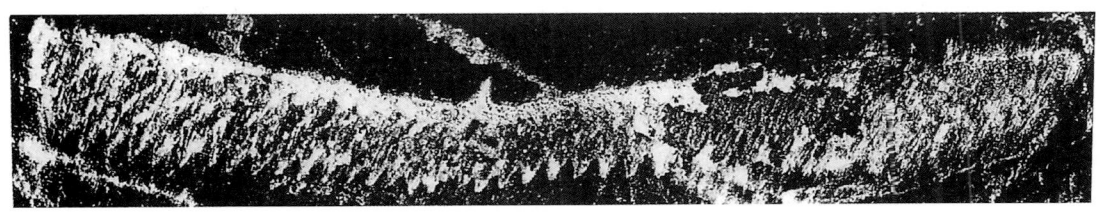

a：×3

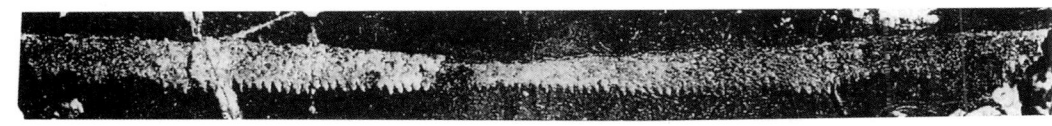

b：×1

图 4-6-81　*Didymograptus（Expansograptus）hirundo occidentalis* Ruedemann

⋙ 丰满扩展笔石 *Didymograptus（Expansograptus）opimus* **Monsen**

笔石体两枝平伸，枝长 8.50~14.50mm，始端宽 1.40~1.50mm，向末部缓慢加宽，5.00mm 处宽 1.50~1.60mm，10.00mm 处宽 2.00mm，末端收缩（图 4-6-82；李积金等，2000）。胎管长 2.20~3.00mm，口部宽 0.50mm，口缘凹入。胞管长 2.00~3.00mm，口部宽 0.50~0.80mm，腹缘直或弯，口缘平或微凹，相邻胞管间掩盖 1/2~2/3，倾角 30°~35°，10.00mm 内有 9~10 个胞管。

产地及层位：崇义县过埠镇樟木曲、上黄背；早奥陶世对耳石组（原樟木曲组）。

⋙ 英斯桥扩展笔石可爱亚种
Didymograptus（Expansograptus）ensjoensis venustus **Fu**

笔石体两枝平伸，并略向上翘，枝长 9.00mm，始端宽 1.50mm，此宽度保持至末部，末端收缩（图 4-6-83；李积金等，2000）。胎管长 2.30mm，口部宽 0.40mm。胞管为直管状，腹缘直，口缘平或微凹，口尖清晰，胞管长 2.00mm，口部宽 0.60mm，倾角 45°，倾角向口部增至 50°~55°，相邻胞管间掩盖 2/3，10.00mm 内有 12 个胞管。

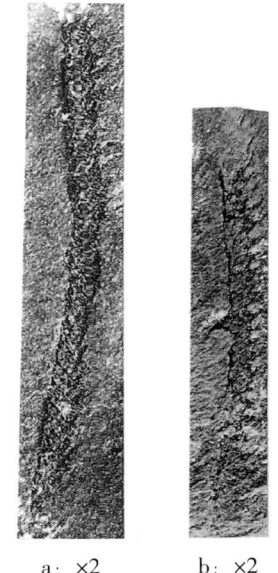

a：×2　　b：×2

图 4-6-82　*Didymograptus* (*Expansograptus*) *opimus* Monsen

产地及层位：崇义县过埠镇樟木曲；早奥陶世对耳石组（原樟木曲组）。

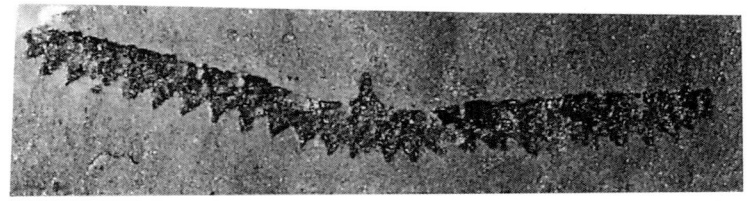

×3.5

图 4-6-83　*Didymograptus（Expansograptus）ensjoensis venustus* Fu

羽状扩展笔石 *Didymograptus*（*Expansograptus*）*pennatulus*（Hall）

笔石体两枝平伸，分散角180°，枝的背缘向上翘起（图4-6-84；李积金等，2000）。枝长16.50~20.00mm，始端狭窄，但很快急剧增宽，5.00mm处宽2.30~2.90mm，其后向末部逐渐加宽，10.00mm处宽3.00~3.60mm，此宽度保持至末部，但至末端又微微收缩。胎管长2.00~3.00mm，口部宽0.70~1.10mm，有的标本可见到短小的线管。胞管长3.50~4.00mm，口部宽0.50~0.80mm，长为宽的7~8倍，腹缘凹入，口缘近直，相互形成锐角，口尖显著，相邻胞管间掩盖3/4，倾角大，为40°~45°，向口部增至55°~60°，始部10.00mm内有11~13个胞管，末部同样长度内有9~10个胞管。

产地及层位：崇义县过埠镇樟木曲；早奥陶世对耳石组（原樟木曲组）。

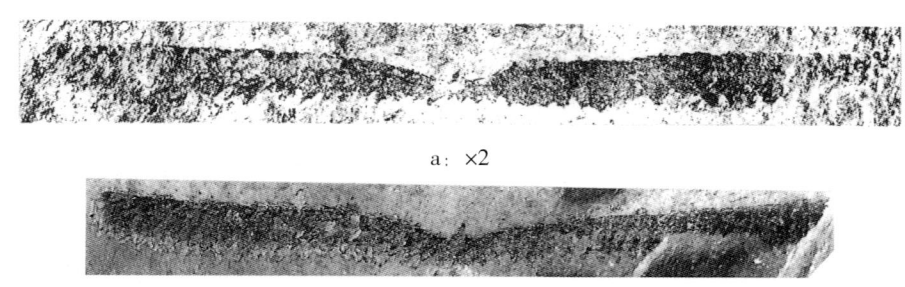

a：×2

b：×2

图4-6-84 *Didymograptus*（*Expansograptus*）*pennatulus*（Hall）

适宜扩展笔石 *Didymograptus*（*Expansograptus*）*decens* Törnquist

笔石体两枝平伸，末部略有上翘之势（图4-6-85；李积金等，2000）。枝长7.00mm，始端宽1.10mm（横过th_1^1口部），向外缓慢增宽，th_4^1口部增至最大宽度1.30mm，向末端略微收缩。胎管清晰，斜向第二枝，长1.50mm。胞管为简单的直管状，长1.20~1.50mm，口部宽0.50~0.70mm，口缘凹，口尖显著，相邻胞管间掩盖1/2，倾角30°，胞管排列较松，始部5.00mm内仅有5个胞管。

产地及层位：崇义县过埠镇樟木曲；早奥陶世对耳石组（原樟木曲组）。

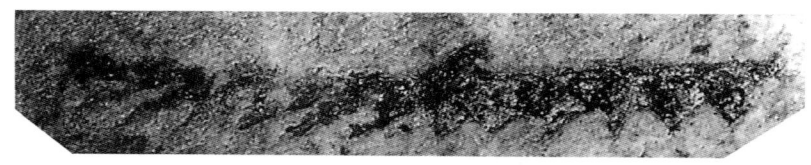

×6

图4-6-85 *Didymograptus*（*Expansograptus*）*decens* Törnquist

相似扩展笔石（相似种）*Didymograptus*（*Expansograptus*）cf. *similis*（Hall）

笔石体两枝平伸，枝长23.00~24.00mm，始端宽1.20~1.30mm，向末部缓慢加宽，5.00mm处宽1.40~1.50mm，10.00mm处宽1.50~1.60mm，此宽度稳定地保持至末部（图4-6-86；李积金等，2000）。胎管长1.50mm，口部宽0.40mm。胞管为直管状，腹缘直，口缘微凹，末部胞管细长，长近 4.00mm，口部宽 0.50mm，腹缘直，口缘微凹，掩盖 2/3，倾角 13°，而中部胞管长 2.40mm，口部宽 0.70mm，掩盖 1/2，倾角 17°，胞管排列稀松，始部 10.00mm 内有 7 个胞管，末部仅 5.5 个胞管。

产地及层位：崇义乡过埠镇樟木曲；早奥陶世对耳石组（原樟木曲组）。

×2

图 4-6-86 *Didymograptus*（*Expansograptus*）cf. *similis*（Hall）

≫≫≫ 反常扩展笔石 *Didymograptus*（*Expansograptus*）*abnormis* Hsü

笔石枝极短，长仅 7.00~8.50mm，始端宽度大，为 1.50~1.60mm，有的标本另一枝始端宽达 2.00mm，向末端逐渐缩小（图 4-6-87；李积金等，2000）。胎管长 2.00~2.20mm，口部宽 0.50~0.60mm，胎管与第二枝第一个胞管之间有一半圆形的空隙，是由第二个胞管横过胎管，然后向下向外弯曲而成。胞管为直管状，长 2.00~2.40mm，口部宽 0.40~0.60mm，口缘凹入，口尖呈刺状，相邻胞管间掩盖 2/3，倾角 35°，5.00mm 内有 5~6 个胞管。

产地及层位：崇义县过埠镇樟木曲、上黄背、下黄背；早奥陶世对耳石组（原樟木曲组）。

图 4-6-87 *Didymograptus*（*Expansograptus*）*abnormis* Hsü

湖南扩展笔石 *Didymograptus* (*Expansograptus*) *hunanensis* Li, Xiao et Chen

笔石两枝水平伸展，略向上翘，分散角180°，枝长10.00mm，始端宽1.70mm，向末部微微增宽，离始端5.00mm处宽1.90mm，其后微微减缩至1.80mm，末端又减缩到1.20mm（图4-6-88；李积金等，2000）。有的标本，始端宽1.60mm，此宽度向末部保持一段距离后，微微减缩到1.50mm，至末端减缩到1.30mm。胎管长2.00~3.10mm，口部宽0.50~0.70mm，线管长1.70mm。胞管长1.80~2.00mm，口部宽0.50~0.70mm，口缘凹，口尖发育，相邻胞管间掩盖2/3，倾角45°，胞管排列紧密，10.00mm内有14个胞管。有的标本，枝长仅5.00mm，始末宽度均一，为1.30mm，至最末端略为减缩。胎管长2.00mm，口部宽0.50mm。胞管长2.00mm，口部宽0.50mm，相邻胞管间掩盖3/5，倾角40°，5.00mm内有6个胞管，也置于本种。

产地及层位：崇义县过埠镇樟木曲；早奥陶世对耳石组（原樟木曲组）。

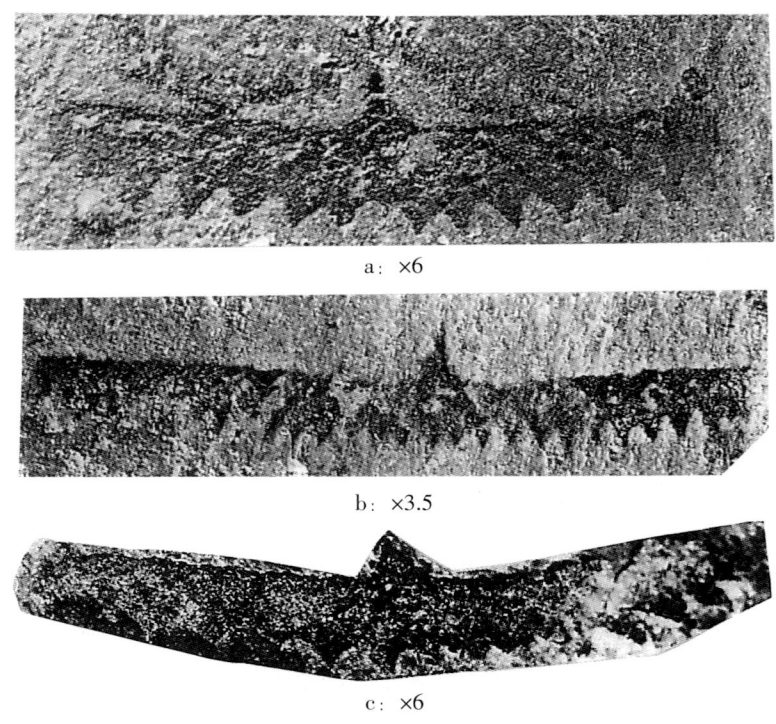

图4-6-88 *Didymograptus* (*Expansograptus*) *hunanensis* Li, Xiao et Chen

粗壮扩展笔石 *Didymograptus* (*Expansograptus*) *robustus* Ekstrom

两枝在始部分散角为125°~130°，其后一枝近于平伸向外，另一枝略向背侧弯曲，形成不对称的两枝（图4-6-89；李积金等，2000）。枝保存长度10.00~32.00mm，始部宽0.60~1.00mm，向末部开始迅速加宽，其后缓慢加宽，离始端5.00mm处宽1.20~1.50mm，10.00mm处宽1.40~1.70mm，14.00mm处达最大宽度1.80~2.00mm，此宽度保持至末部。胎管长1.00~1.40mm，口部宽0.40~0.50mm。胞管长2.00~2.40mm，口部宽0.60~0.80mm，腹缘微凹，口缘直或微凹，口尖清晰，相邻胞管间掩盖1/2~2/3，倾角35°~40°，向口部增至53°~65°，始部10.00mm内有11~15个胞管，末部有 9~12 个胞管。

产地及层位：崇义县过埠镇樟木曲、思顺乡白石坳；早奥陶世对耳石组（原樟木曲组）。

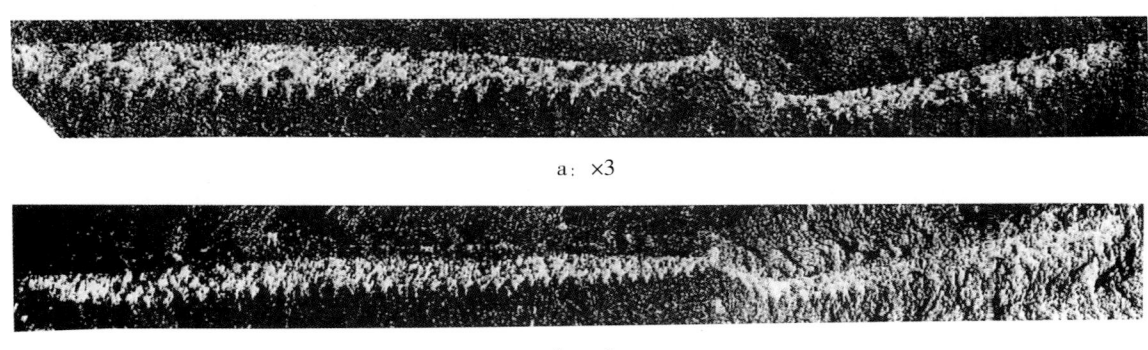

a：×3

b：×2

图 4-6-89 *Didymograptus*（*Expansograptus*）*robustus* Ekstrom

▶▶▶ 粗壮扩展笔石稍窄亚种 *Didymograptus*（*Expansograptus*）*robustus subangustus* Ge

笔石体两枝不对称，一枝（甲枝）始端先向背侧弯曲，其后向上斜伸，另一枝（乙枝）水平伸展，两枝始端造成 135°~160°的分散角（图 4-6-90；李积金等，2000）。枝长 16.00~25.00mm，始部宽 0.50~0.80mm，向末端逐渐增宽，5.00mm 处宽 0.80~1.20mm，10.00mm 处宽 1.20~1.30mm，此宽度保持至末部，末端稍为收缩。胎管短小，长仅 1.00~1.30mm，口部宽 0.20~0.50mm。胞管长 1.80mm，口部宽 0.50~0.70mm，腹缘直，口缘凹，口尖清晰，相邻胞管间掩盖 1/2，倾角 20°~30°，始部 10.00mm 内有 10~11 个胞管，末部有 8~10 个胞管。

产地及层位：崇义县思顺乡白石坳；早奥陶世对耳石组（原樟木曲组）。

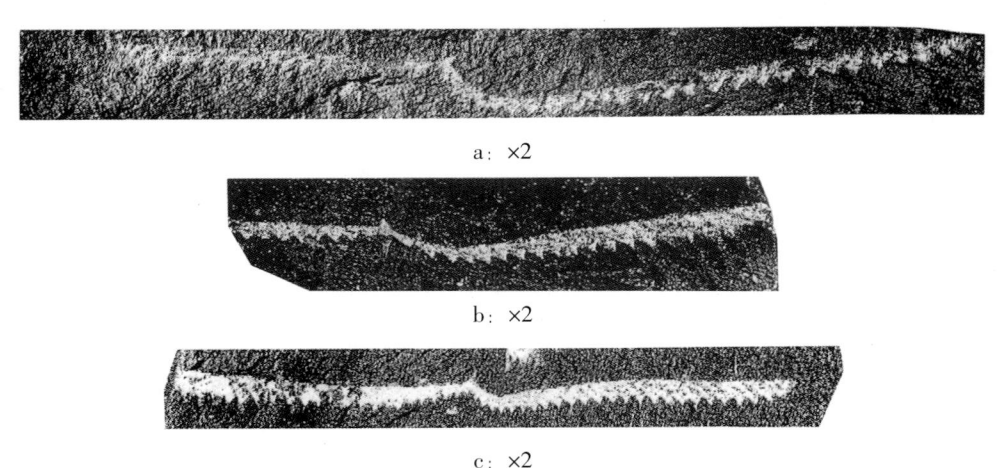

a：×2

b：×2

c：×2

图 4-6-90 *Didymograptus*（*Expansograptus*）*robustus subangustus* Ge

▶▶▶ 奇异扩展笔石 *Didymograptus*（*Expansograptus*）*mirabilis* Qiao

笔石枝细，长 70.00mm，一枝平伸向外，另一枝始端稍向背弯，形成 130°的分散角，其后平伸

（图 4-6-91；李积金等，2000）。枝始端宽 0.70mm，向末部缓慢加宽，离始端 5.00mm 处宽 0.80mm，20.00mm 处宽 1.00mm，40.00mm 处达最大宽度 1.20mm，此宽度稳定地保持至末端。胎管斜卧，长 1.00mm。胞管长 2.00mm，口部宽 0.50mm，口缘直，与腹缘近于垂直相交，相邻胞管间掩盖 1/2，倾角 18°，始部 10.00mm 内有 9 个胞管，末部同样长度内有 7 个胞管。

产地及层位：崇义县思顺乡白石坳；早奥陶世对耳石组（原樟木曲组）。

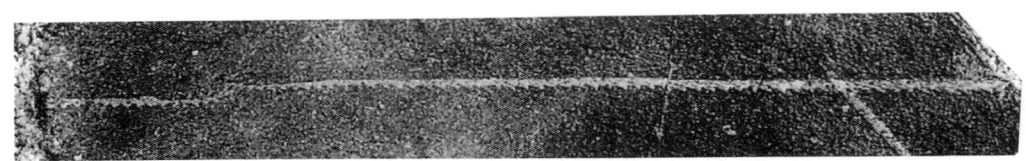

×1

图 4-6-91　*Didymograptus*（*Expansograptus*）*mirabilis* Qiao

》》》平齐扩展笔石 *Didymograptus*（*Expansograptus*）*planus* Elles et Wood

笔石两枝在始端形成 160° 的分散角，其后平伸向外，其中一枝略上翘，枝十分细长，长 90.00mm，始端宽 0.30~0.40mm，向末部缓慢加宽，离始端 10.00mm 处宽 0.60mm，20.00mm 处宽 0.70mm，其后微微增至最大宽度 0.90~1.00mm，向末端又微微收缩（图 4-6-92；李积金等，2000）。胎管短小，长仅 0.80mm。胞管长 2.30mm，口部宽 0.50mm，腹缘直，口缘平，相邻胞管间掩盖 1/2，倾角 20°，始部 10.00mm 内有 8.5 个胞管，末部同样长度内有 7 个胞管。

产地及层位：崇义县思顺乡白石坳；早奥陶世对耳石组（原樟木曲组）。

×1

图 4-6-92　*Didymograptus*（*Expansograptus*）*planus* Elles et Wood

》》》成熟扩展笔石 *Didymograptus*（*Expansograptus*）*maturus* Monsen

笔石两枝下斜伸展，分散角 125°（图 4-6-93；李积金等，2000）。枝长 22.00mm 以上，宽 1.10mm（横过 th_1^1 和 th_1^2 口部），此宽度保持至 5.00mm 处，向上微微增宽，6.00mm 处宽 1.30mm，10.00mm 处宽 1.50mm，其后略微增至 1.60mm。胎管长 1.20mm，口部宽 0.40mm，具有细的线管。第一枝第一个胞管（th_1^1）从胎管中部生出，沿胎管壁向下至口部向外斜伸，第二枝的第一个胞管（th_1^2）从 th_1^1 顶部生出，横过胎管向外斜伸。胞管长 2.00mm，口部宽 0.50mm，相邻胞管间掩盖 1/2，口缘微凹，口尖尚清晰，倾角 35°~40°，始部 10.00mm 内有 11 个胞管，末部同样长度内有 10 个胞管。

产地及层位：崇义县过埠镇樟木曲；早奥陶世对耳石组（原樟木曲组）。

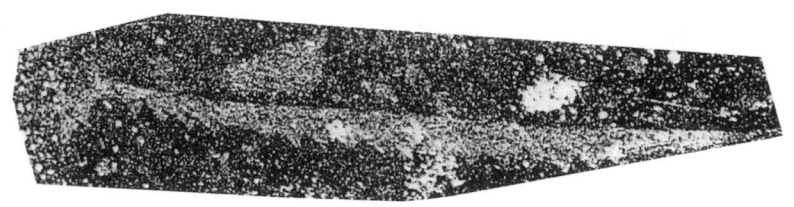

×3

图 4-6-93 *Didymograptus（Expansograptus）maturus* Monsen

▶▶▶ 波纹扩展笔石 *Didymograptus（Expansograptus）undosus* Hsü et Zhao

笔石两枝下斜到微微下曲，分散角 120°（图 4-6-94；李积金等，2000）。枝长 14.00~16.50mm，始端细窄，横过第一个胞管口部宽仅 0.20mm，向末部微微增宽，至第三个胞管口部宽 0.25mm，第五个胞管口部宽 0.50~0.55mm，最大宽度在末部，宽 1.10mm。胎管短小，长仅 0.50mm，口部宽 0.20mm。始部胞管短，成熟胞管长 1.80mm，口部宽 0.40mm，口缘微凹，相邻胞管间掩盖 1/2，倾角 30°~35°，始部 10.00mm 内有 12 个胞管，末部同样长度内有 11 个胞管。

产地及层位：崇义县过埠镇上黄背；早奥陶世对耳石组（原樟木曲组）。

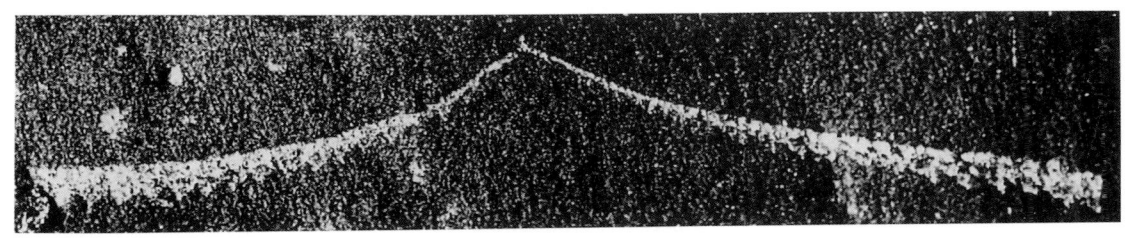

×4

图 4-6-94 *Didymograptus（Expansograptus）undosus* Hsü et Zhao

▶▶▶ 可疑扩展笔石（相似种）*Didymograptus（Expansograptus）cf. incertus* Ruedemann

1 个较完整的标本及其反对面，保存在黑色硅质板泥岩中，呈薄膜状。笔石两枝先向外平伸，其后很快以 235°的分角向上斜伸（图 4-6-95；李积金等，2000）。枝长 20.00mm，始端宽 0.50~0.60mm，向上逐渐加宽，由于两枝保存状态不同，两枝宽度不等，最大宽度分别为 1.1mm 和 1.5mm。胎管清晰，长 1.00mm，口部宽 0.40mm。胞管为简单的直管状，长 1.50~1.80mm，口部宽 0.50mm，腹缘微凹，口缘平或稍凹，口尖清晰，相邻胞管间掩盖 1/2，倾角 25°~35°，始部 10.00mm 内有 10~13 个胞管，末部同样长度内有 9~12 个胞管。

产地及层位：崇义县思顺乡白石坳；早奥陶世对耳石组（原樟木曲组）。

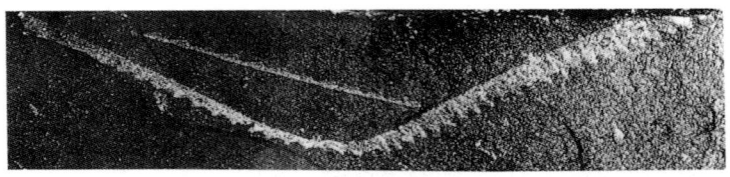

×3

图 4-6-95　*Didymograptus*（*Expansograptus*）cf. *incertus* Ruedemann

◆ 巅峰笔石亚属 *Didymograptus*（*Corymbograptus*）Obut et Sobolevskaya, 1964
》》》"V"形破碎巅峰笔石 *Didymograptus*（*Corymbograptus*）*v-fractus* Salter

笔石两枝先向下斜生长，分散角65°，然后向外扩展，分散角增至80°。当枝的末部保存时，分散角还将增大，致使笔石体呈"人"字形（图 4-6-96；李积金等，2000）。笔石体保存长度分别为 14.00mm 和 18.00mm，始端较窄，向末部逐渐增宽，最大宽度 2.50mm。胎管十分醒目，长达 3.50mm，顶端伸出纤细的线管。胞管为简单的直管状，10.00mm 内有 8 个胞管。

产地及层位：崇义县过埠镇樟木曲；早奥陶世对耳石组（原樟木曲组）。

×2

图 4-6-96　*Didymograptus*（*Corymbograptus*）*v-fractus* Salter

◆ 对笔石亚属 Didymograptus (Didymograptus) Mc'coy, 1851
▶▶▶ 原齿状对笔石 Didymograptus (Didymograptus) protoindentus Monsen

笔石体两枝近下垂，始部分散角为65°，末部变为20°（图4-6-97；李积金等，2000）。枝长11.00mm，始端宽0.60mm，向末部很快增至1.10mm，此宽度保持至末部。胎管长2.00mm，口部宽0.50mm，线管细长，长达6.00mm。胞管为简单的直管状，长1.60mm，口部宽0.30mm，相邻胞管间掩盖1/2~2/3，倾角30°，5.00mm内有5个胞管。

产地及层位：崇义县过埠镇樟木曲；早奥陶世对耳石组（原樟木曲组）。

×3

图4-6-97 Didymograptus (Didymograptus) protoindentus Monsen

▶▶▶ 锯齿状对笔石
Didymograptus (Didymograptus) indentus (Hall)

笔石两枝在始端的分散角为55°，其后转向下垂，相互近于平行，分散角变为30°，枝短，长6.00mm，始端宽0.80~0.90mm，至第二对胞管宽度微微增至1.00~1.10mm，此宽度保持至末部（图4-6-98；李积金等，2000）。胎管细长，长达3.00mm，口部宽0.40mm，线管纤细，长0.70mm以上。第一个胞管（th_1^1）从胎管下部生出，沿胎管向下向外伸展，第二个胞管（th_1^2）从th_1^1上部生出，横过胎管向下延伸，仅有一个横管。胞管为直管状，腹缘直，口缘明显凹入，形成尖锐的口尖，末部胞管长2.00mm，口部宽0.30~0.40mm，相邻胞管间掩盖1/4，倾角25°。胞管排列稀松，5.00mm内仅有3~4个胞管。

产地及层位：崇义县过埠镇樟木曲；早奥陶世对耳石组（原樟木曲组）。

×6

图4-6-98 Didymograptus (Didymograptus) indentus (Hall)

▶▶▶ 原两分对笔石（相似种）
Didymograptus (Didymograptus) cf. protobifidus Elles

笔石体小，两枝下垂，始端分散角为70°~90°，其后转向平行（图4-6-99；李积金等，2000）。

枝保存长度 9.00~20.00mm，始端宽 0.70~1.10mm，向末部逐渐加宽，5.00mm 处宽 1.30mm，10.00mm 处宽 1.50~1.60mm，末部宽 1.70mm。胎管长 1.80mm，口部宽 0.40mm。第一个胞管（th_1^1）从胎管中部生出。胞管长 2.40~3.20mm，口部宽 0.40mm，腹缘略微弯曲，口缘平，口尖清楚，呈三角形，相邻胞管间掩盖 1/3~1/2，倾角 25°~33°，向口部增至 43°。10.00mm 内有 8~9 个胞管。

产地及层位：崇义县过埠镇樟木曲；早奥陶世对耳石组（原樟木曲组）。

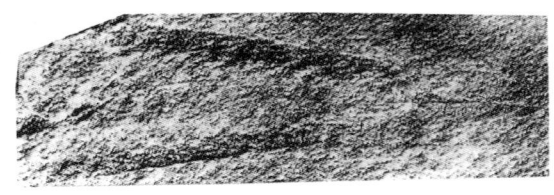
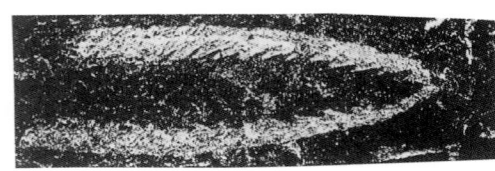

a：×2　　　　　　　　　　　　　　　　　b：×2

图 4-6-99　*Didymograptus*（*Didymograptus*）cf. *protobifidus* Elles

微弯对笔石 *Didymograptus*（*Didymograptus*）*pandus* Bulman

笔石两枝在始端的分散角为 105°，其后转为向外向下斜伸，呈音叉状（图 4-6-100；李积金等，2000）。两枝末部的分散角为 20°。枝保存长度 18.00~21.00mm，始端宽 0.90~1.00mm，向末部逐渐加宽。5.00mm 处宽 1.20mm，10.00mm 处宽 1.60mm，横过胎管向外斜伸，然后转向下弯。胞管为简单的直管状，长 18.00mm，口部宽 0.60rnm，缘微凹，与腹缘形成锐角，口尖尚清晰，相邻胞管间掩盖 2/3，倾角 48°。10.00mm 内有 13 个胞管。

产地及层位：崇义县思顺乡白石坳；早奥陶世对耳石组（原樟木曲组）。

a：×2　　　　　　　　　　　　　　　　　b：×2

图 4-6-100　*Didymograptus*（*Didymograptus*）*pandus* Bulman

◆ 中国笔石科 Sinograptidae Mu，1957
　◆ 笛笔石属 *Aulograptus* Skevington，1965

笔石体两枝下垂，胞管为"栅笔石式"，口部"外翻"。发育形式为等称笔石式。
分布及时代：亚洲和欧洲；早奥陶世。

李四光笛笔石? *Aulograptus*? *Leezukuangi* (Hsü)

笔石体小，两枝下垂，呈音叉状（图4-6-101；地质部南京地质矿产研究所，1982a；李积金等，2000）。胎管细长。胞管近栅笔石式，口部稍"外翻"。发育形式为等称笔石式。

产地及层位：崇义县过埠镇樟木曲；早奥陶世茅坪组。

◆ 瘤笔石属 *Tylograptus* Mu，1957

笔石体包含两个下斜或下曲的笔石枝，胞管始部褶成背褶（原始管褶），口部向内转曲，口穴显著，有的具有腹刺，发育形式属于变相的均分笔石式。

分布及时代：亚洲、大洋洲；早奥陶世。

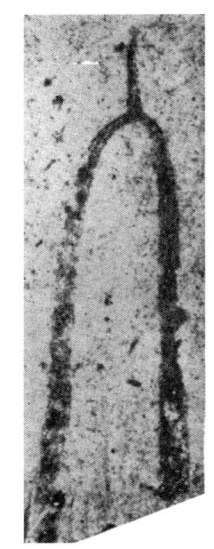
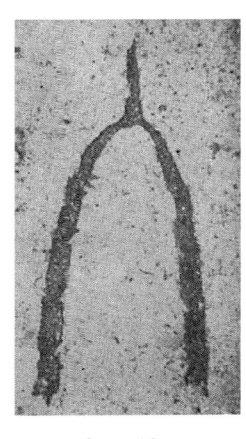

图4-6-101 *Aulograptus*? *Leezukuangi* (Hsü)

具刺瘤笔石 *Tylograptus spinatus* Mu

胎管小，长7.00mm，两枝向下伸展，起初造成120°的分散角，然后向两边稍微扩张。枝的始端极细，其宽度仅0.20mm，向末端逐渐增宽，最大宽度为0.58mm（图4-6-102；地质部南京地质矿产研究所，1982a）。胞管强烈变形，背褶细长，呈刺状，高0.38mm，宽仅0.26mm，褶轴与枝垂直。胞管主干倾角极小，口部向内强烈转曲，腹部突出，具有分叉的腹刺。10.00mm内有9~12个胞管。

产地及层位：崇义县；早奥陶世宁国组下部。

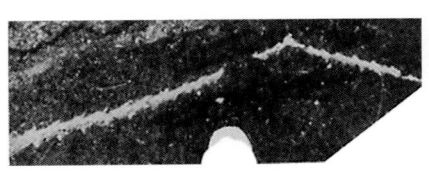
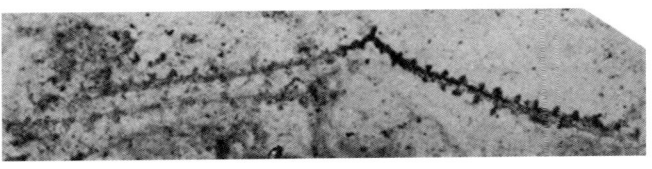

图4-6-102 *Tylograptus spinatus* Mu

刺状瘤笔石宽型亚种 *Tylograptus spiniformis latus* Li

笔石胎管小，高0.70mm（图4-6-103；李积金等，2000）。两枝从胎管近口部伸出，造成100°~130°的分散角，然后逐渐向两边扩展。枝始端宽0.3mm，向上逐渐加宽，离始端10.00mm处宽0.55mm，离始端20.00mm处宽0.60mm。胞管变形极其强烈，背褶细高，形成刺状，末部胞管近口部见到纤细的腹刺，刺细，与笔石体轴向垂直相交，胞管倾角小，相邻胞管间掩盖1/2。10.00mm内有10~13个胞管。

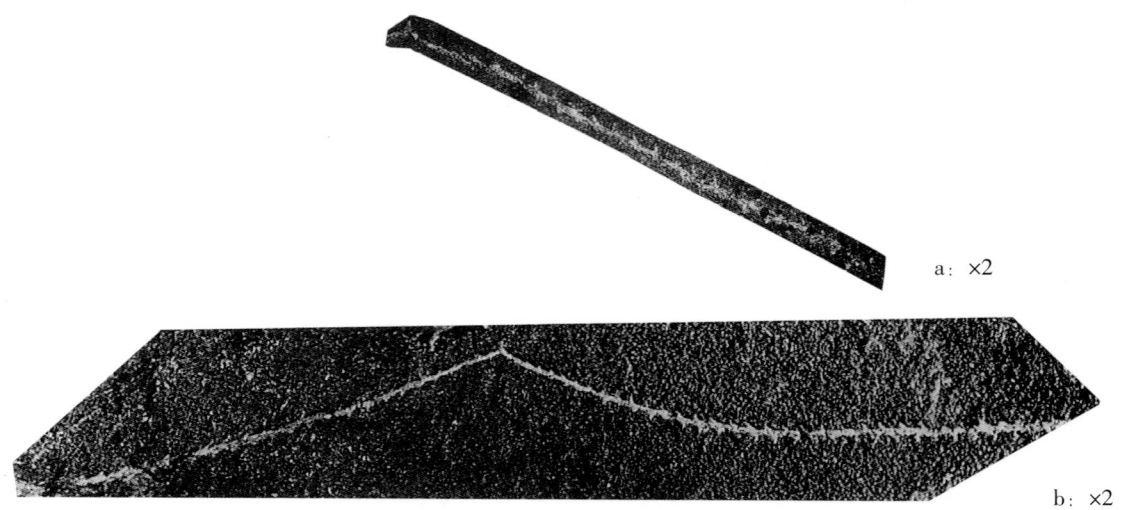

图 4-6-103　*Tylograptus spiniformis latus* Li

产地及层位：崇义县过埠镇樟木曲；早奥陶世对耳石组（原樟木曲组）。

>>> 中间瘤笔石（相似种）*Tylograptus* cf. *intermedius* Mu

笔石体两枝下斜伸展，分散角为140°（图4-6-104；李积金等，2000），枝直或微弯，长36.00mm，始端细，宽仅0.50mm，向末部逐渐加宽，5.00mm处宽0.80mm，10.00mm处宽1.20mm，20.00mm处宽1.60~1.80mm，此宽度保持至末部，但至末端又微微收缩。胎管短小，长仅0.70mm。成熟胞管长2.00~2.50mm，口部宽0.50mm，口缘直或微凹，垂直于胞管轴向，胞管背褶比较发育，相邻胞管间掩盖2/3~3/5，倾角35°~40°，始部10mm内有13个胞管，末部有9个胞管。

产地及层位：崇义县恩顺乡白石坳；早奥陶世对耳石组（原樟木曲组）。

×1

图 4-6-104　*Tylograptus* cf. *intermedius* Mu

◆ 奇笔石属 *Allograptus* Mu，1957

笔石体平伸生长，具有两个原始枝，其中一枝又呈正分枝，分成两个次级枝，因而形成了3个枝的笔石体，两边不对称，胞管始部具有背褶，口穴相当显著。

分布及时代：中国；早奥陶世。

>>> 惊奇奇笔石 *Allograptus mirus* Mu

笔石体细小，具有3个枝，枝长约为10.00mm（图4-6-105；地质部南京地质矿产研究所，

1982a)。两个原始枝,从胎管水平伸出,其中一枝在距离胎管 1.00mm 处又行分枝,所分的两个次级枝之间造成 120°交角,这个分枝的原始枝只有两个胞管。无论原始枝或次级枝都很直,或微向背部弯曲,形成 3 枝放射的笔石体。枝的始端细,宽 0.20mm,向末部很快增宽达 0.55mm,此宽度保持到末端。胎管很小,高 0.55mm,宽 0.23mm。胞管的主干和枝的轴线平行,腹缘直,口缘平,口穴显著。始部的胞管掩盖仅 1/3,向末部逐渐增至 1/2。10.00mm 内有 13 个胞管。

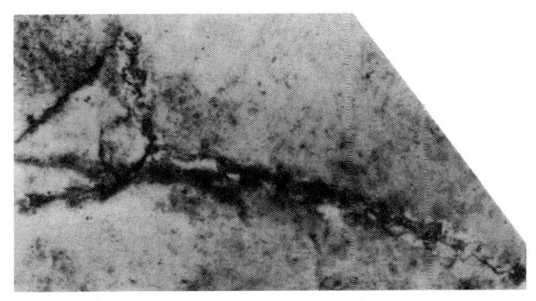

图 4-6-105 *Allograptus mirus* Mu

产地及层位:崇义县过埠镇樟木曲;早奥陶世茅坪组。

◆ 对向笔石属 *Janograptus* Tullberg,1880

两枝平伸,与对笔石相似,但胎管斜卧,因而两枝始端背缘形成直线。
分布及时代:亚洲、南美洲及北欧;早奥陶世—中奥陶世。

▶▶▶ 显著对向笔石 *Janograptus conspicuus* Ni

笔石体两枝近于平伸,胎管处两枝连接形成弧形,末端微向下斜,枝长 12.00mm 左右,枝宽均一,为 0.40~0.50mm(图 4-6-106;地质部南京地质矿产研究所,1982a)。胎管不易分辨。胞管直管状,长 1.50~2.00mm,倾角 15°~20°,相互掩盖 2/5~1/2。10.00mm 内有 8~9 个胞管。

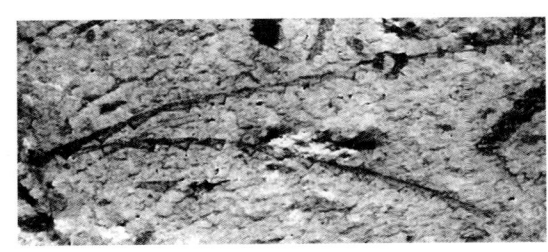

图 4-6-106 *Janograptus conspicuus* Ni

产地及层位:武宁县;中奥陶世胡乐组下部。

▶▶▶ 奇特对向笔石 *Janograptus deamonius* Ni

笔石体始端圆滑,两枝微向下斜生长,分散角为 160°左右,在第一对胞管的中间有一个小三角形,为胎管的近口部分,胎管向第二枝倒卧,长约 0.80mm,始部枝宽 0.25mm,距始部 10.00mm 处增至 0.50mm,此宽度一直保持到末部(图 4-6-107;地质部南京地质矿产研究所,1982a)。胞管直管状,长 1.50mm,掩盖 1/3,倾角小,口缘直或微凹,10.00mm 内有 9 个胞管。

产地及层位:武宁县;中奥陶世胡乐组下部。

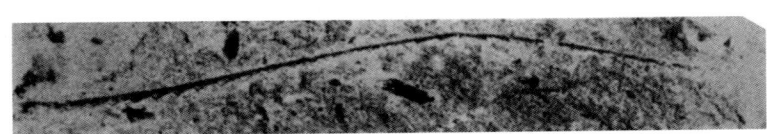

图 4-6-107 *Janograptus deamonius* Ni

对向笔石（未定种）*Janograptus* sp.

1个标本，保存在黑色粉砂质泥岩中。笔石枝细长而弯曲，长度达37.00mm以上，始端宽0.50mm（横过第一个胞管口部），向末部微微增宽，离始端5.00mm处宽0.70mm，10.00~15.00mm处宽0.90mm，20.00mm处宽1.00mm，25.00mm处宽1.10mm，此宽度稳定地保持至末部（图4-6-108；李积金等，2000）。胎管斜卧，长1.10mm，口部宽0.30mm，在枝的背缘可见胎管尖顶。胞管为简单的直管状，长1.60mm，基部稍窄，向口部扩展，宽0.40~0.50mm，腹缘略微凹入，口缘直，口尖发育，相邻胞管间掩盖1/2，倾角25°，向口部增至40°，胞管排列较密。始部10.00mm内有14个胞管，末部同样长度内有11个胞管。

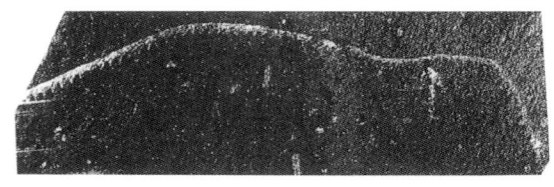

×1

图4-6-108 *Janograptus* sp.

产地及层位：崇义县思顺乡白石坳；早奥陶世对耳石组（原樟木曲组）。

◆尼氏笔石属 *Nicholsonograptas* Boucek et Pribyl, 1951
束状尼氏笔石长型亚种 *Nicholsonograptus fasciculatus praelongus* Haü

笔石体呈弓形，长的在100.00mm以上，始部宽0.30~0.40mm，距胎管5.00mm处宽为0.60mm，10.00mm处宽为0.90~1.00mm，以后逐渐增宽，20.00mm处为1.20mm，末部宽2.00mm，最大宽度为2.30mm（图4-6-109；李积金等，2000）。胎管长0.80~1.00mm，口部约0.20mm，口刺和胎管

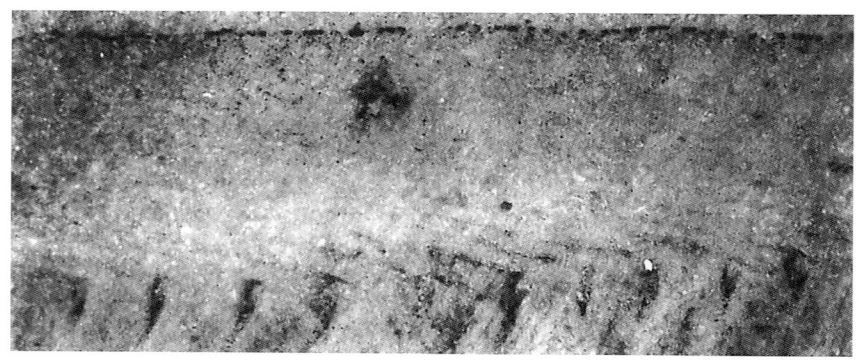

a：×4

b：×10

图4-6-109 *Nicholsonograptus fasciculatus praelongus* Haü

刺均发育，th_1 自胎管近顶部生出，沿胎管下延，至近口部向外延伸，此后笔石枝近于水平延伸 6.00~7.00mm 后，向腹侧弯曲，呈半圆形，中、末部近直。始部 5~6 个胞管具原胞管褶，末部退化。始部胞管长约 2.50mm，口部宽约 0.20mm，相互掩盖 3/5，横切胞管口部的切面可切割 3 个胞管，10.00mm 长度内有 10 个胞管。末部胞管长在 10.00mm 以上，腹缘近直，腹缘露出长度仅有 1.00~1.50mm，口部宽 0.30~0.40mm，倾角 5°左右，横切胞管口部的切面可切割 10 个以上的胞管，10.00mm 长度内有 6~8 个胞管口。

产地及层位：江西武宁；早奥陶世宁国组。

◆ 假四笔石属 *Pseudotetragraptus* Hsü et Chao，1976
▶▶▶ 多瘤假四笔石 *Pseudotetragraptus tuberosus* Hsü et Chao

笔石体小，四枝平伸（图 4-6-110；李积金等，2000）。横索长 2.20mm，宽 0.25mm，末级枝细直，长 11.50mm，始部细，向末部逐渐增至最大宽度 0.80mm，分枝角为 70°~80°。胞管长 1.80mm，口部宽 0.20mm，口缘直，在每一胞管生出处有一个背褶，致使枝的背缘上形成波状起伏，相邻胞管间掩盖 1/2，倾角低，5.00mm 内有 5 个胞管（10.00mm 内有 9 个胞管）。

产地及层位：崇义县过埠镇上黄背；早奥陶世对耳石组（原樟木曲组）。

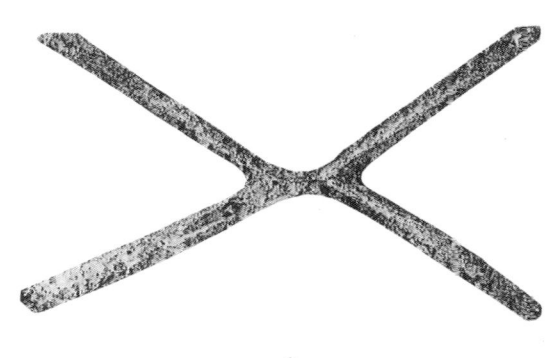

×3

图 4-6-110 *Pseudotetragraptus tuberosus* Hsü et Chao

◆ 侯氏笔石属 *Holmograptus* Kozlowski，1954
▶▶▶ 有刺侯氏笔石 *Holmograptus spinosus*（Ruedemann）

笔石体由两个下斜的枝组成，分散角 70°，然后两枝逐渐向外扩展（图 4-6-111；李积金等，2000）。枝长 6.50mm，始端宽 0.25mm，最大宽度 0.40mm。胎管小，长仅 0.80mm。胞管微变形，具有不明显的背褶，背刺清楚，胞管口部似向内转，近口部处生有腹刺，5.00mm 内有 6 个胞管。

产地及层位：崇义县过埠镇樟木曲；早奥陶世对耳石组（原樟木曲组）。

×6

图 4-6-111 *Holmograptus spinosus*（Ruedemann）

◆ 等称笔石科 Isograptidae Harris, 1933
◆ 等称笔石属 *Isograptus* Moberg, 1892

两枝上斜生长。第一个胞管从接近胎管顶部生出，与胎管形成对称的一对。胞管倾角高，掩盖大，始端的几个胞管向下生长，发育形式为等称笔石式。

分布及时代：世界各洲；早奥陶世。

张开等称笔石 *Isograptus divergens* Harris

笔石体大，两枝上斜伸出，形成"V"字形，枝长36.50mm以上，最大宽度4.20mm，向末端宽度缩小（图4-6-112；地质部南京地质矿产研究所，1982a）。最初几个胞管向下生长，到第4对胞管以后逐渐向外向上生长，胞管的倾角也越来越大；胞管为直管状，口缘微凹，口尖显著，相邻胞管间全部掩盖，10.00mm内有8~11个胞管。

产地及层位：井冈山市；早奥陶世宁国组下部。

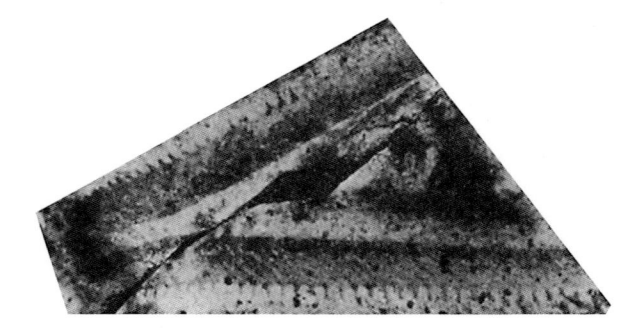

×3

图4-6-112 *Isograptus divergens* Harris

中间等称笔石 *Isograptus intermedius* Huang et Hsiao

笔石体较大，始部浑圆（图4-6-113；地质部南京地质矿产研究所，1982a）。两枝向上生长，始部近于平行，在距始端10.00mm处微微靠拢，然后分开，形成7°的轴角。笔石枝长42.00mm，宽3.00~3.50mm。胎管为长锥形。长约4.00mm，线管长1.50mm。最初的胞管向下生长，随后渐趋向外，宽约1.00mm，掩盖4/5或更多。10.00mm内有10个胞管。

产地及层位：崇义县；早奥陶世宁国组下部。

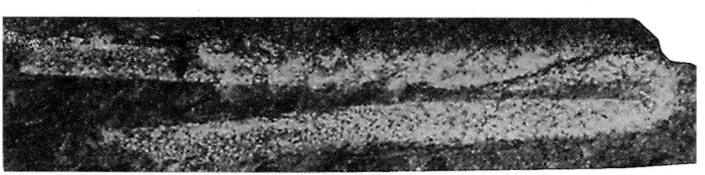

×2

图4-6-113 *Isograptus intermedius* Huang et Hsiao

平行等称笔石 *Isograptus parallelus* Ni

笔石体始部浑圆，两枝近于平行（图4-6-114；地质部南京地质矿产研究所，1982a）。枝长约

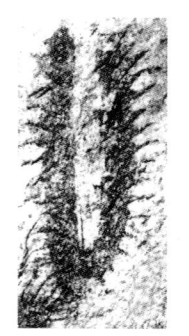

×4

图4-6-114 *Isograptus parallelus* Ni

10.00mm，枝的大部分宽度为 1.10~1.20mm，始端宽达 2.00mm，末端微收缩。胎管六裸露，线管长达 2.50mm。胞管短而宽，宽 0.40~0.50mm，口缘内凹，口刺发育，长约 0.60mm，倾角约 50°，相互掩盖 2/3 左右。5.00mm 内有 8 个胞管。

产地及层位：武宁县；早奥陶世宁国组下部。

维多利亚等称笔石新月形亚种 *Isograptus victoriae lunatus* Harris

笔石体小，呈"U"形（图 4-6-115；李积金等，2000）。笔石体微向背侧弯曲，长 3.00~8.00mm，始端宽 1.40mm，向上很快增大，至最大宽度 2.50mm。胎管呈锥形，歪向 th_1^2 胞管一侧，与 th_1^1 对称，长 1.40mm，口部宽 0.60mm，胎管口刺长 0.50mm。顶端具线管，长 0.60mm 以上。最初一对胞管向下生长，第二对胞管近于水平，从第三对胞管开始向外、向上生长。胞管为直管状，长 2.20mm，口部宽 0.50mm，腹缘微弯，口刺长 0.60mm，倾角 38°，相邻胞管间掩盖 3/4。5.00mm 内有 8 个胞管。

产地及层位：崇义县过埠镇樟木曲；早奥陶世茅坪组。

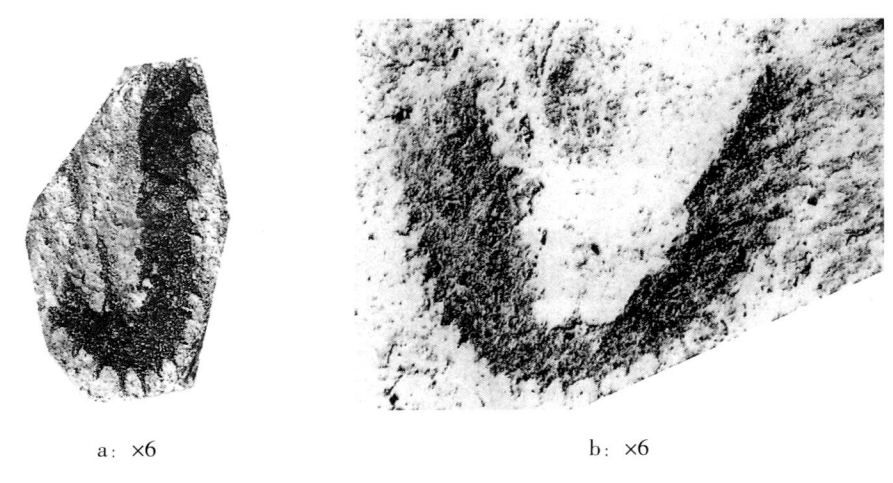

图 4-6-115 *Isograptus victoriae lunatus* Harris

维多利亚等称笔石最大张开亚种 *Isograptus victoriae maximodivergens* Harris

笔石体大，两枝向上斜伸并微向外弯，弯曲之处枝明显增宽，在始端 5.00mm 内两枝近于平行，造成"U"形，然后以 22°轴角分开，在末部轴角增至 42°（图 4-6-116；李积金等，2000）。笔石枝长 36.50~44.00mm，始端宽 2.00mm，向末部很快增至 4.20mm，此宽度一直保持至末端。胎管宽矮，呈圆锥状，长 3.00mm，口部宽 1.00mm，线管长 1.50mm。始端 2~3 对胞管向下生长，到第三或第四对胞管开始向外、向上生长。胞管为直管状，长 5.50mm，腹缘和口缘凹入，形成明显的口尖，倾角在胞管始部较小，约 30°，向口部增大至 80°，相邻胞管间几乎全部掩盖。始部 10.00mm 内有 11 个胞管，末部同样长度内有 8 个胞管。

产地及层位：崇义县过埠镇樟木曲；早奥陶世对耳石组（原樟木曲组）。

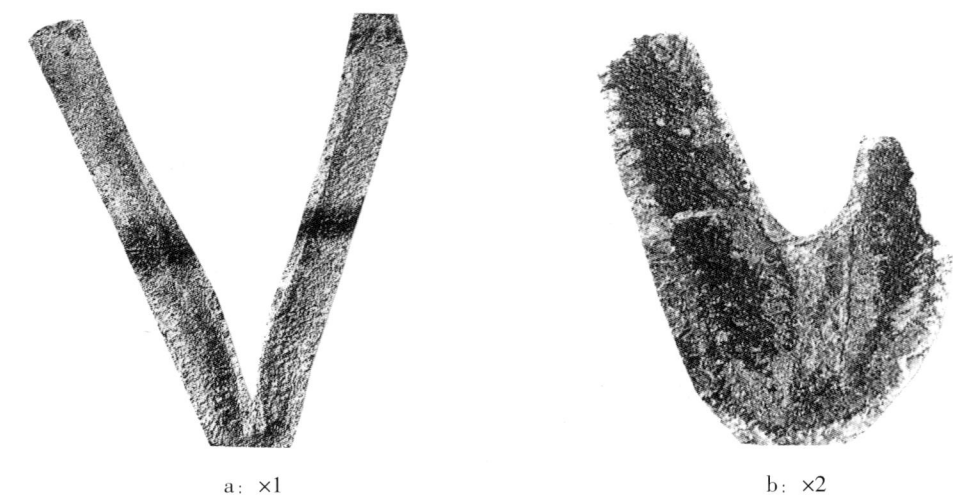

a: ×1　　　　　　　　　　　　　　　b: ×2

图 4-6-116　*Isograptus victoriae maximodivergens* Harris

◆ 柯坪笔石科 **Kalpinograptidae Qiao, 1978**
◆ 假等称笔石属 *Pseudisograptus* **Beavis, 1972**

笔石体具有两个上斜的枝，始部胞管相互重叠，强烈半圆形弯曲，开口向外，其余胞管微弯或近直，胞管口部具匙状延伸物或称腹突，胎管长而狭。发育形式为等称笔石式。

分布及时代：中国、澳大利亚及美国；早奥陶世—中奥陶世。

》》》三尖假等称笔石 *Pseudisograptus tribulus* Ni

笔石体短小，长 5.30~7.00mm，宽 4.00~4.50mm（图 4-6-117；地质部南京地质矿产研究所，1982a）。胎管长达 5.00mm，宽 1.20~1.40mm，末部两枝上斜生长，枝宽 1.30~1.80mm，分散角为 300°~330°。胎管长 5.30~6.00mm。线管发育，细长，长达 3.00~5.00mm。第一枝的第一个胞管很长，长达 5.00mm，向下开口，与胎管对称排列，始部 4 对胞管弯曲，向外开口，相互掩盖多，末部胞管向上开口，具不显著的原胞管褶，相互掩盖减少，倾角较小，约为 20°，口缘微凸，加厚，口部宽 0.50~0.60mm，匙状延伸物长约 0.50mm，5.00mm 内有 7~8 个胞管。

产地及层位：武宁县；中奥陶世胡乐组下部。

×6

图 4-6-117　*Pseudisograptus tribulus* Ni

◆ 香蕉笔石属 *Arienigraptus* **Yu et Fang, 1981**

笔石体小，由 1 个长的胎管和 2 个各具数个胞管的笔石枝所组成。始部胞管呈简单的胞管叠覆，除第一笔石枝的第一个胞管紧靠胎管向下生长至胎管口缘外，其余各胞管均为先向上，而后很快向下生长，至近口部向外转折。胞管的长度后一代较前一代为短，前一代的胞管背壁差不多被后一代的腹壁所掩盖。

分布及时代：江西、浙江；早奥陶世宁国组。

》》》江西香蕉笔石 Arienigraptus jiangxiensis Yu et Fang

笔石体小，长 2.80mm，宽 2.10mm，中央部分突起，外形似一串香蕉（图 4-6-118；地质部南京地质矿产研究所，1982a）。胎管呈长锥形，长 2.80mm，在反面保存的标本中，大部为胞管所掩盖，仅见胎管的始端和末端部分。始端出露 0.30mm，末端出露 0.60mm，胎管口部宽 0.60mm。整个笔石体仅有 9 个胞管，其中第一枝 5 个，第二枝 4 个。th_1^2、th_2^1 分别叠覆于胎管和 th_1^1 之上。每一笔石枝的第一代胞管最长，以后逐代缩短，胞管的形态除 th_1^1 自原胎管长出并紧靠胎管下垂生长外，其余胞管均长至胎管长度的 2/3 处逐渐转折向外，与胎管轴向呈 45°的交角。th_1^2 为双芽胞管，两个芽孔相距甚远，胎管和胞管上均可见密集的生长线。

×6

图 4-6-118 *Arienigraptus jiangxiensis* Yu et Fang

产地及层位：武宁县；早奥陶世宁国组下部。

◆ 断笔石科 Azygograptidae Mu, 1959
◆ 假断笔石属 *Pseudazygograptus* Mu, Lee et Geh, 1960

笔石体仅有一个枝，与断笔石相似，但胞管为纤笔石式。

分布及时代：亚洲及欧洲；中奥陶世。

》》》内曲假断笔石 *Pseudazygograptus incurvus* (Ekström)

笔石体向腹侧弯曲呈弓形，枝长 12.00mm，始端宽 0.20mm，距胎管 7.00mm 处增宽到 0.60mm，此宽度保持到末端（图 4-6-119；地质部南京地质矿产研究所，1982a）。胎管长 1.00mm。胞管自胎管中下部生出，向下延伸超过胎管口以后，转曲向斜上方生长。胞管细长，具口盖，口穴半圆形，在笔石体始部口穴占笔石体宽度的 1/2，至末部则减少为 1/6，相互掩盖却随之增加，10.00mm 内有 10~11 个胞管。

产地及层位：武宁县；中奥陶世胡乐组下部。

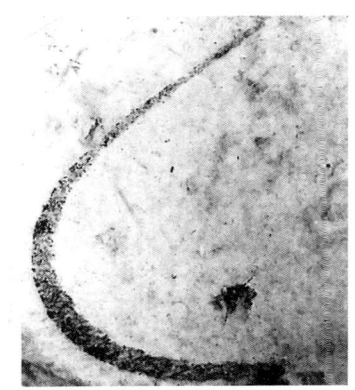

×6

图 4-6-119 *Pseudazygograptus incurvus* (Ekström)

◆尼氏笔石属 *Nicholsonograptus* Bouvek et Pribyl, 1951

只有一枝，上曲生长，其后弯曲向下，呈镰刀状。胞管细长，成束排列，长度是宽度的8~16倍，倾角小。

分布及时代：亚洲、南美洲及欧洲；早奥陶世。

⋙ 束状尼氏笔石长形亚种 *Nicholsonograptus fasciculatus praelongus*（Hsü）

笔石体由一个小而明显的胎管生出，先水平伸出一段很短的距离，然后向背侧弯曲，呈半圆形（图4-6-120；地质部南京地质矿产研究所，1982a）。至末端弯曲逐渐趋于消失。枝最长可达20.00cm。始端很窄，在5.00mm内宽度增到1.00mm，然后逐渐增加，最大宽度为2.00~2.50mm。胞管为管状，长而窄，长15.00mm，宽0.50mm，长为宽的30倍。始部10.00mm内有9~10个胞管，末部为7~8个胞管，倾角15°。口缘微凸，具有一个直的口刺，横过口部可切过12个不同胞管。

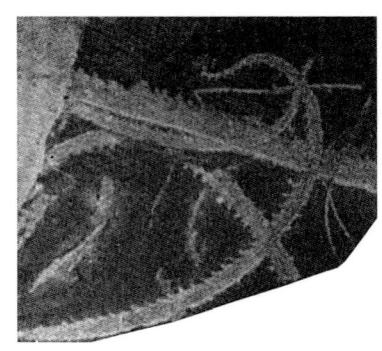

×3
图4-6-120 *Nicholsonograptus fasciculatus praelongus*（Hsü）

产地及层位：崇义县过埠镇；早奥陶世宁国组下部。

⋙ 弓状尼氏笔石 *Nicholsonograptus kyrtus* Ni

笔石体长约40.00mm，弯曲呈弓形，始部近直，下斜生长，5.00mm以后向腹侧弯曲，并持续到末端（图4-6-121；地质部南京地质矿产研究所，1982a）。始部枝宽0.30mm，距胎管10.00mm处增至0.70mm，20.00mm处为0.90mm，末端为1.20mm。胎管长约1.00mm。始部胞管长1.50mm，相互掩盖1/3，第6个胞管显著加长到2.50mm，相互掩盖1/2；第10个胞管处，胞管长3.20mm，相互掩盖3/5；第20个胞管处，胞管长8.00mm，相互掩盖5/6。末部横切面可切割9个胞管，口穴占枝宽的1/4~1/2，胞管口向内弯曲，具腹刺，10.00mm内有7~9个胞管。

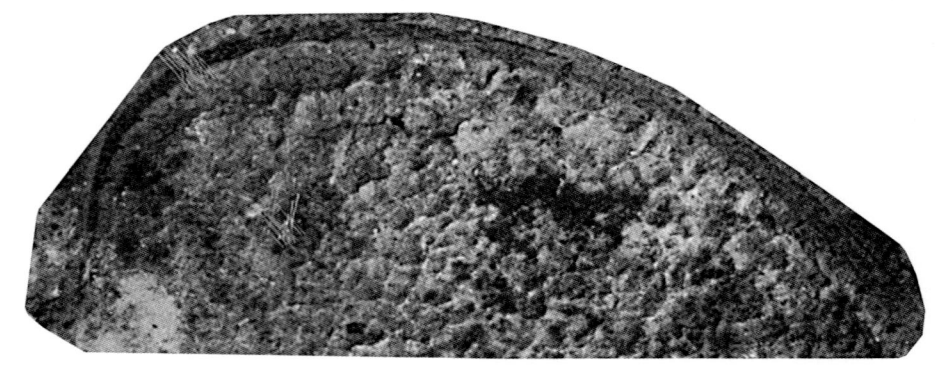

×4
图4-6-121 *Nicholsonograptus kyrtus* Ni

产地及层位：武宁县；早奥陶世宁国组下部。

均一尼氏笔石 *Nicholsonograptus uniformis* Li

笔石体弯曲呈镰刀形，由一个枝组成，枝的始部向腹侧弯呈半圆形，枝长 78.00mm 以上，始端宽度较小，其后很快增至 2.00mm，此宽度稳定地保持至末端（图 4-6-122；地质部南京地质矿产研究所，1982a）。口尖外屈成钩状，10.00mm 内有 5~8 个胞管。

产地及层位：武宁县；早奥陶世宁国组下部。

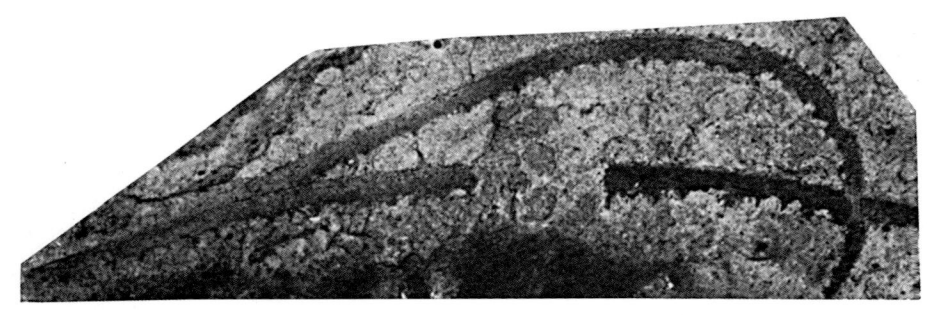

×2

图 4-6-122 *Nicholsonograptus uniformis* Li

多管尼氏笔石 *Nicholsonograptus multithecatus* Ge

笔石体呈镰刀形，枝长可达 40.00mm，始端宽 0.70mm，向外迅速增宽，离始端 5.00mm 处宽达 1.40mm，至末部转曲处宽达 3.00mm，开始近于平伸（14.00mm），末端弯曲，在笔石体横断面上可切过 9~10 个不同胞管（图 4-6-123；李积金等，2000）。胎管呈锥管状，长 2.20mm。胞管呈细管状，始部胞管口缘平凹，腹刺纤细，长 2.50mm，末部胞管长 12.00mm 左右，相邻胞管间近乎全部掩盖，10.00mm 内有 10~12 个胞管。

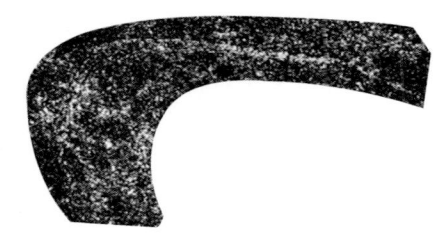

×3

图 4-6-123 *Nicholsonograptus multithecatus* Ge

产地及层位：崇义县过埠镇；早奥陶世宁国组下部。

狭窄尼氏笔石 *Nicholsonograptus angustus* Ni

笔石体小，下斜伸出，保存长度 5.00mm，宽度均一，为 0.30mm，枝的背缘微微呈波形起伏（图 4-6-124；李积金等，2000）。胎管十分醒目，长 1.20mm，口部宽 0.20mm，尖顶伸出纤细的线管，长 1.00mm。第一个胞管从胎管中上部生出，延到胎管近口部向外斜伸。胞管长 1.50mm，口部宽 0.15mm，腹缘近直，近口部伸出一个腹刺，相邻胞管间掩盖 1/3，倾角小，仅 10°，5.00mm 内有 4 个胞管。

产地及层位：崇义县过埠镇樟木曲；早奥陶世对耳石组（原樟木曲组）。

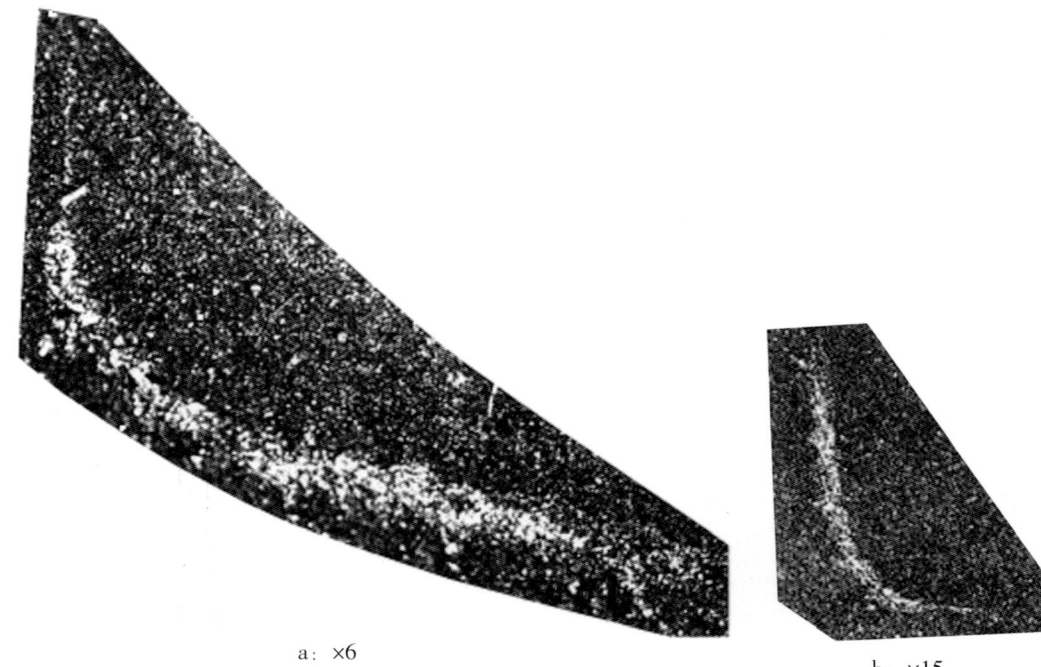

图 4-6-124 *Nicholsonograptus angustus* Ni

◆ 肯乃笔石科 **Kinnegraptidae Mu, 1974**

◆ 武宁笔石属 *Wuninograptus* **Ni, 1981**

笔石体具 3~4 个上斜生长的笔石枝，枝纤细，胎管和胞管细长，口部均具长舌状的腹壁延伸物，胞管相互掩盖极少，始部发育型式可能为变相的均分笔石式。

分布及时代：江西；早奥陶世晚期。

直立武宁笔石 *Wuninograptus erectus* Ni

笔石体短小，长与宽近于相等，为 5.50mm，由 4 个上斜并近于直立的笔石枝组成，枝细，宽 0.20mm（图 4-6-125；地质部南京地质矿产研究所，1982a）。胎管长 0.60mm，宽 0.10mm，线管长 1.40mm，口部长舌状腹壁延伸物长约 0.40mm。胞管细长，相互掩盖极少，口部长舌状腹壁延伸物长 0.30~0.50mm，5.00mm 内有 5 个胞管。

产地及层位：武宁县；早奥陶世宁国组下部。

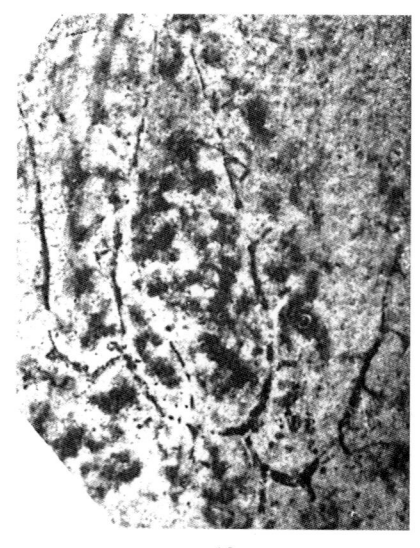

×10

图 4-6-125 *Wuninograptus erectus* Ni

四枝武宁笔石 *Wuninograptus tetrabrachiatus* Ni

笔石体具4个上斜的笔石枝，枝长 14.00mm，宽 0.20~0.30mm（图 4-6-126；地质部南京地质矿产研究所，1982a）。胎管长 1.00mm，宽约 0.10mm，口部延伸物长 0.20mm。胞管细长，相邻胞管口与口的间距为 0.70~0.80mm，口部延伸物长 0.40~0.80mm，末端有分叉现象，3.00mm 内约有4个胞管。

产地及层位：武宁县；早奥陶世宁国组下部。

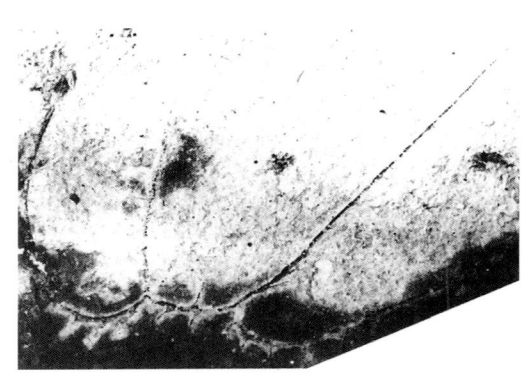

图 4-6-126 *Wuninograptus tetrabrachiatus* Ni

三枝武宁笔石 *Wuninograptus tribrachiatus* Ni

笔石体具3个上斜的笔石枝，枝长 11.00mm，宽仅 0.20mm（图 4-6-127；地质部南京地质矿产研究所，1982a）。胎管长锥形，长 0.60mm，宽 0.20mm，微向笔石体一侧偏斜，线管长 1.00mm，口部长舌状腹壁延伸物长 0.40mm。胞管细长，相邻胞管口与口的间距为 0.80mm，相互掩盖极少，口部延伸物长 0.40mm，3.00mm 内约有4个胞管。

产地及层位：武宁县；早奥陶世宁国组下部。

图 4-6-127 *Wuninograptus tribrachiatus* Ni

娇笔石科 Abrograptidae Mu, 1958
古娇笔石属 *Protabrograptus* Mu, 1958

笔石体细小，两枝上斜生长。胎管体壁正常，长锥状，向笔石体一侧倒卧，与第二枝腹线重叠。胞管体壁退化，笔石枝呈网线状，由背线、腹线和若干条横线或口环组成。在笔石体始端具一条纵线和一条横线，可能仅具一个横管，其发育型式属于变相的均分笔石式。

分布及时代：中国江西；早奥陶世晚期。

中国古娇笔石 *Protabrograptus sinicus* Ni

笔石体细小，两枝上斜，纤细易曲，长者可达 8.00mm，胎管长锥形，长 0.50~0.60mm，宽 0.10mm（图 4-6-128；地质部南京地质矿产研究所，1982a）。由于纤细，笔石枝宽度无定，一般宽 0.30~0.40mm，胞管比较细长，按枝上横线计算，5.00mm 内有4~5个胞管。

产地及层位：武宁县；早奥陶世宁国组下部。

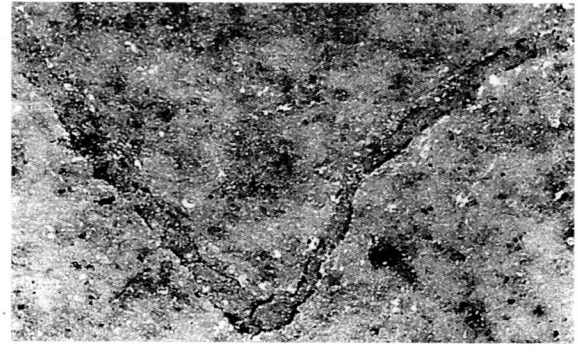

a: ×10　　　　　　　　　　　　b: ×10

图 4-6-128　*Protabrograptus sinicus* Ni

◆纤笔石科 **Leptograptidae Lapworth, 1879**

　◆纤笔石亚科 **Leptograptinae Lapworth, 1879**

　　◆纤笔石属 *Leptograptus* **Lapworth, 1879**

两枝平伸或上斜，胞管呈波浪状折曲，口缘平或微向内斜，即纤笔石式的胞管。
分布及时代：亚洲、大洋洲、北美洲及欧洲；中奥陶世—晚奥陶世。

细弱纤笔石春塘亚种 *Leptograptus flaccidus trentonensis* Ruedemann

笔石体短小，两枝上斜，分散角为 120°，枝长 6.00mm，枝宽均一，为 0.30mm（图 4-6-129；地质部南京地质矿产研究所，1982a）。胎管长 1.20mm，宽 0.15mm，胎管刺长 0.20mm。胞管长 0.80~1.00mm，口部微向内弯，转折处具一短刺，口穴占枝宽的 1/2，腹缘微弯，与枝的背缘近于平行，相互掩盖 1/4，倾角 10°。5.00mm 内有 6 个胞管。

产地及层位：武宁县；中奥陶世胡乐组下部。

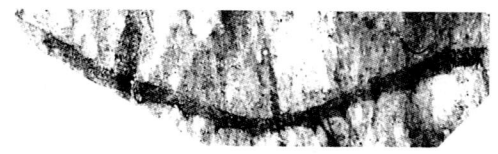

×6

图 4-6-129　*Leptograptus flaccidus trentonensis* Ruedemann

◆肋笔石亚科 **Pleurograptinae Mu, 1950**

　◆丝笔石属 *Nemagraptus* **Emmons, 1855**

两主枝从胎管中部伸出，与胎管组成"十"字形；枝常弯曲，若干侧枝生于主枝的外侧，各侧枝间的距离大致相等。

分布及时代：亚洲、大洋洲、北美洲及欧洲；中奥陶世。

▶▶▶ 纤细丝笔石稀疏亚种 *Nemagraptus gracilis distans* **Ruedemann**

笔石体两主枝呈"S"形弯曲，每个主枝的第二个胞管起具有侧枝，共具 6 个侧枝，主枝与侧枝性质一致，枝始端宽 0.20mm，末端增至 0.50mm（图 4-6-130；地质部南京地质矿产研究所，1982a）。胎管长 1.00mm，胞管细长，长约 1.70mm，口部微向内弯，相互掩盖少。10.00mm 内约有 10 个胞管。

产地及层位：武宁县；中奥陶世胡乐组下部。

图 4-6-130 *Nemagraptus gracilis distans* Ruedemann

▶▶▶ 灯形丝笔石 *Nemagraptus lampasis* **Ni**

笔石体两主枝向上弯曲，呈灯形，在每个主枝的外侧排列有 8 个侧枝，侧枝近直，第一个侧枝由主枝的第 5 个胞管口部生出（图 4-6-131；地质部南京地质矿产研究所，1982a）。主枝长约 14.00mm，枝宽均一，宽为 0.15~0.20mm，侧枝近直，长约 10.00mm，相互间隔 0.80~1.00mm。胎管长 0.70~0.90mm，口部宽约 0.10mm。第一对胞管水平伸出，与胎管组成显著的"十"字形。第一对胞管长 0.70~0.80mm，具腹刺，其余胞管长 1.00~1.50mm，相互掩盖 1/5 左右，倾角很小。10.00mm 内有 12~14 个胞管。

产地及层位：武宁县；中奥陶世胡乐组下部。

图 4-6-131 *Nemagraptus lampasis* Ni

▶▶▶ 幼体丝笔石 *Nemagraptus surcularis*（**Hall**）

笔石体两主枝向上生长，弯曲相交，长约 12.00mm，始部宽 0.15mm，向末部增宽到 0.3mm。每个主枝外侧具有 4~6 个次枝，直或微弯，长 7.00mm 左右，宽约 0.30mm（图 4-6-132；倪寓南，1991）。胎管长约 1.00mm，口部宽 0.10mm，胎管刺长 0.30mm，线管长 0.90mm。第一对胞管近于水平伸出，近口部具腹刺，胞管长 1.25~1.50mm，口部微向内弯，口穴半圆形，相互掩盖 1/4~1/3，倾角很小。10.00mm 长度内有 10 个胞管。

产地及层位：武宁县；中奥陶世胡乐组。

a: ×6　　　　　　　b: ×6　　　　　　c: ×10

图 4-6-132　*Nemagraptus surcularis*（Hall）

◆双头笔石科 Dicranograptidae Lapworth, 1873
◆双头笔石亚科 Dicranograptinae Lapworth, 1873
◆叉笔石属 *Dicellograptus* Hopkinson, 1871

两枝上斜呈叉状；胞管曲折，口部向内转曲，口穴显著。
分布及时代：世界各洲；早奥陶世晚期—晚奥陶世。

▶▶▶ 双头叉笔石 *Dicellograptus anceps*（Nicholson）

笔石体较大（图 4-6-133；地质部南京地质矿产研究所，1982a）。两枝劲直上斜伸展，长达 36.00mm 以上，始部宽 0.50mm，很快增至最宽 1.00mm。两枝分散角约 335°。胎管较小，长 1.20mm。胞管强烈弯曲，具明显或稍圆滑的膝角，膝上腹缘直或微凸，口部微内弯，位于半圆形口穴中，口穴为枝宽的 1/3。10.00mm 内有 8~10 个胞管。

产地及层位：永新县石口；晚奥陶世花面垄组。

×3

图 4-6-133　*Dicellograptus anceps*（Nicholson）

▶▶▶ 双旋叉笔石 *Dicellograptus bispiralis*（Ruedemann）

两枝螺旋式上升，数次相交，呈一串环状（图 4-6-134；地质部南京地质矿产研究所，1982a）。枝宽 0.50~0.70mm。胎管长约 1.00mm，约一半裸露，具线管和胎管刺，胞管腹缘近直，口部向内弯，但口穴不显，相互掩盖 1/4~1/3，具有一对

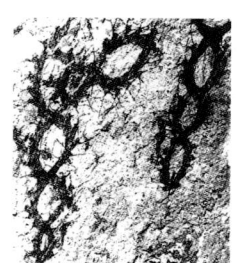

×6

图 4-6-134　*Dicellograptus bispiralis*（Ruedemann）

口刺和一对腹刺，刺极其发育，长可达 1.00mm。10.00mm 内有 17~18 个胞管。

产地及层位：武宁县；中奥陶世胡乐组下部。

》》》衰落叉笔石 *Dicellograptus caduceus* Lapworth

笔石体长大，两枝交错、扭曲，似"8"字形，枝长 28.00mm，宽度均一，为 0.75mm，始端较狭，宽 0.50mm（图 4-6-135；地质部南京地质矿产研究所，1982a）。未见胎管。胞管腹缘强烈"S"形弯曲，凸起处生有腹刺，口部强烈内卷，口穴呈袋形，占枝宽的 1/2，相互掩盖 1/2。胞管排列紧密，10.00mm 内有 14~15 个胞管。

产地及层位：武宁县；中奥陶世胡乐组下部。

图 4-6-135 *Dicellograptus caduceus* Lapworth

》》》汗江叉笔石 *Dicellograptus hanjiangensis* Mu

笔石体呈弓形，两枝始部合成一个圆弧（图 4-6-136；地质部南京地质矿产研究所，1982a）。枝长 20.00mm 左右。胎管小，长仅 0.60mm。枝始端宽仅 0.40mm，逐渐增宽，10.00mm 处达最大宽度，为 1.70mm，以后又有收缩之势。胞管细长，口向内弯，始部掩盖 1/2，向末部掩盖增大到 3/4，互相叠复甚多，横切枝可切 4 个胞管。5.00mm 内有 6 个胞管。

产地及层位：井冈山市三湾乡汗江；晚奥陶世石口组（原资料为中奥陶世汗江组，实为石口组同物异名，下同）。

图 4-6-136 *Dicellograptus hanjiangensis* Mu

短小叉笔石 *Dicellograptus nanus* Mu

笔石体小，两枝上斜，枝长 6.00mm 左右（图 4-6-137；地质部南京地质矿产研究所，1982a）。胎管小，长 6.00mm。两枝先向外平伸，各到第二胞管，即急转向上，形成笔石体的方底。枝始部宽 0.50mm，很快增到 1.00mm。胞管口部向内强烈弯曲，腹侧外凸，具有极其细小的腹刺。胞管排列紧密，5.00mm 内有 7 个胞管。

产地及层位：井冈山市三湾乡汗江；晚奥陶世石口组。

图 4-6-137 *Dicellograptus nanus* Mu

装饰叉笔石 *Dicellograptus ornatus* Elles et Wood

笔石体两枝劲直而上斜，两枝间的夹角为 25°（图 4-6-138；地质部南京地质矿产研究所，1982a）。胞管的腹缘直，口缘平，口穴为方形，称方穴形胞管。5.00mm 内有 4~5 个胞管。

产地及层位：武宁县宋溪镇新开岭；晚奥陶世新开岭组下部。

图 4-6-138 *Dicellograptus ornatus* Elles et Wood

劲直叉笔石 *Dicellograptus rigidus* Jiao

两枝向上斜伸，分散角为 315°，而后又同时向内弯曲，交叉后两枝向上劲直伸展，枝长达 40.00mm 以上，枝宽 0.50~0.80mm（图 4-6-139；地质部南京地质矿产研究所，1982a）。笔石体始端略圆，胎管短小，具有两个短小的胎管刺。胞管外露部分强烈弯曲，胞管口部向内卷曲，掩盖 1/3，10.00mm 内有 8~10 个胞管。

产地及层位：崇义县；中奥陶世胡乐组下部。

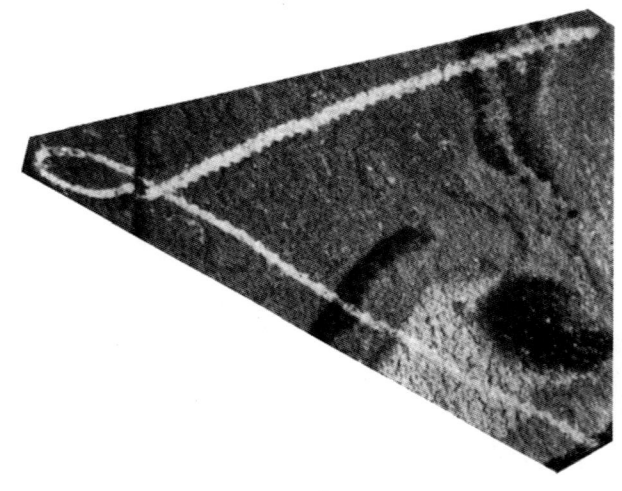

图 4-6-139 *Dicellograptus rigidus* Jiao

>>> 扁平叉笔石 *Dicellograptus complanatus* Lapworth

笔石枝劲直上斜，长 14.00mm，始部宽 0.40mm，最宽处达 0.80mm（图 4-6-140；黄枝高等，1988）。胎管长 1.50~2.00mm，具细小胎管刺。第一对胞管平伸，具细小底侧刺，两枝分散角为 280°~290°。胞管轻微折曲，裸露腹缘直，口部微内卷，具弯斜的袋状口穴，掩盖 1/3。10.00mm 内有 8~10 个胞管。

产地及层位：崇义县思顺乡；晚奥陶世石口组。

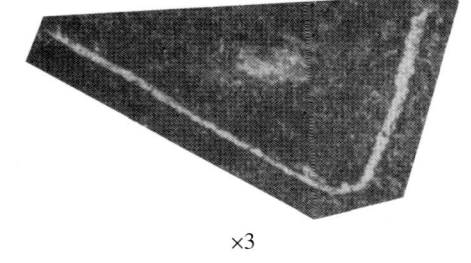

图 4-6-140 *Dicellograptus complanatus* Lapworth

>>> 约翰氏叉笔石 *Dicellograptus johnstrupi* Hadding

笔石体两枝上斜，微向背侧内凹弯曲，末部趋向平行（图 4-6-141；黄枝高等，1988）。枝长 16.00~20.00mm，始部宽 0.50~0.70mm，向末部增至最宽 1.50mm。胎管保存不全，具细小胎管刺。第一对胞管向外呈水平状，具细小底侧刺。第二对胞管开始弯向上斜，两枝始部分散角为 280°~300°，腋部较开阔圆滑。胞管明显弯曲，裸露腹缘外凸，口部强烈向内卷曲，具窄浅的口穴，占笔石枝宽的 1/3，相邻胞管掩盖 1/2~2/3。10.00mm 内有 10 个胞管。

产地及层位：永新县三湾乡汗江；晚奥陶世石口组。

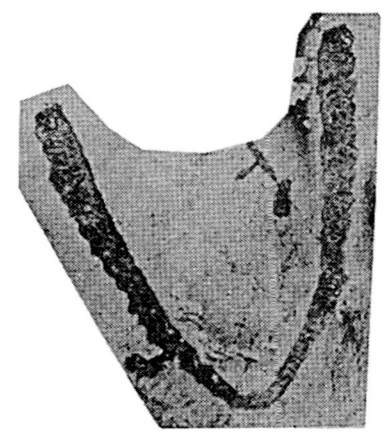

图 4-6-141 *Dicellograptus johnstrupi* Hadding

>>> 楔形叉笔石 *Dicellograptus sextans* Hall

笔石体短小，两枝上斜生长，始端浑圆，轴角为 60°，枝长不及 10.00mm，宽 0.80mm（图 4-6-142；地质部南京地质矿产研究所，1982a）。胎管长约 1.20mm。胞管口部强烈内卷，口穴呈袋形，占枝宽的 1/2，腹缘"S"形弯曲，5.00mm 内有 7 个胞管。

产地及层位：武宁县；中奥陶世胡乐组下部。

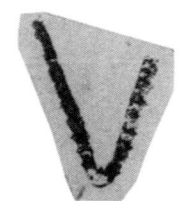

图 4-6-142 *Dicellograptus sextans* Hall

>>> 史氏叉笔石 *Dicellograptus smithi* Ruedemann

笔石枝长 11.00mm，宽度均一，为 0.50~0.60mm。在最初 3.00mm 中，两枝向上，直而平行，而后逐渐分散，夹角增至 50°（图 4-6-143；地质部南京地质矿产研究所，1982a）。胞管露出部分强烈弯曲，口缘曲或内转，掩盖 1/3。5.00mm 内有 5 个胞管。

图 4-6-143 *Dicellograptus smithi* Ruedemann

产地及层位：崇义县；中奥陶世胡乐组下部。

四川叉笔石 *Dicellograptus szechuanensis* Mu

笔石体底端平，两枝转曲上斜然后弯曲，交叉呈"8"字形。枝宽 0.50mm 左右（图 4-6-144；地质部南京地质矿产研究所，1982a）。胞管剧烈弯曲，口部卷曲，口穴凹入。10.00mm 内有 12 个胞管。

产地及层位：武宁县宋溪乡新开岭；晚奥陶世新开岭组下部。

×3

图 4-6-144 *Dicellograptus szechuanensis* Mu

莫法叉笔石 *Dicellograptus moffatensis*（Carruthers）

笔石体始部两枝近于平行，5.00mm 长度内分散角为 340°左右，随后枝弯曲，分散角缩小为 300°，末部又趋于扩大。枝长 34.00mm，始部宽约 0.50mm，向末部迅速增宽到 0.70~0.90mm，并一直保持到末部（图 4-6-145；倪寓南，1991）。胎管长约 1.00mm，胎管刺短小。胞管长 1.50~2.00mm，腹缘弯曲，口向内弯，口穴呈半圆形，约占枝宽的 1/2。始部约有 10 个胞管具腹刺。10.00mm 内有 9~13 个胞管。

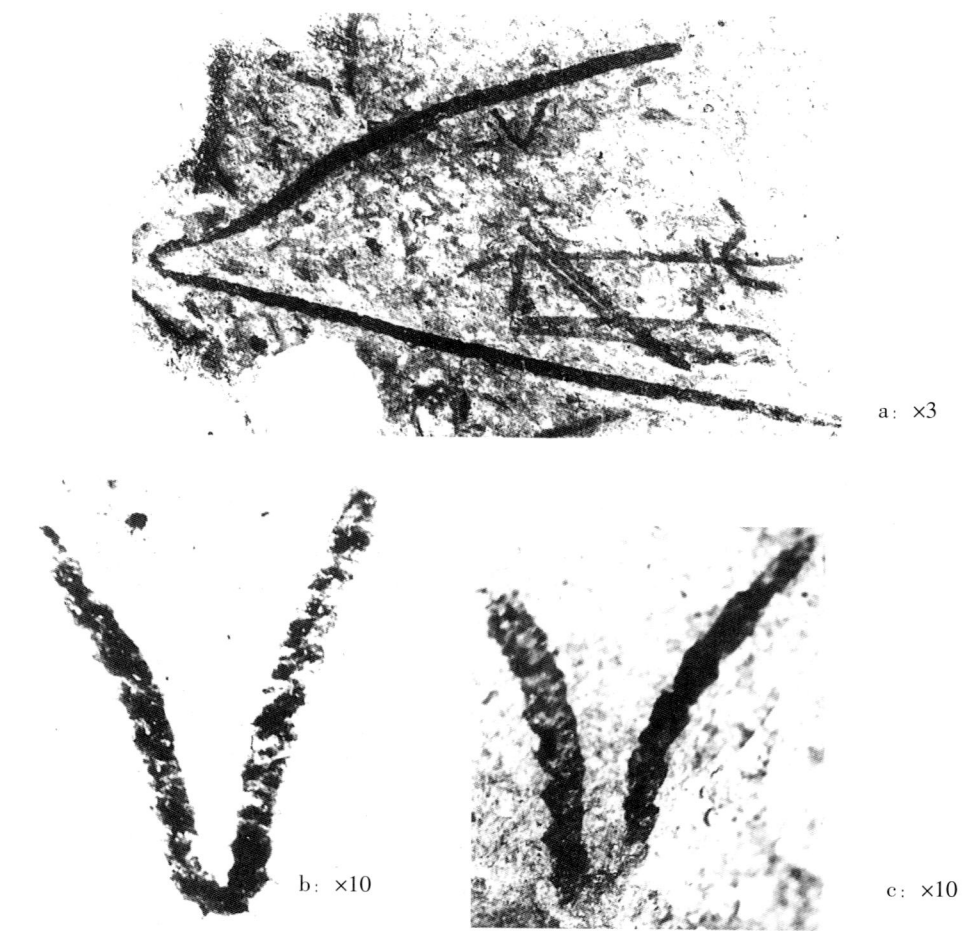

图 4-6-145 *Dicellograptus moffatensis*（Carruthers）

产地及层位：江西武宁；中奥陶世胡乐组。

平扁叉笔石阿堪萨斯亚种 *Dicellograptus complanatus arkansaensis* Ruedemann

两笔石枝具交扭趋势或交扭一次以上，第一对胞管离开胎管壁后平伸，第二对胞管于第一对胞管口部转曲向上，底端方形，宽1.70~2.00mm，方形底端以上的两笔石枝在交扭前近于平行。笔石枝长可达28.00mm，始端宽0.40~0.50mm，至末端宽度增至0.70mm。底刺短小，长0.80mm。胞管膝角明显，近90°，膝上腹缘与笔石枝背缘平行，胞管间壁线较直，与笔石枝的背缘仅有一个极小的交角。胞管口部内卷，口穴狭小，约占枝宽的1/3。相邻胞管掩盖部分约占1/2。5.00mm内有5个胞管。

产地及层位：武宁县；晚奥陶世新开岭组下部。

环绕叉笔石 *Dicellograptus complexus* Davies

两笔石枝常交扭两次，呈典型的"8"字形。第一对胞管离开胎管壁后平伸，末端转曲向上，第二对胞管于第一对胞管口部转曲上斜或垂直向上，底端近方形或方形，宽0.90~2.00mm，近方形或方形底端以上的两笔石枝在第一次交扭前上斜生长。底刺细小，长0.60mm。笔石枝背缘呈波浪形，长度大于30.00mm，始端宽0.35~0.45mm，向上增宽缓慢，最大宽度一般不超过0.80mm。胎管多数情况下保存不完整，个别保存完好的标本，胎管长度达1.50mm。胞管口部剧烈内卷，口穴凹入，膝上腹缘凸出，胞管间壁线微曲，与枝的背缘斜交。5.00mm内有6~7个胞管，末部同样长度内仅有5个胞管。

产地及层位：武宁县；晚奥陶世新开岭组下部。

新叉笔石属 *Neodicellograptus* Mu et Wang，1974

笔石体两枝上斜呈叉状，但两枝始端攀合，胎管顶端露出，常见有线管。胞管为叉笔石式，口部向内卷曲，膝上腹缘微向外凸，见有膝角。

分布及时代：中国；晚奥陶世—早志留世。

具刺新叉笔石 *Neodicellograptus spinosus* Chen

笔石体两枝直而上斜，轴角仅30°，笔石体的始端两对胞管相互攀合，但胎管的顶端及胎管刺尚出露在外（图4-6-146；地质部南京地质矿产研究所，1982a）。枝的始端宽0.70mm，至末部逐渐增至1.00mm左右。胞管为叉笔石式胞管，腹缘外凸并生长有短而直的腹刺，在10.00mm内有11~14个胞管。

产地及层位：武宁县；晚奥陶世新开岭组下部。

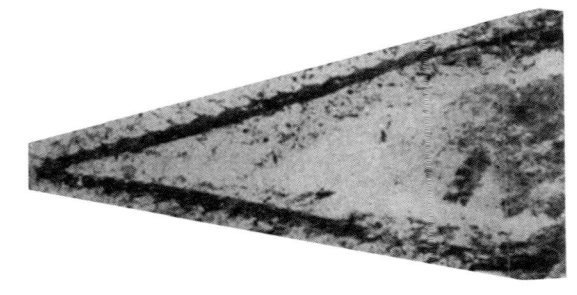

×3

图4-6-146 *Neodicellograptus spinosus* Chen

◆江西笔石属 *Jiangxigraptus* Yu et Fang, 1963

笔石体具有两个上斜的单列笔石枝。原胞管背部发生褶曲形成背褶，胞管腹缘波状曲折，口缘内转，口穴显著；具有 3 个横管。

分布及时代：江西；中奥陶世胡乐组。

⋙ 穆氏江西笔石 *Jiangxigraptus mui* Yu et Fang

笔石体小，具有两个上斜的单列笔石枝，轴角为 50°（图 4-6-147；地质部南京地质矿产研究所，1982a）。笔石枝宽度均一，约 0.60mm，长 6.00mm。胎管清晰，位于两笔石枝背缘底部的中央，长锥形，长约 1.00mm，线管长约 0.50mm，胎管口部具一细长的刺，长约 0.40mm。两个笔石枝的第一个胞管开始向下生长，约至胞管长度的一半处，转折上斜，转折处具一细小的腹刺，长约 0.20mm。以后的胞管均上斜生长。胞管倾角大多为 15°。胞管始端部分的背部发生褶曲，形成背褶。胞管口缘明显内转，形成显著的口穴，其宽度约占笔石枝宽度的 1/2。在胞管的转折处具一明显的腹刺，长 0.20~0.30mm。胞管相互掩盖 1/2。5.00mm 内有 7~9 个胞管。

产地及层位：武宁县；中奥陶世胡乐组下部。

图 4-6-147 *Jiangxigraptus mui* Yu et Fang ×4

⋙ 武宁江西笔石 *Jiangxigraptus wuningensis* Yu et Fang

笔石体具有两个上斜的单列笔石枝，宽度均一，约 0.60mm，枝长 6.00mm，轴角为 70°（图 4-6-148；地质部南京地质矿产研究所，1982a）。胎管位于两个笔石枝背缘底部的中央，长约 0.80mm。两个笔石枝的第一个胞管开始呈水平方向生长，至胞管长度一半处，逐渐向上转折，形成浑圆形的底部。以后的胞管一开始即上斜生长。胞管倾角约 30°。胞管的始部具背褶，呈浑圆形的瘤状，高约 0.20mm。胞管口部明显内转，形成狭长的口穴，其宽度约占笔石枝宽度的 1/2。在胞管向内转折处具一明显的腹刺，长约 0.25mm。胞管细长，长约 1.30mm，掩盖 1/2。5.00mm 内有 9 个胞管。

产地及层位：武宁县；中奥陶世胡乐组下部。

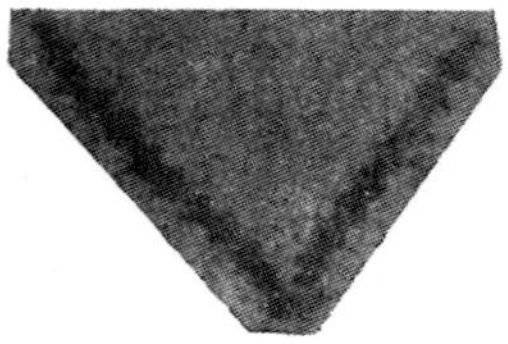

图 4-6-148 *Jiangxigraptus wuningensis* Yu et Fang ×4

◆双头笔石属 *Dicranograptus* Hall, 1865

笔石体由两枝组成，始部攀合，末部分开，外形呈"Y"字形，胞管性质和叉笔石相同。

分布及时代：亚洲、大洋洲、美洲及欧洲；中奥陶世—晚奥陶世。

⫸ 扬子双头笔石 *Dicranograptus yangtzensis* Lee et Geh

笔石体双列部分短，长 1.40mm，由 3 对胞管组成，宽 1.10mm，单列部分两枝上斜生长，轴角为 50°，枝长 17.00mm，宽 0.70~0.80mm（图 4-6-149；地质部南京地质矿产研究所，1982a）。胞管长约 1.50mm，腹缘微凸。笔石体始部几对胞管具腹刺，口部向内转，呈口穴袋形，占笔石体宽度的 2/5~1/2，相互掩盖 1/3~1/2。10.00mm 内有 11~12 个胞管。

产地及层位：武宁县；中奥陶世胡乐组下部。

×3

图 4-6-149 *Dicranograptus yangtzensis* Lee et Geh

⫸ 短茎双头笔石 *Dicranograptus brevicaulis* Elles et Wood

笔石体双列部分短，长 2.00~2.50mm，始端圆滑，宽 0.50mm，末部最宽 0.80~1.50mm，胎管刺长 1.00mm 左右，每侧有 3~5 个胞管（图 4-6-150；黄枝高等，1988）。单列枝长达 28.00mm，始部宽 0.50~0.60mm，逐渐增至最宽 1.00mm，腋角为 25°~40°。单列枝直或微向内弯。10.00mm 内有 10~12 个胞管。

产地及层位：崇义县思顺乡；中奥陶世—晚奥陶世胡乐组。

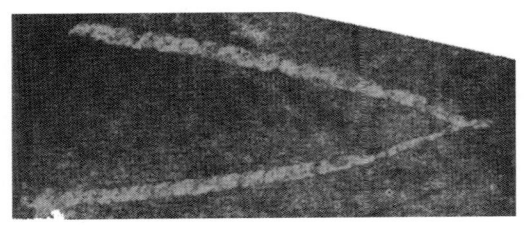

×3

图 4-6-150 *Dicranograptus brevicaulis* Elles et Wood

⫸ 克氏双头笔石 *Dicranograptus clingani* Carruthers

笔石体双列部分长 2.00~3.00mm，近等宽，为 0.60~0.80mm，始端圆滑，少数标本保存有细小的胎管刺，长 0.30~1.00mm，每侧有 4~6 个胞管（图 4-6-151；黄枝高等，1988）。单列枝劲直上斜，长 10.00~20.00mm，近等宽，为 0.50~0.80mm，腋角 25°~50°（多数标本为 30°~40°）。胞管呈栅笔石式折曲。10.00mm 内有 10 个胞管。

产地及层位：崇义县思顺乡；晚奥陶世石口组（原资料中奥陶世）。

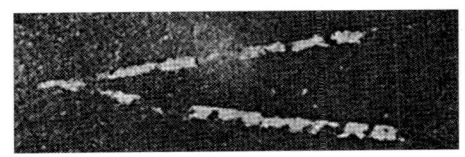

×3

图 4-6-151 *Dicranograptus clingani* Carruthers

◆ 棠垭笔石亚科 Tangyagraptinae Mu，1963
◆ 棠垭笔石属 *Tangyagraptus* Mu，1963

两主枝向上斜伸，每枝背侧具有不对称的次枝。胞管为叉笔石式。

分布及时代：中国；晚奥陶世。

>>> 劲直棠垭笔石 *Tangyagraptus rigidus* Chen，Wang et Zhang

笔石体较为长大，由两个劲直的主枝和两对劲直的次枝组成（图4-6-152；地质部南京地质矿产研究所，1982a）。笔石体保存长度在14.00mm以上。两个主枝由胎管向两侧水平伸出，至第1对胞管的末部急转向上，构成笔石体近方形的底端，底端宽近2.00mm。底刺劲直，长达2.00mm，呈音叉状。两个主枝向上斜伸，轴角约50°。主枝的始端宽0.40mm，逐渐增至0.70mm，并保持至末端。次枝上斜伸出，始部彼此交叉，第1对次枝由主枝的第3对胞管生出。主枝和次枝的胞管均为叉笔石式，胞管的膝上腹缘直，与枝的背缘平行。胞管倾角小，一般为15°左右。口穴约占枝宽的1/3。10.00mm内主枝和次枝上均有8个胞管。

产地及层位：武宁县；晚奥陶世新开岭组下部。

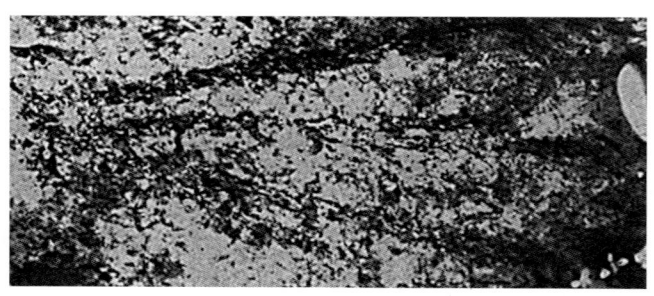

×6

图4-6-152　*Tangyagraptus rigidus* Chen，Wang et Zhang

◆隐轴亚目 Axonocrypta Mu et zhan，1966
◆叶笔石科 Phyllograptidae Lapworth，1873
◆叶笔石属 *Phyllograptus* Hall，1858

笔石体由4个攀合的枝组成，横切面呈"十"字形；胞管为简单管状，掩盖大；发育形式属等称笔石式。

分布及时代：世界各洲；早奥陶世。

>>> 橡叶叶笔石 *Phyllograptus ilicifolius* Hall

笔石体呈长纺锤形，长19.00mm，两端尖圆，最大宽度为7.50mm。始部胞管向外生长，末部胞管向上斜伸，倾角小，为40°~45°。10.00mm内有10~11个胞管（图4-6-153；地质部南京地质矿产研究所，1982a）。

产地及层位：玉山县岩瑞镇陈家坞；早奥陶世宁国组下部。

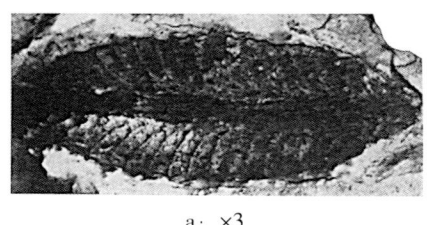
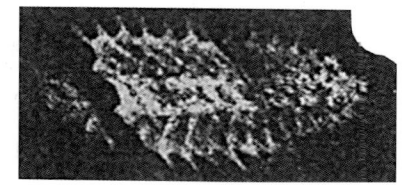

a: ×3　　　　　　　　　　　　　b: ×3

图 4-6-153　*Phyllograptus ilicifolius* Hall

>>> 狭窄叶笔石 *Phyllograptus angustifolius* Hall

笔石呈椭圆形，长 23.50mm，最大宽度 5.00mm。口缘凹入形成口尖。10.00mm 内有 11~16 个胞管（图 4-6-154；地质部南京地质矿产研究所，1982a）。

产地及层位：玉山县岩瑞镇陈家坞；早奥陶世宁国组下部。

图 4-6-154　*Phyllograptus angustifolius* Hall

>>> 安娜叶笔石 *Phyllograptus anna* Hall

笔石体小，呈卵形，长仅 6.30mm，最大宽度在中部，宽 4.50mm（图 4-6-155；李积金等，2000）。笔石体始部胞管向外生长，开口向外，腹缘稍内凹，倾角大，向上倾角逐渐变小，腹缘内凹更明显，口部扩展，口尖发育，相邻胞管间大部掩盖。胞管排列紧密，5.00mm 内有 9 个胞管。

产地及层位：崇义县思顺乡白石坳、过埠镇樟木曲；早奥陶世对耳石组（原樟木曲组）。

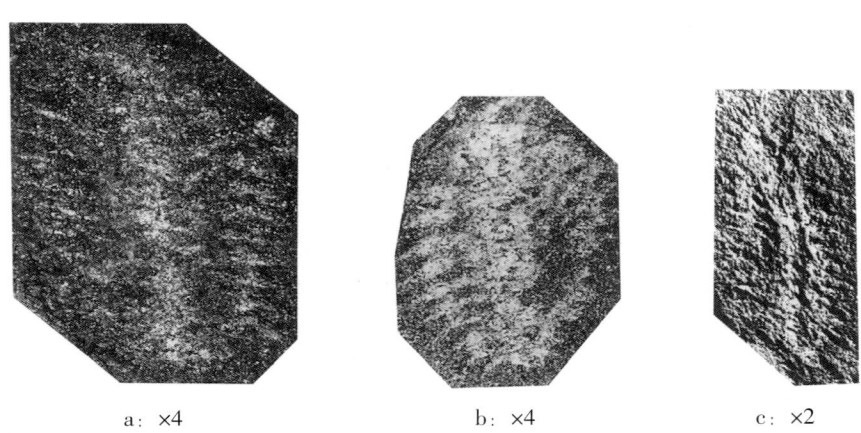

a: ×4　　　　　b: ×4　　　　　c: ×2

图 4-6-155　*Phyllograptus anna* Hall

>>> 安娜叶笔石长型亚种 *Phyllograptus anna longus* Ruedemann

笔石体小，呈长卵形，长 11.00~14.00mm，最大宽度在笔石体中部，宽 4.00~4.30mm（图 4-6-156；李积金等，2000）。有的标本始端中央的突出部分像胎管。胞管长 2.00~2.60mm，口部宽 0.80~1.00mm，腹缘近直或向内凹，口部扩展，形成明显的"U"形尖，口缘直或微内凹，明显外倾，始部胞管倾角大，向末部逐渐变小，相邻胞管间大部掩盖。10.00mm 内有 10~11 个胞管。

产地及层位：崇义县过埠镇樟木曲；早奥陶世对耳石组（原樟木曲组）。

图 4-6-156 *Phyllograptus anna longus* Ruedemann

◆ 假叶笔石属 *Pseudophyllograptus* Cooper et Fortey，1982

》》》窄叶假叶笔石（相似种）*Pseudophyllograptus* cf. *angustifolius*（Hall）

笔石体呈椭圆形，标本的始部断去，保存长度 17.00mm，最大宽度在始部破碎一端，宽 6.00mm，向上宽度开始逐渐减缩，其后向末端迅速减缩（图 4-6-157；李积金等，2000）。胞管中度弯曲，倾角较大，在基部为 50°，向口部增至 80°，口缘凹入，口尖清晰，相邻胞管间大部掩盖。始部 10.00mm 内有 12 个胞管，末部同样长度内有 10 个胞管。

产地及层位：崇义县过埠镇樟木曲；早奥陶世对耳石组（原樟木曲组）。

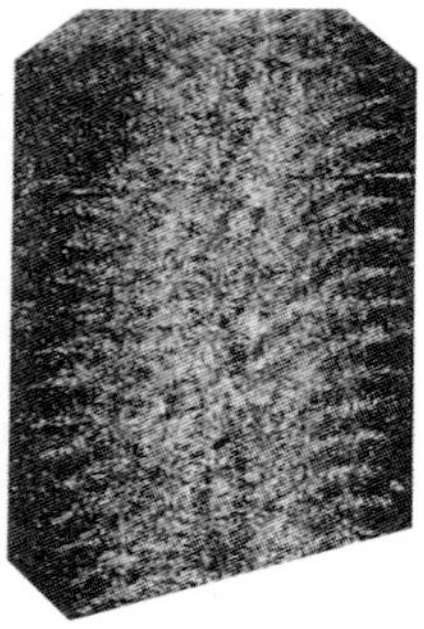

图 4-6-157 *Pseudophyllograptus* cf. *angustifolius*（Hall）

◆ 假三角笔石属 *Pseudotrigonograptus* Mu et Lee，1958

笔石体由 4 个攀合的枝组成，四枝背靠背排列，形成四列胞管，胞管呈三角形，始端窄，口部宽扁，管身全部掩盖，口缘连成平滑线。

分布及时代：中国、大洋洲、北美洲及欧洲；早奥陶世。

剑形假三角笔石 *Pseudotrigonograptus ensiformis* (Hall)

笔石体剑形或艾叶形，长在35.00mm以上，中部最宽为4.20mm，向始、末两端体宽皆逐渐收缩变尖，末端断去，宽3.00mm，始部尖削（图4-6-158；地质部南京地质矿产研究所，1982a）。胎管长锥管状，长1.50mm，顶端伸展到第3个胞管，口部向一侧偏斜，向下斜方向开口，口缘内凹，宽0.30mm。胞管为三角形，侧面保存为弯管状，长1.60mm，口缘直，宽0.90~1.00mm，相邻胞管口缘连成直线，全部掩盖，倾角60°~50°，10.00mm内有7~12个胞管。

产地及层位：玉山县；早奥陶世宁国组下部。

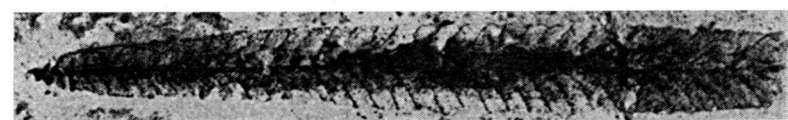

图4-6-158 *Pseudotrigonograptus ensiformis* (Hall)

◆心笔石科 Cardiograptidae Mu et Zhan, 1966
◆原肿笔石属 *Proncograptus* Xiao, Xia et Wang, 1985

笔石体由两枝组成，在胎管附近两枝留有一个明显的三角形或心脏形轴隙，末部分成两个单列枝。胎管清晰，顶端有线管。胞管为简单直管状。

分布及时代：亚洲（中国）；早奥陶世。

美丽原肿笔石 *Proncograptus formosus* Xiao, Xia et Wang

笔石体中等大小，长30mm左右，始端尖圆，由两枝组成。两枝始端平伸，在很短距离内很快转曲向上，向背侧靠拢，相互攀合成双列，在近始部的胎管附近留下长三角形的轴隙，长为7mm。其后两枝分离，上斜生长，轴角20°。笔石体双列部分长8mm，宽5.5mm。末端单列枝长19mm，宽3mm。胎管清楚，呈窄长的三角形，长3mm，顶端有一短的线管（图4-6-159；肖承协等，1985）。

第1个胞管 th_1^1 从胎管右侧近顶部（原胎管）生出，沿胎管壁向下伸展，与胎管近于左右对称。第2个胞管 th_1^2 至第6个胞管 th_3^2 也朝下生长。从第4对胞管开始向外、向上斜伸。胞管呈长管状，长4mm，长为宽的3.5~4.0倍。腹缘微内凹，口缘平直，口尖显著。胞管间壁线粗而直，胞管倾角为35°~40°。相邻胞管几乎全部掩盖，10mm内有9~10个胞管。

图4-6-159 *Proncograptus formosus* Xiao, Xia et Wang

产地及层位：崇义县过埠镇樟木曲；早奥陶世对耳石组（原樟木曲组）。

粗壮原肿笔石 *Oncograptus* (*Proncograptus*) *robustus* Xiao et Xia

笔石体较大，长40.00mm以上，始端浑圆（图4-6-160；肖承协等，1985）。笔石体两枝始端平伸，在短距离内（0.50mm）很快就转曲向上，向背侧靠拢攀合成双列，在胎管附近形成心脏形的轴隙；末部两枝分离构成单列枝。双列部分长20.00mm，中部宽8mm，向末端有变宽趋势，宽达10.00mm；单列部分长20.00mm以上，宽4.50~5.00mm，两枝劲直，向上斜伸生长，轴角30°。胞管为长管状，基部较窄，口部略有膨大，全部掩盖，长5.00~5.50mm。长为宽的4.00~4.50倍。腹缘近于平直，口缘稍向外扩展成喇叭状，口尖显著。最初的两对胞管向下生长，从第3对胞管开始逐渐向外、向上生长。上斜生长的胞管倾角为37°~38°。10.00mm内有10~11个胞管。

产地及层位：崇义县过埠镇樟木曲附近；早奥陶世宁国组。

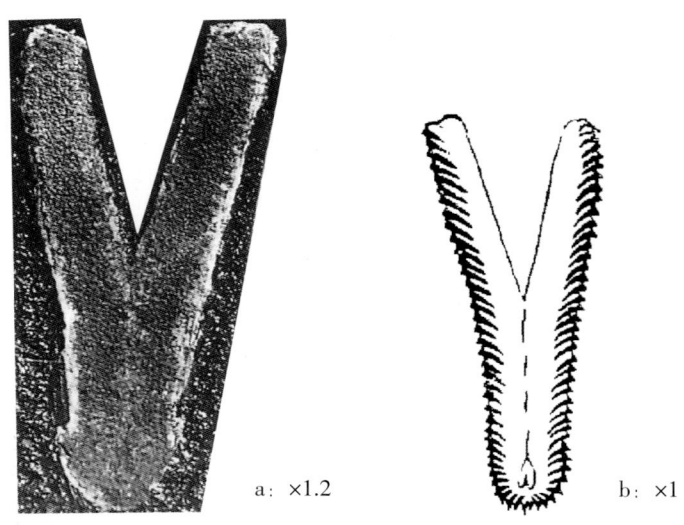

图4-6-160 *Oncograptus* (*Proncograptus*) *robustus* Xiao et Xia

◆ 心笔石属 *Cardiograptus* Harris et Keble，1916

笔石体由两个上攀的枝组成，末部平或有凹陷，因而笔石体呈心脏形，类似肿笔石。但末端的枝并不分开。

分布及时代：亚洲、大洋洲及北美洲；早奥陶世。

巨大心笔石 *Cardiograptus gignateus* Hsü

笔石体巨大，长63.00~70.00mm，两侧近平行，始、末端收缩呈钝圆形，宽4.00~5.00mm，最大宽度在中部达8.00~9.00mm（图4-6-161；地质部南京地质矿产研究所，1982a）。胎管呈长锥管状，长3.50mm，宽0.85mm，胎管刺长0.50mm。第一对胞管向下生长，和胎管呈对称状。胞管细长，长6.20mm，宽1.65mm，口部扩展，口缘平凹，腹缘内凹，刺状口尖发育，倾角30°。相邻胞管大部分掩盖。在10.00mm内有5~12个胞管。

产地及层位：崇义县过埠镇樟木曲；早奥陶世茅坪组。

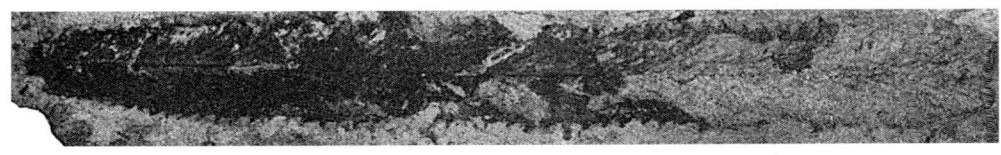

×2

图 4-6-161　*Cardiograptus gignateus* Hsü

>>> **奥陶心笔石 *Cardiograptus ordovicicus*（Hsü）**

笔石体狭长，长 50.00mm，始端浑圆，笔石体两侧平行（图 4-6-162；李积金等，2000）。始端第一对胞管向下生长，第二对胞管向下、向外生长，从第三对胞管起向上斜伸。胞管为直管状，腹缘微弯，口缘凹，口尖显著。相邻胞管间掩盖 2/3 强，胞管倾角 30°~40°。10.00mm 内有 8~9 个胞管。

产地及层位：崇义县过埠镇樟木曲；早奥陶世茅坪组。

×2

图 4-6-162　*Cardiograptus ordovicicus*（Hsü）

>>> **短小心笔石 *Cardiograptus orudus* Hsü**

笔石体小，呈心脏形，长 7.00~8.00mm，最大宽度靠近末端，始端浑圆，顶端有一浅的凹陷或近平（图 4-6-163；李积金等，2000）。胎管呈锥形，具有口刺。最初两对胞管向下生长，从第三对起指向外和向上。胞管为直管状，始端窄，向口部逐渐加宽到 0.80mm，腹缘微弯，口缘微凹，口尖显著。相邻胞管间几乎全部掩盖，中间缝合线直。胞管始部倾角 30°~40°，至胞管口部增大到 70°。5.00mm 内有 5~6 个胞管。

产地及层位：崇义县过埠镇樟木曲；早奥陶世茅坪组。

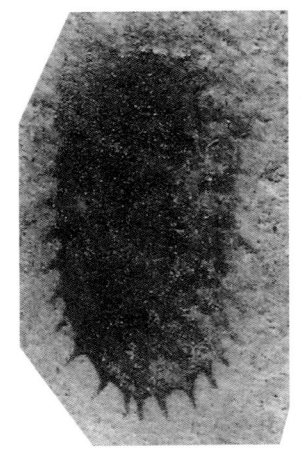

a：×6　　b：×6

图 4-6-163　*Cardiograptus orudus* Hsü

》》》长心笔石 *Cardiograptus amplus* (Hsü)

笔石体长 50.00mm 左右，始端圆，宽 3.50mm，向上迅速增宽至 6.00mm 左右，此宽度保持至末端，形成大致平行的两侧，顶端平或有凹隔（图 4-6-164；地质部南京地质矿产研究所，1982a）。最初的胞管向下生长，后来的胞管向外和向上转，胞管长，逐渐增宽，至口部达 1.00mm。管身近乎全部掩盖，口部凹，口尖显著。10.00mm 内有 10~12 个胞管。

产地及层位：崇义县过埠镇樟木曲；早奥陶世茅坪组。

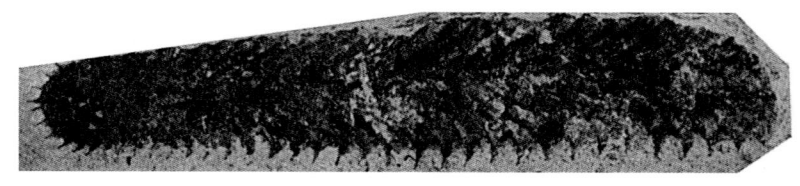

×3

图 4-6-164　*Cardiograptus amplus* (Hsü)

◆ 拟心笔石属 *Paracardiograptus* Mu et Lee，1958

笔石体由攀合的两枝组成，始端浑圆，像心笔石，但最初的几个胞管开始向下，末部或中末部很快向外转折。发育形式属于变相的均分笔石式，胞管几乎全部被掩盖。

分布及时代：中国；早奥陶世。

》》》收缩拟心笔石 *Paracardiograptus contractus* Yu et Fang

笔石体长 17.00mm 以上（图 4-6-165；地质部南京地质矿产研究所，1982a）。始端浑圆，始部笔石体增宽缓慢，距始端 4.00mm 处宽 4.80mm，距始端 8.00mm 处最细为 4.30mm，往末端又逐渐加宽，距始端 13.00mm 处为 5.20mm。胎管为锥形，口缘宽 0.20mm。始部胞管开始向下，随即转折向外生长，大约自第五对胞管起均向上生长。胞管呈中间细、两头粗的长哑铃状。始部胞管倾角较大，近末端的倾角为 25°。胞管长 4.00mm 左右。10.00mm 内有 10 个胞管。

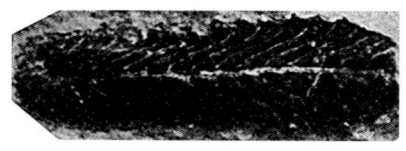

×3

图 4-6-165　*Paracardiograptus contractus* Yu et Fang

产地及层位：武宁县；早奥陶世宁国组下部。

◆ 肿笔石属 *Oncograptus* T. S. Hall，1914

笔石体由两个主枝组成，始部两枝攀合，末端分成两个单列的枝；胞管长，管身近乎全部掩盖；发育形成属均分笔石式。

分布及时代：中国、北美洲及大洋洲；早奥陶世。

长大肿笔石 *Oncograptus magnus* Huang et Xiao

笔石体较大，其大小、形状和一般特征，与 Ruedemann（1947）描述的 *Oncograptus walkeri* Ruedemann 相像，但后者始端尖圆而非钝圆，两枝的轴角较大，为 25°。此种轴角较小，仅 10°~20°，而且后者胞管排列较密，10.00mm 内有 10~11 个胞管，此种同样长度内仅有 7~9 个胞管（图 4-6-166；李积金等，2000）。

产地及层位：崇义县过埠镇樟木曲村；早奥陶世茅坪组。

图 4-6-166 *Oncograptus magnus* Huang et Xiao

长叉肿笔石 *Oncograptus longifurcatus* Huang et Hsiao

笔石体较大，始端扩圆，长 44.00mm 以上（图 4-6-167；地质部南京地质矿产研究所，1982a）。笔石体由两枝组成，下部两枝攀合成双列枝，长 18.00mm，上部分散成两个单列枝，长 26.00mm 以上，宽 3.50~4.50mm。分散角为 345°~340°。最初胞管向下生长，随后逐渐向外、向上生长。胞管呈长管状，长 4.00~5.00mm，长为宽的 4.00~4.50 倍。口尖较显著。10.00mm 内有 9~10 个胞管。

产地及层位：崇义县过埠镇樟木曲村；早奥陶世茅坪组。

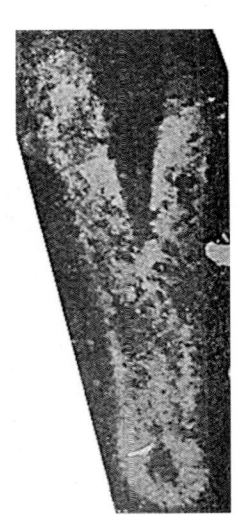

图 4-6-167 *Oncograptus longifurcatus* Huang et Hsiao

◆ 隐笔石科 Cryptograptidae Hadding, 1915
◆ 隐笔石属 *Cryptograptus* Lapworth, 1880

笔石体由两个向上的枝组成，两枝大部重叠，形成单肋式排列，胞管一般为直管状。

分布及时代：世界各大洲；奥陶纪。

长型隐笔石 *Cryptograptus elongatus* Li

笔石体细长，长 41.00mm，始端宽 1.10mm，向上逐渐加宽，最大宽度在末部，宽 2.70mm（图 4-6-168；地质部南京地质矿产研究所，1982a）。胎管刺粗短。胞管口缘平或微凹，宽达 0.60mm，伸出体外 11.50mm。

图 4-6-168 *Cryptograptus elongatus* Li

产地及层位：崇义县过埠镇茅坪村；早奥陶世茅坪组。

》》》三刺隐笔石虫形亚种
Cryptograptus tricornis insectiformis Ruedemann

笔石体短小，长 5.00mm 左右，两侧平行，宽度均一，为 1.20~1.50mm。中轴细，伸出体外（图 4-6-169；地质部南京地质矿产研究所，1982a）。胎管刺粗短，两底刺长而微弯，其间夹角为 110°。5.00mm 内有 8 个胞管。

产地及层位：武宁县；中奥陶世胡乐组下部。

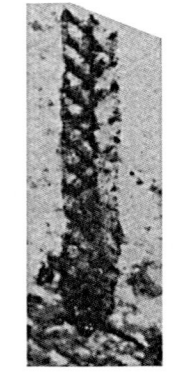

图 4-6-169 *Cryptograptus tricornis insectiformis* Ruedemann

》》》触角隐笔石 *Cryptograptus antennarius*（Hall）

笔石体长 8.50~11.00mm，两侧平行，最大宽度 1.50mm（图 4-6-170；李积金等，2000）。胎管刺粗壮，两底刺十分醒目，向外向下伸展，长在 3.50mm 以上。胞管不清晰，仅在笔石体中央见到一列口印。10.00mm 内似有 10 个胞管。中轴伸出笔石体末端之外。

产地及层位：崇义县过埠镇樟木曲、上黄背；早奥陶世对耳石组（原樟木曲组）。

图 4-6-170 *Cryptograptus antennarius*（Hall）

◆舌笔石属 *Glossograptus* Emmons，1955

两枝向上，大部重叠，形成单肋式排列，笔石体横切面卵形或椭圆形，具有强壮的胞管口刺。
分布及时代：世界各洲；奥陶纪。

武装舌笔石（相似种）*Glossograptus* cf. *armatus* Nicholson

笔石体始端浑圆，底刺粗短，两侧近于平行，中部稍宽，约 2.50mm，中轴伸出末端之外（图 4-6-171；地质部南京地质矿产研究所，1982a）。胞管直管状，与笔石体轴线成 15°的交角，胞管口缘凹入，具有长达 1.00~2.50mm 的口刺。笔石体始端口刺下斜，中部平伸，末端上斜。10.00mm 内有 8 个胞管。

产地及层位：武宁县；中奥陶世胡乐组下部。

强大舌笔石 *Glossograptus briaros* Ni

笔石体粗壮，长者可达 16.00mm（图 4-6-172；地质部南京地质矿产研究所，1982a）。始端钝圆，宽度均一，为 3.50~4.00mm，中轴伸出体外。笔石体始部具 4 个粗短的底刺，胞管具两种口刺，一种粗短微弯，长约 1.50mm；另一种劲直，长可达 3.50mm。10.00mm 内有 16~18 个胞管。

产地及层位：武宁县；中奥陶世胡乐组下部。

辛氏舌笔石 *Glossograptus hincksii*（Hopkinson）

笔石体两侧平行，长 22.00mm，宽约 2.50mm（图 4-6-173；地质部南京地质矿产研究所，1982a）。始端尖削，末端平齐。胞管口刺一侧向上斜伸，另一侧向下斜伸，口刺长 1.00~1.50mm。中轴明显地伸出体外。第一对胞管口刺弯曲向下，形成两个底刺。胞管倾角为 30°~40°，口缘平。10.00mm 内有 12~15 个胞管。

产地及层位：修水县石鼓村；中奥陶世胡乐组下部。

粗壮舌笔石 *Glossograptus strenes* Ni

笔石体长约 15.00mm，始部微膨胀，宽度达 4.00mm，中部宽 3.50mm，末部宽 3.00mm（图 4-6-174；地质部南京地质矿产研究所，1982a）。中轴粗壮，伸出体外。笔石体始部具 6 个以上底刺，胞管长 6.00mm，宽仅 0.30~0.40mm，倾角 30°~40°。口缘平，口刺平伸，长 1.00mm。笔石体横切面可以切割 5~6 个胞管。10.00mm 内有 16~18 个胞管。

产地及层位：武宁县；早奥陶世宁国组。

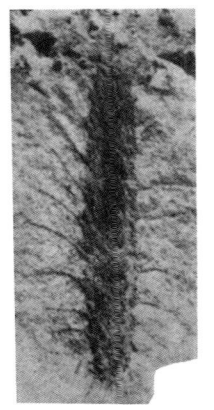

×3

图 4-6-171 *Glossograptus* cf. *armatus* Nicholson

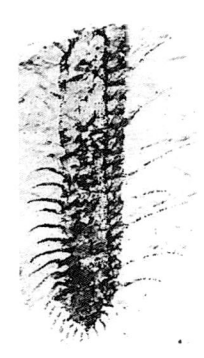

×3

图 4-6-172 *Glossograptus briaros* Ni

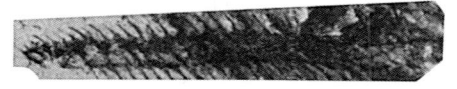

×3

图 4-6-173 *Glossograptus hincksii*（Hopkinson）

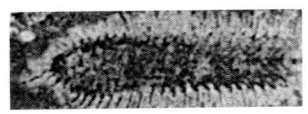

×2

图 4-6-174 *Glossograptus strenes* Ni

武宁舌笔石 *Glossograptus wuningensis* Ni

笔石体长可达 25.00mm，始端尖圆，中、下部呈纺锤形，最大宽度达 3.50mm，其余部分两侧平行，宽 2.00mm，中轴粗壮，伸出体外（图 4-6-175；地质部南京地质矿产研究所，1982a）。笔石体始部具 5 个底刺，其中 3 个短刺向下垂伸，2 个长刺长度达 2.50mm。胞管细长，倾角 30°~40°。口缘平，口刺短小，其延伸方向随笔石体生长由始至末，逐渐由下斜转为水平到上斜。10.00mm 内有 9~13 个胞管。

产地及层位：武宁县；早奥陶世宁国组下部。

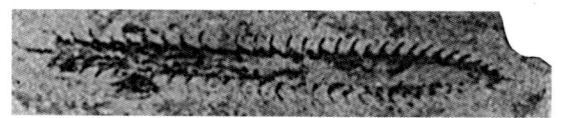

×2

图 4-6-175 *Glossograptus wuningensis* Ni

辛氏舌笔石（相似种）*Glossograptus cf. hincksii* (Hopkinson)

笔石体长 16.00~60.00mm，始端稍浑圆，末端平齐，最大宽度在笔石体中下部，宽 3.00~4.00mm（图 4-6-176；李积金等，2000）。始端有 5 个底刺，两侧的两个底刺向外斜伸，中间 3 个底刺向下垂伸，刺均纤细。胞管为直管状，腹缘直，口缘微凹，口刺少而细，长 3.00mm。胞管排列稀松，10.00mm 内仅有 6~8 个胞管。

产地及层位：崇义县思顺乡白石坳；早奥陶世对耳石组（原樟木曲组）。

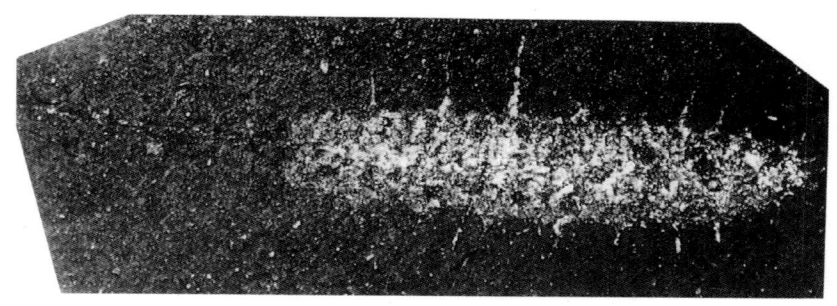

a：×3

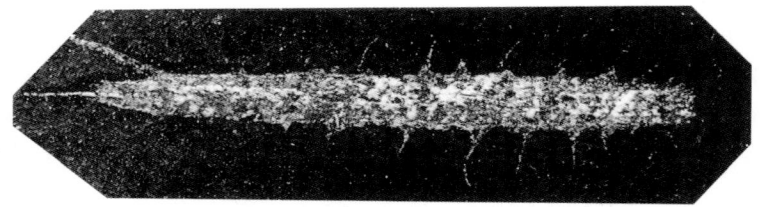

b：×2

图 4-6-176 *Glossograptus cf. hincksii* (Hopkinson)

具刺舌笔石 *Glossograptus acanthus* Elles et Wood

笔石体近纺锤形，长 18.00mm，中下部最宽达 3.50mm。始端尖，具有 4 个底刺，其中胎管 "U" 形刺与第二排的第一个胞管口刺分叉（图 4-6-177；李积金等，2000）。胞管为直管状，口缘平或稍凹入，口刺粗壮。始部口刺向下斜伸，中部口刺近水平伸展，末部口刺则向上斜伸，相邻胞管间大部掩盖。10.00mm 内有 9~11 个胞管。中轴膨胀，伸出笔石体末端之外 34.00mm。

产地及层位：崇义县过埠镇樟木曲、思顺白石坳；早奥陶世对耳石组（原樟木曲组）。

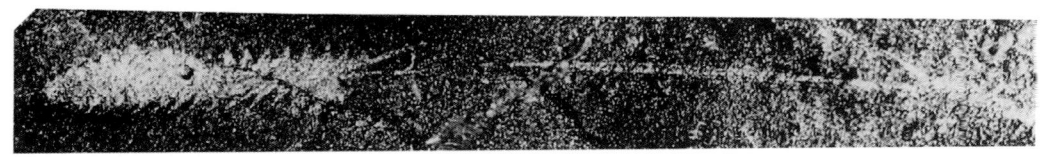

×2

图 4-6-177 *Glossograptus acanthus* Elles et Wood

◆ 拟舌笔石属 *Paraglossograptus* Mu in Hsü，1959

似舌笔石，但胞管口刺之间具有横靶相连，且相连的口刺互相绞结，形成良好的刺网。

分布及时代：中国、大洋洲及北美洲；早奥陶世。

规则拟舌笔石 *Paraglossograptus regularis* Hsü

笔石体长纺锤形，长约 20.00mm，中部最宽 3.30mm（图 4-6-178；地质部南京地质矿产研究所，1982a）。始端圆，具有 3 个底刺。始端宽 2.40mm，末端宽 2.00mm。中轴粗直，伸出末端之外，长约 10.00mm。胞管为直管状，倾角约 40°，单肋式排列。刺网发育，比较规则，多为正常口刺及绞结口刺相间排列，但个别地方也比较紊乱。10.00mm 内有 10~12 个胞管。

产地及层位：崇义县；早奥陶世茅坪组。

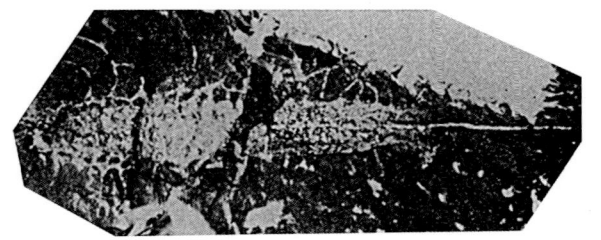

×2

图 4-6-178 *Paraglossograptus regularis* Hsü

宽形拟舌笔石 *Paraglossograptus latus* Hsü

笔石体长 8.60mm，始端宽 1.80mm，向上逐渐加宽，最大宽度在末端，宽达 4.20mm（图 4-6-179；李积金等，2000）。中轴细，伸出笔石体末端之外 9.00mm，上部微弯曲。

产地及层位：崇义县过埠镇樟木曲；早奥陶世对耳石组（原樟木曲组）。

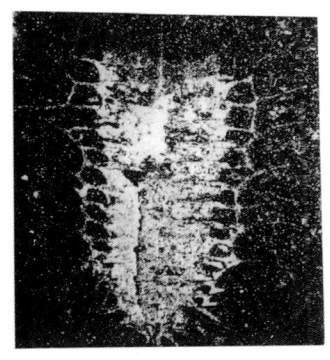

×2

图 4-6-179 *Paraglossograptus latus* Hsü

◆有轴亚目 Axonophora Frech, 1897
　◆双笔石科 Diplograptidae Lapworth, 1873
　　◆雕笔石属 *Glyptograptus* Lapworth, 1873

两枝向上攀合，横切面近于圆形；胞管腹缘波形曲折，胞管口部有时稍向内曲，口缘通常呈波形弯曲。

分布及时代：世界各洲；早奥陶世—早志留世。

江西雕笔石 *Glyptograptus jiangxiensis* Jiao

笔石体细长，长 30.00mm 以上，始端尖削，宽 0.60mm，向上逐渐增宽，最大宽度在末部，宽达 2.50mm（图 4-6-180；地质部南京地质矿产研究所，1982a）。胞管腹缘弯曲，口缘平，倾角 30°~20°，掩盖 1/3~1/2。胞管长 2.00mm，宽 0.50mm。10.00mm 内有 6~8 个胞管。

产地及层位：崇义县；早奥陶世茅坪组。

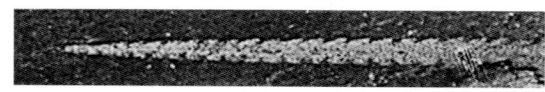

图 4-6-180　*Glyptograptus jiangxiensis* Jiao

中国齿状雕笔石肥大亚种 *Glyptograptus sinodentatus obesus* Li

笔石体始端呈方形，两侧近于平行，长约 20.00mm，始端宽 3.00mm，最大宽度 4.00mm（图 4-6-181；地质部南京地质矿产研究所，1982a）。胎管刺粗短，位于始端正中。胞管细长，掩盖 2/3，口缘凹入，形成斜深口穴。中轴伸出体外 10.00mm。

产地及层位：武宁县；早奥陶世宁国组下部。

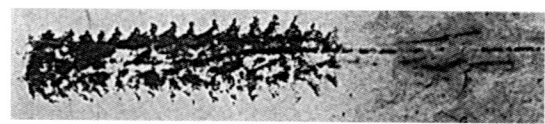

图 4-6-181　*Glyptograptus sinodentatus obesus* Li

雕刻雕笔石 *Glyptograptus persculptus* Salter

笔石体长 30.00mm 左右，宽 2.00~2.50mm，两侧大致平行，胞管轴向扭曲，腹缘及口缘略呈波形弯曲，口部稍微向外扩张，中轴完整，两列胞管以形成两行波状构造为特征（图 4-6-182；穆恩之和陈旭，1962）。胞管长 2.00mm，掩盖 1/2。10.00mm 内有 8~10 个胞管。

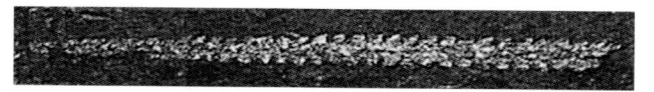

图 4-6-182　*Glyptograptus persculptus* Salter

产地及层位：武宁县船滩镇，早志留世黎树窝组。

▶▶▶ 圆滑雕笔石 *Glyptograptus teretiusculus*（Hisinger）

笔石体长度超过 25.00mm，始部宽 1.10mm，5.00mm 内迅速增宽到 2.20mm，此后距始部 10.00mm 处宽为 2.50mm，此宽度保持到末部（图 4-6-183；倪寓南，1991）。始部 10.00mm 内有 13 个胞管，末部同距离内有 10 个胞管。

产地及层位：武宁县；中奥陶世胡乐组。

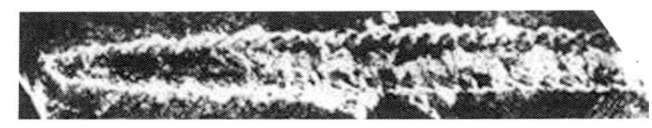

a：×3

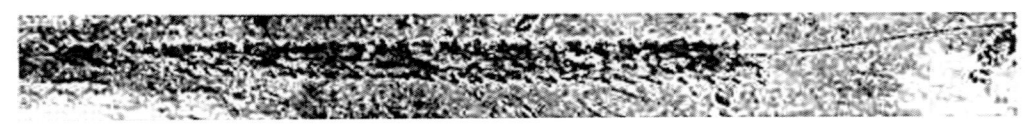

b：×3

图 4-6-183 *Glyptograptus teretiusculus*（Hisinger）

▶▶▶ 精刻雕笔石（相似种）*Glyptograptus* cf. *euglyphus* Lapworth

笔石体保存长度 11.00mm，始端呈楔形，横过第一对胞管口部宽 0.80mm，向上逐渐增宽，离始端 5.00mm 处宽 1.50mm，其后向末部微微增至最大宽度 1.80mm（图 4-6-184；李积金等，2000）。胎管未露出，胎管刺短小。胎管腹缘微凸，口缘平，略向外斜，口穴清晰，呈楔形，占体宽的 1/5，两列胞管交错排列，相邻胞管间掩盖 1/2。始部 10.00mm 内有 10 个胞管。

产地及层位：崇义过埠镇上黄背；早奥陶世对耳石组（原樟木曲组）。

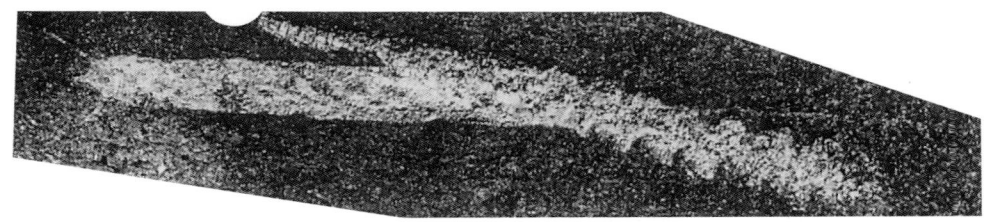

a：×3

b：×6

图 4-6-184 *Glyptograptus* cf. *euglyphus* Lapworth

◆ 波曲笔石属 *Undulograptus* Bouček, 1973, emend. Jenkins, 1980

具有卷胚芽发育和 th_2^1 或其后的胞管是双芽胞管的攀合双列笔石。胞管呈蜿蜒状，大部掩盖，没有膝角。胞管间壁呈"S"形，起始于每一先前胞管口部水平之下。中隔壁呈波状。笔石体始部钝圆。

分布及时代：亚洲、大洋洲、北美洲和欧洲；早奥陶世。

▷▷▷ 澳洲齿状波曲笔石 *Uudulograptus austrodentatus*（Harris et Keble）

笔石体始端平，呈方形，长 1.10~2.50mm，始端宽 1.20~1.50mm，向上逐渐加宽，距始端 10.00mm 处加宽到 1.90~2.00mm，但至末端略微收缩（图 4-6-185；李积金等，2000）。胎管长 2.30mm，胎管刺粗壮，长 1.00mm。胞管呈"S"形弯曲，口穴显著，中隔板似呈波状。始部 10.00mm 内有 12~13.5 个胞管，末部同样长度内有 10~10.5 个。中轴较粗壮，伸出体外 6.50~13.00mm。

产地及层位：崇义县过埠镇樟木曲村；早奥陶世茅坪组。

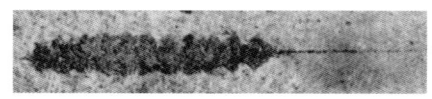   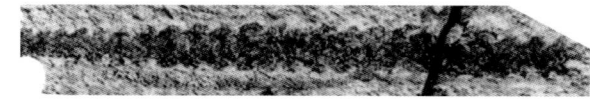

a：×3   b：×3

图 4-6-185 *Uudulograptus austrodentatus*（Harris et Keble）

◆ 假栅笔石属 *Pseudoclimacograptus* Pribyl, 1947

胞管似栅笔石，但"S"形波形弯曲更甚，形成齿状折曲的中间缝合线，有的转折处具有小的横沟，膝角一般为钝形。

分布及时代：亚洲、北美洲、大洋洲及欧洲；早奥陶世—早志留世。

▷▷▷ 垂唇假栅笔石棠垭亚种
Pseudoclimacograptus demittolabiosus tangyensis Geh

笔石体细长，长 15.00mm，始端浑圆，宽 0.70~0.80mm，向末部逐渐增宽到 1.50mm（图 4-6-186；地质部南京地质矿产研究所，1982a）。中轴细，伸出体外。3 个底刺发育、粗短。胎管长锥形，顶部被始部胞管包裹，中间缝合线呈齿状折曲，具横沟。胞管剧烈折曲，外露腹缘折成膝状，转折处的下缘具有下垂的唇状构造，口穴狭长，占笔石体宽的 1/3，相互掩盖 1/3。10.00mm 内有 13~14 个胞管。

产地及层位：武宁县；中奥陶世胡乐组下部。

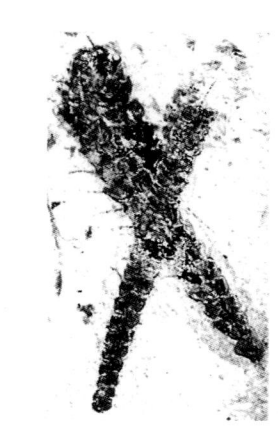

×3

图 4-6-186 *Pseudoclimacograptus demittolabiosus tangyensis* Geh

◆ 栅笔石属 *Climacograptus* Hall, 1865

笔石体直,双列,横切面呈卵形;胞管强烈弯曲,腹缘呈"S"形曲折,形成方形口穴;胞管内壁线直,即栅笔石式胞管。

分布及时代:世界各洲;早奥陶世—早志留世。

▶▶▶ 优美栅笔石 *Climacograptus bellulus* Mu et Zhang

笔石体短小,长在 5.00mm 左右,始端宽 0.60mm,最大宽度在 1.00mm 左右(图 4-6-187;地质部南京地质矿产研究所,1982a)。始端浑圆,胎管刺细小,向下垂伸,两个底刺对称,形成宽阔的弧形。胞管为栅笔石式,口缘平,露出腹缘与轴向平行。胞管排列紧密,在 4.00mm 内达 7 个胞管。中轴伸出体外。

产地及层位:武宁县宋溪镇新开岭;晚奥陶世新开岭组下部。

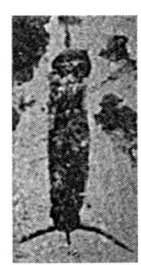

图 4-6-187 *Climacograptus bellulus* Mu et Zhang

▶▶▶ 重刺栅笔石(相似种)*Climacograptus* cf. *duplex* Mu et Zhang

笔石体长 16.50mm,始端向上宽度逐渐增加,在距始端 7.00mm 处宽 1.90mm,此后两侧平行(图 4-6-188;地质部南京地质矿产研究所,1982a)。中轴直。两底刺粗壮,呈弧形向下伸展,长 4.20mm,在底刺下侧方具棍状膜体,宽为 0.60mm,构成重叠状底刺。在 10.00mm 内有 12~14 个胞管。

产地及层位:武宁县;晚奥陶世新开岭组下部。

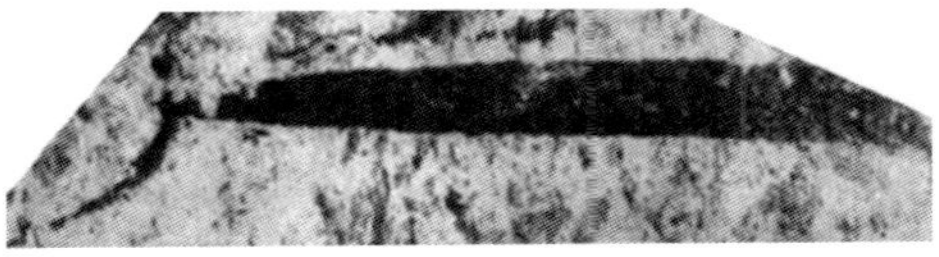

图 4-6-188 *Climacograptus* cf. *duplex* Mu et Zhang

▶▶▶ 壮尾栅笔石 *Climacograptus forticaudatus* Hsü

笔石体靠始端尖削(图 4-6-189;穆恩之和陈旭,1962)。胎管刺细而长。靠近上部被一种薄膜所包裹,因而宽度加大,显得粗壮。胞管裸露的腹缘为垂直的直线,口缘水平,稍为内卷,口穴呈椭圆形。胞管排列紧密,10.00mm 内有 12~14 个胞管。

产地及层位:崇义县过埠镇;晚奥陶世石口组。

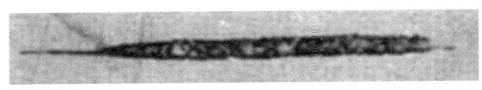

图 4-6-189 *Climacograptus forticaudatus* Hsü

▶▶▶ 江西栅笔石 *Climacograptus jiangxiensis* Ge

笔石体窄,长 8.40mm,始端宽 0.60mm,向上逐渐增宽,在笔石体中部达最大宽度 0.90mm,

此后两侧平行，中轴直，露出体外 0.60mm（图 4-6-190；地质部南京地质矿产研究所，1982a）。胎管被始部膜体包裹，3 个底刺细而显著，向下呈叉状。在始部包括胎管及第一对胞管和 3 个底刺的始部，具一对呈半圆形膜体，面积约为 0.4×0.6mm²。胞管膝上腹缘直，与中轴近平行，膝角清晰，口尖略呈刺状，口缘平或微凹，口穴半圆形，占体宽的 l/5~1/4。5.00mm 内有 7~8 个胞管。

产地及层位：武宁县宋溪镇新开岭；晚奥陶世新开岭组下部。

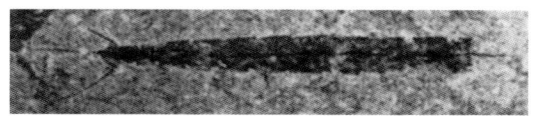

×6

图 4-6-190　*Climacograptus jiangxiensis* Ge

》》》 高层栅笔石 *Climacograptus supernus* Elles et Wood

笔石体长 15.00mm，始端宽 0.60mm，最大宽度 1.20mm（图 4-6-191；地质部南京地质矿产研究所，1982a）。胎管刺细小，两个底刺十分醒目，先向外伸，其后弯曲向下。胞管为栅笔石式，口穴清晰，呈半圆形，占体宽的 1/3，掩盖 1/3。10.00mm 内有 10~14 个胞管。

产地及层位：武宁县宋溪镇新开岭；晚奥陶世新开岭组下部。

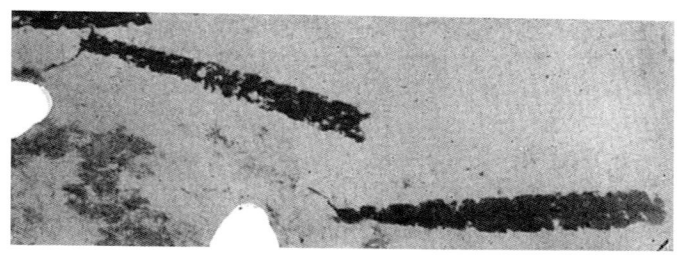

×6

图 4-6-191　*Climacograptus supernus* Elles et Wood

》》》 美丽栅笔石单一亚种 *Climacograptus venustus simplex* Ge

笔石体长 14.00mm，始端宽 0.40mm，在 3.00mm 内最大宽度达 0.70~0.80mm，此后两侧平行，中轴直（图 4-6-192；地质部南京地质矿产研究所，1982a）。两底刺向下斜伸，长 1.80mm，在胎管口部的底刺下方有一长条状膜体加宽，膜体长 0.80mm，宽 0.15mm，各一个底刺上在距始端 0.30~

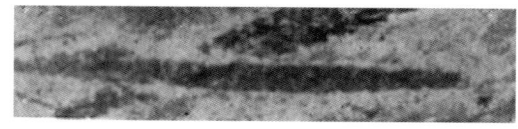

×3

图 4-6-192　*Climacograptus venustus simplex* Ge

0.40mm 处皆有一向上长达 2.30mm 的附生刺。胞管为栅笔石式，长 1.60mm，宽 0.30mm，膝上腹缘直，与中轴平行，口缘平，口穴呈半圆形，占体宽的 1/5~1/3。10.00mm 内有 13 个胞管。

产地及层位：武宁县宋溪镇新开岭；晚奥陶世新开岭组下部。

针刺栅笔石 Climacograptus spiniferus Ruedemann

笔石体长 20.00mm 左右，始部瘦窄，宽 0.70~0.80mm，近中部最宽 2.00~2.30mm（图 4-6-193；黄枝高等，1988）。胎管口部弯向一侧，胎管刺倾斜下弯，长 1.00~2.50mm。th_1^1 具显著的腹刺，向另一侧下斜，长 0.50~2.50mm。中轴细。胞管折曲成栅笔石式。10.00mm 内有 10~14 个胞管。

产地及层位：崇义县思顺乡；晚奥陶世石口组。

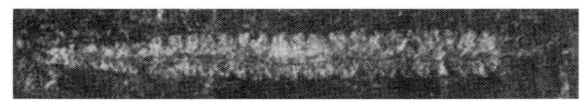

×3

图 4-6-193 *Climacograptus spiniferus* Ruedemann

等宽栅笔石 Climacograptus unifonnis Hsü

笔石体长 9.50mm，始端钝圆，横过第一对胞管口部宽 0.80mm，向上逐渐增宽，至离始端 5.00mm 处最大宽度达 1.40mm，在末端又减缩到 1.30mm（图 4-6-194；李积金等，2000）。胎管刺长 0.60mm。胞管膝上腹缘直，平行于轴向，膝下腹缘斜入，口缘向内倾斜，口穴狭长，呈裂隙状，占体宽的 1/3。始部 5.00mm 内有 7 个胞管，末部同样长度内有 6 个胞管。中轴细直，伸出体外 4.50mm 以上。

产地及层位：崇义县思顺乡白石坳；早奥陶世对耳石组（原樟木曲组）。

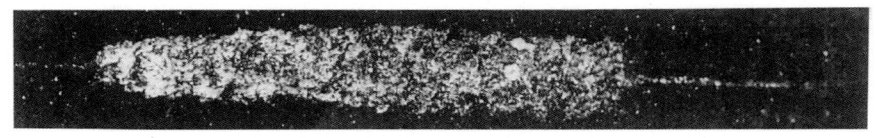

×6

图 4-6-194 *Climacograptus unifonnis* Hsü

古老栅笔石线形亚种 Climacograptus antiquus lineatus Elles et Wood

所见标本保存不完整。笔石体始部均未保存，大部分两侧近于平行，宽 1.40~1.80mm，中轴粗壮，宽达 0.20mm，伸出体外（图 4-6-195；倪寓南，1991）。胞管膝上腹缘近直，口缘微凹，口穴裂隙状，有时微向轴向倾斜，约占体宽的 1/3。两列胞管口近于相对排列，10.00mm 为有 11~12 个胞管。

产地及层位：武宁县；中奥陶世胡乐组。

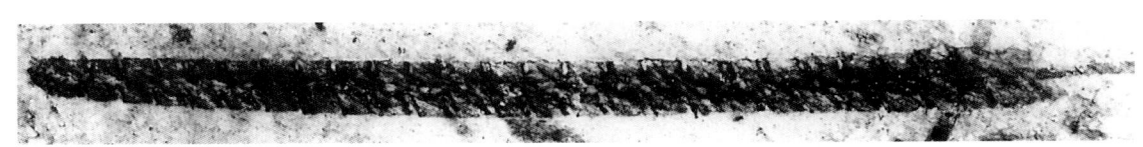

图 4-6-195 *Climacograptus antiquus lineatus* Elles et Wood

◆ **围笔石属 *Amplexograptus* Elles et Wood，1907**

双列有轴笔石，横切面近长方形或椭圆形。胞管呈波形曲折，膝上腹缘略向外斜或与轴向平行，胞管间壁线倾斜于轴向，口穴斜深，有时具有中隔壁或中间缝合线。膝角发育，有时具膝刺。

分布及时代：世界各洲；早奥陶世—早志留世。

>>> **紧密围笔石 *Amplexograptus confertus*（Lapworth）**

笔石体长的达 25.00mm，始端尖圆，宽 0.80mm，向末部迅速增宽到最大宽度 1.60~2.00mm，此宽度保持到末端，两侧近于平行（图 4-6-196；地质部南京地质矿产研究所，1982a）。始端具 3 个短小的底刺。胞管为围笔石式，膝角发育，膝上腹缘近直，与轴向平行，或微向内倾斜，口穴狭长、深，呈袋状，占体宽的 1/3~2/5。10.00mm 内有 11~15 个胞管。中轴细，伸出体外。

产地及层位：武宁县；早奥陶世宁国组下部。

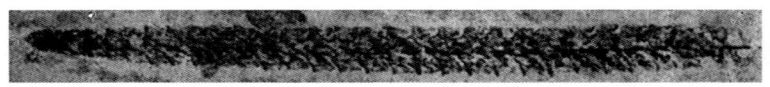

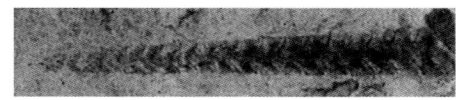

图 4-6-196 *Amplexograptus confertus*（Lapworth）

>>> **饱满围笔石 *Amplexograptus differtus* Harris et Thomas**

笔石体长 17.00mm，始端宽 0.85mm，距始端 8.00mm 处最大宽度达 2.00mm，末端微收缩为 1.80mm，3 个底刺极不明显，中轴伸出体外，长达 10.00mm。胞管膝上腹缘近直，长 0.70~0.80mm，口缘微凹，口穴呈袋状，占体宽的 1/3。10.00mm 内有 10~12 个胞管（图 4-6-197；地质部南京地质矿产研究所，1982a）。

产地及层位：武宁县；早奥陶世宁国组下部。

×4

图 4-6-197　*Amplexograptus differtus* Harris et Thomas

▶▶▶ 微小围笔石 *Amplexograptus modicellus* Harris et Thomas

笔石体细长，长 14.50mm，始端浑圆，宽 0.50mm，向上缓慢增宽，最大宽度 0.90mm（图 4-6-198；李积金等，2000）。胎管刺粗短，长 0.80mm。胞管膝上腹缘直，口穴呈袋状或椭圆形，占体宽的 1/2。两列胞管交错排列，10.00mm 内有 13~15 个胞管。中轴细直，贯穿笔石体中央，并伸出笔石体末端之外。

产地及层位：崇义过埠镇樟木曲；早奥陶世对耳石组（原樟木曲组）。

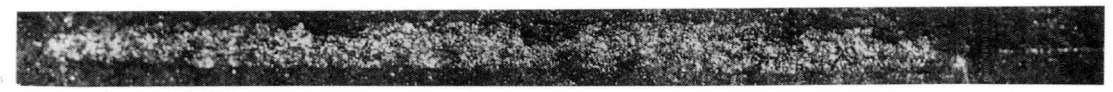

×8

图 4-6-198　*Amplexograptus modicellus* Harris et Thomas

◆ 直笔石属 *Orthograptus* Lapworth，1873

双列有轴笔石，横切面近方形。胞管为直笔石式，腹缘微弯曲，有的具有口刺。

分布及时代：世界各洲；早奥陶世—早志留世。

▶▶▶ 分节直笔石 *Orthograptus disjunctus* Geh

笔石体长 58.00mm，两侧近平行（图 4-6-199；地质部南京地质矿产研究所，1982a）。始端钝圆，宽 1.20mm，向上逐渐增宽，末端最宽达 2.30~2.50mm。胞管断面为方形，管身近直，腹缘直或微曲，口缘平，稍向内斜，在每一个胞管中部，具有一个清晰的横沟。胞管倾角 60°，相邻胞管重叠 1/3。自第五、六对胞管以后开始出现中隔壁。中轴劲直伸出体外 10.00mm。10.00mm 内有 8~10 个胞管。

产地及层位：武宁县；中奥陶世胡乐组下部。

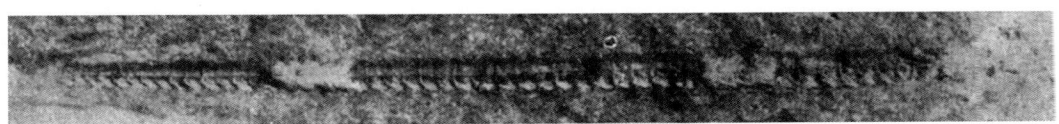

×2

图 4-6-199　*Orthograptus disjunctus* Geh

>>> 宽型直笔石 *Orthograptus latus* Li

笔石体长 28.00~45.00mm，始端宽 1.30mm，向上迅速加宽，最大宽度在中部，为 3.50~4.00mm（图 4-6-200；地质部南京地质矿产研究所，1982a）。胞管口缘微凹成平直，微向外斜，胞管倾角 35°，掩盖 1/2。10.00mm 内有 8~11 个胞管。

产地及层位：武宁县宋溪镇新开岭；晚奥陶世新开岭组下部。

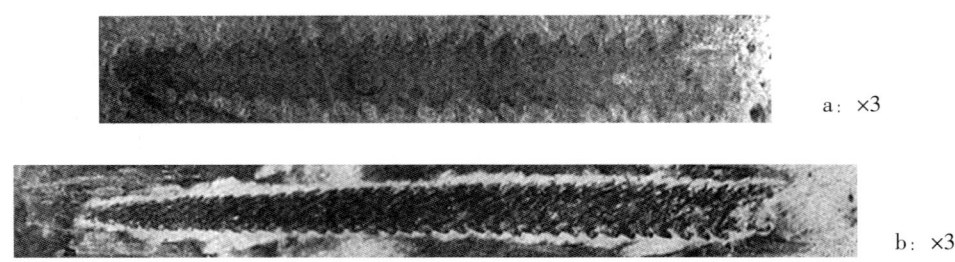

图 4-6-200 *Orthograptus latus* Li

>>> 华氏直笔石 *Orthograptus whitfieldi*（Hall）

笔石体长 16.00mm，始端宽 1.25mm，最大宽度在笔石体中上部，为 2.20mm（图 4-6-201；地质部南京地质矿产研究所，1982a）。中轴伸出体外。胞管具有口刺，长达 1.00mm，向上斜伸。胞管长 1.50~2.00mm，相互掩盖 1/3~1/2。10.00mm 内有 10~11 个胞管。

产地及层位：武宁县；中奥陶世胡乐组下部。

>>> 四刺直笔石（相似种）
Orthograptus cf. *quadrimucronatus*（Hall）

笔石体长 14.00~18.00mm，始端较圆，宽约 1.50mm，很快增至最大宽度 3.20~3.80mm（图 4-6-202；黄枝高等，1988）。胞管梯状保存，腹缘直或微弯，口缘宽平或呈微波状，口部稍向外扩张，具口尖，有的呈短粗的口刺。胞管倾角 30°左右，相邻胞管间掩盖 1/2~2/3。10.00mm 内有 8~12 个胞管。

产地及层位：永新县三湾乡汗江；晚奥陶世石口组。

◆ 直管笔石属 *Rectograptus* Pribyl, 1949

双列有轴笔石。胞管为直管笔石式，腹缘直，口缘外斜，无口刺。

分布及时代：世界各洲；中奥陶世—早志留世。

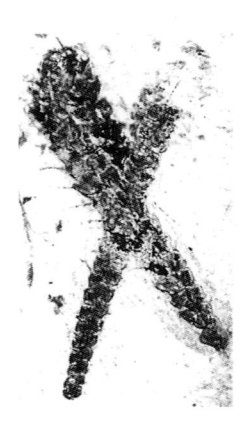

图 4-6-201 *Orthograptus whitfieldi*（Hall）

图 4-6-202 *Orthograptus* cf. *quadrimucronatus*（Hall）

江西直管笔石 *Rectograptus jiangxiensis* Li

笔石体长 25.00~32.00mm，始端宽 0.65mm，最大宽度在笔石体中部，宽 1.50~2.00mm（图 4-6-203；地质部南京地质矿产研究所，1982a）。始端具有 3 个底刺，即胎管刺、胎管口刺及第一个胞管的腹刺。胞管为直管状，长 1.70~1.80mm，宽 0.50mm，口缘平，向外斜，倾角 40°，掩盖 1/2。10.00mm 内有 8~10 个胞管。

产地及层位：武宁县宋溪镇新开岭；晚奥陶世新开岭组下部。

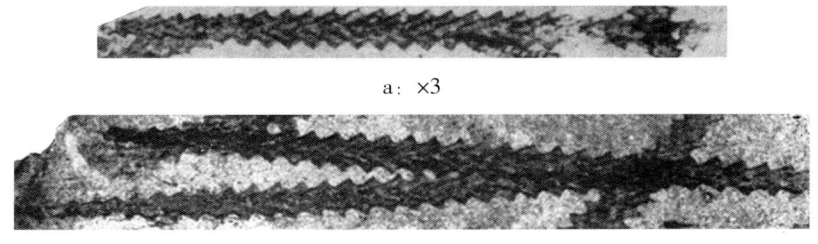

图 4-6-203 *Rectograptus jiangxiensis* Li

武宁直管笔石 *Rectograptus wuningensis* Li

笔石体长 42.00mm，始端宽 0.90~1.10mm，离始端 10.00mm 宽度增至 3.20mm，其后向上很快增至 3.50mm（图 4-6-204；地质部南京地质矿产研究所，1982a）。胞管为标准的 Truncatus 式，口缘凹，向外斜，倾角 40°，掩盖 2/3；胞管长 23.00mm，宽 0.70mm。10.00mm 内有 12~15 个胞管。中轴细，贯穿笔石体中央。

产地及层位：武宁县；晚奥陶世新开岭组下部。

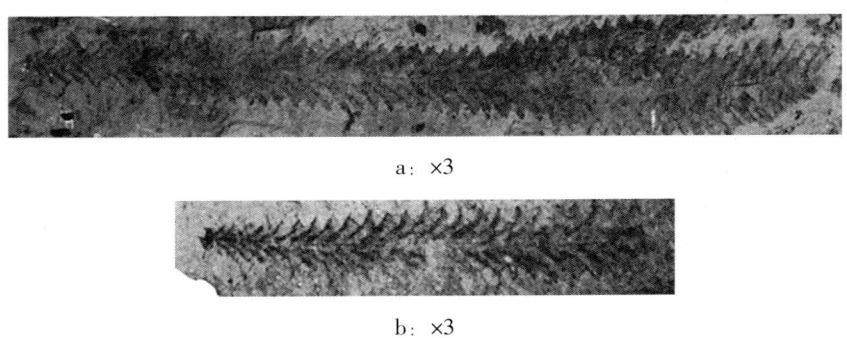

图 4-6-204 *Rectograptus wuningensis* Li

◆ 拟直笔石属 *Paraorthograptus* Mu et al，1974

像直管笔石，但每一胞管均具有单一或成对的腹刺。由于腹刺的发育，胞管腹部一般均变形，形如膝角，骤然视之像栅笔石。发育形式为双笔石式。

分布及时代：亚洲、大洋洲及欧洲；晚奥陶世—早志留世。

狭窄拟直笔石 *Paraorthograptus angustus* Mu et Li

笔石体狭窄，长 16.00mm，始端宽 0.70mm，最大宽度 1.20mm（图 4-6-205；地质部南京地质矿产研究所，1982a）。胞管腹缘折曲明显，腹刺细，长 1.00mm，向外平伸或向下斜伸，口缘微凹，向外斜，倾角 25°，掩盖 1/2。5.00mm 内有 7~8 个胞管。

产地及层位：武宁县宋溪镇新开岭；晚奥陶世新开岭组下部。

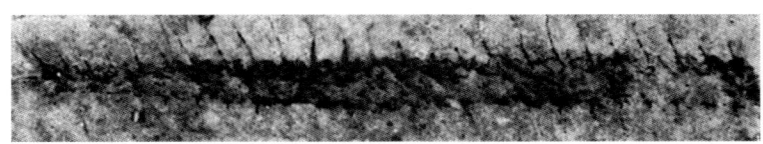

×6

图 4-6-205 *Paraorthograptus angustus* Mu et Li

江西拟直笔石 *Paraorthograptus jiangxiensis* Li

笔石体十分细小，长 8.00mm，始端宽 0.50~0.65mm，最大宽度不超过 1.10mm（图 4-6-206；地质部南京地质矿产研究所，1982a）。胞管为直笔石式，腹缘生出成对的腹刺，但一般仅见到单刺。刺基突起不太显著，因而口穴不甚清晰，刺长 0.70~0.90mm，口缘平，向外斜，倾角 30°~35°，掩盖 1/2。始部 5.00mm 内有 7~8 个胞管。

产地及层位：武宁县；晚奥陶世新开岭组下部。

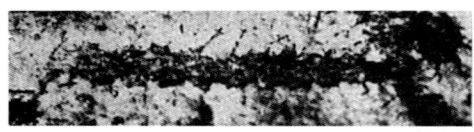 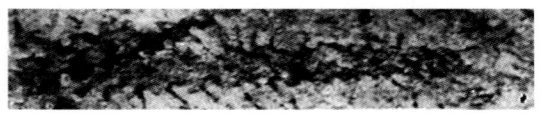

a：×3　　　　　　　　　　　　　　　　b：×3

图 4-6-206 *Paraorthograptus jiangxiensis* Li

长刺拟直笔石 *Paraorthograptus longispinus* Mu et Li

笔石体长度在 15.00mm 以上，始端宽 1.1mm，最大宽度在笔石体中部，达 2.00mm，其后此宽度稳定地保持至末端（图 4-6-207；地质部南京地质矿产研究所，1982a）。胎管刺清晰，向下垂伸。胞管大致为直管状，口缘直，向外斜，每一胞管的腹缘生出一个腹刺，刺长达 3.00mm；胞管长 1.60mm，宽 0.40mm，倾角 30°~40°，掩盖 1/2。10.00mm 内有 10~14 个胞管。

产地及层位：武宁县宋溪镇章源村；晚奥陶世新开岭组下部。

×6

图 4-6-207 *Paraorthograptus longispinus* Mu et Li

志留拟直笔石 *Paraorthograptus siluricus* Yu et Fang

笔石体长 19.00mm 以上，底部浑圆，始端较窄，宽约 1.00mm，中部较宽，约 3.00mm，向末端逐渐变窄（图 4-6-208；地质部南京地质矿产研究所，1982a）。胞管基本形态为直管状，倾角约 45°。始端胞管口缘倾斜，与笔石体轴向约呈 45°交角，中部及末部口缘近水平。每个胞管一般具一个明显的腹刺，偶尔可见一对腹刺。腹刺长一般 0.30~0.50mm。10.00mm 内有 15 个胞管。

产地及层位：武宁县；早志留世黎树窝组。

》》简单拟直笔石 *Paraorthograptus simplex* Li

笔石体始端尖削，长 15.50mm。始端宽 0.60mm，最大宽度在离始端约 8.00mm 处，宽 1.60mm（图 4-6-209；地质部南京地质矿产研究所，1982a）。胞管为直笔石式，口缘微凹入，稍向外斜，在每一个胞管的腹缘生出一个腹刺。刺长 1.00mm 左右，刺基不明显，因而保持直管状的胞管。胞管长 1.50mm，宽 0.30mm，倾角 30°，掩盖 1/2。在笔石体始部 10.00mm 内有 14 个胞管。

产地及层位：武宁县；晚奥陶世新开岭组下部。

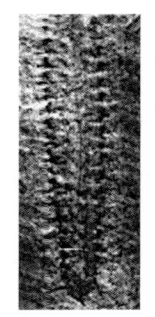

图 4-6-208 *Paraorthograptus siluricus* Yu et Fang

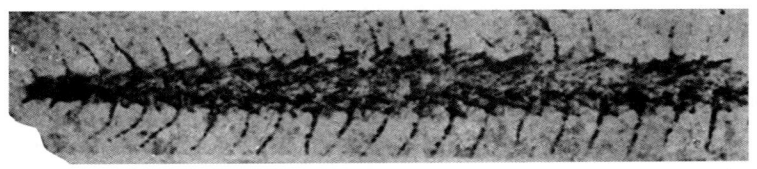

×6

图 4-6-209 *Paraorthograptus simplex* Li

◆ 始雕笔石属 *Eoglyptograptus* Mitchell，1987
》》齿状始雕笔石 *Eoglyptograptus dentatus*（Brongniart）

笔石体两侧近平行，长 9.20mm。始端宽 0.75mm，向上逐渐增宽，离始端 5.00mm 处最大宽度达 1.20mm，其后微微减缩，末端宽 1.00mm（图 4-6-210；李积金等，2000）。胎管刺长 1.20mm。胞管腹缘圆滑，向外凸出。两列胞管交错排列，相当紧密，始部 5.00mm 内有 8 个胞管，末部同样长度内有 7.5 个胞管。

产地及层位：崇义县过埠镇上黄背、思顺乡白石坳；早奥陶世对耳石组（原樟木曲组）。

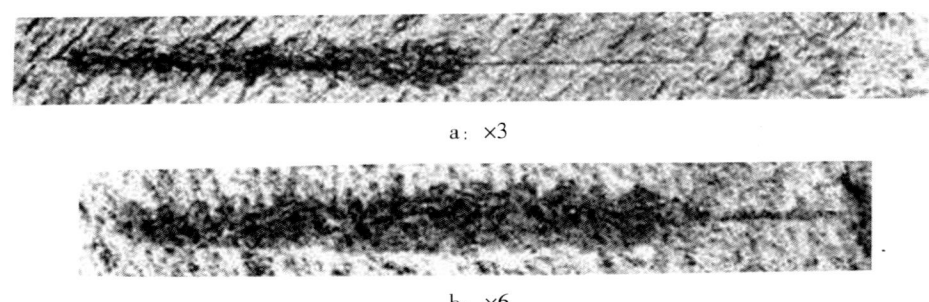

图 4-6-210 *Eoglyptograptus dentatus*（Brongniart）

◆ 双笔石属 *Diplograptus* Mc'coy, 1850（*Mesograptus* Elles et Wood, 1907）

>>> 中国双笔石 *Diplograptus sinicus* Mu. Geb et J. X. Yin

笔石体长 10.00mm，始端宽 1.00mm，向上逐渐加宽，最大宽度在末部，宽 1.80mm（图 4-6-211；李积金等，2000）。胎管刺细小。笔石体有两种类型的胞管，始部为栅笔石式胞管，方形口穴显著，口穴占体宽 1/3；末部为雕笔石式胞管，腹缘呈微波形，两者界线不清，相邻胞管间掩盖 1/2。两列胞管交错排列，10.00mm 内有 14 个胞管。

产地及层位：崇义县过埠镇樟曲；早奥陶世对耳石组（原樟木曲组）。

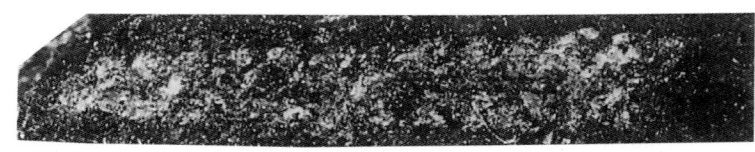

×6

图 4-6-211 *Diplograptus sinicus* Mu. Geb et J. X. Yin

◆ 毛笔石科 Lasiograptidae Lapworth, 1879（Hallograptidae Mu, 1950）

◆ 古毛笔石属 *Prolasiograptus* Lee, 1963

胞管为毛笔石式，部分体壁退化，膝角发育或具膝刺，中沟呈波状曲折，发育形式为双笔石式。

分布及时代：中国、西欧及北欧；早奥陶世晚期—中奥陶世。

>>> 迟钝古毛笔石 *Prolasiograptus retusus* (Lapworth)

笔石体长 20.00mm 左右，始端宽 1.00mm，向上逐渐增宽至 2.40mm，末端两侧近于平行（图 4-6-212；地质部南京地质矿产研究所，1982a）。胎管长约 1.50mm，胎管刺短小。胞管为毛笔石式，倾角 50°~60°，体壁大部退化，中沟呈波形折曲，膝刺不太发育，口缘向外倾斜。10.00mm 内有 13~15 个胞管。

产地及层位：武宁县；中奥陶世胡乐组下部。

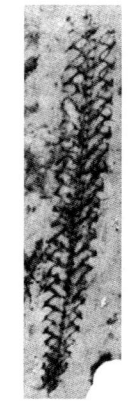

×3

图 4-6-212 *Prolasiograptus retusus* (Lapworth)

◆ 裸笔石属 *Gymnograptus* Bulman, 1953（et Tullberg Ms）

胞管为裸笔石式，膝刺通常发育，体壁大部退化，口线和胞管间壁线显著，并与锯齿状中沟的折曲处相连接，形成极其醒目的大网；双笔石发育形式，开始 5 个胞管相间生长，其后发育的胞管平行生长。

分布及时代：中国及北欧；中奥陶世。

宽型裸笔石 *Gymnograptus latus* Ni

笔石体长约 10.00mm,始端浑圆,向上迅速增宽到 2.80mm,此后两侧近平行(图 4-6-213;地质部南京地质矿产研究所,1982a)。胞管为裸笔石式,中沟曲折,倾角 60°,膝刺不甚发育,口缘向外倾斜。5.00mm 内有 8~9 个胞管。

产地及层位:武宁县;中奥陶世胡乐组下部。

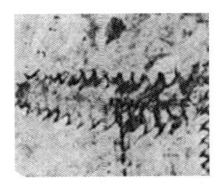

图 4-6-213 *Gymnograptus latus* Ni

迟钝裸笔石 *Gymnograptus retusus* (Lapworth)

笔石体长 20.00mm,始部宽 1.00mm,向末部逐渐增宽,10.00mm 以内增大到最大宽度 2.30mm,并保持到末端。笔石体大部分两侧近平行(图 4-6-214;倪寓南,1991)。胎管长 1.50mm,口部宽 0.40mm,胎管刺长约 0.40mm,口刺未保存。第一对胞管为双笔石式,其余胞管膝角均发育,膝上腹缘长 0.30~0.50mm,始末近于一致,倾角 50°~60°,口缘微凹,向外倾斜。始部胞管膝刺较发育,体壁大部分退化。10.00mm 长度内有 12~14 个胞管。

产地及层位:武宁县;中奥陶世胡乐组。

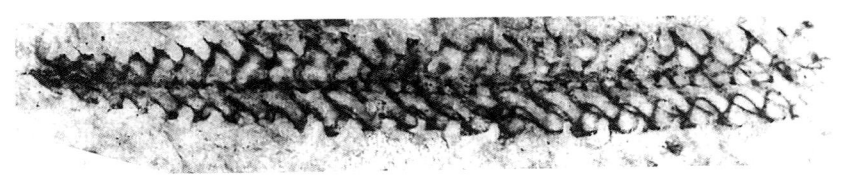

图 4-6-214 *Gymnograptus retusus* (Lapworth)

◆ 双孔笔石属 *Dicaulograptus* Rickards et Bulman,1965

双列有轴笔石,笔石体小,胞管为双头笔石式(Dicranograptia),有腹刺和口刺,口部向内转曲。

分布及时代:中国及瑞典;中奥陶世。

豪猪双孔笔石 *Dicaulograptus hystrix* (Bulman)

笔石体短小,长不到 10.00mm,宽度均一,为 1.00mm(图 4-6-215;地质部南京地质矿产研究所,1982a)。胎管刺短小。胞管为双头笔石式,口部向内转曲,口穴显著,占体宽的 1/3,具一个或几个腹刺,刺长 0.50mm。5.00mm 内有 9 个胞管。

产地及层位:武宁县;中奥陶世胡乐组下部。

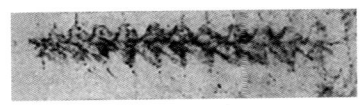

图 4-6-215 *Dicaulograptus hystrix* (Bulman)

◆ 罟笔石科 Reteograptidae Mu，1974

◆ 罟笔石属 *Reteograptus* Hall，1859

双列有轴笔石，胞管为罟笔石式，具有隐隔壁式的中间缝合线；胞管体壁退化，大网发育，无细网存在；胎管体壁退化，中轴自由伸展于大网之内；中索曲折，由斜线组成；侧索亦曲折，由横线及始腹线组成；腔索由连线组成；口线与后口线成半环，连于两个侧索之间；所有网孔全为六角形。

分布及时代：亚洲、大洋洲、北美洲及欧洲；早奥陶世晚期—中奥陶世。

紧密罟笔石 *Reteograptus compactus* Ni

笔石体长不到 10.00mm，始部钝圆，两侧近平行，宽 3.00mm（图 4-6-216；地质部南京地质矿产研究所，1982a）。胞管为罟笔石式，相邻胞管掩盖 1/2~2/3。两条中索曲折，4 条曲折的侧索由横线和胞管始腹线连接而成，六角形网孔清晰。5.00mm 内有 8~10 个胞管。

产地及层位：武宁县；早奥陶世宁国组下部。

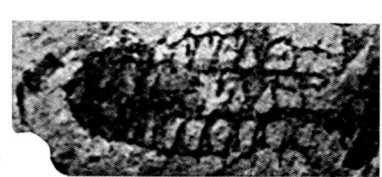

×6

图 4-6-216 *Reteograptus compactus* Ni

干氏罟笔石 *Reteograptus geinitzianus* Hall

笔石体长 10.00mm，始端浑圆，两侧近于平行，宽 2.30mm（图 4-6-217；地质部南京地质矿产研究所，1982a）。胞管为罟笔石式，六角形网孔清晰，两条中索曲折，联线近水平，口线呈刺状保存。10.00mm 内有 14 个胞管。

产地及层位：武宁县；中奥陶世胡乐组下部。

×6

图 4-6-217 *Reteograptus geinitzianus* Hall

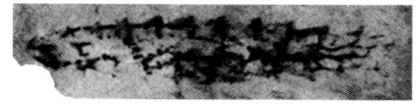

×6

图 4-6-218 *Reteograptus uniformis* Ni

等宽罟笔石 *Reteograptus uniformis* Ni

笔石体细小，长 5.00~8.00mm，始端浑圆，宽度均一，为 1.50mm（图 4-6-218；地质部南京地质矿产研究所，1982a）。胎管长 0.80~1.60mm，口缝微凹，胎管刺短小。胞管为罟笔石式，胞管始部膨胀，末部收缩，口线偶尔保存为环状，多数呈刺状。5.00mm 内有 7~8 个胞管。

产地及层位：武宁县；早奥陶世宁国组下部。

◆ 拟罟笔石属 *Parareteograptus* Mu（Ms）

双列有轴笔石，胞管为罟笔石式，具有隐隔壁式的曲折中间缝合线；胞管体壁退化，大网发育，结构规则，无细网；胎管体壁正常，中轴自由伸展于笔石体内，不与大网的网线相连接；具有两条曲折的中索，中索由斜线组成；具有 4 条直的侧索，侧索大体相互平行，由边线组成，有时在侧索的始部有很短小的肋线存在；腔索由联线组成；网孔呈五角形；口线向外凸出，呈弧形；后口线直，与口线合成半环，连于相邻的两个侧索之间。

分布及时代：北美洲、中国、大洋洲；中奥陶世—晚奥陶世。

⟫⟫⟫ 中国拟罟笔石 *Parareteograptus sinensis* Mu

笔石体长在 10.00mm 左右，宽度一般不到 3.00mm（图 4-6-219；地质部南京地质矿产研究所，1982a）。具有 4 个底刺。始部网线不清晰，常为表皮薄膜所覆盖，向上网线逐渐清晰，4 条侧索直，稍有极小错折。5.00mm 内有 6~8 个胞管。

产地及层位：武宁县；晚奥陶世新开岭组下部。

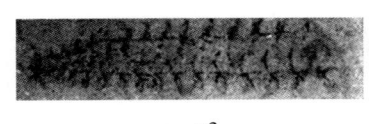
a：×3

b：×6

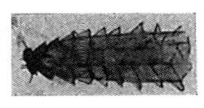
c：×3

图 4-6-219 *Parareteograptus sinensis* Mu

◆ 古网笔石科 Archiretiolitidae Bulman, 1955
◆ 扬子笔石属 *Yangzigraptus* Mu（Ms）

双列有轴笔石，大网、细网和刺网均较发育；隔板刺高度发育，大致相互平行，向上斜伸，轴刺间有横靶相连，结成隔板刺网；始部隔板刺较弱，具有刺膜结构。

分布及时代：武宁县；晚奥陶世新开岭组下部。

⟫⟫⟫ 扬子扬子笔石 *Yangzigraptus yangziensis* Mu

笔石体长约 40.00mm，梯面保存宽度为 5.00mm（图 4-6-220；地质部南京地质矿产研究所，1982a）。大网、细网均发育。口刺刺网亦发育，但保存不清晰。隔板刺特别发育，向上斜伸，相互平行，其间有横靶相连形成隔板刺刺网。始部隔板刺末端具有刺膜结构。

产地及层位：武宁县；晚奥陶世新开岭组下部。

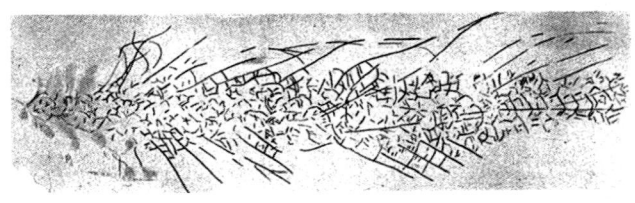
×3

图 4-6-220 *Yangzigraptus yangziensis* Mu

第七节 脊索动物门 Chordata

◆脊椎动物亚门 Vertebrata
　◆鱼形动物 Pisces
　　◆有颌超纲 Gnathostomata
　　　◆盾皮纲 Placodermi
　　　　◆节甲鱼目 Arthrodira Woodward, 1891
　　　　　◆恐鱼科 Dinichthyidae Newberry, 1885
　　　　　　◆赣南鱼属 *Gannanichthys* Wang, 2000

下颌齿板由铰合部和非铰合部构成，铰合部短于下颌齿板长度的 1/2，其上有牙齿。两部在外面的界线不清。铰合部分前、后二齿区。前齿区具 2 枚牙齿，前者小而低，后者大而粗；后齿区向后倾斜，具 5 枚三角形小齿，与下颌齿板垂直。下颌齿板腹缘前部有一明显下凸。前侧片为倒匙形状。

分布及时代：江西；晚泥盆世。

▶▶▶ 崇义赣南鱼 *Gannanichthys chongyiensis* Wang

下颌齿板由铰合部和非铰合部构成，铰合部短于下颌齿板长度的 1/2，其上有牙齿（图 4-7-1；王俊卿和王念忠，2000）。两部在外面的界线不清。铰合部分前、后二齿区。前齿区具 2 枚牙齿，

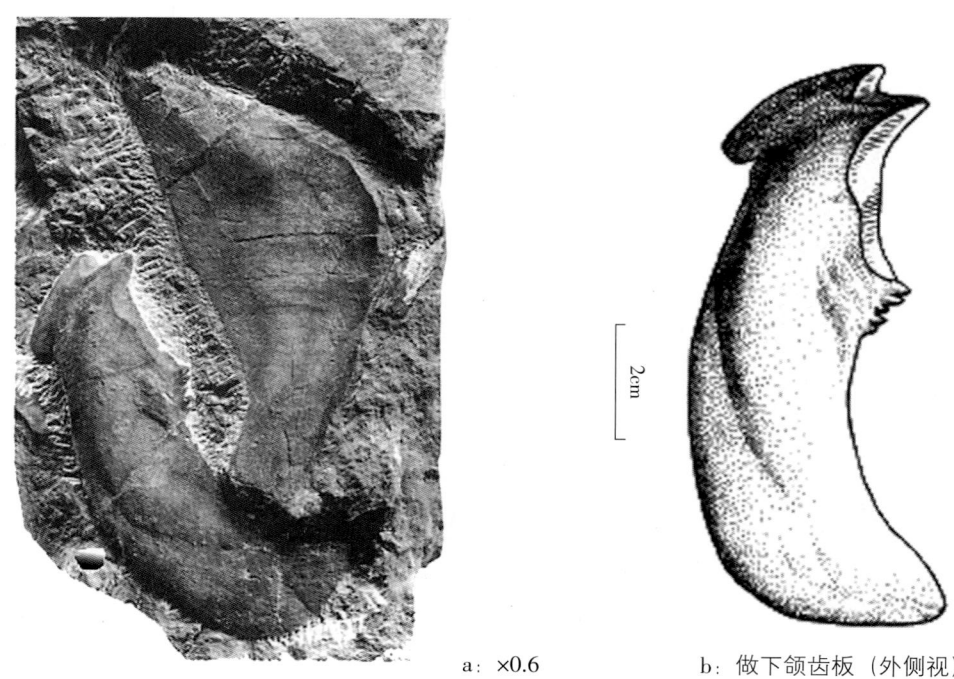

a: ×0.6　　b: 做下颌齿板（外侧视）

图 4-7-1　*Gannanichthys chongyiensis* Wang

前者小而低，后者大而粗；后齿区向后倾斜，具5枚三角形小齿，与下颌齿板垂直。下颌齿板腹缘前部有一明显下凸。前侧片为倒匙形状。

产地及层位：崇义县茶滩乡稍坑；晚泥盆世嶂崇组下部。

◆ **硬骨鱼纲 Osteichthyes**
  ◆ **全骨鱼次纲 Holostei**
    ◆ **弓鳍鱼目 Amiiformes**
      ◆ **中华弓鳍鱼科 Sinamiidae Berg，1940**
        ◆ **中华弓鳍鱼属 *Sinamia* stensiö，1935**

体呈长梭形，稍侧扁。头低平，中等大。全长为头长的4~5倍，头长颇大于头高，也大于体高。板骨数目多（通常每侧多至4块），相邻者愈合。顶骨愈合成一块，其前缘突伸，插入两额骨间。额骨长大。吻骨呈"V"字形，眶上骨5~6块；眼眶后有两块较小的长方形眶后骨，不十分向后延伸，致使该骨与前鳃盖骨之间存有较大的空隙。辅上颌骨一块，窄而长。鳃条骨数目多，其前方有一大的咽板骨，上、下颌均生有一列大的锥形齿。成年个体的椎体骨化完善。背鳍基长，其起点在腹鳍之前，鳍条疏而短。臀鳍基短，颇小于背鳍。背鳍条和臀鳍条的远端分节分叉。尾鳍半歪型，鳞叶甚短缩，后缘凸圆，鳍条粗壮，数目少而排列稀疏，具有细小的腹鳍条，分节密。两者的表面均有规则的硬鳞质饰纹。鳞片菱形，长大于高，复嵌相接，不是一般的关节相接型。鳞片硬鳞质层厚。每一鳞片的骨质层以一纵脊与上腹硬鳞质层嵌合。躯干部的鳞片（除背部鳞片外）后缘有若干锯齿。

分布及时代：中国；晚侏罗世—早白垩世。

🔸 鄱阳中华弓鳍鱼 *Sinamia poyangica* Su et Li

身体小到中等大，呈长纺锤形。头较短高，吻端超出下颌骨的前端（图4-7-2；苏德造和李浩昌，1990）。膜质翼耳骨较短宽。头骨顶部膜质骨、鳃盖系统骨片及肩带膜质骨具有发达的放射状釉质嵴或疣突。鳃盖骨和下鳃盖骨的后缘具有粗钝的梳状齿。匙骨后缘通常有锯齿。上、下颌牙齿大而密排列，牙冠一般急剧变尖，呈铁笔形（Styliform）。胸鳍长大，向后伸达至腹鳍距离的中点之后。腹鳍居胸鳍和臀鳍之间的中点。鳞片未见同心纹，体侧鳞具有锯齿。

产地及层位：弋阳县；早白垩世石溪组。

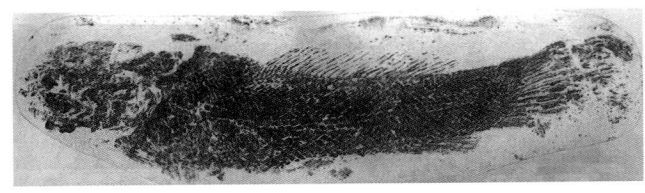

a：完整的鱼

b：鄱阳中华弓鳍鱼复原图（三要依标本复原）

图4-7-2 *Sinamia poyangica* Su et Li

◆ 真骨鱼次纲 Teleostei
　◆ 鲱形目 Clupeiformes
　　◆ 宝刀鱼科 Chirocentridae Cuvier et Valenciennes, 1846
　　　◆ 中鲱鱼属 *Mesoclupea* Ping et Yen, 1933

体呈纺锤形。两顶骨间的骨缝几乎为直线，仅后部略被上枕骨分开，上枕骨极微弱。头部感觉沟系统与典型的真骨鱼类相同。眼眶大。眶前距短。口裂斜。上颌骨拱曲，口缘有紧密排列的细齿。齿骨中部上拱，前上颌骨及齿骨前部有锥形小齿。辅上颌骨两块。鳃条骨纤细，无喉板骨。前鳃盖骨上、下枝外缘相交成直角，有较多的感觉沟分枝。鳃盖骨略呈长方形。脊椎骨化，椎体中部收缩不明显，几乎为圆筒状。在背鳍以前的神经弧未愈合。有上神经及上髓弓小骨，无后匙骨。胸鳍低位，较大。腹鳍很小。背鳍起点位于臀鳍起点之后，甚短。臀鳍基颇大。尾鳍深分叉，下叶略大于上叶，末端尾椎 2 枚，尾下骨 7 枚。圆鳞。体侧鳞高大于长。无棘鳞。

分布及时代：浙江、福建和江西等省；晚侏罗世—早白垩世。

》》寿昌中鲱鱼 *Mesoclupea showchangensis* Ping et Yen

种的特征基本上与属的特征描述相同，但尚有其他几点更为明显：最大体高稍前于腹鳍起点（图 4-7-3；地质部南京地质矿产研究所，1982c）。体长为体高的 2.7~3.4 倍。头长略小于体高，略大于头高。吻钝。巩膜环骨化。脊椎有 53~54 个。每一个脊椎体有 4~5 个侧脊。腹鳍离胸鳍及臀鳍距离大致相等。

产地及层位：泰和县铁牯岭；早白垩世冷水坞组。

左侧视，×1

图 4-7-3　*Mesoclupea showchangensis* Ping et Yen

◆ 辐鳍鱼亚纲 Actinopterygii Woodward, 1891
　◆ 葆青鱼属 *Baoqingichthys* Wang, Jin, Wang et Zhu, 2007
　　》》小齿葆青鱼 *Baoqingichthys microdontus* Wang, Jin, Wang et Zhu

小齿葆青鱼（图 4-7-4；王念忠等，2007a）尖端质帽长，呈扁尖锥形，两侧具明显的侧棱，侧棱的一侧呈扁平状，另一侧略凸出，从牙齿尖端向下尖端质帽凸度变得越来越明显，相应地由光滑逐渐变为具少数细的纵向脊纹；牙齿下部几乎呈筒状，具发育的纵向细脊纹；尖端质帽长，略短于牙齿下部。牙齿的古组织学构造：尖端质和齿质的齿质管均细长且密集；尖端质与齿质、齿质与闪光质交界均不规则。

产地及层位：江西修水东岭、信丰铁石口；晚二叠世长兴组上段底部。

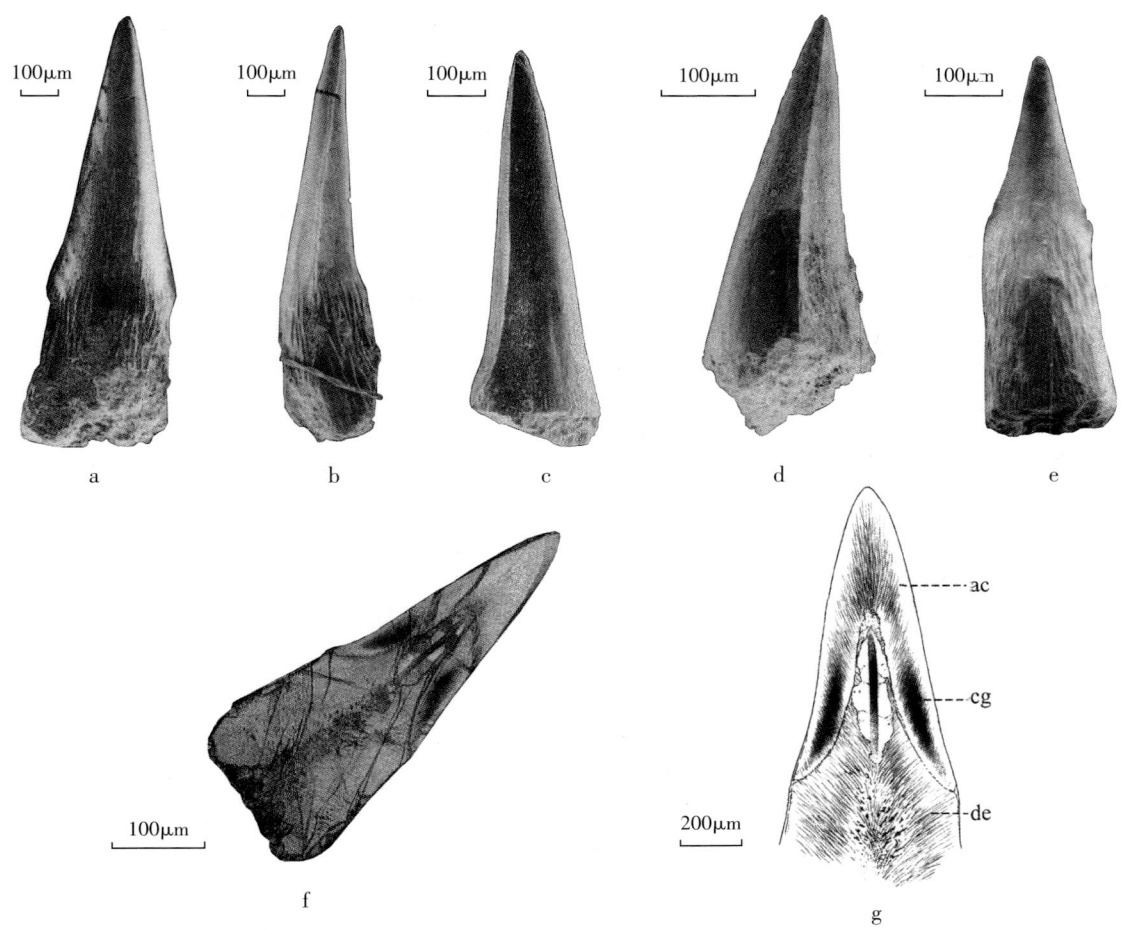

a：侧视；b：尖端质帽及其侧棱；c、d：尖端质帽；e：侧视；f：牙齿纵且面；g：牙齿纵切面复原图
ac：acrodine 尖端质；cg：collar ganoine 领部硬鳞质；de：dentine 齿质

图 4-7-4 *Baoqingichthys microdontus* Wang, Jin, Wang et Zhu 的牙齿

◆ 古鳕鱼目 Palaeonisciformes Goodrich, 1909
　◆ 古鳕鱼亚目 Palaeoniscoidei Berg, 1955
　　◆ 科不定（Family incertae sedis）
　　　◆ 浙江鱼属 *Zhejiangichthys* Wang, Jin, Wang et Zhu, 2007
　　　　》》》赵氏浙江鱼 *Zhejiangichthys zhaoi* Wang, Jin, Wang et Zhu

牙齿细小，呈尖锥状，略弯曲，光滑无纹饰；尖端质帽小而半透明，具侧棱（图 4-7-5；王念忠等，2007a）；颌部不太发育。镜齿质（vitrodentine）的齿质管短粗、分布稀，不分枝或顶端二分

叉；正齿质（orthodentine）的齿质管具分枝；尖端质与齿质分界和齿质与闪光质分界均规则。

产地及层位：江西修水、信丰；晚二叠世长兴组上段底部。

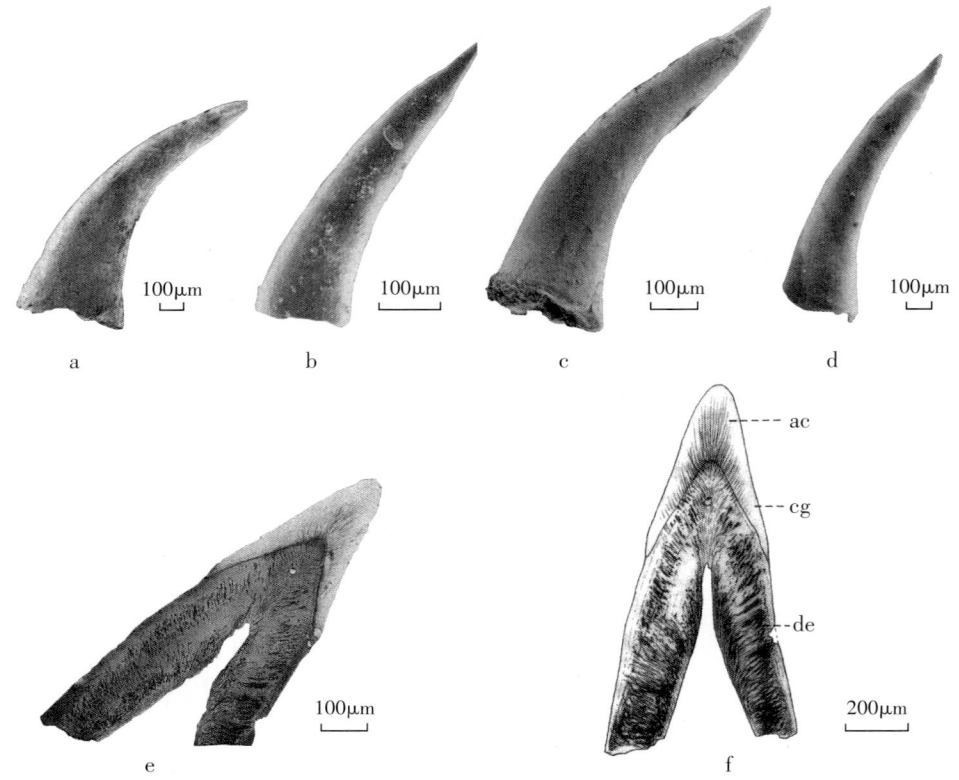

a~d：侧视；e：纵切面，显示组织学构造；f：纵切面复原图
ac：acrodine 尖端质；cg：collar ganoine 领部硬鳞质；de：dentine 齿质
图 4-7-5 *Zhejiangichthys zhaoi* Wang, Jin, Wang et Zhu 的牙齿

◆软骨鱼纲 Chondrichthyes Huxley, 1880
　◆板鳃鲨亚纲 Elasmobranchii Bonaparte, 1838
　　◆真鲨类 Euselachii Hay, 1902
　　　◆尖齿鲨科 Acrodontilae Casier, 1959
　　　　◆中华尖齿鲨属 *Sinacrodus* Wang, Zhu, Jin et Wang, 2007
　　　　　》》东岭中华尖齿鲨 *Sinacrodus donglingensis* Wang, Zhu, Jin et Wang

东岭中华尖齿鲨（图 4-7-6；王念忠等，2007b）皮质鳞突，冠部厚，冠顶部平，纵向脊纹发育、不对称，冠顶横向脊纹向冠缘延伸构成切割冠缘的垂直脊纹。基部比冠部高，基部具纵向粗脊，粗脊间具大的营养孔，基下部略扩大，基部腹面凹入，中央具一小髓孔。鳞片为弓鲛类型，冠部具高的尖端，其上具明显的脊纹，脊纹从冠基伸至冠顶。颈部不明显。基部多结节近圆盘状，盘状边缘呈缺刻状，基部腹面或平或凹入，具多个髓孔。

产地及层位：江西修水东岭、信丰铁石口；晚二叠世长兴组。

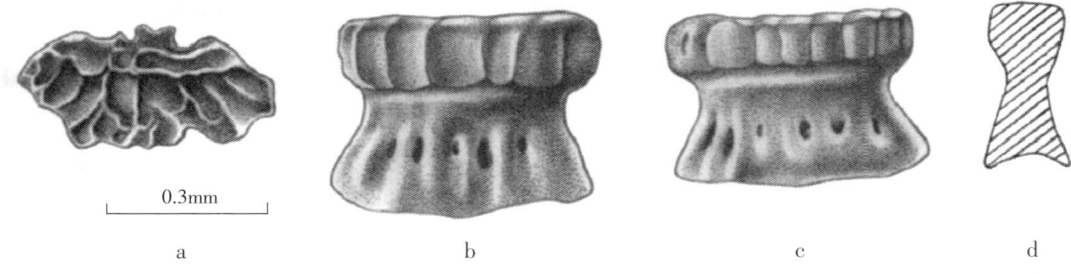

a：冠视；b、c：侧视；d：横向断面视

图 4-7-6　*Sinacrodus donglingensis* Wang, Zhu, Jin et Wang 的皮质鳞突，正型标本复原

◆ **多尖齿鲨科 Polyacrodontidae Glückman, 1964**
　◆ **滑齿鲨属 *Lissodus* Brough, 1935**
　　▶▶▶ **修水滑齿鲨 *Lissodus xiushuiensis* Wang, Zhu, Jin et Wang**

牙齿小，主齿尖发育，偏向唇侧，侧齿尖不发育（图 4-7-7；王念忠等，2007b）。单一的纵向咬合面脊纹发育连贯，冠部唇侧具一不大的钝角形唇突；冠部舌侧中部的中央位置具一小的附属突起，该突起的外侧具有 2 个更小的突起。冠侧超出基部。基部舌侧具上、下两排孔。鳞片冠部薄，前部圆，后端尖；冠前部具平行的细脊纹，脊纹短于冠部长的一半，向前延伸达基部；颈部明显，颈后具颈孔。基部呈菱形，中央略凸出，具一小的髓孔。

产地及层位：江西修水和信丰；晚二叠世长兴组上段底部。

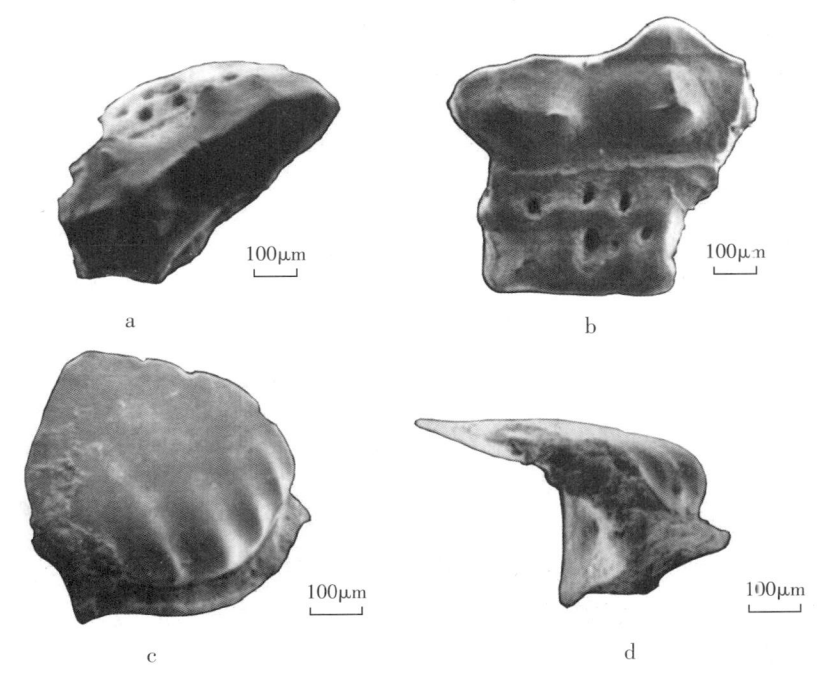

a、b：牙；c、d：鳞片

图 4-7-7　*Lissodus xiushuiensis* Wang, Zhu, Jin et Wang

◆ 多尖齿鲨属 *Polyacrodus* Jaekel，1889

⟫⟫⟫ 江西多尖齿鲨 *Polyacrodus jiangxiensis* Wang，Zhu，Jin et Wang

牙齿小，牙齿冠部低，纵向和横向均不对称（图4-7-8；王念忠等，2007b）；主齿尖不明显，单一的纵向咬合面脊纹不从主齿尖通过；从纵向咬合面脊纹向两侧发出的众多横向咬合面脊纹在冠缘均形成网状细脊纹。牙齿冠部和基部间形成明显的凹入部。基部唇面具上、下两列小营养孔，其中下面一列比上面一列的孔要略大；舌面则具大致呈一列但上下略交错的营养孔。基部腹面变窄形成一腹纵脊，腹纵脊上具几个小的髓孔。

产地及层位：江西修水；晚二叠世长兴组上段底部。

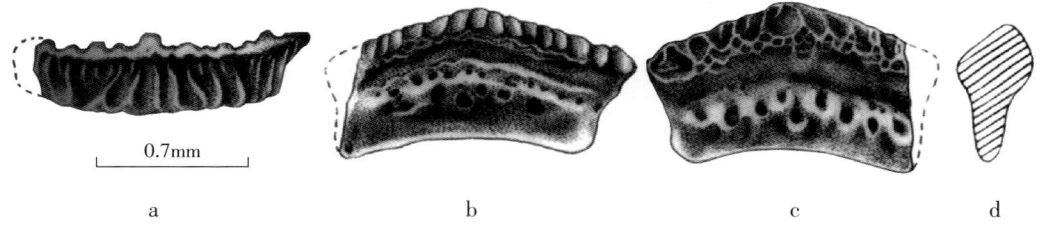

a：咬合面视；b：唇面视；c：舌面视；d：横断面视

图4-7-8 *Polyacrodus jiangxiensis* Wang, Zhu, Jin et Wang 的牙齿，正型标本复原

◆ 爬行动物纲 Reptilia

◆ 鳞龙亚纲 Lepidosauria

◆ 有鳞目 Squamata

◆ 蜥蜴亚目 Iacertilia

◆ 鬣蜥次亚目 Iquania

◆ 飞蜥科 Agamidae Gray，1827

◆ 锥齿蜥属 *Conicodontosaurus* Gilmore，1943

后额骨和眶后骨存在，后者参与组成眶缘。牙齿排列紧密，锥形，顶端钝，牙齿内侧壁膨胀。冠壮骨高，外侧无前突。

分布及时代：蒙古国；白垩纪。江西；晚白垩世。

⟫⟫⟫ 赣县锥齿蜥

Conicodontosaurus kanhsienensis Young

下颌短而较深，下缘很直，前端看起来较尖（图4-7-9；地质部南京地质矿产研究所，

一右下颌骨外侧视，×3

图4-7-9 *Conicodontosaurus kanhsienensis* Young

1982c）。具有9个牙齿，其中前3个较小，后6个较大。牙冠构造不甚清晰，但各牙的主尖看来很钝。至少后3个牙齿在断裂处有分开的牙根的痕迹。各牙紧靠在一起，没有间隙。

产地及层位：赣县茅店镇胡坑村；晚白垩世周田组。

◆ **初龙亚纲 Archosauria**
　　◆ **蜥臀目 Saurischia**
　　　　◆ **蜥脚龙次亚目 Sauropoola**
　　　　　　◆ **赣南龙属 *Gannansaurus* Lü，2013**

具有两个中央前关节薄片窝，有由中央前关节突薄片和椎体背缘构成的正方形的空穴。一个大的下横突关节窝，在空穴侧面有3个孔道，它们占据了椎体的65%的长度。前中央副关节突和后中央副关节突发育弱，后中央横突薄片被中央横突窝分为背部的两个枝叉。椎体横突和横突薄片交叉形成"K"形。它与早白垩世的师氏盘足龙有一些共同特征，表明它与师氏盘足龙有亲缘关系。

分布及时代：赣州市；晚白垩世。

中华赣南龙 *Gannamsaurus sinensis* Lü

具有两个中央前关节薄片窝，有由中央前关节突薄片和椎体背缘构成的正方形的空穴（图4-7-10；Lu et al., 2013）。一个大的下横突关节窝，在空穴侧面有3个孔道，它们占据了椎体的65%的长度。前中央副关节突和后中央副关节突发育弱，后中央横突薄片被中央横突窝分为背部的两个枝叉。椎体横突和横突薄片交叉形成"K"形。它与早白垩世的师氏盘足龙有一些共同特征，表明它与师氏盘足龙有亲缘关系。

产地及层位：赣州市南康区龙岭镇；晚白垩世河口组。

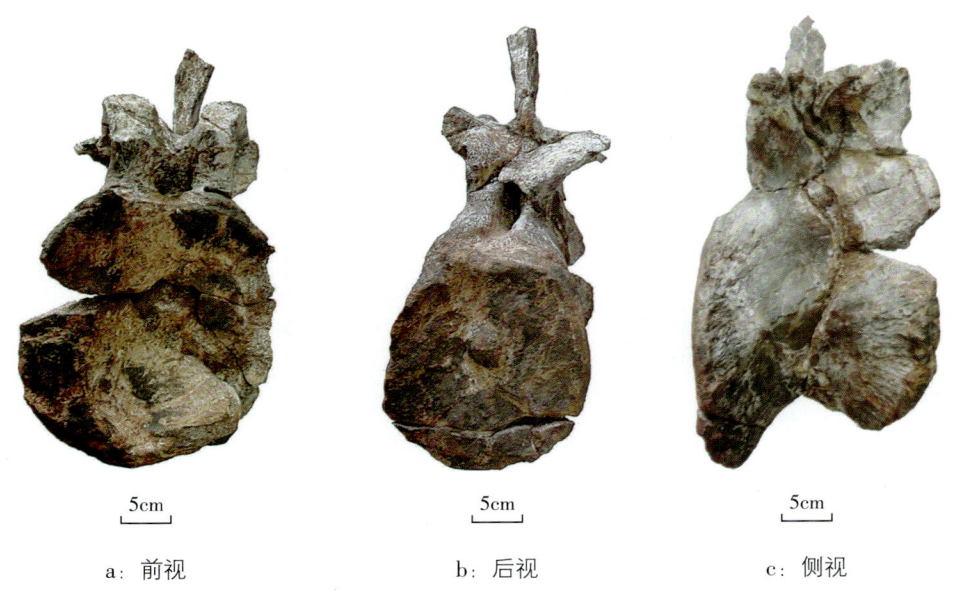

a：前视　　　　　　b：后视　　　　　　c：侧视

图4-7-10　*Gannamsaurus sinensis* Lü 的尾部脊椎

◆ 兽脚亚目 Theropoda
　　◆ 窃蛋龙科 Oviraptoridae
　　　　◆ 南康龙属 *Nankangia* Lu, Yi, Zhong et Wei, 2013

下颌联合部不翻转向下，前部尾椎的神经棘横向宽度大于前后长度，形成一个中部有皱纹的、大的后窝，股骨颈和股骨骨干形成大约90°的轴角，股骨和胫骨的长度比为0.95。

分布及时代：中国；晚白垩世。

>>> 江西南康龙 *Nankangia jiangxiensis* Lu, Yi, Zhong et Wei

江西南康龙下颌联合部不翻转向下，前部尾椎的神经棘横向宽度大于前后长度，形成一个中部有皱纹的、大的后窝，股骨颈和股骨骨干形成大约90°的轴角，股骨和胫骨的长度比为0.95（图4-7-11；吕君昌等，2013）。

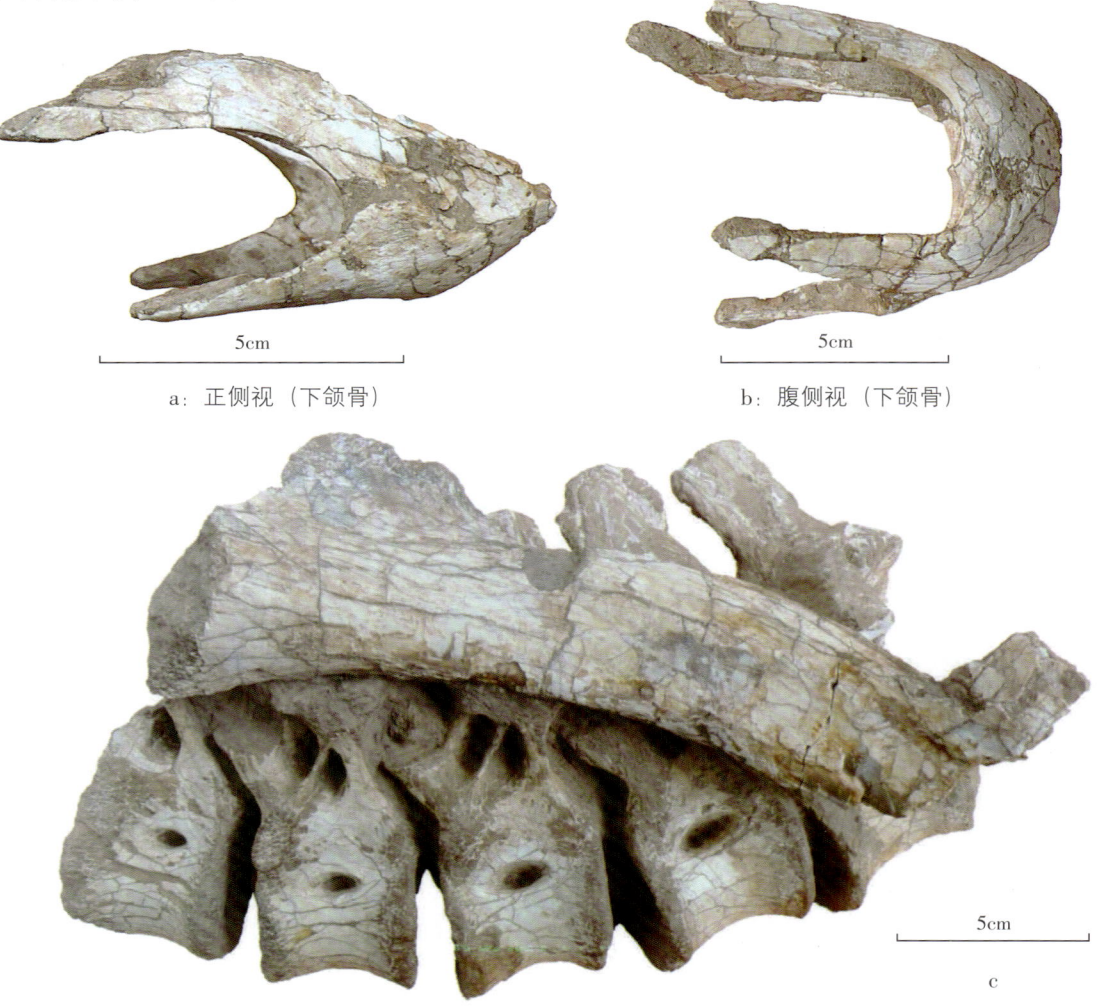

a：正侧视（下颌骨）　　　　　　b：腹侧视（下颌骨）

图4-7-11　*Nankangia jiangxiensis* Lu, Yi, Zhong et Wei
左侧侧视的背椎（部分被附着的耻骨遮挡）

产地及层位：赣州市南康区龙岭镇；晚白垩世河口组。

◆ **江西龙属** *Jiangxisaurus* **Wei，2013**

颧骨的眶后骨突和颧骨的方轭骨突近乎垂直；肱骨的三角嵴延展长度超过肱骨主干总长度的1/3，约为0.5；第一掌骨较第二掌骨短，第一掌骨与第二掌骨的长度比值超过0.5，约为0.67；腹侧观，第一掌骨横向扩展并覆盖第二掌骨。

分布及时代：中国；晚白垩世。

▶▶ **赣州江西龙** *Jiangxisaurus ganzhouensis* **Wei**

赣州江西龙（图4-7-12；魏雪芳等，2013）颧骨的眶后骨突和颧骨的方轭骨突近乎垂直；肱骨的三角嵴延展长度超过肱骨主干总长度的1/3，约为0.5；第一掌骨较第二掌骨短，第一掌骨与第二掌骨的长度比值超过0.5，约为0.67；腹侧观，第一掌骨横向扩展并覆盖第二掌骨。其自近裔特征包括：齿骨缝合部仅微弱下翻；关节骨和上隅骨共同骨化特征明显；上隅骨有一前后拉长的凹陷，且凹陷内发育一小孔；桡骨和肱骨长度的比值为0.71。

产地及层位：赣州市南康区龙岭镇；晚白垩世河口组。

图4-7-12 *Jiangxisaurus ganzhouensis* Wei

◆ **斑嵴龙属** *Banji* **Xu et Han，2010**

模式种：班嵴龙 *Banji long* Xu et Han，2010

鉴别特征：由前上颌骨和鼻骨形成的嵴冠具有阶梯状的后端，嵴冠表面有两个纵向的沟槽和许多倾斜的条痕；外鼻孔延长，其后缘接近眼眶；翼骨腭骨支背侧有一深窝；齿骨后背侧有纵向沟槽；上隅骨前背侧有小结节。

中国已知种：仅模式种。

分布与时代：江西；晚白垩世。

斑嵴龙 *Banji long* Xu et Han

斑嵴龙诞生于 6600 万年前的白垩纪末期，很大可能属于小型恐龙的一种，最大的特点是它的上颌骨和鼻骨上方长有冠饰（图 4-7-13），表面带有非常多的条状痕迹，有着非常原始的偷蛋龙科特征，第一批化石是在中国的江西省赣州发现的。目前并不清楚斑嵴龙的体型有多大，但是根据偷蛋龙科恐龙的普遍特征可以知道它们的体型大多数只有 1~2m，所以基本上能够确定它们属于小型恐龙，再加上它和原始偷蛋龙科恐龙有着一定的亲缘关系，所以它的体型不可能超过 4m。

斑嵴龙有着非常明显的偷蛋龙科恐龙特征，它的头顶上长有高耸的冠饰，主要是由隆起的上颌骨和鼻骨组成，在冠饰的两边带有非常多的垂直型的沟壑，而且斑嵴龙的齿骨上也带有竖状纹路。它的外鼻孔相较于其他的偷蛋龙科恐龙更加修长，且它的后侧与眼眶骨更近。

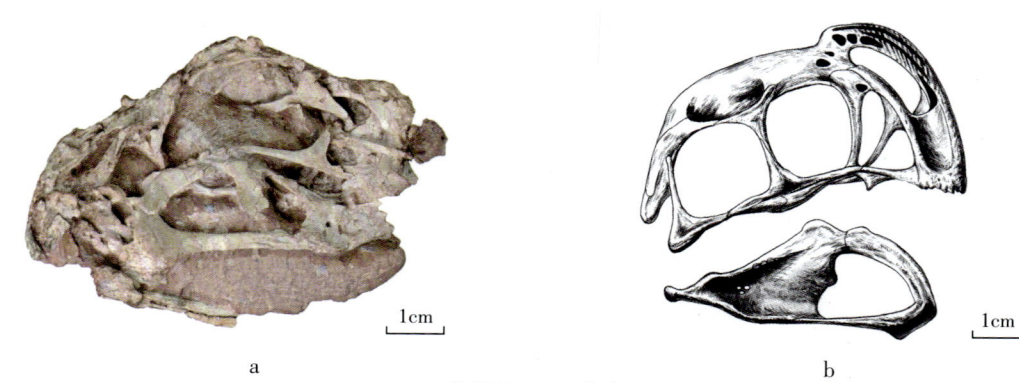

a：为照片；b：轮廓图

图 4-7-13 *Banji long* Xu et Han

◆ 冠盗龙属 *Corythoraptor* Lu, Li, Kundrat, Lee, Sun, Kobayashi, Shen, Teng et Liu, 2017

模式种：杰氏冠盗龙 *Corythoraptor jacobsi* Lu, Li, Kundrat, Lee, Sun, Kobayashi, Shen, Teng et Liu, 2017。

鉴别特征：前上颌骨啮喙边缘长度与前上颌高度（腹缘到外鼻孔）比例为 1.0~1.4；前上颌骨前腹缘相对水平位置的额骨向后背方倾斜；眶前窝前缘边界由上颌骨形成；外鼻孔长度远大于宽度；下颞窗背腹向长，前后向窄；前上颌骨鼻孔上支分叉，较短的后背支形成外鼻孔前背缘，较长支形成前上颌骨前背支大部分；头上有类似鹤鸵头盔状头饰结构；外鼻孔长轴与眶前窗背缘平行；齿骨外侧面有深窝，有时包含气腔小孔；第二到第四脊椎体缺乏侧凹；脊椎系列是背椎系列长度的两倍，比前肢（包括手部）稍长；肱骨三角肌嵴不明显，弧形而不是四边形；手部长度与肱骨加桡骨长度之比在 0.50~0.65 之间；指爪骨Ⅳ-4 较其他指爪骨弯曲程度小；大小转子完全愈合；庶骨Ⅳ远端折向外侧。

中国已知种：仅模式种。

分布与时代：江西；晚白垩世。

杰氏冠盗龙 *Corythoraptor jacobsi* Lu, Li, Kundrat, Lee, Sun, Kobayashi, Shen, Teng et Liu

杰氏冠盗龙（图 4-7-14）具有类似现生食火鸡一样的头冠，根据特征归入窃蛋龙类。发现的化石呈立体保存且基本完整，是国内发现的第一件具有与食火鸡一样头冠的窃蛋龙类。它的发现为赣州地区这一窃蛋龙分支的形态学和分类学的多样性提供了独一无二的证据。

产地及层位：赣州；晚白垩世南雄组。

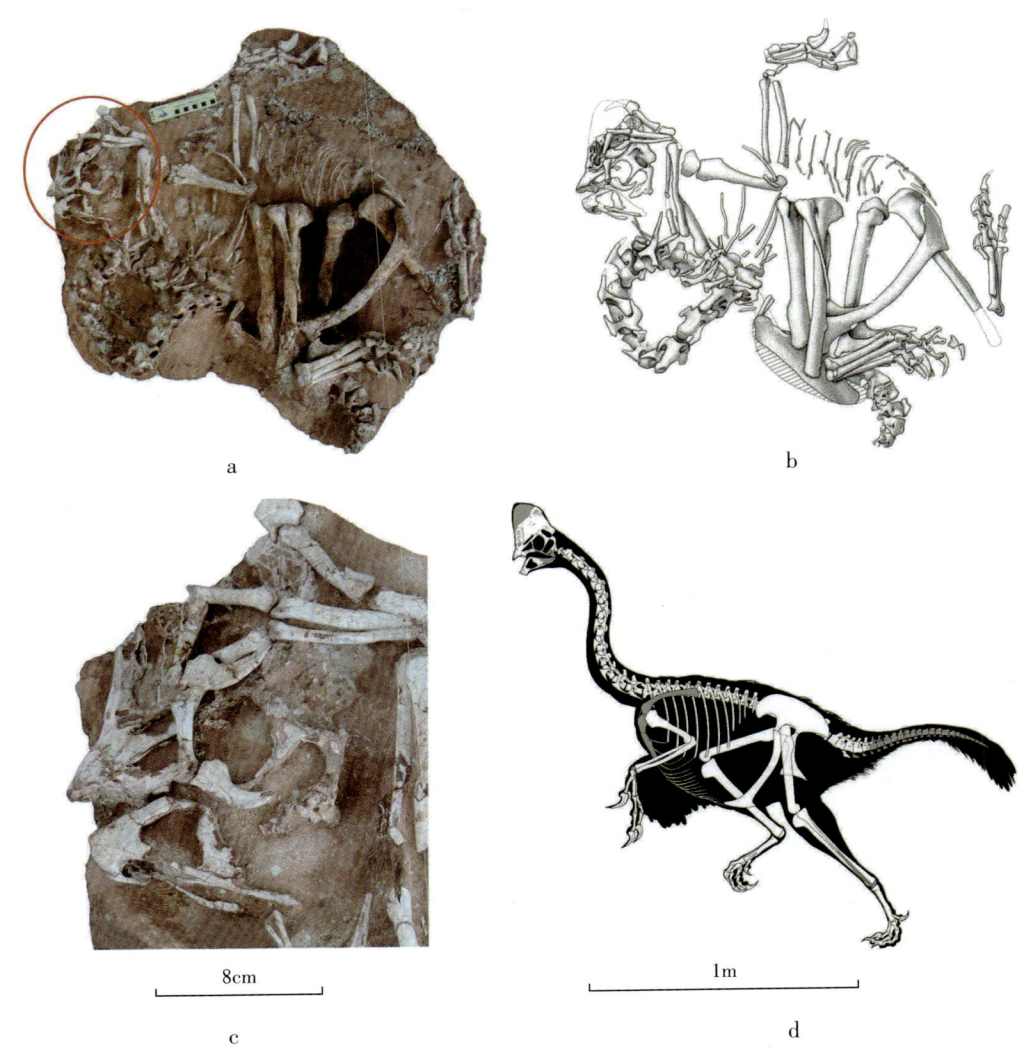

a：为照片；b：轮廓图（于 a 图比例尺相同）；c：头骨和下颌的特写；d：骨骼重建图（缺失部分为灰色）

图 4-7-14 *Corythoraptor jacobsi* Lu et al

◆ **通天龙属 *Tongtianlong* Lu, Chen, Brusatte, Zhu et Shen，2016**

模式种：泥潭通天龙 *Tongtianlong limosus* Lu, Chen, Brusatte, Zhu et Shen, 2016。

鉴别特征：颅顶呈穹顶状，最高点位于眼眶后背角上方；前上颌骨前缘侧视显著凸出；颅顶的顶骨前缘中部有一显著突起；板状泪骨柄侧视前后向长，外侧面平坦；枕骨大孔小于枕髁；齿骨联合腹突缺失；胸骨在关节肋骨区域之后无明显的侧向剑突。

中国已知种：仅模式种。

分布与时代：江西；晚白垩世。

泥潭通天龙 *Tongtianlong limosus* Lu, Chen, Brusatte, Zhu et Shen

正模：DYM-2013-8 为一几乎完整的骨架，保存头骨（图 4-7-15）。发现于江西赣县第三中学。

鉴别特征：同属。

产地及层位：赣县；晚白垩世南雄组。

评注：属名通天指赣州市通天苑地区，也指通向天堂的道路，是伸出前肢挣扎中的正模化石的墓志铭；种名指发现地的泥岩。

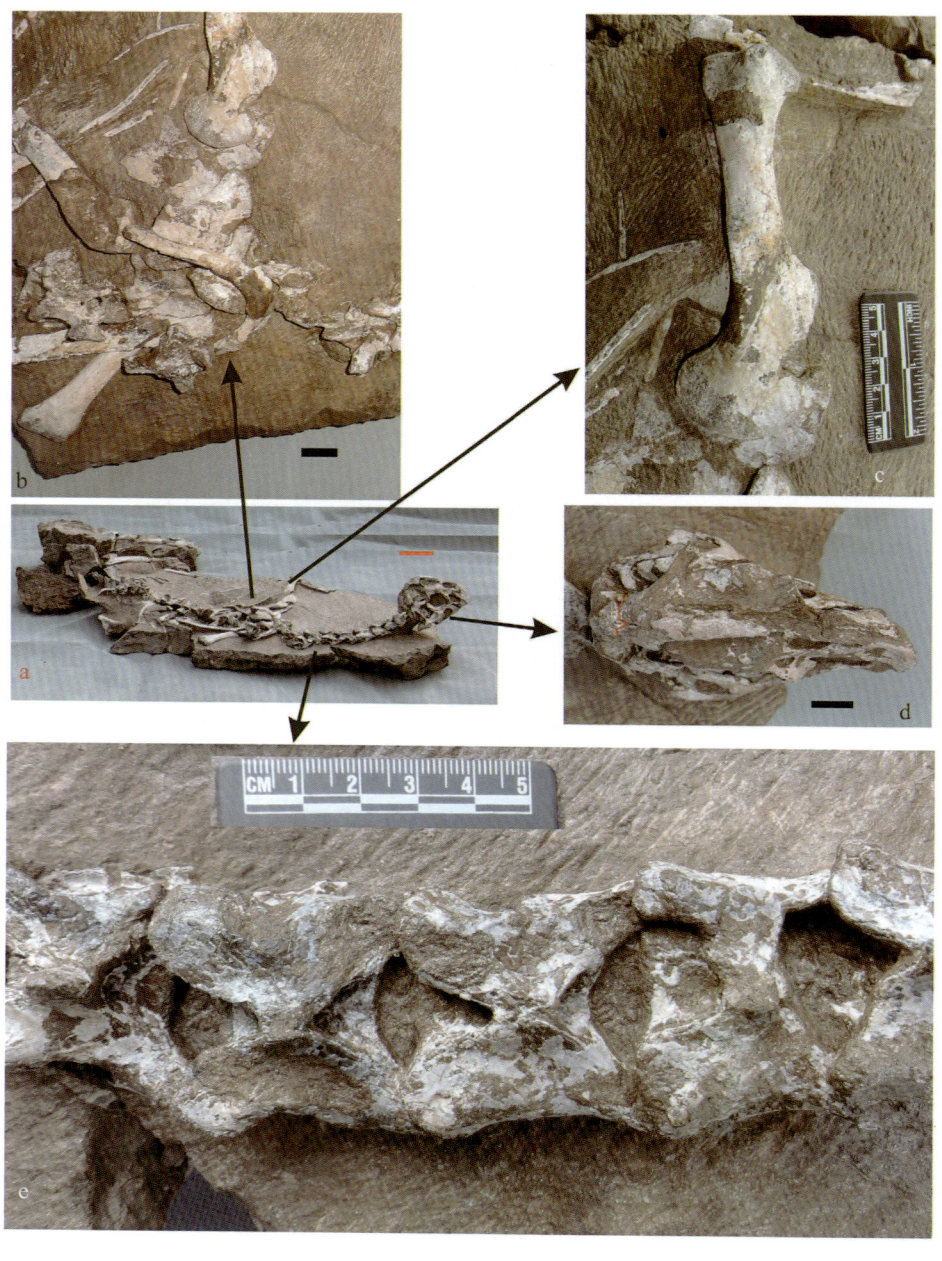

图 4-7-15 *Tongtianlong limosus* Lu et al

◆ 华南龙属

Huanansaurus Lü, Pu, Kobayashi, Xu, Chang, Shang, Liu, Lee, Kundrat et Shen, 2015

模式种：赣州华南龙 *Huanansaurus ganzhouensis* Lü, Pu, Kobayashi, Xu, Chang, Shang, Liu, Lee, Kundrat et Shen, 2015。

鉴别特征：方骨下颌髁突较枕骨髁靠后；颈横嵴显著；隅骨形成外下颌窗边界大部；齿骨形成向前背方突出的喙前背尖，与齿骨联合腹缘形成略小于45°的角；齿骨气腔化；掌骨Ⅱ长而纤细，宽度为长度的20%；齿骨后腹支扭曲造成分支侧面转向腹侧；下颌联合架发育适中，下颌联合长度占下颌总长度的20%~25%；指爪骨近端背缘的伸肌"唇"显著；圆形上颞窗远小于下颞窗；前上颌骨后背支与泪骨接触，在其远端后腹部有一明显开口；齿骨在外下颌窗上方的背缘强烈向腹侧凹陷。

中国已知种：仅模式种。

分布及时代：江西；晚白垩世。

>>> 赣州华南龙 *Huanansaurus ganzhouensis* Lu, Pu, Kobayashi, Xu, Chang, Shang, Liu, Lee, Kundrat et Shen

正模：HNGM（HGM）41HIHI-0443，为一关联骨架，包括几乎完整的头骨与部分头后骨骼，见图4-7-16。发现于江西赣州市火车站。

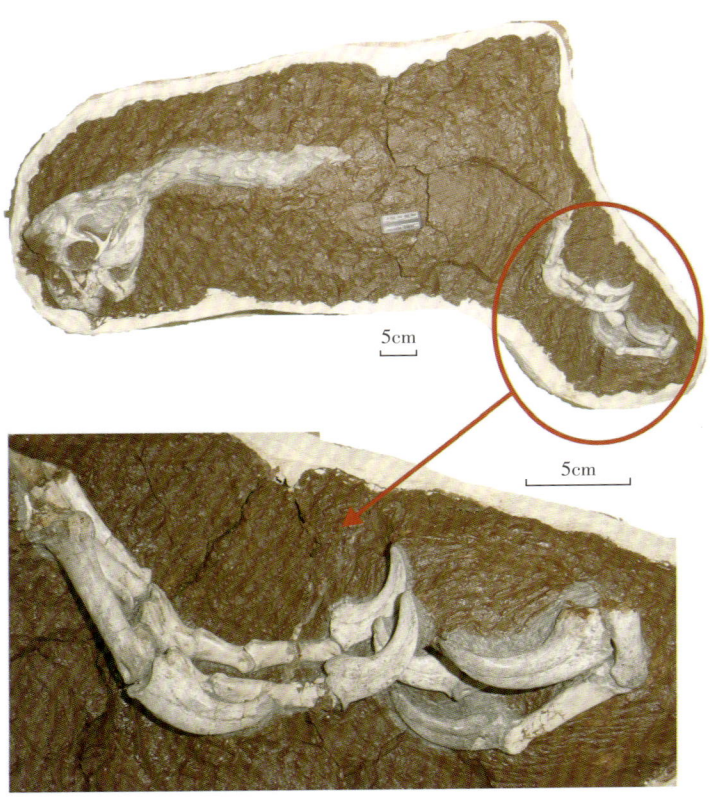

图4-7-16 *Huanansaurus ganzhouensis* Lu et al

鉴别特征：同属。

产地及层位：赣州；晚白垩世南雄组。

◆ 赣州龙属 *Ganzhousaurus* Wang, Sun, Sullivan et Xu, 2013

模式种：南康赣州龙 *Ganzhousaurus nankangensis* Wang, Sun, Sullivan et Xu, 2013。

鉴别特征：齿骨相对细长（最大前后长度与最大背腹长度之比为1.9）；齿骨外侧面小窝或气腔化孔缺失；下颌前端轻微下弯；外下颌窗前部区域轻微下凹；齿骨后腹支轻微扭转，移至下颌外腹侧，后腹支内侧面有径向浅沟；隅骨前支横向宽度大于背腹向深度；外下颌窗腹缘边界主要由偶骨形成；蹠骨Ⅱ远端1/2处发育腹侧耳突；蹠骨Ⅲ未侧偏。

中国已知种：仅模式种。

分布及时代：江西；晚白垩世。

▶▶▶ 南康赣州龙 *Ganzhousaurus nankangensis* Wang, Sun, Sullivan et Xu

正模：SDM20090302，为一具半关联的骨架，包括部分下颌、3个尾椎、部分左髂骨、右胫骨中部、右足部（包括蹠骨Ⅰ-Ⅲ，趾节骨Ⅰ-1、Ⅱ-2、Ⅲ-1和Ⅳ-1，趾节骨Ⅱ-3、Ⅲ-2和Ⅳ-2的一部分）。发现于江西赣州南康县（具体产地不详）（图4-7-17）。

鉴别特征：同属。

产地及层位：江西赣州；晚白垩世南雄组。

a：右足腹侧位；b：块体背面，显示髂骨，胫骨，右下颌骨和尾系

注：ca-尾系；d-牙齿的；dt-远端跗骨的；il-髂骨；t-胫骨；MⅠ~Ⅲ-跖骨。罗马数字Ⅰ~Ⅳ标识足部趾骨，阿拉伯数字1~3标识每个数字内的指骨，从近端到远端依次排列。

图4-7-17 *Ganzhousaurus nankangensis* Wang, Sun, Sullivan et Xu

◆ 暴龙科 Tyrannosauridae Osborn, 1905

◆ 乾州龙属 *Qianzhousaurus* Lü, Yi, Brusatte, Yang, Li et Chen, 2014

模式种：中国虔州龙 *Qianzhousaurus sinensis* Lü, Yi, Brusatte, Yang, Li et Chen, 2014。

鉴别特征：上颌骨上升支有多个分散的大型气腔化窝；前后向极段的钱上颌骨（主体的最大前后长度为颅底长度的 2.2%，而其他暴龙超科属种为 4.3%~4.6%）；髂骨侧面没有明显的垂直脊。

中国已知种：仅模式种。

分布及时代：江西；晚白垩世。

>>> 中国乾州龙 *Qianzhousaurus sinensis* Lü, Yi, Brusatte, Yang, Li et Chen

正模：GMF1004，一个几乎完整的头骨，9 个颈椎，3 个前部背椎，18 个尾椎，一个完整的右肩胛骨和部分左肩胛骨，部分髂骨，左边股骨、胫骨和部分腓骨，右距骨、跟骨和蹠骨。发现于江西赣州南康龙岭镇（图 4-7-18；Lu et al., 2014）。

鉴别特征：同属。

产地及层位：江西赣州；晚白垩世南雄组。

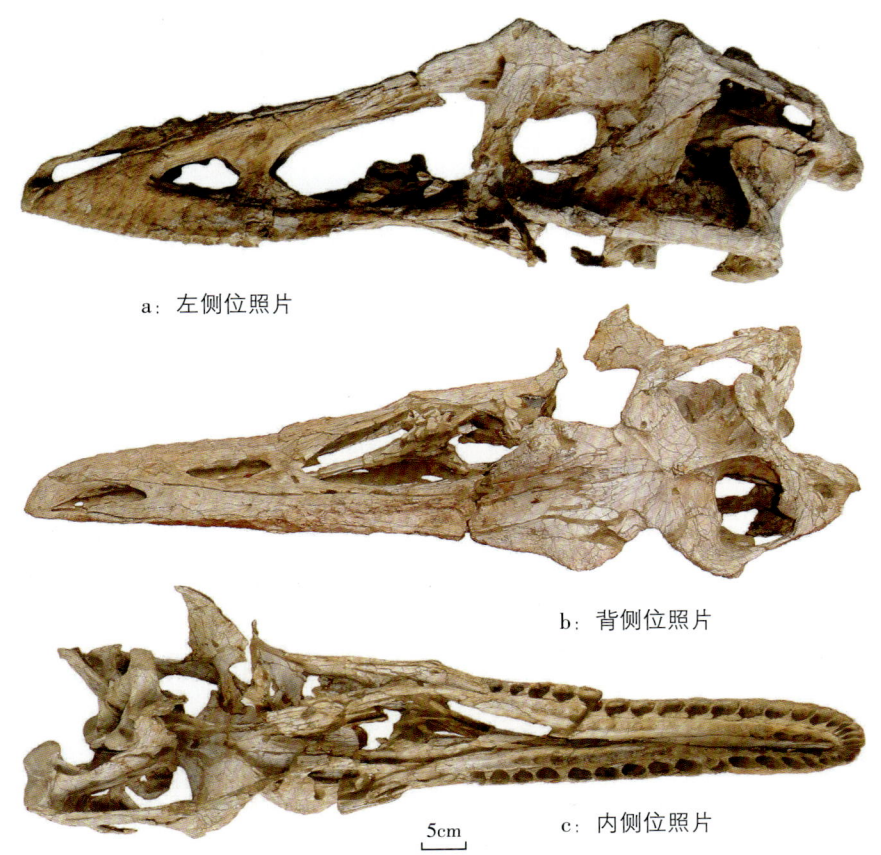

a：左侧位照片

b：背侧位照片

5cm   c：内侧位照片

图 4-7-18 *Qianzhousaurus sinensis* Lü Yi, Brusatte, Yang, Li et Chen

》》英良贝贝 Baby Yingliang

根据标本短高且无牙的头骨，"英良贝贝"（图 4-7-19）被确定为窃蛋龙类。窃蛋龙类是一类身披羽毛的兽脚类恐龙，目前已知来自亚洲和北美洲的白垩纪地层，它们与现代鸟类关系密切。其多变的喙部形状和体型很可能使它们具有广泛的食性类型，包括植食性、杂食性和肉食性。"英良贝贝"的保存姿势在已知的恐龙胚胎中是独一无二的，其头部位于身体下方，脚在两侧，身体背部沿着蛋的钝端蜷缩着。这种姿势与现代鸟类的胚胎类似。

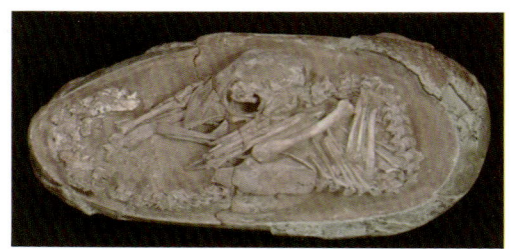

a：侧视图

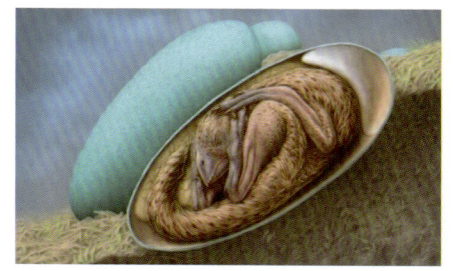

b：轮廓图

图 4-7-19　英良贝贝 Baby Yingliang

◆长形蛋科 Elongatoolithidae Zhao，1975
◆粗皮蛋属 Rugustoolithus Zhao，1975

蛋较大，长而扁，蛋长 160.00~185.00mm，平均约 180.00mm，横大径不及长径的 1/2。蛋壳较厚，平均约 2.00mm（图 4-7-20；杨钟健，1965；赵资奎，1975）。蛋壳表面十分粗糙，其纹饰各处不同，以点饰为主，中部有相连的虫状纹饰。乳突层和棱柱层之间有明显的分界。气孔道直，弦切面近圆形。成窝产出，共有蛋 24 枚，分 3 层排列，每层之间有薄层围岩相隔。每层蛋成放射状排列，钝端在内，尖端向外，倾角约 40°。

分布及时代：赣州市五里亭；晚白垩世河口组。

◆长形蛋属 Elongatoolithus Zhao，1975

蛋中等大小，长扁形，平均长度约 140.0mm，横大径与长径之比为 48~49，一端钝，一端尖（图 4-7-21；杨钟健，1965；赵资奎，1975）。蛋皮表面粗糙，具细长的

a：一窝粗皮蛋，×1/13

b：单体粗皮蛋×1/4

图 4-7-20　*Rugustoolithus* Zhao

虫条状纹饰，并与蛋的长度平行。蛋壳内面一般平滑，蛋壳较薄，0.90~2.00mm。气孔少，气孔道直，口径上下一致，弦切面近圆形。

分布及时代：赣州市五里亭；晚白垩世河口组。

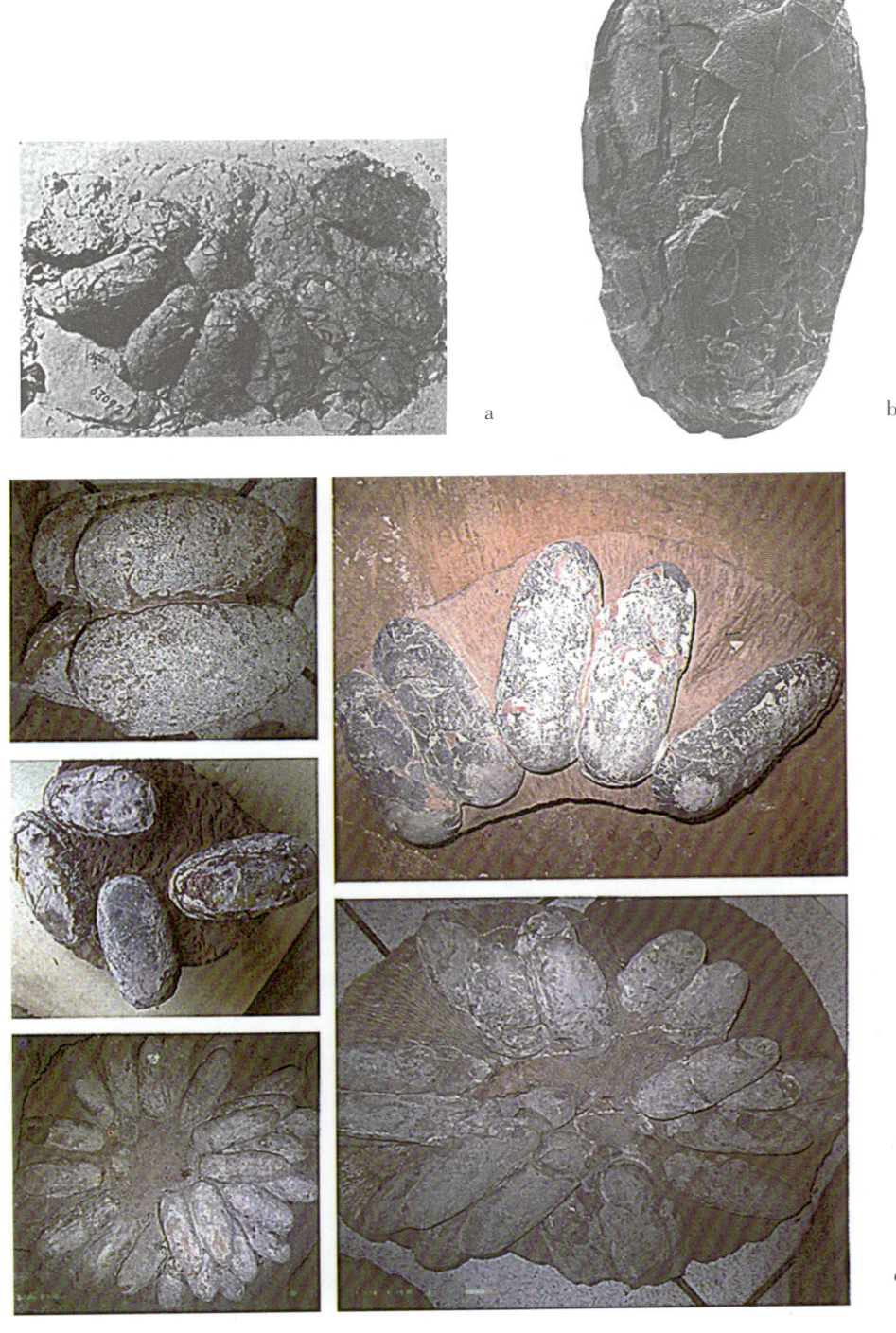

a：一窝长形蛋，×1/10；b：单体长形蛋，×1/2；c：多窝长形蛋，×1/5

图 4-7-21 *Elongatoolithus* Zhao，1975

◆ 圆形蛋科 Spheroolithidae Zhao, 1975
◆ 圆形蛋属 *Spheroolithus* Zhao, 1975

蛋壳长径与短直径比值小，蛋的外形扁椭圆形（图 4-7-22；杨钟健，1965；赵资奎，1975）。壳的厚度较大，平均厚度为 2.00mm。壳的表面有呈楔形或不规则的凹沟。

分布及时代：赣州市五里亭；晚白垩世河口组。

a、b：单个圆形蛋；c：上部为单个圆形蛋，下部为两窝圆形蛋

图 4-7-22 *Spheroolithus* Zhao

◆ 蜂窝蛋科 Faveoloolithidae Zhao & Ding,1976
◆ 副蜂窝蛋属 *Parafaveoloolithus* Zhang,2010

蛋化石圆形或椭圆形，蛋壳常由1个壳单元组成，少数由2~3个壳单元叠加组成，蛋壳局部发育多个壳单元成群聚集。壳单元柱状，形态不完整，生长纹不发育，在壳内表面处相互分离，壳单元内棱柱体之间界线清晰。

分布及时代：中国；晚白垩世。

▶▶▶ 萍乡副蜂窝蛋 *Parafaveoloolithus pingxiangensis* Zou,Wang et Wang

蛋化石扁圆形，蛋壳外表光滑，可见密集的气孔开口（图4-7-23；邹松林等，2013）。蛋壳厚度为1.5mm。蛋壳纵切面由3~5个长短不一的壳单元叠加组成，壳单元呈柱状，形状不规则，生长纹不发育，蛋壳中、上部局部出现由6~10个以上壳单元成群聚集（图4-7-23），偶尔见有少量壳单元分枝呈放射状。气孔直，不分枝。蛋壳具蜂窝状结构（图4-7-24）。

产地及层位：萍乡市庵坡里；晚白垩世周田组。

a：正型标本，PXMV-0009-01

b

a：单个蛋体；b：两窝蛋体

图4-7-23 *Parafaveoloolithus pingxiangensis* Zou,Wang et Wang

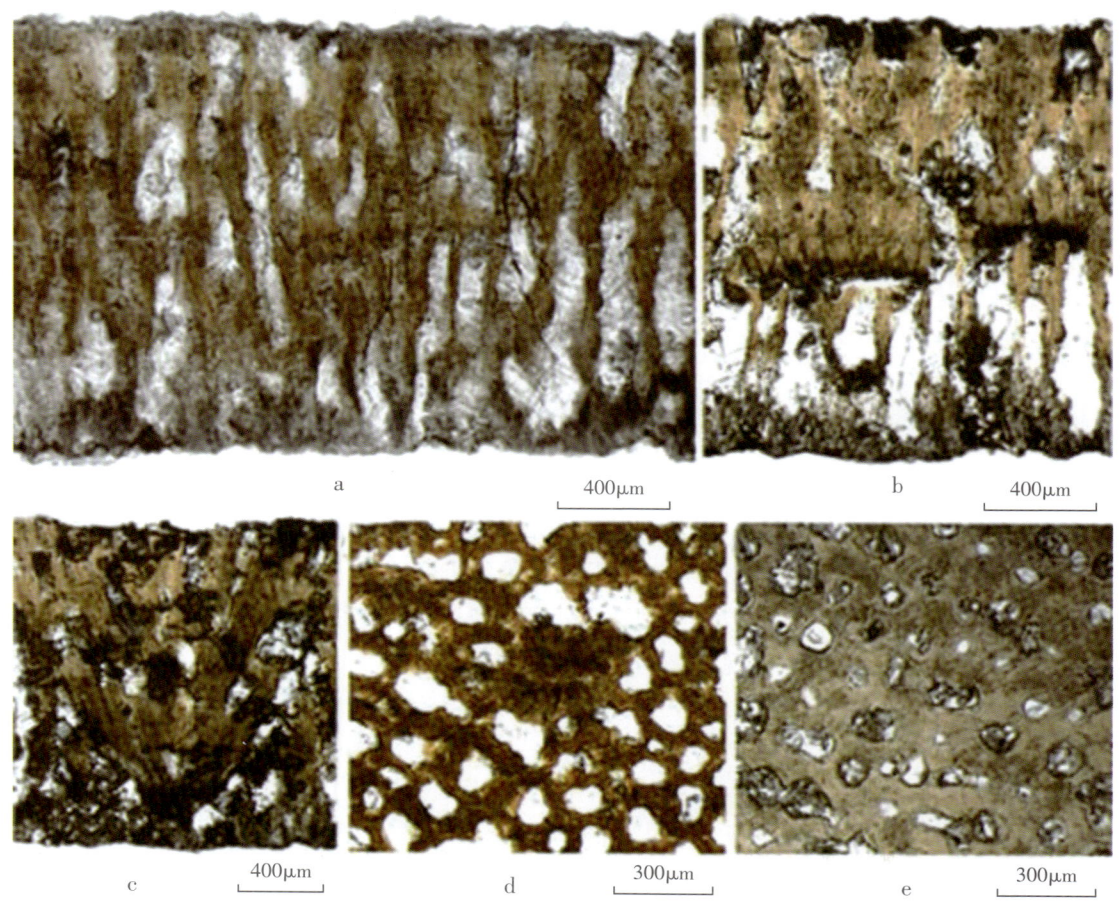

a~c：蛋壳的纵切面；d、e：蛋壳的弦切面

图 4-7-24　*Parafaveoloolithus pingxiangensis* Zou，Wang et Wang 的单体微细构造

◆ 哺乳动物纲 Mammalia

　　◆ 钝脚目 Pantodonta Cope，1873

　　　　◆ 阶齿兽科 Bemalambdidae Chow et al，1973

　　　　　　◆ 阶齿兽属 *Bemalambda* Chow et al，1973

头骨吻部很低；矢状嵴很发达；前颌骨与鼻骨接触；眶上突显著；额骨不与颞骨接触；枕面后倾。下颌骨体较粗壮而短；水平支具前外凸缘；冠状突很长；下颌髁位置很低，与下颊齿列在同一水平面上；下颌角大，向后伸。齿式：$\frac{3\cdot1\cdot4\cdot3}{3\cdot1\cdot4\cdot3}$。腰椎 8 枚，尾长。中心骨与桡骨愈合，但不退化。

分布及时代：广东、江西；古新世。

>>> 丁氏阶齿兽 *Bemalambdidae dingae* Li

下颌骨粗壮，前面陡直，水平支弯曲（图 4-7-25；李茜，2015）。左侧第一门牙仅保留有根部，断面为圆形，左侧犬齿为圆柱形，向上变得侧扁。右侧 P⁴ 呈三角形，下原尖是最高的尖，下后尖比下前尖发育。跟座不发育。前臼齿没有臼齿化。P³ 和 P⁴ 具有双"V"形特征。下原脊比下前脊长并且高，三角座比跟座高很多。

产地及层位：大余县青龙镇枫树下；中古新世池江组中部。

下颌骨，冠面视

图 4-7-25 *Bemalambdidae dingae* Li

狮子口阶齿兽 *Bemalambda shizikouensis* Wang et Ding

一种个体比南雄阶齿兽 *B. nahsiungensis* 大而粗壮的阶齿兽（图 4-7-26；王伴月和丁素因，1979）。I³ 等于或稍小于 I¹；I₃ 较大；犬齿粗壮；P¹ 单根，呈叶片状；前臼齿臼齿化程度高；P² 较宽；原尖发育，呈圆锥形，P₃ 三角座呈三角形，跟座较大；P₄ 跟座更加宽大。

产地及层位：江西大余青龙公社狮子口村西和狮子口村东北；中古新世池江组（原狮子口组）。

a：左下颌骨，外侧视，×1

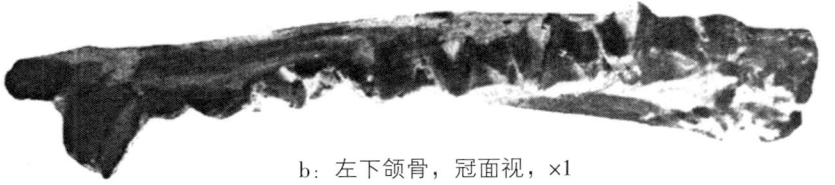

b：左下颌骨，冠面视，×1

c: 左下颌骨，内侧视，×1

d: 头骨，腹面视，×1/4　　　　　　　　　　　　　　　e: 头骨，背面视，×1/4

f: 头骨，侧面视，×1/4

图 4-7-26　*Bemalambda shizikouensis* Wang et Ding

◆冠齿兽科 Coryphodontidae Marsh，1876
　◆冠齿兽属 *Coryphodon* Owen，1845

体大而笨重齿式完全。门齿大；犬齿獠牙状，横切面多呈椭圆形，但长轴不如 *Titanoides* Gidley 长；P^{2-3} 的前附尖和后附尖靠得近，P^{2-4} 呈心形，其前、后缘突出（不同于早期钝脚类的凹入外形）。原尖脊及前尖-后尖脊重叠的双"V"形；上臼齿方形或次方形（从不呈三角形）。M^{1-3} 有小的前尖和二横脊，M^{2-3} 偶有次尖；下颊齿的下前尖小（但比 *Eudinoceras mongoliensis* Osborn 大），下臼齿由并列的双"V"形组成，其斜脊不达下后尖，有二横脊，M_{1-2} 的跟座较三角座宽。头顶宽平，前颌骨大于 *Titanoides* Gidley。鼻孔较小，腭骨平。

分布及时代：江西、山东；早始新世—中始新世（?）。北美；晚古新世—早始新世。欧洲；早始新世。

▶▶▶ 宁家山冠齿兽 *Coryphodon ninchiashanensis* Chow et Tung

一种个体较大的冠齿兽（图 4-7-27；地质部南京地质矿产研究所，1982c）。下门齿小，下犬齿上端稍向外弯并略向外张开。下前臼齿的"V"形脊夹角大于 60°，斜脊靠近舌面，下前尖较发育。下臼齿的斜脊末端靠近下后尖。M_{1-2} 的两条横脊倾斜于牙齿的长轴。下颌粗壮，垂直枝前缘与水平枝近于垂直，水平枝下沿平直。

产地及层位：新余市姚圩乡宁家山村；始新世新余组上部。

右下颌骨，冠面视，×1

图 4-7-27　*Coryphodon ninchiashanensis* Chow et Tung

◆ 恐角目 Dinocerata Marsh, 1873
◆ 犹他兽科 Uintatheriidae Flower, 1876
◆ 原深颌兽属 *Probathyopsis* Simpson, 1929

小型恐角兽。M_3 长 21.70mm。P^2 正立于上颌骨内，齿冠外壁与齿列方向大致平行。P^2 的外壁与后壁成直角，原尖以小脊与外脊中部相连，故齿冠不成"V"形。P^3、P^4 无原小尖，长宽大致相等。M^{1-2} 近三角形。次尖不很发育，位原尖后外方。下臼齿甚长，下前尖脊发达，跟座脊稍弱。有明显下内尖。上犬齿呈马刀状。

分布及时代：北美洲；晚古新世—早始新世。亚洲东部；始新世。

▶▶▶ 新余原深颌兽？ *Probathyopsis? sinyuensis* Chow et Tung

一种个体较小的恐角兽（图 4-7-28；地质部南京地质矿产研究所，1982c）。M^{1-2} 的前尖和后尖间有较弱的外脊相连；前尖内侧有较发育的纵脊伸向齿盆中心。M^1 具前附尖；在后尖的后方齿带附近有一刺状小尖，从后尖伸出一小脊与之连接。M^2 的原小尖发育，二横脊近于平行，呈"U"形；后脊上的后小尖较接近原尖；在后脊的后侧面上，从后小尖向后伸出的纵脊斜交牙齿的长轴、后尖后方的纵脊与后缘齿带连接形成一个小的"凹坑"。

产地及层位：新余市姚圩乡宁家山村；始新世新余组上部。

a：右 M^1，冠面视，×1　　b：右 M^1，外侧面视，×1

图 4-7-28　*Probathyopsis? sinyuensis* Chow et Tung

◆ 食肉目 Carnivora Bowdich, 1821
◆ 细齿兽科 Miacidae Cope, 1880
◆ 新喻兽属 *Xinyuictis* Zheng, Tung et Chi, 1975

特征介于 Viverravinae 及 Miacinae 两亚科之间的一种小型较原始的细齿兽。P^4/M_1 发育为裂齿，M^3 存在。P^4 一般形态像 *Protictis*，但前附尖较小，原尖（第二尖）锥形。M^1 窄三角形，横向延长；有高而粗壮的前尖；前小尖强烈；有窄的前后齿缘，无次尖。M^3 较小。M_1 三角座高，齿尖尖锐，下前尖扩大；低而窄的盆形跟座。M^1 三角形，前尖高而粗，前小尖发育，有害的前后齿带，无次尖。M_2 构造似 M_1，稍小而低。下颌细长，冠状突高而圆；髁突横宽；水平枝底界几乎平直；联合区域较浅；下颌孔较大，位 P_1 之下。

分布及时代：江西；始新世。

▶▶▶ 细巧新喻兽 *Xinyuictis tenuis* Zheng, Tung et Chi

特征介于 Viverravinae 及 Miacinae 两亚科之间的一种小型较原始的细齿兽（图 4-7-29；地质部南京地质矿产研究所，1982c）。P^4/M^1 发育为裂齿，M^3 存在。P^4 一般形态像 *Protictis*，但前附尖较小，原尖（第二尖）锥形。M^1 窄三角形，横向延长；有高而粗壮的前尖；前小尖强烈；有窄的前后齿缘，无次尖。M^3 较小。M_1 三角座高，齿尖尖锐，下前尖扩大；低而窄的盆形跟座。M^1 三角形，前尖高而粗，前小尖发育，有害的前后齿带，无次尖。M_2 构造似 M_1，稍小而低。下颌细长，冠状突高而圆；髁突横宽；水平枝底界几乎平直；联合区域较浅；下颌孔较大，位 P_1 之下。

右 M_{1-2}，内侧视，×4

图 4-7-29 *Xinyuictis tenuis* Zheng, Tung et Chi

产地及层位：新余市姚圩乡宁家山村；始新世新余组中部。

◆ 南方有蹄目 Notoungulata Roth, 1903
◆ 北柱兽科 Arctostylopidae Schlosser, 1923
◆ 沟柱兽属 *Bothriostylops* Zheng et Huang, 1986

个体比亚洲柱兽（*Asiostylops*）小，但形态较相似的小型北柱兽类。下颌骨体侧扁，水平支底缘略成弧形。颊齿低冠，前外齿带发育，牙齿外壁隆凸，外中沟深。

P^4 轻微臼齿化，跟座近月形。下臼齿三角座前后较短，下后尖发育；跟座延长，下内尖横脊明显，斜向延伸于外月形翼。

分布及时代：大余县；古新世。

南方沟柱兽 *Bothriostylops notios* Zheng et Huang

下颌骨骨体侧扁，垂直支破损，喙脊发育（图 4-7-30；郑家坚等，1973）。水平支底缘略呈弧形。牙齿低冠，紧密排列。颊齿前外齿带发育，齿冠外壁隆凸，外中沟深。跟座稍呈月形，长度不到三角座的 1/2。前面两个臼齿的跟座长度均大于三角座。下原尖较高，下后尖低粗，下内尖呈低锥形，位于跟座内侧后端。牙齿形态似前面的白齿，但下次小尖特别高大，形成粗壮的脊形第三叶。

产地及层位：大余县池江镇竹林；古新世池江组。

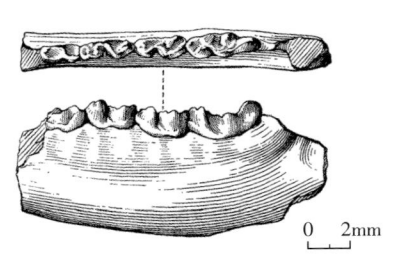
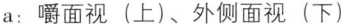
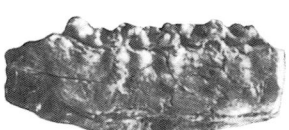

a：嚼面视（上）、外侧面视（下）　　b：内侧面视，×5　　c：嚼面视，×5　　d：外侧面观，×5

图 4-7-30　*Bothriostylops notios* Zheng et Huang 的左下颌骨附颊齿

◆ 亚洲柱兽亚科 Asiostylopinae Zheng, 1979

颊齿低冠。M^{1-2} 三角形—次三角形，齿冠外壁稍隆凸，外脊不平直；M^3 有后脊。下臼齿三角座缩短，前翼相对不退化；下内尖轻微脊形，略向齿冠外侧延伸，与跟座外月形脊无明显的相连。

◆ 亚洲柱兽属 *Asiostylops* Zheng, 1979

上前臼齿简单。上臼齿有清晰的外侧齿尖，无次尖，前附尖较发育。外脊较长，外中褶中等深；前齿带窄，后齿带宽。P_4 跟座短，脊形。下臼齿三角座短。前翼不退化，下前尖位于齿冠前方中间。下后尖高而突出；跟座低于三角座，下内尖轻微脊形，约位于跟座内侧的中间，与外月形脊不相连。

分布及时代：大余县；古新世。

▶▶▶ 稀少亚洲柱兽 *Asionylops spanios* Zheng

上前臼齿简单。上臼齿有清晰的外侧齿尖，无次尖，前附尖较发育。外脊较长，外中褶中等深；前齿带窄，后齿带稍宽。P_4 跟座短，脊形（图 4-7-31；郑家坚，1979）。下臼齿三角座短。前翼不退化，下前尖位于齿冠前方中间。下后尖高而突出；跟座低于三角座，下内尖轻微脊形，约位于跟座内侧的中间，与外月形脊不相连（图 4-7-32）。

产地及层位：大余县青龙镇老岭背；古新世池江组滥泥坑段。

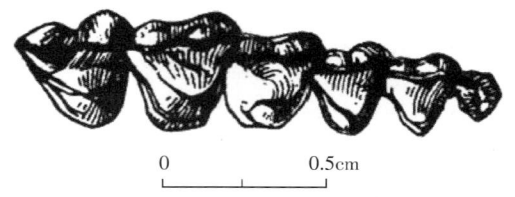

图 4-7-31　*Asionylops spanios* Zheng 右 P^2-M^4（V5042）冠视

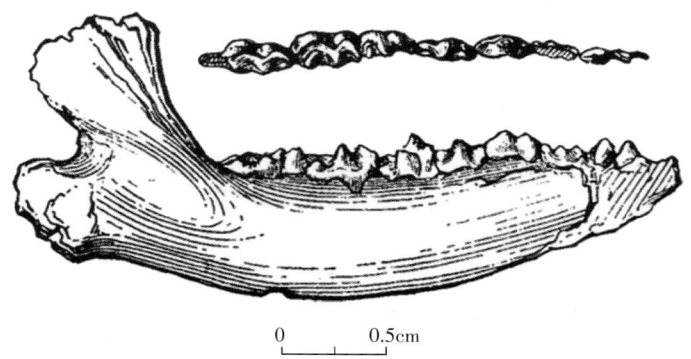

图 4-7-32　*Asionylops spanios* Zheng 的左下颌支（V5042）冠面视（上）和内侧视（下）

◆ 北柱兽亚科 Arctostylopinae Zheng，1979

颊齿低冠—稍高冠。M^{1-2} 方形—次方形，齿冠外壁扁平，外脊平直，两横脊在齿冠内侧不连接或以浅沟分开，有或无围尖。M^3 三角形—次三角形，有时有后脊。下臼齿三角座前翼很退化，跟座更延长，脊形下内尖很发育，一般与跟座外月形脊相连。

◆ 异柱兽属 *Alloatylops* Zheng，1979

大小接近古柱兽（*Palaeostylops*）的古南方有蹄类。颊齿低冠，齿冠稍宽或长宽近于相等。上前臼齿简单，但 P^4 次臼齿化。上臼齿前棱突出，齿冠外壁在前附尖与前尖之间有深的纵沟；围尖很发育，锥形；前、后齿带在内侧不连续，外齿带不发育。M^3 三角形，后脊明显。

分布及时代：大余县；古新世。

▶▶▶ 围尖异柱兽 *Alloatylops periconotus* Zheng

大小接近古柱兽（*Palaeostylops*）的古南方有蹄类（图 4-7-33；郑家坚，1979）。颊齿低冠，齿冠稍宽或长宽近于相等。上前臼齿简单，但 P^4 次臼齿化。上臼齿前棱突出，齿冠外壁在前附尖与前尖之间有深的纵沟；围尖很发育，锥形；前、后齿带在内侧不连续，外齿带不发育。M^3 三角形，后脊明显。

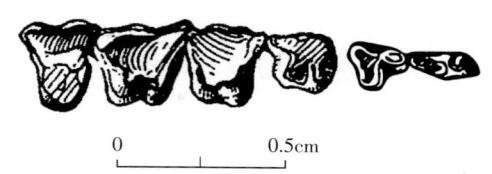

图 4-7-33　*Alloatylops periconotus* Zheng 右 P^2-M^3 冠面视（V5043）

产地及层位：大余县王屋村东南；古新世池江组上部（或称王屋段）。

- ◆ 𤝬亚兽目 Anagalida Szalay et Mckenna, 1971
  - ◆ 𤝬亚兽科 Anagalidae Simpson, 1931
    - ◆ 宣南兽属 *Hsiuannania* Xu, 1976
      - 》》》 小宣南兽 *Hsiuannania minor* Ding et Zhang

一种比安徽潜山痘母组下段的大别宣南兽个体稍小的𤝬亚兽类（图 4-7-34；丁素因和张玉萍，1979）。臼齿比大别种细小，臼齿咀嚼面较平，跟座比三角座长，在 M_1 最为显著。

产地及层位：江西大余县青龙公社；古新世池江组滥泥坑段。

 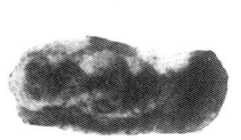 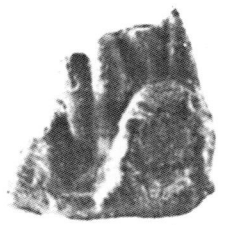

　　a：右下颌，内侧视，×2　　　　b：右下颌，冠面视，×2　　　　c：右下颌，外侧视，×2

图 4-7-34　*Hsiuannania minor* Ding et Zhang

- ◆ 假古蜩科 Pseudictopidae Sulimski, 1968
  - ◆ 假古蜩属 *Pseudictops* Matthew, Granger et Simpson, 1929
    - 》》》 细巧似假古蜩 *Pseudictops tenuis* Ding et Zhang

下颌水平支薄。颊齿窄小，齿冠较低（图 4-7-35；丁素因和张玉萍，1979）。P_4 臼齿化程度不高。P_4—M_2 三角座前后向收缩；跟座相对较长，下内尖特别发育，跟座内缘突出。P_4 略小于 M_1。

产地及层位：大余县青龙镇老岭背南；古新世池江组滥泥坑段。

　　　　a：右下颌，外侧视，×2　　　　　　　　　　b：右下颌，内侧视，×2

　　　　c：右下颌，冠面视，×2　　　　　　　　　　d：左下颌，冠面视，×2

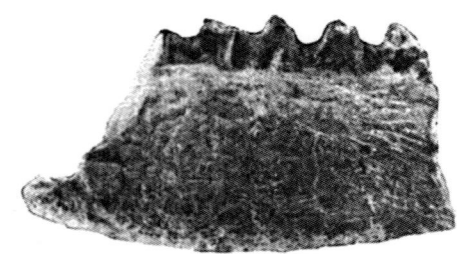

e：左下颌，内侧视，×2　　　　　　　　　f：左下颌，内侧视，×2

图 4-7-35　*Pseudictops tenuis* Ding et Zheng

◆ 踝节目 Condylarthra Cope，1881
　◆ 中兽科 Mesonychidae Cope，1875
　　◆ 中兽亚科 Mesonychinae Wortman，1901
　　　▶▶▶ 桥头江西中兽 *Jiangxia chaotoensis* Zhang et Zheng

一种中等大小的中兽。下颌骨较粗壮；垂直支与水平支的夹角为130°，冠状突比较倾斜，髁突位置很低；水平支扁平。下臼齿三角座的齿尖钝圆，下原尖向后倾斜，比跟座高约1/2；跟座长宽大致相等，脊形；无齿带。

产地及层位：大余县青龙镇桥头村；古新世池江组上部（王屋段）。

◆ 软食中兽亚科 Hapalodectinae Szalay and Gould，1966
　　▶▶▶ 软食中兽（未定种）*Hapalodectes* sp.

一种个体稍小于软食中兽的小型中兽。标本残破，只保留个别下前臼齿。P_3较侧扁；下原尖向后倾斜，顶端尖锐，在齿尖前、后有两条从顶端向下延伸的细棱；下前尖很清晰；跟座脊形，前后延伸的斜脊与下原尖的后棱相连。牙齿长7.00mm，宽2.80mm。从前臼齿主要特征看，标本与软食兽亚科有关种类较为相近。与 *Hapalodectes* 比较，它们具有的类似特点是个体小，下颊齿很侧扁，齿尖较尖锐。由于目前江西该种材料所限，无法进行详细对比，暂时将它归于软食兽属。

产地及层位：大余县青龙镇；古新世池江组滥泥坑段。

◆ 下齿兽科 Hyopsodontidae Zhang et Zhen，1979

个体小，齿冠低，齿尖锥形。下颌骨咬肌窝浅，水平支后部较粗壮。M_3长约4.80mm，宽约3.20mm；牙齿略呈三角形。三角座较低，前后短，下原尖下方有一棱；跟座相当长，呈盆形。下次尖发育，与下次小尖在外侧以沟相隔，沟壁有小瘤；下次小尖非常发育，形成第三叶；下内尖破损。前齿带微弱，内、外侧无齿带。标本下臼齿结构与下齿兽科的某些种属具有相似的特征。它与欧洲古新世的 *Louisina* 相比，两者三角座形有所相似；但跟座形态区别较大。欧洲属的下次小尖不形成第三叶，下次尖也不如江西标本发育。与北美的 *Hyopsodus* 属相比，江西标本的三角座前后收缩，跟座相对较长，齿冠低，齿呈尖锥形，下次小尖形成第三叶与前者有所接近。由此可见，标本应为下齿兽科的成员，但因材料过于破碎，其确切分类位置需待更多材料才能确定。

产地及层位：大余县竹林山西南；古新世池江组滥泥坑段。

◆ **围褶齿兽科 Periptychidae Cope，1882**
　◆ **异褶齿兽亚科（?）? Anisonchinae Osborn et Earle，1895**
　　◆ **东方假异褶齿兽 *Pseudanisonchus antelios* Tong**

臼齿三角形，大而粗壮，牙齿很横宽，单侧高冠。外侧两齿尖钝锥形，联生；原尖"V"形，位于齿冠内侧中间，其前下方有一小的围尖；无次尖。附尖很发育。外架宽，中间有一小而突出的疣状突起。前、后齿带突出，大致对称；外齿带较窄。

这是迄今发现的围褶齿兽类中最大的一种。臼齿三角形，大而粗壮，齿冠外沿稍圆，很横宽。齿冠较高，但外侧低于内侧。外侧两齿尖钝锥形，位于外齿带到原尖约1/2处；前尖粗壮，与后尖联生，比后者稍近于内侧；后尖与前尖几乎等高。原尖为"V"形，向齿冠外侧倾斜，稍靠近外尖；其前翼与外齿带相连，后翼延向后附尖基部；无次尖。小尖很不发育，无后小尖。前附尖粗壮，锥形，与后尖几乎等大，位于前尖外侧稍前，其内外具有两个短棱；后附尖比前附尖小而低，位于齿冠后端外齿带之上，同样有两短棱。外架很宽，在中间有一小的疣状突起（位置可能相当中附尖）。前、后齿带大致对称，前齿带在齿冠前缘约1/3处向内延伸，后齿带类似；两者在齿冠内侧不相连，与原尖前后基部以深沟相隔。外齿带窄而短。围尖弱，位于原尖内侧稍前，前齿带内端。

江西标本上臼齿结构比较简单，无珐琅质沟纹，齿冠较高，小尖很不发育等特点与异褶齿兽亚科的 *Anisonchus*、*Haploconus*、*Hemithleus* 等属有某种程度的相似。但是前者由于牙齿单侧高冠较显著，无次尖，附尖很发育，外架宽，有小的疣状突起以及前、后齿带在内侧不连续，在齿冠结构上形成较为特殊的性质，显然与上述亚科有关种属存在较大的区别。这充分指出它应代表一新属，但这一标本具有比较特殊的齿冠形态，是否归于异褶齿兽亚科或是另一新的类群，由于材料少，尚难确定，目前暂归于异褶齿兽亚科。

产地及层位：大余县老岭背；古新世池江组滥泥坑段。

◆ **原真兽目**
　◆ **对锥齿兽科 Didymoconidae Kretzoi，1943**
　　◆ **古对锥齿兽属 *Archaeoryctes* Zhen，1979**

门齿小，第三门齿稍大，犬齿粗壮，无裂齿。P^3 简单，P^4 次臼齿化。上臼齿三角形，外架窄，小尖发育，无柱尖和次尖，附尖突出，有后齿带。下前臼齿结构简单，P_4 有脊形跟座。下臼齿三角座中等高，下前尖较大，下原尖与下后尖近于对生；跟座盆形，下次尖突出，下次小尖紧靠下次尖，无下内尖。

齿式：$\dfrac{?\cdot 1 \cdot 3 \cdot 2}{3 \cdot 1 \cdot 3 \cdot 2}$

分布及时代：江西；古新世。

》》 南方古对锥齿兽 *Archaeoryctes notialis* Zhen

门齿小，第三门齿稍大，犬齿粗壮，无裂齿。P^3简单，P^4次臼齿化。上臼齿三角形，外架窄，小尖发育，无柱尖和次尖，附尖突出，有后齿带。下前臼齿结构简单，P_4有脊形跟座。下臼齿三角座中等高，下前尖较大，下原尖与下后尖近于对生；跟座盆形，下次尖突出，下次小尖紧靠下次尖，无下内尖（郑家坚，1979）。

产地及层位：大余县清龙镇新村里北；古新世池江组滥泥坑段。

◆ 长鼻目 Proboscidea Illiger，1811
　　◆ 象亚目 Elephantiformes Tassy，1988
　　　　◆ 真象超科 Elephantoidea Gray，1821
　　　　　　◆ 科、属和种未定 Fam. gen. et sp. indet.

萍乡杨家湾2号洞出土的象牙残段，残存长度为280.00mm；横截面呈椭圆（近端）至近圆形（远端），近端横截面最大径为87.20mm，最小径为86.50mm，与黄河象的上窄下宽的卵圆形断面轮廓（黄河象研究小组，1975）明显不同，后者截面的上轮廓呈现为明显的棱状结构；但与奉节人遗址的东方剑齿象（黄万波等，2002）的门齿接近（图4-7-36；邓里等，2018）。两端均遭到啮齿类

a：侧视；b：近端视；c：抛光断面；d：断面局部放大，只可见部分施氏线；e：施氏线及施氏夹角示意图
图4-7-36　萍乡杨家湾2号洞出土的象门齿化石（ⅣPP Ⅴ24125）

动物啃咬，但仍依稀可以观察到同心环状细纹和白垩质层及齿质层的圈层结构，中心部立为牙髓腔，髓腔由近端至远端快速变小。由于风化严重，质地酥松，在抛光的切面上难以观察到连续的施氏线，但在自然断面上依稀可辨部分施氏线和施氏夹角，其内、外夹角都是136°，该数值在三角头剑齿象和亚洲象的变化范围之内。长鼻类门齿的施氏线和施氏夹角是区分不同属种的重要依据之一（Palombo and Villa，2001；Virag，2012），但却并非很精准，因为不同属种之间有大范围的重叠，例如剑齿象、亚洲象和非洲象的夹角都很接近。

有关我国南方第四纪长鼻类的门齿报道很少，仅有重庆奉节县兴隆洞遗址的两根剑齿象门齿，其根部直径为100.00~110.00mm（黄万波等，2002），比杨家湾2号洞的稍微粗壮些；而亚洲象门齿化石在我国尚未见有报道。因此，萍乡杨家湾2号洞象门齿标本的归属尚难以确定。

产地及层位：萍乡市杨家湾2号洞；晚更新世。

◆ 剑齿象科 Stegodontidae Young-Hopwood，1935
　◆ 剑齿象属 *Stegodon* Falconer & Cautley，1847
　　》》》东方剑齿象 *Stegodon orientalis* Owen，1870

DP2（a）齿冠几乎未曾磨耗。冠面轮廓为圆三角形，3个边分别朝向颊侧、舌侧和远中侧（图4-7-37；邓里等，2018）。有3个横脊并有前后跟座（talon）；一般而言，前跟座较大，且与第一齿脊在舌侧斜交；第一齿脊厚，且颊-舌径最短；第二齿脊颊-舌径最大，小乳突最多，有5个；第三齿脊与第二齿脊平行且很靠近，后跟座扁而短。齿冠长×宽数值为22.90mm×19.90mm。

DP3（b）牙齿中度磨耗，前第一、二齿脊已完全暴露齿质，第三齿脊的大釉质环尚未完全联通，第四齿脊有少量齿质暴露，第五齿脊的齿质刚开始出露，但乳突模糊难辨。冠面轮廓整体呈前窄后宽的梯形，但在近中颊侧有一突角，从而造成前边倾斜和第一横脊颊侧比舌侧厚很多。一般都具有5个横脊及一个很窄的后跟座（或称其为1/2齿脊），但无前跟座；第二到第五齿脊基本等厚，但第四齿脊颊-舌径最大和稍厚，且有发育的中沟（cleft）；第二齿脊颊-舌径最小，由此造成齿冠轮廓在第二、三齿脊之间的中谷处有收缩；后半个齿脊呈齿带状。齿冠舌侧较为陡直，颊侧缓坡状。齿冠长×宽数值为55.70mm×41.70mm。

DP4（c）只保存了后4个半齿脊（完整标本应当有7个齿脊）。冠面轮廓近乎矩形，齿脊平直，颊-舌径近乎等宽，后两个齿脊微弯，最后一个齿脊颊-舌径稍小。4个齿脊都轻度磨耗，但最后两个齿脊尚未暴露齿质，在倒数第二齿脊上可看到9个乳突，倒数第三齿脊有少量齿质暴露，倒数第四齿脊的齿质呈串珠状暴露，但齿脊中段的齿质暴露较多。残存齿冠最大长度为69.10mm，齿冠最大宽度为55.80mm。

M1（d）只保存了后6个齿脊（完整标本应当有7个齿脊），其中倒数第四到第二个保留了部分齿脊，最后两个齿脊的颊-舌径稍小。最后一个齿脊的釉质层保存完好，其上有9个小乳突，呈中部后弯的弓形；倒数第二齿脊轻度磨耗，齿质呈串珠状出露，大釉质环尚未联通；倒数第三齿脊中度磨耗，齿质全部暴露，大釉质环已形成，釉质环前后边基本平行，釉质层稍有褶皱；倒数第二、三齿脊之间舌侧谷口有很大的乳突状结构。后跟是在齿带状结构上长出3个小乳突。

M3（e）标本V 24123.4保存后4个半齿脊（完整标本应当有12个齿脊），最后两个齿脊基本未磨耗，都呈中部后凸的弧形；倒数第二齿脊顶端有 11 个乳突，舌侧有 1 个乳突；倒数第三齿脊颊侧有大小不等的 2 个孤立乳突，齿质呈串珠状暴露；倒数第四齿脊舌侧破损齿质基本全部暴露，但靠颊侧的齿冠面呈串珠状，在颊侧有一很大的孤立乳突；最后半个齿脊呈齿带状，明显比其他齿脊要低，且主要在舌侧发育，尖灭于前一个齿脊的颊侧 1/3 处。

m2（f）保存有后 5 个齿脊和后跟座（完整标本应当有 9 个齿脊），自前向后齿脊的颊 - 舌径渐次变小。最后一个齿脊靠颊侧顶端出现齿质；倒数第二齿脊被中沟分为两部分，颊侧部分较少，整个齿冠尚未形成打通的釉质环；倒数第三、四齿脊的磨耗状态接近，颊侧齿质暴露更多；倒数第五齿脊磨耗较深，已形成一个完整的釉质环，后跟尚未磨耗，可见两排小乳突。在深度磨耗的齿脊冠

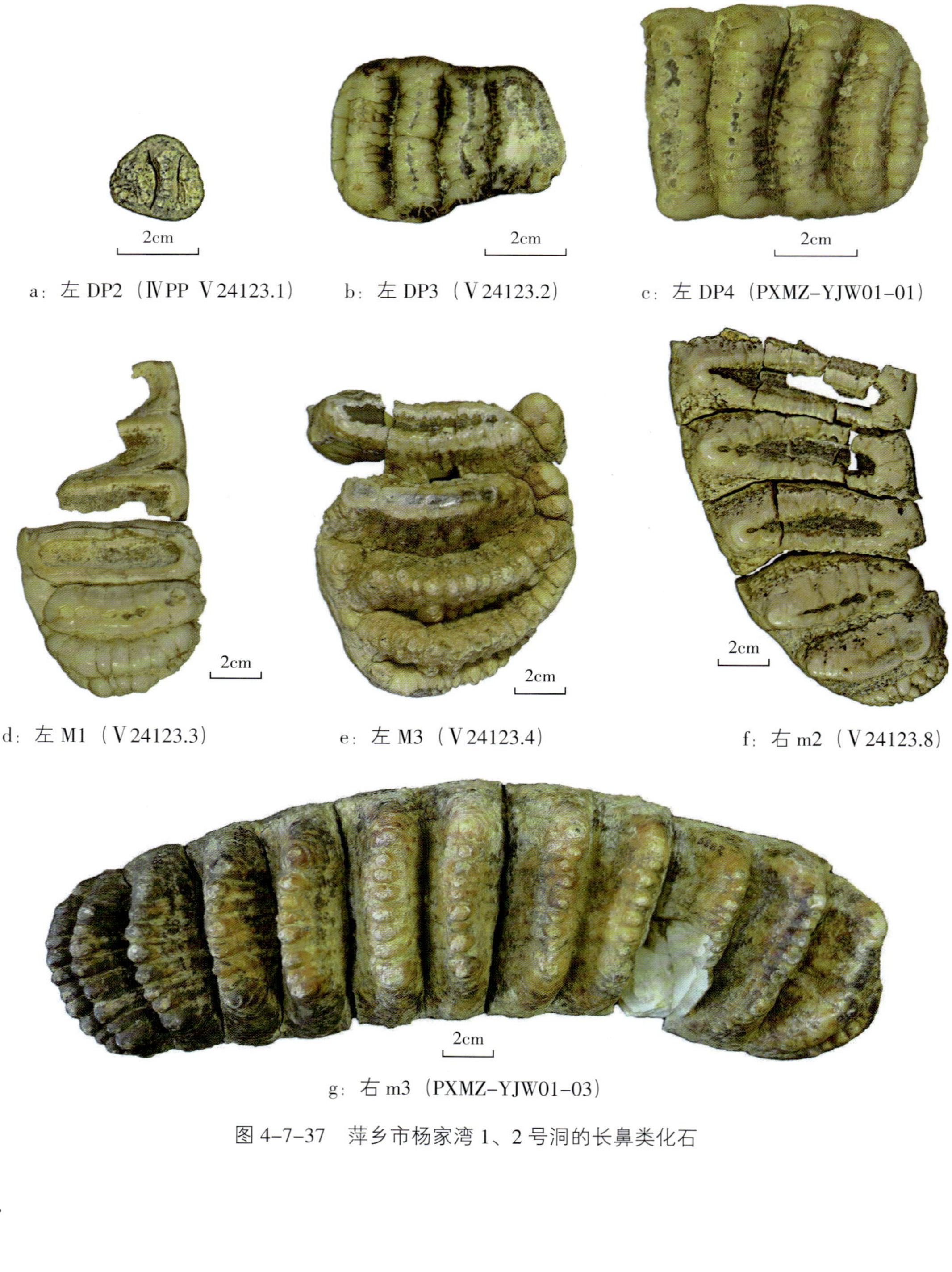

a：左 DP2（ⅣPP V 24123.1）　　b：左 DP3（V 24123.2）　　c：左 DP4（PXMZ-YJW01-01）

d：左 M1（V 24123.3）　　e：左 M3（V 24123.4）　　f：右 m2（V 24123.8）

g：右 m3（PXMZ-YJW01-03）

图 4-7-37　萍乡市杨家湾 1、2 号洞的长鼻类化石

面看，釉质层褶皱微弱。在最后一个齿脊前后都有少量白垩质充填。

m3（g）除第一、二和四齿脊稍有残破外，整个齿冠几乎完整保存。只有前两个齿脊开始使用并稍有磨耗。总共 13 个齿脊，前、后两端的两个齿脊由齿带（跟座）发育而成，比其他齿脊明显要低且薄。冠面轮廓呈弯曲的矩形，舌侧凸出，颊侧内凹；齿脊的颊－舌径较为稳定，最大颊－舌径在第七齿脊处，为 95.00mm，两端的齿脊宽度稍小。齿冠最大长度为 325.00mm；最大冠高 51.00mm（第五齿脊）。所有齿脊的颊侧面倾斜而舌侧面陡直。每个齿脊顶端有 8~9 个乳突，乳突边界清晰；除颊、舌两端的两个乳突较大之外，其余者大小均等。未磨耗前，整个牙冠的釉质层表面都被覆较薄的白垩质层，但齿谷中并未特别增厚。侧面观，每个齿脊的前侧面较为陡直，而后侧面有一定坡度。

上述牙齿的特征和测量数据基本都在盐井沟东方剑齿象的变化范围（Colbert and Hooijer，1953），因此，也可以归入该种；但与后者也存在一些小的差异，如 DP3 和 dp3 的宽/长比值较大；每个齿脊上的乳突边界清晰、数目较少；白垩质层不发育。

产地及层位：萍乡市杨家湾 1、2 号洞；晚更新世。

◆ 真象科 Elephantidae Gray，1821

◆ 真象亚科 Elephantinae Gray，1821

◆ 象属 *Elephas* Linnaeus，1758

》》》 亚洲象 *Elephas maximus* Linnaeus，1758

PXMZ-YJW01-04 号标本（图 4-7-38a）为一齿板的顶端部分，尚未有任何磨耗。其顶端部分为 4 个齿尖指突（apical digitations），但在顶部往下 13.00mm 处，中间的两个指突又融合为 1 个，因此在齿冠断面上可看到 3 个釉质环。无中间突（median sinus）；齿板很薄，厚度仅为 7.20mm；颊－舌径 46.40mm。以上特征和测量数据均与 Tasumi（1964）和 Roth and Shoshani（1988）所记述的亚洲象 DP4/dp4 一致，只是指突数较少一些。齿冠表面有少量白垩质覆盖。

标本 V 23447（图 4-7-38b）为一齿板的上部，尚未有任何磨耗，其顶端部分为 5 个指突，由于白垩质覆盖，难以用肉眼观察到指突下延的深度。在顶端往下 52.00mm 处开始出现微弱的后柱（posterior column）（Maglio，1973:93）；齿板很薄，厚度仅为 8.80mm；颊－舌径 83.70mm。以上特征和测量数据均与 Roth 和 Shoshani（1988）所记述的亚洲象 M2/m2 一致。根据其指突数和齿板厚度，以上两件齿板化石可以归入亚洲象。

产地及层位：萍乡市杨家湾 1 号洞（PXMZ-YJW01-04）和 2 号洞（V 23447）；晚更新世。

a：齿板 DP4 or dp4
（PXMZ-YJW: 01-04）

b：齿板 M1 or m2
（V 23447）

图 4-7-38 萍乡市杨家湾 1、2 号洞的亚洲象化石

◆牙形石动物纲 Condonta pander, 1856
　◆锯片牙形石目 Prioniodinida Sweet, 1988
　　◆舟牙形石科 Gondolellidae Lindstrom, 1970
　　　◆克拉克刺属 Genus *Clarkina* Kozur, 1990
　　　　》模式种 *Gondolella leveni* Kozur, Mostler et Pjatako va, 1976
　　　　》长兴克拉克刺长兴亚种
　　　　　Clarkina changxingensis changxingensis（Wang et Wang, 1981）

此种是由王成源和王志浩（1981）首先建立的，它的特征是两侧具有对称或近对称的长椭圆形齿台，并向前、后收缩变窄，后端为钝圆形，中后部有最宽处（图 4-7-39；王志浩和朱相水，2001）；齿脊低，由较低的瘤齿组成，细齿较分离，后端主齿较明显，小、近直立。本书作者基本同意梅仕龙等（1998）的修正定义，但对田树刚（1993）建立的 *C.xiangxiensis* 仍建议保留。因为从

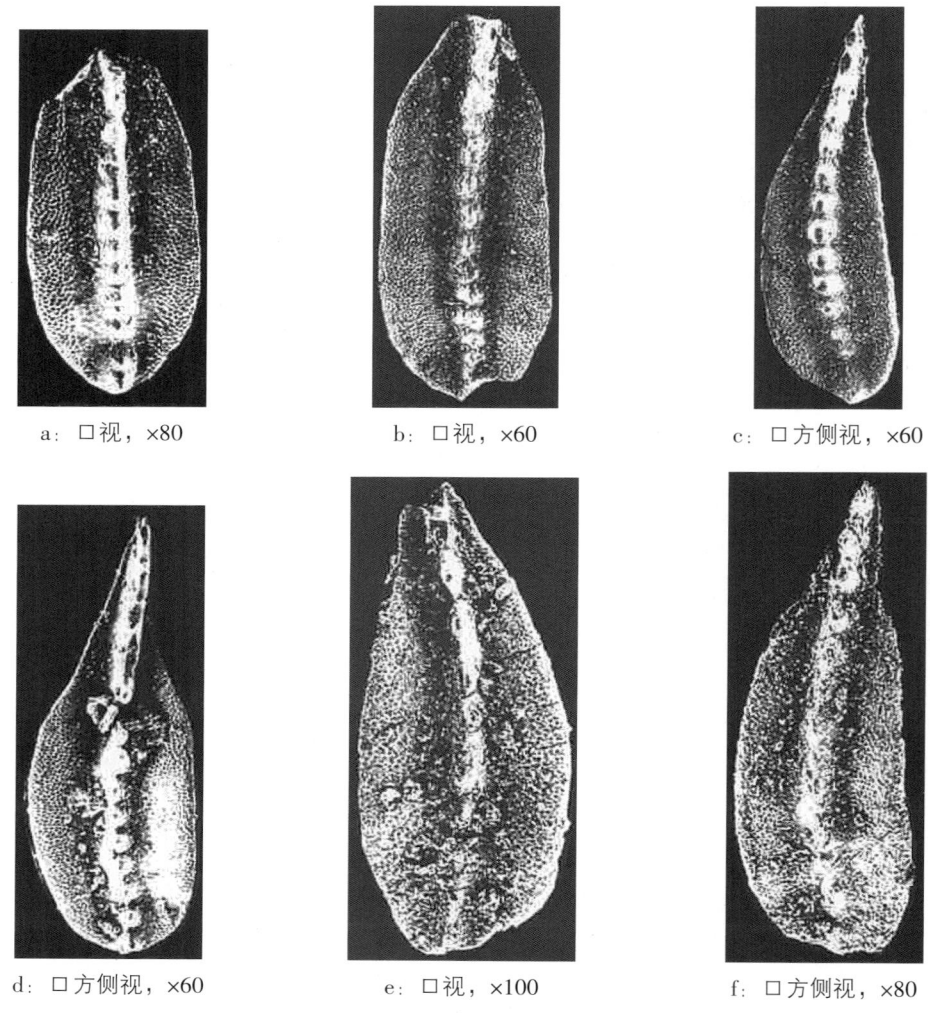

a：口视，×80　　　　b：口视，×60　　　　c：口方侧视，×60

d：口方侧视，×60　　e：口视，×100　　　f：口方侧视，×80

图 4-7-39　*Clarkina changxingensis changxingensis*（Wang et Wang, 1981）

C.xiangxiensis 的外形看，它明显不同于 *C. changxingensis*，前者的齿台在中前部最宽，而后者则在中后部最宽。

产地及层位：信丰县铁石口和修水县清水岩东岭；长兴组和大冶组底部黏土层。

⟫⟫⟫ 长兴克拉克刺殷氏亚种
Clarkina changxingensis yini Mei, 1998

此亚种由梅仕龙（1998）所建，其主要特征是末端主齿较大、直立并具有平坦的后齿台（图 4-7-40；王志浩和朱相水，2001）。此亚种与 *C. changxingensis changxingensis* 十分接近，其主要区别在于前者末端主齿较明显和齿台后端较平坦。由于有较明显的主齿，此亚种与 *C. meishanensis* 也较相似，但后者齿脊两侧有较深的近脊沟。由于具有较宽平的后齿台，此亚种与 *C. parasubcarinata* 也较相似，两者区别在于后者明显不对称，且齿台后端向后延伸较明显。

产地及层位：信丰县铁石口；长兴组和铁石口组底部的黏土层。

⟫⟫⟫ 偏斜克拉克刺 *Clarkina deflecta*（Wang et Wang, 1981）

此种由王成源和王志浩（1981）建立，其主要特征是齿台后端为直截形，中后部最宽，从近中部处向前逐渐收缩变尖（图 4-7-41；王志浩和朱相水，2001）。齿脊低，由低矮的瘤齿连合而成并在后端明显内弯。笔者同意梅仕龙等（1998）的意见，将在齿脊后端有 1 个或 2 个次齿脊的类型归入此种（Mei et al., 1998），但不赞成

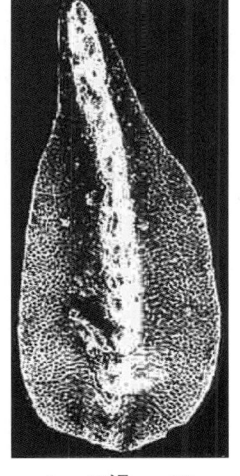

a：口视，×120　　b：口视，×80

图 4-7-40　*Clarkina changxingensis yini* Mei, 1998

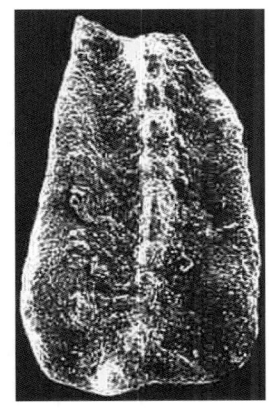

a：口视，×60

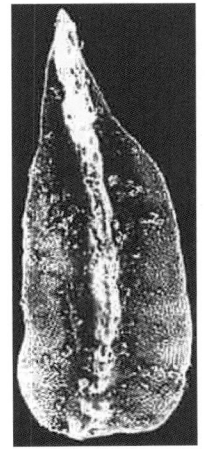 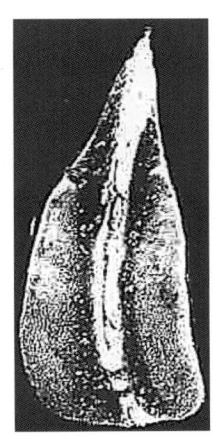 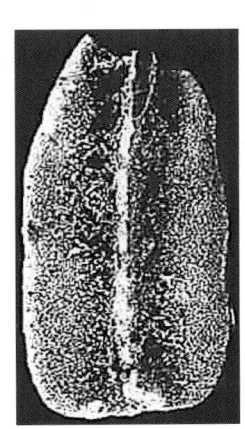 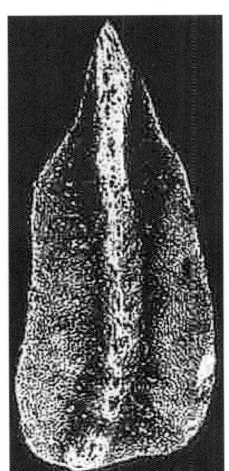

b：口视，×50　　c：口视，×50　　d：口视，×60　　e：口视，×50

图 4-7-41　*Clarkina deflecta*（Wang et Wang, 1981）

把 *Clarking dicerocarinata* 也归入此种。*Clarkina dicerocarinata* 的主要特征是在齿台后端两侧明显横扩成齿台最宽处后又向前突然收缩形成两个明显的耳状突起，这是与 *C. deflecta* 明显不同的。由于 *C. deflecta* 在后齿台具有明显内弯的齿脊，所以笔者也不赞成把齿脊后端直而不内弯的类型归入此种。

产地及层位：信丰县铁石口和修水县清水岩乡东岭；长兴组和大冶组（或铁石口组）底部黏土层。

煤山克拉克刺煤山亚种 *Clarkina meishanensis meishanensis* Zhang et al., 1995

此种由张克信等（1995）建立，其主要特征是齿台较窄长，两侧缘大部分近平行，齿脊两侧的近脊沟深，位于末端的主齿较明显，且与其前面的小瘤齿较分离。这些特征与 *Clarkina changxingensis* 明显不同（图 4-7-42；王志浩和朱相水，2001）。此亚种与 *C. meishanensis Zhangi* 的区别在于前者的主齿较大，较直立并与主齿前面的细齿较分离。

产地及层位：信丰县铁石口和修水县清水岩乡东岭；大冶组（或铁石口组）底部的黏土层。

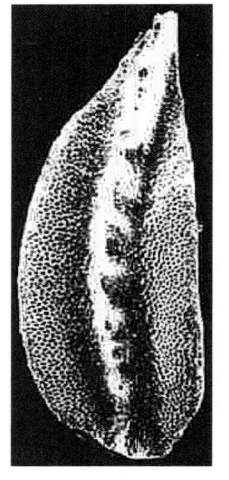
a：侧方口视，×80

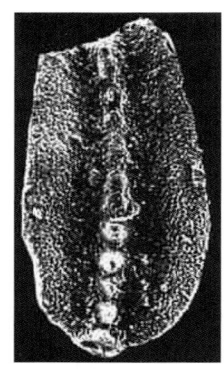
b：口视，×80

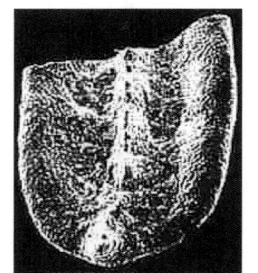
c：口视，×60

图 4-7-42 *Clarkina meishanensis meishanensis* Zhang et al., 1995

煤山克拉克刺张氏亚种 *Clarkina meishanensis zhangi* Mei, 1998

此亚种由梅仕龙（1998）建立，其主要特征是齿台窄（图 4-7-43；王志浩和朱相水，2001）；齿脊细齿由前向后逐渐变低变小，最后一个主齿不大，但较明显，且向后倾；齿脊两侧近脊沟明显，但齿台后端较平坦。此亚种与 *C. meishanensis meishanensis* 的区别在于后者主齿较大且直立，前者主齿较小且明显后倾。

产地及层位：信丰县铁石口；晚二叠世长兴组。

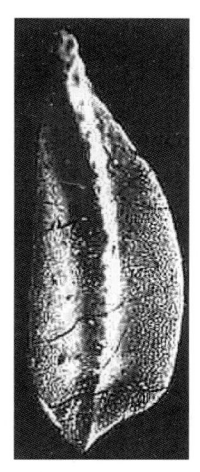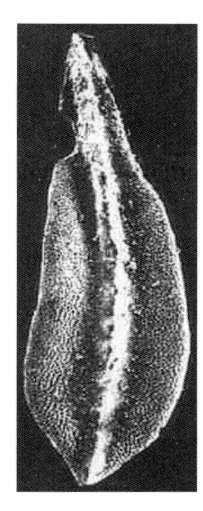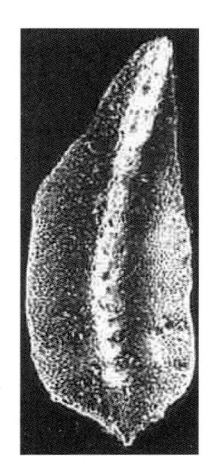

　　a：侧方口视和口视，×50　　　b：侧方口视和口视，×60　　　c：侧方口视和口视，×60

图 4-7-43　*Clarkina meishanensis zhangi* Mei

》》》拟亚龙脊克拉克刺 *Clarkina parasubcarinata* Mei et al., 1998

　　此种由梅仕龙等（1998）建立，其特征主要是齿台较宽，近前、后端明显收缩变窄，后端不对称；齿脊细齿由前向后逐渐变小变低，后端主齿和其前面的细齿一般不连续，并常向侧方弯和向后延伸（图 4-7-44；王志浩和朱相水，2001）。此种与 *C. changxingensis* 较相似，两者区别在于前者齿台不对称、后端主齿向后突出和后倾；另外前者齿台前端收缩明显并向一侧弯。*Clarkina subcarinata* 与此种也较相似，但前者齿台显得更短更宽，并且具有愈合、较高、近等高的齿脊。

　　产地及层位：信丰县铁石口长兴组和修水县清水岩乡东岭大冶组底部黏土层。

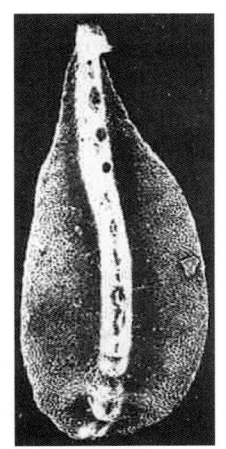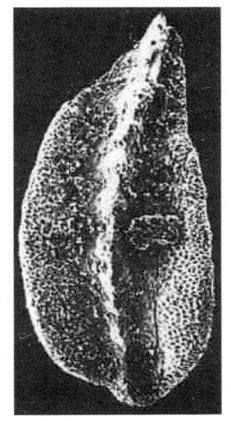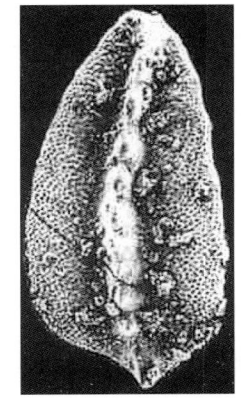

　　a：口视和侧方口视，×60　　　b：视和侧方口视，×80　　　c：口视，×100

图 4-7-44　*Clarkina parasubcarinata* Mei et al., 1998

第五章 植物界化石属种描述

第一节 苔藓植物门 Bryophyta

◆ 似叶状体属 *Thallites* Walton，1925

植物体呈叶状体形态，根、茎、叶不分，亦不具有确属于藻类、苔藓类及其他门类的特征。

分布及时代：广布世界各地，以北半球最盛；石炭纪至第四纪，最盛于晚三叠世至早白垩世。

▶▶▶ 萍乡似叶状体 *Thallites pinghsiangensis* Hsü

叶状体，宽 1.00~1.50mm，较规则的二次分枝（图 5-1-1；地质部南京地质矿产研究所，1982c）。第一次分叉和第二次分叉之间长 3.00~5.00mm，第一次分叉所成的交角近直角，第二次以后的分叉则成 30°~45°的锐角。中肋较厚，表面光滑，假根不明。

产地及层位：萍乡市安源镇；晚三叠世安源组。

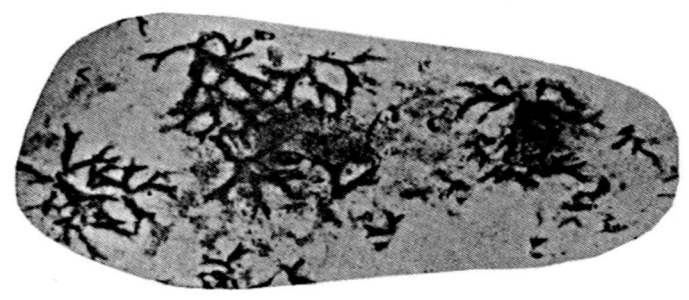

两歧分枝的叶状体，×1
图 5-1-1 *Thallites pinghsiangensis* Hsü

第二节 蕨类植物门 Pteridophyta

◆ 裸蕨纲 Psilophytopsida

◆ 带蕨属 *Taniocarda* White，1903

轴扁平，细带状，不等二歧分叉多次，表面光滑，少数具毛或刺。中央微管束纤细，孢子囊侧生或顶生于变圆的枝上。

分布及时代：中国；早泥盆世—中泥盆世。国外；泥盆纪。

▶▶▶ 带蕨（未定种）*Taeniocrada* sp.

轴宽 0.20~0.40cm，只见一次二歧分叉，侧轴与主轴成锐角（图 5-2-1；地质部南京地质矿产研究所，1982b）。中央维管束

轴宽，呈带状，×1
图 5-2-1 *Taeniocrada* sp.

纤细，宽 0.02~0.03cm。

产地及层位：井冈山市茨坪镇五里亭村；中泥盆世云山组。

◆ 石松纲 Lycopsida
◆ 原始鳞木目 Protolepidodendrales
◆ 原始鳞木属 *Protolepidodendron* Krejĕi，1880

草本，高 20~30cm，具平卧根状茎，从根上茎上长出以二歧分枝为主的直立茎。茎粗，直径多在 2.00~6.00mm 之间，超过 10.00mm 的极少。叶细线形，分叉一次，具一维束管，螺旋状至假轮状着生于略具锥形的叶座上。叶座狭菱形或纺锤形，内无叶痕，有时具两条平行纵沟，孢子囊生于叶的腹面上，圆形或椭圆形。

分布及时代：中国、德国、苏联、秘鲁、比利时；早泥盆世—中泥盆世。

▶▶▶ 纤细原始鳞木 *Protolepidodendron scharyanum* Krejĕi

草本，高 20~30cm，具平卧的根状茎，从根状茎上二歧分枝的直立茎（图 5-2-2；地质部南京地质矿产研究所，1982b），几乎平行，有 12~13 条，宽 3.00~4.00mm，长达 11.00cm；茎面满布假轮状排列的叶座；叶座狭呈菱形至纺锤形，彼此紧靠，上下互相错开，内无叶痕。叶线形，仅少数保存于茎的侧缘，长约 5.00mm，每轮估计 8~9 枚，具一纤细叶脉。当前的标本和本种已知典型标本均极相似。

产地及层位：井冈山市茨坪镇五里亭村；中泥盆世云山组下部。

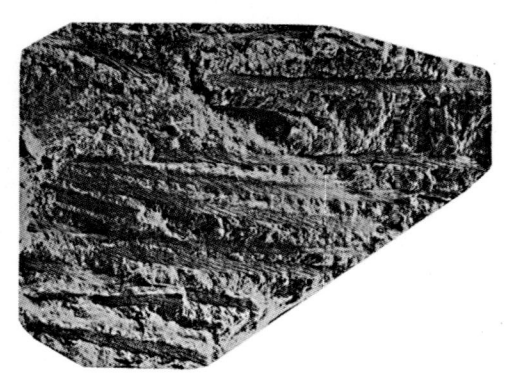

叶座和叶，×1/2

图 5-2-2 *Protolepidodendron scharyanum* Krejĕi

◆ 鳞木目 Lepidodendrales
◆ 鳞木属 *Lepidodendron* Sternberg，1820

乔木，高达 30.00m 以上，枝条多次二歧式分枝，形成宽广的树冠。叶呈螺旋形排列，线形或锥形，长 1.00~50.00cm，具单脉。叶脱落后，叶座呈纵菱形或纺锤形。叶痕呈横菱形或斜方形，中央有一个很小的维管束痕，两侧各有一通气道痕或侧痕。叶痕上面有一个很小的叶舌穴。叶座上常有中脊和横皱纹。在叶痕之下有时尚见一对通气道痕。

分布及时代：中国；早石炭世—晚二叠世，晚石炭世—早二叠世最盛。国外；主要见于石炭纪。

▶▶▶ 山阳鳞木 *Lepidodendron shanyangense* Wu et He

叶座纺锤形，螺旋状排列，长约 2.50cm，中间特宽，两端甚尖，与上下的叶座相连，相邻叶座之间有一条狭带相隔（图 5-2-3；地质部南京地质矿产研究所，1982b）。叶座内有不明显的横纹。叶痕位于叶座的上部，呈不对称的菱形。叶痕内的维管束痕和侧痕位于叶痕的下部，分布在同一水平线上，中间的维管束痕较大。叶舌穴位于叶痕的顶部。

产地及层位：丰城市董家镇华山岭；早石炭世梓山组。

a：叶座纺锤形，螺旋状排列，×1　　b：a 图的部分放大，叶痕位于叶座的上部，×2

图 5-2-3　*Lepidodendron shanyangense* Wu et He

华山岭鳞木 *Lepidodendron huashanlingense* Li H. M.

叶座螺旋状排列，长纺锤形，长约 8.00cm，宽度不到 1.00cm，两端尖锐，表面具微细的横纹（图 5-2-4；地质部南京地质矿产研究所，1982b）。叶座上部和下部均有中沟，上弱，下深而明显，上、下沟均与叶痕的顶、底角相连。叶痕位于叶座的上半部，呈不相等的菱形。叶痕内的三小点圆形的维管束痕，位于两侧角连线之下，并在同一水平线上。叶舌痕大，纵卵形，位于叶痕顶端之上，远离叶痕约 5mm。

产地及层位：丰城市董家华山岭；

纺锤型，×1/2

图 5-2-4　*Lepidodendron huashanlingense* Li H. M.

早石炭世梓山组。

》》》方鳞木 *Lepidodendron quadratum* Zhao et Wu

叶座螺旋状，紧挤排列，呈菱形或菱形四边形，高与宽相等，约1.00cm，叶座间被显著突起的分隔带所隔开，分隔带在茎干表面大致呈曲折的外貌（图5-2-5；赵修祜和吴秀元，1982b）；叶痕较大，与叶座大小几乎相等，呈菱形，顶底角略尖，两侧角微钝圆；维管束痕及侧痕显著，一般为圆形，大小相等，位于叶痕下部，在同一水平线上；叶痕顶端之上有一明显的长三角形凹坑，可能代表叶舌穴痕；在叶痕之下具一条明显的中沟。

产地及层位：于都县三门滩；早石炭世梓山组。

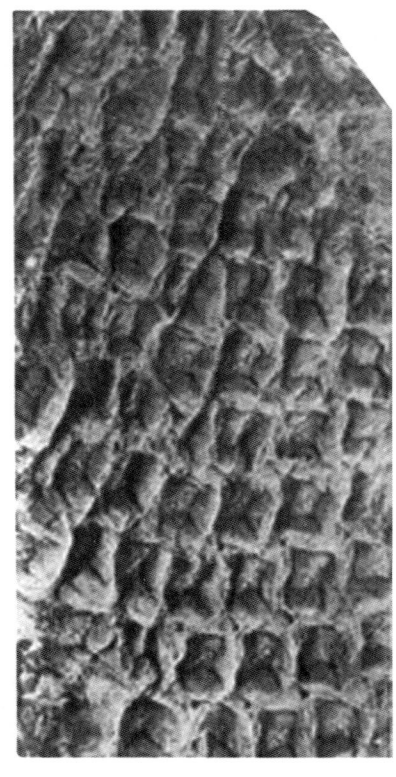
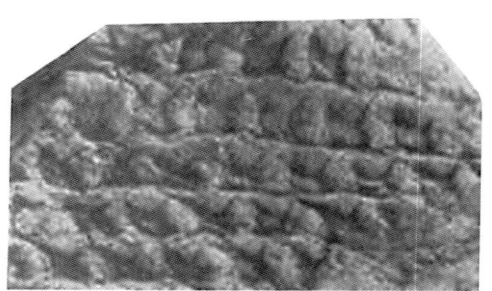
b：叶座变形，×3

c：叶座正常，×3

a：叶座变形，示叶痕及三小点，×3

图5-2-5 *Lepidodendron quadratum* Zhao et Wu

》》》猫眼鳞木 *Lepidodendron oculus-felis*（Abbado）Zeiller

叶座呈纵菱形，高1.50~2.00cm，宽0.80~1.20cm，螺旋状紧密排列（图5-2-6；何锡麟等，1996）。叶痕呈横菱形、猫眼状，位于叶座的中上部，顶底角呈圆弧形，两侧角尖锐，维管束痕和两侧痕位于两侧角连线上，叶舌痕未见。

产地及层位：上饶市昌江煤矿；晚二叠世上饶组昌江段（童家段）。

　　　　a：×0.5　　　　　　　　b：×0.5　　　　　　　　c：×0.5

图 5-2-6　*Lepidodendron oculus-felis*（Abbado）Zeiller

◆ **华夏木属 *Cathaysiodendron* Lee, 1963**

》》》**锐角华夏木 *Cathaysiodendron acutangulum*（Halle）**

　　叶座大，紧密螺旋排列。叶痕与叶座同形，均为凸镜形，呈猫眼状（图 5-2-7；何锡麟等，1996）。叶痕稍小于叶座，约占叶座面积的 4/5，甚至几乎等大。位于叶座的中上部，叶痕顶、底角宽呈半圆形，两侧角尖锐。维管束痕较大，呈宽"V"形，两侧痕为较小的圆形，三者位于两侧角的连线上。叶舌穴为圆形，位于叶痕顶端。

　　产地及层位：乐平市鸣山煤矿、丰城八一煤矿、高安八景煤矿、安福北华山、吉水石莲煤矿；晚二叠世乐平组老山下亚段、王潘里段。

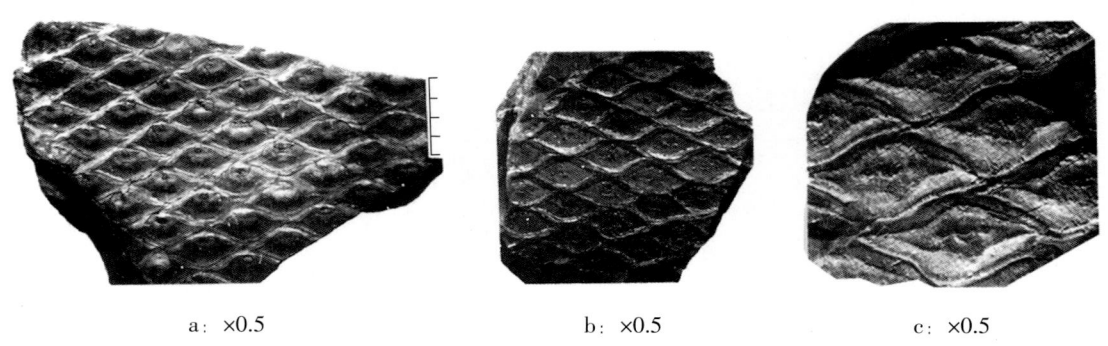

　　　　a：×0.5　　　　　　　　b：×0.5　　　　　　　　c：×0.5

图 5-2-7　*Cathaysiodendron acutangulum*（Halle）

◆ **鳞木叶属 *Lepidophylloides*（Brongniart）Snigirievskaya, 1958**

　　最早，Brongniart（1928）将木本石松植物的营养叶和孢子叶都归于 *Lepidophyllum*，将近 100 年后，Hirmer（1927）才提议将石松植物的营养叶与孢子叶分别归于 *Lepidophyllum* 和 *Lepidostrobophyllum* 两属中，但由于前者"*Lepidophyllum*"一名早已被 Cassini（1816）用于南美的现代具花植物，故苏联的 Snigirievskaya 于 1958 年研究顿涅茨盆地石炭纪植物时提议用"*Lepidophylloides*"代替"*Lepidophyllum*"来命名木本石松植物的营养叶。

Lepidophylloides 的种很难区分，除属于封印木科的具双脉结构的叶定为 *Sigillaropsis* Renult 外，一般来讲，本木石松植物的叶无论是从其形态还是从其结构上皆很难将其区分开来。欧美的鳞木叶气孔带多沿中脉两侧分布，常限于沟内，而中国的淮北、四川木爱及江西的鳞木叶，中脉内侧都没有沟。这可能表明华夏型鳞木叶与欧美型鳞木叶在生态上有差别。

>>> **鳞木叶（未定种）*Lepidophylloides* sp.**

叶呈窄带状，甚长，至少 6.00cm 以上，宽 0.60~1.40cm，着生状态不明，中央见一明显的中脉，中脉两侧各有 0~2 条平行条纹，其宽度几乎与中脉等宽，条纹的性质不明（图 5-2-8；何锡麟等，1996）。此类标本常与石松类茎干化石共同保存，很可能是鳞木或华夏木的营养叶片。

产地及层位：乐平市晚二叠世乐平组老山下亚段、王潘里段，上饶市南部地区；晚二叠世上饶组童家段。

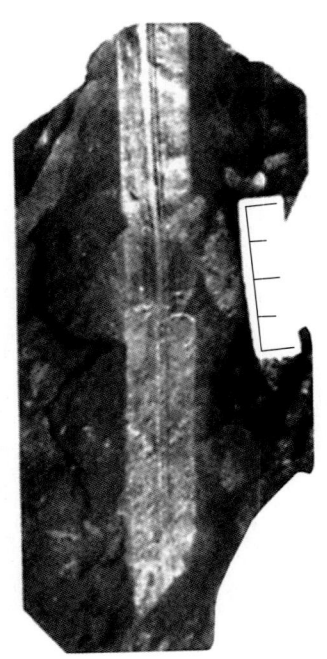

a：×1　　b：×1　　c：×1

图 5-2-8 *Lepidophylloides* sp.

◆**鳞孢叶属 *Lepidostrobophyllum* Hirmer，1927**

》》》铲鳞孢叶 *Lepidostrobophyllum caudatum*（Stockman et Mathieu）Gu et Zhi

描述略（图 5-2-9；何锡麟等，1996）。

产地及层位：乐平市桥头丘煤矿、高安八景煤矿、安福北华山、吉水石莲煤矿；晚二叠世乐平组老山下亚段；信丰县高桥煤矿；晚二叠世乐平组中段。

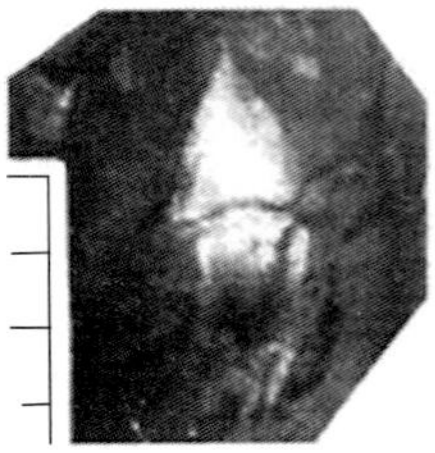

a：×1

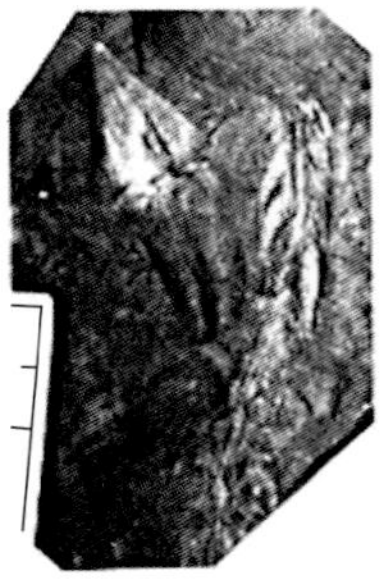

b：×1

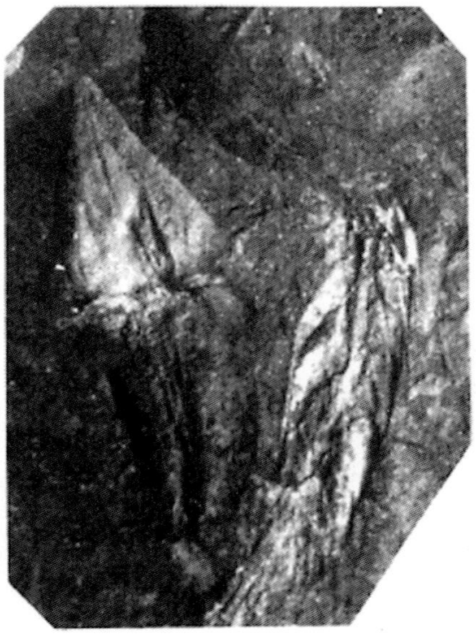

c：为图 b 的放大，×2

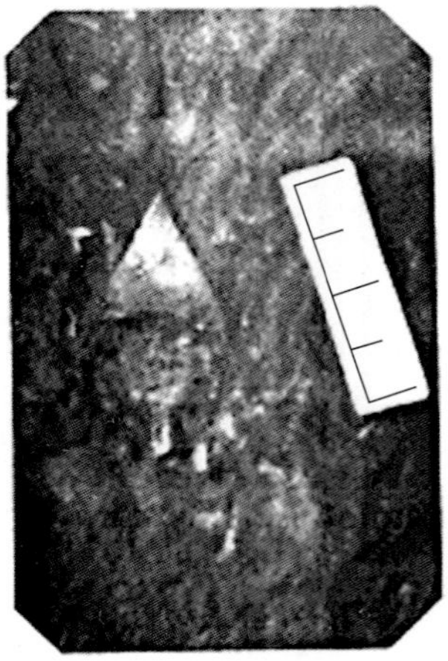

d：×1

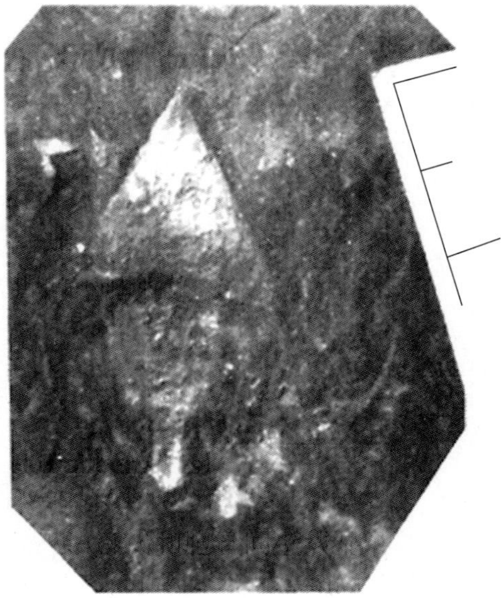

e：为图 d 的放大，×2

图 5-2-9 *Lepidostrobophyllum caudatum*（Stockman et Mathieu）Gu et Zhi

◆ 鳞孢穗属 *Lepidostrobus* Brongniart, 1828
》》》 尖鳞鳞孢穗 *Lepidostrobus acutisquama* Yao

孢子囊穗呈卵圆形，基部未保存（图 5-2-10；何锡麟等，1996）。孢子叶螺旋着生，前部朝上弯曲，为外凸的三角形，顶端细而尖，每一孢子叶具有一条叶脉。

产地及层位：吉水县石莲煤矿；晚二叠世乐平组王潘里段。

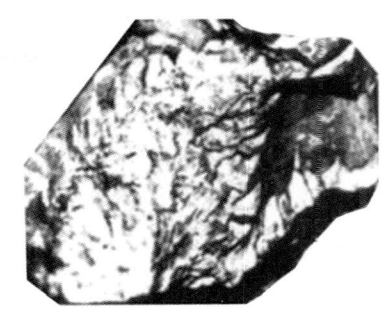

×1

图 5-2-10　*Lepidostrobus acutisquama* Yao

◆ 根座属 *Stigmaria* Brongniart, 1822
》》》 脐根座 *Stigmaria ficoides*（Sternberg）Brongniart

描述略。

产地及层位：乐平市桥头丘煤矿、高安八景煤矿；晚二叠世乐平组老山下亚段、王潘里段。

◆ 封印木属 *Sigillaria* Brongniart, 1822

叶座排列成直行，上下紧排，左右交错，多呈规则的蜂窝形。叶座有时不明显，但其侧边常上下相连成明显的纵脊。叶痕较大，常占叶座面积的 1/3 以上，六边形、钟形、凸镜形或扁圆形，位于叶座中央或在两纵脊之间。叶痕内维管束痕呈圆形或椭圆形，一般比侧痕小，侧痕为新月形或纵卵形。此三小点常位于叶痕侧角连线以上。叶舌穴位于叶痕的顶角或更高处，一般不甚明显。

分布及时代：中国；早石炭世—晚石炭世。国外；晚石炭世早期最盛，延至二叠纪。

》》》 扁圆封印木 *Sigillaria brardii* Brongniart

枝干表面具规则而明显的纵纹，叶座不明显，横向长，纵向短，呈六边形（或菱形），顶底角宽圆，两侧角尖锐（图 5-2-11；地质部南京地质矿产研究所，1982b）。呈螺旋状排列。具维管束

叶痕彼此远离，叶痕间布满纵纹，×1

图 5-2-11　*Sigillaria brardii* Brongniart

痕和侧痕横向平行排列，位于两侧角的连线上。

产地及层位：于都县固院村；早石炭世梓山组。

◆窝木属 *Bothrodendron* Lindley et Hutton，1833

属于乔木，顶部多次二歧分枝，茎表面平或两侧各有一行疤状凹痕。叶小，无柄，长一般不超过 5.00mm，披针形、三角形，顶端尖锐，单脉。叶座仅见于幼枝上。叶痕小，横卵形或椭圆形至近圆形，彼此远离，螺旋排列，呈五点（∴）形。具维管束痕和侧痕。叶痕间常具各种纹饰。叶舌穴位于叶痕之上，小卵形。

分布及时代：中国；石炭纪。

圆窝木 *Bothrodendron circulare* Sze

叶座不清晰（图 5-2-12；地质部南京地质矿产研究所，1982b）。叶痕近圆形，螺旋状排列，呈五点（∴）形，彼此距离约 1.5cm，维管束痕和侧痕在同一水平线上，位于叶痕的基部，叶痕的上部边缘，通常具缺口或浅沟。叶舌穴圆形，位于叶痕顶端之上。

产地及层位：丰城市董家镇华山岭；早石炭世梓山组。

a：叶痕彼此远离，作螺旋状排列，×1   b：为 a 图放大，维管束痕和侧痕位于叶痕的下部，×2

图 5-2-12 *Bothrodendron circulare* Sze

◆圆痕木属 *Cyclostigma* Haughton, 1859
崇义圆痕木 *Cyclostigma ckongyiense* Chang

枝干表面的叶痕清楚，较大，近圆形，直径达 3.00~3.50mm，上边略略突起（图 5-2-13；张忠英,1978)。3个小点隐约可见,位于叶痕的偏上方,中间的小点(维管束痕)似比两侧的小点(侧迹痕)所在的位置略高。叶痕清晰地呈梅花五点状或交互式轮状排列。在直行上叶痕与叶痕之间的距离一般为13.00~14.00mm,个别达17.00mm;在横行上叶痕与叶痕之间的距离为12.00~14.00mm。叶痕与叶痕之间的表面除饰以纵细纹外,还有蠕形纵皱纹,后者在叶痕附近构成"X"形,并散布有不规则的点痕。没有见到叶舌痕。

产地及层位:崇义县西北郊;晚泥盆世嶂崇组(原崇义组)。

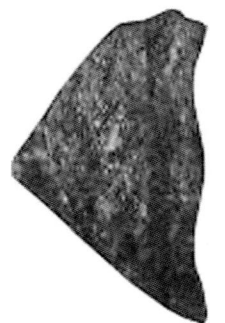

a: ×2.5
(标本上有的叶痕内的3小点隐约可见)

b: ×2.5
(示蠕形纵皱纹在叶痕的附近构成"X"形)

c: ×2.5
(注意叶痕的四周可看到不甚清晰的纺锤形痕,有的叶痕内的三小点隐约可见,有的仅能看到代表维管束痕的一点)

d: ×2.5
图 5-2-13 *Cyclostigmachongyiense* Chang

◆ 楔叶纲 Sphenopsida
◆ 歧叶目 Hyeniales
◆ 钩蕨属 *Hamatophyton* Gu et Zhi, 1974

茎具明显的节与节间，宽达 6.00mm；节间长可超过 6.50cm，具几条纵脊。枝从节上分出，二歧合轴式（?）分枝。叶轮生，状如短叉，长逾 1.00cm，叉角 50°~60°，顶端尖，有时顶端扩大并向前弯曲，形如短钩。生殖枝腋生，疏松穗状，长 11.00~16.00mm，宽 3.00~5.00mm。每枝具 4~6 轮的孢子叶；每轮具数枚孢子叶。孢子叶弯匙形，粗 1.00~1.50mm，似未扁化，长达 2.50mm，末端向上弯曲，无柄。

分布及时代：莲花县、永新县；中泥盆世、晚泥盆世。

》》》轮状钩蕨 *Hamatophyton verticillatum* Gu et Zhi

茎具明显的节与节间，宽达 6.00mm（图 5-2-14；中国科学院南京地质古生物研究所、植物研究所《中国古生代植物》编写小组，1974）；节间长可超过 6.50cm，具几条纵脊。枝从节上分出，二歧合轴式（?）分枝。叶轮生，状如短叉，长逾 1.00cm，叉角 50°~60°，顶端尖，有时顶端扩大并向前弯曲，形如短钩。生殖枝腋生，疏松穗状，长 11.00~16.00mm，宽 3.00~5.00mm。每枝具 4~6 轮的孢子叶；每轮具数枚孢子叶。孢子叶弯匙形，粗 1.00~1.50mm，似未扁化，长达 2.50mm，末端向上弯曲，无柄。

产地及层位：莲花县、永新县；晚泥盆世峡山群。

a：茎具节和节间，×1/2　　　　b：为 a 图的放大，×1.5

图 5-2-14 *Hamatophyton verticillatum* Gu et Zhi

◆ 道逊蕨属 *Dawsonites* Halle, 1916

主轴和分枝主要为二歧式或假合轴式分枝；枝轴表面无刺或具刺状物；分枝顶端长着几个或成小束的孢子囊。

分布及时代：世界各大洲；主要见于早泥盆世、中泥盆世，偶见晚泥盆世。

江西道逊蕨? *Dawsonites? jiangxiensis* Lee

轴宽 1.50~2.00mm，长至少 7.00cm（图 5-2-15；地质部南京地质矿产研究所，1982b）；其上端约 4.00cm 长的部分，长着总状布置的孢子囊；孢子囊大致呈倒卵形，长约 3.00mm，宽 2.00mm，个别部位似有两个孢子囊顶生在一起。其生长的囊柄或侧枝长 1.00~2.00mm，宽 1.00mm。

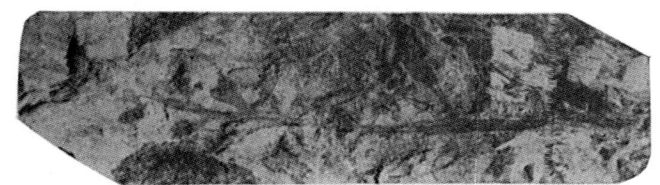

轴上端长有孢子囊，有时两个孢子囊长在一起，×1

图 5-2-15 *Dawsonites? jiangxiensis* Lee

产地及层位：于都县罗坳镇峡山村；中泥盆世云山组下部。

楔叶目 Sphenophyllales
楔叶属 *Sphenophyllum* Brongniart，1822

茎枝细弱，分节与节间；节间上的纵肋直通过节。叶具镶嵌性，上下轮叶的位置相对，每轮叶数一般为 3 的倍数，多为 6 枚，楔形、线形、倒卵形、椭圆形或匙形等，有时顶端具齿、浅裂或深裂。叶脉扇状，偶见中脉。有些种的叶全裂为具单脉的线形叶。

分布及时代：中国、日本、朝鲜、美国和苏联等地；晚泥盆世—晚二叠世，以早二叠世最盛。

弱楔叶 *Sphenophyllum tenerrimum* Ett.

枝分节和节间，节部膨大，枝上具纵肋直通过节（图 5-2-16；地质部南京地质矿产研究所，1982b）。节宽 3.00~4.00mm，节间长度约 2.00cm。侧枝宽约 1.00mm。叶轮生，每叶轮的数目不详，叶以二歧式分叉 1~2 次，全裂。裂片细弱，中间有一条脉，顶端尖锐。

产地及层位：于都县罗坳镇三门滩村；早石炭世梓山组。

枝分节和节间，在标本左侧单独保存一叶轮，×1

图 5-2-16 *Sphenophyllum tenerrimum* Ett.

于都楔叶 *Sphenophyllum yuduense* Li H. M.

枝细，分成数节，宽约 1.00mm，具纵肋，节部明显膨大，节间长不足 3.00mm（图 5-2-17；地质部南京地质矿产研究所，1982b）。叶以 50°~60° 角轮生于节上。在枝下部的节上有时长出侧枝。上、下叶轮大小近相等，叶的长度为节间长度的 2 倍，每轮叶的叶数不清晰，但以狭角分裂 1~2 次，有时分裂 3 次，裂片呈细线形，顶端尖锐，每裂片内有一条脉。

产地及层位：于都县罗坳镇三门滩村；早石炭世梓山组。

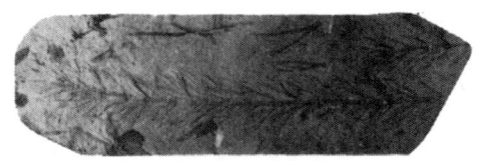

a: 枝细，分成数节，×1

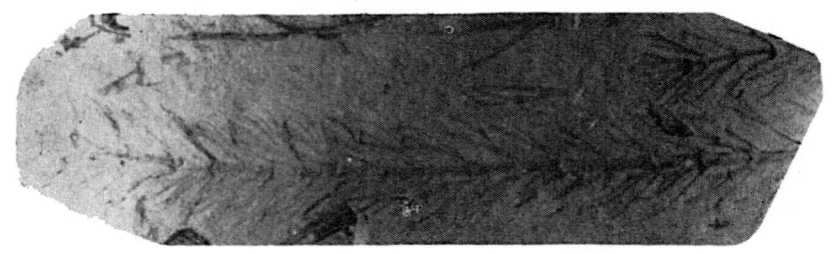

b: 为 a 图的放大，在枝下部右侧长出侧枝，×2

图 5-2-17　*Sphenophyllum yuduense* Li H. M.

◆ **三对叶属 *Trizygia* Royle, 1989**
>>> **中朝三对叶 *Trizygia sino-coreana*（Yabe）Asama**

标本甚为丰富。叶每轮 6 枚，三对型排列明显，上两对大小近等，长约 10.00mm，最宽处为 6.00mm，最下一对叶较小，长约为上两对叶的 1/2（图 5-2-18；何锡麟等，1996）。叶呈长卵形，全缘，两侧不对称，顶端钝圆。叶脉较密，基出 3~5 条，多次二歧分叉，分别伸达叶两侧及顶端，在叶缘有脉 30~40 条。

产地及层位：萍乡市三田煤矿、安福县北华山、乐平市等地；晚二叠世乐平组。龙南大罗煤矿；乐平组中段。上饶市四十八都和昌江煤矿；晚二叠世上饶组童家段。

a: ×1　　　　b: ×1　　　　c: ×1

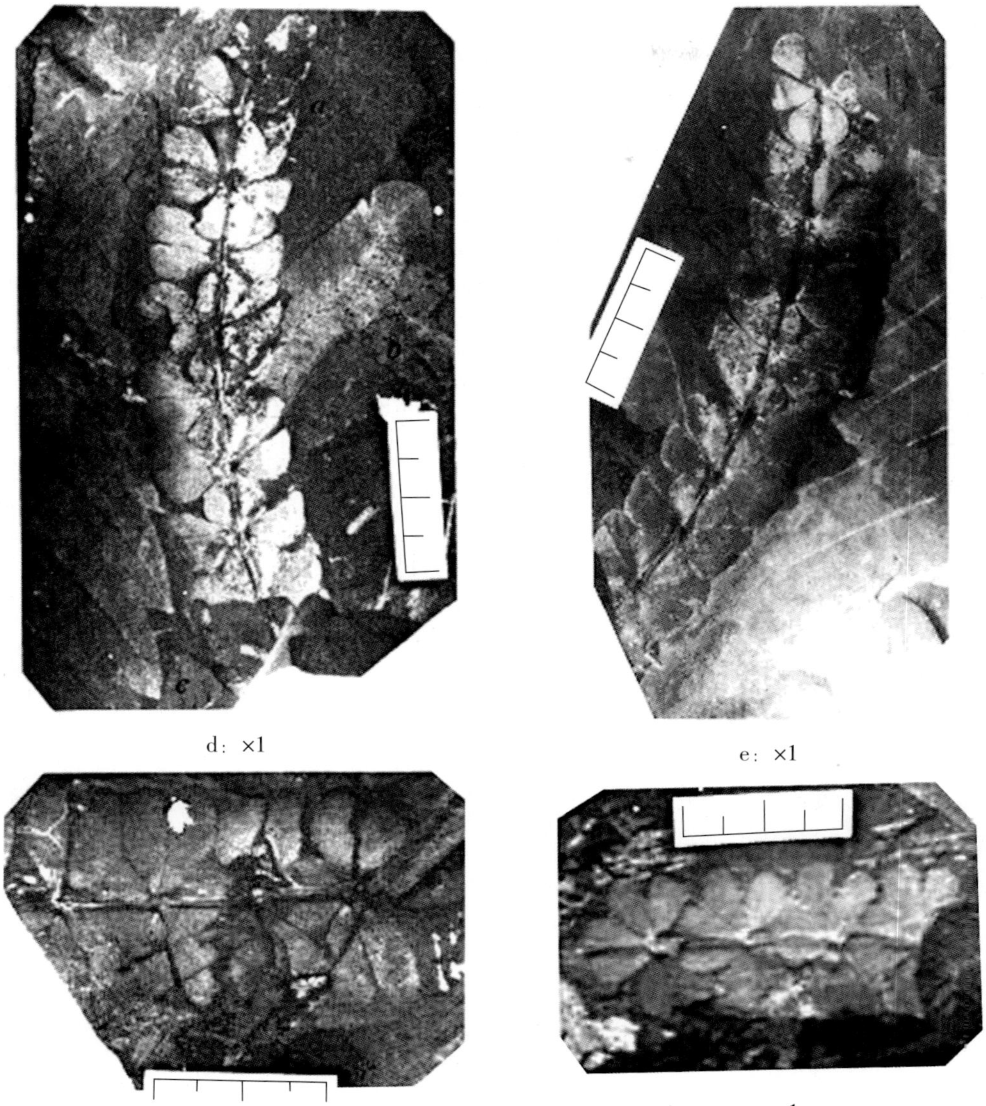

d: ×1 e: ×1

f: ×1 g: ×1

图 5-2-18 *Trizygia sino-coreana*（Yabe）Asama

》》 萍乡三对叶 *Trizygia pingxingensis* He, Liang et Shen

茎分节，宽约 1.50mm，具纵肋（图 5-2-19；何锡麟等，1996）。每轮叶 6 枚，三对型排列，上两对叶大，长约 16.00mm，最宽处位于顶端，宽约 9.00mm，下一对叶较小，长约 10.00mm，宽约 8.00mm。叶呈楔形，两侧对称，两侧缘平直，顶端呈圆弧形、齿状。叶脉细密，不断二歧式分叉，与侧边平行伸到顶端细齿中，在顶端有叶脉 40~50 条。

产地及层位：萍乡市三田煤矿；晚二叠世乐平组官山段。

×0.5

图 5-2-19 *Trizygia pingxingensis* He, Liang et Shen

◆ 副三对叶属 *Paratrizygia* (Asama) emend, 1970

》》》 脊副三对叶 *Paratrizygia koboensis* (Kobatake) Asama

枝条具腹背性，茎分节，具纵肋（图5-2-20；何锡麟等，1996）。叶轮生，每轮6枚，三对型排列，镶嵌明显，上两对叶等大，长达45.00mm，上对叶向下弯曲，中间一对叶向上弯曲，最下面一对叶较小，仅有上两对叶面积的1/2或更小。叶呈披针形或卵形，顶端尖，侧缘具不规则缺刻或锯齿状，两侧不对称，偏斜。具中脉，中脉到达叶长的2/3处才逐渐分散，中脉弯曲，侧脉分叉数次后斜伸向前。

当前种的标本非常丰富，以叶片大、三对型排列明显、具中脉为主要特征。此种植物是东亚晚期华夏植物群的典型代表，由于其叶片大、具中脉和三对型排列方式，而使其更有利于充分吸收林下阴暗不足的光线以提高光合效能。由此可见，它可能代表一类进化程度较高的楔叶类植物。

产地及层位：龙南县大罗煤矿；晚二叠世乐平组中段。

图5-2-20 *Paratrizygia koboensis* (Kobatake) Asama

◆ 木贼目 Equisetales

◆ 瓣轮叶属 *Lobatannularia* Kawaaki, 1927

末二级枝假合轴式分枝或以假二歧式分出末级枝。叶轮生，每节16~40枚，形成明显的两瓣。叶轮的下叶缺明显，上叶缺有时不明显。瓣中叶长短悬殊，靠近下叶缺的常最短，不连合或不同程度地连合。呈叶线形、披针形、倒披针形、匙形等，具单脉，都或多或少地弯向上方。顶叶轮不呈两瓣。早二叠世的瓣轮叶，叶的基部分离，分瓣不明显，例如中国瓣轮叶。晚二叠世的种叶彼此连合的部分达叶长的 3/4，例如平安瓣轮叶（比较种）；或几乎全部连合，例如多叶瓣轮叶。

分布及时代：中国；二叠纪，晚二叠纪早期最盛。

多叶瓣轮叶 *Lobatannularia multifolia* Kon, No et Asama

叶轮由很大的上、下叶缺分为两瓣（图 5-2-21；何锡麟等，1996）；每瓣约有 20 枚叶。叶线形至线状披针形，几乎全部互相连合，向上弯，长短悬殊，长 5.00~35.00mm，靠近下叶缺的叶最短，近顶端处最宽，顶端钝至亚尖，具单脉。

产地及层位：丰城市；晚二叠世乐平组。

舌瓣轮叶 *Lobatannularia lingulata* (Halle) Halle

末级枝较粗，宽约 3.00mm（图 5-2-22；何锡麟等，1996）。叶轮分为两瓣，每瓣叶由 8~10 枚组成，顶叶轮不呈两瓣状。叶呈倒披针形或匙形，顶部最宽，单脉，基部连合可达叶长的 1/3~1/2。当前标本与 Halle（1927）和《中国植物化石 第三册 中国古生代植物》一书记述的 *L. lingulata* 基本一致，唯当前的标本基部连合程度较高。

产地及层位：高安县英岗岭煤矿；晚二叠世乐平组老山下亚段。

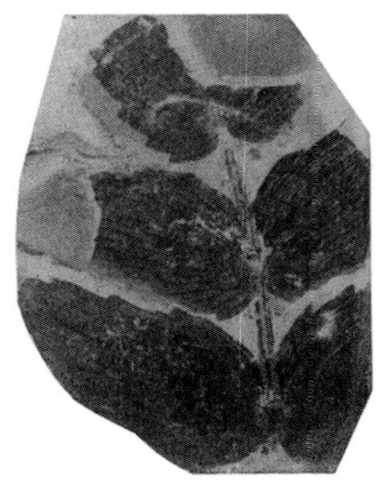

轮生叶及顶叶轮，×1

图 5-2-21 *Lobatannularia multifolia* Kon, No et Asama

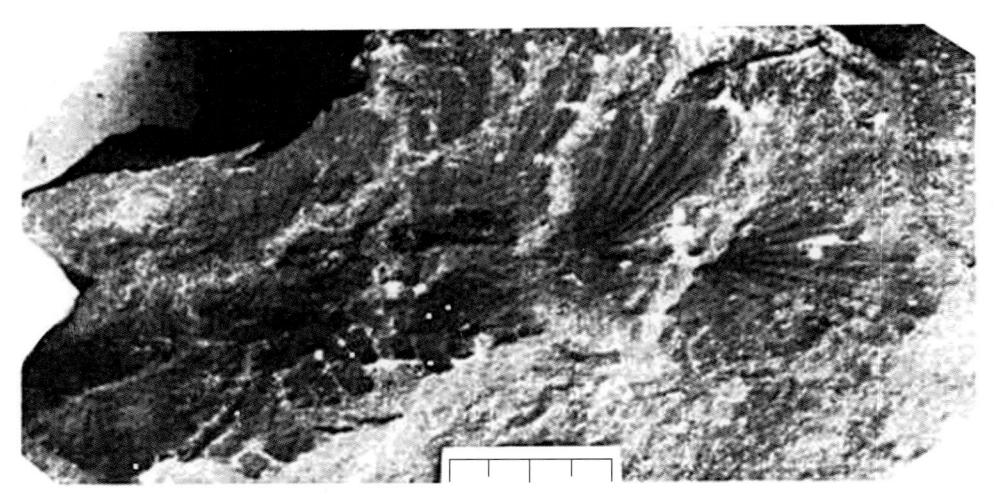

×1

图 5-2-22 *Lobatannularia lingulata* (Halle) Halle

剑瓣轮叶 *Lobatannularia ensifolia*（Halle）Halle

末二级枝以假二歧式分出末级枝（图 5-2-23；何锡麟等，1996）。叶轮分为两瓣，每瓣叶数为 6~8 枚。叶呈披针形，长约 3.00cm，顶端渐尖，基部分离，单脉。

当前标本以末二级枝假二歧式分枝、叶片呈披针形、基部分离为主要特征，与 Halle（1927）描述的山西太原的同种标本基本一致，只是当前的标本叶片较小。

产地及层位：铅山县新安煤矿；晚二叠世上饶组童家段。

×1

图 5-2-23　*Lobatannularia ensifolia*（Halle）Halle

匙瓣轮叶（相似种）*Lobatannularia* cf. *spatulata*（Kawasaki）He

叶轮分为两瓣，每瓣叶数为 10~13 枚（图 5-2-24；何锡麟等，1996）。叶呈匙形，最宽处位于近顶部，顶端钝圆具小尖突，具单脉。叶片大部分连合，占叶长的 3/4。叶长短悬殊，最长的位于叶瓣中部，可达 4.00cm，靠近下叶缺的叶最短，仅约 0.80cm。

产地及层位：高安县八景煤矿；晚二叠世乐平组老山下亚段。

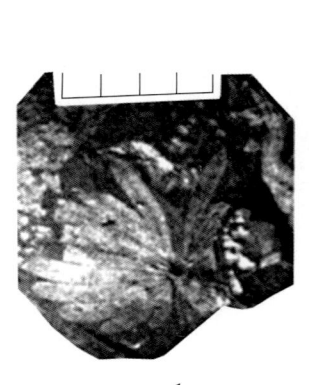 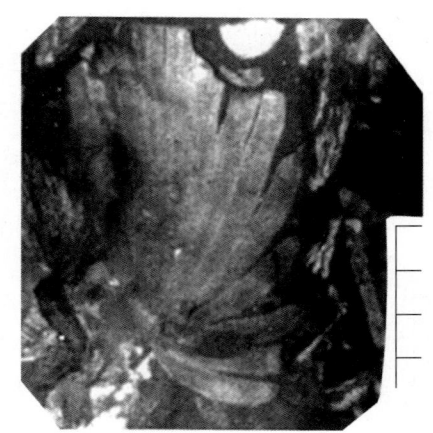

a：×1　　　　　　　　　　　b：×1

图 5-2-24　*Lobatannularia* cf. *spatulata*（Kawasaki）He

>>> 卵形瓣轮叶 *Lobatannularia ovata* He, Liang et Shen

叶轮分为明显的两瓣，下叶缺颇宽，上叶缺窄，两瓣的夹角为锐角（图 5-2-25；何锡麟等，1996）。每瓣叶呈宽卵形，最宽处位于中下部，每瓣有叶 40 枚左右。叶长短不一，呈细长的线形。每瓣叶中部的叶最长，可达 7.00cm 以上，下部的叶明显变短。叶最宽处位于中部，宽仅 1.50mm。叶彼此全部连合，具细弱的单脉。

产地及层位：分宜县杨桥西茶煤矿后山；晚二叠世乐平组老山中亚段中上部。

×1

图 5-2-25 *Lobatannularia ovata* He, Liang et Shen

>>> 分宜瓣轮叶 *Lobatannularia fenyiensis* He, Liang et Shen

叶轮分为明显的两瓣，每瓣有 8~10 枚叶（图 5-2-26；何锡麟等，1996）。下叶缺颇宽，上叶缺较小。叶呈线状披针形至线形，顶端尖或亚尖。叶长短不一、变化较大，每瓣最下面的一枚叶最短，长仅 1.50cm 左右，中、上部的叶最长，可达 4.00~6.00cm。叶最宽处位于中上部、偏顶端，宽达 3.00~4.00mm。叶彼此连合的长度为叶长的 2/3~3/4。

产地及层位：分宜县杨桥西茶煤矿争光井；晚二叠世乐平组老山下亚段，煤层顶板。分宜洋江湾头；晚二叠世乐平组老山上亚段上部。

a: ×1　　　b: ×1　　　c: ×1

图 5-2-26 *Lobatannularia fenyiensis* He, Liang et Shen

◆ 裂鞘叶属 *Schizoneura* Schimper et Mougeot，1844

茎的节和节间分明，纵肋与纵沟在节上直通。叶具单脉，细长，长度超过节间，每节通常有 10~22 枚叶，边缘彼此连合成两瓣状的叶鞘，抱茎状着生于节的两侧，长卵形至长椭圆形，有时不规则开裂。生殖器官呈穗状,无不育苞片,或不育苞片和孢囊柄交替轮生。

分布及时代:中国;晚二叠世。国外;石炭纪—晚三叠世。

满洲里裂鞘叶 Schizoneura manchuriensis Kon'no

茎具节和节间(图 5-2-27;地质部南京地质矿产研究所,1982b)。叶轮由 8~12 枚叶组成两个形如对生的大致相等的叶瓣。叶瓣长卵形至披针形,长度一般为 20.00~55.00mm,宽 10.00~15.00mm,不规则的开裂或仅顶端开裂。

产地及层位:安福县;晚二叠世乐平组。

叶瓣的顶端开裂,×1/2

图 5-2-27 Schizoneura manchuriensis Kon'no

新芦木属 Neocalamites Halle,1908

茎,有节与节间之分,中空。髓模表面有相互间隔的纵脊和纵沟,在节上彼此错开,偶有直通的。节上有叶迹。叶,轮生于节上,长度常大于节间,指向上前端,基部分离,单脉,长短相近;叶的数目少于茎上的纵脊或纵沟,为其一半或更少。节隔膜呈圆形或椭圆形,内具放射状条纹。

分布及时代:亚洲东部、北欧、北美洲、南美洲、南非、澳洲及苏联;三叠纪—中侏罗世。

蟹形新芦木 Neocalamites carcinoides Harris

茎宽至少 8.50cm,节间长度不明(图 5-2-28;地质部南京地质矿产研究所,1982c)。纵脊和纵沟在节上相互错开。叶迹小而圆,彼此相距 4.00~6.00mm;每两个叶迹之间有纵脊或纵沟 4~5 条,偶有 6~7 条。

产地及层位:萍乡市安源镇;晚三叠世安源组。

茎干印模,×1

图 5-2-28 Neocalamites carcinoides Harris

似木贼属 Equisetites Sternberg,1833

似木贼(未定种)Equisetites sp.

茎宽约 10.00mm,分节,表面具细密的纵纹,节间长 12.00mm,靠近节的部位变窄,未见明显的叶鞘(图 5-2-29;何锡麟等,1996)。当前标本为分枝部位,有一顶枝和两侧枝。似木贼属与现代木贼非常相似,主要繁盛于中生代,古生代不多见。当前标本可能代表一新种,但由于只有一块标本且保存不太理想,无明显叶鞘,故暂时定其为似木贼(未定种)Equisetites sp.。

产地及层位:安福县北华山;晚二叠世乐平组王潘里段。

图 5-2-29　*Equisetites* sp.

◆ 芦木属 *Calamites* Brongniart, 1828

芦木（*Calamites*）为乔木状植物，高可达 10 余米，茎分节和节间。直立的气生茎干从匍匐的根状茎（rhizome）上或者自直立茎的地下部分伸出，表面光滑或具纵纹。气生茎干多数具有分枝，枝脱落后在茎干留下枝痕（branch-scar），节上还常着生刚毛状或披针形的叶，叶具单脉，脱落后留下很小的叶痕（leaf-scar），末 1~2 级分枝的节上着生叶，叶轮状排列，呈披针形或剑形，单脉。根状茎与气生茎相似，也分节，根轮生于节上，脱落后留下根痕（root-scar），直径为 0.30~3.00cm，中央具脐状突起。生殖器官为孢子囊穗，孢子囊穗也分节，节上轮生苞片，囊托或从孢片的腋部伸出，或着生于穗轴的节间部位。

▶▶▶ 钝肋芦木 *Calamites suckowii* Brongniart

仅发现两块标本，且都只保存一个节部。髓模分节和节间（图 5-2-30；何锡麟等，1996）。节间长大于 3.00cm，宽至少 4.00cm。纵肋宽直，肋端钝圆，纵沟细，纵肋和纵沟在节上交错排列。未见节下痕和节上痕。

当前标本所显示的特征与钝肋芦木 *Calamites suckowii* 最为接近，虽然化石保存不全，但根据纵肋平宽、肋端钝圆、纵肋与纵沟在节上相互交错等特点，可以将当前标本归为钝肋芦木 *C. suckowii*。

产地及层位：上饶市四十八都；晚二叠世上饶组童家段。

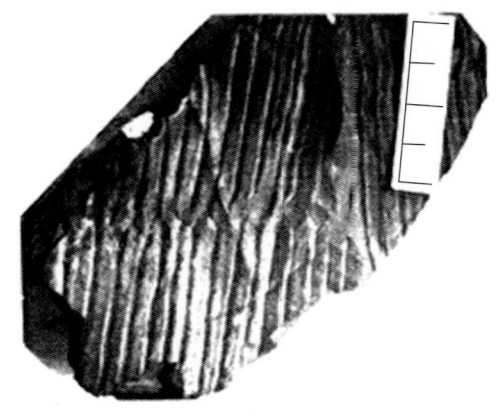

图 5-2-30　*Calamites suckowii* Brongniart

◆ 副芦木属 *Paracalamites* Zalessky, 1927

▶▶▶ 细肋副芦木 *Paracalamites stenocostatus* Gu et Zhi

髓模节间长约 4.00cm，宽约 3.00cm（图 5-2-31；何锡麟等，1996）。纵肋平窄，宽约 1.00mm，

a：×1　　　　　　　　　　　　　b：×1

图 5-2-31　*Paracalamites stenocostatus* Gu et Zhi

节下痕不明显，纵沟浅而细，肋和沟在节上大都直通，偶尔交错。

当前标本与《中国植物化石　第一册　中国古生代植物》一书中（Gu et Zhi，1974，p.52，pl.29，figs.1-4）记述的产自浙江长兴龙潭组和贵州盘县宣威组的标本特征完全一致。

产地及层位：吉水县石莲煤矿；晚二叠世乐平组王潘里段。

◆ 星叶属 *Asterophyllites* Brongniart，1822

》》》长星叶 *Asterophyllites longifolius*（Sternberg）Brongniart

叶轴分节，节间长约 2.50cm。叶轮生于节上，每轮有 28~36 枚叶（图 5-2-32；何锡麟等，1996）。叶呈细线形，长至少 7.00cm，甚至更长，单脉，指向上前方，与叶轴呈 20°~45°夹角。叶在基部连合形成叶鞘。

当前标本所显示的特征与长星叶 *Asterophyllites longifolius* 基本一致，但前者叶轴甚为粗壮。

产地及层位：上饶市吕江煤矿；晚二叠世上饶组吕江段（童家段）。

a：×0.5

b：×0.5　　　　　　　　　　　　c：×0.5

图 5-2-32　*Asterophyllites longifolius*（Sternberg）Brongniart

◆ 轮叶属 *Annularia* Sternberg, 1822

>>> 平乐轮叶 *Annularia pingloensis* (Sze) Gu et Zhi

标本比较丰富。末二级枝宽约 2.00mm，节间长 10.00mm 左右（图 5-2-33；何锡麟等，1996）。末级枝对生，节间长约 5.00mm。叶轮生于末级枝节上，每轮有 8~10 枚叶，叶长约 5.00mm，呈披针形至线形，略向前弯，具中脉。除叶轮最下边的一对叶轮较短外，其余几乎等长。叶轮具不明显的上叶缺。

当前种最初定为平乐星叶 *Asteriohyllites pingloensis* Sze，后来在《中国植物化石 第一册 中国古生代植物》一书中被改归为轮叶属。当前的标本与斯行健（1940）描述的产自广西平乐的此种标本完全一致。该种植物是华南晚二叠世早期地层中较为常见的一种化石。

产地及层位：龙南县大罗煤矿；晚二叠世乐平组中段。

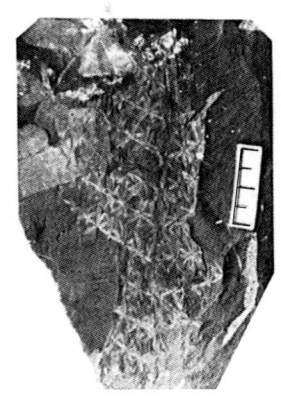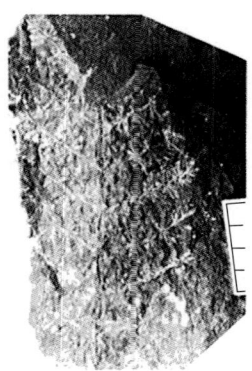

a: ×0.5　　　b: ×0.5

图 5-2-33 *Annularia pingloensis* (Sze) Gu et Zhi

◆ 瓢叶目 Noeggerathiales

◆ 齿叶属 *Tingia* Halle, 1925

枝条羽叶状，具背腹性。叶分 4 行排列于枝上。在枝的上面有两行叶较大，呈宽楔形、倒卵形、长椭圆形或线形，基部下延，呈半抱茎状，伸出后即扭曲，与枝成较大的角度，侧边全缘，顶部常不规则地分裂成齿状；枝下面的两行叶子窄而小，位于枝的背面，常紧贴于枝，并指向枝的前方。在同一枝条上，中部叶较长而大，两端的叶较短而小。叶脉近平行，在叶的基部分叉较多，向上大致平行地直达叶的顶端，并伸入齿内。

分布及时代：中国、朝鲜等地；晚石炭世—二叠纪。

>>> 菱齿叶 *Tingia hamaguchii* Kon'no

轴细，宽 1.00~2.00mm（图 5-2-34；地质部南京地质矿产研究所，1982b）。叶片呈长椭圆形，与轴斜交或呈垂直状态，基部狭窄而下延，顶端钝圆至钝尖，边缘全缘或具细尖齿，两侧边不对称，上侧边较短，下侧边较长，叶基部有叶脉数条，分叉数次，大致与侧边平行，直达叶的前缘或伸入齿中。

产地及层位：安福县枫田镇；晚二叠世乐平组。

小羽片呈菱形，×1

图 5-2-34 *Tingia hamaguchii* Kon'no

华夏齿叶 *Tingia carbonica*（Schenk）Halle

叶轴较粗，宽 5.00~10.00mm（图 5-2-35；何锡麟等，1996）。大叶与轴呈 40°~60°夹角，半抱茎状着生。叶片呈带状或楔形，顶端截形并分裂成 6~8 个不规则长齿，最长可达 12.00cm。叶脉细密，常在基部二歧分叉，平行伸达顶端。叶轴上未发现小叶。图 5-2-35 中标本 a 为枝条顶部，标本 b、c 为叶片形态及叶顶端分裂的长齿；标本 d 为大叶半抱茎状着生于轴上。

产地及层位：萍乡三田煤矿；晚二叠世乐平组官山段。

a：×0.5　　b：×0.5

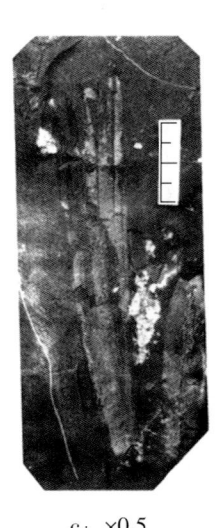

c：×0.5　　d：×0.5　　e：×0.5

图 5-2-35　*Tingia carbonica*（Schenk）Halle

江西齿叶 *Tingia jiangxiensis* He，Liang et Shen

枝条呈羽叶状，具腹背性，羽轴粗，基部宽约 5.00mm，推测枝条可长达 50.00cm（图 5-2-36；何锡麟等，1996）。叶分 4 行排列，2 行长于腹面，2 行长于侧面；长于侧面的叶片较大，半抱茎状着生，呈长椭圆形至披针形，侧缘全缘，顶端钝圆至亚尖，微齿状，基部渐狭并扭转呈半抱茎状。枝条基部的叶较短宽，长 1.00~2.00cm，宽约 0.70cm，中部的叶最长可达 3.50cm，宽约 1.00m，顶部的叶较窄，宽约 0.50cm，向顶端长度逐渐变短。叶脉细密，自羽轴伸出后即二歧分叉，与叶侧缘平行伸至叶片的前缘和顶端；长于腹面的两行小叶往往仅出现于枝条的中部，小叶呈披针形，长 10.00mm，宽约 2.00mm，紧贴大叶的叶腋处，指向枝条的前方。

产地及层位：安福县北华山、丰城市八一煤矿、乐平市鸣山煤矿；晚二叠世乐平组老山下亚段。

图 5-2-36 *Tingia jiangxiensis* He，Liang et Shen

◆ 齿叶穗属 *Tingiostachya* Kon'no，1929

》》鸣山齿叶穗 *Tingiostachya mingshanensis* He，Liang et Shen

孢子叶穗呈圆柱状，长达 13.00cm，宽约 1.00cm（图 5-2-37；何锡麟等，1996）。孢子叶轮生，每轮约 8 枚叶，自轴伸出后平展，与轴几乎垂直，尔后急剧向上弯曲，叶顶端呈麦芒状。孢子囊（或聚合囊？）着生于孢子叶平展部分的腹面，内部结构不明。

产地及层位：安福县北华山、乐平市鸣山煤矿；晚二叠世乐平组老山下亚段。

图 5-2-37　*Tingiostachya mingshanensis* He, Liang et Shen

》》》三田齿叶穗 *Tingiostachya santianensis* He, Liang et Shen

孢子叶穗粗大，长至少 11.00cm，宽约 3.00cm，具柄，柄上长有变异的营养叶（图 5-2-38；何锡麟等，1996）。穗粗分节，孢子叶密集轮生于节上，节间长仅 4.00~9.00mm。每轮孢子叶甚多，孢子叶以近直角自轴上伸出后急剧折转向上，孢片顶端呈芒状。孢子囊着生状况不明。

产地及层位：萍乡市三田煤矿；晚二叠世乐平组官山段。

a：×0.5

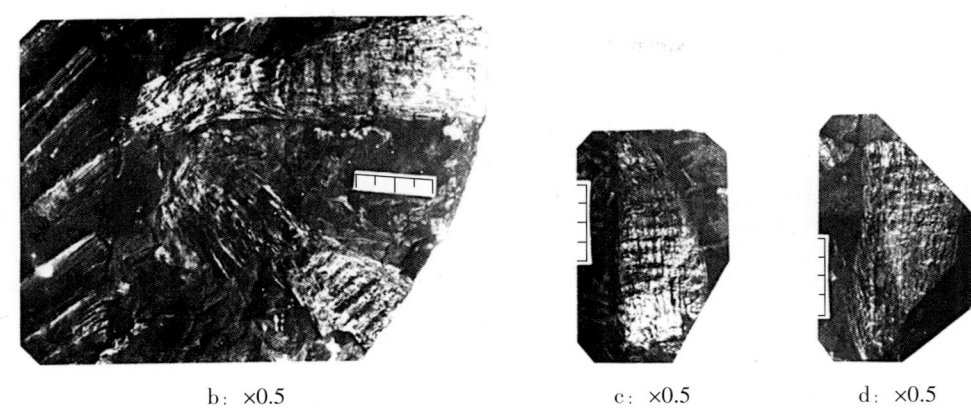

b: ×0.5　　　　　　　　c: ×0.5　　　　d: ×0.5

图 5-2-38　*Tingiostachya santianensis* He, Liang et Shen

◆ 卵叶属 *Yuania* Sze，1953

中轴两旁产生若干似种子或生殖器官之类的卵圆形"植物体"，"植物体"顶端微弯成浅内凹形，表面呈现向顶端以及基部略聚合的细长线纹或细脉，基部伸长为柄状。

分布及时代：中国华南、华北，北美洲西部，伊拉克；二叠纪。

▶▶▶ 中国卵叶 *Yuania chinensis* Du et Zhu

枝条呈羽叶状，叶轴粗壮，宽约 6.00mm（图 5-2-39；何锡麟等，1996）。叶羽状排列，互生，叶片为长舌形或长卵形，顶端钝圆成截形，基部渐狭扭转成半抱茎状着生于轴上，叶片长约 6.00cm，宽约 1.00cm。叶脉自基部伸出后与叶侧缘平行伸达叶片顶端，于顶端处略会聚。

产地及层位：乐平市鸣山煤矿；晚二叠世乐平组老山下亚段。

▶▶▶ 大卵叶 *Yuania gigantea* Zhu et al.

枝条呈羽叶状，叶轴粗，宽约 5.00mm（图 5-2-40；何锡麟等，1996）。叶互生，叶片为卵形，长约 3.50cm，宽约 1.50cm，顶端弧形凹曲并具软骨质边缘，基部渐狭，呈半抱茎状着生于羽轴上。叶脉平行伸达顶部并于顶端聚集，最宽处有 25~30 条叶脉。

产地及层位：乐平市鸣山煤矿；晚二叠世乐平组老山下亚段。

×0.5

图 5-2-39　*Yuania chinensis* Du et Zhu

a：×0.5　　　　　　　　　　　　　　　　　　b：×0.5

图 5-2-40　*Yuania gigantea* Zhu et al.

◆ 真蕨纲 Filices
　　◆ 薄囊蕨亚纲 Leptosporangiatae
　　　　◆ 紫萁目 Osmundales
　　　　　　◆ 紫萁科 Osmundaceae
　　　　　　　　◆ 似托第蕨属 *Todites* Seward，1900

裸羽片一般呈枝脉蕨型；实羽片与裸羽片形态相似或不同程度地退缩。孢子囊大，一般呈囊群着生于侧脉上，满布于实小羽片背面；具短柄，顶端的细胞增厚，组成一帽状"环带"。孢子四合型。

分布及时代：几乎遍及全球；晚三叠世至早白垩世早期。

>>> 葛伯特似托第蕨 *Todites goeppertianus*（Münster）Krasser

蕨叶呈两次羽状分裂（图 5-2-41；斯行健和李星学，1963）；羽片线状，长 8.00cm 以上；小羽

a：×1　　　　　　　　　　　　　　　　　　b：×3

图 5-2-41　*Todites goeppertianus*（Münster）Krasser

片全缘，长卵形至宽三角形，前端或多或少地弯曲，顶端钝尖至尖，相邻的小羽片以大部分边缘互相接触；中脉明显，较直，与羽轴成一宽角，至小羽片前端因分叉消散，侧脉较密而直，在小羽片基部以较宽的角自中脉伸出，分叉2~3次，在小羽片顶部则以较小角度伸出，分叉1次。实羽片未曾发现。据国外资料，这个种的实羽片的小羽片形态和叶脉都近似裸羽片的小羽片，但前者段端较钝，侧脉分叉次数较少。

产地及层位：上饶市兴安乡司路铺村；晚三叠世安源组。

细齿似托第蕨 *Todites denticulata* (Brongniart) Krasser

蕨叶两次羽状，末次羽片细长，线形至披针形（图5-2-42；地质部南京地质矿产研究所，1982c）。末级羽轴较细，宽约1.00mm，中间具一纵脊。小羽片呈镰刀形，互生，顶端尖锐，边缘具细齿。中脉清晰，侧脉以40°角自中脉伸出，分叉一次。

产地及层位：萍乡市安源镇；晚三叠世安源组。

末二次羽片，×1/2

图 5-2-42 *Todites denticulata* (Brongniart) Krasser

准枝脉蕨属 *Cladophlebidium* Sze, 1931

蕨叶至少两次羽状分裂，羽片线形，以45°~50°角着生于轴上，近于对生，每两个羽片之间具一明显的间小羽片。小羽片枝脉蕨型，微呈三角形至镰刀形，近于对生，微斜地着生于羽轴两侧。叶脉纤细，仅中脉清晰。小羽片上有时见到一些稀疏的小点痕。

分布及时代：中国、日本、苏联；晚三叠世晚期—早侏罗世。

翁氏准枝脉蕨 *Cladophlebidium wongi* Sze

蕨叶至少两次羽状分裂，羽片线形，以45°~50°角着生于轴上，近于对生，每两个羽片之间具一明显的间小羽片（图5-2-43；地质部南京地质矿产研究所，1982c）。小羽片枝脉蕨型，微呈三角形至镰刀形，近于对生，微斜地着生于羽轴两侧。叶脉纤细，仅中脉清晰。小羽片上有时见到一些稀疏的小点痕。

产地及层位：萍乡市安源镇；晚三叠世安源组。

末二次羽片，×1

图 5-2-43 *Cladophlebidium wongi* Sze

真蕨目 Filicales
里白科 Gleicheniaceae
似里白属 *Gleichenites* Seward, 1926

蕨叶羽状分裂，羽轴假两歧分枝。小羽片近于对生或互生。中脉明显，侧脉两歧分叉。孢子囊生于小羽片背面，聚合成圆形囊群。孢子囊几乎无柄，具横列环带，成熟时纵向裂开。

分布及时代：北半球；晚三叠世—白垩纪（早白垩世最繁盛）。

》》似里白（未定种） *Gleichenites* sp.

裸羽片的羽轴细（图5-2-44；地质部南京地质矿产研究所，1982c）。小羽片互生或半对生，近三角形，顶端钝，基部稍稍相连。中脉相连。中脉较粗，侧脉分叉1~2次。

实羽片线形，羽较细。小羽片互生或半对生，三角形或弯成镰刀形，上边平整，下边有时呈波状，在近基部处呈小裂瓣状。中脉粗而明显。囊群着生在中脉两侧，排列紧、挤。每一实小羽片有5~16个囊群，囊群呈圆形或椭圆形，直径约1.00mm，由4~5个囊子孢组成，孢子囊具横列环带。

产地及层位：丰城市；晚三叠世安源组。

a：裸羽片，×1　　　b：实羽片，×3

图5-2-44　*Gleichenites* sp.

◆ 马通蕨科 Matoniaceae
◆ 异脉蕨属 *Phlebopteris* Brongn., emend. Hirmer et Hoerhammer, 1936

蕨叶呈鸟足状或掌状。羽片数目较少，均作一次羽状分裂。叶脉（侧脉）两歧分叉1~2次，有的种侧脉连结成网状。囊群无盖，陀螺状，由6~13个孢子囊组成，环形，在中脉两侧各排成一行。孢子囊具较完全的横而微斜的环带。

分布及时代：亚洲东部及南部、澳洲、西欧、北美洲东部、格陵兰岛南部等；晚三叠世—早白垩世。

》》狭细异脉蕨 *Phlebopteris angustiloba*（Presl）

营养叶掌状，基部两歧分支（图5-2-45；地质部南京地质矿产研究所，1982c）。小羽片排列紧、挤，与羽轴呈直角，线形，全缘，相邻小羽片基部以宽约1.00mm的叶蹼相连。中脉明显，粗0.40mm。侧脉的主支脉较强，垂直于中脉，并稍为下陷，致使叶模分成大致相等的方格；其余支脉从主支脉的上边（远轴边）伸出，呈对角线通过方格与中脉约呈45°角。囊群生于小羽皮背面，排列于中脉两侧，孢子囊构造不明。

产地及层位：吉安县敖城镇；晚三叠世安源组。

a: 裸羽片，×1

b: 实羽片，×1

图 5-2-45 *Phlebopteris angustiloba*（Presl）

◆ **双扇蕨科 Dipteridaceae**

　　◆ **网脉蕨属 *Dictyophyllum* Lindley et Hutton，1834**

蕨叶大，具一长柄，叶柄顶端向左右作两歧式分枝，每一分枝均向外弯后向内曲，同时伸出辐射状排列的羽片。羽片线形至披针形，边缘分裂成三角形或线形的小羽片。小羽片基部相连，具中脉（第二次脉），侧脉自中脉和主轴伸出，分叉并相互连结成多角形网格，网格内又有更细的网脉。囊群着生于羽片背面的小网脉内。

分布及时代：亚洲、欧洲、澳大利亚、南极部分地区；晚三叠世—中侏罗世。加拿大早白垩世沉积中发现过该属的一个新种。

》》那托斯特网脉蕨
　　***Dictyophyllum nathorsti* Zeiller**

蕨叶大，具一长柄，羽片生于叶柄顶端两叉枝上，每一叉枝有 20~25 枚羽片（图 5-2-46；地质部南京地质矿产研究所，1982c）。羽片呈线形，长 15.00~20.00cm，宽 2.00cm 以上，羽片基部彼此相连，部分长约 4.00~5.00cm，然后相分离，并各自呈钝角状分裂。小羽片呈三角形或宽镰刀形，全缘，向前弯曲。中脉明显，直达小羽片

×1/2
图 5-2-46 *Dictyophyllum nathorsti* Zeiller

顶端，侧脉斜生，分叉，相互连成多角形复网脉。

产地及层位：萍乡市安源镇；晚三叠世安源组。

◆ 格脉蕨属 *Clathropteris* Brongniart，1828

蕨叶大，具柄，叶柄顶端先呈两歧式分枝，左右各分枝继以合轴式两歧分叉分出羽片。羽片基部相连，中部和顶部彼此分离，全部羽片呈辐射式掌状排列，中间部分的羽片较大，向两边逐渐变小，羽片边缘呈强烈的锯齿状。叶脉清晰，每一锯齿接受一条侧脉；第三次脉以近直角自侧脉伸出，彼此连结成长方形或近长方形的网格；网格内又有更细的网脉。实羽片与裸羽片相同，囊群无盖，由5~12个孢子囊组成，分布于羽片背面的网脉内。

分布及时代：亚洲东部、格陵兰岛、瑞典、苏联、北美洲等地；晚三叠世—中侏罗世，最盛于晚三叠世—早侏罗世。

▶▶▶ 新月蕨型格脉蕨 *Clathropteris meniscioides* Brongniart

羽片呈长带形，边缘浅裂成钝的羽片，主脉明显，侧脉以宽角自主脉伸出，第三次脉与侧脉近垂直，彼此连接成较规则的长方形网格，网格内再分出细脉，细脉分叉并连接成长方形或多角形细网脉（图5-2-47；地质部南京地质矿产研究所，1982c）。

产地及层位：余江县老屋里；晚三叠世安源组。

×1

图 5-2-47 *Clathropteris meniscioides* Brongniart

◆ 真蕨纲和种子蕨纲 Filices et Pteridospermosida
◆ 古羊齿类 Archaeopteridas
◆ 铲羊齿属 *Cardiopteridium* Nathorst，1914

多次羽叶复叶。羽片、小羽片着生角度大。小羽片互生或亚对生，呈铲形、心形、倒卵形或扇形，常不对称，全缘或分裂，基部常呈柄状。扇状脉，细而密。

分布及时代：中国；早石炭世晚期。国外；晚石炭世早期。

>>> 多形铲羊齿 *Cardiopteridium spetsbergense* Nath.

羽状复叶。末次羽片以宽角或近垂直的自轴伸出（图5-2-48；地质部南京地质矿产研究所，1982b）。小羽片质薄，有柄，形态及大小变化大，呈铲形、心形、倒卵形等，易脱落，常单独保存。末次羽片顶部的小羽片基部呈短柄状。叶脉扇状，分叉多次，细而密，无中脉。

产地及层位：丰城市董家镇华山岭；早石炭世梓山组。

a: ×3　　　　b: 小羽片甚大，具长柄，×1

图5-2-48 *Cardiopteridium spetsbergense* Nath.

◆ 扇羊齿属 *Rhacopteris* Schimp, 1869

一次羽状复叶，羽轴粗厚而直。小羽片呈扇形或菱形，两侧近对称或不对称，基部收缩，具短柄或无柄，互生至对生。叶片浅裂或深裂成许多狭长的裂片，有时全缘。扇状脉或近似羽状脉。

分布及时代：世界各地；石炭纪。

>>> 赣南扇羊齿 *Rhacopteris gannanensis* Li H. M.

羽轴甚粗，正中微凸（图5-2-49；地质部南京地质矿产研究所，1982b）。小羽片呈掌状扇形，两侧对称，基部收缩似柄状，以45°角互生于轴上，排列疏松，二歧合轴式深裂而成若干个细裂片。裂片顶端尖锐，指向不同方向。近羽状脉，每裂片内只有一条脉。

产地及层位：于都县罗坳镇三门滩村；早石炭世梓山组。

末级羽轴粗强，小羽片呈掌状扇形或菱形，×3

图5-2-49 *Rhacopteris gannanensis* Li H. M.

>>> 梓山扇羊齿? *Rhacopteris? zishanensis* Li. H. M.

羽轴粗强，上面具鳞片及细纵纹（图5-2-50；地质部南京地质矿产研究所，1982b）。小羽片呈扇形至长卵形，具短柄，两侧对称，约以50°角斜生于轴上。相邻的小羽片彼此接触或覆盖。小羽片深裂至全裂为线状披针形的细裂片，裂片顶端尖锐。叶脉近羽状，每裂片内有一条脉。

产地及层位：于都县罗坳镇三门滩村；早石炭世梓山组。

a: 小羽片呈扇形至长卵形，具短柄，×2　　b: 每裂片内有一条脉，×2

图 5-2-50　*Rhacopteris? zishanensis* Li. H. M.

◆ 楔羊齿科 Sphenopterides

◆ 楔羊齿属 *Sphenopteris*（Brongniart）Sternberg，1825

多次羽状复叶。小羽片一般都很小，呈楔形、卵形至圆形等；基部收缩成楔形或柄状，有时下延；边缘常分裂为尖或钝圆的裂片。叶脉呈羽状或近扇状，主要呈二歧合轴式分叉；中脉细弱，往往不到顶，而中途分叉。

分布及时代：世界各地；晚泥盆世—白垩纪。

》》》钝楔羊齿 *Sphenopteris obtusiloba* Brongn.

小羽片较大，卵形，基部呈柄状，分裂成 5~7 个排列较松、顶端钝圆的裂片（图 5-2-51；地质部南京地质矿产研究所，1982b）。叶脉细而密，分叉数次，中脉不明显。

产地及层位：乐平市；早石炭世梓山组（上部）。

》》》纤弱楔羊齿 *Sphenopteris tenuis* Schenk

当前标本保存至少 3 次羽状复叶，末三级羽轴宽约 2.00mm，末二级羽轴和末羽轴两侧具翼（图 5-2-52；何锡麟等，1996）。末二级羽片长达 9.00cm，羽轴宽约 1.00mm；末级羽片呈披针形，最长的可达 3.50cm，向羽片顶端逐渐变短，互生，以锐角（约 30°）由末二级羽轴伸出；小羽片呈披针形，也以近 30°角由末级羽轴伸出，顶端尖锐，基部相连成翼状，边缘全缘、齿状或分裂成朵状。中脉细，

小羽片基部柄状，分裂成 5~7 个圆裂片，×1
图 5-2-51　*Sphenopteris obtusiloba* Brongn.

侧脉稀少，几乎与中脉等粗，伸到每一个齿中。

产地及层位：萍乡市三田煤矿、安福县北华山、高安县英岗岭煤矿、乐平市鸣山煤矿、桥头丘煤矿等地；晚二叠世乐平组官山段、老山下亚段。上饶市四十八都；晚二叠世上饶组童家段。

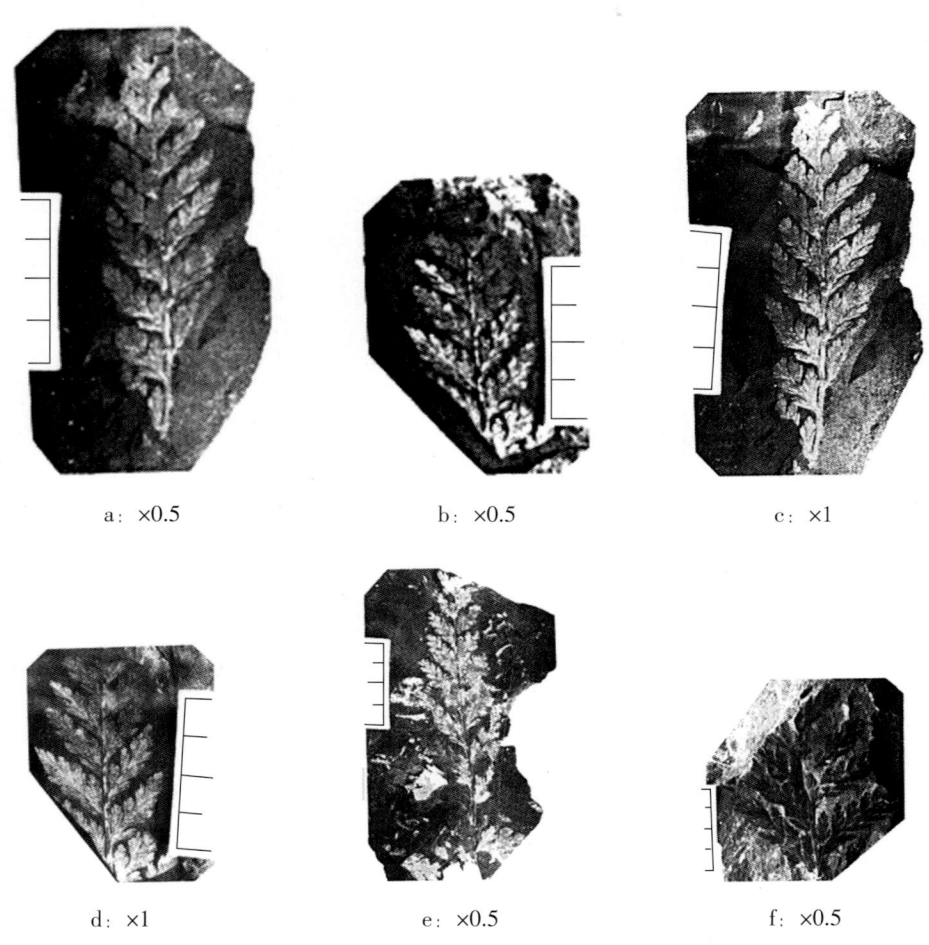

图 5-2-52 *Sphenopteris tenuis* Schenk

◆ 晋囊蕨属 *Chansitheca* Rege，1920
》》 长晋囊蕨 *Chansitheca kidstonii* Halle

当前标本保存有二次羽状复叶，末二级羽轴较粗，宽约 3.00mm，上具纵肋纹（图 5-2-53；何锡麟等，1996）。末级羽片呈线状披针形，轴细，宽仅约 0.50mm。小羽片呈披针形至镰刀形，基部相连，与羽轴呈 60°~70°夹角，中部的小羽片长约 10.00mm，基部宽约 5.00mm，向前端收缩，顶端钝圆或亚尖。中脉纤细、下延，侧脉分叉 1~3 次。聚合囊群长于每条支脉上，每束侧脉 2~3 个，第 1、2 条支脉上聚合囊较大，长约 2.00mm，第 3 条支脉上的聚合囊较小，长仅 0.50~1.00mm。聚合囊呈披针形，尖端指向叶缘，囊群中孢子囊数目不详。

产地及层位：萍乡市三田煤矿；晚二叠世乐平组官山段。

a: ×1　　　　　　　　　　　　　　　　b: ×1

图 5-2-53　*Chansitheca kidstonii* Halle

◆ **栉羊齿科 Pecopterides**

◆ **栉羊齿属 *Pecopteris* Brongniart, 1822**

多次羽状复叶。羽轴表面光滑或具纵纹，或有鳞片、毛、瘤、刺等附属物，有的还有变态叶。羽片着生于羽轴的两侧或腹面。小羽片以舌形、椭圆形或矩形为主，少数呈三角形或镰刀形，基部整个着生于末级羽轴上或略收缩，分离或连合，边缘近平行，一般全缘，偶呈波状或浅裂。中脉羽状，叶脉明显；侧脉不分叉或分叉数次。

分布及时代：世界各地；早石炭世—晚三叠世。

>>> **延栉羊齿 *Pecopteris sahnii* Hsü**

羽状复叶（图5-2-54；地质部南京地质矿产研究所，1982b）。末次羽片互生，线形，顶端渐尖。小羽片排列整齐紧凑，质厚，腹面凸，舌形或近矩形，长为宽的2~3倍，顶端钝圆。中脉下延，以近直角伸出，直达顶端；侧脉与中脉大致等粗，不分叉或偶分叉一次。

产地及层位：铅山县雾霖山村；晚二叠世乐平组（原雾霖山组）。

末二次羽片，×1

图 5-2-54 *Pecopteris sahnii* Hsü

⋙ 小羽栉羊齿 *Pecopteris arborescens* (Schlotheim) Sternberg

标本较为丰富，至少二次羽状复叶，末二级羽轴宽 6.00mm，表面具刺痕（图 5-2-55；何锡麟等，1996）。末次羽片呈线形，长可达 7.00cm，宽 8.00~16.00mm，以 45°角从末二级羽轴伸出。小羽片小，规则地、几近垂直地着生于羽轴两侧，排列紧密，呈椭圆形或舌形，长 4.00~8.00mm，宽 1.50~2.00mm，顶端钝圆，边缘反转成一加厚条带。中脉明显、粗而下陷、不下延，侧脉以狭角伸出，不分叉弯向侧缘。

产地及层位：乐平市桥头丘煤矿；晚二叠世乐平组王潘里段。

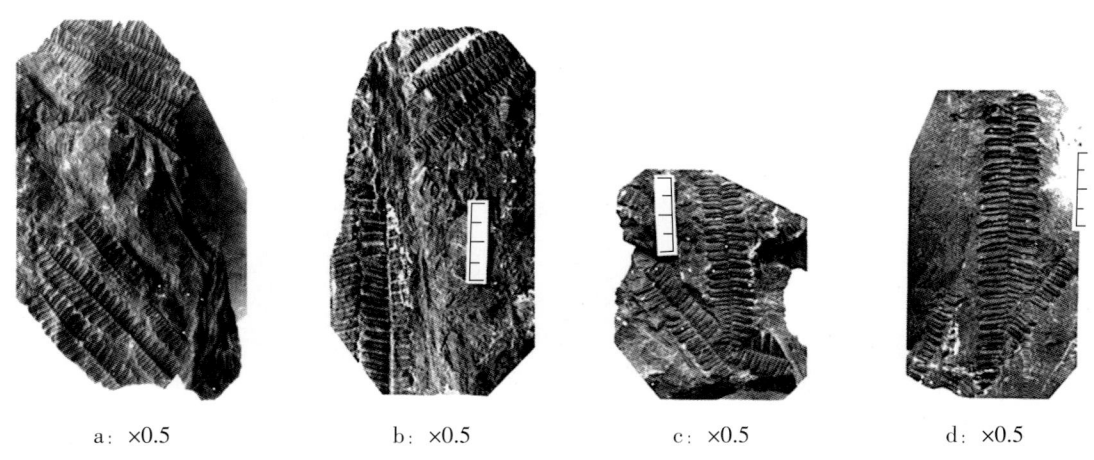

a：×0.5　　　b：×0.5　　　c：×0.5　　　d：×0.5

图 5-2-55 *Pecopteris arborescens* (Schlotheim) Sternberg

⋙ 简脉栉羊齿 *Pecopteris* (*Asterotheca*) *hemitelioides* Brongniart

至少二次羽状复叶，末二级羽轴粗壮，宽约 8.00mm，表面具纵肋纹（图 5-2-56；何锡麟等，1996）。末次羽片以近直角着生于末二级羽轴上，线形，长达 6.00cm 以上，宽约 1.00cm。小羽片呈长舌形，长约 5.00mm，宽 1.50~2.00mm，顶端钝圆，两侧缘几乎平行。

产地及层位：吉水县石莲煤矿、乐平市鸣山煤矿、萍乡市三田煤矿；晚二叠世乐平组官山段、老山下亚段、王潘里段。

图 5-2-56 *Pecopteris*（*Asterotheca*）*hemitelioides* Brongniart

>>> 粗枝栉羊齿 *Pecopteris norinii* Halle

仅保存末次羽片，末级羽片呈线形，宽约 18.00mm，羽轴粗，宽 2.00mm（图 5-2-57；何锡麟

图 5-2-57 *Pecopteris norinii* Halle

等，1996）。小羽片呈舌形，长约 8.00mm，宽约 4.00mm，与羽轴约成 80°夹角，两侧平行，顶端钝圆。中脉粗壮、不下延，侧脉二歧合轴式分叉 2~3 次。

产地及层位：乐平市桥头丘煤矿；晚二叠世乐平组王潘里段。

瘤栉羊齿 *Pecopteris tuberculata* Halle

描述略。当前标本以末二级羽轴粗壮、具瘤为主要特征（图 5-2-58；何锡麟等，1996）。

产地及层位：铅山县新安五都煤矿；晚二叠世上饶组童家段。

图 5-2-58 *Pecopteris tuberculata* Halle

山西栉羊齿 *Pecopteris wongii* Halle

描述略。当前标本以中脉不下延或微下延、侧脉密、二歧合轴式分叉 2~4 次为主要特征（图 5-2-59；何锡麟等，1996）。

产地及层位：乐平市桥头丘煤矿；晚二叠世乐平组王潘里段。

联合栉羊齿 *Pecopteris unita* Brongniart

描述略。当前标本以小羽片小、顶端钝圆、基部连合以及中脉下延、侧脉不分叉、微弯向中脉为主要特征（图 5-2-60；何锡麟等，1996）。

产地及层位：萍乡市三田煤矿；晚二叠世乐

图 5-2-59 *Pecopteris wongii* Halle

图 5-2-60 *Pecopteris unita* Brongniart

平组官山段。

>>> 弧曲栉羊齿 *Pecopteris arcuata* Halle

小羽片呈卵形，顶端钝圆，基部连合或微连合以及中脉下延，呈弧曲状，侧脉以狭角伸出，不分叉或分叉一次，弯曲方向与中脉相同为主要鉴定特征（图 5-2-61；何锡麟等，1996）。

产地及层位：高安县英岗岭东村煤矿；晚二叠世乐平组老山下亚段。

a：×0.5　　　　b：×1　　　　c：×1　　　　d：×1

图 5-2-61　*Pecopteris arcuata* Halle

>>> 东方栉羊齿（星囊蕨）*Pecopteris*（*Asterotheca*）*orientalis*（Schenk）Potonie

至少二次羽状复叶（图 5-2-62；何锡麟等，1996）。图 a 和图 b 为营养羽片。末次羽片呈线状披针形。小羽片呈舌形或微镰刀状，顶端钝圆，基部微下延、微连合。中脉细下延，侧脉大多分叉一次，基部下侧第一侧脉自中脉下延部分伸出。图 c 为生殖羽片，其小羽片形态与营养羽片的相同，中脉两侧各排列有 4~6 个聚合囊。聚合囊内部结构不明，很可能为星囊型。

产地及层位：乐平市鸣山煤矿；晚二叠世乐平组老山下亚段。铅山县新安煤矿；晚二叠世上饶组童家段。

a：×0.5　　　　b：裸羽片，×0.5　　　　c：实羽片，×0.5

图 5-2-62　*Pecopteris*（*Asterotheca*）*orientalis*（Schenk）Potonie

》》》镰刀栉羊齿 *Pecopteris anderssonii* Halle

当前标本以小羽片呈长舌形至镰刀形、中脉细下延、侧脉分叉 1~2 次为主要特征（图 5-2-63；何锡麟等，1996）。

产地及层位：乐平市桥头丘万山煤矿；晚二叠世乐平组老山下亚段。

》》》刺栉羊齿 *Pecopteris echinata* Gu et Zhi

至少二次羽状复叶，末次羽片互生，呈线形至披针形（图 5-2-64；何锡麟等，1996）。小羽片呈卵形、舌形，微呈镰刀状，长于羽轴的腹面，互生，长约 8.00mm，宽约 4.00mm，顶端亚圆，基部稍宽，叶边缘可能由于翻卷而呈窄带状的加厚带。中脉粗、微下延，侧脉明显，分叉 2~3 次。羽轴、叶脉和叶片之上遍布刺痕。

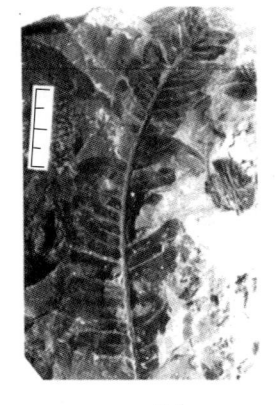

a: ×0.5　　　　b: ×0.5

图 5-2-63　*Pecopteris anderssonii* Halle

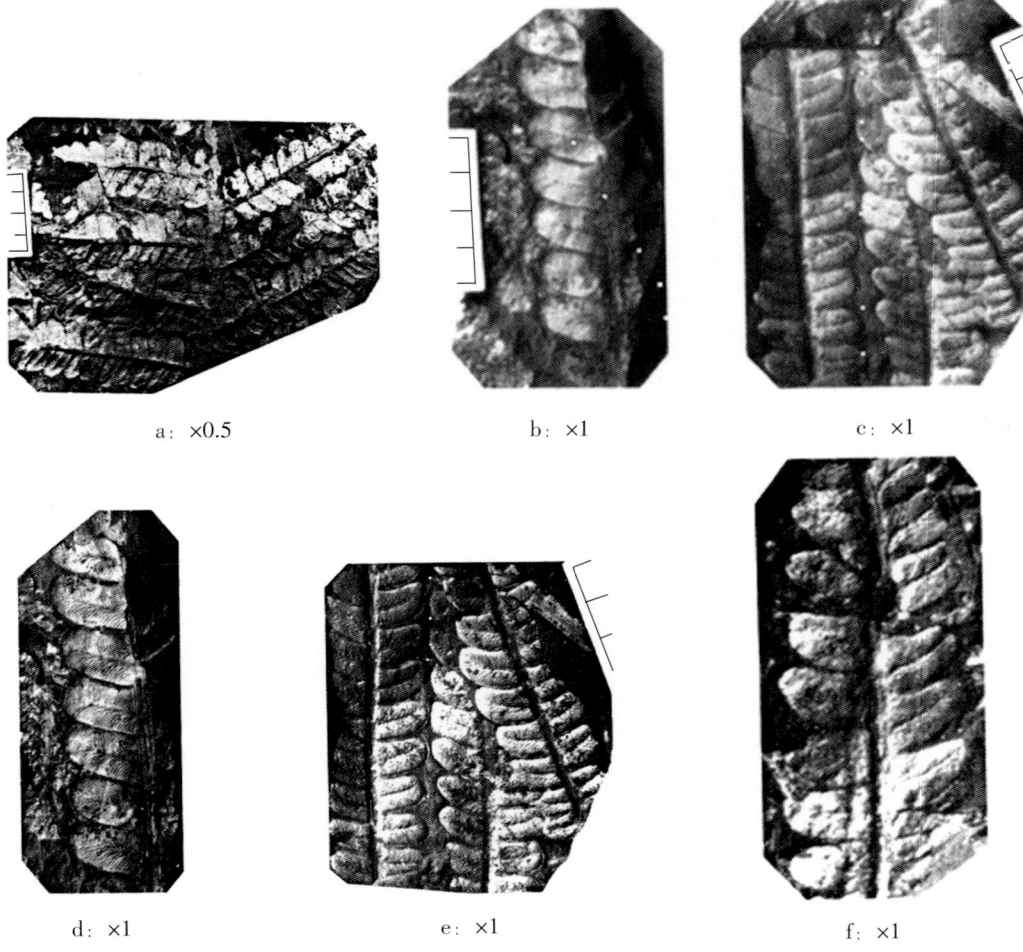

图 5-2-64　*Pecopteris echinata* Gu et Zhi

产地及层位：萍乡市三田煤矿；晚二叠世乐平组官山段。

▶▶▶ 粗脉栉羊齿 *Pecopteris crassinervis* **Yang et Chen**

当前种与仁化栉羊齿 *P. renhuaensis* Yang et Chen 非常相近，但本种小羽片边缘不加厚，羽轴、中脉和叶片皆无瘤痕或点痕（图 5-2-65；何锡麟等，1996）。

产地及层位：萍乡市三田煤矿；晚二叠世乐平组官山段。

a：×1　　b：×1

图 5-2-65　*Pecopteris crassinervis* Yang et Chen

▶▶▶ 上饶栉羊齿 *Pecopteris shangraoensis* **He，Liang et Shen**

至少一次羽状复叶，羽片呈线形，宽 4.00cm（图 5-2-66；何锡麟等，1996）。小羽片互生，呈长舌形，长约 20.00mm，宽约 6.00mm，顶端钝圆，两侧几乎平行。小羽片排列紧密，相互之间仅稍分离。中脉明显，直达顶端，侧脉直斜伸，不分叉，相互平行。

产地及层位：上饶市四十八都；晚二叠世上饶组童家段。

图 5-2-66　*Pecopteris shangraoensis* He, Liang et Shen

吕江栉羊齿
Pecopteris lujiangensis He，Liang et Shen

三次羽状复叶，具腹背性（图5-2-67；何锡麟等，1996）。末二级羽片呈线形，长16.00cm以上，宽约4.00cm，排列紧、挤，相互平行，与末三级羽轴呈70°~90°夹角。末级羽片呈线形，长2.00~3.00cm，宽仅0.50cm，互生至亚对生于末二级羽轴腹面，排列整齐，相互平行。小羽片呈卵形，长约2.00mm，宽几乎与长相等，顶端钝圆，基部上侧收缩，下侧下延，靠近羽片顶端部的小羽片基部连合甚至完全融合。中脉明显，基部下延，侧脉不分叉，前伸弯向中脉。

产地及层位：上饶市吕江煤矿；晚二叠世上饶组吕江段（童家段）。

三田栉羊齿
Pecopteris santianensis He, Liang et Shen

三次羽状复叶，末三级羽轴宽约5.00mm（图5-2-68；何锡麟等，1996）。末二级羽轴粗，宽3.00mm，末次羽片互生于轴上。末次羽片可能呈披针形，长6.00cm以上，基部宽3.00cm。小羽片呈舌形或椭圆形，顶端钝圆，两侧全缘。末次羽片基部下行第一小羽片着生于末级羽轴与末二级羽轴相交部位，变异呈瓣状或椭圆形。中脉细弱，基部下延，侧脉密，几乎与中脉等粗，二歧分叉2~4次。

产地及层位：萍乡市三田煤矿；晚二叠世乐平组官山段。

◆星囊蕨属 *Asterotheca* Presl，1945
柏子星囊蕨 *Asterotheca cupressoides* (Gu et Zhi)

归于当前种的标本数量相当丰富（图5-2-69；何锡麟等，1996）。至少二次羽状复叶，末二级羽轴粗壮，具腹背性，宽约5.00mm，表面具瘤痕。末次羽片呈线状披针形，互生于羽轴腹面，长约

a：×0.5

b：×0.5

图5-2-67 *Pecopteris lujiangensis* He，Liang et Shen

×0.5

图5-2-68 *Pecopteris santianensis* He，Liang et Shen

55.00mm，宽 10.00mm。小羽片为舌形，边缘略卷曲。聚合囊呈圆形，顶端尖凸，直径约 1.00mm，沿小羽片中脉各排列一行，每行 4~5 个。聚合囊大多由 5 个孢子囊组成，偶有 4 个或 6 个。孢子囊呈卵形，顶端钝圆，仅基部稍连合，无柄。原位孢子呈球形，单缝，表面光滑或具蠕虫状纹饰，直径约 55.00mm。

产地及层位：萍乡市三田煤矿、乐平市鸣山煤矿、桥头丘煤矿；晚二叠世乐平组官山段、老山下亚段。

a：生殖羽片，×1   b：生殖羽片，×1   c：生殖羽片，×1

d：聚合囊，×40   e：聚合囊，×120

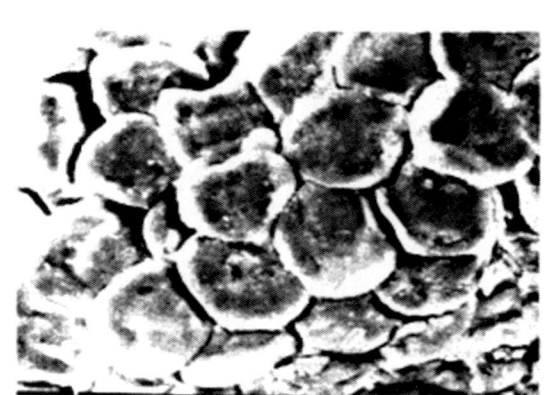
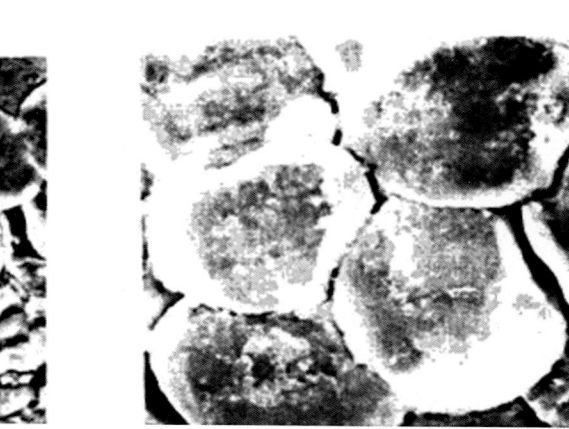

f：聚合囊，×300   g：聚合囊，×600

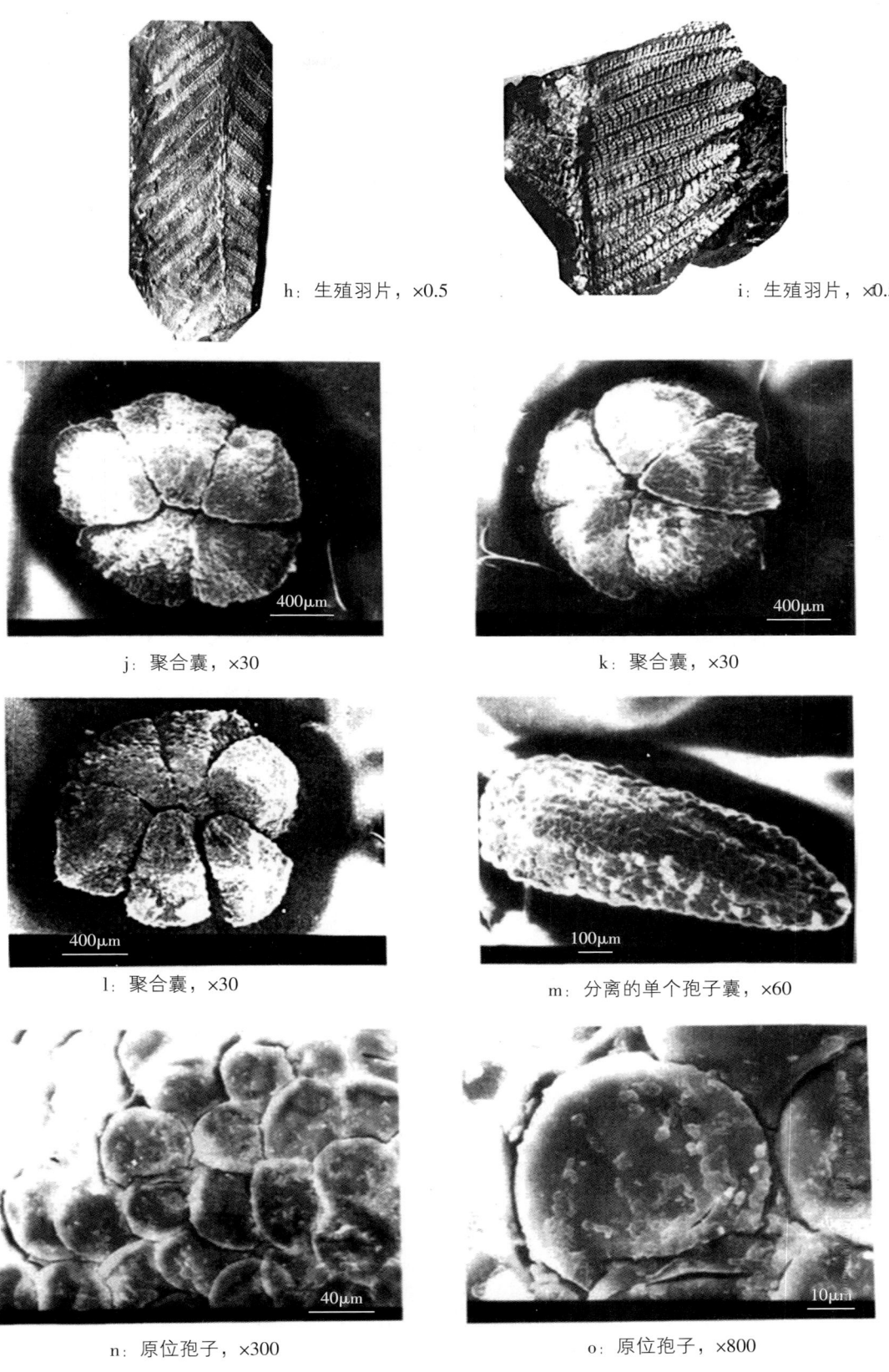

图 5-2-69 *Asterotheca cupressoides* (Gu et Zhi)

◆ 尖囊蕨属 *Acitheca* Schimpere，1879
▶▶▶ 单叉尖囊蕨 *Acitheca unifurcata* Yang et Chen

标本特征见杨关秀等（1979，P116~P117）对该种的描述（图 5-2-70；何锡麟等，1996）。当前标本相当丰富，标本数量有 100 余块。图 d 和图 g 为同一标本的正、副面，末二级羽轴粗

a：实羽片，×0.5　　　　　　b：裸羽片，×1　　　　　　c：实羽片，×0.5

d：裸羽片×0.5　　　　　　e：实羽片，×0.5

f：实羽片，×0.5　　　　　　g：裸羽片，×0.5　　　　　　h：实羽片，×1

图 5-2-70　*Acitheca unifurcata* Yang et Chen

壮，表面具纵肋，宽达 15.00mm。值得一提的是，同一标本上还保存有海相双壳类化石，图 g 箭头所指即为海相双壳类化石。图 c 为小羽片叶脉形态。图 a、图 d 和图 e、图 f、图 h 为生殖羽片。

产地及层位：乐平市桥头丘煤矿、丰城市建新煤矿、高安县八景煤矿；乐平组老山下亚段。信丰县高桥煤矿；晚二叠世乐平组中段。

◆ 线囊蕨属 *Danaeites* Goeppert，1836

>>> 坚直线囊蕨 *Danaeites rigida*（Yabe et Oishi）Gu et Zhi

羽状复叶。末次羽片呈线形，长至少 90.00mm 以上，宽 18.00~24.00mm（图 5-2-71；何锡麟等，1996）。小羽片互生，相互接触或稍分离，与羽轴呈 80°~90° 夹角，羽片呈舌形、椭圆形或矩形，长 9.00~12.00mm，宽 5.00~7.00mm，顶端钝圆。中脉明显直达顶端，基部下延或不下延，侧脉直、略斜，互相平行，不分叉。聚合囊为线形，长于侧脉两侧，几乎与侧脉等长，在中脉两侧排成两行，每行有 16~18 个聚合囊，聚合囊由约 20 个孢子囊组成，孢子囊为圆形或卵形。营养小羽片与生殖小羽片同形、略小。

a：×1　　b：×1　　c：×1

d：×1　　e：×1　　f：×1

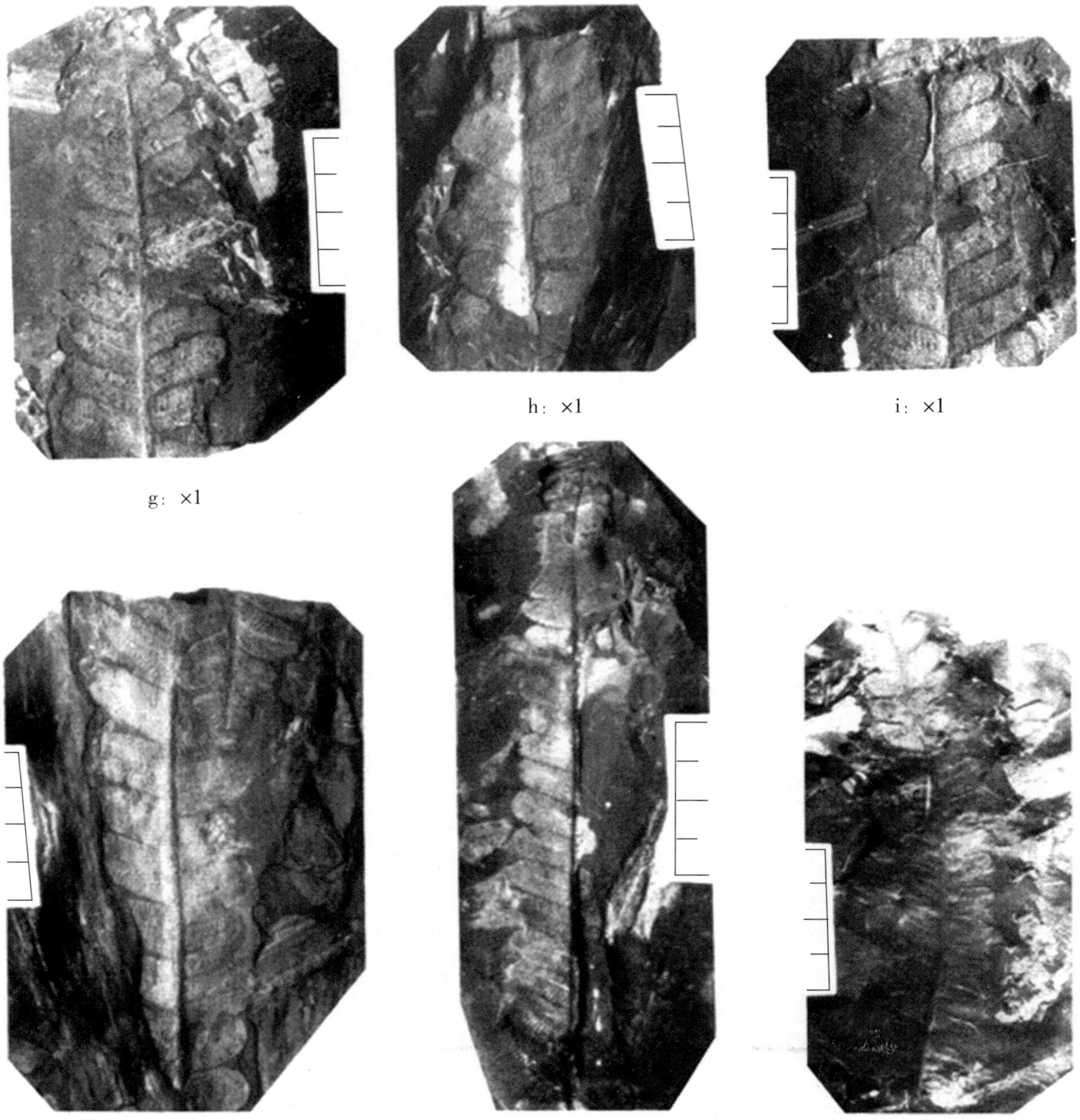

g：×1　h：×1　i：×1

j：×1　k：×1　l：×1

图 5-2-71 *Danaeites rigida*（Yabe et Oishi）Gu et Zhi

产地及层位：高安县八景煤矿、安福县北华山、乐平市桥头丘煤矿；晚二叠世乐平组老山下亚段、王潘里段。信丰县高桥煤矿；晚二叠世乐平组中段。上饶市吕江煤矿；晚二叠世上饶组吕江段（童家段）。

舌线囊蕨 *Danaeites saraepontanus* Stur

当前标本与竖直线囊蕨 *Danaeites rigida* 非常接近，其区别仅在于当前小羽片较大，长达 16.00mm，聚合囊数目较多，达 19~20 对（图 5-2-72；何锡麟等，1996）。

图 5-2-72　*Danaeites saraepontanus* Stur

产地及层位：信丰县高桥煤矿；晚二叠世乐平组中段。

⟫⟫ 大线囊蕨? *Danaeites? gigantea* He，Liang et Shen

羽片复叶，末级羽轴粗壮，宽约 6.00mm。小羽片大，呈舌形，长约 26.00mm，宽 9.00mm，顶端钝圆（图 5-2-73；何锡麟等，1996）。小羽片质厚，边缘具一窄加厚带。中脉明显，直达顶端，基部不下延，侧脉斜直，相互平行，不分叉。聚合囊呈线形，生长于侧脉两侧，几乎与侧脉等长，其内部结构不明。

产地及层位：乐平市桥头丘煤矿；晚二叠世乐平组王潘里段。

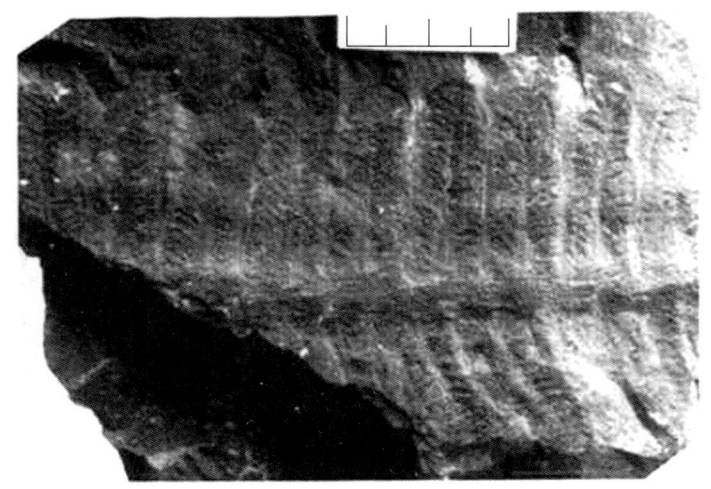

图 5-2-73　*Danaeites? gigantea* He, Liang et Shen

◆ 赣囊蕨属 *Jiangxitheca* He，Liang et Shen，1996
⟫⟫ 新安赣囊蕨 *Jiangxitheca xinanensis* He，liang et Shen

至少二次羽状复叶，末二级羽轴粗，宽约 4.00mm（图 5-2-74；何锡麟等，1996）。末级羽片互生于末二级羽轴上，末级羽轴宽约 1.50mm。羽片呈线形，长约 70.00mm，宽约 16.00mm。营养小羽

图 5-2-74 *Jiangxitheca xinanensis* He, Liang et Shen

片为长舌形至镰刀形，顶端钝圆，两侧全缘，位于末二级羽轴顶部的小羽片相当于基部的末级羽片，其边缘浅裂呈波状。中脉明显，直达顶端，基部下延，侧脉细，二歧合轴式分叉 3~5 次，顶部羽片侧脉分叉达 6 次，呈束状，每束脉与波状边缘对应。生殖小羽片形态与营养小羽片相同，聚合囊呈披针形，生长于侧脉的每一支脉上，每束侧脉具 3~5 个聚合囊。聚合囊大小悬殊，第一支脉上的聚合囊最大，长约 2.00mm，向边缘各支脉上的聚合囊依次变小，聚合囊尖端皆指向小羽片边缘。聚合囊内部结构不明。

产地及层位：铅山县新安五都煤矿；晚二叠世上饶组童家段。

◆ 篦囊蕨属 *Pectiangium* Gu et Zhi, 1974
>>> 披针篦囊蕨 *Pectiangium langceolatum* Gu et Zhi

生殖羽片长 45.00mm 以上，宽约 7.00mm，呈长披针形，全缘，顶端钝圆（图 5-2-75；何锡麟等，1996）。中脉粗，中脉两侧各排列一列与中脉宽度相近且相互平行的聚合囊。聚合囊排列紧密整齐，由 4 个矩形至正方形的孢子囊"十"字聚合而成。各个聚合囊与中脉平行的聚合面连接成一条与中脉平行的纵线，而与中脉垂直的聚合面则呈现出与纵线垂直的浅槽，聚合囊之间则呈现出与

图 5-2-75 *Pectiangium langceolatum* Gu et Zhi

纵线垂直的深槽。当前标本与《中国植物化石 第一期 中国古生代植物》一书中记述的披针筐囊蕨 *Pectiangium langceolatum* Gu et Zhi 的江苏南京龙潭标本完全一致。

产地及层位：萍乡市三田煤矿；晚二叠世乐平组官山段。

◆ 束羊齿属 *Fascipteris* Gu et Zhi, 1974

束羊齿属 *Fascipteris* 是由《中国植物化石 第一期 中国古生代植物》一书作者所创立的（Gu et Zhi, 1974, P99）。该属目前仅发现于东亚二叠系中，可能为华夏植物群的特有属。其特征为：羽状复叶；小羽片呈线形，基部常收缩，顶端钝圆，侧缘全缘、波状或浅裂；中脉粗；侧脉二歧合轴式或近单轴式分叉数次而形成脉束，每一脉束均与小羽片边缘一个浅裂片位置对应；无邻脉和束间脉。模式种为弧束羊齿 *Fascipteris hallei* (Kawasaki) Gu et Zhi。

▶▶▶ 密囊束羊齿 *Fascipteris* (*Ptychocarpus*) *densata* **Gu et Zhi**

至少一次羽状复叶。末级羽轴粗，宽约 8.00mm，表面具纵肋纹（图 5-2-76；何锡麟等，1996）。小羽片大多单独保存，呈线状披针形至长舌形，长约 50.00mm，宽约 12.00mm，顶端钝圆或尖，基部收缩成心形。以中脉部分着生于轴上，边缘全缘或波状。中脉明显，直达顶端，侧脉以狭角二歧合轴式分叉 3~4 次组成脉束，第一、第二支脉往往分叉一次。生殖小羽片与营养小羽片同形，其背面布满皱囊型聚合囊。当前标本与《中国植物化石 第一期 中国古生代植物》一书中描

a: 营养叶，×1　　　b: 生殖叶，×1　　　c: ×2

d: 生殖叶，×2　　　e: ×2　　　f: ×2

图 5-2-76　*Fascipteris* (*Ptychocarpus*) *densata* Gu et Zhi

述的密囊束羊齿 *Fascipteris* (*Ptychocarpus*) *densata* 的模式标本特征完全一致。

产地及层位：萍乡市新岭煤矿、安福县北华山、乐平市桥头丘煤矿；晚二叠世乐平组官山段、老山下亚段、王潘里段。

>>> 密囊形束羊齿 *Fascipteris densatiformis* He，Liang et Shen

蕨叶形态不明。小羽片呈线状披针形（图 5-2-77；何锡麟等，1996）。叶可能较长，就当前的材料来看，长至少 5.00cm；基部宽 2.00cm。向前渐窄，顶端钝圆，基部收缩似呈心形；两侧边具圆齿，但靠近顶端仅呈波状。中脉粗，基部宽 2.00mm，向前渐细，近顶端时消散；中脉上发育有纵纹。侧脉二歧合轴式分叉、成束状，每束对应小羽片边缘的一枚圆齿。小羽片下部的侧脉以很狭的角度自中脉发出后，迅速于下侧分出第一支脉。第一支脉分出后，即弯向小羽片边缘并再行分叉一次。第二支脉自侧脉分出后，先以狭角向前延至对应于边缘一枚圆齿的位置再行分叉一次，并弯向小羽片边缘。侧脉如此分叉，可达 8 次，其第一支脉至第五支脉均各自再行分叉一次，其余各支脉偶见有不再行分叉的情况。靠近小羽片顶部的侧缘分叉 5~6 次，只有第一支脉和第二支脉各自再行分叉一次。

产地及层位：分宜县杨桥镇；晚二叠世乐平组官山段中部。

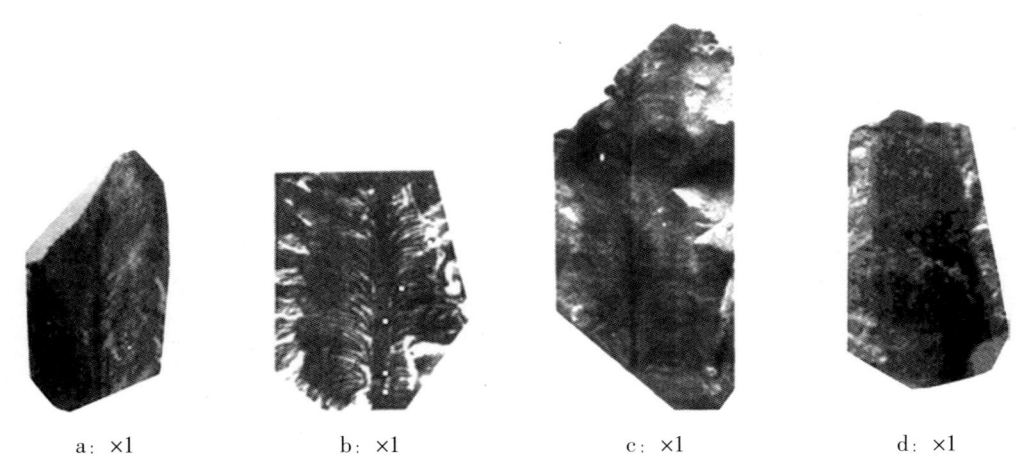

a: ×1　　b: ×1　　c: ×1　　d: ×1

图 5-2-77　*Fascipteris densatiformis* He, Liang et Shen

◆ 枝脉蕨属 *Cladophlebis* Brongniart，1849

Cladophlebis 一属的特征是：蕨叶 2~4 次羽状分裂；小羽片一般较大，或多或少呈镰刀形，全缘或具锯齿，以整个基部着生于轴上，顶端尖锐或圆凸；叶脉呈羽状，中脉明显，常伸至小羽片顶端附近分叉消散，侧脉常分叉。

Cladophlebis 与栉羊齿 *Pecopteris* 难以截然分开。两者主要的不同点仅在于枝脉蕨小羽片的形态更趋于镰刀形弯曲，顶端较为尖凸。现代古植物学者对于枝脉蕨和栉羊齿不全是严格地按照形态属的含义来区分，往往是从化石所在地层的时代来决定。有些学者似乎倾向于将古生代的有些标本，其小羽片形态镰刀状弯曲明显、顶端比较尖凸者，仍定为枝脉蕨（Halle，1927；Yabe and Oishi，1938；Lee and Wang，1955）。至于中生代标本，不论其小羽片的形态与栉羊齿如何相似，甚至也

不管它与古生代类似标本是否属于同一自然属，也很少被定为栉羊齿。

▶▶▶ 中国天石蕨（相似种）*Szea*（*Cladophlebis*）cf. *sinensis* Yao et Taylor

蕨叶大，至少二次羽状复叶（图 5-2-78；何锡麟等，1996）。末二级羽轴粗壮，宽约 4.00mm。末次羽片呈线状披针形，长 70.00~160.00mm，基部宽约 15.00mm，互生，羽轴粗直，宽约 1.00mm。小羽片互生，为镰刀形，顶端渐尖，基部上侧耳状明显，下侧下延，边缘呈波状或微齿状。中脉细而明显，伸至顶端，侧脉以锐角分出，分叉 2~4 次。末级羽片下行第一小羽片往往发生变异，叶片较大，呈瓣状并下延于末二级羽轴上。

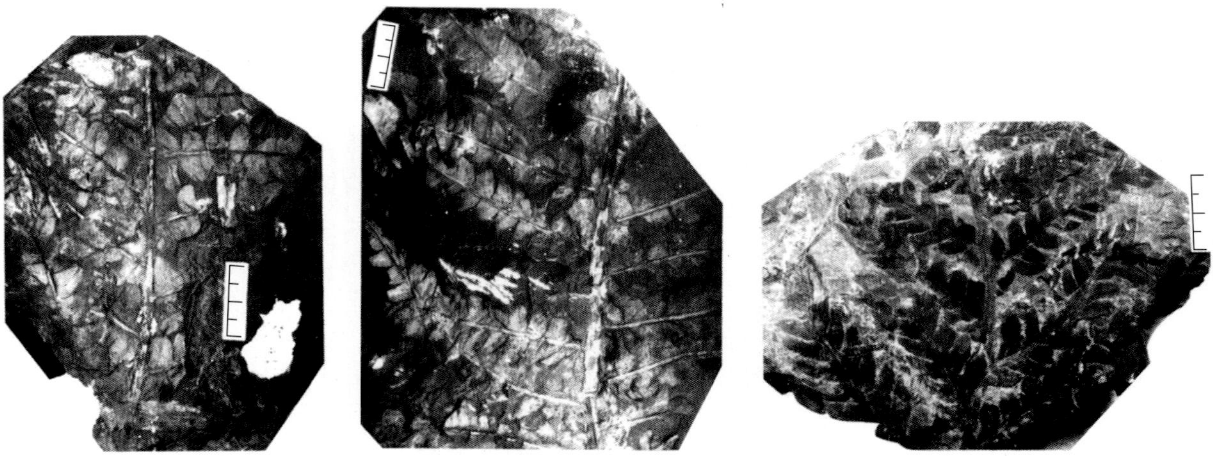

| a：×0.5 | b：×0.5 | c：×0.5 |

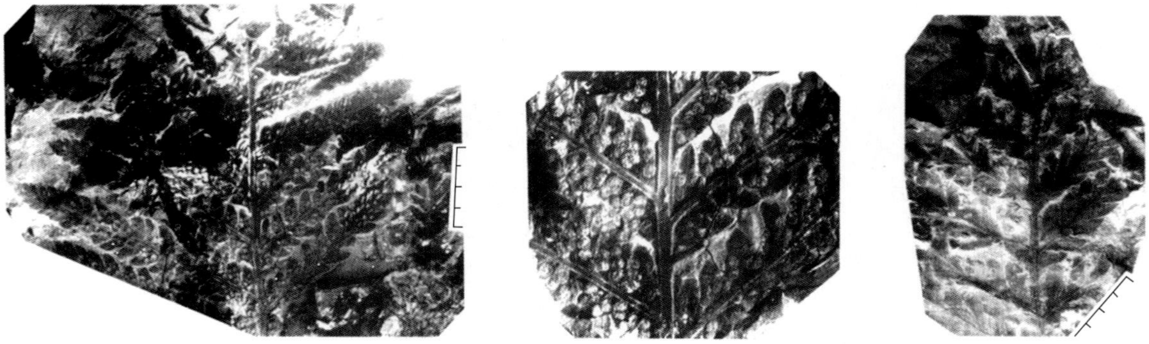

d：生殖羽片，×0.5　　e：生殖羽片，×1　　f：营养羽片，×0.5

g：×0.5　　h：×0.5　　i：聚合囊，×30　　j：若干个分离的孢子囊，×60

图 5-2-78　*Szea*（*Cladophlebis*）cf. *sinensis* Yao et Taylor

生殖羽片与营养羽片同形，小羽片略小。聚合囊呈圆形，直径约 1.50mm，排列于中脉两侧，各成一行，每行 2~3 个。每个聚合囊轴大约有 20 个孢子囊。孢子囊呈球形，具完整的环带构造。孢子囊内部结构和孢子形态不明。

产地及层位：高安县英岗岭东村煤矿、乐平市桥头丘万山煤矿；晚二叠世乐平组老山下亚段。

>>> 少叉枝脉蕨 Cladophlebis ozakii Yabe et Oishi

图 5-2-79 *Cladophlebis ozakii* Yabe et Oishi

描述略（图 5-2-79；何锡麟等，1996）。

产地及层位：乐平市桥头丘万山煤矿；晚二叠世乐平组老山下亚段。

>>> 云南枝脉蕨（相似种）Cladophlebis cf. *yunnanensis* Zhang

仅有 1 块标本，末级羽片长至少 11.00cm，下部宽约 3.00cm，呈线状披针形（图 5-2-80；何锡麟等，1996）。小羽片呈镰刀形，互生，长约 15.00mm，基部宽约 8.00mm，顶端尖，基部收缩成耳状，边缘为波状或裂片状，中脉细而明显，侧脉分叉 3~5 次。当前标本与张善桢（1980）鉴定的云

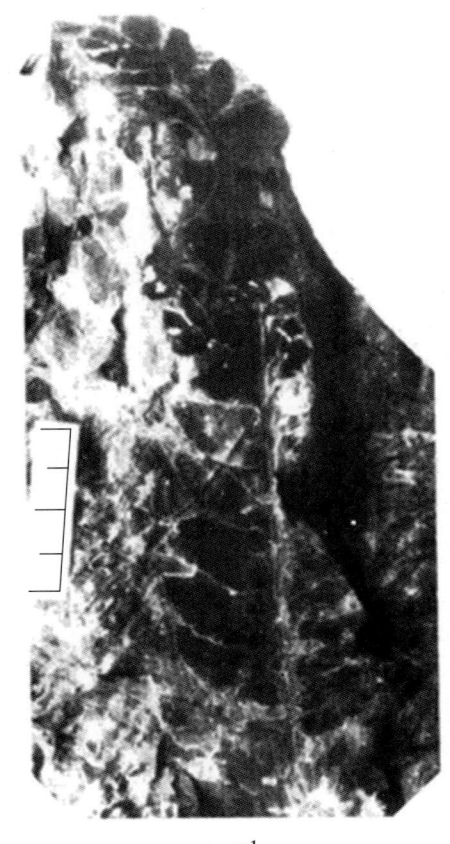

a: ×1　　　　b: ×2

图 5-2-80 *Cladophlebis* cf. *yunnanensis* Zhang

南枝脉蕨 *Cladophlebis yunnanensis* 最为接近，但后者叶片边缘呈前伸的尖粗齿。

产地及层位：乐平市桥头丘万山煤矿；晚二叠世乐平组老山下亚段。

》》拟二叠枝脉蕨 *Cladophlebis parapermica* Zhang

仅有两块标本，图 5-2-81a 羽片腹面，5-2-81b 为背面（图 5-2-81；何锡麟等，1996）。小羽片形态与中国天石蕨 *Szea* (*Cladophlebis*) cf. *sinensis* 同形，但当前种的孢子囊群（或聚合囊）生长于小羽片背面边缘，呈椭圆形，小羽片上边缘翻卷覆盖于囊群上，形成一囊群盖。从羽片腹面观察，小羽片边缘呈齿状（5-2-81a），而从背面则观察到生长于小羽片边缘的椭圆形囊群（5-2-81b）。当前种的囊群着生方式与薄囊蕨亚纲蚌壳蕨科植物的囊群着长方

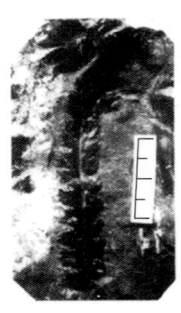 

a：×0.5　　b：小羽叶边缘的孢子囊形态，×1

图 5-2-81 *Cladophlebis parapermica* Zhang

式相同，但它是否能归于蚌壳蕨科 Dicksoniaceae 有待于进一步研究确定。

产地及层位：乐平市桥头丘万山煤矿；晚二叠世乐平组老山下亚段。

◆脉羊齿科 Neuropterides

◆脉羊齿属 *Neuropteris* Brongniart，1822

小羽片舌形、长椭圆形、卵形、宽线形或略呈镰刀形，全缘或具裂片，顶端尖或钝圆，基部心形，偶具短柄。羽状叶脉，中脉明显，延伸到小羽片全长的 1/2 或 2/3 处就分散；侧脉常以狭角分出，分叉 1 次至数次；无邻脉。

分布及时代：世界各地；早石炭世晚期至早二叠世，晚石炭世最盛。

》》大脉羊齿 *Neuropteris gigantea* Sternb.

小羽片呈舌形或长椭圆形，较大，顶端较尖或钝圆（图 5-2-82；地质部南京地质矿产研究所，1982b）。基部收缩呈心形，并有一部分盖在羽轴上。羽轴直，羽片不对称，生于羽轴两侧上。羽片中脉短，微粗于侧脉，在羽片中部即消散。侧脉细而密，以狭角自中脉伸出后，稍向外弯，分叉 3~4 次。羽片从羽轴脱落单独保存。

产地及层位：乐平市；早石炭世梓山组。

末次羽片，×1

图 5-2-82 *Neuropteris gigantea* Sternb.

》》江西脉羊齿 *Neuropteris jiangxiensis* Li H. M.

羽轴细而直，两侧小羽片不对称（图 5-2-83；地质部南京地质矿产研究所，1982b）。小羽片

长度稍大于宽度，呈三角形，长度一般不足 1.00cm，全缘。基部收缩，略呈心形，顶端钝尖。叶脉自基部伸出，呈辐射状，中脉不明显。

产地及层位：于都县罗坳镇三门滩村；早石炭世梓山组。

》》》近大脉羊齿（相似种）*Neuropteris* cf. *pseudogigantea* Potonié

图 5-2-84 所示为保存最好的一块化石，代表末次羽片—顶端部分，呈三角形，长约 3.00cm，底部最宽达 2.70cm；顶小羽片未保存（图 5-2-84；赵修祜和吴秀元，1982b）。末级羽轴中等粗度，羽轴上隐约可见数条纵纹。小羽片以近 90°自羽轴伸出，并自羽轴基部向上其体积逐渐变小，一般呈舌形至椭圆形，顶端弯曲成镰刀状，基部收缩为心形；中脉明显，自小羽片基部至其长度 2/3 处才分散消失，侧脉细密，自中脉伸出时几乎和中脉平行，然后向外强烈弯曲，通常分叉 3~4 次，到达叶缘时，相交成很宽的角度。

产地及层位：于都县三门滩；早石炭世梓山组。

小羽片三角形，基部收缩呈斜心形，叶脉作辐射状，×2

图 5-2-83 *Neuropteris jiangxiensis* Li H. M.

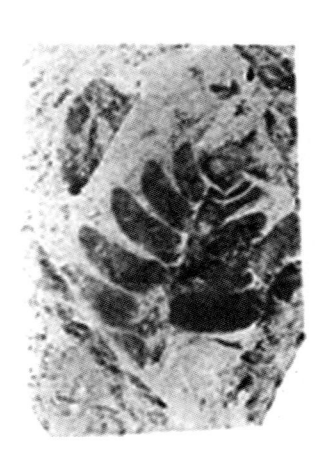 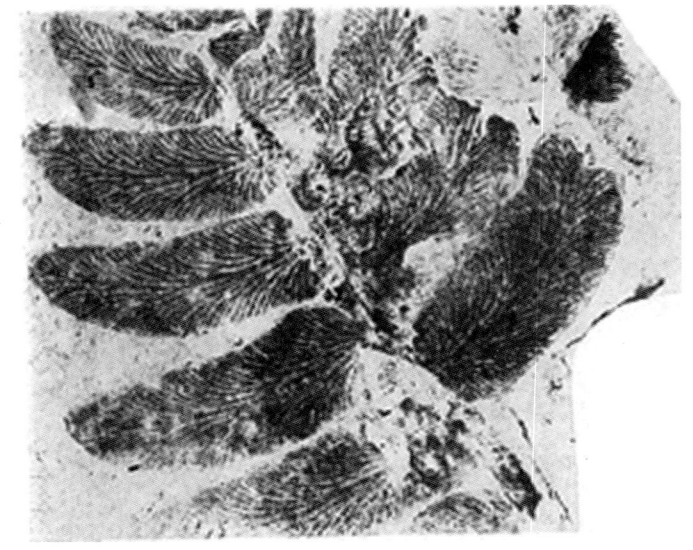

a：末次羽片，×1　　　　　　b：末次羽片，×3

图 5-2-84 *Neuropteris* cf. *pseudogigantea* Potonié

》》》脉羊齿（未定种）*Neuropteris* sp.

长舌形小羽片，长 2.50cm，宽仅 8.00mm，顶端钝尖、微弯，中脉较长，可能超过小羽片长度的一半，但不很清晰，侧脉细密，分叉 3 次（图 5-2-85；赵修祜和吴秀元，1982b）。此标本与斯行健 1939 年采自广西柳城同木"燕子群"的定名为 *N.* sp.的几块标本极为相似。

产地及层位：于都县三门滩；早石炭世梓山组。

图 5-2-85 *Neuropteris* sp.

◆ 羽羊齿属 *Neuropteridium* Schimper, 1869

一次羽状复叶，线形，羽轴宽。小羽片近圆形，舌形至长椭圆形或宽线性，排列紧密，基部略呈耳状或心形。叶脉羽状，具中脉；侧脉分叉数次。

分布及时代：中国；晚二叠世早期。国外；早三叠世。

⫸ 朝鲜羽羊齿 *Neuropteridium coreanicum* Koiwai

一次羽状复叶，呈线状披针形，长至少 15.00cm 以上，宽 4.00~8.00cm，羽轴粗壮，宽约 5.00mm。小羽片为长舌形或椭圆形，长 3.00~5.00cm，宽约 1.00cm，顶端钝圆，两侧全缘，基部收缩呈耳状或心形，位于羽片顶部的小羽片基部相连、下延（图 5-2-86；何锡麟等，1996）。中脉粗，直达顶端附近才分散，侧脉二歧式分叉 2~4 次，弯向两侧。当前标本与 Koiwai（1927）描述的朝鲜羽羊齿 *Neuropteridium coreanicum* 模式标本特征一致。

a: ×0.5　　b: ×0.5　　c: ×1　　d: ×1　　e: ×1

f: ×1　　g: ×1

图 5-2-86　*Neuropteridium coreanicum* Koiwai

产地及层位：萍乡市三田煤矿；晚二叠世乐平组官山段。上饶市四十八都；晚二叠世上饶组童家段。

▶▶▶ 三角羽羊齿 *Neuropteridium triangulare* He, Liang et Shen

一次羽状复叶，羽轴宽约 2.00mm（图 5-2-87；何锡麟等，1996）。小羽片呈三角形，长约 3.00cm，基部宽约 1.50cm，顶端尖，基部偏斜，上侧略扩张后收缩成耳状，下侧基部下延后略收缩。中脉不明显，侧脉细密，自中脉以锐角分出后二歧式分叉 2~3 次，弯向侧缘，具邻脉。

产地及层位：上饶市四十八都；晚二叠世上饶组童家段。

◆ 座延羊齿类 Alethopterides
◆ 乐平羊齿属 *Lopinopteris* Sze, 1958

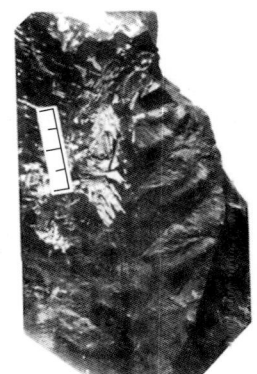

图 5-2-87 *Neuropteridium triangulare* He, Liang et Shen ×1

至少三次羽状复叶。末三级羽轴宽约 3.00mm。末二次羽片为长三角形，顶端渐尖，几乎与末三级羽轴垂直。末次羽片为三角形至披针形，深裂至全缘，在末三次羽片顶端的呈座延羊齿型，边缘不分裂成小羽片。小羽片脉羊齿型，卵状为三角形或近卵形，全缘，发育完好的长约 5.00mm，宽 2.00mm，顶端钝，基部略收缩，在羽片顶部连合成一长大的舌形顶端小羽片。中脉明显，斜伸而不下延；侧脉分叉一次。末二次羽片之间，有 1~2 枚间羽片，占据两个末次羽片之间的偏上方，其形态与正常羽片相似。生殖羽片与不育羽片同形。生殖器官（花粉囊或孢子囊）着生于生殖小羽片边缘。

分布及时代：江西；早石炭世。

▶▶▶ 乐平羊齿 *Lopinopteris intercalata* (Sze) Gu et Zhi

至少三次羽状复叶（图 5-2-88；地质部南京地质矿产研究所，1982b）。末三级羽轴宽约 3.00mm。末二次羽片为长三角形，顶端渐尖，几乎与末三级羽轴垂直。末次羽片为三角形至披针形，深裂至全缘，在末三次羽片顶端呈座延羊齿型，边缘不分裂成小羽片。小羽片脉羊齿型，卵状

a: 末三次羽片，×1

b: 末三次羽片的一部分，×3

图 5-2-88 *Lopinopteris intercalata* (Sze) Gu et Zhi

为三角形或近卵形，全缘，发育完好的长约 5.00mm，宽 2.00mm，顶端钝，基部略收缩，在羽片顶部连合成一长大的舌形顶端小羽片。中脉明显，斜伸而不下延；侧脉分叉一次。末二次羽片之间，有 1~2 枚间羽片，占据两个末次羽片之间的偏上方，其形态与正常羽片相似。生殖羽片与不育羽片同形。生殖器官（花粉囊或孢子囊）着生于生殖小羽片边缘。

产地及层位：乐平市；早石炭世梓山组。

◆ 河南羊齿属 *Henanopteris* Yang, 1987
>>> 披针河南羊齿 *Henanopteris lanceslatus* Yang

主叶轴二歧分叉。各级羽轴粗壮，末次羽片和小羽片着长于轴腹面（图 5-2-89；何锡麟等，1996）。小羽片呈长椭圆形至披针形，羽状叶脉，中脉粗，叶模厚。种子为圆形，具宽翅。

当前最完整的一块标本保存有末二次羽片。末二次羽轴长超过 12.00cm，宽 3.00mm，其上着生 4 枝末次羽片，末次羽片全部长在末二次羽轴的一侧。末次羽片长约 10.00cm，宽 3.00cm 左右。小羽片呈镰刀形、披针形至椭圆形，互生或近对生，长约 20.00mm，中部最宽处 7.00mm 左右，顶端尖或钝圆，基部上侧收缩，下侧下延，靠近顶部小羽片基部相互连合，叶质厚。中脉粗壮，直达顶端，基部不下延或微下延，侧脉情况不明。

产地及层位：乐平鸣山煤矿；晚二叠世乐平组老山下亚段。

a: ×0.5　　　b: ×0.5　　　c: ×0.5

图 5-2-89　*Henanopteris lanceslatus* Yang

◆ 原始乌毛蕨属 *Protoblechnum* Lesquereux, 1897
>>> 基缩原始乌毛蕨 *Protoblechnum contractum*（Gu et Zhi）

当前标本极为丰富，分布相当广泛，往往单独组成化石层。当前种小羽片大，长 6.00~10.00cm，宽约 1.50cm，基部收缩为心形或呈耳状。中脉粗，直达叶片顶端，侧脉细密，二歧分叉 2~3 次（图 5-2-90；何锡麟等，1996）。

产地及层位：萍乡市三田煤矿，安福县北华山；晚二叠世乐平组中段。上饶四十八都；晚二叠世上饶组童家段。

×0.5

图 5-2-90　*Protoblechnum contractum*（Gu et Zhi）

▶▶▶ 斑脉原始乌毛蕨 *Protoblechnum punctinervis*（Mo）

当前种以小羽片大、叶脉上常具许多小斑点而与基缩原始乌毛蕨 *Protoblechnum contractum*（Gu et Zhi）相区别（图 5-2-91；何锡麟等，1996）。

产地及层位：安福县北华山、高安县英岗岭东村煤矿；晚二叠世乐平组老山下亚段。龙南县大罗煤矿；晚二叠世乐平组中段。

图 5-2-91 *Protoblechnum punctinervis*（Mo）

▶▶▶ 带状原始乌毛蕨 *Protoblechnum taeniopterides* He, Liang et Shen

一次羽状复叶，羽轴宽约 3.00mm（图 5-2-92；何锡麟等，1996）。小羽片呈带状，长 9.00cm 以上，宽约 1.30cm，顶部渐尖，两侧全缘，基部下侧下延，相邻小羽片基部连合，在羽轴两侧形成宽相当于小羽片宽度一半的翼。中脉粗，宽约 1.50mm，直伸达顶端，侧脉细密，以近直角从中脉伸出，不分叉，向前微弯向叶缘。叶缘每厘米叶脉数目约有 40 条。

产地及层位：高安县英岗岭东村煤矿；晚二叠世乐平组老山下亚段。

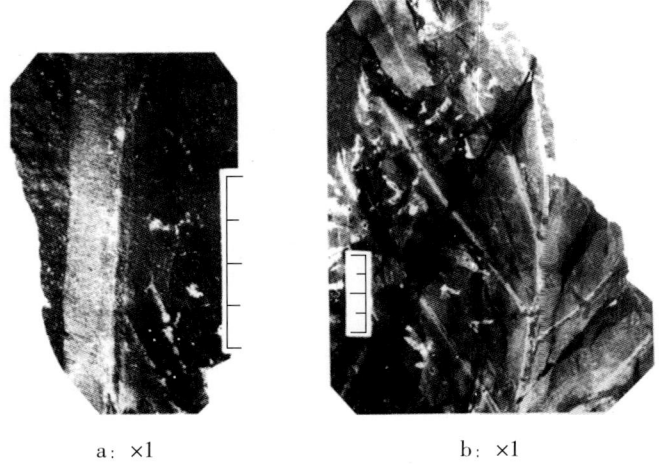

图 5-2-92 *Protoblechnum taeniopterides* He，Liang et Shen

◆ 畸羊齿类 Mariopterides
◆ 畸羊齿属 *Mariopteris* Zeill，1879

茎细弱，略呈"之"字形弯曲。叶螺旋状着生，呈两次二歧式分枝的结构，但在茎顶部可为一次二歧分叉式。叶柄以钝角分出一级叉枝。两者均不长羽片。二级叉枝 4 个，内侧的两枝较外侧的发育。羽片着生在二级叉枝上，其下行的小羽片较发育，特别是基部第一小羽片常呈两瓣。小羽片较大而质厚，楔羊齿型、座延羊齿型或栉羊齿型，常在基部互相连合。中脉清晰，一般不伸到小羽片顶端。侧脉二歧至二歧合轴式分叉，有时下陷，常不易看出。叶柄及枝均具纵纹或有不连续横纹。叶柄的基部有时具变态叶。

分布及时代：中国；早石炭世—早二叠世晚期。国外；晚石炭世。

▶▶▶ 钝畸羊齿 *Mariopteris acuta* Brongn. forma *obtusa* Goth.

末次羽片互生，披针形，具小羽片 5 对以上（图 5-2-93；地质部南京地质矿产研究所，1982b）。

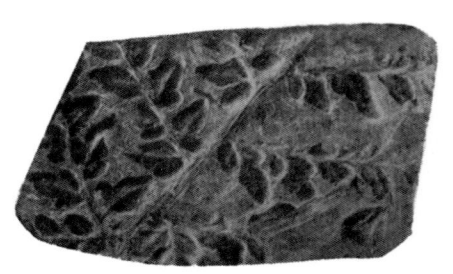

a：末二次羽片，×1　　　　　　　　b：a图的放大，×2

图 5-2-93　*Mariopteris acuta* Brongn. forma obtusa Goth.

小羽片形状变化很大，卵形至卵状三角形，互生，成熟的小羽片具 1~2 对钝裂片，基部略成短柄状；中脉微弯，未到小羽片顶端即分散，侧脉以狭角伸出，分叉 2~3 次。

产地及层位：丰城市佛岭村；早石炭世梓山组。

◆ 带羊齿类 Taeniopterides

◆ 带羊齿属 *Taeniopteris* Brongniart, 1828

单叶或一次羽状复叶。叶或羽片带形至披针形，全缘或具细齿，顶端钝或尖，基部收缩，具柄或不具柄。单叶的轴较粗，叶脉分叉或不分叉；复叶的中脉也较粗，侧脉常分叉。

分布及时代：世界各地；晚石炭世—白垩纪。

》》》丁氏带羊齿 *Taeniopteris tingii* Halle

叶线形，质厚（图 5-2-94；地质部南京地质矿产研究所，1982b）。中脉粗强，3.00~4.00mm。侧脉凸起，分叉 2~3 次，单独或成对地以狭角伸出，向前延伸 2.00~5.00mm，分叉一次后伸向叶缘。在叶缘处每厘米有 20~25 条叶脉。

产地及层位：铅山县新安埠雾霖山；晚二叠世乐平组。

》》》稀脉带羊齿 *Taeniopteris*? *rarinervis* Zhao

叶呈窄带形，长约 100.00mm，宽约 8.00mm，顶部钝圆，基部为偏心形，边缘全缘或微波状（图 5-2-95；何锡麟等，1996）。中脉较粗，宽约 1.00mm，侧脉稀少，均分叉一次弯向叶缘，孢子囊或聚合囊生长于侧脉分叉的部位。

图 5-2-95a 为生殖叶片顶部，顶端钝圆，孢子囊（聚合囊?）长于叶脉分叉处；图 5-2-95c 为营养羽片，基部为偏

脉序，×1

图 5-2-94　*Taeniopteris tingii* Halle

心形，侧脉稀少，均分叉一次。

产地及层位：乐平市桥头丘煤矿；晚二叠世乐平组王潘里段。

图 5-2-95 *Taeniopteris? rarinervis* Zhao

◆ 大羽羊齿类 Gigantopterides

》》 似莲座单网羊齿 *Gigantonoclea rosulatoides* Mei et Li

叶相当大，形态不清晰。小羽片长 13.00cm 以上，宽约 16.00cm，顶端渐尖，基部未保存（图 5-2-96；梅美棠和李进保，1983）。边缘锯齿状，锯齿为近等边的三角形。中脉宽 1.50mm。有两级侧脉，一级侧脉以 55°~60° 角自中脉伸出，直达边缘每一锯齿内，在 2.00~2.50cm 的距离内有二级

图 5-2-96 *Gigantonoclea rosulatoides* Mei et Li

侧脉 11~12 对，上行的二级侧脉与一级侧脉近于垂直，下行的二级侧脉与一级侧脉斜交，相交角为 45°。下行的二级侧脉比上行的二级侧脉长，具不太明显的波状缝脉，缝脉与一级侧脉平行，其位置不在相邻的两条一级侧脉的中间而是偏下方。细脉连结成长多角形的网眼。中脉两旁有窄的伴网眼，一级侧脉两旁的伴网眼亦很清晰。未见有邻脉。

以有两级侧脉，下行的二级侧脉比上行的长（不到一倍），缝脉波状位置偏下方，网眼长多角形，中脉及一级侧脉两旁有伴网眼等特点与莲座单网羊齿（*Gigantonoclea rosulata* Gu et Zhi）最为接近；但不同之处是新种的边缘为锯齿状而非波状，更重要的是新种的上行二级侧脉与一级侧脉近垂直，下行的二级侧脉与一级侧脉斜交，明显区别于莲座单网羊齿。莲座单网羊齿的上行及下行二级侧脉与一级侧脉交角近相等，且均为锐角。

产地及层位：萍乡市上埠；晚二叠世龙潭组官山段。

⟫⟫⟫ 长叶（?）单网羊齿 *Gigantonoclea? longifolia*（Kod.） Gu et Zhi

至少为一次羽状复叶，末级羽轴粗 3.50mm，上有纵纹（图 5-2-97；梅美棠和李进保，1983）。小羽片亚对生，长披针形，长 6.50cm 以上，宽约 2.40cm，边缘全缘，顶端部分未保存，基部收缩为钝圆形。中脉宽约 1.50mm，向前逐渐变细，以 60°角自羽轴伸出。一级侧脉互生到亚对生，与中脉交角为 60°，在保存不完整的小羽片上有一级侧脉 13 对以上，一级侧脉间的距离为 4.00mm，更细的叶脉未保存。值得注意的是，在保存不太好的羽片顶端，似有两个顶小羽片。

产地及层位：萍乡市三田煤矿、英岗岭建山矿；晚二叠世龙潭组官山段。

a: ×0.7 b: ×1

图 5-2-97 *Gigantonoclea? longifolia*（Kod.） Gu et Zhi

◆ 大羽羊齿属 *Gigantopteris*（Schenk） Gu et Zhi, 1974

大型单叶，着生状况不明，呈倒卵形、歪心形、纺锤形或长椭圆形，边缘全缘、波状或齿状。叶脉有 4 级。中脉粗；1~3 级侧脉羽状。三级侧脉连结成大网眼，并分出细脉，细脉结成小网眼，套叠而成重网状。网眼内有时有盲脉。中脉上常有邻脉伸出。生殖器官不清晰。

分布及时代：主要发现于中国、朝鲜、印度尼西亚等地；二叠纪。

⟫⟫⟫ 烟叶大羽羊齿 *Gigantopteris nicotianaefolia* Schenk

叶片大，单叶，具短柄（图 5-2-98；何锡麟等，1996）。叶片呈长椭圆形至纺锤形，顶端钝圆，叶缘全缘或微呈波状，基部呈偏斜状。中脉宽而平。一级侧脉以 30°~80°夹角伸出，互生或对生，直或微弯，接近叶缘时向前弯曲；二级侧脉比一级侧脉细得多；三级侧脉不规则地分叉连结成多边形或斜方形的大网眼；细脉连结成不规则的多边形小网眼套叠在大网眼内，小网眼内偶见盲脉。邻脉自中脉伸出，一级侧脉旁有不甚明显的伴网眼；无缝脉。

产地及层位：萍乡市新岭煤矿和三田煤矿、高安县八景煤矿和英岗岭煤矿、丰城市尚一煤矿、乐平市鸣山煤矿；晚二叠世乐平组官山段、老山段下亚段。

图 5-2-98 *Gigantopteris nicotianaefolia* Schenk

◆ 单网羊齿属 *Gigantonoclea* (Koidzumi) Gu et Zhi, 1974

▶▶▶ 波缘单网羊齿 *Gigantonoclea lagrelii* (Halle) Koidzumi

仅1块标本且保存不太完整。至少一次羽状复叶，末次羽轴宽约3.0mm，小羽片对生，宽约20.00mm，长度不明，基部偏斜，下侧下延，边缘全缘（图5-2-99；何锡麟等，1996）。中脉明显，侧脉及细脉皆未保存。根据小羽片的大小及形态特征完全可以将当前标本归于波缘单网羊齿 *Gigantonoclea lagrelii* (Halle)。

产地及层位：安福县观溪；晚二叠世乐平组官山段。

图 5-2-99 *Gigantonoclea lagrelii* (Halle) Koidzumi

▶▶▶ 贵州单网羊齿 *Gigantonoclea guizhouensis* Gu et Zhi

至少一次羽状复叶，末级羽轴上具倒钩状刺（图5-2-100；何锡麟等，1996）。小羽片对生或亚对生，长可达18.00cm，宽6.00~16.00cm，长椭圆形，顶端渐尖，边缘呈前倾的锯齿状，基部收缩成圆形或心形。中脉明显，宽约1.50mm，直达顶端；一级侧脉互生，以60°~80°角自中脉伸出，直达边缘锯齿中，二级侧脉约以50°角自一级侧脉伸出，其前端呈树枝状分叉，细脉连结成长多边形网眼。具邻脉，侧脉两边伴网眼不明显。缝脉隐约可见，稍偏下方。

产地及层位：铅山县新安五都煤矿、上饶市四十八都；晚二叠世上饶组童家段。安福县文家北；晚二叠世乐平组官山段。

图 5-2-100 *Gigantonoclea guizhouensis* Gu et Zhi

▶▶▶ 矢部单网羊齿? *Gigantonoclea? yabei* (Kawasaki)

标本为单个不完整的叶片，可能为单叶（图5-2-101；何锡麟等，1996）。叶片大，长15.00cm以上，宽不小于12.00cm。整个叶片形态不明，叶缘为宽齿状。脉型与 *G. guizhouensis* 相同，中脉

a: ×0.5

b: ×1

图 5-2-101　*Gigantonoclea? yabei*（Kawasaki）

粗壮，宽约 3.00mm，一级侧脉互生，二级侧脉直，细脉分叉结成长多角形网眼，每个网眼中具 1~4 个腺点痕，无缝脉。中脉两侧具明显的邻脉，一级侧脉旁无伴网眼或伴网眼很不明显。

产地及层位：上饶市四十八都；晚二叠世上饶组童家段。

福建单网羊齿 *Gigantonoclea fukienensis*（Yabe et Oishi）

一次羽状复叶，羽轴似藤状、细而长，宽仅 4.00mm（图 5-2-102；何锡麟等，1996）。小羽片大，长至少 14.00cm，宽约 5.00cm；对生，呈长椭圆形至披针形，顶端钝尖，叶缘呈前倾的锯齿状，齿前缘平或微凹，后边缘凸弧形，基部收缩偏斜。中脉较宽，直达顶端，一级侧脉互生或亚对生，微弯向前，伸至叶缘每一个齿中，二级侧脉以约 45°角自一级侧脉伸出，自二级侧脉上分出的细脉二歧分叉连结成长三角形或多角形网眼，在相邻的一级侧脉之间具一弯曲的缝脉。一级侧脉两旁隐约可见伴网眼。

×1

图 5-2-102　*Gigantonoclea fukienensis*（Yabe et Oishi）

产地及层位：上饶市吕江煤矿；晚二叠世上饶组吕江段（童家段）。

枝脉单网羊齿 *Gigantonoclea cladonervis* Mei et Lee

仅有 1 块标本。可能为羽状复叶，小羽片呈披针形，长至少 11.00cm，中部宽约 6.00cm，顶端渐尖，叶缘呈前倾的锯齿状（图 5-2-103；何锡麟等，1996）。中脉宽约 2.00mm，逐渐变细伸达顶端；一级侧脉互生，向前弯曲伸至叶边缘锯齿中；细脉自一级侧脉伸出后多次二歧分叉，呈树枝状，但不连结成网。一级侧脉之间隐约见不连续的缝脉。

产地及层位：上饶市吕江煤矿；晚二叠世上饶组吕江段（童家段）。

粗脉单网羊齿 *Gigantonoclea crassinervis* He，Liang et Shen

叶较大，完整，形态不明，可能呈长椭圆形（图5-2-104；何锡麟等，1996）。叶长10.00cm以上，宽5.00cm左右，顶部未保存。叶缘呈波状，基部收缩偏斜。中脉粗壮，宽约5.00mm，一级侧脉粗，宽达3.00mm，以60°~90°夹角自中脉伸出，等粗伸至近叶边缘处突然消失，有的侧脉顶端隐约可见二歧分叉成两条，二级侧脉不明显，与一级侧脉相比异常小，细脉分叉连结成简单网状。

产地及层位：安福县北华山；晚二叠世乐平组王潘里段。

×1

图5-2-103 *Gigantonoclea cladonervis* Mei et Lee

a：×0.5　　　　　b：×0.5　　　　　c：×0.5

图5-2-104 *Gigantonoclea crassinervis* He, Liang et Shen

安福单网羊齿 *Gigantonoclea anfuensis* He，Liang et Shen

叶片大，呈宽披针形，顶端渐尖，边缘呈波状，基部形态不明，长12.00cm以上，半叶宽达4.50cm（图5-2-105；何锡麟等，1996）。中脉粗，宽约7.00mm。一级侧脉较粗，基部宽约1.50mm，向叶边缘延伸逐渐变细。二级侧脉细而明显，以约70°夹角由一级侧脉分出。细脉自二级侧脉分出后分叉多次并结成长多角形网眼。未见邻脉和伴网眼，无缝脉。

产地及层位：安福县北华山；晚二叠世乐平组王潘里段。

×1

图5-2-105 *Gigantonoclea anfuensis* He, Liang et Shen

◆ 准华夏羊齿属 *Cathysiopterdium* Mei et Li, 1989
❱❱❱ 束脉准华夏羊齿 *Cathysiopterdium tasciculiferum* Lee

叶片整个形态不明，可能为椭圆或披针形，长 7.00cm 以上，宽约 8.00cm。顶端和基部都未保存，叶缘呈前倾的锯齿状，锯齿前边缘微凹，后边缘至凸弧形（图 5-2-106；何锡麟等，1996）。中脉宽约 2.00mm，一级侧脉互生，伸出叶缘齿中，细脉自一级侧脉伸出后分叉 2~4 次，呈束状，不连结成网，在两相邻的一级侧脉之间形成一条与侧脉平行的缝脉。中脉两侧具邻脉，邻脉与细脉等粗，侧脉两边无伴网眼。

产地及层位：上饶市四十八都；晚二叠世上饶组童家段。

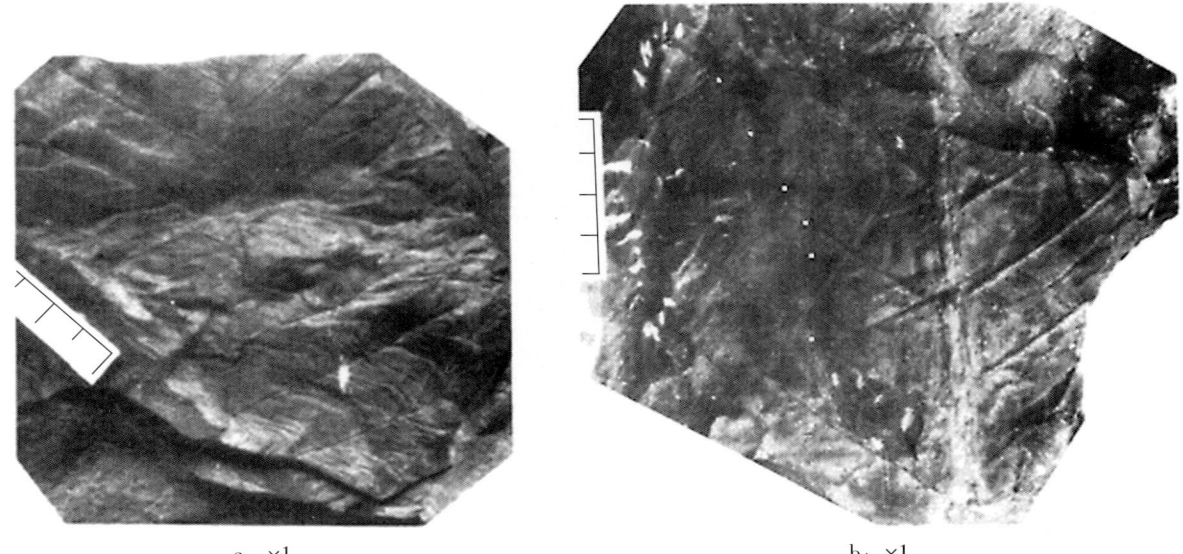

a: ×1　　　　　　　　　　　b: ×1

图 5-2-106 *Cathysiopterdium tasciculiferum* Lee

◆ 美羊齿类 Callipterides
◆ 丽羊齿属 *Callipteridium* Weiss，1870
❱❱❱ 赫勒丽羊齿 *Callipteridium? hallei* Kawasaki

仅 1 块标本。叶完整，形态不明，保存的末次羽片长 7.00cm，宽 2.50cm（图 5-2-107；何锡麟等，1996）。羽轴粗壮，宽 2.00mm。小羽片呈舌形，长达 15.00mm，宽 5.00mm，顶端钝圆，基部相互连结达 1/2。近顶部的小羽片不分裂，呈一宽大的顶羽片。叶脉清晰明显，中脉达小羽片的 1/3~1/2，强烈下延；侧脉密直平行，不分叉或仅分叉一次，以锐角由中脉伸出。具密集的邻脉。

×1

图 5-2-107 *Callipteridium? hallei* Kawasaki

产地及层位：铅山县新安煤矿；晚二叠世乐平组（原雾林山组）。

◆盾籽目 Peltaspermales
◆盾籽科 Peltaspermaceae
◆盾籽属 *Peltaspermum* Harris，1937

用以代表盾形种子蕨的雌性生殖器官。其特征为：大孢子叶呈枝状，小枝为伞形、螺旋状着生于主轴上，伞的上部为一盾状盘，盘的中央具一长柄，若干个卵形胚珠吊垂于盾状盘的四周。

>>> 布氏盾籽（相似种）*Peltaspermum* cf. *buevichae* Gomankov et Meyen

壳斗呈盾形，近辐射对称或两侧对称（图 5-2-108；何锡麟等，1996）。盾形盘直径为 1.50~2.00cm，呈漏斗状，由 12~14 个辐射状排列的肋状裂片组成，上凸，外缘翻卷。每个裂片宽为 2.00~3.00mm，顶端为圆齿状，中下部连合。肋状裂片近外缘的背面隐约见有一圆形印痕，可能为种子脱落后的痕迹。

产地及层位：丰城市建新煤矿；晚二叠世乐平组老山下亚段。

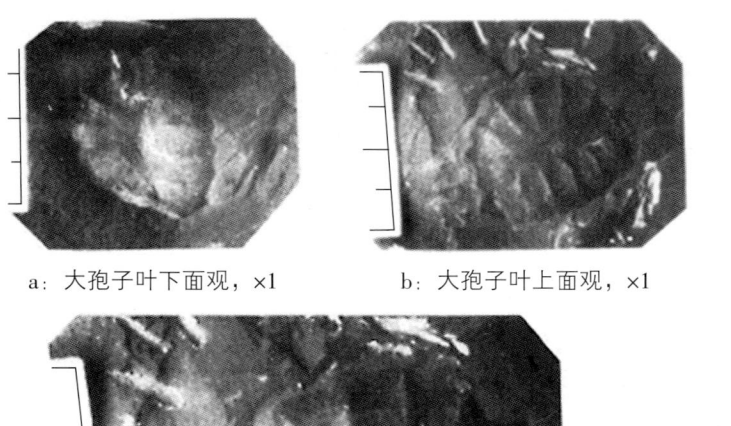
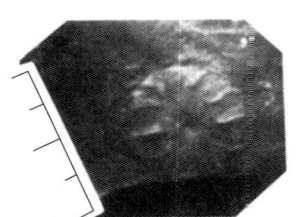

a：大孢子叶下面观，×1　　b：大孢子叶上面观，×1　　c：大孢子叶上面观，×1

d：大孢子叶上面观，×2　　e：大孢子叶上面观，×1

图 5-2-108　*Peltaspermum* cf. *buevichae* Gomankov et Meyen

◆心鳞籽科 Cardiolepidaceae
◆皮叶属 *Phylladoderma* Zalessky，1914

叶两侧对称，甚大，长达 23.00cm，宽约 6.50cm，呈长椭圆形、长圆形、长披针形，中部最宽。叶全缘，通常顶端具凹缺，基部为楔形，有时伸长呈柄状。在略微变宽的基部有一根叶脉，在进入叶片之前分成两条主脉，主脉偏向叶边缘，在下部二分叉 7 次，形成两侧对称的脉系。脉粗而明显，微成弧形或几乎笔直，有时里边的叶脉再分叉一次。叶脉稀，间隔相等，为 1.50~2.00mm，彼此与叶缘平行，至叶顶端相聚，但不相互连合。叶脉在任何地方都不与侧缘相交。叶最宽处每厘米有叶脉 6~7 条。

叶螺旋排列，叶片顶端钝圆或具凹缺。叶片角质层厚，气孔器均匀分布于上、下表层。保卫细胞强烈下陷，副卫细胞 4 个或 6~8 个，围绕孔隙呈环状加厚。叶表皮发现有不规则形状的孔眼——分泌堆积物的出口（secretary opening），叶肉中有树脂带或树脂微粒子。

▶▶▶ 舌形皮叶 *Phylladoderma arberi* Zalessky

叶大，两侧对称，呈长椭圆或长披针形，长达 22.00cm，宽 2.50~5.00cm，中部最宽（图 5-2-109；何锡麟等，1996）。叶全缘，顶端钝圆，具尖头或弧形凹缺，基部渐狭呈楔形，伸长呈柄状。叶脉基出 1 条，进入叶片时分成两条主脉，顺两侧缘延伸，其余叶脉在叶片下部由两条主脉分出，形成两侧对称的脉系。叶脉稀疏，宽 0.50~1.00mm，彼此平行会聚于顶端，从不与侧缘相交。叶片中部叶脉数目每厘米 6~8 条。叶片表面常见椭圆形或圆形突起，它们是由叶肉中的分泌物（树脂体）所致。

叶片角质层厚，两面气孔型。下表皮角质层较薄，表皮细胞呈等径多角形，直径约 40.00μm，细胞壁直。气孔器发育，每平方毫米 25~80 个，均匀分布，无方向性排列，气孔器呈椭圆形至圆形，单唇式。保卫细胞为月牙形，强烈下陷，副卫细胞 6~8 个，与表皮细胞同形，近孔口一侧环状加厚，无分

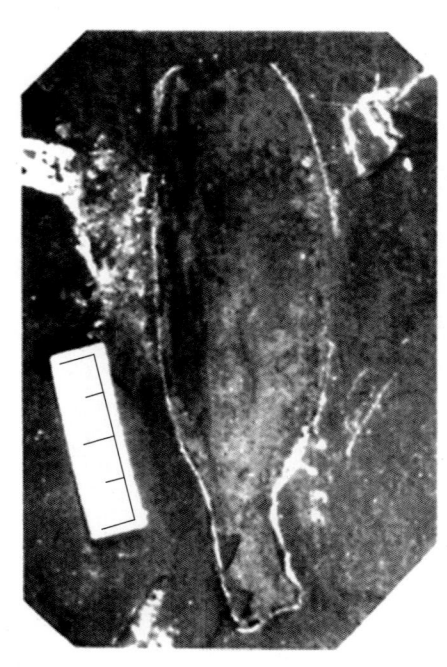

×1
图 5-2-109 *Phylladoderma arberi* Zalessky

泌孔或分泌孔极少。上表皮角质层较厚，表皮细胞为长方形至长多角形，细胞壁直，排列整齐，长轴方向与叶脉平行，长一般为 80.00~160.00μm，宽为 20.00~40.00μm，气孔器少，每平方毫米 6~20 个，甚至无气孔器，气孔器形态与下表皮角质层的相同，只是更为拉长一些，孔缝的长轴方向大多与表皮细胞长轴方向一致。在上表皮上均匀分布有许多圆形的分泌孔，分泌孔四周细胞壁呈环形加厚，分泌物堆积于孔口四周或堵塞整个孔口；偶具表皮毛（腺毛?）。

产地及层位：乐平市鸣山煤矿、丰城市八一煤矿、高安县八景煤矿；晚二叠世乐平组老山下亚段。

▶▶▶ 皮叶（等孔亚属）（未定种）*Phylladoderma*（*Aequistomia*）sp.

当前的材料为分散的角质层（图 5-2-110；何锡麟等，1996）。图 5-2-110a 为叶片下表皮，图 5-2-110b 为叶片上表皮。具有数条间距相等、相互平行的加厚条带，条带宽由 3~4 列细胞组成。

表皮细胞和气孔器形态与舌形皮叶 *Phylladoderma arberi* 完全一致。表皮细胞呈长多角形、细胞壁直，气孔器数目较少，具表皮毛脱落后的空隙，无分泌孔。

产地及层位：乐平市鸣山煤矿；晚二叠世乐平组老山下亚段。

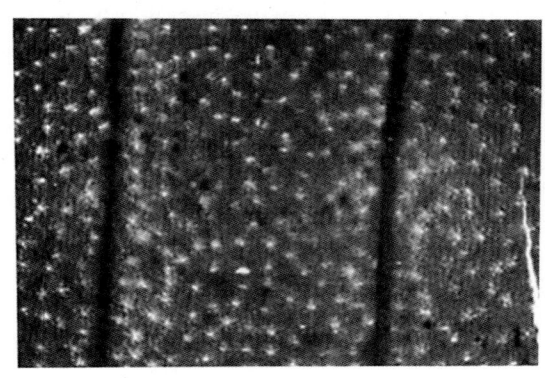
a：下表皮，×20

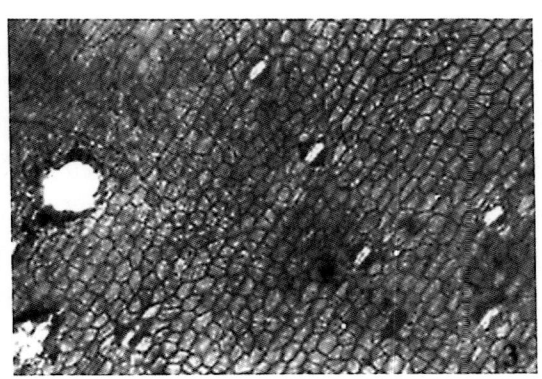
b：上表皮，×50

图 5-2-110 *Phylladoderma* (Aequistomia) sp.

◆分类位置不明的真蕨类植物 Filices incertae sedis
◆枝脉蕨属 *Cladophlebis* Brongniart，1849

蕨叶 2~4 次羽状分裂。小羽片一般较大，呈三角形或镰刀形，全缘或具锯齿，以整个基部着生于羽轴上，顶端尖锐或圆凸。叶脉羽状，中脉明显，侧脉常分叉。

分布及时代：遍及全球；二叠纪—白垩纪。

▶▶▶布朗枝脉蕨 *Cladophlebis browniana* (Dunker)

蕨叶至少二次羽状分裂（图 5-2-111；地质部南京地质矿产研究所，1982c）。轴粗壮，宽约 2.00mm。末次羽片线形，互生，排列较紧密，与轴约成 60°角。小羽片，小，线形至长方形，顶端钝圆，全缘，彼此紧挤，但不相连接，以宽角着生于羽轴上。叶脉不甚明显，可隐约见到中脉及简单或分叉一次的侧脉。

产地及层位：乐平市上坪岭下村；早白垩世冷水坞组。

◆梅氏叶属 *Meia* He, Liang et Shen, 1996

枝条呈羽叶状，长 50cm 以上。叶螺旋对生，呈假两列状，叶呈椭圆形至披针形，具短柄，全缘，顶端钝圆，基部叶顶端具小尖头，基部收缩呈圆弧形。叶脉粗而明显，自短叶柄伸出在叶片基部二岐分叉后平行直达顶端，枝条基部叶片的叶脉在顶端会聚。叶脉间具脉间纹。

分布及时代：江西、贵州；晚二叠世。

末二次羽片，×1
图 5-2-111 *Cladophlebis browniana* (Dunker)

鸣山梅氏叶 *Meia mingshanensis* He, Liang et Shen

枝条呈羽叶状，长 50.00cm 以上。羽轴粗强，宽约 6.00mm，表面具细肋纹，近根部膨大，其上螺旋着生退化的刺状叶（图 5-2-112；何锡麟等，1996）。叶螺旋对生，呈假两列状，具短柄，基部叶片呈椭圆形，长约 2.50cm，宽约 1.50cm，顶端具小尖头，最下部的叶片最小；中部叶片呈披针形，顶端渐尖，长约 7.00cm，宽约 1.50cm；顶部叶片呈竹叶状，长约 6.00cm，逐渐向顶端变短，宽约 1.00cm。叶脉粗而明显，平行直达顶端，每厘米叶脉数目约有 15 条，基部叶片叶脉在顶端会聚。叶脉之间具脉间纹。

叶片角质层薄。上表皮细胞为长方形至长多角形，细胞壁直，排列整齐，无气孔器构造，偶具分泌孔。下表皮分叶脉区和脉间区，两区宽度几乎相等，叶脉区细胞与上表皮细胞相同，也为长多角形，长轴方向与叶脉平行，无气孔器构造；脉间区气孔器发育，气孔口呈圆形，保卫细胞不明，副卫细胞 5~8 个，为长多角至等径多角形，气孔之间副卫细胞共用。

产地及层位：乐平市鸣山煤矿；晚二叠世乐平组老山下亚段。

图 5-2-112 *Meia mingshanensis* He, Liang et Shen

大叶梅氏叶 *Meia magnifolia* He, Liang et Shen

叶片整个形态不明。图 5-2-113a 为叶片顶部，顶端钝圆（图 5-2-113；何锡麟等，1996），两侧全缘，宽约 3.00cm；图 5-2-113b 为叶片中部，叶脉清晰，粗而稀疏，每厘米有 11~14 条叶脉，相互平行直达顶端，不与叶侧缘相交。

产地及层位：乐平市鸣山煤矿；晚二叠世乐平组老山下亚段。

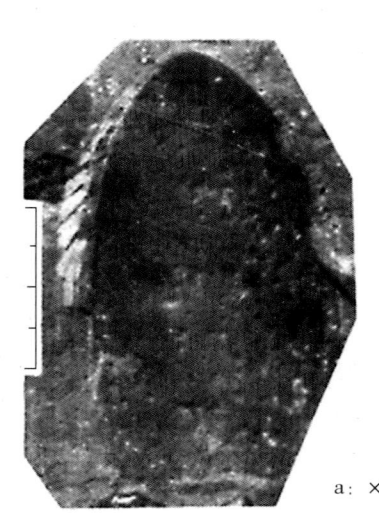 

图 5-2-113 *Meia magnifolia* He, Liang et Shen

第五章 植物界化石属种描述

◆ 两瓣叶属 *Bilobphyllum* He, Liang et Shen, 1996
》》》丰城两瓣叶 *Bilobphyllum fengchengensis* He, Liang et Shen

叶片大，长可达20.00cm，最宽处约7.00cm，基部呈楔形、渐缩成柄状，其柄端具月牙形的脱落痕（图5-2-114；何锡麟等，1996）。侧边全缘，顶端分裂成对称的两瓣，裂瓣顶端钝圆。中脉粗，在叶基部二歧分叉一次后各伸至两裂瓣之中，侧脉稀疏，由中脉以狭角伸出，偶尔连结成网状。

产地及层位：丰城市建新煤矿；晚二叠世乐平组老山下亚段。

图 5-2-114 *Bilobphyllum fengchengensis* He, Liang et Shen

◆ 锯叶羊齿属 *Prionophyllopteris* Mo，1980
》》》多刺锯叶羊齿 *Prionophyllopteris spiniformis* Mo

叶片呈披针形，长至少8.50cm，顶端渐尖，两侧边具细小的锯齿，锯齿指向上方，基部逐渐收缩（图5-2-115；何锡麟等，1996）。自叶基部伸出数条叶脉，中央两条直达顶端，侧脉自中央两条叶脉伸出后多次二歧分叉，伸到叶边缘及每一细锯齿内。

产地及层位：丰城市建新煤矿、高安县八景煤矿；晚二叠世乐平组老山下亚段。

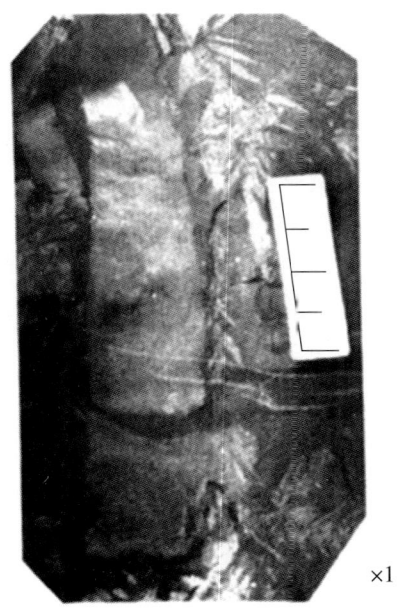

图 5-2-115 *Prionophyllopteris spiniformis* Mo

第三节 种子植物门 Spermatophyta

◆ 裸子植物亚门 Gymnospermae
　◆ 种子蕨类 Pteridospermae
　　◆ 叉羽叶属 *Ptilozamites* Nathorst，1878

叶羽状，轴粗，常分叉。羽片宽，呈披针形至线形。裂片细而长，或宽而短，正方形或斜方形，线形或三角形，有时呈镰刀形，以整个基部着生于羽轴两侧，排列紧密，有时互相覆盖；裂片上边直或略凹，下边最初平直，然后急弯向上，或自基部起即逐渐上弯，顶端圆或尖凸，叶脉一般颇多，自羽轴伸出后，常作一次至数次分叉，有时平行，有时略呈放射状。叶膜厚而坚实。

分布及时代：江西、广东、福建、云南、四川等地；晚三叠世—？早侏罗世。国外；晚三叠世—？侏罗纪。

>>> 中华叉羽叶 *Ptilozamites chinensis* Hsü

蕨类羽片状，披针形，羽轴至少分叉一次，轴面常具瘤状突起。羽片（或小羽片）线形至镰刀形，长 6.00~25.00mm，宽 3.00mm，互生至半对生，与轴成 40°~60°，顶端尖锐，有 2~4 个锯齿，基部略下延。每一羽片含脉 3~4 条，近平行，不分叉或分叉一次（图 5-3-1；斯行健和李星学，1963）。

产地及层位：萍乡市安源镇；晚三叠世安源组。

a：×1　　　　　　　　　　　　b：×3

图 5-3-1　*Ptilozamites chinensis* Hsü

◆ 厚羊齿属 *Pachypteris* Brongniart，1828

叶一次或二次羽状分叉，具柄。主轴不分叉，上具细纹。羽片对生或半对生，线形或披针形。小羽片披针形，顶端钝，向基部变窄并下延于轴上。叶脉一般不明显；中脉细，侧脉分叉。

分布及时代：中国、英国及北美洲、南极等地；晚三叠世—早白垩世。

>>> 乐平厚羊齿 *Pachypteris lepingensis* Yao

叶二次羽状分叉（图 5-3-2；地质部南京地质矿产研究所，1982c）。叶柄细，基部膨胀成翼状，并具横纹。羽片披针形，对生或半对生。小羽片披针形，基部变窄，下边下延于羽轴上；在羽片顶端趋于连合，成较大的菱形顶端小羽片；在羽片基部常裂成 2~4 个钝齿裂瓣。叶脉楔羊齿型；中脉细，侧脉分叉。

产地及层位：乐平市涌山镇；晚三叠世安源组。

末二次羽片，×1

图 5-3-2　*Pachypteris lepingensis* Yao

◆ 苏铁纲 Cycadopsida
　　◆ 本内苏铁目 Bennettitales
　　　　◆ 毛羽叶属 *Ptilophyllum* Morris, 1840

叶羽状。裂片线形至镰刀形，大小几乎相等，以整个基部着生于羽轴腹面，斜伸，排列紧密。裂片上边基部收缩成圆形或扩张成耳状，并略与轴分离；下边基部常为下一裂片的上边基部所遮盖，略微下延，有时收缩成圆形。叶脉少，简单或分叉，互相平行或近于平行，直达裂片顶端。有些种的叶脉呈放射状。

分布及时代：中国、印度、日本、苏联、阿根廷及欧洲、格陵兰、南极地区等；晚三叠世—早白垩世。

北方毛羽叶 *Ptilophyllum boreale* (Heer) Seward

羽轴粗（图 5-3-3；地质部南京地质矿产研究所，1982c）。裂片线形，长 15.00mm，宽 3.00mm，上边直，下边向前弯曲，呈镰刀形，基部收缩成截形，着生于羽轴腹面，与轴几乎成直角。叶脉简单，互相平行，直达裂片顶端。

产地及层位：乐平市上坪岭下村；早白垩世冷水坞组。

羽叶中部，×1

图 5-3-3 *Ptilophyllum boreale* (Heer) Seward

◆ 侧羽叶属 *Pterophyllum* Brongniart, 1824

一次羽状复叶。裂片线形、带形或舌形，以整个基部着生于羽轴的两侧，基部有时略收缩，顶端截形，钝圆或尖。叶脉分叉或否，互相平行。

分布及时代：中国；二叠纪开始出现。国外晚石炭世已偶有发现，一直延续到早白垩世。

大宝侧羽叶 *Pterophyllum daihoense* Kaw.

一次羽状复叶，宽度至少 7.00cm。羽轴宽约 4.00mm，具纵纹，正中有一条脊，两侧扁平如翼（图 5-3-4；地质部南京地质矿产研究所，1982b）。裂片为线形或带形，近垂直地生长在羽轴两侧，基部略收缩。叶脉密，20 条左右，互相平行。脉间具小点痕。

产地及层位：分宜县；晚二叠世乐平组。

狭细侧羽叶 *Pterophyllum angustum* (Braun) Gothan

×1

图 5-3-4 *Pterophyllum daihoense* Kaw.

羽叶倒卵形，长度不明，宽 3.70cm（图 5-3-5；地质部南京地质矿产研究所，1982c）。裂片狭细，排列紧密，以宽角着生于羽轴两侧，线形，基部宽1.50~2.00mm，两侧边平直，略向前微弯成镰刀形，顶端稍尖。叶脉平行，基部沿轴下延，一般不分叉，或近基部处分叉一次，每一裂片有5~6条脉。

产地及层位：于都县黎村乡；晚三叠世安源组。

▶▶▶ 中国侧羽叶 *Pterophyllum sinense* P. Lee

羽叶披针形或长椭圆形，长约12.00cm，宽2.00cm左右；羽轴宽1.50mm，上具横纹（图5-3-6；地质部南京地质矿产研究所，1982c）。裂片与羽轴近垂直，排列整齐；线形，羽叶中部的裂片长12.00mm，宽2.00mm，基部及顶部的裂片较短，长约7.00mm，两侧边平行，顶端钝圆。叶脉明显，不分叉或分叉一次，基部有3~4条脉，顶部有4~8条脉。

产地及层位：乐安县牛田镇；晚三叠世安源组。

×1

图 5-3-5　*Pterophyllum angustum* （Braun）Gothan

×1

图 5-3-6　*Pterophyllum sinense* P. Lee

▶▶▶ 羽毛侧羽叶 *Pterophyllum ptilum* Harris

羽叶长度不明，宽约4.00cm，羽轴具细密的横纹（图5-3-7；地质部南京地质矿产研究所，1982c）。裂片为狭线形，两侧边平行，同一羽叶中裂片长度大致相等，仅顶部和基部略短，裂片与轴成30°~60°角，排列紧密而规则；裂片基部收缩成圆形，顶端截形，有时中央略凹。叶脉在基部聚合成1~2条，分叉2~3次，每一裂片有6~8条叶脉。

产地及层位：新余市下村乡花鼓山；晚三叠世安源组。

×1

图 5-3-7　*Pterophyllum ptilum* Harris

▶▶▶ 浆侧羽叶 *Pterophyllum eratum* Gu et Zhi

一次羽状复叶，羽轴细，宽1.00~2.00mm（图5-3-8；何锡麟等，1996）。裂片以60°~70°夹角对生于羽轴两侧，靠下部的裂片与羽轴近垂直，近顶部的裂片与羽轴的夹角变小，排列较紧密，但彼此间距略有变化，向上间距加大。

×0.5

图 5-3-8　*Pterophyllum eratum* Gu et Zhi

裂片呈带状，两侧近平行，顶端钝圆，基部下缘先向上微收缩后又微扩大，下缘明显下延，有时与下一裂片的上缘相连。羽片下面的裂片长达 5.00cm，宽 1.00cm，向上裂片变短，变窄。叶脉以锐角伸出之后即向外弯曲，平行延伸，在基部可见分叉一次。裂片中部有 24~26 条叶脉。

产地及层位：分宜县西茶煤矿争光井；晚二叠世老山下亚段，煤层顶板。

◆ 蕉羽叶属 *Nilssonia* Brongniart，1825
≫ 镰蕉羽叶 *Nilssonia undulate* Stockmans et Mathieu

一次羽状复叶，长至少 16.00cm，羽轴宽 2.00~3.00mm（图 5-3-9；何锡麟等，1996）。裂片呈舌形至镰刀形，垂直或斜生于羽轴腹面。裂片几乎等大，长 10.00~25.00mm，宽约 8.00mm，基部的裂片短宽，向上逐渐变长变窄。裂片基部收缩后微扩张，侧缘几乎平行，上侧缘平直，下侧缘近顶端时弯曲呈弧形，顶端钝圆。叶脉从羽轴伸出后大都立即分叉一次、偶有不分叉，然后相互平行延至裂片顶端。裂片前部每厘米有 40~50 条叶脉。

产地及层位：乐平市鸣山煤矿；晚二叠世乐平组老山下亚段。

≫ 蕉羽叶（未定种）*Nilssonia* sp.

3 个末次羽片相互平行，基部未保存，可能为一次羽状复叶（图 5-3-10；何锡麟等，1996）。末次羽片宽约 30.00mm，分裂不规则，裂片斜生于羽轴腹面，基部连合。叶脉分叉一次或不分叉，互相平行，每厘米有 20~30 条叶脉。

产地及层位：丰城市建新煤矿；晚二叠世乐平组老山下亚段。

≫ 西茶蕉羽叶
Nilssonia xichaense He，Liang et Shen

叶一次羽状分叉。羽轴粗壮，宽达 7.00~8.00mm（图 5-3-11；何锡麟等，1996）。裂片垂直着生于羽轴的腹面，覆盖羽轴的大部，彼此间距大，比较均匀，相隔 1.0cm 左右。裂片呈宽带形，长 5.00cm，宽近 2.00cm，基部和近顶端较

a：×0.5　　　b：×0.5

图 5-3-9　*Nilssonia undulate* Stockmans et Mathieu

×1

图 5-3-10　*Nilssonia* sp.

窄，顶端钝圆。叶脉平行，多不分叉，在基部可能有少数脉分叉一次。裂片中部每厘米约有 20 条叶脉。当前的新种以其粗壮的羽轴、宽带形的裂片、彼此的间距大等特征很容易与已知种相区别。

产地及层位：分宜西茶煤矿争光井；晚二叠世老山下亚段 B 煤层顶板。

◆异羽叶属 *Anomozamites* Schimper，1870

叶羽状分裂成不规则的短而宽的裂片。裂片以整个基部着生于羽轴两侧，基部微微地扩大，顶端一般为钝圆或圆形，也有成尖形的。叶脉简单或分叉，并和裂片侧边平行。

分布及时代：亚洲、欧洲、格陵兰岛东部；晚三叠世—白垩纪。

×0.5

图 5-3-11 *Nilssonia xichaense* He, Liang et Shen

▶▶▶ 较小异羽叶 *Anomozamites minor*（Brongniart）Nathorst

羽叶线形至披针形，羽轴细（图 5-3-12；地质部南京地质矿产研究所，1982c）。裂片互生，与羽轴成直角，排列较紧，近方形，长 6.00mm，宽 5.00mm，顶端截形。羽叶基部裂片较狭小。叶脉细密，平行，简单或偶而分叉一次。

产地及层位：横峰县西山坞；晚三叠世安源组。

×1

图 5-3-12 *Anomozamites minor* （Brongniart）Nathorst

◆耳羽叶属 *Otozamites* Braun，1843

叶羽状。裂片互生，排列或紧挤，或疏松，或互相叠覆，以基部的一部分着生于羽轴腹面，宽卵形至圆形，或较细而长，顶端尖或钝，基部为耳状，不对称，上端基部呈耳状的程度较下端为甚，下端基部常呈圆形。叶脉自裂片基部放射而出，斜交于裂片边缘。

分布及时代：亚洲、北美、南非及苏联等地；晚三叠世—早白垩世。

▶▶▶ 披针耳羽叶（相似种）*Otozamites* cf. *lancifolius* Ôishi

羽叶形态不明，羽轴较粗，宽 3.00~4.00mm，轴面具纵纹（图 5-3-13；地质部南京地质矿产研究所，1982c）。裂片长披针形或略弯呈镰刀状，基部具硬结物，呈镶嵌状着生于羽轴腹面，排列紧密，基部互相重叠；裂片长 3.00~4.00cm，最宽处在基部，为 0.50~0.80cm，基部不对称，上端呈明显的圆耳状，下端钝圆，顶端渐尖形。叶脉密，清晰，自裂片基部放射状伸出，交于裂片的上侧边及前缘，而与裂片下侧边大致平行，分叉 1~4 次。

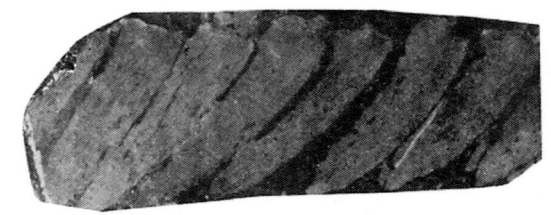

×1

图 5-3-13 *Otozamites* cf. *lancifolius* Ôishi

产地及层位：吉安县安塘乡；晚三叠世—早侏罗世安塘组。

▶▶▶ 当阳耳羽叶 *Otozamites tangyangensis* Sze

羽叶长披针形，羽轴较窄（图 5-3-14；地质部南京地质矿产研究所，1982c）。裂片长 2.00~3.00cm，宽 0.50~0.70cm，几乎垂直地着生于羽轴腹面，排列紧密，但彼此不盖覆，裂片基部呈耳状，上基角明显呈圆形，并向前伸，两侧边近平行，较直，微弯呈镰刀状，顶部尖锐。叶脉呈放射状，交于裂片边缘，分叉 1~4 次。

产地及层位：景德镇市董家山乡；晚三叠世安源组。

×1

图 5-3-14 *Otozamites tangyangensis* Sze

◆ 似查米亚属 *Zamites* Brongniart，1828

叶宽，披针形，长可达 60.00cm 以上。裂片斜伸或垂直着生于羽轴腹面，但并不将轴全部覆盖，线形或线状披针形，顶端尖或钝圆，基部常常突然收缩，呈圆形，具或不具加厚的硬结物，两侧对称。叶脉自基部分出，不分叉或分叉，多与裂片边缘平行，在裂片顶部略分散。

分布及时代：亚洲、欧洲及南非等地；晚三叠世—早白垩世。

▶▶▶ 江西似查米亚 *Zamites jiangxiensis* Yao et Lih

羽轴较细，腹面具一纵沟（图 5-3-15；地质部南京地质矿产研究所，1982c）。裂片线形，顶端钝圆或几乎呈截形，互生至半对生，以宽角着生于羽轴腹面，排列较紧；但不相接触，裂片基部收缩，呈方圆形。叶脉自基部伸出，分叉，在裂片前端有 8~12 条脉。

产地及层位：萍乡市安源镇；晚三叠世安源组。

×1

图 5-3-15 *Zamites jiangxiensis* Yao et Lih

◆ 尼尔桑目 Nilssoniales
◆ 尼尔桑属 *Nilssonia* Brongniart，1825

羽叶披针形或线形，全缘或分成裂片。裂片变化大，着生于羽轴腹面，遮盖着大部分羽轴。羽叶基部的叶模很少分裂。叶脉不分叉或很少分叉，彼此几乎平行。

本属与侧羽叶属在外表形态上的主要区别如下：①本属裂片着生于羽轴腹面，遮盖着羽轴；侧羽叶属裂片着生于羽轴两侧。②本属羽叶分裂不规则，裂片宽度变化较大；侧羽叶属羽叶分裂较规则，裂片宽度变化很小。③本属叶脉简单，较粗，多数不分叉；侧羽叶属叶脉较细，常分叉，特别是近裂片基部的叶脉。④本属羽叶分裂或全缘，羽叶基部的叶模大部分不分裂；侧羽叶属羽叶全部分裂成裂片。

分布及时代：广布全球；二叠纪至新近纪，主要出现于三叠纪至白垩纪，而以晚三叠世至侏罗纪最繁盛。

叉脉尼尔桑 *Nilssonia furcata* Chow et Tsao

羽叶呈披针形，羽轴宽 1.00mm 左右（图 5-3-16；地质部南京地质矿产研究所，1982c）。叶模盖在羽轴腹面，裂片呈强烈的镰刀形，排列紧密，偶或微微分离，与羽轴成直角，在羽叶中部裂片宽约 4.00mm，长 12.00mm 左右。叶脉粗而明显，每个裂片有 6~9 条脉，垂直地伸出，靠近裂片上、下侧边的叶脉不分叉，裂片中间的 2~3 条叶脉到达前半部才分叉一次，有的至前端且分叉一次。

产地及层位：乐平市涌山镇；晚三叠世安源组。

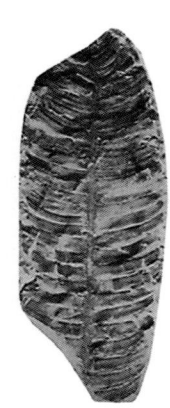

a：羽叶上部，×1　　b：羽叶中上部，×1/2

图 5-3-16　*Nilssonia furcata* Chow et Tsao

具褶尼尔桑 *Nilssonia corrugata* Chow et Yao

羽叶披针形，宽 5.00cm 左右，边缘呈锯齿状或不规则波状（图 5-3-17；地质部南京地质矿产研究所，1982c）。叶膜盖在羽轴腹面，其上具规则的褶痕，每厘米有 3~5 条褶痕。褶脊较窄，褶槽较宽。叶脉以直角自羽轴伸出，然后弯向前方，简单或分叉一次，每一褶脊有 2~3 条脉（褶槽为 2~5 条），在叶的中部边缘每厘米约有 25 条脉。

产地及层位：宜丰县丰牌楼；晚三叠世安源组。

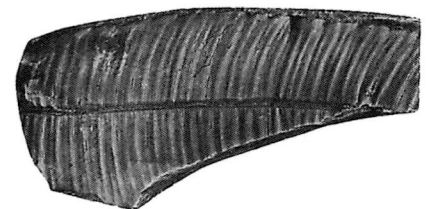

羽叶中部，×0.5

图 5-3-17　*Nilssonia corrugata* Chow et Yao

侧羽叶型尼尔桑 *Nilssonia pterophylloites* Nathorst

羽叶呈披针形，长度不明，宽 7.00~10.00cm；羽轴较细（图 5-3-18；地质部南京地质矿产研究所，1982c）。裂片线形，细长，以 50°~60° 着生于羽轴腹面，半对生；裂片长 4.00~5.00cm，宽 0.20~0.30cm，基部扩张并向下拖延，顶端稍尖。每一裂片有 6~10 条彼此平行的褶痕，每两条褶痕之间有一条叶脉。叶脉细，不分叉。

产地及层位：新余市下村乡花鼓山；晚三叠世安源组。

×1

图 5-3-18　*Nilssonia pterophylloites* Nathorst

◆ 苏铁目 Cycadales
◆ 篦羽叶属 *Ctenis* Lindley et Hutton, 1834

叶一次羽状分裂，羽轴常较粗。裂片形态变异较大，常以较大角度着生于羽轴两侧，基部往往扩张并略沿轴向上下拖延，顶端尖，钝圆或呈截形。叶脉和侧边彼此几乎平行，或偶尔斜交，分叉，相互连结成或稀或密的网脉。

分布及时代：中国、苏格兰、瑞典、英国、日本、格陵兰岛东部等地；晚三叠世—早白垩世。

大网羽叶型篦羽叶 *Ctenis anthrophioides* Li Y. T.

叶大，羽状分裂，长度不明，宽度16.00cm以上，羽轴下部宽3.50mm，上具细纵纹（图5-3-19；地质部南京地质矿产研究所，1982c）。裂片宽线形，以较高的角度着生于羽轴两侧，两侧边平直或略弯，基部上端略收缩，下端沿轴拖延，长8.00cm以上，宽约2.50cm；羽叶顶端具圆而大的顶羽片，宽10.00cm左右，长6.50cm，顶端钝圆，中央略凹。中脉以锐角自羽轴伸出，然后折向外方，彼此大致平行，分叉多次并相互连结成长方形或菱形的网脉。网脉长一般为1.00~1.50cm，宽0.20cm左右；网脉内有时具横向排列的瘤状突起。

产地及层位：丰城市洛市镇；晚三叠世安源组。

羽叶的分裂状况，×0.5

图 5-3-19 *Ctenis anthrophioides* Li Y. T.

◆ 大网羽叶属 *Anthrophyopsis* Nathorst, 1878

叶大，卵形或长卵形，全缘。中脉明显，直达叶顶；侧脉以较大角度自中脉伸出，彼此平行，分叉，相互连结成或稀或密、长短不一的网脉，偶有不连结成网脉的。

分布及时代：中国、瑞典、格陵兰岛东部；晚三叠世。

具瘤大网羽叶 *Anthrophyopsis tuberculata* Chow et Yao

叶可能呈长椭圆形，全缘或呈波状，长20.00cm以上，宽15.00cm左右，顶端钝圆，微凹呈心形。中脉粗，下部宽至少5.00mm；侧脉以较大角度自中脉伸出，间距为1.50~2.00mm，分叉，彼此连结成由长至短的网脉，或仅有少数不分叉而不连成网状（图5-3-20；地质部南京地质矿产研究所，1982c）。在两条侧脉之间具有一行横向

a：叶的一部分，示横向排列的瘤状突起，×1/2

b：示脉序，×1/2

图 5-3-20 *Anthrophyopsis tuberculata* Chow et Yao

排列的瘤状突起。

产地及层位：萍乡市、乐平市；晚三叠世安源组。

⫸ 粗脉大网羽叶 *Anthrophyopsis crassinervis* Nathorst

叶大，宽舌状，全缘（图 5-3-21；地质部南京地质矿产研究所，1982c）。中脉粗，宽约 5.00mm，上具点痕；侧脉粗而明显，与中脉成一宽角，分叉，互相连结成网状，网脉长至短多角形，近中脉处较长，最长的可达 3.00cm，宽约 0.30cm，至叶缘附近变短，最短的约 4.00mm，宽约 2.00mm。

产地及层位：萍乡市高坑镇；晚三叠世安源组。

图 5-3-21 *Anthrophyopsis crassinervis* Nathorstt

⫸ 李氏大网羽叶 *Anthrophyopsis leeiana*（Sze）Florin

叶大，宽舌状，估计叶宽 40.00cm（图 5-3-22；斯行健和李星学，1963）。中轴粗，宽 5.00mm 左右，其上具点痕，叶脉粗糙，与羽轴成锐角，或互相垂直，分叉，互相连结成网状。网格长至短多角形，最大的网格长约 3.00cm，宽约 3.00mm；最小的网格长约 4.00mm，宽约 2.00mm。

产地及层位：萍乡市高坑镇；晚三叠世安源组。

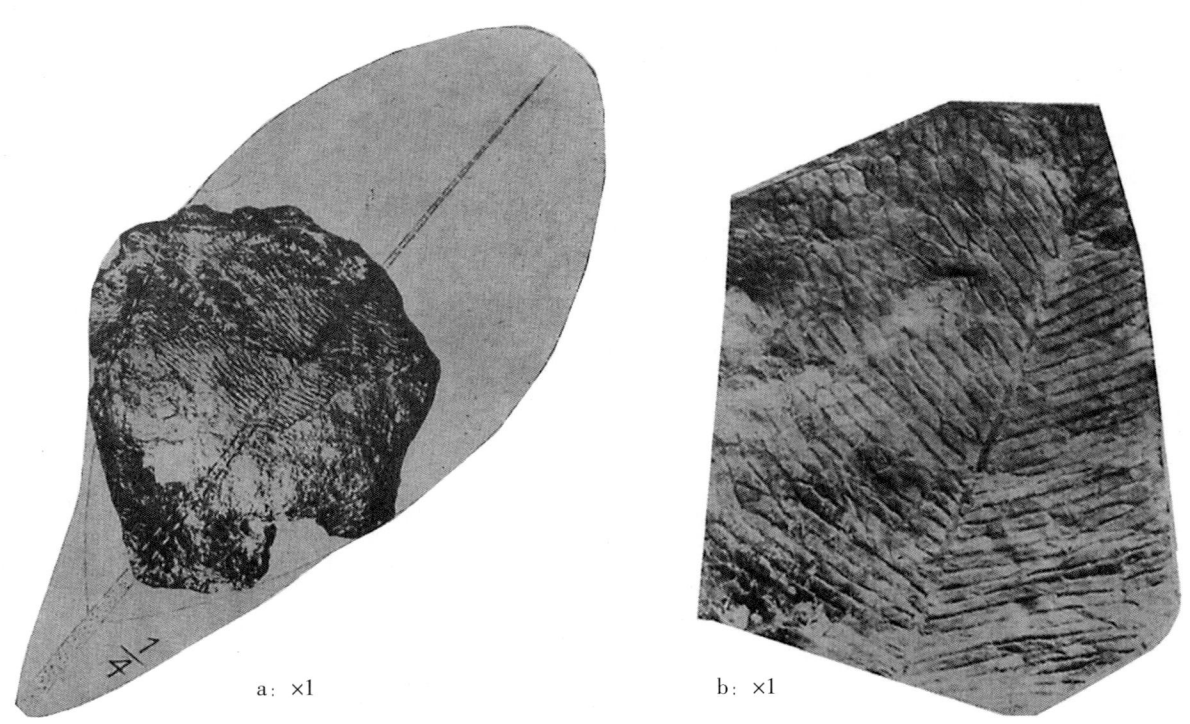

a：×1　　　　b：×1

图 5-3-22 *Anthrophyopsis leeiana*（Sze）Florin

◆ 篦似查米亚属 *Ctenozamites* Nathorst，1886

叶 2~3 次羽状分裂。羽轴粗，上具纵纹或点痕。羽片长线形，与轴成锐角。裂片全缘，以整个基部和羽轴接触，下边基部略向下延；两个羽片之间具间裂片。叶脉自羽轴伸出，分叉一次至数次，互相平行或略呈放射状。叶质厚。本属与叉羽叶属易混淆，但后者的羽叶一般为二歧式分叉一次。

分布及时代：中国、瑞典、英国、美国、越南等地；晚三叠世—早侏罗世、二叠纪。

>>> 吉安篦似查米亚
Ctenozamites jianensis Li Y. T. et Ju

叶羽状分裂，长度不明（图 5-3-23；地质部南京地质矿产研究所，1982c）。羽片宽 3.00-4.00cm。羽轴较粗，宽 2.00mm，上具纵纹。裂片舌形，半对生，基部略向下延，两侧边近平行，顶端钝圆或钝尖。叶脉粗而明显，以较小角度自羽轴伸出后即向外弯曲，并呈放射状直达两侧边和前端，其中间部分的叶脉一般分叉 2~3 次，两侧叶脉分叉 1~2 次，边缘叶脉则不分叉。

产地及层位：吉安县茶园；晚三叠世安源组。

末二次羽片，×1

图 5-3-23 *Ctenozamites jianensis* Li Y. T. et Ju

◆ 分类位置不明的苏铁类植物 Cycadophytes incertae sedis
◆ 镰刀羽叶属 *Drepanozamites* Harris，1932

一次羽状分裂，羽叶为长椭圆形，羽轴平滑。裂片着生于羽轴两侧，镰刀形、卵形至不对称的三角形；上侧边颇有变化、全缘、波状甚或分裂为裂瓣，上基端突然下弯成明显的耳状；下侧边较直，下基端下延。整个裂片只以下基端和羽轴接触。叶脉自下基端伸出后即分叉数次，呈放射状，靠近裂片下边的叶脉几乎与叶缘平行，其余叶脉斜交于上侧边和前缘。

分布及时代：中国、瑞典、东格陵兰；晚三叠世—早侏罗世。

>>> 尼尔桑镰刀羽叶 *Drepanozamites nilssoni*（Nathorst）Harris

羽叶长椭圆形，长 10.00cm 以上，估计最长可达 20.00cm，宽 4.00~8.00cm；羽轴平滑，宽 2.00~3.00mm（图 5-3-24；地质部南京地质矿产研究所，1982c）。裂片着生于羽轴两侧，半对生或互生，长一般 2.00cm 左右，最长可达 4.00cm，宽 0.60~0.80cm；镰刀形，叶基部裂片为近卵形，上侧边较直，下侧边呈镰刀状弯曲，基部下边下延。叶脉细密而清晰，自裂片下基端呈放射状伸出，分叉数次，交于裂片上边及前缘，而与下边几乎平行。

产地及层位：丰城市洛市镇；晚三叠世安源组。

◆ 中国篦羽叶属 *Sinoctenis* Sze，1931，emend. Wu et Lih，1968

叶羽状分裂。裂片以整个基部着生于轴的腹面，互生，下边基部略收缩，上边基部略扩张成耳

a: ×1   b: ×1

图 5-3-24 *Drepanozamites nilssoni* (Nathorst) Harris

突状。脉序介于平行脉与放射脉之间，耳突处叶脉略呈放射状，自羽轴斜伸而出，交于耳突边缘，其余部分的叶脉大致平行。

分布及时代：中国；晚三叠世。

葛利普中国箆羽叶 *Sinoctenis grabauiana* Sze

叶大，估计至少长 1.00m，宽约 40.00cm，羽轴狭细，最宽处为 5.00mm，轴面平滑（图 5-3-25；地质部南京地质矿产研究所，1982c）。裂片很长，宽约 3.00cm，以整个基部着生于羽轴腹面，互生，其下部的基部微收缩，上边的基部向上扩张成三角形耳突。叶脉甚粗，在近基部处分叉，支脉大致互相平行，耳突部分的叶脉呈放射状伸出，几乎垂直于侧边。

产地及层位：萍乡市安源镇；晚三叠世安源组。

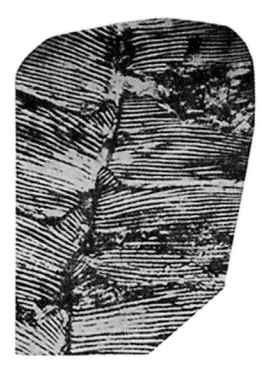

×1/2

图 5-3-25 *Sinoctenis grabauiana* Sze

美叶中国箆羽叶 *Sinoctenis calophylla* Wu et Lih

叶羽状，羽轴较粗壮，宽可达 6.00mm（图 5-3-26；地质部南京地质矿产研究所，1982c）。裂片以整个基部着生于轴的腹面，互生。发育较早及近羽叶基部的裂片短而宽，排列较紧密；反之则细长，排列较疏松。裂片上基端呈突起的耳状，下基端微收缩，基部最宽，向上逐渐变窄，在近顶端处，裂片下边逐渐向上弯，顶端尖锐，羽叶

×1

图 5-3-26 *Sinoctenis calophylla* Wu et Lih

基部的裂片顶端较钝。叶脉清晰，在裂片基部及中部分叉1~2次；耳突部分叶脉自羽轴伸出，斜交于边缘，其余叶脉直达裂片顶端；裂片基部有10~14条脉。

产地及层位：丰城市洛市镇；晚三叠世安源组。

◆ 似苏铁属 *Cycadites* Sternberg，1826

羽叶形态和现代苏铁属（*Cycas*）相似，简单羽状。裂片线形，全缘，以整个基部着生于羽轴两侧，互生或对生，基部下边有时略下延，或近着生点变窄。具单脉。表皮构造不清。

分布及时代：中国、越南、苏联、英国、德国及东格陵兰等地；晚三叠世—白垩纪。

▶▶▶ 萨氏似苏铁 *Cycadites saladini* Zeiller

叶羽状，羽轴粗，宽约3.00mm，上具纵纹（图5-3-27；地质部南京地质矿产研究所，1982c）。裂片线形，近乎垂直地着生于羽轴两侧，长约25.00mm，宽2.00mm；基部略下延，彼此微连合。裂片表面略凸起，中央具一细而明显的中脉。

产地及层位：余江县老屋里村；晚三叠世安源组。

×1

图 5-3-27 *Cycadites saladini* Zeiller

◆ 银杏纲 Ginkgopsida
◆ 扇叶属 *Rhipidopsis* Schmalhausen，1879

叶具长柄，扇形，掌状深裂。裂片楔形，在中间的裂片较大，两侧的依次递减，最外侧的一对或两对常指向下方。叶脉细密，二歧分叉。叶着生情况不明。

分布及时代：中国；晚二叠世。国外；二叠纪—早三叠世。

▶▶▶ 潘氏扇叶 *Rhipidopsis panii* Chow

叶较大，扇形，从中间分裂成两瓣，各瓣再深裂成若干个倒楔形的裂片（图5-3-28；地质部南京地质矿产研究所，1982b）。中间的两枚裂片最大，由此向两侧的裂片依次变狭变短，最下方靠近叶柄的一对或两对裂片斜指向下方。叶柄宽约3.00mm。叶脉自基部伸出时较粗，逐次向叶缘分叉，在裂片中部每厘米有30~50条叶脉。

产地及层位：进贤县钟陵乡钟陵桥村；晚二叠世乐平组。

叶扇形，从中间分裂成两瓣，具长柄，×1/2

图 5-3-28 *Rhipidopsis panii* Chow

▶▶▶ 楔扇叶 *Rhipidopsis panii* Chow

叶片大，呈扇形，具长柄。起初分裂成两半，而后各半再深裂成6~8个裂片（图5-3-29；何锡麟等，1996）。裂片呈楔形，顶端截形，中间的裂片最大，长可达10.00cm，顶部宽约1.50cm。向两侧裂片逐渐变短变窄，最外侧的一对指向下方。叶脉较密，裂片中部每厘米有30~40条叶脉。

产地及层位：安福县观溪、丰城市建新煤矿、乐平市桥头丘煤矿；晚二叠世乐平组老山下亚段、王潘里段。信丰高桥煤矿；晚二叠世乐平组中段。铅山新安煤矿；晚二叠世雾霖山组。

≫ 楔扇叶（相似种）
***Rhipidopsis* cf. *panii* Chow**

叶片很大，具柄，呈扇形至椭圆形（图5-3-30；何锡麟等，1996）。在中间分裂成两半，各半再深裂成8个裂片。裂片大，呈楔形，长约9.00cm，顶部宽达3.00cm，顶端截形，裂片自中间向两侧逐渐变小。裂片中部叶脉每厘米约有30条叶脉。

×1

图 5-3-29 *Rhipidopsis panii* Chow

产地及层位：吉水县石莲煤矿；晚二叠世乐平组王潘里段。

×1

图 5-3-30 *Rhipidopsis* cf. *panii* Chow

◆ 裂银杏属 *Baiera* F. Braun，1843，emend. Florin，1936

叶扇形至半圆形，具明显的柄。叶片常深裂为左右大致相等的两部分，每一部分再分裂为许多狭窄的线形或近于线形的裂片。每一裂片中一般含平行叶脉2~4条。

分布及时代：多发现于北半球；晚二叠世（?）至晚白垩世。

多裂裂银杏 *Baiera multipartita* Sze et Lee

叶扇形或近半圆形，叶片先深裂为左右约略相等的两部分，各自再分裂 5~6 次，成为许多线形裂片，顶端常裂成一对突出的钝齿（图 5-3-31；地质部南京地质矿产研究所，1982c）。每一裂片含叶脉 2 条，每齿含脉 1 条。

产地及层位：横峰县西山杵；晚三叠世安源组。

×1

图 5-3-31　*Baiera multipartita* Sze et Lee

叉状裂银杏（相似种） *Baiera* cf. *furcata*（L. et. H.）Braun

扇状叶。叶柄不明（图 5-3-32；地质部南京地质矿产研究所，1982c）。叶片先深裂成约略对称的两半，每一半继续分裂 4~5 次，形成许多细线形的最后裂片，每一对裂片汇合处的交角约 30°。每一小裂片含脉 2~3 条，多数不甚明显。

产地及层位：万载县老雅窝；晚三叠世安源组。

×1/2

图 5-3-32　*Baiera* cf. *furcata*（L. et. H.）Braun

◆ 楔银杏属 *Sphenobaiera* Florin，1936

叶没有明显的叶柄，呈楔形、狭三角形、舌形，甚至线形，基部狭缩。上部深裂为 2~5 个主要裂片，并排列为两部分，每一主要裂片还可继续分裂一次或多次。叶脉扇状，叶片任何部分所含的叶脉多于 4 条。

本属最重要的特征是叶没有明显的叶柄，其次叶片常成较狭的楔形，叶的分裂方式和 *Baiera* F. Braun 相似，而叶脉密度则接近 *Ginkgoites* Seward。

分布及时代：世界各地，尤以北半球最多；早二叠世—早白垩世。

长叶楔银杏（相似种）*Sphenobaiera* cf. *longifolia*（Pomel）Florin

标本保存不全（图 5-3-33；地质部南京地质矿产研究所，1982c）。叶长楔形，长 18.00~

×1

图 5-3-33　*Sphenobaiera* cf. *longifolia*（Pomel）Florin

20.00cm，裂片宽 8.00mm，质厚。顶端未保存。叶脉不甚明显，平行，不分叉，每一裂片有 5~6 条叶脉。

产地及层位：万载县多江乡；晚三叠世多江组下部。

◆ 舌叶属 *Glossophyllum* Kräusel，1943

叶，螺旋状排列，坚硬，革质，全缘，直，略呈舌状或弯成镰刀形。最宽处在中部，向下缓缓狭细，最后几乎成柄状。顶端钝圆，基部微微凸起，并有 2 条维管束（即叶脉）穿过。叶脉在叶的下半部分叉后，继续分叉成为很多大致平行的脉。本属枝干部化石具有螺旋状排列的眼镜状叶痕。表皮构造属于银杏类。

分布及时代：中国、欧洲（奥地利）；晚三叠世。类似的化石广布于南、北半球的晚三叠世至早白垩世地层中。

▶▶▶ 佛兰林舌叶（相似种） *Glossophullum* cf. *florini* Kräusel

叶为长的披针形，长约 18.00cm，尖端未保存（图 5-3-34；地质部南京地质矿产研究所，1982c）。最宽处在叶的中部，约 13.00mm，向基部慢慢狭缩，最后成一狭长的柄状。叶脉清晰，自基部向上分叉数次，彼此几乎平行。顶部叶脉似趋聚合，中部含脉 15 条。

产地及层位：乐安县牛田镇；晚三叠世安源组。

×0.7

图 5-3-34 *Glossophullum* cf. *florini* Kräusel

◆ 楔拜拉属 *Sphenobaiera* Florin，1936

▶▶▶ 楔拜拉（未定种）*Sphenobaiera* sp.

叶大，无柄，叶完整，形态不明，可能为长楔形至扇形，长 12.00cm 以上，叶片基部近分裂处宽约 2.50cm（图 5-3-35；何锡麟等，1996）。叶片二歧分裂 3 次，形成 8 个线形或窄楔形裂片，裂片宽约 8.00mm，裂片顶端未保存。每裂片中约有叶脉 18 条，叶脉排列较疏，每厘米有 22 条左右。

当前描述标本与细脉楔拜拉 *S. tenuistriata* (Halle) Florin 最为相似，但后者叶脉密，在叶中部每厘米叶脉达 50~60 条。

产地及层位：乐平市鸣山煤矿；晚二叠世乐平组下老山亚段。

×0.5

图 5-3-35 *Sphenobaiera* sp.

◆ 掌叶属 *Psygmophyllum* Schimper, 1870

本书描述的采自江西高安二叠纪乐平组中的标本，其叶呈掌状分裂，每个裂片皆具有中脉。因此，本书作者将其与山西标本比较并沿袭 Halle 的意见，仍将其归于 *Psygmophyllum* 属之中。

⧫ 多裂掌叶 *Psygmophyllum multipartitum* Halle

叶大，呈掌状，具长叶柄，叶片分裂为若干长裂片，裂片呈楔形，最外边的裂片较小，常微弯，每一裂片具有一粗而明显的主脉，侧脉斜伸，与主脉成 15°~30°夹角，微微弯曲，叶脉分叉数次（图 5-3-36；何锡麟等，1996）。

本书描述的标本采自英岗岭煤矿老山下亚段，标本保存于粗粉砂岩、砂岩中，虽形态比较完整，可惜未保存化石角质层。由于岩性较粗，叶脉细部形态也不太清晰。

产地及层位：高安县英岗岭东村煤矿；晚二叠世乐平组老山下亚段。

图 5-3-36 *Psygmophyllum multipartitum* Halle

◆ 松柏纲植物？Coniferopsida?
◆ 苏铁杉目 Podozamitales
◆ 苏铁杉属 *Podozamites* Braun, 1843

枝细，叶螺旋状或两列状排列，伸展，椭圆形至卵形或披针形至长线形，直或微弯，基部收缩。叶脉细而直，与侧边平行，至顶端常聚敛。角质层薄。

分布及时代：北半球；晚三叠世—早白垩世。

⧫ 披针苏铁杉 *Podozamites lanceolatus* (L. et. H.) Braun

羽轴细，叶呈螺旋状着生，基部收缩，顶端渐渐狭细呈钝尖状，最宽处约在中部（图 5-3-37；地质部南京地质矿产研究所，1982c）。叶脉自基部分叉 1~2 次，达叶的顶端。

产地及层位：江西；晚三叠世安源组、早侏罗世水北组。

图 5-3-37 *Podozamites lanceolatus* (L. et. H.) Braun

⧫ 披针苏铁杉卵圆异型
Podozamites lanceolatus cf. *ovalis* Heer

叶甚宽，卵圆形至椭圆形，顶部或多或少尖锐（图 5-3-38；地质部南京地质矿产研究所，1982c）。

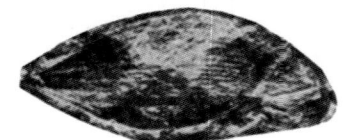

图 5-3-38 *Podozamites lanceolatus* cf. *ovalis* Heer

产地及层位：萍乡市安源镇；晚三叠世安源组。

欣克苏铁杉 *Podozamites schenki* Heer

叶狭细，螺旋状着生于宽 1.00~2.00mm 的轴上；顶端尖细，基部缓缓收缩，不呈柄状（图 5-3-39；地质部南京地质矿产研究所，1982c）。叶中部具 6~7 条脉。

产地及层位：萍乡市安源镇；晚三叠世安源组。

◆ 假鳞杉属 *Pseudoullmannia* He，Liang et Shen，1996
类麦假鳞杉 *Pseudoullmannia frumentarioides* He, Liang et Shen

小枝排列不规则。枝上螺旋密布针叶，叶呈长披针形、顶端尖，长 8.00~15.00mm，基部宽约 2.00mm，基部下延。叶表面具细纵纹，未见中脉（图 5-3-40；何锡麟等，1996）。大多数标本叶片表面均保存有炭质膜，将保存有炭质膜的小块标本置于荧光显微镜下观察，显示针叶背面（即外侧面）表皮细胞较小，呈长方形，长约 10.0μm，宽约 2.00μm，细胞壁直，排列非常整齐，未见气孔构造。

产地及层位：乐平市鸣山煤矿和桥头丘煤矿、丰城市建新煤矿、萍湖、高安县八景煤矿；晚二叠世乐平组老山下亚段、王潘里段。

×1
图 5-3-39 *Podozamites schenki* Heer

类纹假鳞杉 *Pseudoullmannia bronnioides* He, Liang et Shen

图 5-3-41 所示标本为两个末级枝。叶短小，螺旋紧密排列于枝上，呈覆瓦状。叶为披针形，长约 5.00mm，基部宽 3.00mm 左右，顶端尖。叶表面具平行细纵纹，未见中脉（图 5-3-41；何锡麟等，1996）。

×1
图 5-3-40 *Pseudoullmannia frumentarioides* He，Liang et Shen

×1
图 5-3-41 *Pseudoullmannia bronnioides* He, Liang et Shen

产地及层位：丰城县建新煤矿；晚二叠世乐平组老山下亚段。

◆ 分类位置不明的裸子植物 Gymnospermae incertae sedis
◆ 安杜鲁普蕨属 *Amdrupia* Harris，1932

叶一次羽状分裂。羽状细，平滑。小羽片披针形或三角形，边缘锯齿状，基部收缩。顶端尖锐。中脉明显，侧脉分叉，直达裂片边缘的每一锯齿。

分布及时代：中国、东格陵兰；晚三叠世。

▶▶▶ 安杜鲁普蕨？（未定种）*Amdrupia*? sp.

叶一次羽状分裂，轴细而平滑（图 5-3-42；地质部南京地质矿产研究所，1982c）。小羽片宽披针形，边缘锯齿状，基部收缩。顶部小羽片基部全部与轴接触，顶端尖锐。具中脉，侧脉分叉 1~2 次，直达裂片边缘的每一锯齿。

产地及层位：进贤县罗溪镇；晚三叠世安源组。

▶▶▶ 椭圆三棱籽 *Trigonocarpus ellipticus* Zhao et Wu

种子呈椭圆形，顶端略尖，底端钝圆，轴长 5.00~6.00mm，宽 3.00~4.00mm，表面具 3~6 条纵脊（图 5-3-43；赵修祜和吴秀元，1982b）。图中标本上的几颗种子可见到其内皮层和外皮层。内皮层即种子核，表面具有许多伸长多边形细胞结构，图 5-3-43a 上部的呈放射状的细胞结构代表种子内皮层顶端的印痕；外皮层薄，其上具有 3 条纵脊。

产地及层位：于都县梓山圩；早石炭世梓山组。

羽叶上部，×1

图 5-3-42 *Amdrupia*? sp.

a：种子内核，×1

b：种子内核，×5

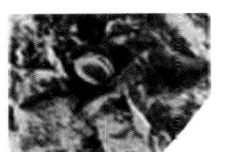

c：种子内核，×1

图 5-3-43 *Trigonocarpus ellipticus* Zhao et Wu

>>> 三棱籽（未定种）*Trigonocarpus* sp.

种子卵圆形，长 7.00mm，宽 4.00mm，顶端尖锐，基部钝圆，表面具 6 条纵脊（图 5-3-44；赵修祜和吴秀元，1982b）。

该标本和 *Trigonocarpus elllipticus* sp. nov.保存在一起，亦常和 *Neuropteris* 属的叶部化石共生，两者都可能为 *Neuropteris* 属的种子，它们仅在形态上略有区别，当前标本也没有出现种子内核上的细胞结构。

产地及层位：于都县梓山圩；早石炭世梓山组。

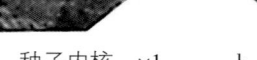

a：种子内核，×1　　b：种子内核，×3

图 5-3-44　*Trigonocarpus* sp.

◆ 巴兰德木属 *Barrandeina* Stur，1881

茎粗壮，偶呈二歧式分枝，具螺旋排列的叶，叶基下延；上部发育不完全的叶，线形，顶端简单或分叉 1~2 次。中、下部较发育的叶，大型，叶片呈扇状，前端呈多次二歧式分叉的细裂片；叶脱落后，在茎面留下纵长的内模相式（Knorria Type）的叶痕。生殖枝，由许多螺旋排列的简单或分叉的孢子叶组成；孢子叶细而狭，常常分叉，孢子囊着生在其腹面上。

分布及时代：中国、捷克、斯洛伐克、苏联、挪威；中泥盆世。

>>> 杜斯里巴兰德鳞木 *Barrandeina dusliana*（Krejči）Stur

该标本为一幼年茎干，长约 4.00cm，宽 1.00cm，上具 3 个上端伸尖、下部拖延的纵伸叶痕（宽约 2.00mm，长 8.00mm）和保存于两侧的几个叶柄；叶柄线形，垂直向外伸出并微向后弯（图 5-3-45；地质部南京地质矿产研究所，1982b）。

产地及层位：于都县罗坳镇峡山村；中泥盆世云山组下部。

较年幼的茎干，×1

图 5-3-45　*Barrandeina dusliana*（Krejči）Stur

◆ 科达纲　Cordaitopsida
◆ 科达叶属 *Cordaites* Unger，1850
>>> 带科达 *Cordaites principalis*（Germar）Geinitz

叶呈长带形，基部与顶端形态不明，长大于 12.00cm，宽约 1.50cm。叶脉平行，每厘米有 20~30 条叶脉，印痕上脉间微凸呈瓦楞状，脉间纹细而明显，有 4~6 条（图 5-3-46；何锡麟等，1996）。

产地及层位：丰城市建新煤矿；晚二叠世乐平组老山下亚段。

×0.5

图 5-3-46　*Cordaites principalis*（Germar）Geinitz

◆ 匙叶属 *Noeggerathiopsis* Feistmantel，1879
▶▶▶ 匙叶？（未定种）*Noeggerathiopsis*? sp.

叶轴粗壮，宽约 2.50cm。叶螺旋着生于轴上，叶呈带状披针形，长约 12.00cm，宽约 3.00cm，叶中上部最宽，顶端钝圆，基部渐狭，无柄（图 5-3-47；何锡麟等，1996）。叶脉自基部分出后多次二歧分叉、粗细均匀，叶片中部每厘米约有 20 条叶脉，中部的叶脉近平行直达叶顶端，两侧的叶脉则斜交于侧缘，无脉间纹。

产地及层位：乐平市桥头丘煤矿；晚二叠世乐平组王潘里段。

a：×0.5

b：×0.5

图 5-3-47 *Noeggerathiopsis*? sp.

◆ 种子化石 Semina
◆ 棒籽属 *Rhabdocarpus* Berger，1948
▶▶▶ 长卵棒籽 *Rhabdocarpus sekitakeoi* Shimakura

种子两侧对称，呈长卵形，长 23.00mm，宽 12.00mm，顶端渐狭，基部较宽而圆。外种皮呈翅状，宽 1.50mm，完全包围着核，顶端具管状凹缺（珠孔）（图 5-3-48；何锡麟等，1996）。

产地及层位：丰城市建新煤矿；晚二叠世乐平组老山下亚段。

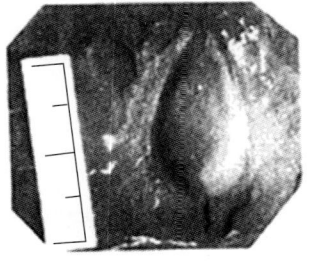

×1

图 5-3-48 *Rhabdocarpus sekitakeoi* Shimakura

◆ 翅籽属 *Samaropsis* Goeppert，1864
▶▶▶ 太原翅籽 *Samaropsis taiyuanensis* Halle

种子呈卵圆形，长约 30.00mm，宽约 16.00mm，基部有一半圆形浅凹，顶端渐尖（图 5-3-49；何锡麟等，1996）。外种皮厚度均一，宽约 4.00mm。核呈椭圆形，顶端尖。种子表面具许多弧形细纵脊。

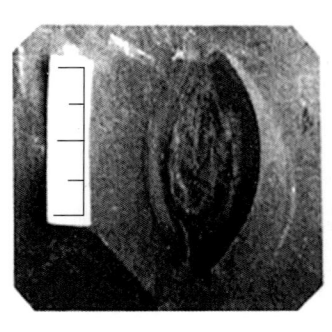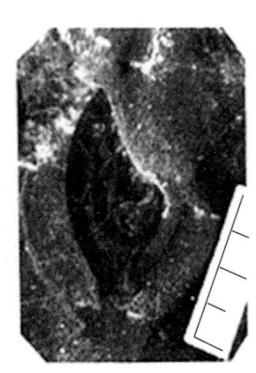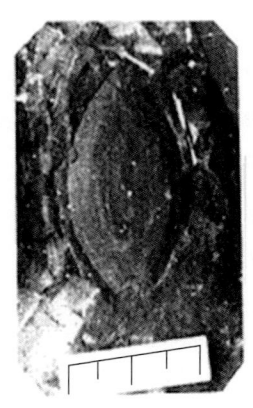

a：×1　　　　　　　　　　b：×1　　　　　　　　　　c：×1

图 5-3-49　*Samaropsis taiyuanensis* Halle

产地及层位：乐平市鸣山煤矿；晚二叠世乐平组老山下亚段。

◆ 心籽属 *Cardiocarpus* Brongniart, 1881
▶▶▶ 开平心籽 *Cardiocarpus kaipingensis* Stockman et Mathieu

种子扁平，呈宽卵圆形，长 16.00mm，宽 12.00mm。外种皮在基部厚达 2.00mm，向顶部变薄，至顶端几乎全部消失。核呈卵圆形，两端钝圆（图 5-3-50；何锡麟等，1996）。当前标本与《中国植物化石　第一册　中国古生代植物》一书中描述的河北开平的同一种名的标本（Gu et Zhi，1974）完全一致。

产地及层位：乐平市鸣山煤矿；晚二叠世乐平组老山下亚段。

◆ 角籽属 *Cornucarpus* Arber, 1914
▶▶▶ 上饶角籽 *Cornucarpus shangraoensis* He, Liang et Shen

×1

图 5-3-50　*Cardiocarpus kaipingensis* Stockman et Mathieu

种子大，呈披针形至楔形，长达 40.00mm，宽 12.00~14.00mm（图 5-3-51；何锡麟等，1996）。基部渐狭，呈楔形，顶端钝圆，具两个长顶角，长可达 25.00mm。外种皮厚约 2.00mm。

a：×0.5　　　　　　　　b：×0.5　　　　　　　　c：×0.5

图 5-3-51　*Cornucarpus shangraoensis* He, Liang et Shen

产地及层位：上饶吕江煤矿；晚二叠世上饶组吕江段（童家段）。

◆ **被子植物亚门 Angiospermae**
　◆ **双子叶植物纲 Dicotyledoneae**
　　◆ **壳斗科 Fagaceae**
　　　◆ **山毛榉属 *Fagus* Linn，1753**

落叶乔木。叶椭圆形或卵状椭圆形。叶顶短三角形，或渐尖。叶基楔状收缩，或圆形。叶全缘，有波状缘，或有稀疏叶齿。中脉强，自叶基向叶顶方向逐渐变细。侧脉互生，或互生与对生同时存在。具齿叶的侧脉达缘，全缘叶的侧脉弧曲，第三次脉与侧脉近垂直。2~4个坚果包藏于木质具刺的壳斗内，坚果卵形。

分布及时代：本化石曾在欧洲及北美洲的晚白垩世发现，但真正的可靠化石出自古近纪和新近纪地层，在北半球分布很广。

▶▶▶ **前亮叶水青冈 *Fagus praelucida* Li**

叶长卵形，长 5.60cm，宽 3.00cm（图 5-3-52；地质部南京地质矿产研究所，1982c）。叶子的指数为 187（用叶长/叶宽×100），顶端渐尖，基部浅心形。叶缘波状，具稀疏小齿。叶柄未保存。羽状达叶缘脉序。中脉明显，自叶的中部起向上，中脉略呈"之"字形。侧脉直伸，8~9 对，排列规则，伸达叶缘小齿。侧脉与中脉的夹角在叶中部为 50°左右，在叶基部角度略大。第三级脉垂直于侧脉。

产地及层位：南丰县城郊区；新近纪头陂组。

×1

图 5-3-52 *Fagus praelucida* Li

◆ **栎属 *Quercus* Linn，1753**

落叶或常绿，乔木或灌木。叶具短柄，叶片全缘或锯齿，或不同程度地浅裂。叶形变化很大，一般为长椭圆形、椭圆形、卵形、倒卵形，少数情况下为线状披针形，或几乎为圆形。全缘叶的叶脉为羽状弧曲脉序，具齿或具裂片的叶，其叶脉为羽状达缘脉序，少数情况下某些具齿叶的叶脉的上半部达缘，在下半部弧曲状，侧脉排列整齐，但叶为羽状分裂者，则叶脉排列不规则，且常有间脉。第三次脉或多或少与侧脉垂直，不分支或叉状分支。果实为坚果，近圆形，其壳斗具覆瓦状排列的鳞片。

分布及时代：主要分布于北半球，南半球偶有发现；在白垩纪至第四纪更新世均有分布。

▶▶▶ **异叶栎 *Quercus dissimilifolia* Geng**

叶倒卵披针形，中部深裂，长 10.50~15.30cm，最宽处在叶的上部，达 4.00~5.00cm，顶端渐尖，中脉粗，微弯曲，顶端弯曲明显；侧脉 10~13 对，对生或近对生，以 50°~55° 从中脉生出，直达叶缘齿尖；三次脉自侧脉垂直生出，彼此相连于侧脉间，呈较规则的矩形网眼（图 5-3-53；中国科学院北京植物研究所、南京地质古生物研究所、《中国新生代植物》编写组，1978）。

产地及层位：广昌县头陂镇；新近纪头陂组。

×1/2

图 5-3-53 *Quercus dissimilifolia* Geng

◆ 金缕梅科 Hamamelidaceae

◆ 金缕梅属 *Hamamelis* Linn，1753

落叶小乔木和灌木。叶不对称，卵形或倒卵形，以宽椭圆形为主，叶顶钝或尖，有时具不甚长的尖端，叶基狭圆形、心形或狭楔形，叶缘具齿，或具波状齿，叶脉羽状，或基部的一对特别粗强，似基侧脉，自近基部一对侧脉生出的分支弧曲状，或伸入叶齿。

分布及时代：中国分布于山东山旺中新世和江西广昌头陂新近纪；国外分布于古近纪至新近纪。

>>> 绒金缕梅 *Hamamelis miomollis* Hu et Chaney

叶近圆形，大小相差较大，长 3.10~14.00cm，宽 2.40~12.00cm，顶端短急尖或钝，基部呈心形或窄心形，不对称（图 5-3-54；中国科学院北京植物研究所、南京地质古生物研究所《中国新生代植物》编写组，1978）。叶缘具不整齐波状齿，齿小，通常不具短尖。叶柄粗壮（多保存不全，在大的叶形中，可见部分长 2.30cm，横径 3.00mm）。为不对称的

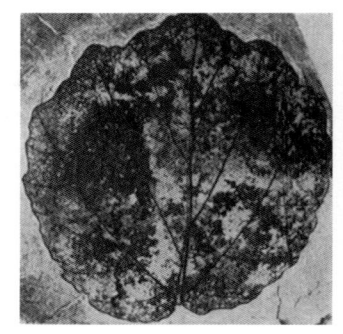

a: ×1/2　　　　　　b: ×1

图 5-3-54 *Hamamelis miomollis* Hu et Chaney

离基三出脉，中脉细长，两侧侧主脉分出角不等，一侧主脉分出角较大而长，伸至叶的前部，另一侧主脉分出角略小，伸至叶 1/2 处，外侧均具 6~9 条明显外脉，间距整齐，沿基部边缘形成环；从中脉生出的侧脉 4~6 对，互生或近对生，以 50°~55° 角从中脉生出，近顶部夹角略小，约 40°，整齐，微弯，伸至叶缘齿内；三次脉连接于侧脉间，以直角生出，间距整齐，细脉不显。

产地及层位：广昌县头陂镇；新近纪头陂组。

◆ 楝科 Meliaceae

◆ 香椿属 *Toona* Roem.

落叶乔木。羽叶复叶，小叶披针形，基部圆形，明显不对称，顶端渐尖，叶边全缘。侧脉羽

状，弧曲，近对生，近叶缘处弯曲环结。

分布及时代：亚洲、大洋洲，中国主要分布在广东、广西、云南和江西等地；新近纪。

>>> 圆基香椿 *Toona bienensis* Hu et Chaney

奇数羽状复叶，小叶披针形，长 6.00~9.70cm，宽 2.30~3.10cm，基部偏圆形，明显不对称（顶端小叶圆形，对称），顶端渐尖，小叶柄粗壮，长 1.00~2.00mm。叶边全缘或微波状（图 5-3-55；中国科学院植物研究所、南京地质古生物研究所《中国新生代植物》编写组，1978）。中脉在 2/3 以下较直，向上弯曲度明显；侧脉羽脉，弧曲，近对生，12~16 对，以 55°~60°角从中脉生出，在叶缘附近弯曲，不环结；三次脉自二次脉垂直或斜向生出，呈脉环。

产地及层位：广昌县头陂镇；新近纪头陂组。

图 5-13-55 *Toona bienensis* Hu et Chaney

◆ 槭树科 Aceraceae
◆ 槭属 *Acer* Linn，1753

多为落叶乔木。掌状分裂叶或为具 3~5 个小叶的复叶。掌状叶 3~7 裂，叶基部心形或截形，具长柄，裂片顶端渐尖状，全缘或具齿。掌状脉，基侧脉数目与裂片数目相同，侧脉达裂片边缘。果实为具二长翅的小坚果。

分布及时代：亚洲东部、欧洲南部、北美，中国主要分布在辽宁、山东、云南、山西和江西等地；晚白垩世至上新世。

>>> 细齿槭 *Acer miofranchetii* Hu et Chaney

叶阔三角形，三裂，长 6.80~8.00cm，宽 7.60~9.00cm，基部阔圆形或浅心形，裂片卵状，顶端渐尖，侧裂片较中裂片为细长，裂片间凹缺大于 45°，浅裂（图 5-3-56；中国科学院植物研究所、南京地质古生物研究所《中国新生代植物》编写组，1978）。叶柄粗壮，长 3.50cm。叶边细锯齿。掌状出脉，中脉较粗，微弯或近直伸，侧主脉与中脉交角为 35°~45°，其末端微向外弯；侧脉 6~7 对，以 35°从中脉生出，最下面一对侧脉在弯缺处分叉，近末端又有小分支，弧曲脉序，从侧主脉生出的侧脉在外侧较明显，内侧较细；三次脉排列不规则，构成较细的网眼。叶质坚硬。

图 5-3-56 *Acer miofranchetii* Hu et Chaney

产地及层位：广昌县头陂镇；新近纪头陂组。

◆ 七叶树科 Hippocastanaceae
◆ 七叶树属 *Aesculus* Linn. 1753

落叶乔木。叶具长柄，为掌状复叶，具 5~9 个小叶，小叶无柄，或具小叶柄，正中的小叶对称，具楔形叶基，两侧小叶具圆形或楔形叶基，常左右不对称，叶缘具小齿或重锯齿，少数全缘。小叶叶脉羽状，侧脉多数直伸，个别的呈弧形，近叶缘处叶脉弧状弯曲，伸入叶缘小齿，或与相邻侧脉形成脉网，三次脉细，密集，几乎垂直于侧脉。果实为蒴果，内含 1~3 颗种子，种子大型，核果状。

分布及时代：亚洲东部、北美、南欧，中国主要分布于辽宁、山东和江西等地；古近纪—新近纪。

▶▶▶ 华七叶树 *Aesculus miochinensis* Hu et Chaney

小叶椭圆状，倒披针形或矩圆形，长 8.00~17.70cm，宽 3.80~7.00cm，顶端急渐尖，基部为不对称楔形，稀为对称的楔形，叶缘具整齐细锯齿，小叶柄较粗，长 1.00cm，直或微弯曲（图 5-3-57；中国科学院植物研究所、南京地质古生物研究所《中国新生代植物》编写组，1978）。中脉较强壮，直行或微弯；侧脉多数羽状，平行，间距较密，对生或近对生，以 50°~60° 从中脉生出，弧曲，在叶缘内分叉；三次脉垂直于侧脉，不整齐地连结于侧脉间，在近叶缘处形成环，并分支进入齿。叶质地薄到坚硬。

图 5-3-57 *Aesculus miochinensis* Hu et Chaney

产地及层位：广昌县头陂镇；新近纪头陂组。

第四节　蓝藻门 Cyanophyta

◆ 念珠藻纲 Nostocophyceae
◆ 念珠藻目 Nostocales
◆ 颤藻科 Oscillatoriaceae
◆ 弯线藻属 *Comptonema* Zhang, 1977
▶▶▶ 江西弯线藻 *Comptonema jiangxiense* Hou et Fan

弯线藻由两部分构成，一是藻丝体本身，二是藻丝周围微环境中沉淀的方解石。藻丝体为弯曲的单一丝体，一个丝体内有一个藻丝，藻丝体两头绕成两个单圈（图 5-4-1；侯奎和范德廉，

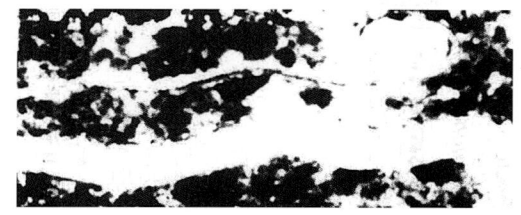
a：单偏光，×160

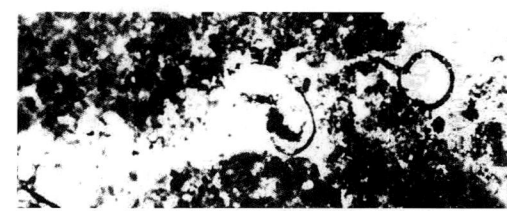
b：单偏光，×630

c：单偏光，×160

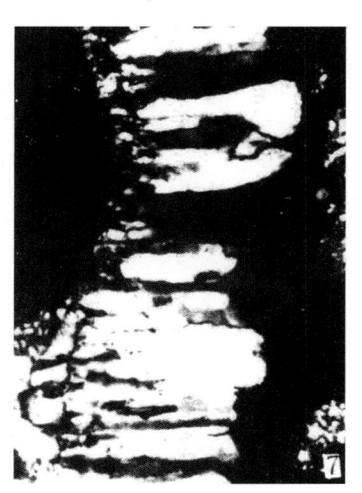
d：弯线藻的纵切面，柱状结构。正交偏光，×250

图 5-4-1 *Comptonema jiangxiense* Hou et Fan

1992）。藻丝体长 1.00~7.00mm，管径为 0.004~0.008mm。淀晶方解石柱状结构，垂直藻丝体结晶生长，一般只长在藻丝体的一侧，两端亦是，厚度 0.185mm 左右，晶体大小 0.006~0.10mm。方解石虽然已被硅化，但仍保留有原生结构特点。

产地及层位：都昌县南山；震旦纪灯影组。

南山弯线藻戈

Comptonema nanshanensis Hou et Fan

由藻丝体和淀晶方解石两部分组成。藻丝体为弯曲的单一丝体，一个丝体内有一个藻丝，不分叉，两端绕成两个多层的圆圈，管径为 0.003~0.012 5mm，两圈之间的直线距离为 1.08mm（最大可达 10.0mm）（图 5-4-2；侯奎和范德廉，1992）。

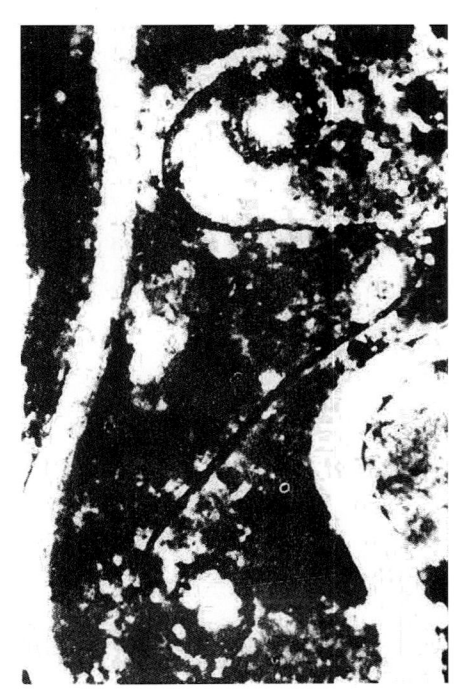
a：单偏光，×160

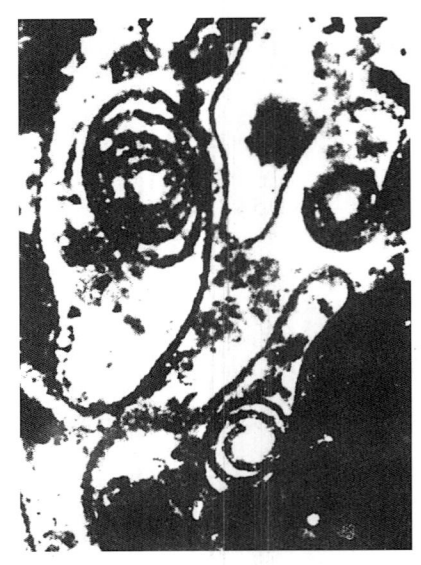
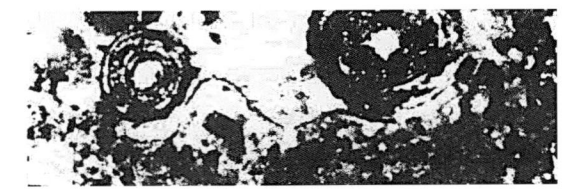

b：单偏光，×160　　　　　　　　　c：单偏光，×160

图 5-4-2　*Comptonema nanshanensis* Hou et Fan

淀晶方解石只发育在藻丝体的一侧，厚度 0.185mm 左右，晶体大小 0.006~0.10mm，虽已硅化，但仍保留原生结构特点。

产地及层位：都昌县南山；震旦纪灯影组。

第五节　蓝绿藻门 Phylum Cyanobacteria Stanier et al., 1978

◆ 藻殖段纲 Class Hormogoneae　Thuret, 1875
　◆ 颤藻目 Order Oscillatoriales　Copeland, 1936
　　◆ 颤藻科 Family Oscillatoriaceae　Kirchner, 1898
　　　◆ 管状丝藻属 Genus *Siphonophycus*（Schopf, 1968）emend. Knoll et al., 1991
　　　　》》》模式种 *Siphonophycus kestron* Schopf, 1968

Siphonophycus 属包括那些不分叉，不具横隔壁，具光滑壁的管状丝体。它们可能代表了颤藻目或念珠藻目蓝藻的细胞外胶鞘。*Siphonophycus* 属的现生代表主要行使建造藻席的功能，与此相似，*Siphonophycus* 是元古代微生物藻席的主要建造者之一。本属各个种的详尽同异名录请参阅 Butterfield 等（1994）。

》》》粗面管状丝藻 *Siphonophycus kestron* Schopf, 1968

化石为管状丝体，不分叉，不具横隔壁。丝体直径 8.00~16.00μm（图 5-5-1；周传明等，2002）。当前直径为 8.00~16.00μm 的丝状体化石中，除了少量丝体具有明显的属征外（图 5-5-1c），大量化石表现出不同的保存方式。丝体排列有明显的方向性，多呈束捆状而不是相互缠绕（图 5-5-1a、图 5-5-1d、图 5-5-1e）。偏光镜下观察，丝状体本身亦发生硅化，而残余有机质仅以"阴影"的形式出现。因此由于有机质的降解作用和后期成岩改造作用，丝体的直径可能遭到了很大的

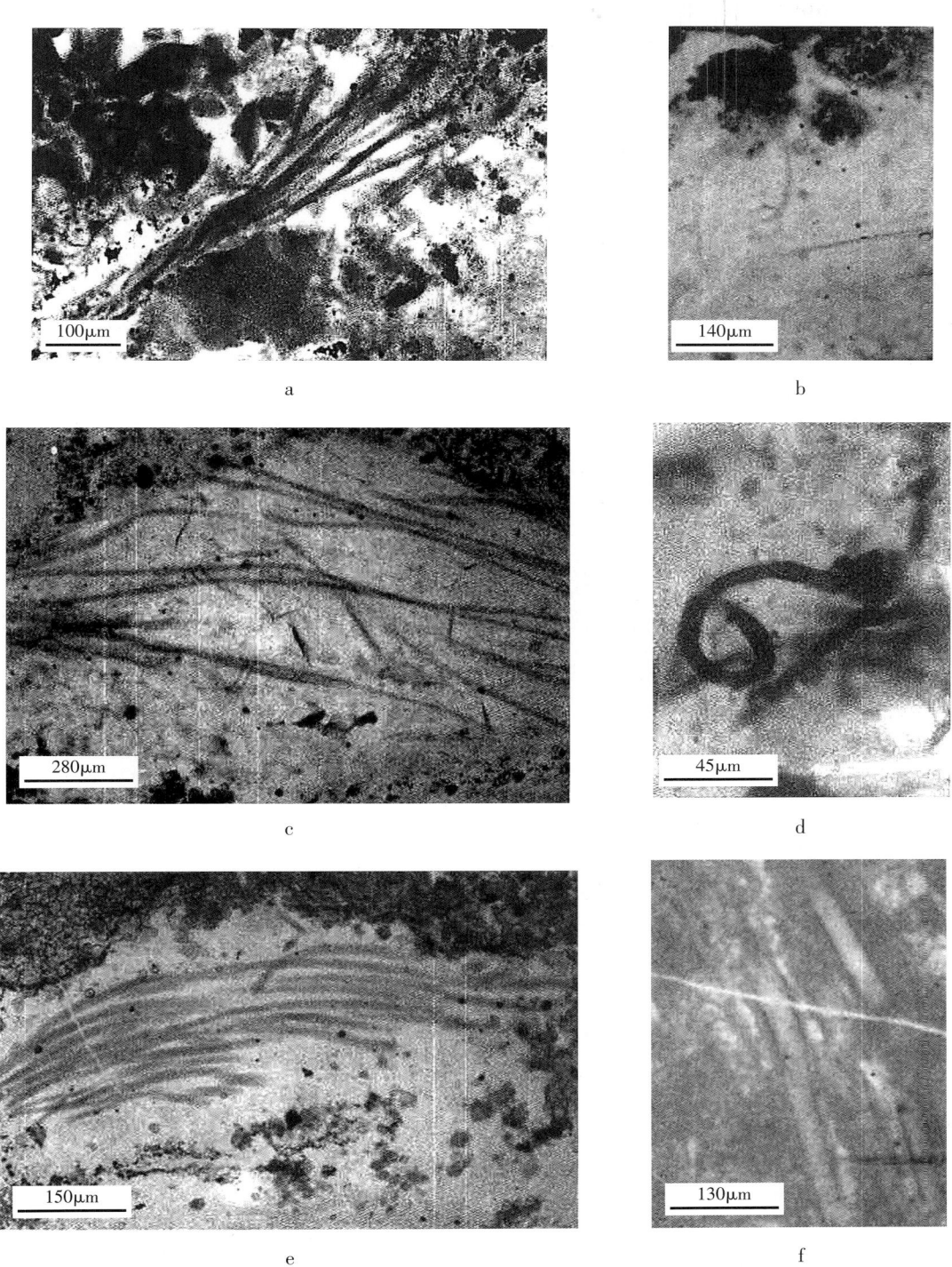

图 5-5-1 *Siphonophycus kestron* Schopf, 1968

改变。但丝体的排列方式明显是其生活状态的反映。

产地及层位：上饶市朝阳磷矿；震旦纪陡山沱组第 8 层。

◆ **疑源类 Acritarcha Evitt, 1963**
  ◆ **棘刺亚类 Acanthomorphitae Downie, Evitt et Sarjeant, 1963**
    ◆ **拟星球藻属 Genus *Asterocapsoides* Yin et Li, 1978**
      »» 模式种 *Asterocapsoides sinensis*（Yin et Li, 1978）
          emend. Zhang, Yin, Xiao et Knoll, 1998
      »» 拟星球藻（未定种）*Asterocapsoides* sp.

球形，直径 250.00~480.00μm。具双层壁结构，其中在外壁上均匀分布短锥状刺，刺饰与球体中央腔相连通（图 5-5-2b），断面呈近正三角形，刺饰基部宽 20.00~60.00μm，长可达 40.00μm（图 5-5-2；周传明等，2002）。外壁和刺饰外均沉淀了成岩期磷质包壳。化石为有机质保存。

产地及层位：上饶市朝阳磷矿；震旦纪陡山沱组上部。

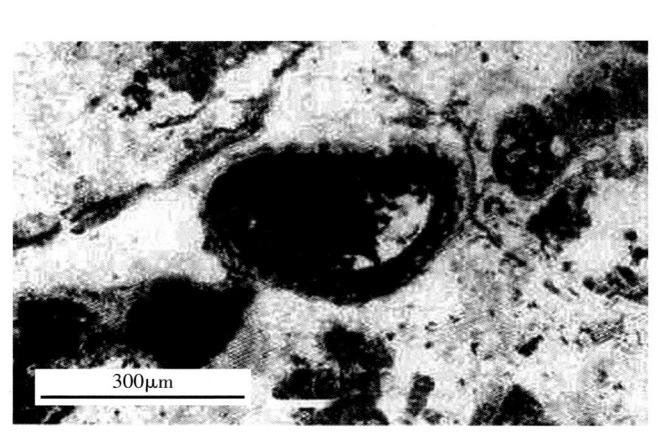
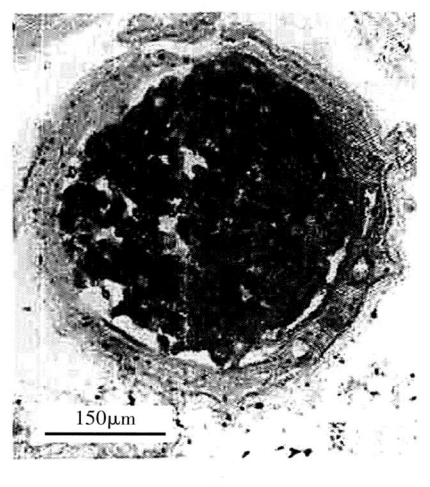

图 5-5-2 *Asterocapsoides* sp.

◆ **大藻球属 Genus *Megasphaera* Chen et Liu, 1986**
  »» 无饰大藻球 *Megasphaera inornata* Chen et Liu, 1986

化石球形，外表光滑无装饰；直径一般为 100.00~300.00μm（图 5-5-3；周传明等，2002）。外壁和内含物似为有机质保存，部分球体壁外有次生磷质沉淀加厚，球体显示不光滑外表；壁厚 10.00~20.00μm。球体内含物多发生收缩变形，剩余空间被硅质充填。

产地及层位：上饶市朝阳磷矿；震旦纪陡山沱组第 8 层。

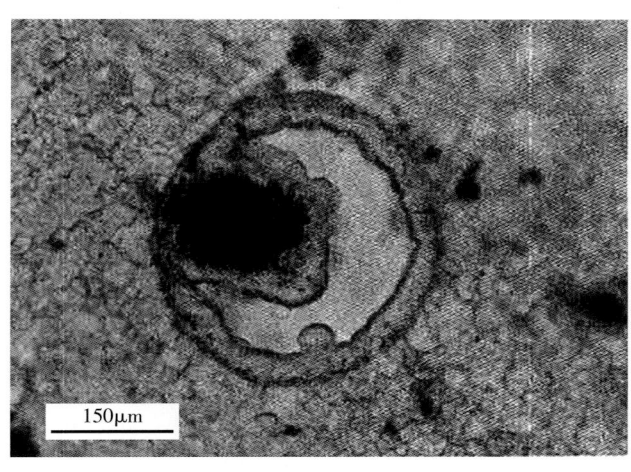
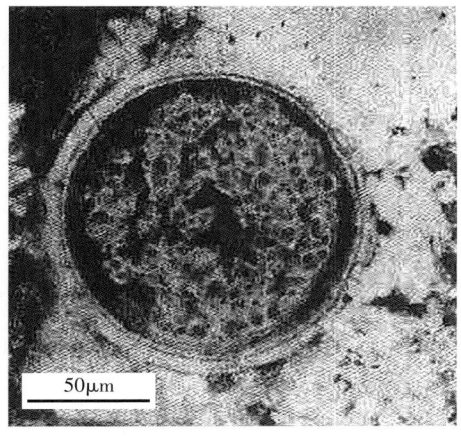

图 5-5-3 *Megasphaera inornata* Chen et Liu，1986

◆ 大刺球藻属 Genus *Meghystrichosphaeridium* Zhang, Yin, Xiao et Knoll non Chen et Liu, 1986

》》》模式种 *Meghystrichosphaeridium chadianensis* Chen et Liu, 1986

》》》茶店大刺球藻 *Meghystrichosphaeridium chadianensis*（Chen et Liu, 1986），emend. Zhang, Yin, Xiao et Knoll, 1998

球形，直径约 280.00μm；球体表面具规则紧密排列的锥状刺，刺饰与球体内部相连通，刺基部直径扩大并向顶端变尖（图 5-5-4；周传明等，2002）。刺长可达 70.00μm，基部宽约 10.00μm。球体外具次生磷质沉淀包壳。化石为有机质成分保存，局部黄铁矿化。球体有机质内含物多发生收缩变形，剩余空间被硅质充填。

产地及层位：上饶市朝阳磷矿；震旦纪陡山沱组第 8 层。

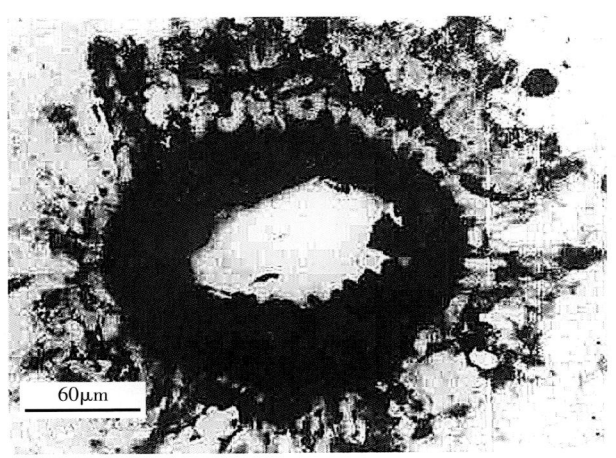

图 5-5-4 *Meghystrichosphaeridium chadianensis*（Chen et Liu, 1986），emend. Zhang, Yin, Xiao et Knoll, 1998

后 记

近年来，江西古生物化石发掘（发现）和研究取得了很多新的进展，特别是白垩纪恐龙类化石、哺乳动物化石及志留纪鱼类化石等方面成果显著。赣州盆地新发现了大量恐龙蛋、恐龙骨骼、恐龙足迹化石及蜥蜴类、龟鳖类化石，同时在该盆地发现了江西首例中生代哺乳动物化石虔州豫俊兽；在江西北部武宁盆地中首次发现成窝恐龙蛋化石；1986年5月江西广昌发掘了全国第一具最为完整的恐龙骨胳鸟臀目甲龙亚目甲龙科恐龙，虽然当时被媒体广泛宣传报道，但几十年来一直未做深入科学研究（据了解，2023年江西省博物馆已经开展科学研究工作），江西古生物化石保护和研究总体尚有大量的工作亟待开展。古生物化石保护和研究工作意义重大，对研究地球生物演化、地质环境变迁十分重要，也是大众科普非常重要的一个方向，但该项工作专业性强、所需费用巨大，相应的专业技术人才培养、专项经费投入、政府引导社会资金有序介入古生物化石保护和研究工作将非常有必要。现将近年来部分发掘（发现）和研究成果补录如下。

一、江西武宁志留纪清水组真盔甲鱼类

中国科学院古脊椎动物与古人类研究所山显任、盖志琨、赵文金2022年于《亚洲地球科学杂志》在线发表了该研究团队志留纪真盔甲鱼类的研究成果。在江西武宁志留纪兰多维列世特列奇早期（大约4.38亿年前）清水组中首次发现的早期真盔甲鱼类的两个新物种，命名为"俊卿清水鱼"和"刺猬安吉鱼"（图1）。这是真盔甲鱼类在赣西北地区红层中的首次发现，代表了迄今为止最

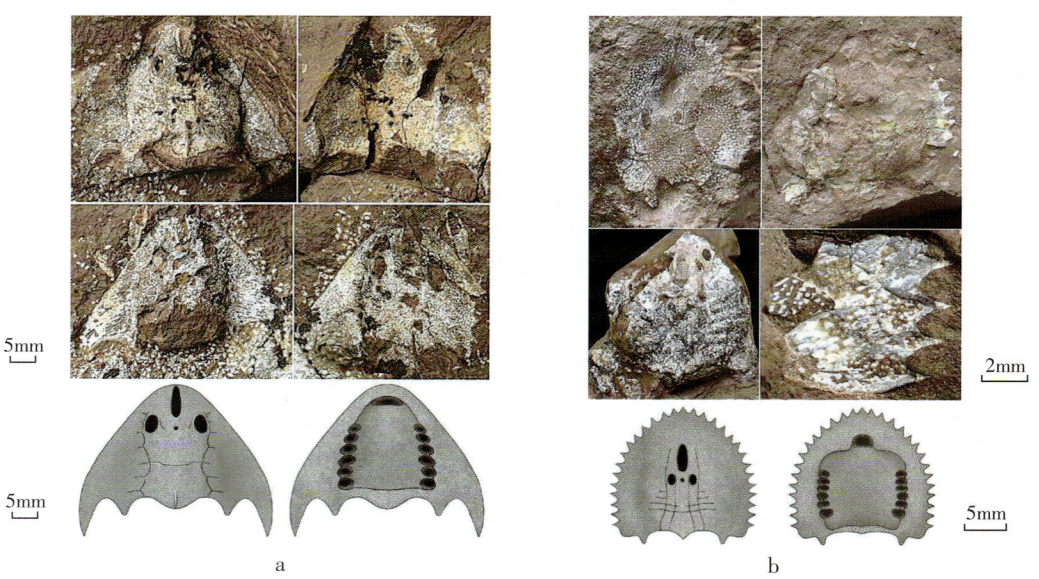

图1 俊卿清水鱼化石与复原图（a）和刺猬安吉鱼头甲化石与复原图（b）
注：由盖志琨拍摄，冯鸣娟绘，据 Shan and Gai，2022。

古老、最原始的真盔甲鱼类化石记录。

二、江西赣州赣县晚白垩世哺乳动物化石虔州豫俊兽

中国地质大学（武汉）地球科学学院胡金锋和韩凤禄2021年在《古生物学报》报道了产自江西省赣州市上白垩统赣县河口组的一件多瘤齿兽类标本，这是江西省报道的首例中生代哺乳动物化石。此标本头骨后部横向扩展，额骨较小，后端尖并构成眼眶的内侧边缘，M_1 具三列齿尖，系统发育分析支持其归入纹齿兽超科（图2）。与河南晚白垩世的中原豫俊兽形态较为相似，但是两者间也存在一些明显的区别，因此建立一个豫俊兽属新种——虔州豫俊兽（*Yubaatar qianzhouensis* sp. nov.)，鉴定特征有：m1齿尖式为7:6；M2齿尖式为1:3:3；m1颊侧后部存在一道小脊；虔州豫俊兽m2和m1的长度比例小于中原豫俊兽；冠状突呈楔状，末端尖。虔州豫俊兽的发现不仅扩展了晚白垩世多瘤齿兽类在东亚地区的地理分布和物种多样性，并且也扩展了中生代哺乳动物的地理分布。

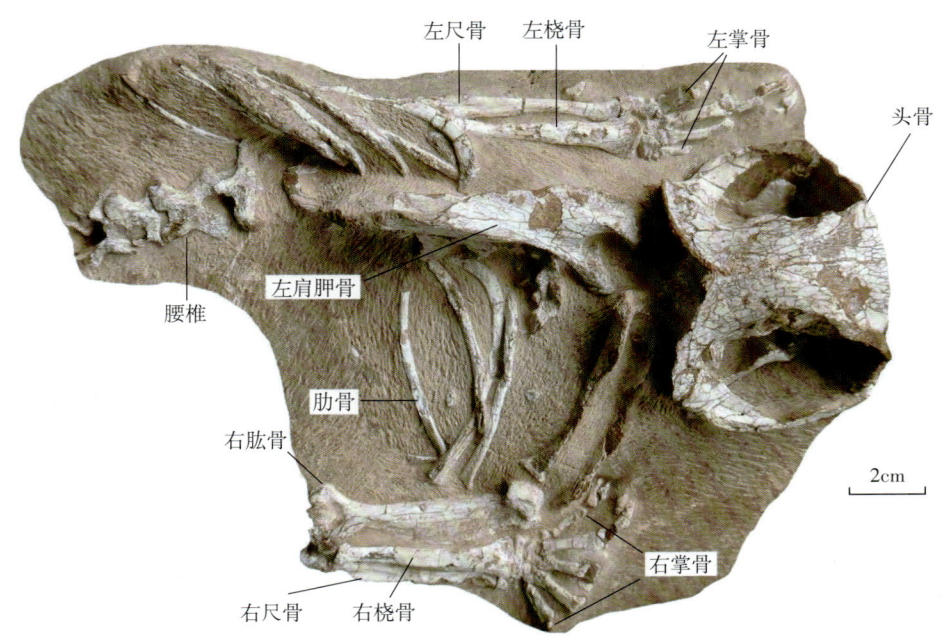

图2 虔州豫俊兽正型标本（CUGW VH101）背视图照片（据胡金锋和韩凤禄，2021）

三、江西赣州发现了全球首个"恐龙孵蛋"的化石

云南大学和中国科学院古脊椎动物与古人类研究所等单位合作的研究成果报道了发现于我国江西赣州晚白垩世（7000万年前）地层中的窃蛋龙化石，这是世界上首次发现保存有成体、胚胎和蛋窝的窃蛋龙孵卵姿势的化石（图3）。该窃蛋龙身长2m左右，蛋巢含有至少24个蛋，呈上、下三环排列；除保存了窃蛋龙成体伏在蛋巢上的孵卵姿势外，更为重要的是蛋巢内保存了正在孵化中的胚胎，其中7个已经存在胚胎，即将孵化，有一个甚至已经发育出了大部分骨骼，它们为认识窃蛋龙孵卵行为和孵化方式提供了最新的证据。分析这些胚胎的氧同位素后，研究人员发现蛋的温度与

上方恐龙的体温一致，介于 30~38℃（86~100℉）之间。

这项研究的首席研究员、云南大学脊椎动物演化研究院古生物学家毕顺东说："伏在蛋巢上的恐龙化石很罕见，胚胎化石也很罕见。这是世界上首次发现同时保存有非鸟类恐龙、胚胎和蛋巢的化石。"

图 3　保存有成体、胚胎和蛋窝的窃蛋龙孵卵姿势的化石（据 Bi al et., 2121）

四、江西赣州发现世界最完整鸭嘴龙类胚胎化石"英贝贝"

中外科学家在学术刊物 *BMC Ecology and Evolution* 上联合发表了关于迄今为止科学记录的最完整的鸭嘴龙类胚胎的论文，描述了两件有着 7200 万~6600 万年历史的恐龙胚胎，揭秘了恐龙时尚和繁殖的重要问题。

研究由福建省英良石材自然历史博物馆、中国地质大学（北京）、中国台湾自然科学博物馆和加拿大自然博物馆的学者共同参与。论文所聚焦的鸭嘴龙类胚胎"英贝贝"原产于中国江西省赣南地区白垩纪晚期的地层中，距今 7200 万~6600 万年，目前收藏于福建省英良石材自然历史博物馆。

"英贝贝"胚胎所在的蛋为长径约 9cm 的椭圆体，容积约 660mL，胚胎部分约占整个蛋的 40%，胚胎蛋有着薄薄的约 0.4mm 厚的蛋壳，其微观结构显示其属于圆形蛋科（Spheroolithidae）（图 4）。

根据恐龙胚胎的头骨、脊椎和四肢骨骼的独特形状，可以推断出这枚恐龙蛋中包含的化石胚胎"英贝贝"属于鸭嘴龙类。这是一类生活在恐龙时代末期的大型植食性恐龙，它们都长着极具辨识度的、鸭子一样的扁平嘴巴。著名的埃德蒙顿龙、山东龙、青岛龙、盔龙、慈母龙都属于这个类群。

图 4　鸭嘴龙类胚胎化石"英贝贝"（据 Xing et al., 2002）
注：该标本馆藏于福建省英良石材自然历史博物馆。

五、江西赣州赣县蜥脚类恐龙——腔尾赣地巨龙

2024 年 1 月 17 日，国际权威期刊 Journal of Systematic Palaeontology 发表了由江西省地质博物馆、江西省地质调查勘查院（基础地质调查所）、中国地质大学（武汉）和中国科学院古脊椎动物与古人类研究所等单位共同完成的研究成果。该期刊报道了来自江西赣州盆地晚白垩世早期一新的蜥脚类恐龙（图 5），并命名为腔尾赣地巨龙（Gandititan cavocaudatus）。这是迄今为止该地区保存最完整的蜥脚类恐龙，也是继赣南龙和江西巨龙之后，江西省报道的第三种蜥脚类恐龙，为该类恐龙的早期演化提供了重要信息。标本现馆藏于江西省地质博物馆。

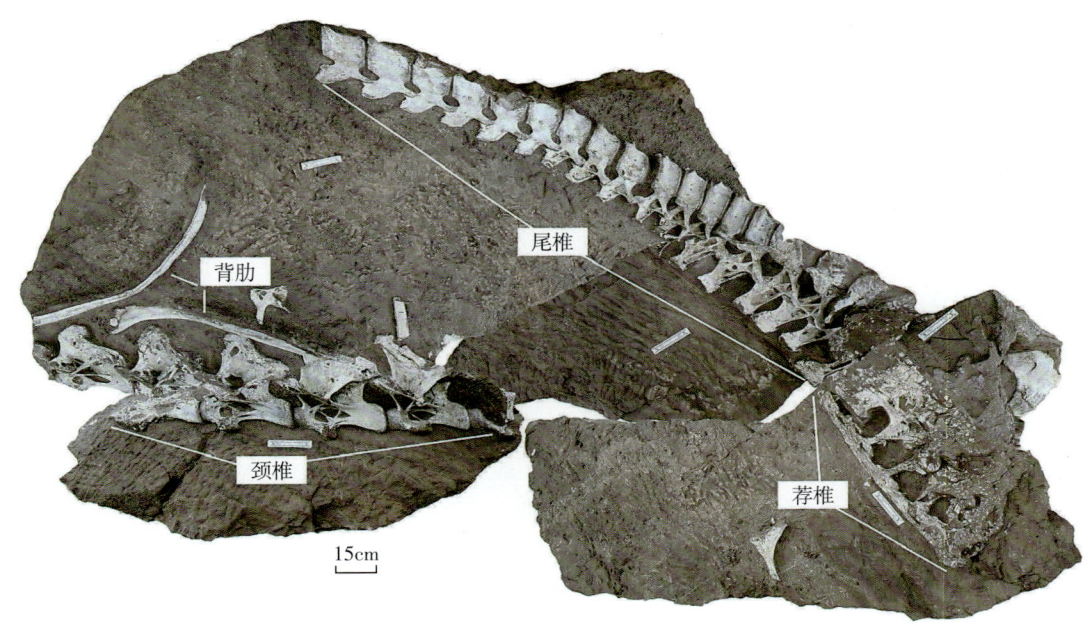

图 5　腔尾赣地巨龙整体保存情况（据 Han et al., 2024）

研究人员对该化石进行了精细的修理和暴露，先后修理出一串关联的颈椎 6 枚，背椎 2 枚，完整荐椎 6 枚，部分保存的肋骨、腰带以及完整保存的前侧 17 枚尾椎。研究人员对这具标本进行了详细的骨骼形态学研究，发现它具有很多不同于其他蜥脚类恐龙的独有特征，特别是它的前侧尾椎，在椎弓和神经棘上具有非常发育的腔室，前侧 6 个尾椎神经棘是分叉的。据此研究人员建立了一种新的蜥脚类属种，命名为腔尾赣地巨龙（*Gandititan cavocaudatus*）。属名中"赣地"包含了两个意思："赣"意指发现地赣州市赣县区，"地"是指地质学；"赣地"献给艰苦奋斗的江西地质工作者。种名"腔尾"则指示其独特的腔室发育的前侧尾椎。

研究人员根据保存的骨骼化石对其体长进行了精确估算，估算出身体总长度达到了 14m，其中脖子和尾巴最长，都在 5m 左右，是江西目前研究发现的最完整的巨型恐龙——泰坦巨龙类，不过它在蜥脚类恐龙里面还是属于"小个子"。从骨骼愈合情况来看，组成腰带的 3 块骨骼已经愈合到一起，保存的椎体和椎弓愈合得也很好，因此判断这个个体死亡时已经至少是亚成年个体。

六、江西赣州发现暴龙类足迹化石

该研究由中国地质大学（北京）的邢立达副教授、英良石材自然历史博物馆执行馆长钮科程、美国科罗拉多大学足迹博物馆馆长马丁·洛克利（Martin G. Lockley）等学者共同参与。2019 年研究成果论文以封面文章的形式发表在国内权威学术期刊 *Science Bulletin* 上。标本收藏在福建南安市英良石材自然历史博物馆。

恐龙足迹长度超过 58cm。据中国地质大学（北京）邢立达副教授介绍，这个足迹的爪痕尖锐，跖趾垫非常发达，表明恐龙脚部稳固，几个趾头，尤其是第 II 趾非常发达，它的旁边还保存有一个小的、外翻的凸起，这很可能是大拇趾的痕迹，所有证据都表明这个足迹与发现于美国的暴龙（*Tyrannosauripus*）足迹非常相似，极可能为暴龙所留下的（图 6）。这个暴龙足迹的造迹者体长可达 7.5m。与赣州本地发现的暴龙类——中华虔州龙的体长非常相似，后者的体长 7.5~9m，"足迹和虔州龙骨骼化石的发现地相距不过 33km！"邢立达强调，"从顶级掠食者的活动范围看，该区的掠食者可能只有一种，非常可能是虔州龙留下的。"

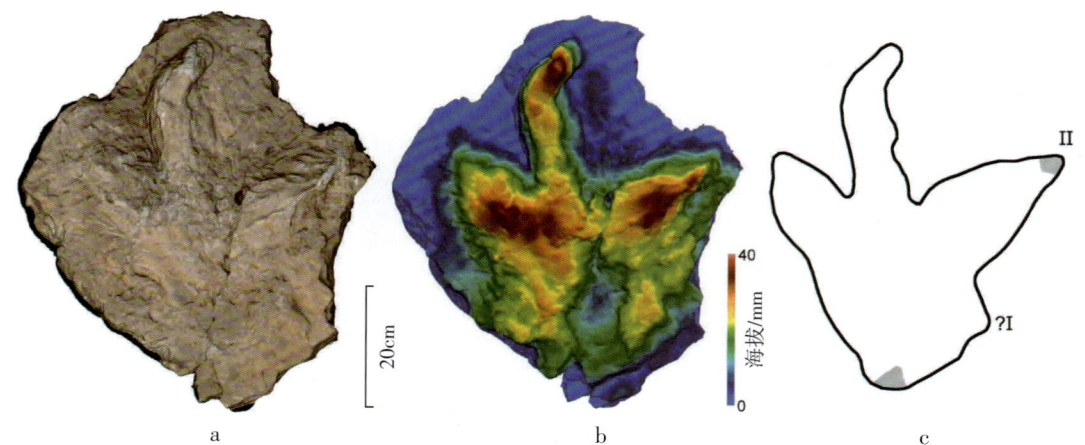

a：足迹化石照片；b：三维高度图像（暖色=高区域，冷色=低区域）；c：和解释性轮廓图（灰色区域代表受损部分）

图 6　足迹化石照片（据 Xing et al.，2019）

七、江西近年来发现但尚未开展研究的化石情况

1. 江西省赣州市章贡区发现鸭嘴龙化石

经自然资源部办公厅审批（自然资办函〔2021〕685号）后，2021年4—5月，江西省地质调查研究院与江西地质博物馆联合对赣州市章贡区竹筒坑恐龙化石骨骼进行了抢救性发掘（图7）。经初步修复，可能存在3具骨架化石，确定为鸭嘴龙化石，这在赣州盆地属首次发现的鸭嘴龙化石（图8），目前正在开展相关的科学研究。标本保存于江西省地质调查勘查院基础地质调查所。

图7 赣州市章贡区竹筒坑恐龙化石骨骼抢救性发掘现场（楼法生供图）

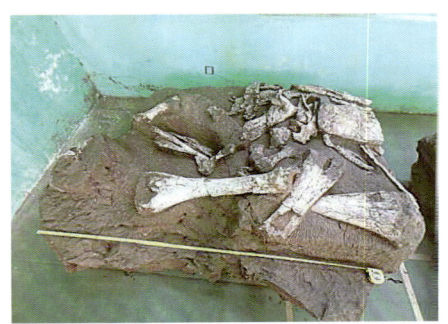

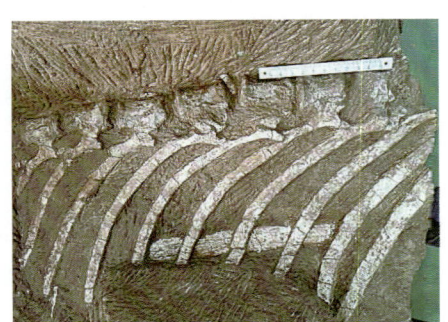

图8 赣州市章贡区竹筒坑鸭嘴龙化石（楼法生供图）

2. 江西省赣州市南康区发现恐龙足迹化石

2023年8月17日，在江西省赣州市南康区龙岭镇小贝山附近一工地施工中，发现恐龙足迹化石，岩石表面保留较完整的恐龙足迹3枚（图9）。目前标本馆藏于江西省地质博物馆。

图9 南康区龙岭镇恐龙足迹化石

注：a图由鲁丕坤供图；b图由于娟供图。

3. 江西武宁盆地恐龙蛋化石

2022年10月5日下午，江西省九江市武宁县罗坪镇关山村渡溪一工地挖出一窝恐龙蛋化石（图10），3枚恐龙蛋化石保存较完整，3枚蛋边还有数个印模，但现场未发现脱落的蛋化石。经多位化石专家研究，初步判断在江西武宁发现的恐龙蛋化石埋藏年代为晚白垩世，距今约7000万年。此次发

图10 武宁县渡溪工地现场（a）及恐龙蛋化石（b）照片（楼法生供图）

现表明武宁盆地存在晚白垩世沉积地层，同时也填补了江西北部恐龙化石的空白，对于研究晚白垩世赣北地区的古气候以及恐龙分布状态和栖息方式有非常重要的意义。标本馆藏于武宁县博物馆。

4. 其他地区新发现的恐龙蛋化石

2021年4月，江西赣州于都县宽田乡杨公村一处工地上，挖掘机挖出了10枚碗口大小的椭圆形"石疙瘩"。经专家鉴定，这些"石疙瘩"为白垩纪时期的恐龙蛋化石，目前已被于都县博物馆馆藏（图11）。

图11　江西省于都县工地挖出的恐龙蛋化石（邱文江供图）

2019年5月，江西省萍乡市的江西工业工程职业技术学院黄诚浩等4名学生来到学校附近的山地里游玩踏青时发现恐龙蛋化石（图12），现保管在萍乡市博物馆。

图12　江西省萍乡市的恐龙蛋化石（据萍乡日报图件）

2020年9月，江西省萍乡市上栗县的施工人员在工业园道路施工时，发现多个青灰色椭圆状石头，外形犹如巨型鸡蛋（图13）。该处方圆数10km²范围内曾多次发现恐龙蛋化石，当地文物部门到现场调查及取走样本鉴定，事后判定其为恐龙蛋化石。经初步鉴定，此次发现的恐龙蛋化石是晚白垩世早期的蜂窝蛋类，距今约9000万年。参与此次考察的专家王强表示，蜂窝蛋类是恐龙蛋的一个大类，主要特征是蛋壳的弦切面具有蜂窝状的结构。

图13 江西省萍乡市上栗县工地挖出的恐龙蛋化石（据中国江西网–江西头条图件）

2017年12月25日，江西省大余县新大余中学项目工程建设现场，工人在进行土层爆破挖掘时，发现20余枚椭圆形的"石疙瘩"。经专家鉴定，这些"石疙瘩"是一窝窃蛋龙恐龙蛋化石，黑色碎片为恐龙蛋的蛋壳，是一窝比较完整的蛋，有20~30枚。化石年份约在白垩纪时期，距今1.3亿年左右。该化石已移交大余县博物馆进行保管。

图14 江西省大余县工地挖出的恐龙蛋化石（据中新网图件）

主要参考文献

陈国达，1940. 新淦峡江间地质矿产 [J]. 江西地质调查所临时简报，第 5 号：8-31.

陈国达，1944. 江西大羽羊齿植物群之分布及其在乐平盆地之发现 [J]. 地质论评，9（3/4）：159-165，263.

陈国达，刘辉泗，1939. 江西贡水流域地质 [J]. 江西地质调查所临时简报，第 2 号：8-33.

陈丕基，沈炎彬，1979. 中国中、新生代叶肢介动物群及其在华南红层的分布 [M]. 北京：科学出版社.

陈旭，韩乃仁，1964. 江西玉山早奥陶世笔石地层 [J]. 地质论评，22（2）：81-91.

陈旭，戎嘉余，丘金玉，等，1987. 江西玉山祝宅晚奥陶世地层、沉积特征及环境初探 [J]. 地层学杂志，11（1）：23-24.

陈旭，孙旭荣，韩乃仁，1964. 玉山笔石（*Yushanograptus*）——江西玉山宁国页岩组中的一个新笔石属 [J]. 古生物学报，12（2）：236-240.

陈旭，杨达铨，1988. 江西玉山早奥陶世笔石动物群分带及分异 [J]. 地层学杂志，12（2）：112-124.

陈旭，杨达铨，韩乃仁，等，1983. 江西玉山早奥陶世宁国组底部工字笔石带的笔石 [J]. 古生物学报，22（3）：324-330.

地质部南京地质矿产研究所，1982a. 华东地区古生物图册（一）早古生代分册 [M]. 北京：地质出版社.

地质部南京地质矿产研究所，1982b. 华东地区古生物图册（二）晚古生代分册 [M]. 北京：地质出版社.

地质部南京地质矿产研究所，1982c. 华东地区古生物图册（三）中、新生代分册 [M]. 北京：地质出版社.

邓国辉，龙年军，贺和岭，2006. 赣东北构造带中的"放射虫硅质岩"不是"茅口组硅质岩" [J]. 现代地质，20（4）：573-578.

丁素因，张玉萍，1979. 江西池江盆地的食虫类和犭亚兽类化石 [C] // 中国科学院古脊椎动物与古人类研究所，中国科学院南京地质古生物研究所. 华南中、新生代红层 广东南雄华南白垩纪—早第三纪红层现场会议论文选集. 北京：科学出版社：354-359.

冯洪真，王海峰，1998. 江西武宁晚奥陶世五峰期的叉笔石 [J]. 古生物学报，37（4）：408-426.

冯景兰，1950. 江西鄱乐煤田 [J]. 清华大学学报，2（1）：1-9.

顾和林，1988. 江西清江盆地早第三纪新余组腹足类化石 [J]. 古生物学报，27（1）：111-123.

何锡麟，梁敦士，沈树忠，等，1996. 中国江西二叠纪植物群研究 [M]. 徐州：中国矿业大学出版社.

侯奎，范德廉，1992. 江西都昌南山震旦系灯影组发现弯线藻化石 [J]. 地质科学，增刊：378-381.

胡金锋，韩凤禄，2021. 虔州豫俊兽（*Yubaatar qianzhouensis* sp. nov.）：江西赣州盆地首例晚白垩世哺乳动物化石 [J]. 古生物学报，60（4）：565-579.

胡世忠，1983. 赣南小江边灰岩的腕足类及其时代的讨论 [J]. 古生物学报，22（3）：338-343.

湖北省区域地质测量队，1984. 湖北省古生物图册 [M]. 武汉：湖北科学技术出版社.

黄汲清，1932. 中国南部之二叠纪地层 [J]. 前中央研究院地质研究所地质专报，甲种，第 10 号：1-16.

黄万坡，计宏祥，1963. 江西乐平"大熊猫-剑齿象"化石及其洞穴堆积 [J]. 古脊椎动物与古人类，7（2）：182-185.

黄兆祺，李富玉，林启彬，1991. 江西弋阳梅溪早侏罗世昆虫 [J]. 古生物学报（5）：647-653，682.

黄枝高，肖承协，夏天亮，1988. 崇义—永新地区中、上奥陶统重要笔石动物群 [M]. 北京：地质出版社.

江西省地质矿产局，1984. 江西省区域地质志 [M]. 北京：地质出版社.

江西省地质矿产厅，1997. 江西省岩石地层 [M]. 武汉：中国地质大学出版社.

江西省地质矿产勘查开发局，2017. 中国区域地质志·江西志 [M]. 北京：地质出版社.

李富玉，1986. 江西上饶以南的上饶组 [J]. 地层学杂志，10（4）：297-303.

李汉民，1931. 江西梓山组植物化石新资料 [J]. 中国地质科学院南京地质矿产研究所所刊，2（2）：56-66.

李积金，肖承协，陈洪冶，2000. 江西崇义早奥陶世宁国期典型太平洋笔石动物群 [M]. 北京：科学出版社.

李茜，2015. 江西池江盆地阶齿兽一新种 [J]. 古脊椎动物学报，43（4）：83-87.

李四光，1975. 中国第四系冰川 [M]. 北京：科学出版社.

李文恒，1981. 江西铅山"龙潭组"发现早二叠世䗴类 [J]. 地层学杂志，5（2）：156-156.

李晓池，丁梅华，1987. 华南上二叠统长兴阶有孔虫与牙形石（组合）的对比分析 [J]. 地质论评，33（5）：395-401.

李星学，蔡重阳，1979. 中国泥盆纪植物群 [J]. 地层学杂志，3（2）：90-95.

李英鉴，吴荣楠，1959. 赣西中生代含煤地层的划分及时代 [J]. 地质学报，39（3）：239-303.

李毓尧，1933. 江西北部修水流域地质 [J]. 前中央研究院地质研究所丛刊，第3号：20-36.

廖卓庭，1997. 中国南部长兴阶腕足动物组合带及二叠、三叠纪混生动物群中的腕足动物 [J]. 地层学杂志，3（2）：207.

林宝玉，邹新祜，1977. 浙赣地区晚奥陶世床板珊瑚、日射珊瑚及其地层意义 [C] // 中国地质科学院地层古生物论文集编委会. 地层古生物论文集. 北京：地质出版社.

林天瑞，1985. 江西武宁晚奥陶世晚期三叶虫 [J]. 南京大学学报，21（1）：146-154.

林天瑞，1986. 江西武宁晚寒武世晚期三叶虫 [J]. 南京大学学报，22（1）：129-146.

刘继顺，韩秀萍，吴越生，1982. 江西冷水坞组及其地质时代 [J]. 地层学杂志，6（4）：189-197.

刘亚光，1963. 湘赣边境晚泥盆世地层 [J]. 地质论评，21（2）：53-57.

刘亚光，1993. 江西峡山群的划分命名及其穿时性 [J]. 中国区域地质（4）：328-334.

刘亚光，1997. 江西古生代鱼类 [J]. 江西地质，11（2）：7-12.

刘亚光，1999. 江西恐龙蛋的分类及层位 [J]. 江西地质，13（2）：2-6.

卢衍豪，林焕令，1980. 浙西寒武—奥陶系的分界及所含三叶虫 [J]. 古生物学报，19（2）：118-138.

马振兴，黄俊华，魏源，等，2024. 鄱阳湖沉积物近8ka来有机质碳同位素记录及其古气候变化特征 [J]. 地球化学，33（3）：279-285.

马振兴，蒋玉珍，魏源，等，2003. 鄱阳湖组（第四系）的修订及特征 [J]. 地层学杂志，27（3）：212-215.

梅美棠，李进保，1983. 江西萍乡、英岗岭、丰城二叠纪龙潭组含煤地层大羽羊齿类化石的新材料 [J]. 中国矿业学院学报，2（2）：50-61.

煤炭部湘赣煤田地质会战指挥部，中国科学院南京地质古生物研究所，1968. 湘赣地区中生代含煤地层化石手册 [M]. 北京：科学出版社.

煤炭科学研究院地质勘探研究所，1980. 湘赣地区中生代含煤地层化石：第二分册 双壳纲化石 [M]. 北京：煤炭工业出版社.

煤炭科学研究院地质勘探研究所，1980. 湘赣地区中生代含煤地层化石：第四分册 植物化石 [M]. 北京：煤炭工业出版社.

穆恩之，陈旭，1962. 中国的笔石 [M]. 北京：科学出版社.

倪寓南，1991. 中国古生物志. 总号第181册. 新乙种第28号. 江西武宁下奥陶统顶部和中奥陶统的笔石 [M]. 北京：科学出版社.

潘江，1979. 中国胴甲类鱼化石生物地层意义 [J]. 地层学杂志，3（2）：131-134.

潘江，王士涛，1983. 江西修水西坑组多鳃鱼目化石一新科 [J]. 古生物学报，22（5）：505-509.

戎嘉余，1985. 论我国志留系的建阶问题 [J]. 地层学杂志，9（2）：96-107.

盛金章，1962. 中国的䗴类 [M]. 北京：科学出版社.

盛金章，芮琳，1984. 江西乐平鸣山矿区上二叠统长兴阶的䗴类 [J]. 中国微体古生物学报，1（1）：30-45.

斯行健，1958. 江西乐平梓山煤系植物化石 [J]. 古生物学报，6（4）：53-68，174-178.

斯行健，李星学，1963. 中国的植物化石 第二册 中国中生代植物 [M]. 北京：科学出版社.

斯行健，徐仁，1954. 中国标准化石：植物 [M]. 北京：地质出版社.

苏德造，李浩昌，1990. 记江西一新的中华弓鳍鱼化石 [J]. 古脊椎动物学报，28（2）：140-149，171-172.

孙存礼，1981. 江西晚第三纪地层的发现 [J]. 地质论评，27（3）：256-259.

孙存礼，1988. 江西早三叠世地层 [J]. 地层学杂志，12（1）：39-47.

孙存礼，黄冬保，1995. 赣西南"阳岭砾岩"微古植物的发现及其时代的探讨 [J]. 中国区域地质（1）：32-35.

同号文，邓里，陈曦，等，2018. 江西萍乡上栗杨家湾洞晚更新世长鼻类化石：兼论东方剑齿象－亚洲象组合 [J]. 古脊椎动物学报，56（4）：306-326.

童永生，1979. 池江盆地早始新世恐角类化石 [C] // 中国科学院古脊椎动物与古人类研究所，中国科学院南京地质古生物研究所. 华南中、新生代红层 广东南雄华南白垩纪—早第三纪红层现场会议论文选集. 北京：科学出版社.

童永生，张玉萍，王伴月，等，1976. 南雄盆地和池江盆地早第三纪地层 [J]. 古脊椎动物与古人类，14（1）：23-24.

童永生，张玉萍，郑家坚，等，1979. 江西池江盆地下第三系及哺乳动物群的探讨 [C] // 中国科学院古脊椎动物与古人类研究所、中国科学院南京地质古生物研究所. 华南中、新生代红层 广东南雄华南白垩纪—早第三纪红层现场会议论文选集. 北京：科学出版社.

王伴月，丁素因，1979. 江西池江盆地的阶齿兽类化石 [M] // 中国科学院古脊椎动物与古人类研究所、中国科学院南京地质古生物研究所、华南中、新生代红层 广东南雄华南白垩纪—早第三纪红层现场会议论文选集. 北京：科学出版社.

王保峰，巫建华，2011. 江西南部版石盆地火山岩锆石（SHRIMP）U-Pb年龄及地质意义 [J]. 东华理工大学学报（自然科学版），34（1）：18-24.

王博，舒良树，2001. 对赣东北晚古生代放射虫的初步认识 [J]. 地质论评，47（4）：337-344.

王池阶，冯天元，1981. 我国著名的地质学家、煤田地质学界的先驱——王竹泉先生 [J]. 地质论评，27（2）：185-188.

王根贤，夏志芬，湘东，1983. 赣西 Cystophrentis 的发现及岩关阶地层划分 [J]. 地层学杂志，7（3）：197-200.

王根贤，夏志芬，湘东，1984. 赣西晚泥盆世地层划分 [J]. 地层学杂志，8（4）：286-295.

王鸿祯，1985. 中国古地理图集 [M]. 北京：中国地图出版社.

王俊卿，1984. 我国泥盆纪鱼类分布、组合和性质 [J]. 古脊椎动物与古人类，22（3）：179-224.

王俊卿，王念忠，2000. 江西崇义地区上泥盆统节甲类（Arthrodira）的新材料 [J]. 古脊椎动物学报，38（3）：232-236，244.

王念忠，金帆，王炜，等，2007a. 浙江和江西二叠/三叠系界线层上下的辐鳍鱼类化石与鱼类的绝灭、复苏和辐射 [J]. 古脊椎动物学报，45（4）：307-329.

王念忠，朱相水，金帆，等，2007b. 浙江和江西二叠系/三叠系界线以下的软骨鱼类微体化石——华南二叠系/三叠系界线上下鱼类序列研究之五 [J]. 古脊椎动物学报，45（1）：13-36.

王钰，金玉玕，方大卫，1964. 中国的腕足动物化石（上、下册）[M]. 北京：科学出版社.

王云慧，陈华成，覃兆松，1989. 江西上高、高安地区早二叠世地层 [J]. 地层学杂志，13（2）：133-138.

王云慧，覃兆松，1982. 江西高安船山组的䗴类 [J]. 中国地质科学院南京地质矿产研究所所刊，4（3）：79-110.

王志浩，朱相水，2000. 江西长兴组顶部与大冶组底部牙形石的再研究 [J]. 微体古生物学报（1）：57-63，121-122.

魏秀喆，肖承协，陈胜高，等，1966. 江西永新、宁冈一带奥陶纪笔石地层 [J]. 地层学杂志，1（1）：65-75.

文子才，王希明，宋志瑞，等，2000. 赣北前震旦纪微古植物组合及其时代讨论 [J]. 江西地质，14（3）：167-171.

吴乃琴，1989. 江西清江盆地临江组非海相腹足类化石及时代讨论 [J]. 古生物学报，28（6）：751-764.

武汉地质学院古生物教研室，1980. 古生物学教程 [M]. 北京：地质出版社.

肖承协，1987. 浙赣地区奥陶纪的一些多支笔石 [J]. 古生物学报，26（5）：629-635.

肖承协，陈洪冶，1990. 玉山古城一带早中奥陶世笔石动物群 [J]. 江西地质，4（2）：1-243.

肖承协，陈洪冶，1991. 江西玉山古城一带早奥陶世笔石地层 [J]. 地层学杂志，15（2）：174-183.

肖承协，陈洪冶，1993. 江西崇义早奥陶世茅坪组的笔石 [J]. 古生物学报，32（3）：355-371.

肖承协，陈洪冶，谢文伟，1988. 赣西南早奥陶世樟木曲组笔石带修正和补充 [J]. 华东地质学院学报，11（3）：207-214.

肖承协，黄学浐，1975. 江西崇义早奥陶世笔石地层 [J]. 地质学报，49（2）：122-124.

肖承协，夏天亮，1985. 江西南部早奥陶世心笔石科（Cardiograptidae）新材料及其演化关系 [J]. 古生物学报，24（4）：429-439.

徐克勤，丁毅，1943. 江西南部钨矿地质 [J]. 前中央地质调查所地质专报，甲种（第17号）：1-26.

许玩宏，1993. 江西信江盆地周家店组的介形类化石 [J]. 微体古生物学报，10（3）：337-344.

杨明桂，刘亚光，黄志忠，2012. 江西中新元古代地层的划分及其与邻区对比 [J]. 中国地质，39（1）：49-50.

杨水源，蒋少涌，蒋耀辉，等，2010. 江西相山流纹英安岩和流纹英安斑岩 U-Pb 年代学和 Hf 同位素组成其地质意义 [J]. 中国科学：地球科学，40（8）：953-969.

杨群，王玉净，尹磊明，等，2006. 赣东北蛇绿混杂岩带和变质岩系中"放射虫硅质岩"的再研究 [J]. 高校地质学报，12（1）：98-105.

杨钟健，1965. 广东南雄、始兴、江西赣州的蛋化石 [J]. 古脊椎动物学报（2）：19-37.

杨钟健，1973. 江西赣县的一中生代蜥蜴类 [J]. 古脊椎动物学报，11（1）：44-45.

杨遵仪，殷鸿福，吴顺宝，等，1987. 华南二叠系—三叠系界线地层及动物群 [M] // 中华人民共和国地质矿产部地质专报：二、地层古生物，第6号. 北京：地质出版社.

殷鸿福，1962. 贵州三叠纪生物地层问题 [J]. 地质学报（2）：51-83，160-161.

尹道恒，邵卫根，陈思英，1992. 江西德安北部地区嘉陵江组地质时代新认识 [J]. 江西地质，6（1）：40-43.

余汶，王惠基，李子舜，1963. 中国的腹足类化石 [M]. 北京：科学出版社.

俞昌民，1960. 中国奥陶纪珊瑚化石 [J]. 古生物学报，8（2）：65-102.

俞昌民，吴望始，赵嘉明，等，1963. 中国的珊瑚化石 [M]. 北京：科学出版社.

俞建华，方一亭，刘怀宝，1982. 江西武宁早奥陶世新厂期笔石地层 [J]. 南京大学学报（2）：478-487.

俞建华，夏树芳，方一亭，1976. 江西修水流域的奥陶系 [J]. 南京大学学报（2）：226-229.

俞剑华，刘怀宝，1984. 江西修水流域新厂期反称笔石科（Anisograptidae）化石 [J]. 古生物学报，23（5）：532-541.

詹仁斌，戎嘉余，1994. 江西玉山下镇晚奥陶世扭月贝族一新属——*Tashanomena* [J]. 古生物学报，33（4）：416-428.

张敬礼，1980. 江西彭泽龙宫洞下寒武统三叶虫及其意义 [J]. 抚州地质学院学报（1）：57-67.

张克信，1991. 二叠—三叠纪过渡期灾变时间研究进展 [J]. 地质科学情报，10（3）：37-40.

张兰庭，1984. 庐山地区第四纪地层的研究 [C] // 中国地质学会第四纪冰川与第四纪地质专业委员会，中国地质科学院地质力学研究所. 第四纪冰川与第四纪地质论文集. 北京：地质出版社.

张利民，1979. 信江盆地中生代火山岩系地层划分初探 [J]. 地层学杂志，3（4）：272-282.

张文堂，陈丕基，沈炎彬，1976. 中国的叶肢介化石 [M]. 北京：科学出版社.

张雄华，蔡雄飞，章泽军，等，1998. 江西修水地区志留纪腕足动物及生态环境 [J]. 中国区域地质，17（4）：398-401.

张玉萍，童永生，1963. 江西池江盆地"红层"时代的初探 [J]. 古脊椎动物与古人类，7（2）：177-180.

张玉萍，郑家坚，1979. 江西古新世几种踝节类（*Condylarthra*）的记述 [C] // 中国科学院古脊椎动物与古人类研究所，中国科学院南京地质古生物研究所. 华南中、新生代红层 广东南雄华南白垩纪—早第三纪红层现场会议论文选集. 北京：科学出版社.

张忠英，1978. 江西南部崇义组植物群的时代与讨论 [J]. 南京大学学报（自然科学版）（2）：71-81.

张祖廉，赵宝琛，1990. 江西广昌硅藻土矿 [J]. 江西地质，4（1）：3-7.

章人骏，1947. 江西乐平县洞穴堆积之发现 [J]. 地质论评，2（3/4）249-250.

赵嘉明，朱相水，1991. 江西宜春新塘早二叠世茅口组的四射珊瑚 [J]. 古生物学报，30（1）：90-99.

赵金科，1966. 中国南部二叠系菊石层 [J]. 地层学杂志，1（2）：170-181.

赵金科，1977. 浙东、赣东北早二叠世晚期菊石 [J]. 古生物学报，16（2）：217-252.

赵金科，梁希洛，郑灼官，1978. 华南晚二叠世头足类 [M]. 北京：科学出版社.

赵金科，梁希洛，邹西平，等，1965. 中国的头足类化石 [M]. 北京：科学出版社.

赵金科，盛金章，姚兆奇，等，1981. 中国南部长兴阶和二叠系与三叠系之间的界线 [M]. 江苏：江苏科学技术出版社.

赵修祜，吴秀元，1982. 江西于都梓山群植物化石 [J]. 古生物学报，21（6）：609-708.

赵资奎，1975. 广东南雄恐龙蛋化石的显微结构——兼论恐龙蛋化石的分类问题 [J]. 古脊椎动物学报（2）：105-117.

赵资奎，1979. 我国恐龙蛋化石研究的进展 [M]. 北京：科学出版社.

郑家坚，1979. 江西古新世对锥齿兽科（*Didymoconidae*）一新属 [C] // 中国科学院古脊椎动物与古人类研究所，中国科学院南京地质古生物研究所. 华南中、新生代红层 广东南雄华南白垩纪—早第三纪红层现场会议论文选集. 北京：科学出版社.

郑家坚，1979. 江西古新世南方有蹄类（*Notoungulata*）化石 [M] // 中国科学院古脊椎动物与古人类研究所、中国科学院南京地质古生物研究所、华南中、新生代红层 广东南雄华南白垩纪—早第三纪红层现场会议论文选集. 北京：科学出版社.

郑家坚，童永生，计宏祥，1975. 江西袁水流域 *Miacidae* 一新属的发现和对有关地层划分的几点建议 [J]. 古脊椎动物与古人类，13（2）：96-104，142.

郑家坚，童永生，计宏祥，等，1973. 江西池江盆地红层的初步划分 [J]. 古脊椎动物与古人类，11（2）：203-209.

中国科学院北京植物研究所、南京地质古生物研究所《中国新生代植物》编写组，1978. 中国植物化石 第三册 中国新生代植物 [M]. 北京：科学出版社.

中国科学院古脊椎动物与古人类研究所《中国脊椎动物化石手册》编写小组，1979. 中国脊椎动物化石手册 [M]. 北京：科学出版社.

中国科学院南京地质古生物研究所，1962. 扬子区标准化石手册 [M]. 北京：科学出版社.

中国科学院南京地质古生物研究所、植物研究所《中国古生代植物》编写小组，1974. 中国植物化石 第一册 中国古生代植物 [M]. 北京：科学出版社.

中国科学院南京地质古生物研究所《中国的瓣鳃类化石》编写小组，1976. 中国的瓣鳃类化石 [M]. 北京：科学出版社.

周传明，陈哲，薛耀松，2002. 江西上饶朝阳磷矿新元古代晚期陡山沱组微体化石新材料 [J]. 古生物学报（2）：178-192.

周明镇，1959. 江西新余始新世脊椎动物化石的发现 [J]. 古脊椎动物与古人类，1（2）：79-80.

周贤定，1988. 江西安源组植物化石一新属 [J]. 古生物学报，27（1）：125-128.

朱相水，赵嘉明，1991. 江西乐平、瑞金早二叠世栖霞组的 Cystomichelinia 和 Prolomichelinia [J]. 古生物学报，30（5）：582-592.

朱相水，赵嘉明，1992. 江西宜春新塘早二叠世茅口组的四射珊瑚 [J]. 古生物学报，30（1）：90-99.

朱正刚，赵嘉明，1992. 江西晚石炭世晚期及早二叠世早期的四射珊瑚 [J]. 古生物学报，31（6）：652-677.

邹松林，王强，汪筱林，等，2013. 江西萍乡地区晚白垩世副蜂窝蛋：新蛋种 [J]. 古脊椎动物学报，51（2）：102-106.

邹松林，2013. 江西萍乡地区晚白垩世副蜂窝蛋类一新蛋种 [J]. 古脊椎动物学报，51（2）：102-106.

BI S D, AMIOT R, CLAIRE P DE F, et al., 2021. An oviraptorid preserved atop an embryo-bearing egg clutch sheds light on the reproductive biology of non-avialan theropod dinosaurs [J]. Science Bulletin, 66（9）: 947-954.

HAN F L, YANG L, LOU F S, et al., 2024. A new titanosaurian sauropod, Gandititan cavocaudatus gen. et sp. nov., from the Late Cretaceous of Southern China. [J]. Journal of Systematic Palaeontology, 22（1）: 2293038.

XING L D, NIU K C, LOCKLEY M G, et al., 2019. A probable tyrannosaurid track from the Upper Cretaceous of Southern China [J]. Science Bulletin, 64（16）: 1136-1139.

XING L D, NIU K C, YANG T R, et al., 2022. Hadrosauroid eggs and embryos from the Upper Cretaceous (Maastrichtian) of Jiangxi Province, China [J]. BMC Ecology and Evolution. 22:60.

LV J C, YI L P, ZHONG H, et al., 2013. A new somphospondylan sauropod (Dinosauria, Titanosau-riformes) from the Late Cretaceous of Ganzhou, Jiangxi province of southern China [J]. Acta Geologica sinica (English Edition), 87（3）: 678-685.

LV J C, YI L P, BRUSATTE S L, et al., 2014. A new clade of Asian Late Cretaceons Long-Snouted tyrannosaurids [J]. Nature Communications 5, 3788.

TASUMI M, 1964. The cheek teeth of a young Indian elephant. [J]. Mammalia, 28（3）: 381-396.

WANG Q, ZHAO Z, WANG X, 2013. A new form of Elongatoolithidae, Undulatoolithus pengi oogen. et oosp. nov. from Pingxiang, Jiangxi, China [J]. Zootaxa, 3746（1）: 194-200.

SHAN X R, GAI Z K, LIN X H, et al., 2022. The oldest eugaleaspiform fishes from the Silurian red beds in Jiangxi, South China and their stratigraphic significance [J]. Journal of Asian Earth Sciences, 229: 105187.

索引

A

化石名称	页码
Acanthopecten gaoanensis Li et Ding 高安刺海扇	167
Acer miofranchetii Hu et Chaney 细齿槭	503
Acitheca unifurcata Yang et Chen 单叉尖囊蕨	452
Acosarina dorashanensis Sokolskaja 多腊山阿柯斯贝	103
Acosarina indica (Waagen) 印度阿柯斯贝	104
Acrograptus ellesae (Ruedemann) 爱丽丝尖顶笔石	292
Acrograptus hemisolatus Li et Xiao 半孤立尖顶笔石	292
Adelograptus cf. *asiaticus* Mu 亚洲匿笔石（相似种）	283
Adelograptus clarki (T. S. Hall) 克拉克匿笔石	284
Adelograptus simplex (Tornquist) 简单匿笔石	284
Adelograptus sinicus Mu 中国匿笔石	283
Aesculus miochinensis Hu et Chaney 华七叶树	504
Agetolitella jiangxiensis Lin et Zou 江西似阿盖特珊瑚	88
Agetolites multitabulatus Lin 多床板阿盖特珊瑚	88
Aletograptus hyperboreus? Obut et Sobolevskaya 最北方磨棍笔石？	276
Alloatylops periconotus Zheng 围尖异柱兽	396
Allograptus mirus Mu 惊奇奇笔石	320
Allotropiophyllum anfuense Zhu 安福奇壁珊瑚	65
Allotropiophyllum jiangxiense Yan et Chen 江西奇壁珊瑚	65
Allotropiophyllum sulciforme Zhao et Zhu 槽形奇壁珊瑚	65
Altudoceras cf. *roemeri* (Gemm.) 罗默阿尔图菊石（相似种）	210
Altudoceras cf. *sosiense* (Gemm.) 索西阿尔图菊石（相似种）	209
Altudoceras zitteli (Gemm.) 齐特尔阿尔图菊石	209
Alveolites parvus Lecompte 小型槽珊瑚	96
Amdrupia? sp. 安杜鲁普蕨？（未定种）	497
Amnicola zhangshuensis Wu 樟树河边螺	183
Amplexograptus confertus (Lapworth) 紧密围笔石	360
Amplexograptus differtus Harris et Thomas 饱满围笔石	360

Amplexograptus modicellus Harris et Thomas 微小围笔石	361
Amplxocarinia jiangxiensis Zhu 江西脊板包珊瑚	61
Amydalophylloides multiseptatus X. Yü 多隔壁似杏仁珊瑚	73
Anderssonoceras cf. *anfuense* Grabau 安福安德生菊石（相似种）	221
Anderssonoceras robustum Zhao，Liang et Zheng 粗壮安德生菊石	221
Anderssonoceras simplex Zhao，Liang et Zheng 简单安德生菊石	220
Anisograptus cf. *ruedemanni* Bulman 路氏反称笔石（相似种）	280
Anisograptus compactus Cooper et Stewart 致密反称笔石	279
Anisograptus delicatulus Cooper et Stewart 精细反称笔石	278
Anisograptus guangdongensis Wang, Liu et Zhou 广东反称笔石	280
Anisograptus matanensis Ruedemann 马滩反称笔石	277
Anisograptus richardsoni Bulman 理查森反称笔石	279
Anisograptus ruedemanni Bulman 路德曼反称笔石	280
Annularia pingloensis (Sze) Gu et Zhi 平乐轮叶	429
Anomozamites minor (Brongniart) Nathorst 较小异羽叶	484
Anthrophyopsis crassinervis Nathorst 粗脉大网羽叶	488
Anthrophyopsis leeiana (Sze) Florin 李氏大网羽叶	488
Anthrophyopsis tuberculata Chow et Yao 具瘤大网羽叶	487
Antiplectoceras xiazhenense Zou 下镇反弯角石	203
Anyuanestheria subovata Chen 近卵形安源叶肢介	257
Anyuanestheria subquadrata Zhang et Chen 近方形安源叶肢介	257
Aplexa sp. 单饰螺（未定种）	189
Araxoceras kiangsiense Chao et Liang 江西阿拉斯菊石	223
Archaeoryctes notialis Zhen 南方古对锥齿兽	400
Arctophyllum jiangxiense Zhu et Zhao 江西北极珊瑚	70
Arienigraptus jiangxiensis Yu et Fang 江西香蕉笔石	327
Asionylops spanios Zheng 稀少亚洲柱兽	395
Asoella hupehica Hsü 湖北厚保海扇	172
Asoella illyrica (Bittner) 琴式厚保海扇	172
Astartella toyomensis Nakazawa et Newell 托约小花蛤	157
Asterocapsoides sinensis (Yin et Li, 1978) emend. Zhang, Yin, Xiao et Knoll, 1998 模式种	508
Asterocapsoides sp. 拟星球藻（未定种）	508
Asterophyllites longifolius (Sternberg) Brongniart 长星叶	428
Asterotheca cupressoides (Gu et Zhi) 柏子星囊蕨	449
Atrypa sp. 无洞贝（未定种）	131
Aulacogastrioceras spinosum Zhao et Zheng 刺沟腹菊石	210
Aulograptus? Leezukuangi (Hsü) 李四光笛笔石？	319

Australorbis pseudammonius pseudoammonius (Schlotheim) 假菊石型南方圆螺假菊石螺亚种 ... 188
Aviculopeten lopingensis Ku 乐平燕海扇 ... 167

B

化石名称	页码
Baby Yingliang 英良贝贝	386
Baiera cf. *furcata* (L. et. H.) Braun 叉状裂银杏（相似种）	493
Baiera multipartita Sze et Lee 多裂裂银杏	493
Bakevellia costata longa Li 棱贝荚蛤长型亚种	161
Bakevellia costata (Schlotheim) 棱贝荚蛤	161
Bakevellia matsushitia Nakazawa 长铰贝荚蛤	162
Bakevellia wanzaiensis Li 万载贝荚蛤	162
Bakevelloides datianensis Li 大田类贝荚蛤	163
Bakevelloides hekiensis (Kobayshi et Ichikawa) 日置类贝荚蛤	164
Bakevelloides liuyangensis Liu 浏阳类贝荚蛤	163
Bakevelloides subquadratus Liu 近方类贝荚蛤	163
Balakhonia kok-dscharensis (Gröber) 珂克德萨巴拉克霍贝	127
Banji long Xu et Han 斑嵴龙	380
Baoqingichthys microdontus Wang, Jin, Wang et Zhu 小齿葆青鱼	372
Barrandeina dusliana (Krejči) Stur 杜斯里巴兰德鳞木	498
Beedeina pseudokonnoi (Sheng) 假今野氏比德蜓	44
Bellerophon cf. *jonesianus* Koninck 詹氏神螺（相似种）	180
Bemalambda shizikouensis Wang et Ding 狮子口阶齿兽	391
Bemalambdidae dingae Li 丁氏阶齿兽	390
Bilobphyllum fengchengensis He, Liang et Shen 丰城两瓣叶	479
Bithynia loxostoma Wang 曲口豆螺	185
Bithynia yuanshuiensis Wu 袁水豆螺	185
Bothriostylops notios Zheng et Huang 南方沟柱兽	395
Bothrodendron circulare Sze 圆窝木	416
Brachymetopus (*Brachymetopus*) *gaoanensis* Zhang 高安短扭头虫	243
Bryograptus xinchangensis Wang, Liu et Zhou 新厂苔藓笔石	282

C

化石名称	页码
Calamites suckowii Brongniart 钝肋芦木	427

Calapoecia jiangxiensis Lin et Chow 江西连板珊瑚	87
Callipteridium? hallei Kawasaki 赫勒丽羊齿	474
Callograptus ellipsoideus Jiao 椭圆无羽笔石	274
Camerella uniplicata Liang 单褶小房贝	105
Caninia kueihsienensis concentrica Lee et Yü 贵县犬齿珊瑚同心亚种	69
Caninia mapingensis Lee et Yü 马平犬齿珊瑚	69
Cantrillia scolecoidea Lin et Zou 曲柱状肯特利里珊瑚	58
Cardiocarpus kaipingensis Stockman et Mathieu 开平心籽	500
Cardiograptus amplus (Hsü) 长心笔石	348
Cardiograptus gignateus Hsü 巨大心笔石	346
Cardiograptus ordovicicus (Hsü) 奥陶心笔石	347
Cardiograptus orudus Hsü 短小心笔石	347
Cardiopteridium spetsbergense Nath. 多形铲羊齿	439
Carinthiaphyllum eostrotionideum Zhu et Zhao 始柱珊瑚型骨珊瑚	73
Carniaphyllum gortanii Heritsch 戈尔坦氏卡尼氏珊瑚	76
Cathaysia chonetoides (Chao) 戟形华夏贝	113
Cathaysiodendron acutangulum (Halle) 锐角华夏木	412
Cathysiopterdium tasciculiferum Lee 束脉准华夏羊齿	474
Chansitheca kidstonii Halle 长晋囊蕨	441
Chaoina multicostata Hu et Ching 密纹赵氏贝	121
Chisiloceras lushanense Chen 庐山吉赛尔角石	205
Chonetes barusiensis (Daridson) 巴鲁斯戟贝	112
Chonetes hardensis (Phillips) 哈德戟贝	111
Chonetinella substrophomenoides (Huang) 次扭月贝形小戟贝	113
Chusenella douvillei (Colani) 陶维利氏朱森蜓	53
Chusenella ishanensis (Hsü) 宜山朱森蜓	52
Cibilites curvoplicatus Zhao et Zheng 弯褶西保罗菊石	214
Cladophlebidium wongi Sze 翁氏准枝脉蕨	435
Cladophlebis browniana (Dunker) 布朗枝脉蕨	477
Cladophlebis cf. *yunnanensis* Zhang 云南枝脉蕨（相似种）	461
Cladophlebis ozakii Yabe et Oishi 少叉枝脉蕨	461
Cladophlebis parapermica Zhang 拟二叠枝脉蕨	462
Claraia aurita (Hauer) 带耳克氏蛤	173
Claraia hunanica (Hsü) 湖南克氏蛤	173
Claraia jiangxiensis Li 江西克氏蛤	174
Claraia pingxiangensis Li 萍乡克氏蛤	174
Claraia stachei Bittner 射饰克氏蛤	174

Claraia wangi (Patte) 王氏克氏蛤	173
Clarkina changxingensis changxingensis (Wang et Wang, 1981) 长兴克拉克刺长兴亚种	404
Clarkina changxingensis yini Mei, 1998 长兴克拉克刺殷氏亚种	405
Clarkina deflecta (Wang et Wang, 1981) 偏斜克拉克刺	405
Clarkina meishanensis meishanensis Zhang et al., 1995 煤山克拉克刺煤山亚种	406
Clarkina meishanensis zhangi Mei, 1998 煤山克拉克刺张氏亚种	406
Clarkina parasubcarinata Mei et al., 1998 拟亚龙脊克拉克刺	407
Clathropteris meniscioides Brongniart 新月蕨型格脉蕨	438
Climacograptus antiquus lineatus Elles et Wood 古老栅笔石线形亚种	359
Climacograptus bellulus Mu et Zhang 优美栅笔石	357
Climacograptus cf. *duplex* Mu et Zhang 重刺栅笔石（相似种）	357
Climacograptus forticaudatus Hsü 壮尾栅笔石	357
Climacograptus jiangxiensis Ge 江西栅笔石	357
Climacograptus spiniferus Ruedemann 针刺栅笔石	359
Climacograptus supernus Elles et Wood 高层栅笔石	358
Climacograptus unifonnis Hsü 等宽栅笔石	359
Climacograptus venustus simplex Ge 美丽栅笔石单一亚种	358
Clonograptus flexilis T. S. Hall 弯曲枝笔石	284
Clonograptus tenellus jiangxiensis Jiao 细弱枝笔石江西亚种	285
Clonograptus tenellus (Linnarsson) 纤细枝笔石	285
Codonofusiella kwangsiana Sheng 广西喇叭蟆	41
Compressoproductus compressa (Waagen) 扁平扁平长身贝	127
Comptonema jiangxiense Hou et Fan 江西弯线藻	504
Comptonema nanshanensis Hou et Fan 南山弯线藻戈	505
Conicodontosaurus kanhsienensis Young 赣县锥齿蜥	376
Cordaites principalis (Germar) Geinitz 带科达	498
Cornucarpus shangraoensis He, Liang et Shen 上饶角籽	500
Coronocephalus (*Coronocephalina*) *gaoluoensis* Wu, 1977 高罗小王冠虫	249
Coronocephalus (*Coronocephalina*) *hukouensis* Q. Z. Zhang 湖口小王冠虫	249
Coronocephalus ovatus Chang 卵形王冠虫	248
Coronocephalus rex (Graban) 霸王王冠虫	247
Coronocephalus wuningensis Q. Z. Zhang 武宁王冠虫	248
Corynexochus plumura Whitehouse 羽尾状耸棒头虫	233
Coryphodon ninchiashanensis Chow et Tung 宁家山冠齿兽	393
Corythoraptor jacobsi Lu, Li, Kundrat, Lee, Sun, Kobayashi, Shen, Teng et Liu 杰氏冠盗龙	380
Cryptograptus antennarius (Hall) 触角隐笔石	350
Cryptograptus elongatus Li 长型隐笔石	349

化石名称	页码
Cryptograptus tricornis insectiformis Ruedemann 三刺隐笔石虫形亚种	350
Cryptospirifer sp. 隐石燕属（未定种）	141
Ctenis anthrophioides Li Y. T. 大网羽叶型篦羽叶	487
Ctenozamites jianensis Li Y. T. et Ju 吉安篦似查米亚	489
Cyathophyllum jiangxiensis Yü 江西杯珊瑚蛏	61
Cycadites saladini Zeiller 萨氏似苏铁	491
Cyclopyge recurva Lu 反曲原尾虫	236
Cyclopyge spiculata Zhou 小尖圆尾虫	236
Cyclostigma ckongyiense Chang 崇义圆痕木	416
Cypridea luotangensis Xu 罗塘女星介	265
Cyrtiopsis intermedia Grabau 中间穹石燕	136
Cyrtospirifer hybridus Hou 混生弓石燕	133
Cyrtospirifer liugiatangensis Hou 刘家塘弓石燕	133
Cyrtospirifer pekinensis (Grabau) 北京弓石燕	133
Cyrtospirifer subarchiaci (Martelli) 亚阿卡斯弓石燕	134
Cyrtospirifer sulcifer Hall et Clarke 弯槽弓石燕	134
Cystocantrillia cystitabulata Lin et Zou 泡沫床板泡沫肯特利里珊瑚	59
Cystomichelinia boyangensis Zhu 波阳泡沫米契林珊瑚	92
Cystomichelinia jiangxiensis Zhu et Zhao 江西泡沫米契林珊瑚	92
Cystomichelinia michelinioidea Zhu et Zhao 似米契林珊瑚泡沫米契林珊瑚	94
Cystomichelinia sublaibinensis Zhu et Zhao 亚来宾泡沫米契林珊瑚	93
Cystomichelinia vesiculasa King 小泡沫泡沫米契林珊瑚	93

D

化石名称	页码
Dalmanitina (*Songxites*) *wuningensis* Lin 武宁宋溪虫	253
Danaeites? gigantea He, Liang et Shen 大线囊蕨？	455
Danaeites rigida (Yabe et Oishi) Gu et Zhi 坚直线囊蕨	453
Danaeites saraepontanus Stur 舌线囊蕨	454
Darwinula contrata Mandelstam 窄达尔文介	267
Darwinula leguminella (Forbes) 小豆荚达尔文介	266
Darwinula sp. 达尔文介（未定种）	267
Dawsonites? jiangxiensis Lee 江西道逊蕨？	419
Dendrograptus cf. *persculptus* Hopkinson 雕刻树笔石（相似种）	271
Desquamatia khavae Alekseeva 哈夫剥鳞贝	132

Dicaulograptus hystrix (Bulman) 豪猪双孔笔石	367
Dicellograptus anceps (Nicholson) 双头叉笔石	334
Dicellograptus bispiralis (Ruedemann) 双旋叉笔石	334
Dicellograptus caduceus Lapworth 衰落叉笔石	335
Dicellograptus complanatus arkansaensis Ruedemann 平扁叉笔石阿堪萨斯亚种	339
Dicellograptus complanatus Lapworth 扁平叉笔石	337
Dicellograptus complexus Davies 环绕叉笔石	339
Dicellograptus hanjiangensis Mu 汗江叉笔石	335
Dicellograptus johnstrupi Hadding 约翰氏叉笔石	337
Dicellograptus moffatensis (Carruthers) 莫法叉笔石	338
Dicellograptus nanus Mu 短小叉笔石	336
Dicellograptus ornatus Elles et Wood 装饰叉笔石	336
Dicellograptus rigidus Jiao 劲直叉笔石	336
Dicellograptus sextans Hall 楔形叉笔石	337
Dicellograptus smithi Ruedemann 史氏叉笔石	337
Dicellograptus szechuanensis Mu 四川叉笔石	338
Dichograptus jiangxiensis Jiao 江西均分笔石	287
Dichograptus separatus chongyiensis Jiao 分离均分笔石崇义亚种	287
Dichograptus separatus delicatus Chen 分离均分笔石细致亚种	287
Dichograptus yushanensis Ge 玉山均分笔石	288
Dicranograptus brevicaulis Elles et Wood 短茎双头笔石	341
Dicranograptus clingani Carruthers 克氏双头笔石	341
Dicranograptus yangtzensis Lee et Geh 扬子双头笔石	341
Dictyestheria elongata Chang et Chen 长形网格叶肢介	261
Dictyoclostoidea kiangsiensis Wang et Ching 江西拟网格长身贝	117
Dictyonema euodum Ni 良好网格笔石	271
Dictyonema flabelliforme regulare Lee et Chen 扇形网格笔石规则亚种	272
Dictyonema flabelliforme sociale Salter 扇形网格笔石群居亚种	273
Dictyonema flabelliforme var. *anglica* Bulman 扇形网格笔石棱角变种	272
Dictyonema fusulum Ni 纺锤网格笔石	273
Dictyophyllum nathorsti Zeiller 那托斯特网脉蕨	437
Dideroceras lushanense Chen et Ying 庐山长颈角石	205
Didymograptu jiangxiensis Ni 江西对笔石	303
Didymograptus abnormis Hsü 反常对笔石	301
Didymograptus asymmetricus Huang, Xiao et Xia 不对称对笔石	301
Didymograptus cf. *v-deflexus* Harris "V"形下曲对笔石（相似种）	306
Didymograptus (*Corymbograptus*) *v-fractus* Salter "V"形破碎巅峰笔石	316

Didymograptus deflexus Elles et Wood 下曲对笔石	302
Didymograptus (*Didymograptus*) cf. *protobifidus* Elles 原两分对笔石（相似种）	317
Didymograptus (*Didymograptus*) *indentus* (Hall) 锯齿状对笔石	317
Didymograptus (*Didymograptus*) *pandus* Bulman 微弯对笔石	318
Didymograptus (*Didymograptus*) *protoindentus* Monsen 原齿状对笔石	317
Didymograptus (*Expansograptus*) *abnormis* Hsü 反常扩展笔石	311
Didymograptus (*Expansograptus*) cf. *incertus* Ruedemann 可疑扩展笔石（相似种）	315
Didymograptus (*Expansograptus*) cf. *similis* (Hall) 相似扩展笔石（相似种）	310
Didymograptus (*Expansograptus*) *decens* Törnquist 适宜扩展笔石	310
Didymograptus (*Expansograptus*) *ensjoensis venustus* Fu 英斯桥扩展笔石可爱亚种	309
Didymograptus (*Expansograptus*) *extensus linearis* Monsen 平伸扩展笔石线形亚种	307
Didymograptus (*Expansograptus*) *hirundo occidentalis* Ruedemann 燕形扩展笔石西方亚种	308
Didymograptus (*Expansograptus*) *hirundo* Salter 燕形扩展笔石	308
Didymograptus (*Expansograptus*) *hunanensis* Li, Xiao et Chen 湖南扩展笔石	312
Didymograptus (*Expansograptus*) *maturus* Monsen 成熟扩展笔石	314
Didymograptus (*Expansograptus*) *mirabilis* Qiao 奇异扩展笔石	313
Didymograptus (*Expansograptus*) *opimus* Monsen 丰满扩展笔石	309
Didymograptus (*Expansograptus*) *pennatulus* (Hall) 羽状扩展笔石	310
Didymograptus (*Expansograptus*) *planus* Elles et Wood 平齐扩展笔石	314
Didymograptus (*Expansograptus*) *robustus* Ekstrom 粗壮扩展笔石	312
Didymograptus (*Expansograptus*) *robustus subangustus* Ge 粗壮扩展笔石稍窄亚种	313
Didymograptus (*Expansograptus*) *undosus* Hsü et Zhao 波纹扩展笔石	315
Didymograptus filiformis Tullberg 细线状对笔石	301
Didymograptus inflexus Chen et Xia 微曲对笔石	302
Didymograptus longinquus Ni 细长对笔石	303
Didymograptus murchisoni (Beck) 莫氏对笔石	303
Didymograptus nematus Ni 丝形对笔石	304
Didymograptus praenuntius Törnquist 先前对笔石	304
Didymograptus protobifidus Elles 原两分对笔石	305
Didymograptus pusillus Tullberg 细弱对笔石	305
Didymograptus sinensis Lee et Chen 中国对笔石	305
Didymograptus suecicus Tullberg 瑞典对笔石	305
Didymograptus synapsis Ni 连接对笔石	306
Didymograptus tylotos Ni 圆端对笔石	306
Didymograptus wuningensis Ni 武宁对笔石	307
Dingdymene orientailis Zhou 东方强新月虫	251
Diplagnostus similis Zhang 近似双分球接子	230

化石名称	页码
Diplograptus sinicus Mu. Geb et J. X. Yin 中国双笔石	366
Discostrobilops? diploptycha Gu 重褶盘球果螺?	195
Discostrobilops? pericarinata Gu 周缘棱盘球果螺?	194
Drepanozamites nilssoni (Nathorst) Harris 尼尔桑镰刀羽叶	489
Duplophyllum xiaojiangbianense Zhu 小江边双瓣珊瑚	66

E

化石名称	页码
Echinoconchus elegans (Mc'Coy) 美雅轮刺贝	115
Echinoconchus liangchowensis Chao 凉州轮刺贝	115
Edriosteges kayseri (Chao) 凯撒椅腔贝	122
Edriosteges poyangensis (Kayser) 鄱阳椅腔贝	123
Elegantarca subareata Chen 双脊雅箱蚶	159
Elephantoceras nodosum Zhao et Zheng 瘤象牙菊石	208
Elephas maximus Linnaeus，1758 亚洲象	403
Ellipsograpta subguadrata Chen et Shen 近方形椭圆叶肢介	261
Emanuella sp. 爱曼妞贝属（未定种）	140
Entolium discites Schlotheim 盘光海扇	175
Entolium obliquus Li 斜形光海扇	175
Eochoristites neipentaiensis Chu 雷彭台始分喙石燕	136
Eocyclostomiceras clinoseptatum Chen 斜壁古圆口角石	199
Eocyclostomiceras subventrum Chen 亚缘古圆口角石	198
Eocyclostomiceras ventrum Chen 腹缘古圆口角石	198
Eoglyptograptus dentatus (Brongniart) 齿状始雕笔石	365
Eokepingophyllum acolumellum Zhu et Zhao 乏柱始柯坪珊瑚	85
Eoparafusulina bicuspidate Wang et Qing 双锐尖始拟纺锤蜓	51
Eoparafusulina yuduensis Zhu 于都始拟纺锤蜓	50
Equisetites sp. 似木贼（未定种）	426
Euestheria minuta (Zieten) 小型真叶肢介	255
Euestheria yipinglangensis Chen 一平浪真叶肢介	255
Eulomacoceras bicostatum Zhao, Liang et Zheng 双肋丽饰鹦鹉螺	201
Eulomacoceras robustum Zhao, Liang et Zheng 粗壮丽饰鹦鹉螺	201
Eulomacoceras venustum Zhao, Liang et Zheng 美丽丽饰鹦鹉螺	201
Eumorphotis elegans Li 优美正海扇	170
Eumorphotis hinnitidea (Bittner) 巢正海扇	170

化石名称	页码
Eumorphotis hinnitidea tiandunensis Li 巢正海扇田墩亚种	170
Eumorphotis inaequicostata (Benecke) 差棱正海扇	169
Eumorphotis jiangxiensis Li 江西正海扇	171
Eumorphotis multiformis Bittner 多饰正海扇	169
Eumorphotis rugosa Chen 皱正海扇	169
Eumorphotis shangraoensis Li 上饶正海扇	170

F

化石名称	页码
Fagus praelucida Li 前亮叶水青冈	501
Fascipteris densatiformis He, Liang et Shen 密囊形束羊齿	459
Fascipteris (*Ptychocarpus*) *densata* Gu et Zhi 密囊束羊齿	458
Fengchengoceras tricarinatum Zhao, Liang et Zheng 三棱丰城菊石	220
Fentounia helicorostrata Liu 卷喙坟头蛤	178
Flemingites kaoyunlingensis Chao 高云岭佛莱明菊石	229
Fomichevella hoeli (Holtedahl) 霍尔氏福米切夫珊瑚	70
Fomichevella longiseptata Zhu et Zhao 长隔壁福米切夫氏珊瑚	70
Fusulina kljasmica Gryzlova 克尔杰斯米卡纺锤蜓	43
Fusulinella paracolaniae Safonova 拟柯兰尼氏小纺锤蜓	42

G

化石名称	页码
Gallowayinella meitienensis Chen 梅田加罗威蜓	42
Ganestheria longnanensis Bi et Xie 龙南江西叶肢介	262
Gangetia gibba Wu 侧凸恒河螺	183
Gannamsaurus sinensis Lü 中华赣南龙	377
Gannanichthys chongyiensis Wang 崇义赣南鱼	370
Ganzhousaurus nankangensis Wang, Sun, Sullivan et Xu 南康赣州龙	384
Gigantonoclea anfuensis He, Liang et Shen 安福单网羊齿	473
Gigantonoclea cladonervis Mei et Lee 枝脉单网羊齿	472
Gigantonoclea crassinervis He, Liang et Shen 粗脉单网羊齿	473
Gigantonoclea fukienensis (Yabe et Oishi) 福建单网羊齿	472
Gigantonoclea guizhouensis Gu et Zhi 贵州单网羊齿	471
Gigantonoclea lagrelii (Halle) Koidzumi 波缘单网羊齿	471

Gigantonoclea? longifolia (Kod.) Gu et Zhi 长叶（?）单网羊齿	470
Gigantonoclea rosulatoides Mei et Li 似莲座单网羊齿	469
Gigantonoclea? yabei (Kawasaki) 矢部单网羊齿?	471
Gigantoproductus edelburgensis (Phillips) 爱德堡大长身贝	128
Gigantopteris nicotianaefolia Schenk 烟叶大羽羊齿	470
Girtypecten beipeiensis Liu 北碚葛梯海扇	168
Girtypecten spinosus Chen 突刺葛梯海扇	168
Gleichenites sp. 似里白（未定种）	436
Glossograptus acanthus Elles et Wood 具刺舌笔石	353
Glossograptus briaros Ni 强大舌笔石	351
Glossograptus cf. *armatus* Nicholson 武装舌笔石（相似种）	351
Glossograptus cf. *hincksii* (Hopkinson) 辛氏舌笔石（相似种）	352
Glossograptus hincksii (Hopkinson) 辛氏舌笔石	351
Glossograptus strenes Ni 粗壮舌笔石	351
Glossograptus wuningensis Ni 武宁舌笔石	352
Glossophullum cf. *florini* Kräusel 佛兰林舌叶（相似种）	494
Glyptagnostus reticulatus (Angelin) 网形雕纹球接子	231
Glyptograptus cf. *euglyphus* Lapworth 精刻雕笔石（相似种）	355
Glyptograptus jiangxiensis Jiao 江西雕笔石	354
Glyptograptus persculptus Salter 雕刻雕笔石	354
Glyptograptus sinodentatus obesus Li 中国齿状雕笔石肥大亚种	354
Glyptograptus teretiusculus (Hisinger) 圆滑雕笔石	355
Gondolella leveni Kozur，Mostler et Pjatako va，1976 模式种	404
Goniograptus sinicus Huang et Hsiao 中华棱笔石	291
Goniograptus wuningensis Yü et Fang 武宁棱笔石	291
Guangdongella exquisite Li et Li 精致广东蛤	150
Gubleria huangi Wang et Ching 黄氏古勃贝	129
Guizhoupecten wangi Chen 王氏贵州海扇	168
Gymnograptus latus Ni 宽型裸笔石	367
Gymnograptus retusus (Lapworth) 迟钝裸笔石	367

H

化石名称	页码
Hamamelis miomollis Hu et Chaney 绒金缕梅	502
Hamatophyton verticillatum Gu et Zhi 轮状钩蕨	418
Hansotreta shangraoensis Liu 上饶汉索贝	101

化石名称	页码
Hapalodectes sp. 软食中兽（未定种）？	398
Hayasakaia elegantula (Yabe et Hayasaka) 雅致早坂珊瑚	98
Haydenella chianensis (Chao) 吉安海登贝	114
Hemichoanella canningi Teichert et Glenister 坎宁半领角石	199
Henanopteris lanceslatus Yang 披针河南羊齿	466
Holmograptus spinosus (Ruedemann) 有刺侯氏笔石	323
Hormotoma kütsingensis Grabau 曲靖炼房螺	181
Hsiuannania minor Ding et Zhang 小宣南兽	397
Huanansaurus ganzhouensis Lu, Pu, Kobayashi, Xu, Chang, Shang, Liu, Lee, Kundrat et Shen 赣州华南龙	383
Huangophyllum symmetricum Tseng 对称黄氏珊瑚	63
Hunanospirifer wangi Tien 王氏湖南石燕	135

I

化石名称	页码
Ipciphyllum asperum Zhao et Zhu 粗糙伊泼雪珊瑚	78
Ipciphyllum ruichangense Chen et Yan 瑞昌伊泼雪珊瑚	77
Ipciphyllum subtimoricum (Huang) 亚帝汶伊泼雪珊瑚	78
Isograptus divergens Harris 张开等称笔石	324
Isograptus intermedius Huang et Hsiao 中间等称笔石	324
Isograptus parallelus Ni 平行等称笔石	324
Isograptus victoriae lunatus Harris 维多利亚等称笔石新月形亚种	325
Isograptus victoriae maximodivergens Harris 维多利亚等称笔石最大张开亚种	325
Isotalassoceras endogastrum Chen 内弯似塔拉斯角石	204

J

化石名称	页码
Janograptus conspicuus Ni 显著对向笔石	321
Janograptus deamonius Ni 奇特对向笔石	321
Janograptus sp. 对向笔石（未定种）	322
Jiangxia chaotoensis Zhang et Zheng 桥头江西兽	398
Jiangxiaspis longispinalis Q. Z. Zhang 长刺江西盾壳虫	246
Jiangxiella datianensis Liu 大田江西蛤	149
Jiangxiella elliptica Liu 椭圆江西蛤	148
Jiangxiella plana Liu 平坦江西蛤	149

化石名称	页码
Jiangxiella subovata Liu 近卵形江西蚶	149
Jiangxigraptus mui Yu et Fang 穆氏江西笔石	340
Jiangxigraptus wuningensis Yu et Fang 武宁江西笔石	340
Jiangxisaurus ganzhouensis Wei 赣州江西龙	379
Jiangxitheca xinanensis He, liang et Shen 新安赣囊蕨	455
Jianxilithus latimarginis Zhang et Zhou 宽边江西三瘤虫	245
Jinjiangoceras jiangxiense Zheng et Ma 江西锦江菊石	227
Jinjiangoceras stenosellatum (Chao et Liang) 窄鞍锦江菊石	227
Jishuiconcha circularis Ding, Li et Sun 圆形吉水蚌	152
Jishuiconcha elliptico Ding, Li et Sun 椭圆吉水蚌	152
Jishuiconcha trigono Ding, Li et Sun 三角吉水蚌	152
Jiuxiella jiangxiensis Qiu 江西九溪虫	245

K

化石名称	页码
Kailia wuningensis Q. Z. Zhang 武宁凯里虫	252
Kailia xiushuiensis Q. Z. Zhang 修水凯里虫	253
Kiangsiceras rotule Chao et Liang 轮状江西菊石	228
Kiangsiella tingi Grabau 丁氏江西贝	109
Kolymopora jiangxiensis Lin et Zou 江西科累马珊瑚	95
Konglingites gaoanensis Zhao, Liang et Zheng 高安孔岭菊石	225
Konglingites sinensis (Chao et Liang) 中华孔岭菊石	225
Konglingites striatus Zhao, Liang et Zheng 条纹孔岭菊石	224
Koninckophyllum caninophylloidea X. Yü 侧犬齿珊瑚状康宁珊瑚	72

L

化石名称	页码
Lamprotula (*Eolamprotula*)? *huizhouensis* Gu et Wen 徽洲始丽蚌 (?)	154
Lamprotula (*Eolamprotula*) *longequadrata* Ding 长方形始丽蚌	154
Lamprotula (*Eolamprotula*) *zhejiangensis* Ku et Ma 浙江始丽蚌	153
Lasmophyllum sp. 薄板珊瑚(未定种)	72
Lepidodendron huashanlingense Li H. M. 华山岭鳞木	410
Lepidodendron oculus-felis (Abbado) Zeiller 猫眼鳞木	411
Lepidodendron quadratum Zhao et Wu 方鳞木	411
Lepidodendron shanyangense Wu et He 山阳鳞木	409

Lepidophylloides sp. 鳞木叶（未定种）	413
Lepidostrobophyllum caudatum (Stockman et Mathieu) Gu et Zhi 铲鳞孢叶	414
Lepidostrobus acutisquama Yao 尖鳞鳞孢穗	415
Leptagonia distorta (Sowerby) 二分薄膝贝	106
Leptodus elongates Ching et Hu 直长蕉叶贝	129
Leptograptus flaccidus trentonensis Ruedemann 细弱纤笔石春塘亚种	332
Lilingella simplex Liu 简单醴陵蛤	150
Lingulella sp. A A 种小舌形贝	100
Lingulella sp. B B 种小舌形贝	100
Linjiangella peregrina Wu 奇异临江螺	190
Linoproductus duanwuensis Hu et Ching 段屋线纹长身贝	126
Linoproductus simenensis (Tschernyschew) 西门线纹长身贝	126
Lissodus xiushuiensis Wang, Zhu, Jin et Wang 修水滑齿鲨	375
Lobatannularia cf. *spatulata* (Kawasaki) He 匙瓣轮叶（相似种）	424
Lobatannularia ensifolia (Halle) Halle 剑瓣轮叶	424
Lobatannularia fenyiensis He, Liang et Shen 分宜瓣轮叶	425
Lobatannularia lingulata (Halle) Halle 舌瓣轮叶	423
Lobatannularia multifolia Kon, No et Asama 多叶瓣轮叶	423
Lobatannularia ovata He, Liang et Shen 卵形瓣轮叶	425
Loganograptus logani (Hall) 劳氏劳氏笔石	286
Lophophyllidium multiseptatum (Grabau) 多隔壁顶柱珊瑚	66
Lopingoceras acutanolatum Zhao, Liang et Zheng 尖环乐平角石	200
Lopingoceras lopingense (Stoyanov) 乐平乐平角石	200
Lopinopteris intercalata (Sze) Gu et Zhi 乐平羊齿	465
Lytvophyllum flexuosum Zhao et Zhu 弯曲累特埠珊瑚	74
Lytvophyllum sp. 累特埠珊瑚（未定种）	74

M

化石名称	页码
Mariopteris acuta Brongn. forma *obtusa* Goth. 钝畸羊齿	467
Martinia squamularioides Huang 似鱼鳞贝形马丁贝	137
Martiniella chinglungensis Chu 青龙小马丁贝	138
Meekella jiangxiensis Hu et Ching 江西米克贝	108
Megaderbyia transversalis Hu et Ching 横宽大德皮贝	110
Megasphaera inornata Chen et Liu, 1986 无饰大藻球	508

Meghystrichosphaeridium chadianensis(Chen et Liu, 1986),emend. Zhang ,Yin , Xiao et Knoll , 1998 茶店大刺球藻	509
Meghystrichosphaeridium chadianensis Chen et Liu , 1986 模式种	509
Meia magnifolia He, Liang et Shen 大叶梅氏叶	478
Meia mingshanensis He, Liang et Shen 鸣山梅氏叶	478
Meixiella postiretis Huang，Li et Lin 后网梅溪石蝇	268
Mesoclupea showchangensis Ping et Yen 寿昌中鲚鱼	372
Metalegoceras liratum Zhao et Zheng 纹伴卧菊石	211
Metalegoceras platyventrum Zhao et Zheng 平腹伴卧菊石	212
Metalegoceras shangraoense Zhao et Zheng 上饶伴卧菊石	211
Metalegoceras spirale Zhao et Zheng 旋棱伴卧菊石	212
Metayuepingia elongata Q. Z. Zhang 长形后玉屏虫	235
Mexicoceras globosum Chao 球形墨西哥菊石	213
Modiolopsis（?）*mientienensis* Grabau，1926 面店拟瓢蛤（?）	145
Modiomorpha crypta（Grabau），1926 隐瓢形蛤	145
Mongolocypris jiangxiensis Xu 江西蒙古星介	265
Monothecalis diplofermis Zhu et Zhao 双形单壁珊瑚	81
Monothecalis laxa Wu et Zhao 宽单壁珊瑚	81
Monothecalis rariepitheca Zhu et Zhao 少壁单壁珊瑚	82
Monticulifera sinensis（Frech）中华群山贝	117
Multiscapta xinyuensts Gu 新余多雕螺 196	
Myophoria（*Costatoria*）*anyuanica* Li 安源褶翅蛤（脊褶蛤）	147
Myophoria（*Costatoria*）Waagen，1907 褶翅蛤（脊褶蛤）	147
Myophoria（*Neoschizodus*）Giebel，1855 褶翅蛤（新裂齿蛤）	147
Myophoria（*Neoschizodus*）*laevigata*（Ziethen）光滑褶翅蛤（新裂齿蛤）	147
Mytilus eduliformis praecursor（Frech）腿形壳菜蛤先驱亚种	177

N

化石名称	页码
Nakamuranaia chingshanensis（Grabau）青山中村蚌	155
Nakamuranaia subequilateralis Ding 近等侧中村蚌	156
Nakamuranaia subrotunda Gu et Ma 近圆中村蚌	155
Nankangia jiangxiensis Lu，Yi，Zhong et Wei 江西南康龙	378
Nankinella hunanensis Chen 湖南南京䗴	53
Nankinella minor Sheng 小南京䗴	54

Nankinolithus nankinensis Lu 南京南京三瘤虫	244
Nanlingia caudata Wei et Zhou 具尾南岭虫	238
Nanorthis jiujiangensis Liu 九江矮正形贝	102
Nemagraptus gracilis distans Ruedemann 纤细丝笔石稀疏亚种	333
Nemagraptus lampasis Ni 灯形丝笔石	333
Nemagraptus surcularis (Hall) 幼体丝笔石	333
Neocalamites carcinoides Harris 蟹形新芦木	426
Neocantrillia cystitabulata Lin et Zou 泡沫床板新肯特利里珊瑚	59
Neodicellograptus spinosus Chen 具刺新叉笔石	339
Neoplicatifera sintanensis (Chao) 新滩新轮皱贝	125
Neoschwagerina douvillei Ozawa 陶维利氏新希瓦格蟆	56
Neoschwagerina margaritae (Deprat) 珠新希瓦格蟆	55
Neowormsipora jiangxiensis Lin et Chow 江西新沃姆斯珊瑚	99
Nephelophyllum mixocolumellum Zhu et Zhao 杂柱云珊瑚	79
Netschajewia cf. *elongata* (Netschajew) 长型内氏蛤（相似种）	157
Neuropteridium coreanicum Koiwai 朝鲜羽羊齿	464
Neuropteridium triangulare He, Liang et Shen 三角羽羊齿	465
Neuropteris cf. *pseudogigantea* Potonié 近大脉羊齿（相似种）	463
Neuropteris gigantea Sternb. 大脉羊齿	462
Neuropteris jiangxiensis Li H. M. 江西脉羊齿	462
Neuropteris sp. 脉羊齿（未定种）	463
Nicholsonograptus angustus Ni 狭窄尼氏笔石	329
Nicholsonograptus fasciculatus praelongus Haü 束状尼氏笔石长型亚种	322
Nicholsonograptus fasciculatus praelongus (Hsü) 束状尼氏笔石长形亚种	328
Nicholsonograptus kyrtus Ni 弓状尼氏笔石	328
Nicholsonograptus multithecatus Ge 多管尼氏笔石	329
Nicholsonograptus uniformis Li 均一尼氏笔石	329
Nilssonia corrugata Chow et Yao 具褶尼尔桑	486
Nilssonia furcata Chow et Tsao 叉脉尼尔桑	486
Nilssonia pterophylloites Nathorst 侧羽叶型尼尔桑	486
Nilssonia sp. 蕉羽叶（未定种）	483
Nilssonia undulate Stockmans et Mathieu 镰蕉羽叶	483
Nilssonia xichaense He, Liang et Shen 西茶蕉羽叶	483
Noeggerathiopsis? sp. 匙叶?（未定种）	499
Notocupes sp. 背长扁甲（未定种）	267
Nuculopsis yangtzeensis (Frech) 扬子拟栗蛤	143

O

化石名称	页码
Obolus cf. *apollinis* Eichwald 状美圆货贝（相似种）	100
Obtusospira pericarinata Yü 周缘棱钝顶螺	187
Oncograptus longifurcatus Huang et Hsiao 长叉肿笔石	349
Oncograptus magnus Huang et Xiao 长大肿笔石	349
Oncograptus（*Proncograptus*）*robustus* Xiao et Xia 粗壮原肿笔石	346
Ophiceras demissum（Oppel）降落蛇菊石	215
Ophiceras（*Lytophiceras*）cf. *chamunda*（Diener）查孟达弛蛇菊石（相似种）	215
Ornithopecten tuberculata Li 细瘤尖鸟海扇	172
Orthestheria intermedia（Chi）中间型直线叶肢介	260
Orthograptus cf. *quadrimucronatus*（Hall）四刺直笔石（相似种）	362
Orthograptus disjunctus Geh 分节直笔石	361
Orthograptus latus Li 宽型直笔石	362
Orthograptus whitfieldi（Hall）华氏直笔石	362
Orthonota perlata Barrande 沿边后直蛏	178
Orthotichia fushanensis Liao 付山直房贝	102
Orthotichia jiangxiensis Hu et Ching 江西直房贝	103
Otoceras? sp. 耳菊石?（未定种）	228
Otozamites cf. *lancifolius* Ôishi 披针耳羽叶（相似种）	484
Otozamites tangyangensis Sze 当阳耳羽叶	485

P

化石名称	页码
Pachypteris lepingensis Yao 乐平厚羊齿	480
Pachyrotoeras fengchengense Zhao, Liang et Zheng 丰城厚轮菊石	222
Palaeolima anfuensis Li et Ding 安福古锉蛤	176
Palaeolima jiangxiensis Li 江西古锉蛤	176
Palaeoneilo fentouensis Liu 坟头古尼罗蛤	143
Palaeoneilo guizhouensis Chen et Lan 贵州古尼罗蛤	144
Palaeostrobilops antiquus（Wang）古老古球果螺	193
Paracalamites stenocostatus Gu et Zhi 细肋副芦木	427
Paracaninia jiangxiensis Yan et Chen 江西拟犬齿珊瑚	64

Paracaninia liangshanensis (Huang) 梁山拟犬齿珊瑚	63
Paracaninia tzuchiangensis (Huang) 紫江拟犬齿珊瑚	64
Paracardiograptus contractus Yu et Fang 收缩拟心笔石	348
Parafaveoloolithus pingxiangensis Zou, Wang et Wang 萍乡副蜂窝蛋	389
Parafusulina multiseptata (Schellwien) 多隔壁拟纺锤蜓	51
Parafusulina subextensa Chen 略伸拟纺锤蜓	51
Paraglossograptus latus Hsü 宽形拟舌笔石	353
Paraglossograptus regularis Hsü 规则拟舌笔石	353
Parahawleia insculpta Zhou 雕刻拟候氏虫	247
Paraorthograptus angustus Mu et Li 狭窄拟直笔石	364
Paraorthograptus jiangxiensis Li 江西拟直笔石	364
Paraorthograptus longispinus Mu et Li 长刺拟直笔石	364
Paraorthograptus siluricus Yu et Fang 志留拟直笔石	364
Paraorthograptus simplex Li 简单拟直笔石	365
Paraphillipsinella hubeiensis Zhou 湖北副小菲氏虫	241
Parareteograptus sinensis Mu 中国拟罟笔石	369
Parastelliporella columella Lin et Chow 中轴拟星孔珊瑚	98
Paratongluceras subglobosum Zhao et Zheng 亚球形副桐庐菊石	214
Paratrizygia koboensis (Kobatake) Asama 脊副三对叶	422
Parawentzellophyllum lepingense Zhu et Zhao 乐平拟似文采尔氏珊瑚	80
Parhydrobia macilenta Yü 瘦近水螺	182
Pecopteris anderssonii Halle 镰刀栉羊齿	447
Pecopteris arborescens (Schlotheim) Sternberg 小羽栉羊齿	443
Pecopteris arcuata Halle 弧曲栉羊齿	446
Pecopteris (*Asterotheca*) *hemitelioides* Brongniart 简脉栉羊齿	443
Pecopteris (*Asterotheca*) *orientalis* (Schenk) Potonie 东方栉羊齿（星囊蕨）	446
Pecopteris crassinervis Yang et Chen 粗脉栉羊齿	448
Pecopteris echinata Gu et Zhi 刺栉羊齿	447
Pecopteris lujiangensis He, Liang et Shen 吕江栉羊齿	449
Pecopteris norinii Halle 粗枝栉羊齿	444
Pecopteris sahnii Hsü 延栉羊齿	442
Pecopteris santianensis He, Liang et Shen 三田栉羊齿	449
Pecopteris shangraoensis He, Liang et Shen 上饶栉羊齿	448
Pecopteris tuberculata Halle 瘤栉羊齿	445
Pecopteris unita Brongniart 联合栉羊齿	445
Pecopteris wongii Halle 山西栉羊齿	445
Pectiangium langceolatum Gu et Zhi 披针箆囊蕨	456

Peiraphyllum anguiporum Zhu et Zhao 角空尝试珊瑚	83
Peltaspermum cf. *buevichae* Gomankov et Meyen 布氏盾籽（相似种）	475
Pendeosalicograptus sp. 垂柳笔石（未定种）	295
Penzeceras ovatum Chen 卵形彭泽角石	197
Perigeyerella costellata Wang 线纹近瑞克贝	109
Permoperna sinensis （Frech） 中华二叠股蛤	166
Pernopecten piriformis Liu 梨形股海扇	176
Phestia hunanensis （Ku et Chen） 湖南短嘴蛤	144
Phlebopteris angustiloba （Presl） 狭细异脉蕨	436
Phylladoderma （*Aequistomia*） sp. 皮叶（等孔亚属）（未定种）	476
Phylladoderma arberi Zalessky 舌形皮叶	476
Phyllograptus angustifolius Hall 狭窄叶笔石	343
Phyllograptus anna Hall 安娜叶笔石	343
Phyllograptus anna longus Ruedemann 安娜叶笔石长型亚种	343
Phyllograptus ilicifolius Hall 橡叶叶笔石	342
Physa renarria Wu 肾形滴螺	189
Physa sp. 滴螺（未定种）	189
Physa yuanchuensis Yü 垣曲滴螺	188
Plerophyllum flexiseptatum Yan et Chen 弯隔壁满珊瑚	62
Pleuronectites difformis Chen 双形肋海扇	166
Pleuronodoceras dushanense Chao et Liang 独山肋瘤菊石	219
Pleuronodoceras guangdeense Zhao，Liang et Zheng 广德肋瘤菊石	218
Podozamites lanceolatus cf. *ovalis* Heer 披针苏铁杉卵圆异型	495
Podozamites lanceolatus （L. et. H.） Braun 披针苏铁杉	495
Podozamites schenki Heer 欣克苏铁杉	496
Poleumita （？） *changyiensis* Grabau 沾益轴线螺（？）	180
Polyacrodus jiangxiensis Wang，Zhu，Jin et Wang 江西多尖齿鲨	376
Polythecalis yangtzeensis angusta Wu et Zhao 扬子多壁珊瑚窄小亚种	80
Prionolabium decilamellatum Gu 十褶锯唇螺	192
Prionophyllopteris spiniformis Mo 多刺锯叶羊齿	479
Probaicalia gerassimovi （Reis） 格氏前贝加尔螺	186
Probaicalia vitimensis Martinson 维其姆前贝加尔螺	186
Probathyopsis? *sinyuensis* Chow et Tung 新余原深颌兽？	393
Proceratopyge fenghwangensis Hsiang 凤凰原刺尾虫	238
Profusulinella parva （Lee et Chen） 小原小纺锤	43
Prolasiograptus retusus （Lapworth） 迟钝古毛笔石	366
Promytilus ensiformis Li et Ding 剑形前壳菜蛤	177

Proncograptus formosus Xiao, Xia et Wang 美丽原肿笔石	345
Protabrograptus sinicus Ni 中国古娇笔石	331
Protoblechnum contractum (Gu et Zhi) 基缩原始乌毛蕨	466
Protoblechnum punctinervis (Mo) 斑脉原始乌毛蕨	467
Protoblechnum taeniopterides He, Liang et Shen 带状原始乌毛蕨	467
Protoivanovia dupliformis X. Yü 双形原始伊凡诺夫氏珊瑚	75
Protoivanovia pengzeensis Zhu 彭泽原始伊凡诺夫氏珊瑚	75
Protolepidodendron scharyanum Krejěi 纤细原始鳞木	409
Protomichelinia abnormis markamensis Deng 异常原米契林珊瑚芒康亚种	90
Protomichelinia lepingensis Zhu 乐平原米契林珊瑚	89
Protomichelinia lopingensis poriferum Zhu et Zhao 乐平原米契林珊瑚具孔亚种	91
Protomichelinia microstoma (Yabe et Hayasaka) 微型原米契林珊瑚	89
Protomichelinia ruijinensis Zhu et Zhao 瑞金原米契林珊瑚	90
Protomichelinia siyangensis (Reed) 昔阳原米契林珊瑚	89
Protorthophlebia latipennis Till. 侧羽原蝎蛉	268
Prototoceras anfuense Zhao, Liang et Zheng 安福前耳菊石	224
Prototoceras fengchengense Zhao, Liang et Zheng 丰城前耳菊石	223
Pseudazygograptus incurvus (Ekström) 内曲假断笔石	327
Pseudictops tenuis Ding et Zhang 细巧似假古蜩	397
Pseudisograptus tribulus Ni 三尖假等称笔石	326
Pseudobryograptus parallelus Mu 平行假苔藓笔石	289
Pseudocarniaphyllum jiangxiense Zhu et Zhao 江西假卡尼氏珊瑚	84
Pseudoclimacograptus demittolabiosus tangyensis Geh 垂唇假栅笔石棠垭亚种	356
Pseudodoliolina pulchra Sheng 美丽假桶蜓	55
Pseudophillipsia mengshanensis Lin 蒙山假菲利普虫	242
Pseudophillipsia obtusicauda Kayser 钝尾假菲利普虫	242
Pseudophillipsia shanggaoensis Zhang 上高假菲利普虫	242
Pseudophyllograptus cf. *angustifolius* (Hall) 窄叶假叶笔石（相似种）	344
Pseudoschwagerina crassispira Wang et Qing 厚壁假希瓦格蜓	49
Pseudotetragraptus tuberosus Hsü et Chao 多瘤假四笔石	323
Pseudotirolites asiaticus (JKL.) Sun 亚洲假提罗菊石	217
Pseudotirolites mapingensis Sun 马平假提罗菊石	218
Pseudotrigonograptus ensiformis (Hall) 剑形假三角笔石	345
Pseudoullmannia bronnioides He, Liang et Shen 类纹假鳞杉	496
Pseudoullmannia frumentarioides He, Liang et Shen 类麦假鳞杉	496
Pseudozaphrentis curvatum Sun 曲形假内沟珊瑚	68
Psilacella hunanensis Zhou 湖南小裸壳虫	237

化石名称	页码
Psilunio sphenaeformis Ding，Li et Sun 楔形裸珠蚌	151
Psygmophyllum multipartitum Halle 多裂掌叶	495
Pteria longiaurita Li 长耳翼蛤	160
Pteria trigona Li 三角翼蛤	160
Pterograptus elegans Holm 精美翼笔石	293
Pterograptus flexuosus Ni 弯曲翼笔石	294
Pterograptus jiangxiensis Ni 江西翼笔石	294
Pterograptus lyricus Keble et Harris 琵琶翼笔石	294
Pterograptus sinicus Mu 中国翼笔石	294
Pteronitella elongata Liu 长形小羽蛤	160
Pteronitella sp. A A种小羽蛤	161
Pterophyllum angustum (Braun) Gothan 狭细侧羽叶	481
Pterophyllum daihoense Kaw. 大宝侧羽叶	481
Pterophyllum eratum Gu et Zhi 浆侧羽叶	482
Pterophyllum ptilum Harris 羽毛侧羽叶	482
Pterophyllum sinense P. Lee 中国侧羽叶	482
Ptilophyllum boreale (Heer) Seward 北方毛羽叶	481
Ptilozamites chinensis Hsü 中华叉羽叶	480
Ptychagnostus atavus (Tullberg) 始祖褶纹球接子	232
Punctospirifer alpheus (Huang) 阿尔发疹石燕	140
Pupoides (*Glyptopupoides*) *xinyuensis* Gu 新余拟蛹形螺	191
Pupoides (*Ischnopupoides*) *antiquus* Yu et Wang 古老拟蛹形螺	190

Q

化石名称	页码
Qianzhousaurus sinensis Lü, Yi, Brusatte, Yang, Li et Chen 中国乾州龙	385
Quasifusulina compacta (Lee) 紧卷似纺锤蜓	44
Quasifusulina regularis Wang et Qing 规则似纺锤蜓	45
Quercus dissimilifolia Geng 异叶栎	501

R

化石名称	页码
Rectograptus jiangxiensis Li 江西直管笔石	363
Rectograptus wuningensis Li 武宁直管笔石	363

Redeichia jiangxiensis Zhang 江西莱得利基虫	233
Redlichia pengzeensis Zhang 彭泽莱得利基虫	232
Redlichia tianhongensis Zhang 天红莱得利基虫	232
Reteograptus compactus Ni 紧密罟笔石	368
Reteograptus geinitzianus Hall 干氏罟笔石	368
Reteograptus uniformis Ni 等宽罟笔石	368
Rhabdocarpus sekitakeoi Shimakura 长卵棒籽	499
Rhacopteris gannanensis Li H. M. 赣南扇羊齿	439
Rhacopteris? zishanensis Li. H. M. 梓山扇羊齿？	439
Rhinocypris jurassica jurassica (Martin) 侏罗侏罗刺星介 264	
Rhipidopsis cf. *panii* Chow 楔扇叶（相似种）	492
Rhipidopsis panii Chow 潘氏扇叶	491
Rhipidopsis panii Chow 楔扇叶	491
Robustoschwagerina zhangjiangensis Wang et Qing 章江壮希瓦格蜓	48
Rongxiella lixiensis Q. Z. Zhang 浰溪小溶溪虫	251
Rugosofusulina ordinata Zhang 齐整皱壁蜓	49
Rugosofusulina pulchella Rauser 美丽皱壁蜓	50

S

化石名称	页码
Samaroblatta nitida Lin，1986 光泽灰（蜚）蠊	269
Samaroblatta sp. 灰（蜚）蠊（未定种）	270
Samaropsis taiyuanensis Halle 太原翅籽	499
Sanyangites lucunensis Zheng et Ma 卢村三阳菊石	226
Sanyangites tricarinatus Zhao，Liang et Zheng 三棱三阳菊石	226
Sarcinula fiangxiensis Lin 江西束珊瑚	86
Schellwienella sp. 帅尔文贝属（未定种）	107
Schizodus jiangxiensis Li et Ding 江西裂齿蛤	146
Schizodus lopingensis Kayser 乐平裂齿蛤	146
Schizoneura manchuriensis Kon'no 满洲里裂鞘叶	426
Schwagerina dianshangensis Wang Y.H. 店上希瓦格蜓	47
Schwagerina lanceolata Wang et Qing 矛头希瓦格蜓	48
Schwagerina pactiruga Chen 狭褶希瓦格蜓	47
Schwagerina quasibrevipola Sheng 似短极希瓦格蜓	47
Semitreta jiangxiensis Liu 江西半孔贝	101

Senticucullus elegans Xia 美丽刺头虫	250
Shanghuspira costata Yu 具肋上湖螺	191
Shangraoceras falcoplicatum Zhao et Zheng 镰形肋上饶菊石	207
Shangraoceras robustum Zhao et Zheng 粗壮上饶菊石	207
Shouchangoceras shouchangense Zhao et Zheng 寿昌寿昌菊石	206
Shouchangoceras subglobosum Zhao et Zheng 亚球形寿昌菊石	206
Shumardia tenacis Zhou 顽固舒马德虫	234
Sigillaria brardii Brongniart 扁圆封印木	415
Sinacrodus donglingensis Wang, Zhu, Jin et Wang 东岭中华尖齿鲨	374
Sinamia poyangica Su et Li 鄱阳中华弓鳍鱼	371
Sinoctenis calophylla Wu et Lih 美叶中国篦羽叶	490
Sinoctenis grabauiana Sze 葛利普中国篦羽叶	490
Sinodisphyllum intermedium (Liao) 过渡型中华分珊瑚	60
Siphonophycus kestron Schopf, 1968 粗面管状丝藻	506
Siphonophycus kestron Schopf, 1968 模式种	506
Soleniscus cf. *anguliferus* (White) 瘦小小沟螺（相似种）	181
Sphaerium jeholense (Grabau) 热河球蚬	158
Sphaerium pujiangense Gu et Wen 浦江球蚬	158
Sphaerium yanbianense Gu et Wen 延边球蚬	158
Sphaerulina zisongzhengensis Sheng 紫松镇球䗴	54
Sphenobaiera cf. *longifolia* (Pomel) Florin 长叶楔银杏（相似种）	493
Sphenobaiera sp. 楔拜拉（未定种）	494
Sphenophyllum tenerrimum Ett. 弱楔叶	419
Sphenophyllum yuduense Li H. M. 于都楔叶	419
Sphenopteris obtusiloba Brongn. 钝楔羊齿	440
Sphenopteris tenuis Schenk 纤弱楔羊齿	440
Spinomarginifera kueichowensis Huang 贵州刺围脊贝	125
Spinomarginifera lopingensis (Kayser) 乐平刺围脊贝	125
Spiriferellina sp. 微石燕属（未定种）	141
Spirifer sp. 石燕属（未定种）	137
Spirigerella grandis Waagen 大型携螺贝	142
Squamularia calori Gemmellaro 卡罗鱼鳞贝	138
Squamularia grandis Chao 巨大鱼鳞贝	139
Stantonogyra spiralis Yü 旋纹斯氏旋螺	182
Staurograptus dichotomus Emmons 均分十字笔石	274
Staurograptus formosus Xiao 美丽十字笔石	275
Staurograptus magnus Mu et Chen 长大十字笔石	276

化石名称	页码
Stegodon orientalis Owen, 1870 东方剑齿象	401
Stenothyra qingjiangensis Wu 清江狭口螺	184
Stereostylus annae Jeffords 爱娜灰柱珊瑚	67
Stigmaria ficoides (Sternberg) Brongniart 脐根座	415
Succinea obliquovata Wu 斜卵形琥珀螺	192
Symphysops qidongensis Zhou 祁东粘眼虫	237
Symphysurus kientehensis (Sheng) 建德粘壳虫	235
Syntrophina cf. *campbelli* (Walcott) 坎贝尔准共凸贝 (相似种)	104
Syringopora hyperbolo-tabulata Yoh in Chi 双曲板笛管珊瑚	97
Szea (*Cladophlebis*) cf. *sinensis* Yao et Taylor 中国天石蕨 (相似种)	460

T

化石名称	页码
Tachylasma elongatum Grabau 细长速壁珊瑚	62
Tachylasma yungsinense Chi 永新速壁珊瑚	62
Taeniocrada sp. 带蕨 (未定种)	408
Taeniopteris? rarinervis Zhao 稀脉带羊齿	468
Taeniopteris tingii Halle 丁氏带羊齿	468
Taishanograptus cf. *graciliramosus* Li et Ge 细枝台山笔石 (相似种)	288
Tangyagraptus rigidus Chen, Wang et Zhang 劲直棠垭笔石	342
Tapashanites acuticostatus Zhao, Liang et Zheng 尖肋大巴山菊石	216
Tapashanites costatus Zhao, Liang et Zheng 肋大巴山菊石	217
Tashanomena variabilis Zhan et Rong 变异塔山贝	106
Temnograptus yushanensis Chen 玉山切笔石	289
Tenticospirifer tenticulum (Verneuil) 帐幕帐幕石燕	135
Tenuichonetes sp. 细戟贝属 (未定种)	113
Tenustheria tenuis Chen et Shen 薄壳薄壳叶肢介	256
Tetragraptus (*Eotetragraptus*) *immaturus* Hsü 早熟始四笔石	300
Tetragraptus erectus maximus Ni 直立四笔石大型亚种	296
Tetragraptus (*Etagraptus*) *approximates* (Nicholson) 靠近工字笔石	297
Tetragraptus (*Etagraptus*) *lavalensis* Ruedemann 拉瓦尔工字笔石	297
Tetragraptus (*Etagraptus*) *pacificus* Ruedemann 太平洋工字笔石	298
Tetragraptus (*Etagraptus*) *quebecensis* Ruedemann 魁北克工字笔石	298
Tetragraptus fruticosus (Hall) 灌木四笔石	296
Tetragraptus (*Paratetragraptus*) *approximates* cf. *robustus* Williams et Stevens	

近靠拟四笔石强壮亚种（相似亚种）	300
Tetragraptus pendens Elles 下垂四笔石	296
Tetragraptus (*Tetragraptus*) *rigidus* Geh 劲直四笔石	298
Tetragraptus (*Tetragraptus*) *woodae* Ruedemann 伍德四笔石	299
Thallites pinghsiangensis Hsü 萍乡似叶状体	408
Thamnograptus poori Ruedemann 波氏灌木笔石	291
Thamnopora cervicornis (Blainville) 鹿角灌木孔珊瑚	96
Thomasiphyllum jiangxiense Zhu 江西托马斯珊瑚	83
Thomondia palaformis Zhou 铲形托蒙特虫	254
Timania sp. 提曼珊瑚（未定种）	71
Timorphyllum multiseptatum Zhao et Zhu 多隔壁帝汶珊瑚	68
Timorphyllum raphiseptatum Zhao et Zhu 针隔壁帝汶珊瑚	67
Tingia carbonica (Schenk) Halle 华夏齿叶	430
Tingia hamaguchii Kon'no 菱齿叶	429
Tingia jiangxiensis He, Liang et Shen 江西齿叶	430
Tingiostachya mingshanensis He, Liang et Shen 鸣山齿叶穗	431
Tingiostachya santianensis He, Liang et Shen 三田齿叶穗	432
Tirolites jiangsuensis Guo 江苏提罗菊石	229
Todites denticulata (Brongniart) Krasser 细齿似托第蕨	435
Todites goeppertianus (Münster) Krasser 葛伯特似托第蕨	434
Tongtianlong limosus Lu, Chen, Brusatte, Zhu et Shen 泥潭通天龙	382
Toona bienensis Hu et Chaney 圆基香椿	503
Towapteria scythica (Wirth) 斯西替东和翼蛤	164
Transennatia gratiosus (Waagen) 优美横格贝	121
Transennatia margaritatus (Mansuy) 珍珠横格贝	122
Trichograptus simplicis Chen 简单头发笔石	295
Trigonioides (*Trigonioides*) Kobayashi et Suzuki, 1936 类三角蚌亚属	156
Trigonioides (*Trigonioides*) *kodairai* Kobayashi et Suzuki 典型类三角蚌	156
Trigonocarpus ellipticus Zhao et Wu 椭圆三棱籽	497
Trigonocarpus sp. 三棱籽（未定种）	498
Triograptus canadensis (Monsen) 加拿大三笔石	281
Triograptus rigidus Mu et Chen 劲直三笔石	281
Triticites boliviensis Dunbar et Newell 玻璃维麦蜓	45
Triticites gaoanensis Wang et Qing 高安麦蜓	46
Triticites jinjishanica Zhu 金鸡山麦蜓	46
Triticites simplex (Schellwien) 简单麦蜓	45
Triticites yichunensis Zhu 宜春麦蜓	46

化石名称	页码
Trizygia pingxingensis He, Liang et Shen 萍乡三对叶	421
Trizygia sino-coreana (Yabe) Asama 中朝三对叶	420
Trocholites xiazhenense Chen et Liu 下镇轮角石	202
Tryplasma giganteum Lin et Zou 巨型刺壁珊瑚	58
Tryplasma longispinosum Lin et Zou 长刺刺壁珊瑚	57
Tylograptus cf. *intermedius* Mu 中间瘤笔石（相似种）	320
Tylograptus spinatus Mu 具刺瘤笔石	319
Tylograptus spiniformis latus Li 刺状瘤笔石宽型亚种	319
Tyloplecta grandicostata (Chao) 巨线瘤褶贝	118
Tyloplecta nankingensis (Frech) 南京瘤褶贝	119
Tyloplecta richthofeni (Chao) 李希霍芬瘤褶贝	119
Tyloplecta yangtzeensis (Chao) 扬子瘤褶贝	120
Tyloplecta yichunensis Ching et Hu 宜春瘤褶贝	120

U

化石名称	页码
Uncinunellina timorensis (Beyrich) 帝汶准小钩形贝	130
Uncisteges maceus (Ching) 豆蔻钩盖贝	124
Unionites albertii (Assmann) 平行蚌形蛤	148
Unionites fassaensis (Wissmann) 法萨蚌形蛤	148
Urushtenoidea chaoi (Ching) 赵氏似乌鲁希腾贝	124
Uudulograptus austrodentatus (Harris et Keble) 澳洲齿状波曲笔石	356

V

化石名称	页码
Vediproductus punctatiformis (Chao) 似刺瘤维地长身贝	116

W

化石名称	页码
Waagenites soochowensis (Chao) 苏州似瓦刚贝	112
Waagenoconcha yuduensis Hu et Ching 于都瓦刚贝	116
Waagenoperna mytiloides Zhang 壳菜蛤形瓦根股蛤	165

Waagenoperna triangularis（Kobayashi et Ichikawa）三角形瓦根股蛤 165
Waagenophyllum pulchrum Maeda et Hamada 美丽卫根珊瑚 76
Wentzellophyllum kueichowensis Huang 贵州拟文采尔珊瑚 85
Wentzellophyllum volzi（Yabe et Hayasaka）服尔兹拟文采尔珊瑚 85
Wilkingia fengchengensis Li et Ding 丰城变带蛤 179
Wujiajiania expansa Lu et Lin 膨大五家尖虫 234
Wuninograptus erectus Ni 直立武宁笔石 330
Wuninograptus tetrabrachiatus Ni 四枝武宁笔石 331
Wuninograptus tribrachiatus Ni 三枝武宁笔石 331

X

化石名称 **页码**

Xiangulingites acutus Zhao，Liang et Zheng 棱腹仙姑岭菊石 221
Xinyuictis tenuis Zheng，Tung et Chi 细巧新喻兽 394
Xiushuilithus xiushuiensis Zhou 修水修水三瘤虫 243
Xiushuiproetus poyangsis Q. Z. Zhang 鄱阳修水砑头虫 240
Xiushuiproetus shuangheensis（Wu）emend 双河修水砑头虫 240

Y

化石名称 **页码**

Yabeina gubleri Kammera 顾伯勒氏矢部蜓 56
Yangzigraptus yangziensis Mu 扬子扬子笔石 369
Yanjiestheria chekiangensis（Novojilov）浙江延吉叶肢介 259
Yanjiestheria ehulinensis Zhang et Chen 鹅湖岭延吉叶肢介 260
Yanjiestheria kyongsangensis（Kobayashi et Kido）庆尚延吉叶肢介 258
Yanjiestheria sinensis（Chi）中华延吉叶肢介 259
Cyrtospirifer extensa Ching et Liu 横展弓石燕 132
Yuania chinensis Du et Zhu 中国卵叶 433
Yuania gigantea Zhu et al. 大卵叶 433
Yunnanella abrupta Grabau 陡缘云南贝 131
Yushanoceras serpentinum Chen et Liu 蛇形玉山角石 202
Yushanograptus horizonatus（Jin et Wang）平伸玉山笔石 290
Yushanograptus separates Chen et Sun 分离玉山笔石 290

Z

化石名称	页码
Zamites jiangxiensis Yao et Lih 江西似查米亚	485
Zdicella refrata Zhou et Ju 骤折兹狄克虫	239
Zhejiangichthys zhaoi Wang，Jin，Wang et Zhu 赵氏浙江鱼	373
Ziziphocypris bicarinata Zhang 双肋枣星介	264
Ziziphocypris simakovi (Mandelstam) 西氏枣星介	263
Zygograptus jiangxiensis Jiao 江西联笔石	290